Elektrische Maschinen

Wilfried Hofmann

Elektrische Maschinen

PEARSON

Higher Education
München • Harlow • Amsterdam • Madrid • Boston
San Francisco • Don Mills • Mexico City • Sydney
a part of Pearson plc worldwide

Bibliografische Information der Deutschen Nationalbibliothek

Die Deutsche Nationalbibliothek verzeichnet diese Publikation in der Deutschen Nationalbibliografie; detaillierte bibliografische Daten sind im Internet über *http://dnb.dnb.de* abrufbar.

10 9 8 7 6 5 4 3 2 1

15 14 13

ISBN 978-3-86894-009-1

Martin-Kollar-Straße 10-12, D-81829 München/Germany

www.pearson.de
A part of Pearson plc worldwide

Programmleitung: Birger Peil, bpeil@pearson.de
Korrektorat: Brigitta Keul, München
Einbandgestaltung: Thomas Arlt, tarlt@adesso21.net
Herstellung: Philipp Burkart, pburkart@pearson.de
Satz: mediaService, Siegen (www.mediaservice.tv)
Druck und Verarbeitung: Drukarnia Dimograf, Bielsko-Biala

Printed in Poland

Inhaltsübersicht

Inhaltsverzeichnis

Vorwort

Mit dem vorliegenden Lehrbuch werden die Grundlagen elektrischer Maschinen vermittelt, wie man sie vielfach in Studienprogrammen von Universitäten und Hochschulen findet, die eine ein- bis zweisemestrige Vorlesung, begleitende Übungen und ein Praktikum ausweisen. Im Einzelnen werden Aufbau und Wirkungsweise elektrischer Maschinen behandelt. Effektiv- und Raumzeigergrößen werden definiert. Ersatzschaltbilder als Modelle für einfache Sachverhalte werden schrittweise entwickelt. Zeigerbilder und Ortskurven dienen als Hilfsmittel zur Erklärung des stationären Betriebsverhaltens.

Zum Erwerb des hier vermittelten Wissens sind Vorkenntnisse aus drei- bis viersemestrigen Lehrveranstaltungen zu den Grundlagen der Elektrotechnik und eine Einführung in die elektrische Energietechnik notwendig, auf denen der Lehrstoff aufbaut.

Dennoch nehmen die Grundlagen der Energiewandlung mit Kapitel 1 einen wesentlichen Teil des Buches ein, da sie die Basis für das Funktionieren elektrischer Maschinen bilden. Kapitel 2 vermittelt Kenntnisse zu Transformatoren – zunächst für den Einphasentransformator, an dem das wesentliche Betriebsverhalten abgehandelt wird, und danach für den Drehstromtransformator als wichtiges Betriebsmittel der Elektroenergieversorgung. Im Kapitel 3 wird die Gleichstrommaschine besprochen, die heute gemessen an der Stückzahl immer noch die meist produzierte Maschinenart darstellt. Im selben Kapitel werden noch weitere aktuelle Stromwendermaschinen behandelt. Das etwas kürzere Kapitel 4 wird eingeschoben, um auf die nachfolgend zu behandelnden Drehfeldmaschinen vorzubereiten. Der Schwerpunkt wird auf das Verständnis des Drehfeldes, seiner Entstehung und die daraus abzuleitenden Eigenschaften gelegt. Mit Kapitel 5 werden die Induktionsmaschinen als die nach wie vor wichtigste Maschinenart für industrielle Anwendungen eingeführt. Synchronmaschinen folgen im Kapitel 6 mit dem Schwerpunkt Elektroenergie-versorgung. Darüber hinaus spielt die permanentmagneterregte Synchronmaschine eine zunehmend wichtige Rolle für Stell- und Fahrmotoren. Kleinmaschinen werden in variantenreichen Ausführungen in Kapitel 7 behandelt. Mit Linearmaschinen wird in Kapitel 8 eine sowohl im Aufbau als auch im Betriebsverhalten von den rotierenden Maschinen abweichende Maschinenart besprochen. Das Kapitel 9 zu Sekundärfunktionen wie Erwärmung und Kühlung sowie Isolation beschließt das Lehrbuch.

Jedes Kapitel wird mit einen Aufgabenteil und Prüfungsfragen zur Unterstützung der Fachprüfung versehen, deren Lösungen über die CWS des Verlags bezogen werden können.

Der Verfasser bedankt sich bei den wissenschaftlichen Mitarbeitern der Lehrstühle für Elektrische Maschinen und Antriebe der TU Dresden und der TU Chemnitz, die an der Realisierung einzelner Aufgaben- und Fragestellungen großen Anteil hatten. Für die Überlassung von Beispieldaten sei den Industriepartnern herzlich gedankt. Besonderer Dank gilt Frau Schad, die mit ihrer fleißigen Arbeit zur Manuskripterstellung in allen Phasen dieses Lehrbuch erst möglich gemacht hat.

Abschließend möchte ich mich bei meiner Familie insbesondere meiner Frau Katrin bedanken, die sehr viel Verständnis über viele Monate hinweg aufgebracht und an der Buchentstehung Anteil genommen hat.

Allen Lesern insbesondere den Studenten wünsche ich viel Erfolg beim Arbeiten mit dem Lehrbuch.

Wilfried Hofmann

Dresden

Grundlagen der elektromagnetischen Energiewandlung

1

ÜBERBLICK

» Die elektromagnetische Energiewandlung ist die derzeit dominierende Wandlungsart elektrischer in mechanische bzw. mechanischer in elektrische Energie mit einer physikalischen Skalierung, die den Maßstäben einer modernen technischen Nutzung gerecht wird. Besondere Bedeutung kommt in diesem Wandlungsprozess der Umsetzung und Zwischenspeicherung in die magnetische Energieform zu, für die entsprechend geeignete Magnetwerkstoffe zur Verfügung stehen müssen. Grundsätzlich unterscheidet man:

- bewegte Energiewandler (Maschinen, Aktoren)
- ruhende Energiewandler (Transformatoren)

Die technische Entwicklung der genannten Energiewandler hat bereits eine über 150-jährige Geschichte hinter sich und wäre ohne fundamentale Entdeckungen auf dem Gebiet der Elektrodynamik und des Magnetismus undenkbar gewesen. Seitdem hat sie das Leben der menschlichen Gesellschaft in allen Bereichen grundlegend geändert und die technischen Umwälzungen, die mit der Dampfmaschine begonnen hatten, weitergeführt und um ein Vielfaches an Wirkung überboten.

Die in Generatoren und Motoren umgewandelte Energiemenge umfasst in den Industrieländern nahezu 70 % der Nutzenergie und wird mit einem sehr hohen Wirkungsgrad gewandelt. D. h. hier ist bereits ein technischer Stand erreicht, dessen Verbesserung zunehmend mit der Frage nach der Wirtschaftlichkeit verknüpft ist.

Besonders hohe Erwartungen werden in den zunehmenden Ersatz von Verbrennungsmaschinen durch Elektromaschinen in Kraftfahrzeugen gesetzt, um den CO_2-Ausstoß entscheidend zu begrenzen bzw. zu vermindern. Damit stoßen elektromagnetische Energiewandler in Gebiete vor, die auch eine grundlegende Umwälzung der derzeitigen Infrastruktur zur Folge haben werden. «

Lernziele

Nach Durcharbeiten dieses Kapitels werden Sie in der Lage sein,

- die Grundgrößen des Elektromagnetismus und deren Zusammenhänge in Grundgesetzen zu beherrschen und anwenden zu können;
- die abgeleiteten Größen zur Beschreibung der elektromagnetischen Energiewandlung und für Überschlagsrechnungen zur Dimensionierung von elektrischen Maschinen nutzen zu können;
- das zeitliche Verhalten und die räumliche Verteilung von Magnetfeldern in ihren Facetten zu verstehen und zu berechnen;
- die Verlustbilanz elektrischer Maschinen aufzustellen und Schlussfolgerungen für den Wirkungsgrad ziehen zu können;
- den Grobentwurf einer allgemeinen elektrischen Maschine hinsichtlich der wichtigsten Abmessungen vornehmen zu können.

Die moderne Zivilisation ist im besonderen Maße auf die Bereitstellung und Anwendung elektrischer Energie angewiesen. Energiewandler auf elektromagnetischer Basis sind dabei die Nahtstelle zur Energiebereitstellung aus Primärquellen, zur Anpassung an verschiedene Verteilersysteme und zur Umwandlung in mechanische Arbeit. Leistungsfähige Generatoren, verlustarme Transformatoren und effektive elektrische Antriebe übernehmen diese Aufgaben.

Die Grundlage der Energiewandlung beruht dabei auf der Nutzung eines Zwischenträgers der Energie, die durch das magnetische Feld gegeben ist. Dessen Energieänderung führt letzten Endes zur Umwandlung von elektrischer in mechanische oder von mechanischer in elektrische Energie.

1.1 Feldtheoretische Zusammenhänge

Die mathematische Beschreibung der physikalischen Gesetze geht zurück auf die von Maxwell entwickelten Grundlagen (Maxwell'sche Gleichungen), die auf den nachstehenden Basis-Feldgrößen beruhen:

Feldstärken:	E - elektrische Feldstärke
	H - magnetische Feldstärke
Felddichten:	J - elektrische Stromdichte (Konvektionsstromdichte)
	B - magnetische Felddichte (magnetische Induktion)
	D - dielektrische Verschiebungsdichte

Mithilfe dieser Basisgrößen lassen sich zunächst die allgemeinen Feldgleichungen formulieren.

1.1.1 Durchflutungsgesetz

Magnetfelder werden verursacht durch elektrischen Strom I (bewegte Ladungen) oder durch Ringströme in Permanentmagneten, die zur Magnetisierung M führen. Die physikalische Grundlage für die Verursachung von Magnetfeldern wird durch das *Durchflutungsgesetz* beschrieben.

In seiner Differentialform (im Kleinen) ist der Wirbel der magnetischen Feldstärke H gleich der Gesamtstromdichte in jedem Raumpunkt, die sich zusammensetzt aus der Konvektions- und Verschiebungsstromdichte J und D.

In seiner Integralform (im Großen) ausgedrückt, ist dann das Umlaufintegral der magnetischen Feldstärke gleich der Summe von Konvektions- und Verschiebungsstrom.

Tabelle 1.1: Durchflutungsgesetz

Integralform	Differentialform	Feldbild
$\oint \vec{H} \cdot \mathrm{d}\vec{s} = \int \left(\vec{J} + \frac{\delta \vec{D}}{\delta t} \right) \cdot \mathrm{d}\vec{A}$ 1.1	$\mathrm{rot}\, \vec{H} = \vec{J} + \frac{\delta \vec{D}}{\delta t}$ 1.2	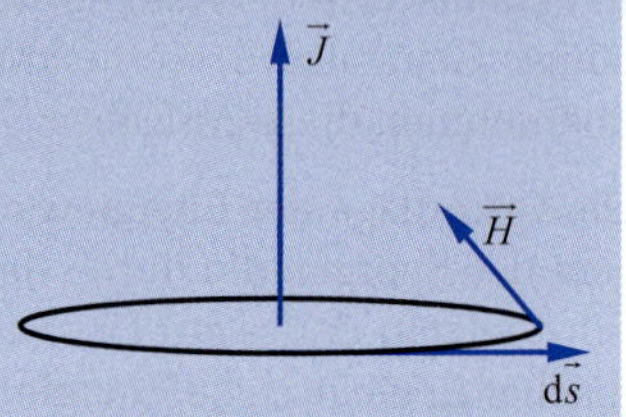 Abbildung 1.1: Feldbild

Nachfolgend werden einige einfachere Spezialfälle des Durchflutungsgesetzes durchgesprochen:

Beispiel 1.1: Geradliniger Stromleiter

Beispielhaft gilt für den stromführenden Einzelleiter ohne dielektrische Verschiebung nach der Integralform:

$$\oint \vec{H} \mathrm{d}\vec{s} = \int \vec{J}\, \mathrm{d}\vec{A} = I \tag{1.3}$$

Den Betrag der magnetischen Feldstärke außerhalb des linienförmigen Leiters auf einem gewählten Umlauf mit dem Radius r erhält man dann zu:

$$\int_0^{2\pi r} \vec{H} \mathrm{d}\vec{s} = \int_0^{2\pi r} H\, \mathrm{d}s \cos\alpha = I \tag{1.4}$$

$$H\, 2\pi r = I$$

$$H = \frac{I}{2\pi r}$$

unter der Annahme, dass Feldstärke- und Wegvektor gleiche Richtung haben. Die Feldstärke verringert sich indirekt proportional zum radialen Abstand vom Leiter.

Innerhalb des stromführenden Leiters gewinnt man die magnetische Feldstärke aus der Integralform

$$\oint \vec{H} \mathrm{d}\vec{s} = \int \vec{J}\, \mathrm{d}\vec{A}. \tag{1.5}$$

der Stromdichte im Leiterinneren

$$J = \frac{\mathrm{d}I}{\mathrm{d}A} = \frac{I}{\pi R^2} \tag{1.6}$$

und der differentiellen Fläche

$$\mathrm{d}A = 2\pi\, r\, \mathrm{d}r \tag{1.7}$$

sodass:

$$\int_0^{2\pi r} H\mathrm{d}s = \int \frac{I}{2\pi R^2} 2\pi r\, \mathrm{d}r \tag{1.8}$$

$$H 2\pi r = \frac{I}{R^2} r^2$$

$$H = \frac{I}{2\pi R^2} r$$

Der Verlauf der magnetischen Feldstärke in Abhängigkeit vom radialen Abstand r ist in ▶Abbildung 1.2 dargestellt. Während die magnetische Feldstärke im Leiterinneren nach außen hin linear zunimmt, fällt sie außerhalb der Leiteroberfläche nach einer Hyperbelfunktion ab und konvergiert im Unendlichen gegen Null.

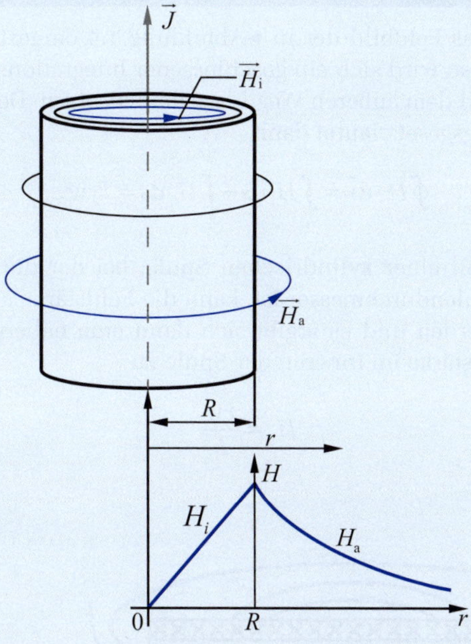

Abbildung 1.2 Feldstärkeverlauf in und außerhalb eines Stromleiters

Werden von einem Umlauf nach Gl. 1.3 mehrere stromdurchflossene Leiter umfasst, so entsteht eine Gesamtdurchflutung gemäß:

$$\Theta = \sum_{\circ} I_\nu = \oint \vec{H}\, \mathrm{d}\vec{s} \tag{1.9}$$

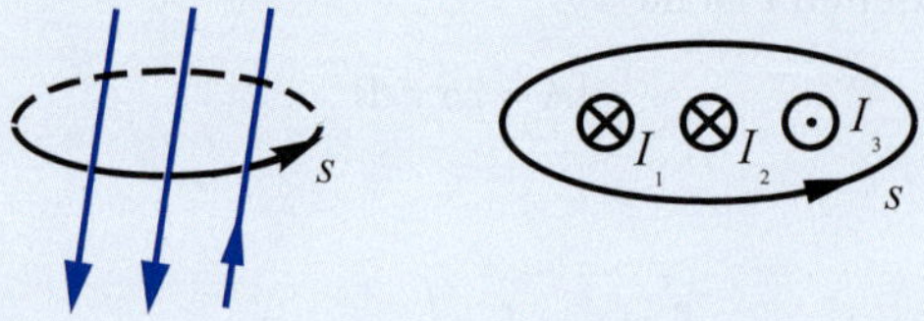

Abbildung 1.3 Mehrstromleiter-Anordnung

Demzufolge ist die Durchflutung Θ (früher: magnetomotorische Kraft - MMK) längs eines geschlossenen Weges gleich der vorzeichenbehafteten Summe der elektrischen Stromstärken. Diese lässt sich erheblich steigern, indem Einzelwindungen zu einer Spule zusammengefasst werden.

Beispiel 1.2: Zylinderspule

Betrachtet man das Feldbild der in ▸Abbildung 1.4 dargestellten Spule mit der Windungszahl w, so wird sich ein geschlossener Integrationsweg aus der inneren Spulenlänge l_i und dem äußeren Weg l_a zusammensetzen. Der Ansatz folgend aus dem Durchflutungsgesetz lautet dann

$$\oint \vec{H} \cdot \mathrm{d}\vec{s} = \int_{l_\mathrm{i}} H_\mathrm{i}\,\mathrm{d}s + \int_{l_\mathrm{a}} H_\mathrm{a}\,\mathrm{d}s = I \cdot w \tag{1.10}$$

Für den Sonderfall einer zylindrischen Spule, bei der die Länge l_i wesentlich größer als der Spulendurchmesser ist, kann die Feldstärke auf dem äußeren Weg vernachlässigt werden und es ergibt sich dann eine näherungsweise konstante magnetische Feldstärke im Inneren der Spule zu

$$H_\mathrm{i} = \frac{I\,w}{l_\mathrm{i}} \tag{1.11}$$

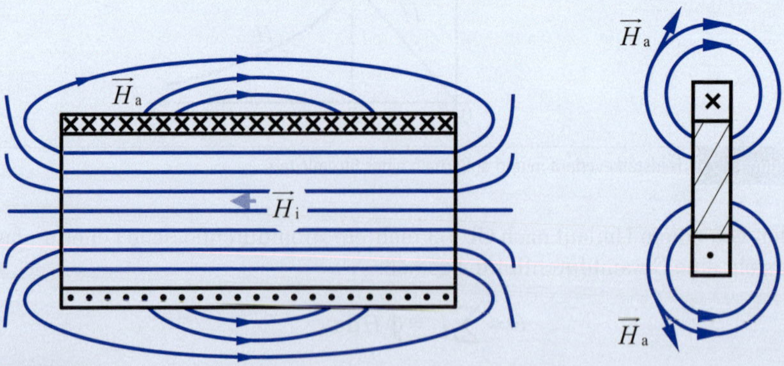

Abbildung 1.4 Lange und kurze Zylinderspule

Die Berechnung des äußeren Feldes ist lage- und richtungsabhängig. Folgende Grenzfälle lassen sich diskutieren:

- Toroidspule (Anfang und Ende der Spule fallen zusammen)

  Da die Durchflutung über den äußeren Integrationsweg Null ergibt, wird auch die äußere magnetische Feldstärke Null.

- Extrem kurze Zylinderspule

  Wegen des sehr viel größeren äußeren Integrationswegs kann die vom geradlinigen Stromleiter bekannte Lösung mit dem Abstand r zum Leiter benutzt werden.

$$\int_0^{2\pi r} \vec{H}\,\mathrm{d}\vec{s} = I\,w \qquad 1.12$$

$$H_\mathrm{a} = \frac{I\,w}{2\pi r}$$

Beispiel 1.3: Maschinenwicklungen

Bei der Durchflutung von Maschinenwicklungen muss in konzentrierte und verteilte Wicklungen unterscheiden werden.

In konzentrierten Wicklungen setzt sich die Gesamtdurchflutung aus der algebraischen Summe der Einzeldurchflutungen zusammen mit

$$\Theta = \sum_{\nu=1}^{w} I = w\,I \qquad 1.13$$

wie in ▶Abbildung 1.5 am Beispiel einer Polwicklung gezeigt wird. Die Windungszahl kann dann auch ersetzt werden durch die halbe Leiterzahl $w = z_\mathrm{L}/2$.

Verteilte Wicklungen nach ▶Abbildung 1.6 bestehen aus vielen Einzelspulen. Diese sind verteilt am Bohrungsumfang und in Nuten untergebracht. Eingezeichnet ist der Integrationsweg für eine Einzelspule. Danach ändert sich die Durchflutung sprunghaft um die Einzeldurchflutung einer Nut. Somit kann jeder Spule eine Durchflutungsverteilung zugeordnet werden, wie in der Abbildung am Beispiel von drei Spulen gezeigt ist. Für die Gesamtdurchflutung der Wicklung ist eine vorzeichenrichtige Überlagerung der Einzeldurchflutungen vorzunehmen. Sie ist typisch für die Durchflutungsverteilung einer Vollpol-Synchronmaschine.

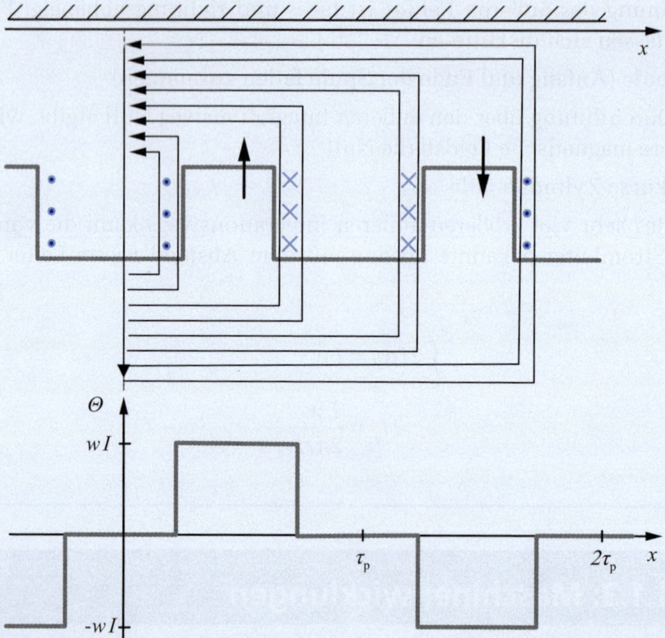

Abbildung 1.5 Konzentrierte Poldurchflutung

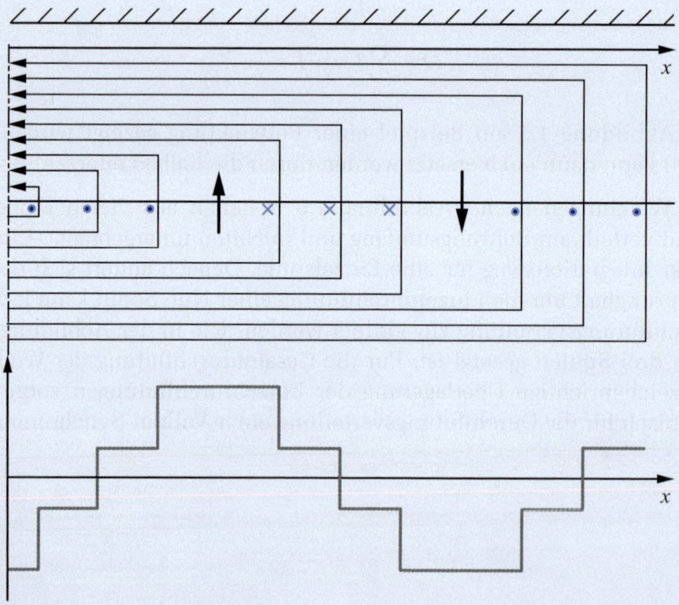

Abbildung 1.6 Verteilte Poldurchflutung

Für die Ankerwicklungen in Gleichstrom- Asynchron- und Synchronmaschinen werden die Wicklungen lückenlos verteilt am Bohrungsumfang untergebracht, siehe ▶Abbildung 1.7. Auch hier entsteht die resultierende Durchflutung durch Überlagerung der Einzeldurchflutungen der Spulen. Die Durchflutung ändert sich immer dann sprunghaft, wenn neue Stromleiter vom eingezeichneten Integrationsweg umfasst werden. Das Resultat ist ein stufig dreieckförmiger Durchflutungsverlauf.

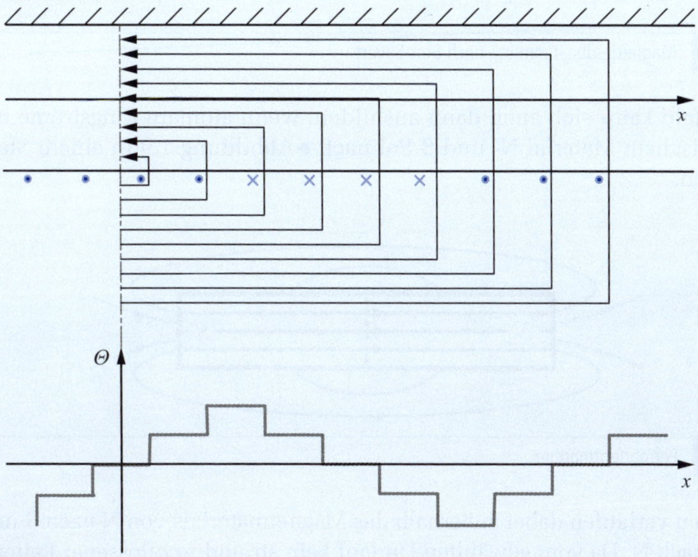

Abbildung 1.7 Verteilte Ankerdurchflutung

Die resultierende Durchflutungsverteilung lässt sich durch Fourieranalyse in Durchflutungsharmonische zerlegen. Für jede Durchflutungsharmonische kann ein sogenannter Wicklungsfaktor eingeführt werden, der diese mit dem Wicklungsstrom verknüpft.

$$\Theta_\nu = w\,\xi_\nu I \qquad 1.14$$

Besondere Bedeutung hat der Grundwellenwicklungsfaktor ξ_1, der für die 1. Durchflutungsharmonische stets kleiner als 1 ist.

Neben dem Durchflutungsgesetz leistet das Gesetz von Biot-Savart ebenfalls gute Dienste, um das Magnetfeld in einem Abstand r von einem beliebig gekrümmten Stromleiter zu ermitteln:

$$\mathrm{d}\vec{H} = \frac{1}{4\pi}\frac{I}{R^2}\left(\mathrm{d}\vec{l} \times \frac{\vec{r}}{R}\right) \qquad 1.15$$

Die Grundanordnung zeigt dazu ▶Abbildung 1.8. Der Winkel α schließt dabei den Abstands- und den Längenvektor ein.

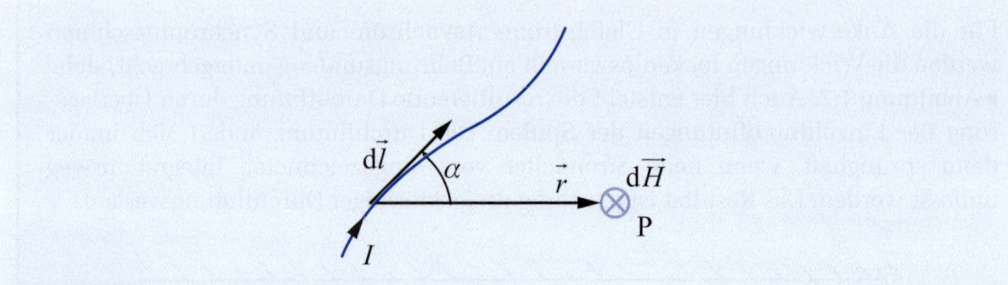

Abbildung 1.8 Magnetfeldbestimmung nach Biot-Savart

Ein Magnetfeld kann sich auch dann ausbilden, wenn atomare Ringströme in permanentmagnetischem Material N- und S-Pol nach ▶Abbildung 1.9 in einem Stabmagneten ausbilden.

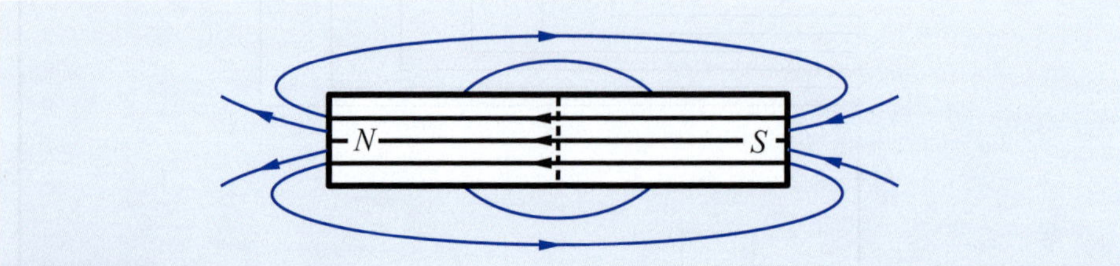

Abbildung 1.9 Permanentmagnet

Die Feldlinien verlaufen dabei außerhalb des Magnetmaterials von N nach S und innerhalb von S nach N. Da vom gewählten Umlauf kein stromdurchflossener Leiter umfasst wird, liegt auch keine Durchflutung vor. Der Integrationsweg verläuft zum einen durch den Permanentmagneten selbst und zum anderen auf dem Rückweg durch Luft, es gilt:

$$0 = \oint \vec{H}\,\mathrm{d}\vec{s} = \int_{h_\mathrm{M}} H_\mathrm{M}\mathrm{d}s + \int_{l_0} H_0\mathrm{d}s \qquad 1.16$$

Damit ist zunächst einmal die magnetische Feldstärke in jedem Raumpunkt allgemein bestimmbar. Aus dem Durchflutungsgesetz lassen sich sogenannte abgeleitete Größen einführen, die zur Berechnung des Magnetkreises nützlich sind:

- *Φ - Magnetfluss*
- *V - magnetische Spannung*
- *R_m - magnetischer Widerstand*

Der Magnetfluss ist die integrale Größe des Magnetfeldes und ergibt sich aus der magnetischen Felddichte

$$\Phi = \int \vec{B} \cdot \mathrm{d}\vec{A} \qquad 1.17$$

Die Summe der magnetischen Spannungen V_i lässt sich direkt aus dem Durchflutungsgesetz ableiten – sie entspricht dann der Durchflutung

$$\Theta = \oint \vec{H} \cdot \mathrm{d}\vec{s} = \sum_i V_i \qquad 1.18$$

Für den magnetischen Kreis kann abschnittsweise das Hopkinson'sche Gesetz in Analogie zum Ohm'schen Gesetz angewendet werden, das den Zusammenhang zwischen Magnetfluss, magnetischer Spannung und magnetischem Widerstand herstellt.

$$\Phi = \frac{\Theta}{R_{\mathrm{m}}} \qquad 1.19$$

Der magnetische Widerstand der Magnetkreisabschnitte ist dabei geometrie- und materialabhängig.

1.1.2 Flussgesetze

Die in Maschinen auftretenden Felder genügen den Kontinuitätsgesetzen nach Tabelle 1.2, vgl. ▶Abbildung 1.10.

Für das Magnetfeld gilt in Quellenfreiheit (Differentialform), d. h. der in die Hüllfläche eintretende und aus der Hüllfläche austretende Magnetfluss Φ bleibt gleich. Damit ist der Magnetfluss die Kontinuitätsgröße des Magnetfeldes. Im elektrischen Strömungsfeld, anzutreffen in Wicklungen und im Eisen elektrischer Maschinen, ist der elektrische Strom I die Kontinuitätsgröße. Das elektrostatische Feld, wichtig für Isolierungen in der Maschine, geht aus von Raumladungen ρ.

Tabelle 1.2: Flussgesetze

Integralform	Differentialform	Feldbild
$\oint \vec{B} \cdot \mathrm{d}\vec{A} = \Phi = 0$	$\operatorname{div} \vec{B} = 0$	
$\oint \vec{J} \cdot \mathrm{d}\vec{A} = I = 0$	$\operatorname{div} \vec{J} = 0$	
$\oint \vec{D} \cdot \mathrm{d}\vec{A} = \rho$	$\operatorname{div} \vec{D} = \rho$	

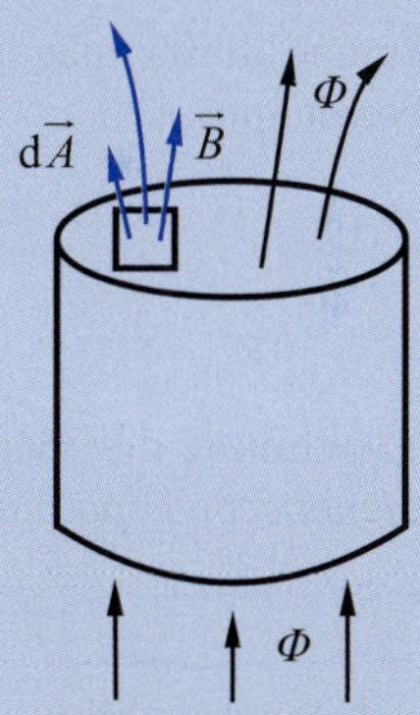

Abbildung 1.10: Feldbild

Mit der Analogie der Flussgesetze zwischen magnetischem Feld und elektrischem Strömungsfeld lassen sich auch die für elektrische Ströme geltenden Kirchhoff'schen Gesetze auf den Magnetfluss anwenden, sodass gilt:

$$\sum_i \Phi_i = 0 \qquad 1.20$$

1.1.3 Materialgesetze

Grundlage zum Verständnis der Materialgesetze im Magnetfeld ist die atomare Vorstellung, dass Elektronen auf vorgegebenen Kreisbahnen um den Atomkern kreisen. Der damit auftretende Elektronenstrom und die Eigendrehung der Elektronen entwickeln ein *magnetisches Moment*

$$\vec{m} = I\,\vec{A} \qquad 1.21$$

das senkrecht auf der Fläche A steht, die durch die vom Strom I gebildete Schleife aufgezogen wird und dessen Richtung nach der Rechten-Handregel aus der Stromrichtung bestimmbar ist, vgl. ▶Abbildung 1.11.

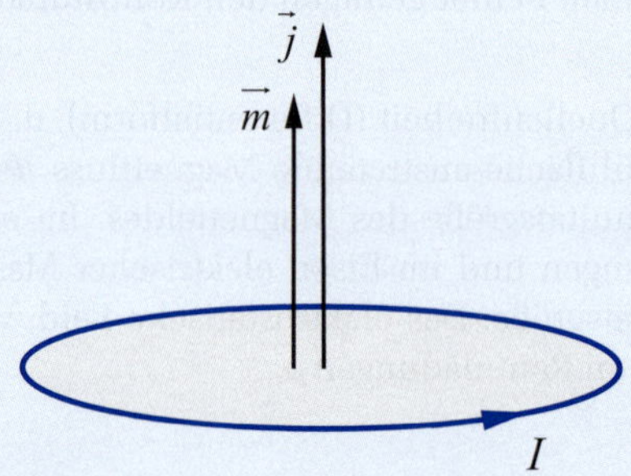

Abbildung 1.11 Magnetisches Moment

Die Summe dieser magnetischen Momente in einem Volumen wird als *Magnetisierung* bezeichnet

$$\vec{M} = \frac{\sum_{\nu=1}^{N} \vec{m}_\nu}{V} \qquad 1.22$$

Die Verrechnung des magnetischen Moments mit der *Permeabilitätskonstante* liefert das *magnetische Dipolmoment*

$$\vec{j} = \mu_0 \vec{m} \qquad 1.23$$

das nach Summenbildung über alle Dipolmomente in einem Volumen die *magnetische Polarisation*

$$\vec{J} = \frac{\sum_{\nu=1}^{N} \vec{j}_\nu}{V} = \mu_0 \vec{M} \qquad 1.24$$

bildet. Die *magnetische Felddichte* im Magnetmaterial wird nun durch die bereits im Vakuum bestehende Felddichte und die durch die Elektronenbewegung bewirkte magnetische Polarisation bestimmt nach

$$\vec{B} = \vec{J} + \mu_0 \vec{H} \qquad 1.25$$

In Erweiterung der magnetischen Felddichte im Vakuum kann aber auch eine *Permeabilitätszahl* eingeführt und multiplikativ verknüpft werden zu

$$\vec{B} = \mu_r \mu_0 \vec{H} \qquad 1.26$$

Der Zusammenhang zwischen Feldstärke und Felddichte wird durch eine Naturkonstante und eine Materialkonstante hergestellt, die im allgemeinsten Fall Tensoreigenschaften besitzt und damit richtungsabhängig ist, vgl. [1.5]. Tabelle 1.3 fasst die wichtigsten Beziehungen zusammen.

Tabelle 1.3: Materialgesetze

Elektrostatisches Feld	Strömungsfeld	Magnetfeld
$\vec{D} = \varepsilon \vec{E}$	$\vec{J} = \kappa \vec{E}$	$\vec{B} = \mu \vec{H}$
Dielektrizitätskonstante $\varepsilon = \varepsilon_0 \varepsilon_r$ $\varepsilon_0 = 8{,}86 \cdot 10^{-12}\,\mathrm{As/Vm}$	Leitfähigkeit κ spezifischer Widerstand $\rho = 1/\kappa$	Permeabilität $\mu = \mu_0 \mu_r$ $\mu_0 = 1{,}256 \cdot 10^{-6}\,\mathrm{Vs/Am}$

Für das Verhalten elektrischer Maschinen sind die Charakteristika von Magnetmaterialien von besonderer Bedeutung. Man unterscheidet Weicheisen- und Harteisenmagnete.

Der Zusammenhang zwischen magnetischer Feldstärke und magnetischer Felddichte ist durch die Permeabilität

$$\mu = \mu_r \mu_0 \qquad 1.27$$

gegeben. Dabei ist die *relative Permeabilität* stark arbeitspunktabhängig. ▶Abbildung 1.12 zeigt den Zusammenhang für ein *Dynamoblech*. Danach ergibt sich die relative Permeabilität für eine Wechselgröße aus dem Verhältnis der Scheitelwerte am Arbeitspunkt

$$\mu = \frac{\hat{B}}{\hat{H}} \qquad 1.28$$

Eine Auswahl von Materialwerten für die relative Permeabilität ist aus Tabelle 1.4 zu entnehmen.

Eine weitere wichtige Materialgröße ist die *Sättigungspolarisation* J_s angegeben in T (Tesla). Bei *weichmagnetischen* Materialien entspricht sie praktisch der *Sättigungsinduktion* B_s, da die *Sättigung* bereits bei kleinen magnetischen Feldstärken auftritt.

Neben den dort angegebenen Arten und Gewichtsanteilen der Beimischungen spielt die Kristallorientierung des Bleches eine entscheidende Rolle, vgl. auch [1.3]. Sie bestimmt den Abfall der relativen Permeabilität über der elektrischen Feldstärke und weniger den Sättigungswert absolut.

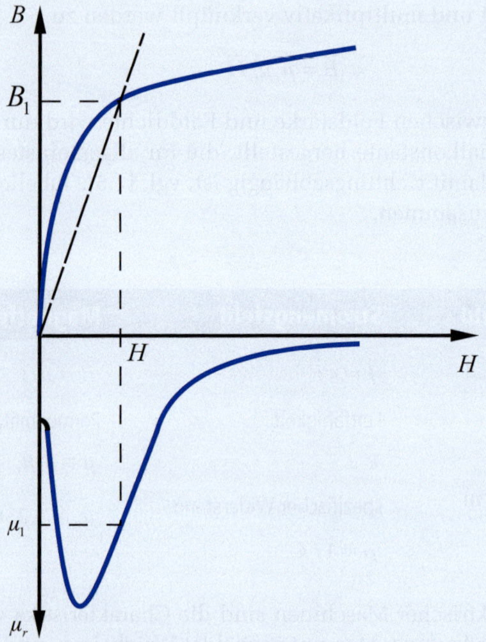

Abbildung 1.12 Magnetisierungskurve und Permeabilitätszahl

Die magnetische Polarisation J selbst kann dabei als Beitrag des Eisenmaterials zur Flussdichte aufgefasst werden, vgl. ▶Abbildung 1.13. Einige Beispielwerte sind Tabelle 1.5 zu entnehmen.

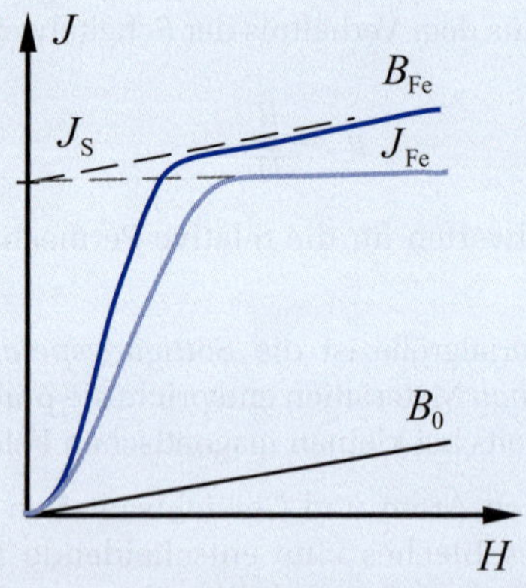

Abbildung 1.13 Polarisation und Felddichte

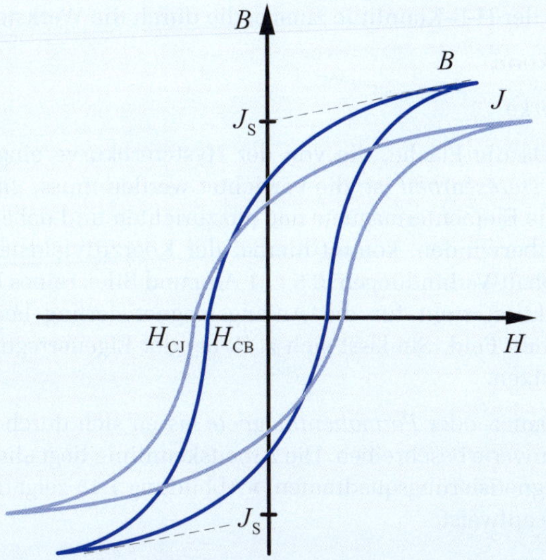

Abbildung 1.14 Hysteresekurve eines Weichmagneten

Tabelle 1.4: relative Permeabilitätszahlen

Material	μ_{rmax}
Co-Legierung	150.000
FeNi (75% Ni)	100.000
FeNi (50% Ni)	10.000
FeSi (3% Si)	1.500
Fe (100%)	1.000
Stahl	100 ... 300
Pulververbund	5 ... 800

Tabelle 1.5: Sättigungspolarisationen

Material	J_s in T
FeCo (35% Co)	2,43
Fe (100% Ni)	2,25
FeSi	2,0
FeNi (50% Ni)	1,6
Ni	0,6

Bei zeitlich wechselnder Magnetisierung des Werkstoffs tritt eine mehr oder weniger deutliche *Hysterese* der H-B-Kennlinie zutage, die durch die Werkstoffkennwerte

B_r - *Remanenzinduktion*

H_c - *Koerzitivfeldstärke*

beschrieben wird. Da die Fläche, die von der Hysteresekurve eingeschlossen wird, proportional zur *Hysteresearbeit* ist, die verrichtet werden muss, um innerhalb eines Hystereseumlaufs die Elementarmagnete neu auszurichten und dabei die magnetische Reibungsarbeit zu überwinden, kommt hierbei der Koerzitivfeldstärke eine zentrale Rolle zu, z. B. für Kobalt-Verbindungen: 0.5 ... 1 A/m und SiFe, reines Fe: 10 ... 100 A/m. Die Remanenzinduktion steht für die Anfangsmagnetisierung bei abgeschaltetem, äußerem magnetischen Feld. Sie lässt sich z. B. bei der Eigenerregung von Generatoren technisch ausnutzen.

Hartmagnete bzw. Dauer- oder *Permanentmagnete* lassen sich durch die bereits eingeführten Materialkennwerte beschreiben. Die Arbeitskennlinie liegt allerdings im 2. Quadranten, dem Entmagnetisierungsquadranten. ▶Abbildung 1.15 zeigt die H-B-Kurve, die eine große Hysterese aufweist.

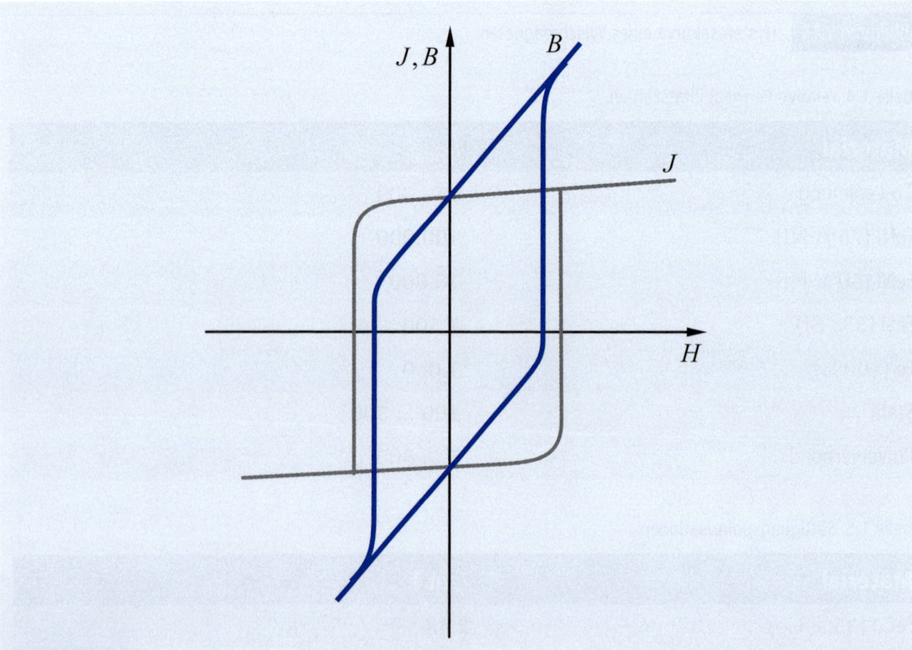

Abbildung 1.15 Hysteresekurve eines Permanentmagneten

Als Werkstoffe kommen infrage:

- Metalllegierungen aus Al, Co, Ni, Ti → AlNiCo
- Keramiken aus Fe-Oxiden (Ferrite)
- Seltene-Erden-Legierungen (SmCo, NdFeB)

Moderne Permanentmagnete weisen eine lineare Charakteristik im 2. Quadranten aus. Tabelle 1.6 gibt eine Auswahl an wichtigen Parametern für ausgewählte Permanentmagnete. Besonders zu beachten ist bei der Werkstoffauswahl bzw. bei der Dimensionierung mit Permanentmagneten die thermische Stabilität des Werkstoffes. Insbesondere bei energiestarken Magneten wie NdFeB werden Spurenbeimischungen von Dysprosium (Dy), Terbium (Tb) und Praseodym (Pr) zur Erhöhung der Koerzitivfeldstärke und damit zur thermischen Stabilisierung eingesetzt.

Tabelle 1.6: Materialkennwerte von Permanentmagneten

Material-Kennwert	Hartferrit	AlNiCo	SmCo	NdFeB
Remanenzfelddichte B_r (T)	0,4	1,3	1,1	1,4
Koerzitivfeldstärke H_c (kA/m)	260	140	800	1.000
Relative Permeabilität μ_r	1,3 ... 1,5	3 ... 5	1,05	1,08
Maximales Energieprodukt BH_{max} (kJ/m³)	30	50	240	320
Temperaturbereich T (°C)	−40...+250	−240...+400	−270...+350	−40...+200
Curietemperatur T_C (°C)	450	>700	>720	310
Temperaturkoeffizient der Remanenz $\Delta B_r/\Delta T$ (%/K)	−0,2	−0,02	−0,03	−0,12
Spezif. Widerstand ρ (Ωcm)	$10^6 ... 10^{10}$	$(40 ... 70)\cdot 10^{-6}$	$80\cdot 10^{-6}$	$160\cdot 10^{-6}$

1.1.4 Magnetfelder

Die Magnetfelder in Maschinen lassen sich grundsätzlich aufteilen in:

- die den Leistungsumsatz tragenden Luftspaltfelder, die die Leistung von einem zum anderen Maschinenhauptelement übertragen;
- die nicht am Leistungsumsatz beteiligten Streufelder, die aber meist Wirbelstromverluste und Geräusche in anderen Konstruktionsteilen der Maschine verursachen können.

In ruhenden Maschinen wie Transformatoren und Umformern ist in der Regel kein wesentlicher Luftspalt vorgesehen, dort übernimmt das Streufeld die Leistungsübertragung in Form einer elektromagnetischen Welle.

Aufgrund ihrer Bedeutung sollen nun die örtliche Verteilung und das zeitliche Verhalten der Luftspaltfelder behandelt werden, da sie sowohl für die Spannungs-, als auch für die Drehmomentbildung von großer Bedeutung sind.

Bevor eine systematische Behandlung der Luftspaltfelder erfolgt, werden einige abgeleitete Magnetfeldgrößen eingeführt.

Strombelag

Die örtliche Verteilung und zeitliche Änderung von Magnetfeldern wird bestimmt durch die räumliche Anordnung der stromdurchflossenen Leiter und die Art ihrer Stromspeisung. Für eine flächenhafte Strömung wird der Strombelag A eingeführt, der sich nach ▶Abbildung 1.16 als eine aus dem Durchflutungsgesetz abgeleitete Größe mit

$$H_t \, ds = A \, ds \tag{1.29}$$

bestimmen lässt.

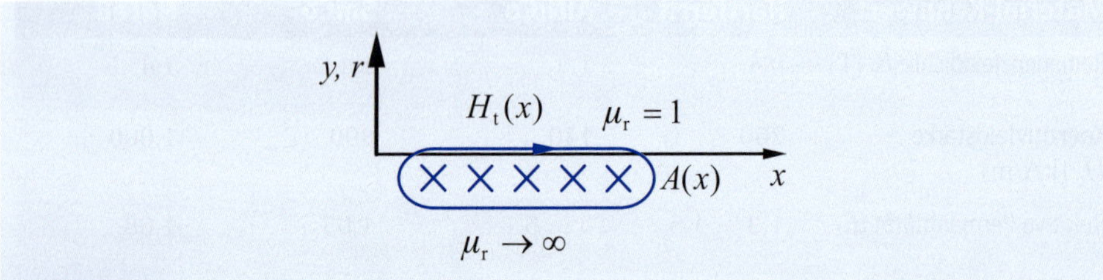

Abbildung 1.16 Strombelag und magnetische Feldstärke

Damit entspricht die Tangentialkomponente der magnetischen Feldstärke dem Strombelag. Mit Rückgriff auf das Durchflutungsgesetz lässt sich aus dem Leiter- oder Stabstrom I, multipliziert mit der Stabzahl z, bezogen auf die Länge x der Strombelag

$$A = \frac{z\,I}{x} = \frac{2\,m\,N\,I}{\pi\,D_i} \tag{1.30}$$

für eine über den gesamten Umfang bewickelte Maschine angeben. Die Stabzahl lässt sich bestimmen aus der Nutzahl N, der Phasenzahl m und bei Vollbewicklung der Maschine kann für die Länge x der Bohrungsumfang eingesetzt werden. Führt man noch die Polteilung τ_p ein als Mittenabstand zwischen zwei Magnetpolen

$$\tau_p = \frac{\pi \cdot D_i}{2p} \tag{1.31}$$

so ergibt sich der Gesamtstrombelag zu

$$A = \frac{m\,w\,I}{p\,\tau_p} \tag{1.32}$$

Nach Abbildung 1.16 wird vereinbart, dass die in die Ebene hineinfließenden Ströme einen positiven Beitrag zum Strombelag liefern. Positiv gezählt wird die Länge x in Rechtsdrehrichtung.

Felderregerkurve

Die *Felderregerkurve* erhält man nach Berechnung des magnetischen Spannungsabfalls V aus dem Strombelag A mit

$$V(x) = -\int_0^x A(x)\,dx \tag{1.33}$$

Die Felderregerkurve *V(x)* gibt dann an, welche magnetische Spannung an der Stelle x im Luftspalt zur Verfügung steht. Die Felderregerkurve wurde bereits in Kapitel 1.1.1 für verschiedene Wicklungsformen vorgestellt. Der dort stufige Verlauf kam aufgrund der diskreten Stromleiter bei Bildung des Integrationsweges zustande. Für eine analytische Weiterverwendung ist aber ein kontinuierlicher Verlauf vielfach von Vorteil. So kann der Strombelag jetzt auch als eine kontinuierlich verteilte Funktion aufgefasst werden. ▶Abbildung 1.17 zeigt den Übergang von der stufigen Plateau- zur Trapezfunktion bzw. von der Treppen- zur Dreieckfunktion.

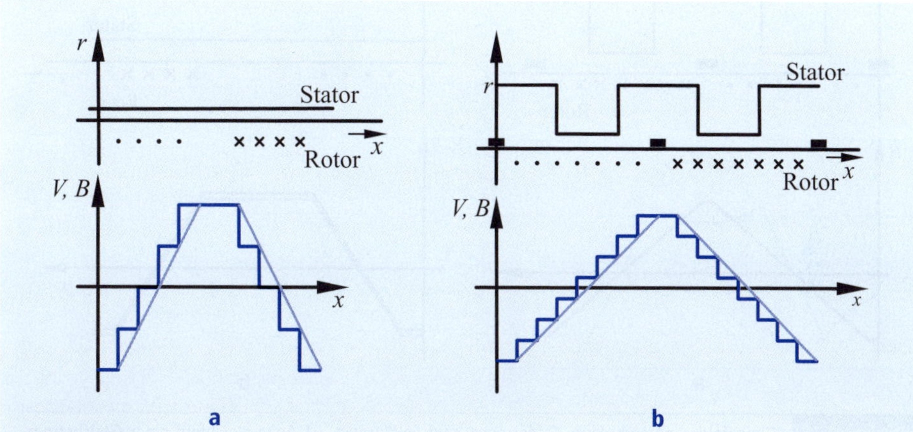

Abbildung 1.17 Feldkurvenfunktionen: a) Plateaufunktion, b) Treppenfunktion

Durchflutung

Die Durchflutung Θ ist die integrale Größe des Strombelags A, gebildet über eine Polteilung τ_p

$$\Theta = V(\tau_p) = -\int_0^{\tau_p} A(x)\,dx \qquad 1.34$$

Eine Überprüfung mit der rechten Handregel in Abbildung 1.17 ergibt, dass die Durchflutungsrichtung wieder stimmt.

Feldkurve

Aus der Felderregerkurve $V(x)$ bzw. dem magnetischen Spannungsabfall lässt sich die *Feldkurve* $B(x)$ im Luftspalt ermitteln:

$$B_\delta(x) = \frac{\mu_0}{\delta(x)} V_\delta(x) \qquad 1.35$$

Die räumliche Verteilung ist nun außer von der Felderregerkurve noch von der Luftspaltgeometrie $\delta(x)$ abhängig. Im Folgenden sollen die wichtigsten technischen Magnetfelder anhand der abgeleiteten Magnetfeldgrößen charakterisiert werden.

Gleichfelder

Gleichfelder entstehen, wenn der Strom I und damit der Strombelag A zeitlich konstant sind. Die flächige oder räumliche Verteilung des Strombelags A bzw. der Feldkurve B kann dabei jedoch vom Ort x abhängen. ▶Abbildung 1.18 zeigt zwei Beispiele.

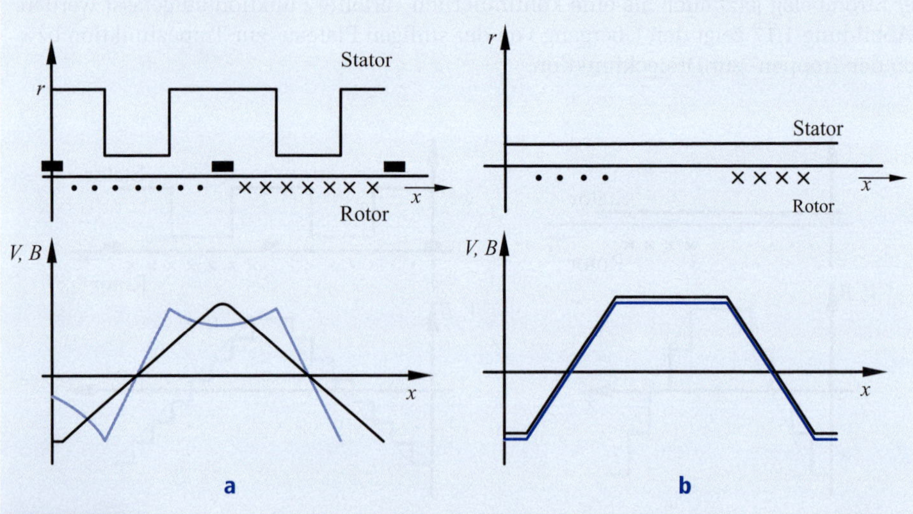

Abbildung 1.18 Gleichfelder: Strombeläge, Felderreger- und Feldkurven, a) Ankergleichfeld einer Gleichstrommaschine, b) Erregergleichfeld einer Vollpol-Synchronmaschine

Beispiel a) zeigt ein Ankergleichfeld, das durch einen gleichmäßigen Strombelag über einer Polteilung $A(x)=A$ hervorgerufen wird. Die Felderregerkurve $V(x)$ ergibt wegen der Integration eine lineare Abhängigkeit. Da der Luftspalt aber ebenfalls eine Funktion der Umfangskoordinate x ist, bekommt die Feldkurve eine von der Felderregerkurve abweichende Lageabhängigkeit. Eine gute Näherung ist durch die Grundwelle (1. Harmonische) als Funktion der Umfangskoordinate x mit

$$B_\delta(x) = \hat{B}_{\delta 1} \cos\left(x - x_0\right) \qquad 1.36$$

bzw. des Umfangswinkels γ durch

$$B_\delta(\gamma) = \hat{B}_{\delta 1} \cos\left(\gamma - \gamma_0\right) \qquad 1.37$$

beschreibbar.

Beispiel b) zeigt das Erregerfeld einer Vollpolmaschine, das durch einen gleichmäßigen Strombelag jetzt aber nur über einen Teil der Polteilung charakterisiert wird. Die Felderregerkurve $V(x)$ ergibt nach Integration einen trapezförmigen Verlauf. Da der Luftspalt bei Vollpol-Synchronmaschinen konstant ist, hat die Feldkurve $B(x)$ den gleichen Verlauf wie die Felderregerkurve. Auch hier ist die Beschreibung durch die Grundwelle zweckmäßig, die aber jetzt einen anderen Scheitelwert B_1 besitzt.

Wenn der Strombelag als diskrete Größe aufgefasst wird, da Stromleiter konzentriert in den Nuten untergebracht sind, erhält man anstelle der kontinuierlichen jeweils gestufte Felderreger- und Feldkurven, was der Realität näher kommt.

Wechselfelder

Wechselfelder entstehen, wenn sich der Strom I und damit der Strombelag A zeitlich ändern. Im Allgemeinen folgt dabei der zeitliche Verlauf einer Sinusfunktion. Die flächige oder räumliche Verteilung des Strombelags A bzw. der Feldkurve B kann aber noch zusätzlich vom Ort x abhängen. ▶Abbildung 1.19 zeigt ein Beispiel.[1]

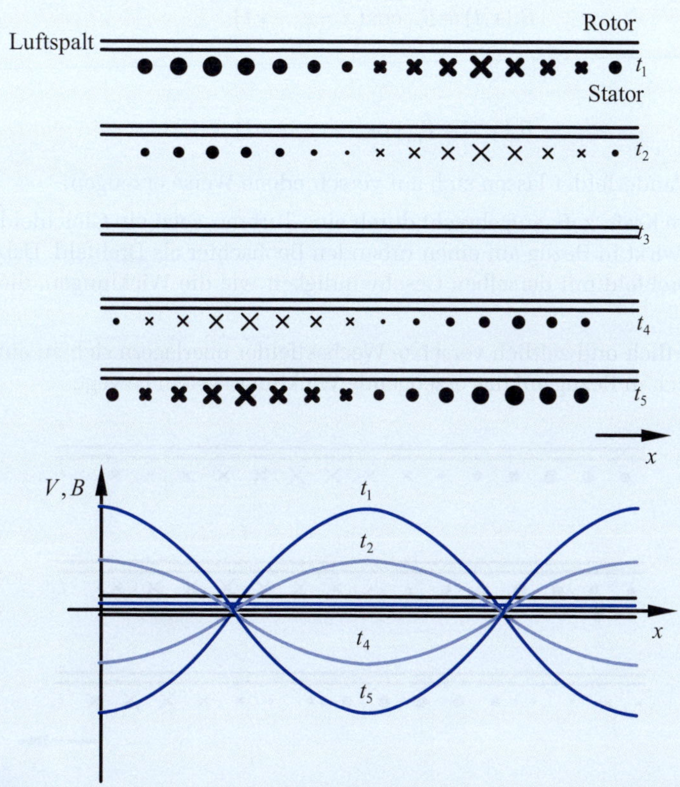

Abbildung 1.19 Wechselfelder: Strombeläge, Felderreger- und Feldkurven

Die Zeitfunktion des Stromes moduliert damit die örtlich abhängigen Funktionen von Strombelag, Felderreger- und Feldkurve. Für letztere kann man in Grundwellendarstellung schreiben

$$B_\delta(x,t) = \hat{B}_{\delta 1}\cos(\omega t)\cos(x - x_0) \qquad 1.38$$

bzw.

$$B_\delta(\gamma,t) = \hat{B}_{\delta 1}\cos(\omega t)\cos(\gamma - \gamma_0) \qquad 1.39$$

Es entsteht eine stehende Feldwelle, die immer an derselben Stelle einen Schwingungsknoten bzw. einen Schwingungsbauch aufweist. Für $\omega t = \pi/2$ verschwindet das Magnetfeld.

1 Für die Grundwelle des Strombelags (sinusförmig).

Drehfelder (Wanderfelder)

Drehfelder bzw. Wanderfelder sind bewegte Magnetfelder, die sich mit einer einstellbaren Geschwindigkeit durch den Luftspalt bewegen. Sie besitzen außerdem die bereits besprochene örtliche Abhängigkeit, sodass man ausgehend von Abbildung 1.20 rein formal schreiben kann

$$B_\delta(x,t) = \hat{B}_{\delta 1} \cos\left(x - x_0 - v\,t\right) \quad 1.40$$

bzw.

$$B_\delta(x,t) = \hat{B}_{\delta 1} \cos\left(\gamma - \gamma_0 - \omega\,t\right) \quad 1.41$$

Dreh- bzw. Wanderfelder lassen sich auf verschiedene Weise erzeugen:

- Eine äußere Kraft, z. B. aufgebracht durch eine Turbine, setzt ein Gleichfeld in Bewegung und wirkt in Bezug auf einen ruhenden Beobachter als Drehfeld. Dabei bewegt sich das Drehfeld mit derselben Geschwindigkeit wie die Wicklungen, die das Feld aufbauen.
- Mehrere örtlich und zeitlich versetzte Wechselfelder überlagern sich zu einem Drehfeld, das sich in Bezug auf das erzeugende Wicklungssystem bewegt.

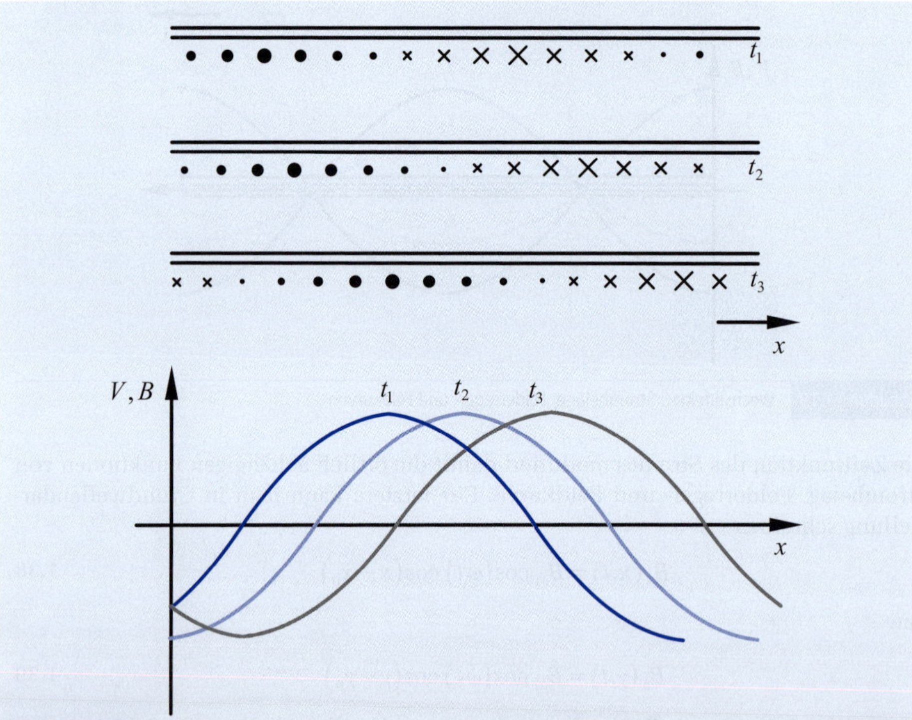

Abbildung 1.20 Drehfelder: Drehstrombeläge, Felderreger- und Feldkurven

Eine weiterführende Behandlung erfolgt in den Kapiteln 4 bis 6.

1.1.5 Magnetkreise

Zur Berechnung der Magnetkreise lassen sich das Durchflutungsgesetz, die Fluss- und Materialgesetze verwenden. Sie können zum einen zur Bestimmung der Magnetkreisabmessungen bei vorgegebenen Grenz- oder Betriebswerten von magnetischen Felddichten im Luftspalt oder in einzelnen Eisenabschnitten herangezogen werden oder zum anderen zur Kontrollrechnung bei gegebenen Magnetkreisabmessungen dienen. In vielen Fällen ist es zu Zwecken der Abschätzung ausreichend, näherungsweise von abschnittsweise konstanten Parametern bzw. homogenen Feldabschnitten auszugehen. Im Allgemeinen liegen in Maschinen und Transformatoren verzweigte Magnetkreise vor. Um das Grundsätzliche hervorzuheben, werden nachfolgend die Grundtypen unverzweigter Magnetkreise besprochen.

Allgemeiner unverzweigter Magnetkreis

Zunächst wird der allgemeinste Fall vorangestellt, in dem unterschiedliche Erregungen, elektrisch und permanentmagnetisch zusammenwirken und deren Durchflutung einen Magnetfluss durch weich- und hartmagnetische Magnetkreisabschnitte sowie Luftspalte nach ▶Abbildung 1.21 antreiben.

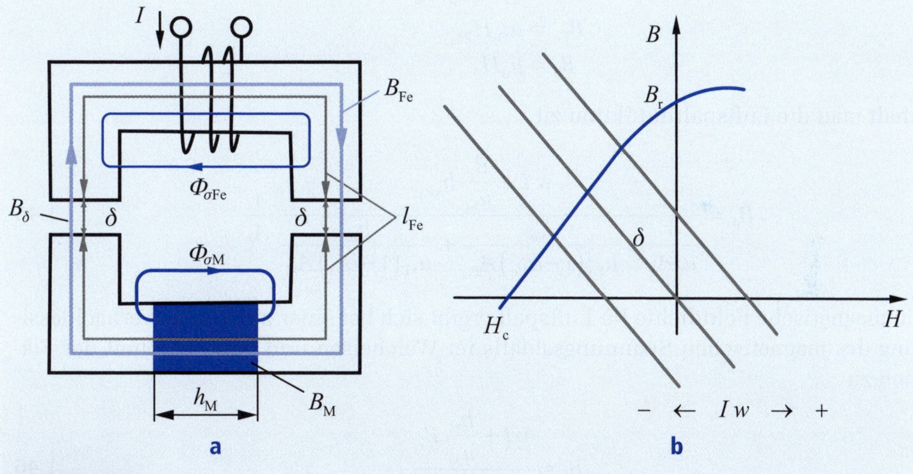

Abbildung 1.21 Allgemeiner unverzweigter Magnetkreis: a) Grundanordnung, b) Kennlinienscherung

Zu den Voraussetzungen zählt, dass:

- homogene Feldverhältnisse in den jeweiligen Feldabschnitten herrschen
- lineare Kennlinien der Werkstoffe gelten
- Magnetfeldstreuung im Weicheisen und im Permanentmagneten berücksichtigt wird

Zunächst wenden wir das Durchflutungsgesetz auf den Magnetkreis an

$$\oint H\,\mathrm{d}s = H_{\mathrm{M}} h_{\mathrm{M}} + H_{\mathrm{Fe}} l_{\mathrm{Fe}} + H_{\delta}\delta = I\,w \qquad 1.42$$

Realen Magnetkreisen kommt man näher, wenn man die Streuung im Weichmagneten und im Permanentmagneten berücksichtigt. Damit kann man auf einfache Weise bereits verzweigte Magnetkreise durch Streuwege berücksichtigen. Aus dem Flussgesetz bei vorhandenem Streufluss mit den Streufaktoren des Eisenstreuflusses $\sigma_{\mathrm{Fe}} = \Phi_{\sigma\mathrm{Fe}}/\Phi_{\delta}$ und des Permanentmagnet-Streuflusses

$$\sigma_{\mathrm{M}} = \Phi_{\sigma\mathrm{M}}/\Phi_{\delta}$$

ergibt sich

$$\Phi_{\delta} = B_{\delta}A_{\delta} = B_{\mathrm{Fe}}A_{\mathrm{Fe}}\left(1-\sigma_{\mathrm{Fe}}\right) \qquad 1.43$$
$$\Phi_{\delta} = B_{\delta}A_{\delta} = B_{\mathrm{M}}A_{\mathrm{M}}\left(1-\sigma_{\mathrm{M}}\right)$$

Danach kommen die Materialgesetze für den Permanentmagneten, den Weicheisenabschnitt und den Luftspalt zur Anwendung. Mit

$$B_{\mathrm{M}} = B_{\mathrm{r}} + \mu_{\mathrm{M}} H_{\mathrm{M}} \qquad 1.44$$
$$B_{\mathrm{Fe}} = \mu_{\mathrm{Fe}} H_{\mathrm{Fe}}$$
$$B_{\delta} = \mu_0 H_{\delta}$$

erhält man die Luftspaltinduktion zu

$$B_{\delta} = \frac{wI + \dfrac{B_{\mathrm{r}}}{\mu_{\mathrm{M}}} h_{\mathrm{M}}}{\dfrac{\delta}{\mu_0 A_{\delta}} + \dfrac{l_{\mathrm{Fe}}}{\mu_{\mathrm{Fe}}\left(1-\sigma_{\mathrm{Fe}}\right)A_{\mathrm{Fe}}} + \dfrac{h_{\mathrm{M}}}{\mu_{\mathrm{M}}\left(1-\sigma_{\mathrm{M}}\right)A_{\mathrm{M}}}} \frac{1}{A_{\delta}} \qquad 1.45$$

Die magnetische Felddichte im Luftspalt ergibt sich bei einer zulässigen Vernachlässigung des magnetischen Spannungsabfalls im Weicheisen und bei Gleichheit der Flächen zu

$$B_{\delta} \approx \frac{wI + \dfrac{h_{\mathrm{M}}}{\mu_{\mathrm{M}}} B_{\mathrm{r}}}{\delta + \dfrac{h_{\mathrm{M}}}{\mu_{\mathrm{M}}}} \qquad 1.46$$

Die im Luftspalt resultierende Felddichte kann also bei elektrisch erregten Energiewandlern durch Permanentmagnete verstärkt werden, wodurch sich der Strombedarf und damit die Wicklungsverluste begrenzen lassen.

Die magnetische Felddichte im Permanentmagneten errechnet sich zu

$$B_\mathrm{M} = \frac{wI + \dfrac{B_\mathrm{r}}{\mu_\mathrm{M}} h_\mathrm{M}}{\dfrac{\delta}{\mu_0 A_\delta} + \dfrac{l_\mathrm{Fe}}{\mu_\mathrm{Fe}\left(1-\sigma_\mathrm{Fe}\right)A_\mathrm{Fe}} + \dfrac{h_\mathrm{M}}{\mu_\mathrm{M}\left(1-\sigma_\mathrm{M}\right)A_\mathrm{M}}} \frac{1}{A_\mathrm{M}} \qquad 1.47$$

und unter denselben Randbedingungen der Flächengleichheit zu

$$B_\mathrm{M} = \mu_0 \frac{Iw + \dfrac{h_\mathrm{M}}{\mu_\mathrm{M}} B_\mathrm{r}}{\delta + \dfrac{h_\mathrm{M}}{\mu_\mathrm{rM}}} \qquad 1.48$$

Die letzte Beziehung lässt sich z. B. zur Kontrolle der Entmagnetisierungsgrenze in permanenterregten Maschinen unter Einfluss der Ankerrückwirkung nutzen.

Magnetkreise mit elektrischer Erregung

Elektrisch erregte Magnetfelder lassen sich durch Gleich- bzw. Wechselströme erzeugen. Es entstehen Gleich- bzw. Wechselfelder. Letzteres führt zum Durchfahren einer Hysteresekurve des magnetischen Werkstoffes. Bei elektrischer Erregung eines Magnetfelds werden ausschließlich weichmagnetische Materialien im Magnetkreis verwendet. Das Magnetfeld ist über den Strom steuerbar, die Feldstärken lassen sich beliebig steigern und das Feld kann ein- und abgeschaltet werden. Zur Erregung ist allerdings eine Energiezufuhr nötig und es entstehen stromabhängige Verluste, die eine Kühlung erforderlich machen. Die Berechnung des Magnetkreises mit elektrischer Erregung kann auf Basis eines einfachen Ersatzschaltbildes erfolgen, vgl. ▶Abbildung 1.22.

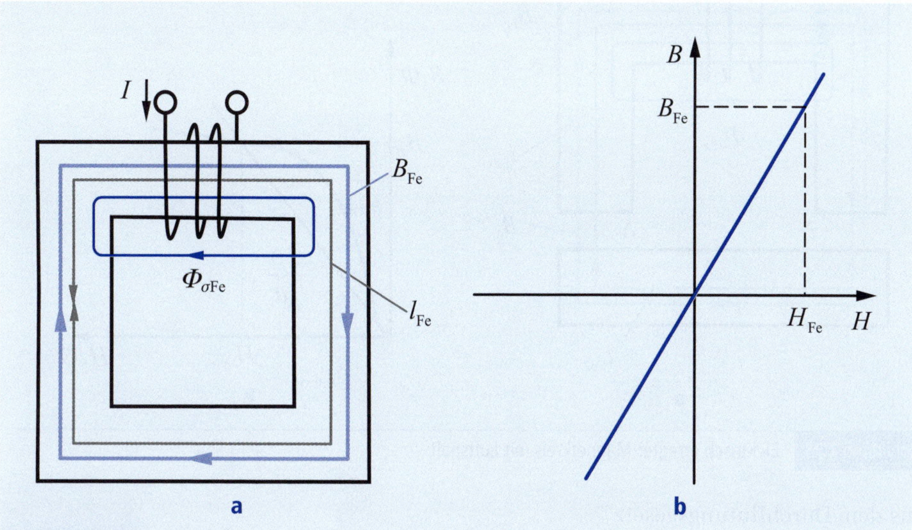

Abbildung 1.22 Elektrisch erregter Magnetkreis ohne Luftspalt: a) Modellanordnung, b) B-H-Kennlinie

Aus dem Durchflutungsgesetz

$$H_{\mathrm{Fe}} l_{\mathrm{Fe}} = I\,w \tag{1.49}$$

und dem Flussgesetz bei vorhandenem Streufluss mit Streufaktor $\sigma_{Fe} = \Phi_\sigma / \Phi_\mathrm{h}$ mit

$$\Phi_\mathrm{h} = B_\mathrm{h} A_\mathrm{h} = B_{\mathrm{Fe}} A_{\mathrm{Fe}} \left(1 - \sigma_{\mathrm{Fe}}\right) \tag{1.50}$$

sowie dem Materialgesetz

$$B_{\mathrm{Fe}} = \mu_{\mathrm{Fe}} H_{\mathrm{Fe}} \tag{1.51}$$

erhält man die Hauptfeldinduktion zu:

$$B_\mathrm{h} = \frac{I\,w}{\dfrac{l_{\mathrm{Fe}}}{\mu_{\mathrm{Fe}}\left(1-\sigma_{\mathrm{Fe}}\right) A_{\mathrm{Fe}}}} \tag{1.52}$$

Dieser einfache Magnetkreis ist typisch für Einphasentransformatoren. Bei Drehstromtransformatoren erfährt der Magnetkreis mehrere Verzweigungen. Es erfolgt eine Flussaufteilung unter Beachtung der Kirchhoff'schen Sätze.

In elektrischen Maschinen sind die beiden Hauptelemente stets durch einen Luftspalt getrennt, sodass die Modellanordnung nach ▶Abbildung 1.23 erweitert werden muss. Die B-H-Kennlinie wird jetzt geschert durch die Luftspaltgerade, beider Schnittpunkt legt den Arbeitspunkt fest.

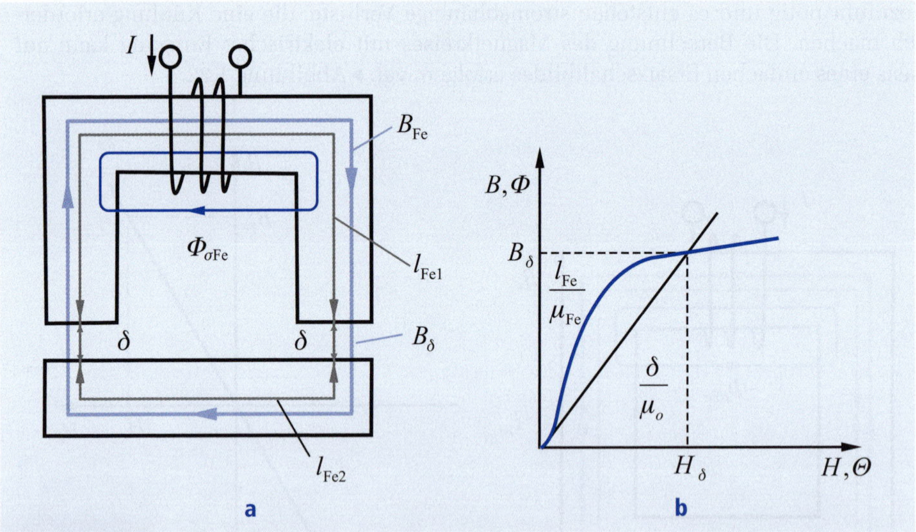

Abbildung 1.23 Elektrisch erregter Magnetkreis mit Luftspalt

Aus dem Durchflutungsgesetz

$$H_{\mathrm{Fe}} l_{\mathrm{Fe}} + H_\delta \delta = I\,w \tag{1.53}$$

und dem Flussgesetz bei vorhandenem Streufluss mit Streufaktor $\sigma_{Fe} = \Phi_\sigma / \Phi_\delta$ mit

$$\Phi_\delta = B_\delta A_\delta = B_{Fe} A_{Fe} \left(1 - \sigma_{Fe}\right) \tag{1.54}$$

sowie den Materialgesetzen

$$B_{Fe} = \mu_{Fe} H_{Fe} \tag{1.55}$$

$$B_\delta = \mu_0 H_\delta \tag{1.56}$$

erhält man die Luftspaltinduktion zu:

$$B_\delta = \frac{I\,w}{\dfrac{\delta}{\mu_0 A_\delta} + \dfrac{l_{Fe}}{\mu_{Fe}\left(1-\sigma_{Fe}\right) A_{Fe}}} \tag{1.57}$$

Ein solcher Magnetkreis stellt die Grundanordnung für ein Hauptelement elektrischer Maschinen dar

Beispiel 1.4: Elektrisch erregter Rotor

Der Rotor einer Elektromaschine trage eine konzentrierte Wicklung mit der Windungszahl w, die mit einem Gleichstrom I gespeist wird. Die von dieser stromdurchflossenen Wicklung aufgebaute Durchflutung betrage $\Theta = I\,w$. Durch die Durchflutung soll in einem Luftspalt der Breite δ=0,5 mm eine Luftspaltinduktion von B=1T aufgebaut werden. Der magnetische Widerstand des Elektroblechs in Rotor und Stator kann gegenüber dem magnetischen Luftspaltwiderstand vernachlässigt werden, wenn die Maschine nicht in der Sättigung betrieben wird ($R_{mFe} << R_{m\delta}$).

Mit dem Durchflutungsgesetz ergibt sich die notwendige Durchflutung von

$$\Theta = I\,w = \int_0^{l_{Fe}} H_{Fe}\,\mathrm{d}s + 2\int_0^{\delta} H_\delta\,\mathrm{d}s \approx 2 H_\delta \delta = \frac{2 B_\delta}{\mu_0}\delta$$

$$= \frac{2 \cdot 1\,\mathrm{T}}{4\pi \cdot 10^{-7}\,\dfrac{\mathrm{Vs}}{\mathrm{Am}}} 0{,}5\,\mathrm{mm} = 796\,\mathrm{A}$$

Das Ergebnis wird auch häufig in Amperewindungen (Aw) wiedergegeben.

Magnetkreise mit permanentmagnetischer Erregung

In permanentmagnetisch erregten Magnetkreisen werden neben weichmagnetischen Werkstoffen für den magnetischen Rückschluss Dauermagnete verwendet. Zur Magnetfelderregung ist keine Energiezufuhr nötig, es entstehen keine Stromwärmeverluste und es bedarf daher keiner Zusatzkühlung. Die magnetische Feldstärke ist allerdings nicht beliebig steigerbar und die Magnetfeldrichtung wird durch die Richtung des magnetischen Dipols festgelegt. Vielfach wirken im Magnetkreis elektrische und permanentmagnetische Erregung zusammen.

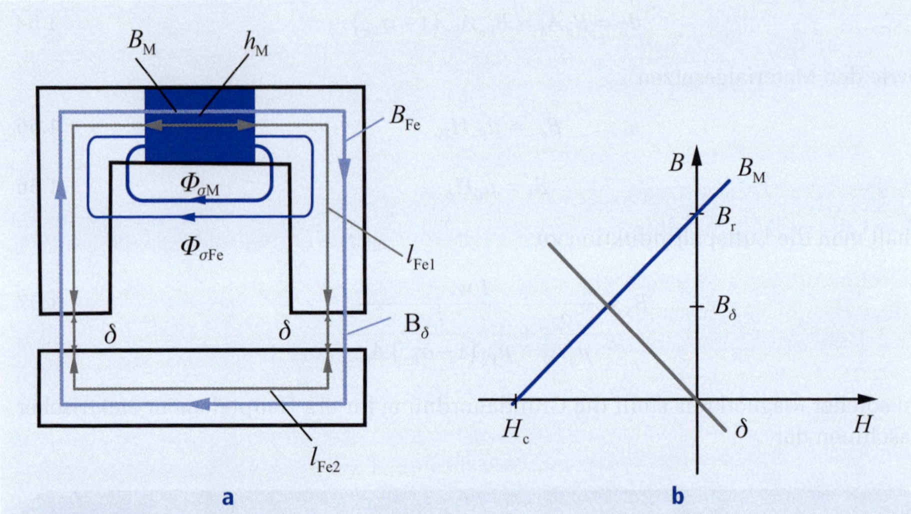

Abbildung 1.24 Permanentmagnetisch erregter Magnetkreis mit Luftspalt, a) Modellanordnung, b) Kennlinienscherung

Aus dem Durchflutungsgesetz

$$H_M h_M + H_{Fe} l_{Fe} + H_\delta \delta = 0 \tag{1.58}$$

und dem Flussgesetz bei vorhandenem Streufluss mit

$$\begin{aligned} \Phi_\delta &= B_\delta A_\delta = B_{Fe} A_{Fe} \left(1 - \sigma_{Fe}\right) \\ \Phi_\delta &= B_\delta A_\delta = B_M A_M \left(1 - \sigma_M\right) \end{aligned} \tag{1.59}$$

sowie den Materialgesetzen

$$\begin{aligned} B_M &= \mu_M H_M + B_r \\ B_{Fe} &= \mu_{Fe} H_{Fe} \\ B_\delta &= \mu_0 H_\delta \end{aligned} \tag{1.60}$$

erhält man die Luftspaltinduktion zu

$$B_\delta = \frac{\dfrac{B_r}{\mu_M} h_M}{\dfrac{\delta}{\mu_0 A_\delta} + \dfrac{l_{Fe}}{\mu_{Fe}\left(1-\sigma_{Fe}\right) A_{Fe}} + \dfrac{h_M}{\mu_M \left(1-\sigma_M\right) A_M}} \frac{1}{A_\delta} \tag{1.61}$$

Die magnetischen Felddichten im Permanentmagneten bzw. im Luftspalt ergeben sich bei einer zulässigen Vernachlässigung des magnetischen Spannungsabfalls im Eisen und bei Gleichheit der Flächen zu

$$B_M \approx \frac{h_M}{h_M + \delta} B_r \tag{1.62}$$

bzw.

$$B_\delta \approx \frac{\frac{h_M}{\mu_M} B_r}{\delta + \frac{h_M}{\mu_M}} = \frac{B_r}{1 + \mu_M \frac{\delta}{h_M}} \qquad 1.63$$

Beispiel 1.5: Permanentmagnetischer Rotor

Der Rotor einer Maschine sei permanentmagnetisch erregt. Im Luftspalt der Maschine mit δ=0,5 mm soll eine Luftspaltinduktion von B_δ=1 T herrschen. Die Remanenz des Permanentmagneten betrage B_r=1,2 T. Der magnetische Widerstand des Elektroblechs in Rotor und Stator kann gegenüber dem magnetischen Luftspaltwiderstand und dem des Permanentmagneten vernachlässigt werden, wenn die Maschine nicht in der Sättigung betrieben wird ($R_{mFe} << R_{m\delta}$, R_{mM}). Die Höhe des Permanentmagneten ist gesucht. (Hinweis: Der Rotor wird mit Oberflächenmagneten ausgeführt, die auf der Nord- und Südpolseite entgegengesetzt magnetisiert sind.)

Das Durchflutungsgesetz lautet jetzt

$$0 = H_{Fe} l_{Fe} + H_M 2h_M + H_\delta 2\delta \approx 2\left(H_M h_M + H_\delta \delta\right)$$

Die magnetische Feldstärke im Permanentmagneten wird bestimmt aus der Entmagnetisierungskennlinie mit

$$B_M = B_r + \mu_M H_M = B_\delta$$

zu

$$H_M = \frac{B_\delta - B_r}{\mu_M}$$

und ins Durchflutungsgesetz eingesetzt

$$0 = \frac{B_\delta - B_r}{\mu_M} h_M + \frac{B_\delta}{\mu_0} \delta$$

Die Permeabilitätszahl ist mit μ_{rM}=1,05 geringfügig größer als von Luft. Die Magnethöhe erhält man somit zu

$$h_M = \frac{B_\delta}{B_r - B_\delta} \frac{\mu_M}{\mu_0} \delta$$

$$= \frac{1\,\text{T}}{1{,}2\,\text{T} - 1\,\text{T}} \frac{1{,}05 \cdot 4 \cdot \pi \cdot 10^{-7} \frac{\text{Vs}}{\text{Am}}}{4 \cdot \pi \cdot 10^{-7} \frac{\text{Vs}}{\text{Am}}} 0{,}5\,\text{mm} = 2{,}62\,\text{mm}$$

Aus dem Ergebnis wird deutlich, dass man in diesem Fall auch mit einem um die Magnethöhe erweiterten Luftspalt hätte rechnen können, da sich Permanentmagnete paramagnetisch verhalten.

1.1.6 Induktionsgesetz

Physikalische Grundlage für die Spannungserzeugung in Maschinen ist das *Induktionsgesetz* (▶Abbildung 1.25). Bei zeitlicher Änderung des Magnetfeldes durch eine Fläche, die von einem gedachten oder tatsächlichen geschlossenen Weg umfasst wird, tritt längs dieses Weges eine Urspannung auf. Ist der Leiter nahezu geschlossen, erscheint eine Urspannung zwischen den Leiterenden, bezeichnet im Folgenden als Induktionsspannung u_i bzw. Quellenspannung u_q oder elektromotorische Kraft (EMK) e, wobei gilt: $e = -u_i$

Man verwende:

- e im Erzeugerzählpfeilsystem
- u im Verbraucherzählpfeilsystem.

Ist der Leiter geschlossen, fließt ein Strom im Leiter.

Tabelle 1.7: Induktionsgesetz

Integralform	Differentialform	Feldbild
$e = \oint \vec{E}\,d\vec{s} = -\int \frac{\delta \vec{B}}{\delta t} d\vec{A} = -\frac{d\Psi}{dt}$ $\oint \left(\vec{E} + \vec{v} \times \vec{B}\right) d\vec{s} = -\frac{d}{dt} \int_A \vec{B}\,d\vec{A}$	$\mathrm{rot}\vec{E} = -\frac{\delta \vec{B}}{\delta t}$	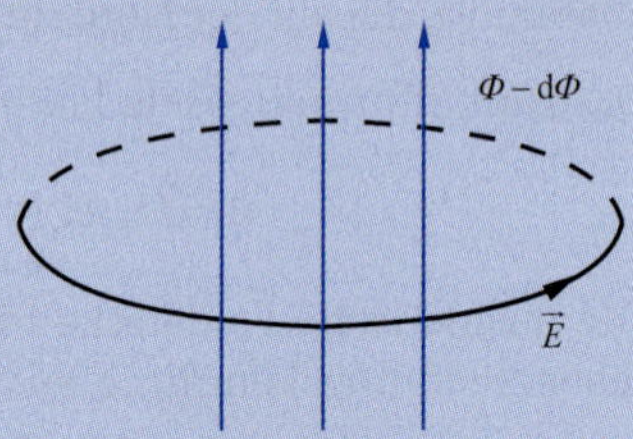 Abbildung 1.25: Feldbild

Liegt z. B. ein zeitveränderlicher Magnetfluss vor, so umwirbelt ein elektrisches Feld der Feldstärke E diesen Fluss (in abnehmender Richtung) gemäß einer Rechtsschraube nach ▶Abbildung 1.25 in Tabelle 1.7.

Ruheinduktion

Die Ruheinduktion wird dabei durch den 1. Term auf der rechten Gleichungsseite in Tabelle 1.7 wiedergegeben, wonach die Größe der Umlaufspannung bzw. der EMK e gleich dem magnetischen Schwund (negative Flussänderung) ist:

$$e = \oint \vec{E} \cdot d\vec{s} = -\int \frac{\partial \vec{B}}{\partial t} \cdot d\vec{A} = -\frac{d\Psi}{dt} \qquad 1.64$$

Die Vorzeichenfrage ist konventionsabhängig. In ▶Abbildung 1.26 ist der Ersatzstromkreis für eine Leiterschleife dargestellt, in der durch einen zeitlich veränderlichen Magnetfluss eine Umlaufspannung e induziert wird, die einen Strom i in angegebener Richtung antreibt. Nach den Rechenregeln im Stromkreis wird dann der Spannungsabfall u_i über der Leiterschleife zu

$$u_i = -e = -\oint \vec{E} \cdot d\vec{s} = \int \frac{\partial \vec{B}}{\partial t} \cdot d\vec{A} = \frac{d\Psi}{dt} \qquad 1.65$$

und erhält ein entgegengesetztes Vorzeichen, da er der Richtung des angetriebenen Stroms entgegen festgelegt wurde. Diese Festlegung erleichtert später das Einfügen der Spannungsquelle in die Ersatzschaltbilder von Transformatoren und Maschinen.

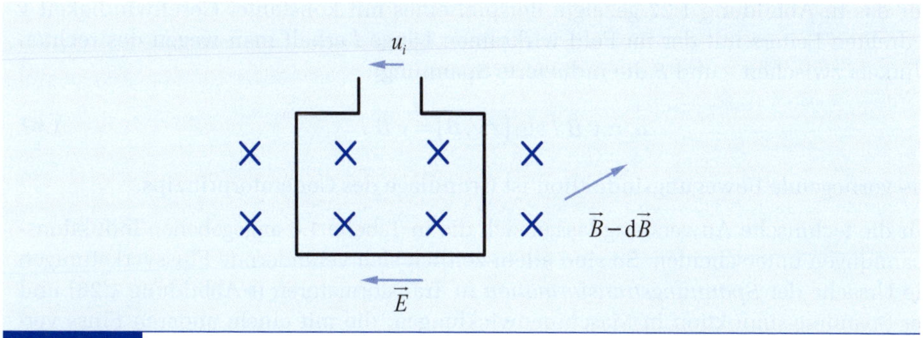

Abbildung 1.26 Ruheinduktion in einer Leiterschleife

Bewegungsinduktion

Andererseits entsteht bei Bewegung einer Leiterschleife oder Spule in einem Magnetfeld konstanter Felddichte eine Spannung. Ursache dafür ist die Bewegung der in der Leiterschleife befindlichen Ladungsträger auf die die Lorentzkraft ausgeübt wird. Die dabei entstehende Ladungsverschiebung sorgt für eine messbare Spannung an den Klemmen, vgl. auch [1.2]. Die Lorentzkraft mit

$$\vec{F} = q\left(\vec{v} \times \vec{B}\right),$$

die später noch für die Drehmomentbildung eine Rolle spielt, verschiebt dabei die positiven Ladungsträger im Sinne eines Rechtsdreibeins zu den Klemmen, so dass sich der in ▶Abbildung 1.27 angegebene Spannungsabfall u_i ergibt. Die mathematische Formulierung wird mit der 2. Integralform des Induktionsgesetzes abgedeckt, wobei die rechte Seite der Gleichung in Tabelle 1.7 wegen der konstanten Felddichte zu Null wird, sodass folgt

$$e = \oint \vec{E} \cdot \mathrm{d}\vec{s} = -\int \left(\vec{v} \times \vec{B}\right) \mathrm{d}\vec{s} \qquad 1.66$$
$$u_\mathrm{i} = \int \left(\vec{v} \times \vec{B}\right) \cdot \mathrm{d}\vec{s}$$

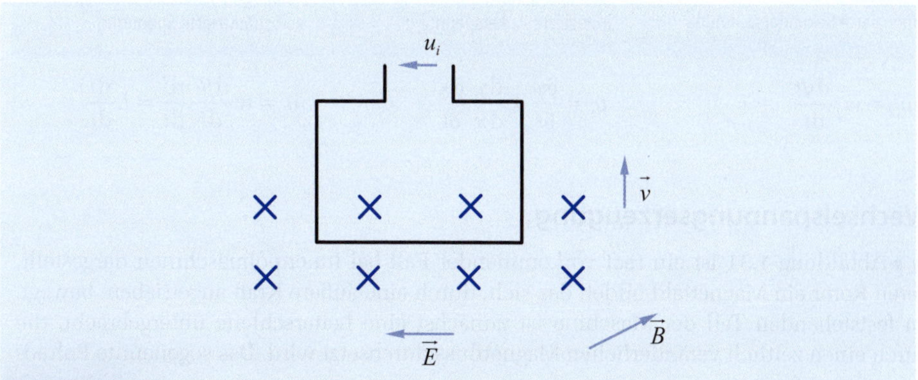

Abbildung 1.27 Spannungsinduktion in einer bewegten Leiterschleife

Für das in Abbildung 1.27 gezeigte Beispiel eines mit konstanter Geschwindigkeit v gedrehten Leiters mit der im Feld wirksamen Länge l erhält man wegen des rechten Winkels zwischen v und B die induzierte Spannung:

$$u_i = v\,B\,l\,\sin\left(\angle\vec{v},\vec{B}\right) = v\,B\,l \qquad 1.67$$

Die vorliegende Bewegungsinduktion ist Grundlage des Generatorprinzips.

Für die technische Anwendung lassen sich die in Tabelle 1.8 angegebenen Induktionsspannungen unterscheiden. So sind allein zeitlich sich verändernde Flussverkettungen die Ursache der *Spannungstransformation* in Transformatoren (▶Abbildung 1.28) und der Spannungsinduktion in Maschinenwicklungen, die mit einem anderen Fluss verkettet sind. Bei Verkettung mit dem eigenen zeitlich veränderlichen Magnetfluss entsteht eine *Selbstinduktionsspannung*, so wie sie auch von stromdurchflossenen Spulen bekannt ist (▶Abbildung 1.30). Eine *Bewegungsspannung* wird in einer Maschinenwicklung dann entstehen, wenn zwischen einer räumlich verteilten Magnetfeldwelle und einer Wicklung, die von ihr durchsetzt wird, eine Relativbewegung besteht (▶Abbildung 1.29). Da ein zeitlich veränderliches Magnetfeld eine Spannungsinduktion verursacht, entstehen auch zeitlich veränderliche Induktionsspannungen.

Tabelle 1.8: Vorkommen der Induktionsspannungen

Transformationsspannung	**Bewegungsspannung**	**Selbstinduktionsspannung**
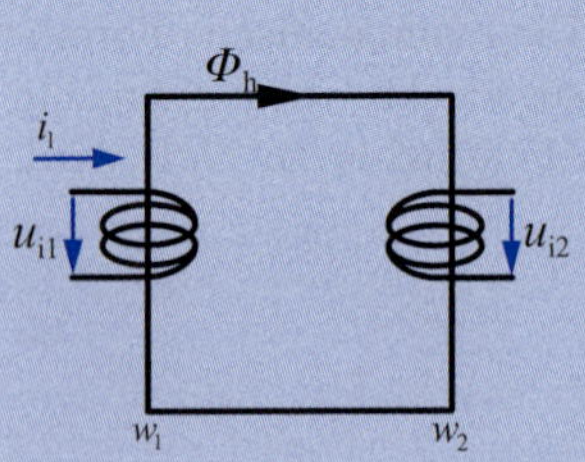 Abbildung 1.28: induzierte Sekundärspannung	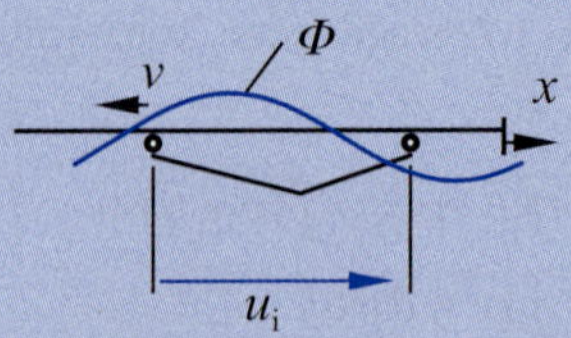 Abbildung 1.29: induzierte Ankerspannung	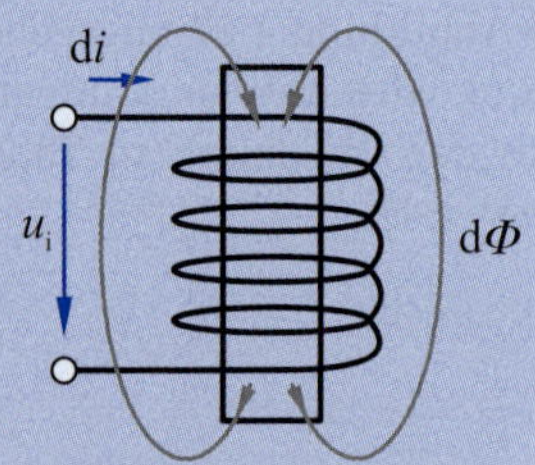 Abbildung 1.30: selbstinduzierte Spannung
$u_{i2} = w_2 \dfrac{d\Phi}{dt}$	$u_i = \dfrac{\delta\psi}{\delta t} + \dfrac{d\psi}{dx}\dfrac{\delta x}{\delta t}$	$u_i = w\dfrac{d\Psi}{di}\dfrac{di}{dt} = L\dfrac{di}{dt}$

Wechselspannungserzeugung

In ▶Abbildung 1.31 ist ein real vorkommender Fall bei Innenpolmaschinen dargestellt, deren Rotor ein Magnetfeld bildet, das sich, durch eine äußere Kraft angetrieben, bewegt. Im feststehenden Teil der Maschine ist zunächst eine Leiterschleife untergebracht, die durch einen zeitlich veränderlichen Magnetfluss durchsetzt wird. Das sogenannte Polradfeld, das sowohl elektrisch als auch permanentmagnetisch erzeugt werden kann, besitzt eine nahezu sinusförmige räumliche Verteilung und bewegt sich mit der Winkelgeschwindigkeit ω_d durch den Luftspalt der Maschine mit

$$B = \hat{B}\cos\left(\omega_\mathrm{d} t - \gamma\right) \qquad 1.68$$

die über die Hüllfläche aufsummiert den Magnetfluss mit

$$\Phi = \int_{\tau_\mathrm{p}} B \mathrm{d}A = \int \hat{B}\cos\left(\omega_\mathrm{d} t - \gamma\right)\mathrm{d}A \qquad 1.69$$

ergibt. Der Winkel folgt sodann als Integral der Winkelgeschwindigkeit mit

$$\vartheta = \int \omega_\mathrm{d}\, \mathrm{d}t + \vartheta_0$$

Die Hüllfläche und dessen Differential ergeben sich aus den Abmessungen zu

$$A = l \cdot x = l \cdot \frac{\tau_\mathrm{p}}{\pi}\vartheta \qquad 1.70$$

$$\mathrm{d}A = l\frac{\tau_\mathrm{p}}{\pi}\mathrm{d}\vartheta$$

Integriert wird über die Polteilung bzw. die halbe Bogenlänge

$$\Phi = \frac{\tau_\mathrm{p}}{\pi} l \int_{\vartheta-\pi/2}^{\vartheta+\pi/2} \hat{B}\cos\vartheta\,\mathrm{d}\vartheta = \frac{\tau_\mathrm{p}}{\pi} l \hat{B}\sin\vartheta \,\Big|_{\vartheta-\pi/2}^{\vartheta+\pi/2} \qquad 1.71$$

$$= \frac{\tau_\mathrm{p}}{\pi} l \hat{B}\left(\sin\left(\vartheta + \pi/2\right) - \sin\left(\vartheta - \pi/2\right)\right)$$

$$= \frac{2}{\pi}\tau_\mathrm{p} l \hat{B}\cos\vartheta$$

Für die in der Leiterschleife induzierte Spannung gilt wegen der raumfesten Leiteranordnung

$$u_\mathrm{i} = \frac{\mathrm{d}\Phi}{\mathrm{d}\vartheta}\cdot\frac{\mathrm{d}\vartheta}{\mathrm{d}t} = -\hat{\Phi}\cdot\Omega\cdot\sin\vartheta \qquad 1.72$$

Erweitert man die Leiterschleife zu einer Strangwicklung in Form einer verteilten Drehstromwicklung, so wird die tatsächlich induzierte Spannung etwas geringer, als durch die Windungszahl w (entspricht Reihenschaltung von Leiterschleifen) wiedergegeben wird, was durch den *Wicklungsfaktor* ξ berücksichtigt wird.

$$u_\mathrm{i} = \frac{\mathrm{d}\Psi}{\mathrm{d}t} = w\cdot\xi\frac{\mathrm{d}\Phi}{\mathrm{d}t} = -w\xi\hat{\Phi}\Omega\sin\vartheta \qquad 1.73$$

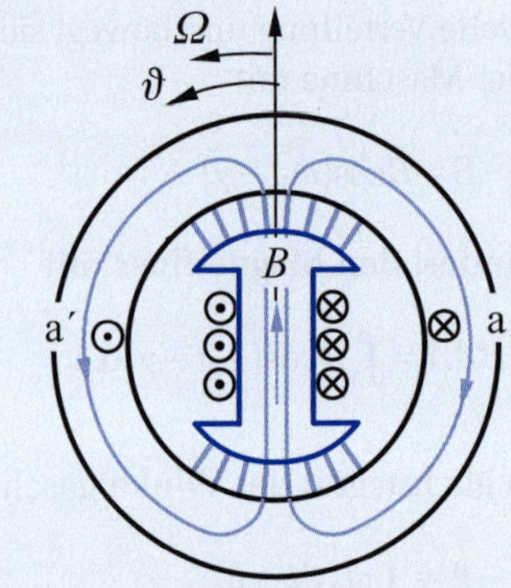

Abbildung 1.31 Spannungsinduktion mit Innenpolvariante

Die induzierte Spannung ist abhängig von der Winkelgeschwindigkeit des Polrades und der Magnetflussamplitude. In realen elektrischen Maschinen werden w Einzelspulen, die am Umfang der Ständerbohrung angeordnet sind, z. B. in Reihe geschaltet, sodass sich die resultierende Induktionsspannung aus der Summe der zeitlich versetzten Einzelspannungen ergibt.

Beispiel 1.6: Generatorspannung

Ein hochpoliger Synchrongenerator für Windenergieanlagen soll bei einer typischen Drehzahl von 20 min^{-1} eine Spannung von 400 V_{eff} bei 50 Hz abgeben. Er besitzt eine Wirkfläche, bestehend aus Polteilung × Länge von 0,05 m × 0,05 m. Zu bestimmen ist die Windungszahl der Ankerwicklung, wenn eine Luftspaltinduktion mit dem Scheitelwert von 1 T angenommen werden kann.

Der Effektivwert der Spannung berechnet sich bei Anwendung der Gl. 1.73 zu

$$U_\mathrm{i} = \frac{1}{\sqrt{2}} w \xi \frac{2}{\pi} l\, \tau_\mathrm{p} \hat{B}\, \Omega$$

Für den Wicklungsfaktor kann man bei einer 2-Schichtwicklung den Faktor 0,95 einsetzen, sodass sich eine Windungszahl ergibt von

$$\begin{aligned} w &= \frac{\sqrt{2} U_\mathrm{i}}{l\, \tau_\mathrm{p} \xi} \frac{\pi}{2} \frac{1}{\hat{B}} \frac{1}{2\pi n} \\ &= \frac{\sqrt{2} \cdot 400\,\mathrm{V}}{0.025\,\mathrm{m}^2 \cdot 0.95} \frac{\pi}{2} \frac{1}{1\,\mathrm{T}} \frac{1}{2\pi 50\,\mathrm{s}^{-1}} = 113 \end{aligned}$$

Das Beispiel einer Außenpolvariante zeigt ▶Abbildung 1.32.

Im Stator befinden sich die Hauptpole mit konzentrierten Erregerwicklungen über die ein Gleichfeld mit konstanter Ortsverteilung aufgebaut wird. Der Rotor trägt die Ankerwicklung, deren Enden mit Schleifringen verbunden sind und die über mechanische Kontakte mittels Bürsten den Strom übertragen.

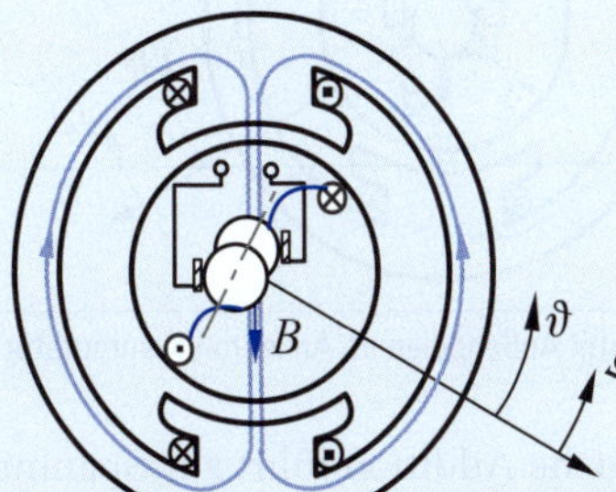

Abbildung 1.32 Spannungsinduktion mit Außenpolvariante

Der Anker dreht sich im Gleichfeld. Damit ändert sich die vom Fluss durchsetzte Fläche nach

$$\mathrm{d}A = D_\mathrm{i}\, l_\mathrm{i}\, \cos\vartheta\, \mathrm{d}\vartheta = \frac{2\tau_\mathrm{p}}{\pi} l_\mathrm{i} \cos\vartheta\, \mathrm{d}\vartheta \qquad 1.74$$

Der von der Ankerschleife erfasste Fluss wird wieder aus dem Flächenintegral bestimmt

$$\Phi = \frac{\tau_\mathrm{p}}{\pi} l_\mathrm{i} \hat{B} \int\limits_{\vartheta-\pi/2}^{\vartheta+\pi/2} \cos\vartheta\, \mathrm{d}\vartheta = \hat{\Phi} \cos\vartheta \qquad 1.75$$

Damit erhält man für die induzierte Spannung dasselbe Ergebnis wie bei der Innenpolvariante.

Gleichspannungserzeugung

Die Erzeugung einer Gleichspannung basiert auf dem oben gezeigten Prinzip der Wechselspannungserzeugung. Bei der Außenpolvariante nach ▶Abbildung 1.33 wird im Stator ein elektrisch erregtes Magnetfeld aufgebaut, der Rotor trägt die Ankerspule mit Stromwender.

Zur Gleichrichtung ist es erforderlich einen Stromwender bestehend aus Kommutator und Bürsten vorzusehen, so dass eine Gleichrichtspannung bestehend aus zwei positiven Halbschwingungen entsteht. Die gleichgerichtete Spannung beträgt dann

$$u_\mathrm{i} = \frac{2}{\pi} \tau_\mathrm{p}\, l_i\, B\, \Omega |\sin\vartheta| \qquad 1.76$$

für eine Ankerschleife. Bei der Ankerwicklung liegt wieder eine räumliche Verschiebung der einzelnen Ankerwicklungsteile vor, die hier in Reihe geschaltet sein sollen.

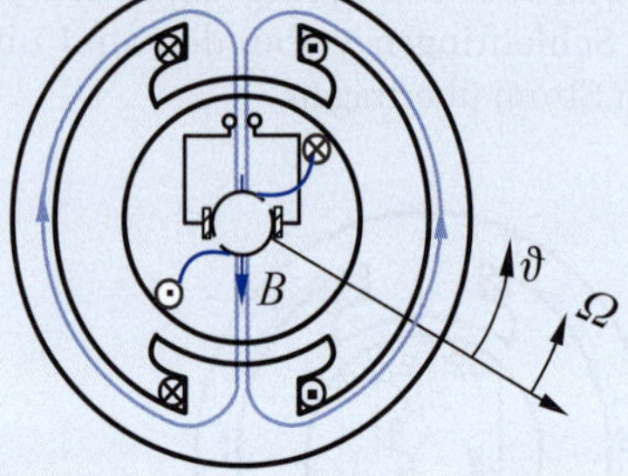

Abbildung 1.33 Spannungsinduktion mit Außenpolen im Anker mit Kommutator

Diese Verschiebung und mehrfache Addition führt zur Spannungserhöhung und gleichzeitigen Glättung der Gesamtspannung, so dass eine mittlere Spannung von

$$U_\mathrm{i} = \frac{2}{\pi} \Phi \Omega \tag{1.77}$$

entsteht. Der tatsächliche Verlauf besitzt dann allerdings eine gewisse Restwelligkeit.

Drehspannungen

Die Induktion einer Drehspannung als Grundlage der modernen Drehstromübertragungssysteme wird möglich, wenn Wechselspannungen in räumlich verteilten Spulen oder Wicklungen erzeugt werden. Hierzu gibt es wieder mehrere Möglichkeiten.

Das Beispiel einer Innenpolvariante zeigt ▶Abbildung 1.34. Der Stator trägt eine Drehstromwicklung, in der das rotierende elektrisch erregte Polradfeld dreiphasige Wechselspannungen induziert, deren räumliche Verteilung um 120° versetzt ist. Damit sind auch die Wechselspannungen um 120° elektrisch zueinander verschoben.

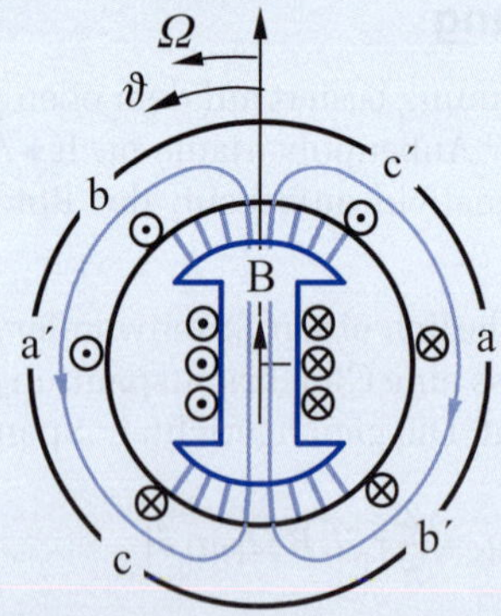

Abbildung 1.34 Drehspannungserzeugung mit Innenpolvariante

Das Prinzip entspricht dem eines Schenkelpol-Synchrongenerators.

Das Beispiel einer Außenpolvariante zeigt ▶Abbildung 1.35. Stator und Rotor tragen beide Drehstromwicklungen. Die drehstromgespeisten Wicklungen im Stator erzeugen ein Drehfeld, das mit Drehfelddrehzahl umläuft und in den Drehstromwicklungen des Rotors Drehspannungen induziert. Zwischen Drehfeldfrequenz und Umlauffrequenz des Rotors muss eine Relativgeschwindigkeit vorliegen, da sonst keine Spannungen induziert werden können.

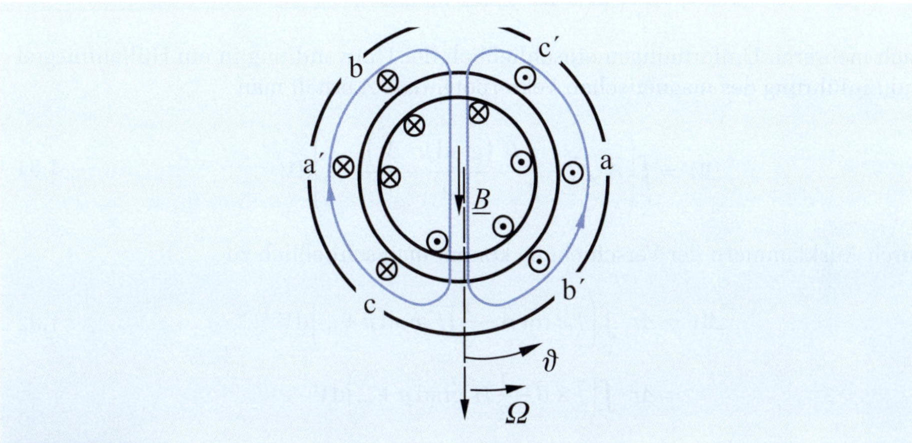

Abbildung 1.35 Drehspannungserzeugung mit Innen- und Außenpolvariante

Das Prinzip findet Anwendung in Asynchronmaschinen.

1.1.7 Kraftwirkungsgesetz

Allgemeiner Ansatz

Der Magnetfluss Φ bzw. dessen Dichte B ist für die Kraft- bzw. Drehmomentbildung in Maschinen, insbesondere im Luftspalt, von Bedeutung, da dort der Leistungsumsatz geschieht. In elektrischen Maschinen werden folgende Kraftwirkungen ausgenutzt:

- Kräfte auf stromdurchflossene Leiter (*Lorentzkraft*)
- Kräfte an Grenzflächen (*Maxwellkraft*)
- Kräfte auf Permanentmagnete
- Kräfte auf Weicheisenmagnete

Diese verschiedenen Wirkungen lassen sich in einem gemeinsamen feldtheoretischen Ansatz zusammenbringen. Ausgangspunkt ist die im Magnetfeld gespeicherte Energie mit

$$W = \frac{1}{2}\int_V \vec{B}\cdot\vec{H}\,\mathrm{d}V = \frac{1}{2}\int_V \frac{\vec{B}^2}{\mu}\,\mathrm{d}V \qquad 1.78$$

Verschiebt man einen Körper unter Krafteinwirkung F um Δr, so ändert sich der Energieinhalt gemäß

$$\Delta W = \vec{F} \cdot \Delta\vec{r} \tag{1.79}$$

und lässt sich nach [1.7] in einer Reihenentwicklung darstellen mit

$$\Delta W = \int_V \left(\frac{\vec{B} \cdot \Delta\vec{B}}{\mu} - \frac{1}{2} \frac{\vec{B}^2\, \Delta\mu}{\mu^2} + \ldots \right) \mathrm{d}V \tag{1.80}$$

Nach mehreren Umformungen einschließlich der Umwandlung in ein Hüllenintegral und Einführung des magnetischen Vektorpotentials A erhält man

$$\Delta W = \int_V \left(\vec{A} \cdot \Delta\vec{J} - \frac{1}{2} \frac{\vec{B}^2 \left(\operatorname{grad} \mu \cdot \Delta\vec{r} \right)}{\mu^2} + \ldots \right) \mathrm{d}V \tag{1.81}$$

Durch Ausklammern der Verschiebung kommt man schließlich zu

$$\begin{aligned} \Delta W &= \Delta\vec{r} \cdot \int_V \left(\vec{J} \times \operatorname{rot} \vec{A} - \frac{1}{2} \vec{H}^2 \operatorname{grad} \mu + \ldots \right) \mathrm{d}V \\ &= \Delta\vec{r} \cdot \int_V \left(\vec{J} \times \vec{B} - \frac{1}{2} \vec{H}^2 \operatorname{grad} \mu + \ldots \right) \mathrm{d}V \end{aligned} \tag{1.82}$$

Damit lässt sich die Volumenkraftdichte aus dem Volumenintegral herauslösen und man kann schreiben:

$$\vec{\tau} = \frac{\mathrm{d}\vec{F}}{\mathrm{d}V} = \vec{J} \times \vec{B} - \frac{1}{2} \vec{H}^2 \operatorname{grad} \mu \tag{1.83}$$

Den Gesamtkraftvektor erhält man nach Lösung des Volumenintegrals mit

$$\vec{F} = \int_V \vec{\tau}\, \mathrm{d}V = \int_V \left(\vec{J} \times \vec{B} - \frac{1}{2} \vec{H}^2 \operatorname{grad} \mu \right) \mathrm{d}V \tag{1.84}$$

das sowohl die Kraft bei Ladungsbewegung als auch bei Änderungen der Permeabilität z. B. an Grenzflächen beschreibt. Im Folgenden sollen nun die für elektrische Maschinen abgeleiteten und handhabbaren Zusammenhänge beschrieben werden.

Lorentzkräfte (elektrodynamische Kraft)

Diese Kraftwirkung ist an die Existenz frei beweglicher Ladungen, elektrischen Strom I, gebunden und erfordert ein äußeres Magnetfeld B, elektrisch oder permanentmagnetisch erzeugt. Die Kraft F auf stromdurchflossene Leiter im Magnetfeld bestimmt sich aus den Grundgrößen des elektromagnetischen Feldes gemäß

$$\vec{F} = \int_V \left(\vec{J} \times \vec{B} \right) \mathrm{d}V \tag{1.85}$$

Dieser Zusammenhang lässt sich mit dem Stromdichteintegral

$$I = \int \vec{J} \cdot \mathrm{d}\vec{A} \tag{1.86}$$

und dem Volumendifferential

$$\mathrm{d}V = \vec{l} \cdot \mathrm{d}\vec{A} \qquad 1.87$$

überführen in die Lorentzkraftgleichung

$$\vec{F} = I\left(\vec{l} \times \vec{B}\right) \qquad 1.88$$

mit dem Betrag

$$F = I \; l \; B \sin\left(\angle \vec{l}, \vec{B}\right) \qquad 1.89$$

Der Betrag der Kraft wird durch die elektromagnetischen Größen Stromstärke I und Felddichte B sowie die Abmessung Leiterlänge l bestimmt. In der Regel beträgt der Winkel zwischen Längen- und Feldvektor 90°.

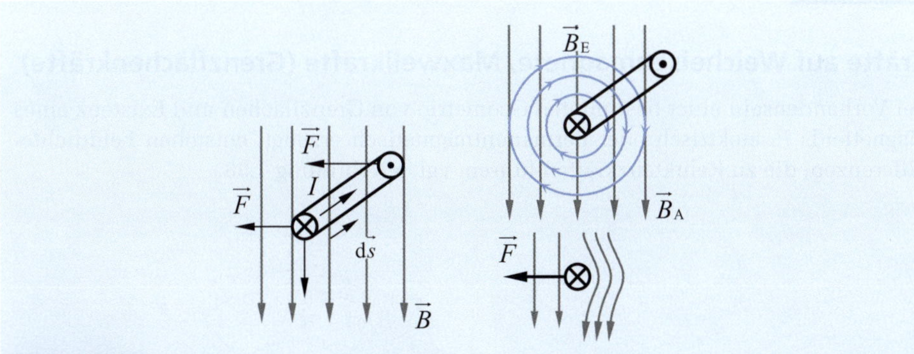

Abbildung 1.36 Lorentzkraft

Die Richtung der Kraft kann nach der Rechten-Handregel 1-I; 2-B; 3-F bestimmt werden und lässt sich mit dem Querdruck und Längszug auf Flussröhren erklären, der durch Überlagerung des Eigenmagnetfeldes mit dem äußeren Magnetfeld entsteht (▶Abbildung 1.36).

Kräfte auf Permanentmagnete

Aus der Lorentzkraft kann man durch Vertauschen von actio und reactio die von einem elektrisch erregten Magnetfeld ausgeübte Kraft auf einen Permanentmagneten berechnen, die sich ergibt zu

$$\vec{F} = -\int_V \vec{H} \cdot \operatorname{div} \vec{J}_{\mathrm{M}} \, \mathrm{d}V \qquad 1.90$$

Zur Erklärung dient die Anordnung in ▶Abbildung 1.37. Die auf den Permanentmagneten ausgeübte Kraft ist Null, wenn die magnetische Polarisation J_{M} mit der der elektrischen Feldstärke H übereinstimmt. Dann ist der energetisch günstigste Zustand eingestellt. Zur Kraftrichtung kann postuliert werden, dass nach Gl. 1.90 diese immer so wirkt, dass sie die Polarisationsrichtung des Permanentmagneten mit der des äußeren Magnetfeldes H in Übereinstimmung bringen will. D. h. der Permanentmagnet versucht von Winkelstellung 0° auf 90° einzuschwenken. Alternativ kann man sich die Anschauung zunutze machen, dass den Vektor der magnetischen Polarisation gemäß der Rechtsschraube Ringströme umgeben. Damit lässt sich die Kraftwirkung zwischen zwei Stromschleifen, deren Achsen senkrecht zueinander stehen, klassisch beantworten.

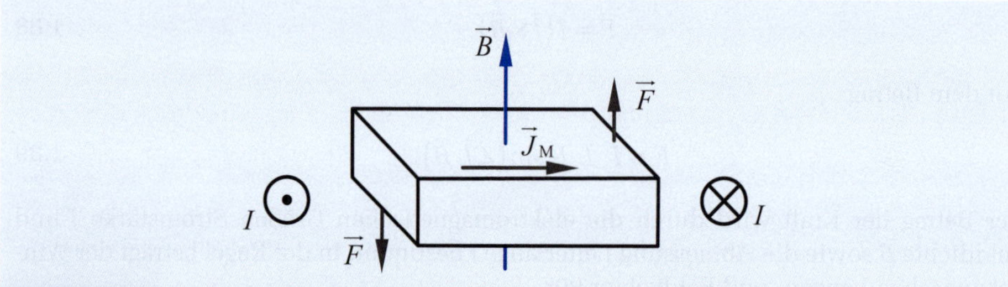

Abbildung 1.37 Kraftwirkung eines äußeren Magnetfeldes auf einen Permanentmagneten

Kräfte auf Weicheisenmagnete, Maxwellkräfte (Grenzflächenkräfte)

Bei Vorhandensein einer bestimmten Geometrie von Grenzflächen und Existenz eines Magnetfelds B, elektrisch oder permanentmagnetisch erzeugt, entstehen Felddichtedifferenzen, die zu Reluktanzkräften führen, vgl. ▶Abbildung 1.38.

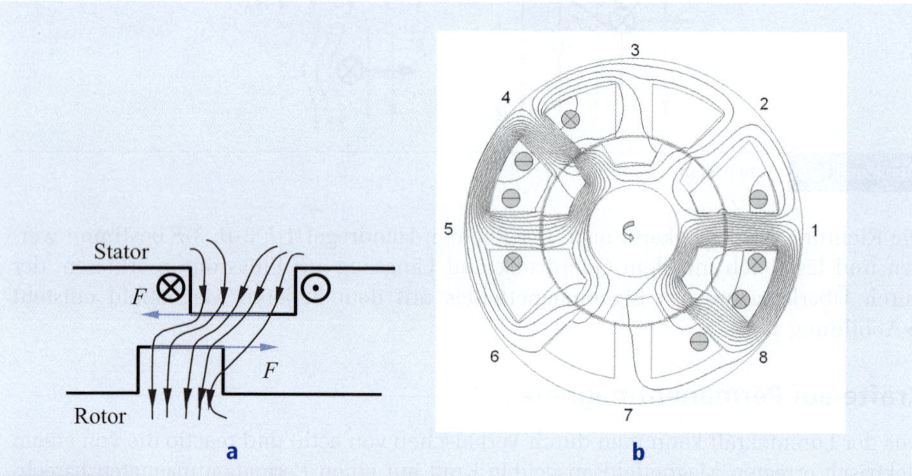

Abbildung 1.38 Maxwellkraft: a) Tangentialkraft, b) Querschnitt Reluktanzmaschine

Der Kraftvektor stellt sich in Abhängigkeit von Permeabilitätsänderungen ein und kann nach Gl. 1.84 aus dem magnetischen Feldstärkevektor berechnet werden:

$$\vec{F} = -\frac{1}{2}\int_V \vec{H}^2 \operatorname{grad} \mu \, \mathrm{d}V \qquad 1.91$$

Die Kräfte sind dabei immer so gerichtet, dass sich Feldlinien verkürzen, um damit den energetisch günstigsten Systemzustand einzustellen. Somit müssen eine radiale und eine tangentiale Kraftkomponente existieren. Durch den gelagerten Rotor wird die Radialkraft aufgenommen, während die Tangentialkraft den Drehmomentbeitrag liefert.

Die Kraft auf eine Fläche bei gegebener Volumen- bzw. Flächenkraftdichte berechnet sich aus dem Volumen- bzw Flächenintegral

$$\vec{F} = \int_V \vec{\sigma}\, \mathrm{d}V = \int_A \vec{\tau}\, \mathrm{d}\vec{A} \qquad 1.92$$

An Grenzflächen in Maschinen mit $\mu_r >> 1$ entsteht dann ein Tangentialdruck der Größe

$$\tau_t = \frac{1}{\mu_0\, \mu_r} B_n\, B_t \qquad 1.93$$

B_n - Normalfelddichte, B_t - Tangentialfelddichte

Die Tangentialkraft ergibt sich danach zu

$$F_t = \frac{1}{\mu_0 \mu_r} \int_A B_n B_t \frac{\delta}{\tau_p}\, \mathrm{d}A \qquad 1.94$$

Für die Energiewandlung nutzbare Maxwellkräfte treten in Reluktanzmaschinen vollständig und in Synchronmaschinen mit Schenkelpolläufer zusätzlich auf.

Eine alternative Methode der Kraftberechnung über Feldgrößen besteht in der Anwendung des Maxwell'schen Spannungstensor, der bei entsprechendem Ansatz für alle Maschinentypen angewandt werden kann [1.5].

1.1.8 Drehmomentbildung

Bei rotierenden Maschinen sind die Rotoren bzgl. der Wellenachse drehbar gelagert. Das Prinzip erklärt sich am Beispiel der stromdurchflossenen Leiterschleife, bestehend aus Hin- und Rückleiter und den vorder- und rückseitigen Verbindungen zwischen beiden, vgl. ▶Abbildung 1.39.

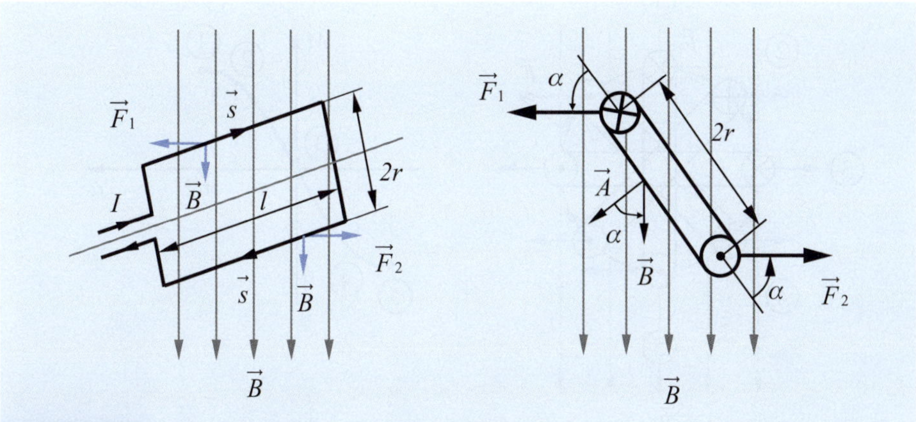

Abbildung 1.39 Kraft auf stromdurchflossene Leiterschleife

Die beiden Teilkräfte an Hin- und Rückleiter sind betragsmäßig gleich groß

$$F_1 = F_2 = F = I\,B\,l \qquad 1.95$$

und wirken bzgl. des *Drehmoments* in die gleiche Drehrichtung mit

$$M = 2\,F\,r = 2\,I\,B\,l\,r \qquad 1.96$$

Die Kräfte an den Rückführungen zwischen Hin- und Rückleiter ergeben sich zu Null.

Um die vektorielle Beschreibung zur Drehmomentberechnung verwenden zu können, ist die Einführung des Flächenvektors A sinnvoll, der mit der Spulenachse zusammenfällt. Mit dem Winkel α kann die auf dem Feldvektor senkrecht stehende Fläche bestimmt werden. Das in der Technischen Mechanik übliche Dipolmoment M ergibt sich sinngemäß auch hier mit

$$\vec{M} = I \cdot \left(\vec{A} \times \vec{B}\right) \qquad 1.97$$

dessen Betrag

$$M = I \cdot A \cdot B \cdot \sin\alpha \qquad 1.98$$

lautet

$$M = 2\left|\vec{r} \times \vec{F}\right| = 2 \cdot r \cdot I \cdot B \cdot l \cdot \sin\alpha \qquad 1.99$$

Wenn der Flächenvektor A senkrecht auf dem Felddichtevektor B steht, wird wegen α=90° das Drehmomentmaximum erreicht. Bei gleicher Richtung beider Vektoren ist dann das Drehmoment Null.

Verfolgt man nun anhand eines Umlaufs die stromdurchflossene Leiterschleife nach ▸Abbildung 1.40, so wird deutlich, dass der Kraftvektor in Betrag und Richtung gleich bleibt, aber seine Tangentialkomponente sich ändert. Diese ist dann am größten, wenn der Flächenvektor senkrecht auf dem Felddichtevektor steht.

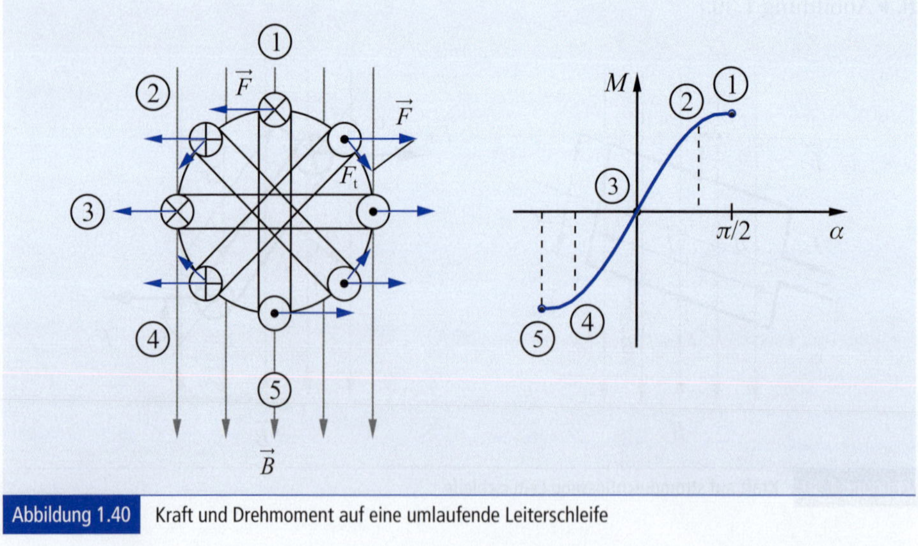

Abbildung 1.40 Kraft und Drehmoment auf eine umlaufende Leiterschleife

Der Drehmomentbetrag ist somit in Position 1 am größten, durchläuft den Wert Null bei Position 3 und wechselt die Wirkungsrichtung. In Position 5 bei gleichgebliebener Stromrichtung wäre das Drehmoment maximal negativ.

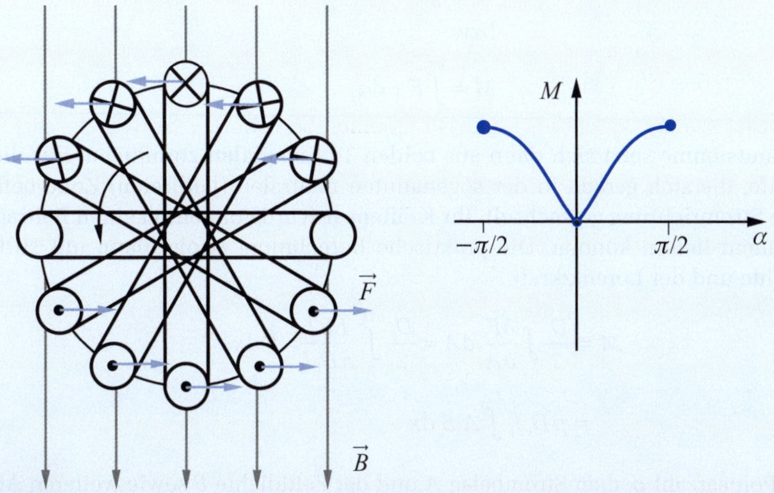

Abbildung 1.41 Kraft und Drehmoment auf eine umlaufende kommutierende Leiterschleife

Da eine gleichsinnige Drehung nur mit unipolarem Drehmoment erreichbar ist, stellt sich die Frage, was an der Anordnung zu ändern ist. Eine mögliche Antwort lautet, die Stromrichtung durch die Leiterschleife beim Erreichen der waagerechten Position zu wechseln, siehe ▶Abbildung 1.41. Damit wird der negative Kurvenast des Drehmoments gleichgerichtet. Das Prinzip wird bei Stromwendermaschinen, z. B. bei Gleichstrommaschinen mit mechanischem Kommutator, angewandt. Eine alternative Lösung könnte auch darin bestehen, die Feldrichtung zu wechseln.

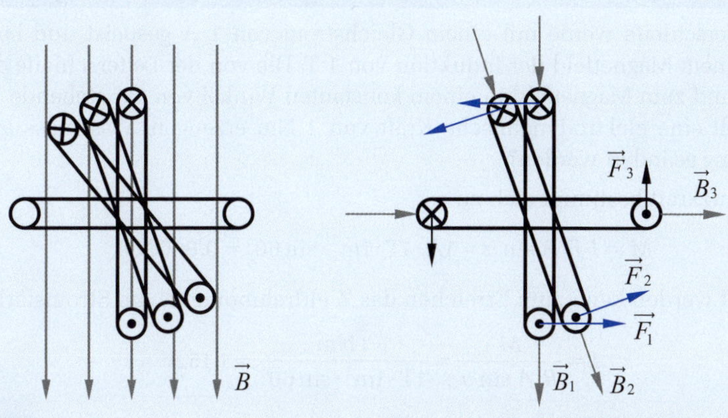

Abbildung 1.42 Stromgewendete Ankerwicklung (links) und winkelgeführtes Hauptfeld (rechts)

Um die Drehmomentwirkung nicht nur von einer Leiterschleife und deren spezieller Lage bzgl. des Magnetfeldes abhängig zu machen, kann man die Leiterschleifen in Reihe schalten. Für alle Hinleiter in der oberen Halbebene bzw. Rückleiter in der unteren Ebene ergibt sich dann das summarische Drehmoment durch Integration mit

$$M = \int_0^{\pi} F\, r\, \mathrm{d}\alpha \tag{1.100}$$

bzw.

$$M = \int_{\pi}^{2\pi} F\, r\, \mathrm{d}\alpha$$

Die Gesamtsumme setzt sich dann aus beiden Teilintegralen zusammen. Für die Leiterschleife, die sich gerade in der sogenannten neutralen (feldfreien) Zone befindet, wird die Stromrichtung gewechselt. Ihr Kräftepaar würde ohnehin keinen Beitrag zum Drehmoment liefern können. Die praktische Berechnung erfolgt dann mit Hilfe der Kraftdichte und der Lorentzkraft

$$M = \frac{D_\mathrm{i}}{2}\int \frac{\delta F}{\delta A}\,\mathrm{d}A = \frac{D_\mathrm{i}}{2}\int_0^{\pi D_\mathrm{i}} \frac{I\,B\,l_i}{\pi D_\mathrm{i}\, l_\mathrm{i}}\cdot l_\mathrm{i}\,\mathrm{d}x \tag{1.101}$$

$$= p\,D_\mathrm{i}\,l_\mathrm{i}\int_0^{\tau_p} A\,B\,\mathrm{d}x$$

mit der Polpaarzahl p, dem Strombelag A und der Felddichte B sowie weiteren Abmessungen der Maschine.

Ein anderes Prinzip nach ▶Abbildung 1.42 zeigt die winkelsynchrone Mitführung des Magnetflusses. Hierbei bleibt die Tangentialkraft konstant, da der Flächenvektor senkrecht auf dem Felddichtevektor steht. Das Prinzip wird bei Drehfeld-Synchronmaschinen in modifizierter Form angewandt. Da auch dort mehrere winkelversetzte Leiterschleifen im Einsatz sind, müssen aber auch andere räumliche Konstellationen zugelassen werden als der rechte Winkel zwischen beiden Vektoren

Beispiel 1.7: Kraft auf Leiterschleife

Eine Leiterschleife werde mit einem Gleichstrom von 1 A gespeist und befinde sich in einem Magnetfeld der Induktion von 1 T. Die von der Leiterschleife aufgespannte und zum Magnetfeld in einem konstanten Winkel von 60° stehende Wirkfläche soll eine elektrodynamische Kraft von 1 Nm erzeugen. Was muss an der Anordnung geändert werden?

Die Lorentzkraft bestimmt sich zu

$$M = I\;B\;A\sin\alpha = 1\mathrm{A}\cdot 1\mathrm{T}\cdot 1\mathrm{m}^2\cdot\sin 60° = 0{,}866\,\mathrm{Nm}$$

Verändert werden kann zum Erreichen das Zieldrehmoments die Stromstärke

$$I = \frac{M}{B\;A\sin\alpha} = \frac{1\,\mathrm{Nm}}{1\mathrm{T}\cdot 1\mathrm{m}^2\cdot\sin 60°} = 1{,}15\,\mathrm{A}$$

oder der wirksame Winkel zu

$$\alpha = \arcsin\frac{M}{I\,B\,A} = \arcsin\frac{1\,\mathrm{Nm}}{1\mathrm{A}\cdot 1\mathrm{T}\cdot 1\mathrm{m}^2} = 90°$$

Abschließend sei noch vermerkt, dass diese Betrachtungen streng genommen nur für stromführende Luftspaltwicklungen im Magnetfeld gelten. Wenn sich die Stromschleifen in Nuten eines Blechpakets befinden, wird der Nutraum feldfrei und auf die Leiter können keine Kräfte direkt wirken. Sie wirken allerdings auf die beiden Zahnflanken einer stromleiterbelegten Nut und stellen damit Grenzflächenkräfte dar. Aufgrund der gleichgebliebenen Flussbilanz wird das Drehmoment dennoch richtig berechnet [1.4].

1.2 Einteilung elektrischer Maschinen

Der Aufbau elektrischer Maschinen ist grundsätzlich durch ein bewegtes Maschinenhauptelement (Rotor oder Primärteil) und ein unbewegtes Maschinenhauptelement (Stator oder Sekundärteil) gekennzeichnet. Beide Teile der Maschine sind berührungslos durch einen Luftspalt getrennt, der von wenigen Zehntelmillimetern bis zu einigen Zentimetern betragen kann. Der Abstand zwischen beiden Teilen wird durch eine entsprechende Lagerung oder Führung sichergestellt.

Elektrische Maschinen lassen sich nach verschiedenen Prinzipien ordnen. Zum einen lässt sich eine feldtheoretische Einteilung nach der Feldführung vornehmen. Andere Ordnungsprinzipien sind nach der Stromart, nach der Bewegungsart und nach dem Drehzahlverhalten einzuteilen.

1.2.1 Einteilung nach der Flussführung

Im Grunde genommen unterscheidet man drei verschiedene geometrische Ausrichtungen des magnetischen Kreises und damit der Flussführungsrichtung in Bezug auf die Drehebene. Erläutert wird das im Folgenden anhand von permanent magneterregte Maschinen:

- *Radialflussmaschinen*, Längsflussmaschinen

  Bei Radialflussmaschinen, die überwiegend verwendet werden, liegt der magnetische Kreis in Längsrichtung zur Drehebene, siehe ▶Abbildung 1.43. Der Fluss wird dabei in radialer Richtung (*x,y*-Richtung in kartesischen bzw. r-Richtung in Zylinderkoordinaten) über die Luftspaltfläche geführt.

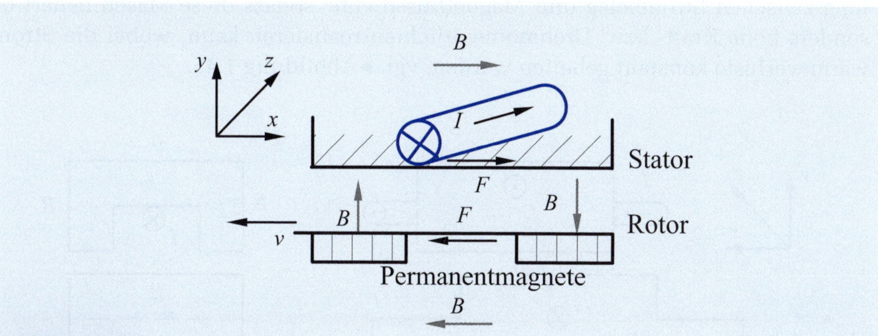

Abbildung 1.43 Radialflussmaschinen

- *Axialflussmaschinen*

  Bei Axialflussmaschinen ist der magnetische Kreis mit den kraftbildenden Abschnitten hauptsächlich in axialer Richtung ausgebildet, während der Rückschluss in der Drehebene liegt, d. h. in Umfangsrichtung verläuft. Die Maschinen erreichen etwas schlechtere Kennwerte als Radialflussmaschinen. Allerdings lassen sich mit dieser Aufbauart sehr kurze axiale Bauformen realisieren, die sich z. B. in Radnabenantrieben vorteilhaft anwenden lassen, ▶Abbildung 1.44.

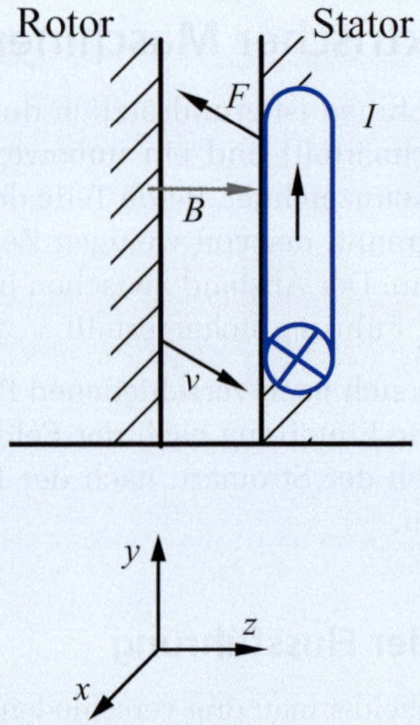

Abbildung 1.44 Axialflussmaschinen

- *Transversalflussmaschinen*, Querflussmaschinen

  Bei transversaler Flussführung ist der kraftbildende Abschnitt des Magnetkreises in Querrichtung ausgebildet und der Magnetfluss verläuft über den Luftspalt in Querrichtung zur Drehebene. Die technologische Ausführung ist relativ kompliziert, allerdings ergibt sich für kleine Polteilungen τ_p (hohe Polpaarzahl p) eine Entkopplung zwischen Strombelag und Magnetflussdichte, sodass diese Maschinenart besonders hohe Kraft- bzw. Drehmomentdichten realisieren kann, wobei die Stromwärmeverluste konstant gehalten werden, vgl. ▶Abbildung 1.45.

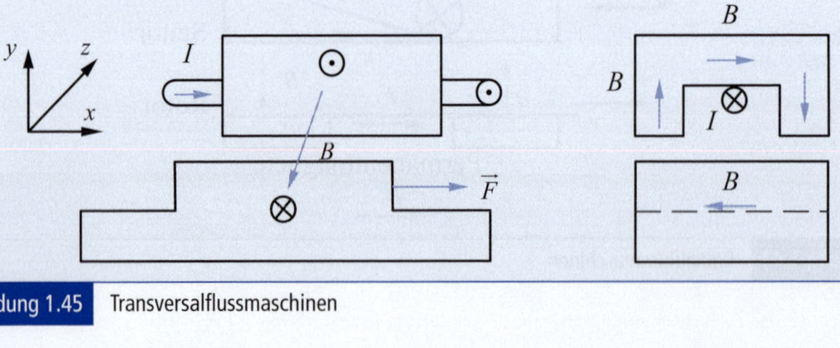

Abbildung 1.45 Transversalflussmaschinen

1.2.2 Einteilung nach der Stromart

Nach der Stromart kann folgende Einteilung vorgenommen werden:

- *Gleichstrommaschinen* (▸Abbildung 1.46a)

  Gleichstrommaschinen müssen mit Kommutator ausgestattet sein, da die Spannungsinduktion immer zu Wechselspannungen führt, die ihrerseits wieder Wechselströme antreiben. Der Kommutator übernimmt dann die Gleichrichtfunktion.

- *Wechselstrommaschinen* (▸Abbildung 1.46b)

  Wechselstrommaschinen führen meist idealen Sinusstrom, sie werden ein- oder zweiphasig ausgeführt. Der Strom baut ein räumlich feststehendes, aber zeitlich alternierendes Wechselfeld auf. Zu diesen Maschinen zählen Einphasen-Asynchron- und Synchronmaschinen, Wechselstrom-Kommutatormaschinen (Bahnmotoren), Universalmaschinen und Spaltpolmaschinen.

- *Drehstrommaschinen* (▸Abbildung 1.46c)

  Erweitert man eine Wechselstrommaschine auf drei Phasen, so kann sie mit Drehstrom betrieben werden. Am gebräuchlichsten sind Induktionsmaschinen (Asynchronmaschinen) und Synchronmaschinen.

- Maschinen mit gepulsten Strömen (▸Abbildung 1.46d)

  Gepulste Ströme werden bei Schrittmotoren und geschalteten Reluktanzmaschinen eingespeist, die zu einer mehr oder weniger ruckartigen Bewegung führen können.

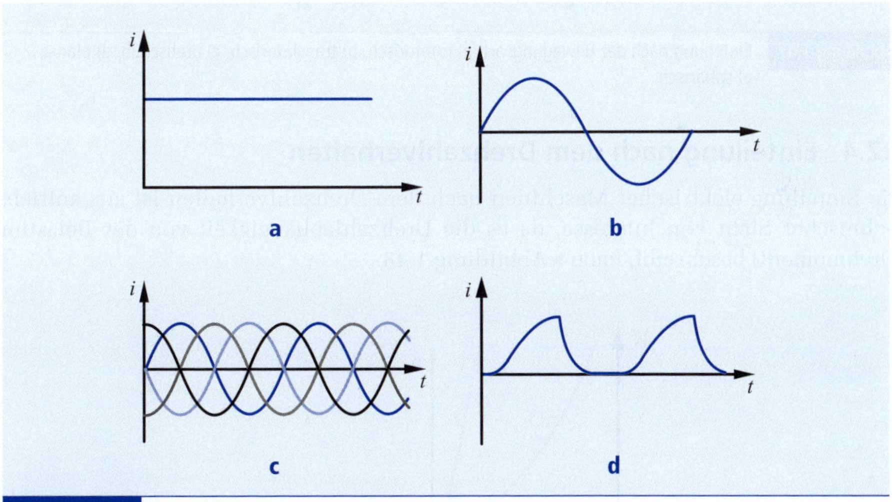

Abbildung 1.46 a) Gleichstrom, b) Wechselstrom, c) Drehstrom, d) Pulsstrom

1.2.3 Einteilung nach der Bewegungsart

Im Laufe ihrer Entwicklung haben sich die Freiheitsgrade für mögliche Bewegungsformen elektrischer Maschinen erweitert, siehe ▸Abbildung 1.47.

Rotationsmaschinen, die den überwiegenden Anteil am Gesamtaufkommen elektrischer Maschinen einnehmen, und *Linearmaschinen* [1.8], [1.9] sind mit jeweils einem Bewegungsfreiheitsgrad ausgestattet.

Drehschubmaschinen mit Kombination von rotatorischer und translatorischer Bewegung [1.10] und *Planarmaschinen*, bewegend in der x,y-Ebene [1.11], können zweidimensionale Bewegungen ausführen und sind in den letzten Jahren vereinzelt vorgeschlagen worden.

Sphärische Bewegungen werden von Kugelmotoren [1.12], [1.13] realisiert und könnten in Zukunft für Roboter- oder Antennenantriebe eingesetzt werden.

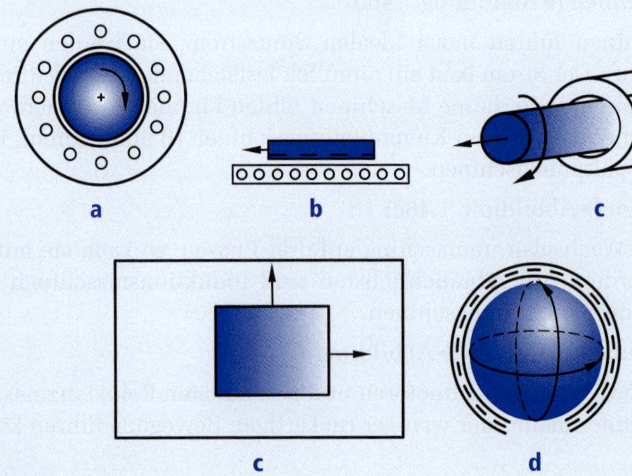

Abbildung 1.47 Einteilung nach der Bewegungsart: a) rotatorisch, b) translatorisch, c) drehschub, d) planar, e) sphärisch

1.2.4 Einteilung nach dem Drehzahlverhalten

Die Einteilung elektrischer Maschinen nach dem Drehzahlverhalten ist aus antriebstechnischer Sicht von Interesse, da es die Drehzahlabhängigkeit von der Belastung (Drehmoment) beschreibt, nach ▶Abbildung 1.48.

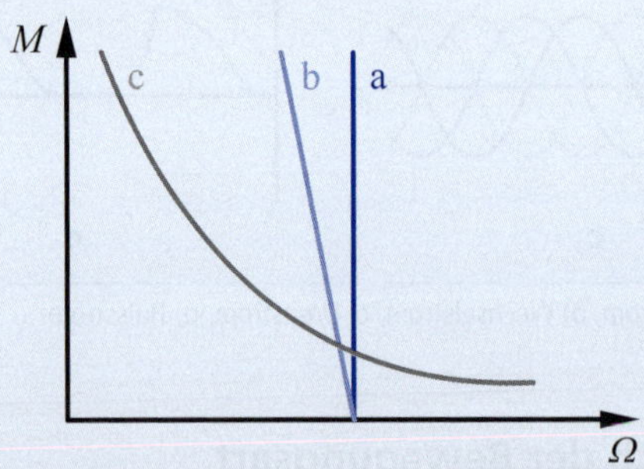

Abbildung 1.48 Einteilung nach dem Drehzahlverhalten: a) Synchronverhalten, b) Nebenschlussverhalten, c) Reihenschlussverhalten

Unterschieden wird in Maschinen:

- mit lastunabhängiger bzw. konstanter Drehzahl (Synchronmaschine, Reluktanzmaschine, Spaltpolmotor)
- mit Nebenschlussverhalten bei geringem, meist linearem Drehzahlabfall über der Belastung (Gleichstrom-Nebenschlussmaschine, Asynchronmaschine bei geringem Schlupf, bürstenlose Gleichstrommaschine)
- mit Reihenschlussverhalten bei nichtlinearem Drehzahlabfall über der Belastung (Gleichstromreihenschlussmaschine, Universalmaschine).

1.3 Leistungs- und Energiebilanz

1.3.1 Leistungsbilanz

Elektrische Maschinen sind Energiewandler, die elektrische in mechanische Energie (Motor) bzw. mechanische in elektrische Energie (Generator) über die Änderung der gespeicherten magnetischen Energie wandeln. Bei diesem Wandlungsprozess tritt ein Verlust auf, der in Wärmeenergie gewandelt wird und zu einem Teil an die Umgebung abgegeben und zu einem anderen Teil in der Maschine gespeichert wird und damit zur Temperaturerhöhung derselben führt.

Die Zählweise der Leistungen basiert auf dem Verbraucherzählpfeilsystem, d. h. elektrische Leistungen zählen positiv, wenn sie der Maschine zugeführt werden und diese demzufolge als Motor arbeitet. Bei negativer Leistung erfolgt eine Abgabe, die Maschine arbeitet dann als Generator, siehe auch ▶Abbildung 1.49.

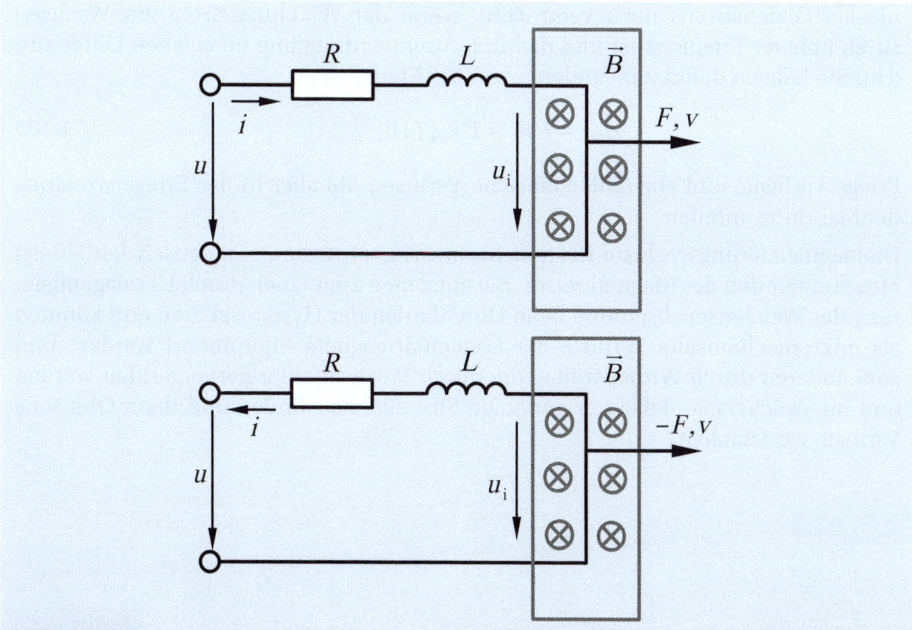

Abbildung 1.49 Motor/Generatorbetrieb

Die mechanischen Größen zählen laut Norm positiv, wenn die Zählpfeile für Drehmoment und Winkelgeschwindigkeit bzw. Drehzahl in Rechtsdrehrichtung zeigen, nach [1.18]. Bei Motorbetrieb ist dann auch die mechanische Leistung positiv und wird abgegeben. Für Generator- oder Bremsbetrieb ist eine der beiden mechanischen Größen negativ, sodass das Produkt aus beiden auch negativ wird; die mechanische Leistung wird in diesem Fall von der Maschine aufgenommen.

Die Leistungsbilanz einer elektrischen Maschine errechnet sich aus dem Leistungsgleichgewicht zwischen aufgenommener und abgegebener Leistung

$$P_{\mathrm{el}} = P_{\mathrm{mech}} + \sum_i P_{\mathrm{V}i} \tag{1.102}$$

mit

$$u\,i = m\,\omega + \sum_i P_{\mathrm{V}i} \tag{1.103}$$

Die Verlustleistungen lassen sich verschiedenen Ursachen zuordnen. Eine grundsätzliche Einteilung kann zunächst in elektrische und mechanische Verluste erfolgen.

Die elektrischen Verluste treten auf als:

- *Stromwärmeverluste* (früher: *Kupferverluste*) in den Wicklungen elektrischer Maschinen. Sie haben Ohmschen Charakter und hängen bei Gleichstromspeisung quadratisch vom Wicklungsstrom ab.

  $$P_{\mathrm{VS-}} = I^2 R_- \tag{1.104}$$

  Wegen des Ohmschen Widerstands hängen sie zum einen von der Temperatur des elektrischen Leitermaterials ab. Die Verluste können sich aber gegenüber dem Fall idealen Gleichstroms noch vergrößern, wenn der Wicklungsstrom ein Wechselstrom höherer Frequenz ist und dadurch Stromverdrängung im eigenen Leiter auftritt. Sie hängen damit zum anderen von der Frequenz ab.

  $$P_{\mathrm{VS\sim}} = I^2 R_\sim = I^2 k_{\mathrm{r}}(f) R_- \tag{1.105}$$

- Erregerverluste sind ebenfalls Ohmsche Verluste, die aber in der Erregerwicklung der Maschine anfallen.
- Ummagnetisierungsverluste (früher: Eisenverluste) in den magnetisch leitfähigen Maschinenteilen des Magnetkreises. Sie entstehen zum einen durch Ummagnetisierung der Weicheisenabschnitte beim Durchlaufen der Hysteresekurve und könnten als mikromechanische Verluste der Elementarmagnete interpretiert werden, und zum anderen durch Wirbelströme, die durch Wechselfelder hervorgerufen werden und im Weicheisen elektrisch leitfähige Strombahnen finden und dann Ohmsche Verluste verursachen.

- Die *Hystereseverluste* sind quadratisch von der Felddichte und proportional von der Frequenz abhängig:

$$P_{VH} = k_H B^2 f \quad 1.106$$

- Die *Wirbelstromverluste* sind sowohl von der Felddichte als auch von der Frequenz näherungsweise quadratisch abhängig:

$$P_{VW} = k_W B^2 f^2. \quad 1.107$$

- *Zusatzverluste* sind Verluste, die sich nicht ohne Weiteres von den anderen Verlusten experimentell trennen lassen und durch Oberschwingungen in Strom und Spannung sowie durch Oberwellen in Wicklungen und Magnetkreisabschnitten hervorgerufen werden können.
- *Bürstenübergangsverluste*, die über mechanischen Kontakten, gebildet durch Bürsten-Kommutator- oder Bürsten-Schleifring-Paarungen entstehen. Sie berechnen sich aus der Bürstenübergangsspannung bzw. dem Bürstenübergangswiderstand und dem Bürstenstrom:

$$P_{VBü} = U_{Bü} I = R_{Bü} I^2 \quad 1.108$$

Die mechanischen Verluste haben hauptsächlich Reibungseffekte zur Ursache. Man unterscheidet in:

- *Lagerreibungsverluste*, die durch Roll- bzw. Gleitreibung in Wälzkörpern der Lager bzw. zwischen den Gleitpaarungen verursacht werden; sie sind in erster Näherung quadratisch von der Drehzahl abhängig.

$$P_{VLg} = k_{Lg} n^2 \quad 1.109$$

  Ihr Anteil an den Verlusten ist im Allgemeinen zu vernachlässigen.
- *Luftreibungsverluste*, die durch die Rotorbewegung an den Luftspaltflächen und Luftverwirbelungen an Wickelköpfen und in Kühlkanälen hervorgerufen werden, hängen kubisch von der Drehzahl ab.

$$P_{VLu} = k_{Lu} n^3 \quad 1.110$$

Neben der Zuordnung zum Verlustmechanismus trifft man häufig eine Einteilung in Leerlauf- und Lastverluste an.

Zu den Leerlaufverlusten zählen die Ummagnetisierungsverluste, die Reibungsverluste (Lager- und Luftreibung) sowie die Erregerverluste. Mit Ausnahme der Erregerverluste sind sie von der Drehzahl bzw. der Frequenz abhängig.

Zu den Lastverlusten rechnet man die Stromwärme-, die Zusatz- und die Bürstenübergangsverluste, sofern sie vom Betriebsstrom bzw. vom Drehmoment verursacht werden.

Exkurs

Nachfolgend wollen wir die oben genannten Ummagnetisierungsverluste mit Hilfe einfacher Modellanordnungen berechnen und die angegebenen Zusammenhänge bestätigen.

Hysteresverluste

Die im Magnetfeld gespeicherte Energie pro Volumen erhält man nach [1] bei Änderung der Felddichte von B_1 nach B_2 aus

$$w_{f1\to 2} = \int_{B_1}^{B_2} H \, dB$$

Das entspricht der über der Magnetisierungskurve befindlichen Fläche beim Durchlauf durch einen Magnetisierungsabschnitt. Läuft man auf diese Weise durch eine vollständige Hysteresekurve zurück bis zum Anfang B_1, so muss der im Inneren der Hysterese gelegene Energieinhalt durch Energiezufuhr von außen gedeckt worden sein, denn er geht als Verlust „verloren". Man kann sich das als innere Reibverlustenergie der Elementarmagnete des Weicheisens erklären, die beim Umklappen gedeckt werden muss. Ein völliger Umlauf in einer Hysteresekurve lässt sich mit dem Umlaufintegral berechnen

$$w_{VH} = \frac{dW_{VH}}{dV} = \oint_B H \, dB$$

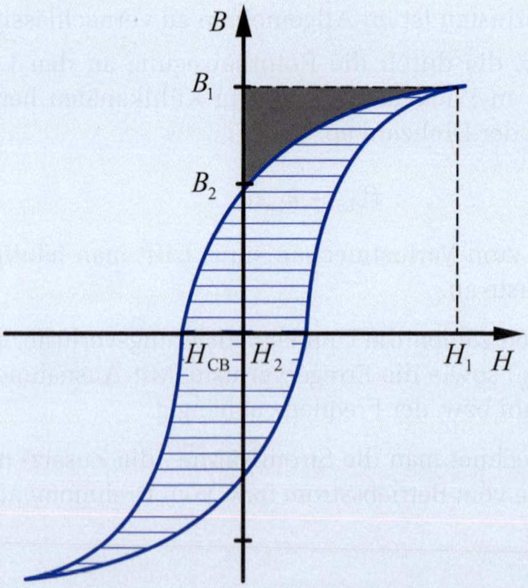

Das entspricht der volumetrischen Energiedichte. Um eine der Verlustleistung entsprechende Größe zu bekommen, muss die Verlustenergie auf die Umlaufzeit T bezogen werden

$$p_{\mathrm{VH}} = \frac{\mathrm{d}P_{\mathrm{VH}}}{\mathrm{d}V} = \frac{1}{T}\oint H\,\mathrm{d}B.$$

Das heißt, die Umlaufzahl pro Zeiteinheit geht neben Felddichte und Feldstärke in die Verluste ein. Der Kehrwert der Periodendauer T entspricht der Frequenz f, die damit direkt die Verluste bestimmt. Die annähernd quadratische Abhängigkeit kommt daher zustande, wenn man für $H=B/\mu$ ansetzt und integriert. Genauere Nachbildungen sind in sogenannten Hysteresemodellen hinterlegt, die für eine genauere Verlustberechnung nützlich sind.

Wirbelstromverluste

Zunächst überlegen wir, welche Verlustdichte in einem leitfähigen Medium entsteht, wenn ein Strömungsfeld J vorhanden ist. Aus

$$\frac{\mathrm{d}P}{\mathrm{d}V} = \frac{\mathrm{d}(U\,I)}{\mathrm{d}V} = \frac{\mathrm{d}(E\,s\,J\,A)}{\mathrm{d}V} = \frac{J^2}{\kappa}$$

erschließt sich der Zusammenhang zur Stromdichte.

Ein zeitlich veränderliches Magnetfeld $B(t)$ erzeugt einen Feldstärkewirbel E

$$\oint \vec{E}\,\mathrm{d}\vec{s} = E(x)2h = -\frac{\mathrm{d}}{\mathrm{d}t}\int \vec{B}\cdot\mathrm{d}\vec{A} = -\frac{\mathrm{d}}{\mathrm{d}t}\left(\vec{B}\,2\,x\,h\right)$$

und über die Leitfähigkeit κ eine Wirbelstromdichte J, siehe Abbildungen unten.

Dann ist der Übergang ins Komplexe sinnvoll, wenn man von sinusförmig sich ändernden Größen ausgeht mit

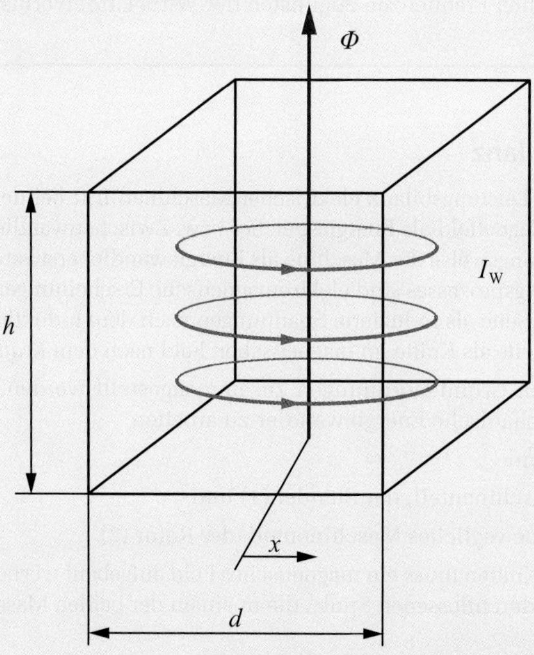

$$\underline{B} = \hat{B}\, e^{\mathrm{j}\omega t}$$

folgt

$$\underline{E} = -\mathrm{j}\omega\, x \underline{B}$$

und für die Stromdichte

$$\underline{J}(x) = \kappa \underline{E}(x) = -\,\mathrm{j}\omega\, \kappa\, x \underline{B}$$

Damit kann man wieder in die Verlustleistungsdichte einsetzen. Sinnvoll ist es jetzt nur einen Mittelwert zu berechnen, da die Feldgrößen räumlich ungleichmäßig im Blech verteilt sind. Man erhält mit

$$\overline{p}_{\mathrm{VW}} = \frac{\mathrm{d}\overline{P}_{\mathrm{VW}}}{\mathrm{d}\tilde{m}} = \frac{1}{\rho\kappa d}\int_0^{d/2} \hat{J}^2(x)\,\mathrm{d}x$$

$$= \frac{\kappa^2\omega^2}{\rho\kappa d}\int_0^{d/2} \hat{B}^2 x^2\,\mathrm{d}x = \frac{\kappa}{\rho}\frac{\omega^2}{d}\hat{B}^2 \left.\frac{x^3}{3}\right|_0^{d/2}$$

Die Lösung des Integrals für das betrachtete Blech der Stärke d ergibt dann

$$\overline{p}_{\mathrm{VW}} = \frac{1}{24}\frac{\kappa}{\rho} d^2\omega^2\hat{B}^2 = \frac{\pi^2}{6}\frac{\kappa}{\rho} d^2 f^2 \hat{B}^2$$

An diesem Ergebnis sieht man deutlich die quadratische Abhängigkeit der Verluste von der Frequenz und der Felddichteamplitude.

Fasst man beide Ergebnisse zusammen, so wird deutlich, dass bei kleineren Frequenzen die Hystereseverluste überwiegen werden, während sich die Verhältnisse bei sehr hohen Frequenzen zugunsten der Wirbelstromverluste umkehren.

1.3.2 Energiebilanz

Im Unterschied zur Leistungsbilanz elektrischer Maschinen tritt bei der Aufstellung der Energiebilanz das Magnetfeld als Energiespeicher bzw. Zwischenwandler in Erscheinung und macht die Wirkungsweise der Maschine als Energiewandler erst verständlich. Grundlagen des Umformungsprozesses sind elektromagnetische Erscheinungen. Sie äußern sich auf der elektrischen Seite als induzierte Spannungen nach dem Induktionsgesetz und auf der mechanischen Seite als Kräfte im magnetischen Feld nach dem *Kraftwirkungsgesetz*.

Im Folgenden sollen Grundanordnungen zusammengestellt werden, die in der Lage sind, als elektromechanische Energiewandler zu arbeiten.

Voraussetzungen sind:

- ein ruhendes Maschinenteil, der Ständer (1) und
- ein relativ dazu bewegliches Maschinenteil, der Rotor (2).

Zur Erzeugung von Kräften muss ein magnetisches Feld aufgebaut werden. Dies geschieht mithilfe einer stromdurchflossenen Spule, die in einem der beiden Maschinenteile untergebracht ist.

In diesem Feld werden Kräfte

- auf eine zweite stromdurchflossene Spule oder
- auf eine Trennfläche zwischen Medien mit verschiedener Permeabilität

ausgeübt, vgl. ▶Abbildung 1.50.

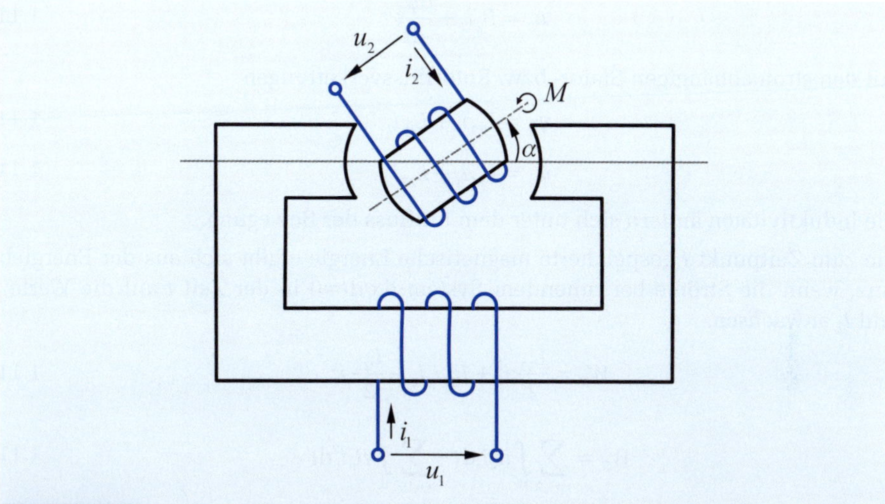

Abbildung 1.50 verallgemeinerte Maschine

Wenn sich die Spule oder die Trennfläche auf dem anderen Maschinenteil befindet, können diese Kräfte einen Energieumsatz herbeiführen.

Bei einer Verschiebung des beweglichen Maschinenteils kommt es unter der Wirkung der Kräfte zu einem Energieumsatz auf der mechanischen Seite. Infolgedessen findet auch auf der elektrischen Seite ein Energieumsatz statt.

Die Rückwirkung des mechanischen Energieumsatzes auf die elektrische Seite erfolgt über die Spannung, die während der Verschiebung in den Spulen induziert wird. Damit bietet sich für eine Behandlung der Weg über die Energiebilanz unter Verwendung des Induktionsgesetzes an.

Betrachtet wird Zeitpunkt t, in dem die Ströme i_1 und i_2 fließen und das bewegliche Hauptelement eine bestimmte Lage x einnimmt. Die Energiebilanz gilt für den Zeitraum dt, in dem der Rotor um dx verschoben wird. In dem elektromagnetischen System ist stets magnetische Energie gespeichert. Im allgemeinen Fall wird sich daher während der Bewegung die gespeicherte magnetische Energie verändern.

$$\underbrace{\sum_{\nu=1,2} u_\nu i_\nu \mathrm{d}t}_{\text{zugeführte Energie}} = \underbrace{\sum_{\nu=1,2} R_\nu i_\nu^2 \mathrm{d}t}_{\text{Verluste}} + \underbrace{\mathrm{d}W_\mathrm{F}}_{\text{magnetische Feldenergie}} + \underbrace{M\,\mathrm{d}\alpha}_{\text{dem Rotor zugeführte mechanische Energie}} \tag{1.111}$$

Je nachdem, ob sich die Maschine rotierend oder linear bewegt, lassen sich die mechanischen Energieänderungen ineinander umrechnen.

$$M\,\mathrm{d}\alpha = F\,\mathrm{d}x \tag{1.112}$$

Die Prinzipanordnung kann durch zwei elektrische Kreise wiedergegeben werden, die magnetisch miteinander verkettet sind. Für die Stator- bzw. Rotorseite gilt:

$$u_1 = R_1 i_1 + \frac{\mathrm{d}\psi_1}{\mathrm{d}t} \tag{1.113}$$

$$u_2 = R_2 i_2 + \frac{\mathrm{d}\psi_2}{\mathrm{d}t} \tag{1.114}$$

mit den stromabhängigen Stator- bzw. Rotorflussverkettungen

$$\psi_1 = L_{11} i_1 + L_{12} i_2 \tag{1.115}$$

$$\psi_2 = L_{21} i_1 + L_{22} i_2 \tag{1.116}$$

Die Induktivitäten ändern sich unter dem Einfluss der Bewegung.

Die zum Zeitpunkt t gespeicherte magnetische Energie ergibt sich aus der Energiebilanz, wenn die Ströme bei ruhendem System $\mathrm{d}x/\mathrm{d}t=0$ in der Zeit t auf die Werte i_1 und i_2 anwachsen.

$$W_\mathrm{F} = \frac{L_{11}}{2} i_1^2 + L_{12} i_1 i_2 + \frac{L_{22}}{2} i_2^2 \tag{1.117}$$

$$W_\mathrm{F} = \sum_{\nu=1,2} \int_0^t u_\nu i_\nu \mathrm{d}t - \sum_{\nu=1,2} \int_0^t R_\nu i_\nu^2 \mathrm{d}t \tag{1.118}$$

Da für ein ruhendes System L=const. gilt, folgt

$$\mathrm{d}W_\mathrm{F} = L_{11} i_1 \mathrm{d}i_1 + \frac{i_1^2}{2}\mathrm{d}L_{11} + L_{12} i_1 \mathrm{d}i_2 + L_{12} i_2 \mathrm{d}i_1 + i_1 i_2 \mathrm{d}L_{12} + L_{22} i_2 \mathrm{d}i_2 + \frac{i_2^2}{2}\mathrm{d}L_{22} \tag{1.119}$$

Nach Einsetzen von Gl. 1.115 in Gl. 1.113 bzw. Gl. 1.116 in Gl. 1.114 erhält man die Spannungsgleichungen:

$$u_1 = R_1 i_1 + L_{11}\frac{\mathrm{d}i_1}{\mathrm{d}t} + L_{12}\frac{\mathrm{d}i_2}{\mathrm{d}t} + i_1\frac{\mathrm{d}L_{11}}{\mathrm{d}t} + i_2\frac{\mathrm{d}L_{12}}{\mathrm{d}t}\bigg| \cdot i_1 \mathrm{d}t \tag{1.120}$$

$$u_2 = R_2 i_2 + L_{12}\frac{\mathrm{d}i_1}{\mathrm{d}t} + L_{22}\frac{\mathrm{d}i_2}{\mathrm{d}t} + i_1\frac{\mathrm{d}L_{12}}{\mathrm{d}t} + i_2\frac{\mathrm{d}L_{22}}{\mathrm{d}t}\bigg| \cdot i_2 \mathrm{d}t \tag{1.121}$$

Nach Multiplikation beider Gleichungsseiten mit den jeweiligen Strömen und Einsetzen in die linke Seite von Gl. 1.111 sowie von Gl.1.119 in die rechte Seite von Gl. 1.111 ergibt sich

$$\begin{aligned} &L_{11} i_1 \mathrm{d}i_1 + L_{12} i_1 \mathrm{d}i_2 + i_1^2 \mathrm{d}L_{11} + i_1 i_2 \mathrm{d}L_{12} + L_{12} i_2 \mathrm{d}i_1 + L_{12} i_2 \mathrm{d}i_2 + i_2 i_1 \mathrm{d}L_{12} + i_2^2 \mathrm{d}L_{22} \\ &= L_{11} i_1 \mathrm{d}i_1 + L_{12} i_1 \mathrm{d}i_2 + L_{12} i_2 \mathrm{d}i_1 + L_{22} i_2 \mathrm{d}i_2 + \frac{i_1^2}{2}\mathrm{d}L_{11} + i_1 i_2 \mathrm{d}L_{12} + \frac{i_2^2}{2}\mathrm{d}L_{22} + M\,\mathrm{d}\alpha \end{aligned} \tag{1.122}$$

Danach kann nach dem Drehmoment bzw. der Kraft umgestellt und zusammengefasst werden:

$$\begin{aligned} M &= \frac{i_1^2}{2}\frac{\mathrm{d}L_{11}}{\mathrm{d}\alpha} + i_1 i_2 \frac{\mathrm{d}L_{12}}{\mathrm{d}\alpha} + \frac{i_2^2}{2}\frac{\mathrm{d}L_{22}}{\mathrm{d}\alpha} \\ F &= \frac{i_1^2}{2}\frac{\mathrm{d}L_{11}}{\mathrm{d}x} + i_1 i_2 \frac{\mathrm{d}L_{12}}{\mathrm{d}x} + \frac{i_2^2}{2}\frac{\mathrm{d}L_{22}}{\mathrm{d}x} \end{aligned} \tag{1.123}$$

Voraussetzung für den elektromechanischen Energieumsatz ist demzufolge, dass sich mindestens eine der wirksamen Induktivitäten mit Rotorbewegung ändert. Dafür gibt es zwei Möglichkeiten:

- durch Kräfte auf Grenzflächen nach

$$M = \frac{1}{2} i_1^2 \frac{\mathrm{d}L_{11}}{\mathrm{d}\alpha} \qquad 1.124$$

$$F = \frac{1}{2} i_1^2 \frac{\mathrm{d}L_{11}}{\mathrm{d}x}$$

  Das entspricht der Maxwellkraft.

- durch Kräfte auf stromführende Leiter nach

$$M = i_1 i_2 \frac{\mathrm{d}L_{12}}{\mathrm{d}\alpha} \qquad 1.125$$

$$F = i_1 i_2 \frac{\mathrm{d}L_{12}}{\mathrm{d}x}$$

  Das entspricht der Lorentzkraft.

Fallstudie: Analyse verschiedener Wandleranordnungen

Es folgt die Analyse verschiedener Wandleranordnungen, die auf der Grundlage der Energiebilanzierung in Anlehnung an Canders gezeigt wird:

Fall 1: Normalkraft an Grenzflächen im Magnetkreis (Maxwellkraft)

Ausgegangen wird von der in ▶Abbildung 1.51 angegebenen Anordnung, in der sich ein ruhender Magnetpol und ein in Normalrichtung (y) bewegliches Polelement gegenüberstehen. Es verdeutlicht das Prinzip eines Elektromagneten [1.14] bzw. einen Ausschnitt aus einem Magnetlager [1.15].

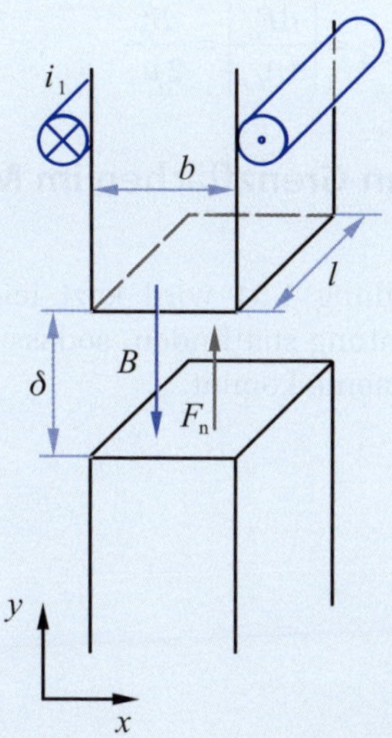

Abbildung 1.51 Elektromagnet

Die Normalkraft, wirkend in y-Richtung auf die Grenzfläche mit den Abmessungen $A_\delta = b \cdot l$, errechnet sich jetzt aus

$$F_n = \frac{1}{2} i_1^2 \frac{dL_{11}}{dy} \qquad 1.126$$

Die Induktivität bestimmt man aus der Definitionsgleichung nach [1.1]

mit der Flussverkettung

$$\Psi_1 = w_1 \Phi_1 = w_1 B_\delta A_\delta = w_1 B_\delta b l = L_{11}(y) i_1 \qquad 1.127$$

wobei sich die Induktivität der Anordnung aus der Windungszahl und dem magnetischen Widerstand des Luftspaltes errechnet, wenn man die magnetischen Eisenwiderstände vernachlässigen kann:

$$L_{11} = \frac{w_1^2}{R_{m\delta}} = \frac{w_1^2}{y} b l \mu_0 \qquad 1.128$$

Durch Substitution des Stromes in Gl. 1.126 mithilfe von Gl. 1.127 und Differentiation erhält man die Normalkraft:

$$F_n = \frac{1}{2}\left(\frac{\Psi_1}{L_{11}}\right)^2 \frac{dL_{11}}{dy} = \frac{1}{2}\left(\frac{B_\delta}{w_1 \mu_0} y\right)^2 \frac{d}{dy}\left(\frac{w_1^2 b l \mu_0}{y}\right) = -\frac{B_\delta^2 b l}{2 \mu_0} \qquad 1.129$$

Sie hängt quadratisch ab von der Felddichte im Luftspalt und linear von der Grenzfläche am Luftspalt. Das Vorzeichen zeigt an, dass die Kraft so gerichtet ist, dass die in der Anordnung gespeicherte magnetische Energie abnimmt bzw. die Induktivität zunimmt.

Eine von der Geometrie unabhängige Kraftdichte erhält man durch Bezug auf die Grenzfläche $A_\delta = b \cdot l$.

$$\tau_n = \left|\frac{dF_n}{dA_{\delta\perp}}\right| = \frac{B_\delta^2}{2 \mu_0} \qquad 1.130$$

Fall 2: Tangentialkraft an Grenzflächen im Magnetkreis (Maxwellkraft)

Die Anordnung nach Abbildung 1.51 wird jetzt leicht modifiziert, denn die Bewegung soll jetzt in x-Richtung stattfinden, sodass es zu einer seitlichen Verschiebung der beiden Polelemente kommt.

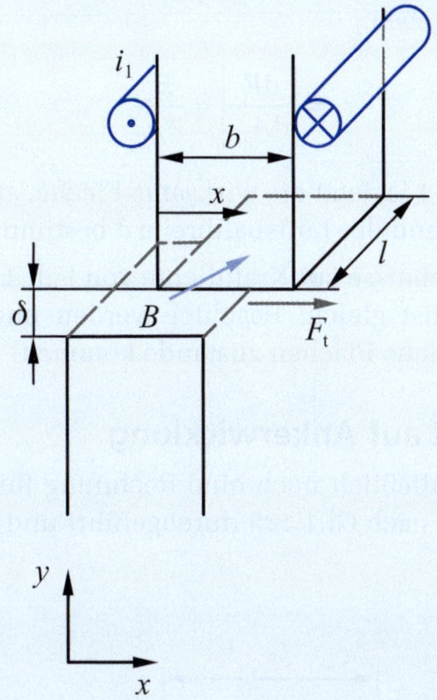

Abbildung 1.52 Reluktanzmotor

Die Tangentialkraft bestimmt man jetzt aus

$$F_t = \frac{1}{2} i_1^2 \frac{dL_{11}}{dx} \qquad 1.131$$

Die wirksame Überlappungsfläche ist nun selbst variabel mit $A_\delta = l \cdot x$ und die Flussverkettung der Anordnung berechnet sich zu:

$$\Psi_1 = w_1 \Phi_1 = w_1 B_\delta A_\delta = w_1 B_\delta l x = L_{11}(x) i_1 \qquad 1.132$$

Die Induktivität berechnet sich ebenso wie in Fall 1 gezeigt, lautet aber mit den neu eingeführten Bestimmungsstücken:

$$L_{11} = \frac{w_1^2}{R_{m\delta}} = \frac{w_1^2 \mu_0 l}{\delta} x \qquad 1.133$$

Die Rechnung wird nun weitergeführt und ergibt:

$$F_t = \frac{1}{2}\left(\frac{\Psi_1}{L_{11}}\right)^2 \frac{dL_{11}}{dx} = \frac{1}{2}\left(\frac{B_\delta \delta}{w_1 \mu_0}\right)^2 \frac{d}{dx}\left(\frac{w_1^2 \mu_0 l}{\delta} x\right) = \frac{B_\delta^2 \, l \delta}{2 \mu_0} \qquad 1.134$$

Solange eine teilweise Überlappung der beiden Polelemente besteht, d. h. $x<b$, wirkt die Kraft positiv in die Bewegungsrichtung x. Wird $x>b$, kehrt sich das Vorzeichen um. Auch hier gilt, dass durch Wandlung in mechanischer Energie die magnetische Energie der Anordnung abnehmen muss und die Induktivität sich vergrößert.

Von der Geometrie unabhängig lässt sich auch hier eine Kraftdichte bei Bezug auf die Scherfläche angeben:

$$\tau_t = \left|\frac{dF_t}{dA_{\delta\perp}}\right| = \frac{B_\delta^2}{2\mu_0} \qquad 1.135$$

Im Unterschied zu Fall 1 ist jetzt die wirksame Fläche, auf die die Tangentialkraft wirkt, von der Länge l und der Luftspaltbreite δ bestimmt.

Vergleicht man die Ergebnisse zur Kraftdichte von Fall 1 und Fall 2, so sind diese formal gesehen zunächst gleich. Beachtet werden muss aber, dass sie durch Bezug auf unterschiedliche Flächen zustande kommen!

Fall 3: Lorentzkraft auf Ankerwicklung

Zum Vergleich soll schließlich noch eine Rechnung für den Fall der Änderung der Koppelinduktivität nach Gl.1.125 durchgeführt und diskutiert werden, siehe auch ▶Abbildung 1.53.

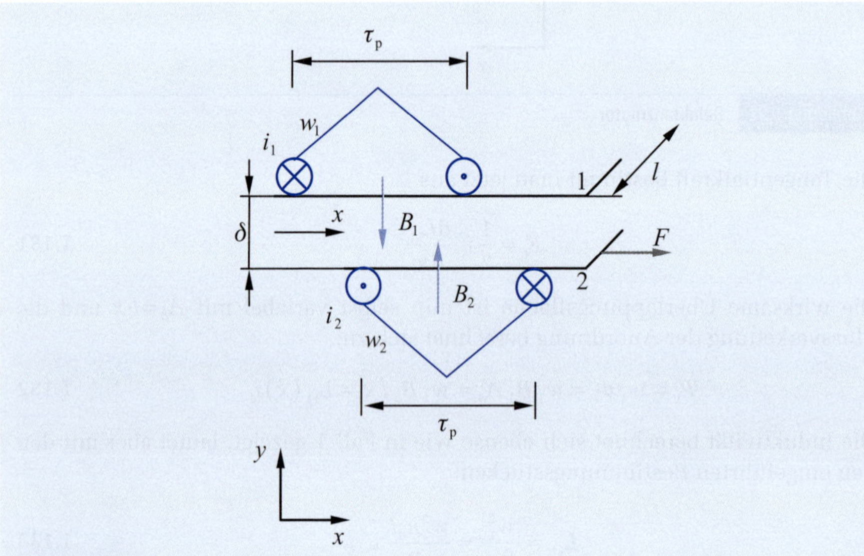

Abbildung 1.53 Lorentzkraft

Für die Tangentialkraft gilt analog zu Gl. 1.125

$$F_t = i_1 i_2 \frac{dL_{12}}{dx} \qquad 1.136$$

Die Gegeninduktivität zweier gegenüberliegender konzentrierter Wicklungen am Luftspalt berechnet sich jetzt zu:

$$\Psi_{12} = w_1\,\Phi_2 = w_1\,B_\delta\,A_\delta = w_1\,B_\delta\,l\,x = L_{12}(x)\,i_2 \qquad 1.137$$

bzw.

$$\Psi_{21} = w_2\,\Phi_1 = w_2\,B_\delta\,A_\delta = w_2\,B_\delta\,l\,x = L_{21}(x)\,i_1 \qquad 1.138$$

Für die Gegeninduktivität erhält man:

$$L_{12} = L_{21} = \frac{w_1 w_2}{R_{m\delta}} = \frac{w_1 w_2 \mu_0}{\delta} l \left(x - \frac{\tau_p}{2} \right) \quad 1.139$$

Eingesetzt in die Kraftgleichung ergibt sich eine von Leiterlänge und Luftspalt abhängige Tangentialkraft:

$$F_t = i_1 i_2 \frac{d}{dx} \left(\frac{w_1 w_2 \mu_0 l}{\delta} \left(x - \frac{\tau_p}{2} \right) \right) = \frac{w_1 w_2 \mu_0 l}{\delta} i_1 i_2 \quad 1.140$$

Die Ströme werden aus den Gl. 1.137 und 1.138 substituiert, sodass die Tangentialkraft aus den Felddichten ermittelt werden kann mit

$$F_t = \frac{w_1 w_2 \mu_0 l}{\delta} \left(\frac{2\delta B_1}{w_1 \mu_0} \right) \left(\frac{2\delta B_2}{w_2 \mu_0} \right) = \frac{2 B_1 B_2}{\mu_0} l \delta \quad 1.141$$

Mit der Kraftdichte, bezogen auf die kraftwirksam orthogonale Fläche, ergibt sich die tangentiale Kraftdichte

$$\tau_t = \left| \frac{dF_t}{dA_{\delta\perp}} \right| = \frac{2 B_1 B_2}{\mu_0} \quad 1.142$$

Unter den beachteten Randbedingungen kommen für die errechneten Tangentialkraftdichten vergleichbare Ergebnisse zustande. In Tabelle 1.9 sind einige Zahlenbeispiele für erreichbare *Kraftdichten* angegeben. Beachte, der Flächenbezug hängt von der Kraftrichtung ab und die Fläche muss bei Maxwellkräften wegen der Reluktanzstruktur etwa verdoppelt werden.

Tabelle 1.9: Zahlenbeispiel für ideale Kraftdichten (Beachte: der Flächenbezug hängt von der Kraftrichtung ab.)

Vorgaben	B_{max}=0,7T	B_{max}=1T	B_{max}=1,5T
normale/tangentiale Maxwellkraftdichte in kN/m^2 $B_\delta = B_{max}$	100	200	450
tangentiale Lorentzkraftdichte in kN/m^2 $B_1 + B_2 = B_{max}$, $B_1 = B_2$	200	400	900

1.3.3 Wirkungsgrad und Energieeffizienz

Zur Charakterisierung der Effektivität der Energieumwandlung an einem Arbeitspunkt wird der *Wirkungsgrad* gebildet als vorzeichenunabhängiger Quotient von abgegebener zu zugeführter Leistung:

$$\eta = \frac{P_{ab}}{P_{zu}} = \frac{P_{ab}}{P_{ab} + \sum_i P_{Vi}} = \frac{P_{zu} - \sum_i P_{Vi}}{P_{zu}} = 1 - \frac{\sum_i P_{Vi}}{P_{zu}} \quad 1.143$$

Die diversen Umformungen zeigen, dass wegen nicht zu vermeidender Leistungsverluste der Wirkungsgrad stets kleiner 1 sein muss. Bei rotierenden Maschinen lässt sich der Motorwirkungsgrad angeben mit

$$\eta_M = \frac{P_{mech}}{P_{el}} = \frac{M\,\Omega}{U\,I} \qquad 1.144$$

Ist eines der Bestimmungsstücke der mechanischen Leistung gleich Null, so lässt sich kein Wirkungsgrad angeben wie im Leerlauf (M=0) oder im Stillstand (Ω=0).

Für den Generatorwirkungsgrad folgt demgemäß:

$$\eta_G = \frac{P_{el}}{P_{mech}} = \frac{U\,I}{M\,\Omega} \qquad 1.145$$

Beide Wirkungsgrade zeigen aufgrund der oben angegebenen Verluste eine starke Abhängigkeit von Drehzahl und Drehmoment bzw. von Spannung und Strom. Eine zweidimensionale Wirkungsgrad-Darstellung liefert dann die sogenannten Muschelkurven [1.16], die eine ausgeprägte Verschlechterung des Wirkungsgrads insbesondere bei Teillastbetrieb (kleines Drehmoment oder kleiner Strom) aufweisen, während im sogenannten Bemessungspunkt (früher: Nennpunkt) meist die Bestwerte erreicht werden.

Viele moderne Motoren oder Generatoren arbeiten inzwischen drehzahlvariabel [1.10], sodass folgerichtig nur ein mittlerer Wirkungsgrad bzw. der *Effizienzgrad* ε zur Kennzeichnung dienen kann, der die abgegebene zur zugeführten Energiemenge in einem definierten Zeitabschnitt ins Verhältnis setzt:

$$\varepsilon = \frac{\int_0^T p_{ab}\,dt}{\int_0^T p_{zu}\,dt} \qquad 1.146$$

Der Effizienzgrad ist immer schlechter als der Wirkungsgrad im Bestpunkt. Da Maschinen über weite Strecken im Teillastbetrieb gefahren werden, kann die Differenz teilweise mehr als 10 %-Punkte betragen [1.17].

1.4 Entwurf elektromagnetischer Energiewandler

An dieser Stelle soll nun in das Grundsätzliche zum Entwurf von elektrischen Maschinen eingeführt werden [1.6].

Entwurfsziel ist es, die wichtigsten Abmessungen der Maschine aus den Nenndaten und sonstigen Stellbereichsgrenzen zu ermitteln. Die Hauptabmessungen rotierender Maschinen sind der Bohrungsinnendurchmesser D_i und die ideelle Länge des Blechpakets l_i, die das Drehmoment bestimmen.

Eine die Ausnutzung von Maschinen beschreibende Orientierungsgröße für den Entwurf ist der Drehschub (Kraftdichte) oder die Ausnutzungsziffer (Essonzahl).

1.4.1 Ausnutzung

Drehschub

Der Drehschub bzw. Kraftdichte elektrischer Maschinen wird üblicherweise auf das Effektivmoment im Dauerbetrieb (Nennmoment) bezogen, da damit die thermische Ausnutzung bezeichnet wird. Sie berechnet sich aus der drehmomentbildenden Kraft (Tangentialkraft) bezogen auf die kraftbildende Oberfläche – hier die Zylinderfläche mit

$$\sigma = \frac{F_\mathrm{t}}{A} = \frac{\frac{M_\mathrm{eff}}{D_\mathrm{i}/2}}{\pi\, D_\mathrm{i}\, l_\mathrm{i}} = \frac{2M_\mathrm{eff}}{\pi D_\mathrm{i}^2 l_\mathrm{i}} \qquad 1.147$$

Beim sogenannten maximalen Drehschub wird das Effektivmoment durch das Maximalmoment ersetzt.

Der Drehschub orientiert sich an den elektromagnetischen Beanspruchungen der jeweiligen Maschine.

Für Maschinen, bei denen eine direkte oder errechenbare Lorentzkraft die Ursache für die Drehmomentbildung ist, erhält man den Drehschub aus dem Produkt von maximaler Luftspaltfelddichte und Ankerstrombelag.

$$\sigma = B_{\delta\mathrm{max}} \cdot A \qquad 1.148$$

Für Maschinen, bei denen das Drehmoment auf der Basis der Grenzflächenkräfte ermittelt werden kann, ist der Drehschub das Produkt von Tangentialfeldstärke und Normalfelddichte:

$$\sigma = H_\mathrm{t} B_\mathrm{n} \qquad 1.149$$

Die Werte variieren nur wenig in Abhängigkeit der Leistung, hängen aber stark von den Kühlbedingungen ab. Bei intensiver Wasserkühlung kann der Dauerdrehschub bis zum 2-fachen Wert höher liegen als bei einer luftgekühlten Maschine.

Essonzahl

Die Ausnutzungsziffer von Esson C geht einen etwas anderen Weg, indem sie zwischen der inneren Leistung der Maschine einerseits und Drehzahl andererseits sowie einem volumenabhängigen Äquivalent vermittelt mit

$$P_\mathrm{i} = C\, D_\mathrm{i}^2 l_\mathrm{i} n \qquad 1.150$$

Erweitert man den Ausdruck für den Drehschub nach Gl. 1.147 mit $\pi \cdot n$ und setzt die mechanische Leistung gleich der inneren Leistung nach Gl. 1.150, so lassen sich Essonzahl und Drehschub ineinander umrechnen

$$\sigma = \frac{2M_\mathrm{eff}\, \pi\, n}{\pi D_\mathrm{i}^2 l_\mathrm{i}\, \pi\, n} \approx \frac{P_i}{\pi^2 D_\mathrm{i}^2 l_\mathrm{i}\, n} = \frac{1}{\pi^2} C \qquad 1.151$$

Für die Essonzahl gibt es ausführliche Diagramme insbesondere für drehzahlstarre Maschinen, die über Jahrzehnte hinweg ergänzt wurden, vgl. dazu auch [1.6].

1.4.2 Grundabmessungen

Die Grundabmessungen rotierender Maschinen können nach Vorgabe des mittleren Drehschubs mit Gl. 1.147 bzw. bei Kenntnis der Essonzahl nach Gl. 1.151 berechnet werden. Allerdings ist vorher noch das Verhältnis zwischen Innenbohrungsdurchmesser und ideeller Länge vorzugeben. Dazu wird in der Regel der Schlankheitsgrad

$$\lambda_1 = \frac{l_\mathrm{i}}{D_\mathrm{i}} \qquad 1.152$$

oder die relative Länge

$$\lambda_2 = \frac{l_\mathrm{i}}{\tau_\mathrm{p}} = \frac{2\,p\,l_\mathrm{i}}{\pi D_\mathrm{i}} \qquad 1.153$$

eingeführt, die beide je nach konkreter Maschinenausführung in einem bestimmten Wertebereich vorteilhaft einstellbar sind. Grundsätzliche Unterschiede ergeben sich aus dem vorzugsweisen Anwendungsbereich. Für Torquemotoren (kleine Drehzahlen, große Drehmomente) sollte der Schlankheitsgrad bzw. die relative Länge eher klein für Hochgeschwindigkeitsantriebe (kleine Drehmomente, hohe Drehzahlen) eher groß gewählt werden.

Ist der Schlankheitsgrad festgelegt kann der Innenbohrungsdurchmesser aus dem Drehschub und dem Effektivmoment

$$D_\mathrm{i} = \sqrt[3]{\frac{2\,M_\mathrm{eff}}{\pi\,\sigma\,\lambda}} \qquad 1.154$$

bzw. der Essonzahl und der inneren Leistung

$$D_\mathrm{i} = \sqrt[3]{\frac{P_\mathrm{i}}{n\,\lambda\,C}} \qquad 1.155$$

bestimmt werden. Für die Betriebsgrößen Drehzahl n, Effektivmoment M_eff und innere Leistung P_i werden die dem Nennbetrieb zugeordneten Größen verwendet.

Alle anderen Abmaße ergeben sich aus den Spezifika der Magnetkreise und Wicklungen der jeweiligen Maschinenart.

Aufgaben

Lösungen

1 Magnetkreis mit Luftspalt

Berechnen Sie unter Anwendung des magnetischen Ersatzschaltbildes für den dargestellten magnetischen Kreis nach ▶Abbildung 1.54 allgemein und mit den angegebenen Zahlenwerten:

- Spulenstrom: I=10 A
- Jochlänge: a=500 mm
- Schenkellänge: b=250 mm
- Luftspaltbreite: δ=2,5 mm
- Schenkel/Jochquerschnitt: A=2500 mm^2
- Relative Permeabilität: μ_r=1000
- Spulenwindungszahl: w=50

den magnetischen Widerstand R_m,
den magnetischen Fluss Φ,
die magnetische Feldstärke im Eisen H_{Fe},
die magnetische Feldstärke im Luftspalt H_δ,
die magnetische Energie im Luftspalt,
die magnetische Energie in den ferromagnetischen Abschnitten.
Vorausgesetzt wird ein homogenes Magnetfeld.

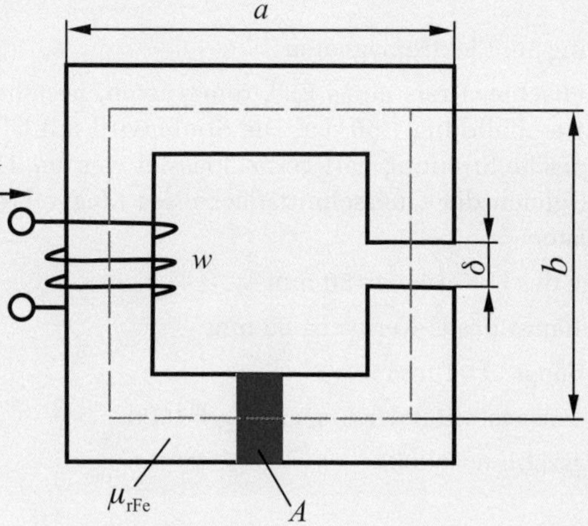

Abbildung 1.54 Magnetkreis mit Luftspalt

2 Induktionsgesetz

Unter dem Pol eines Generators nach ▸Abbildung 1.55 entsteht die Felddichte von 0,5 T. Die Wicklung des Rotors hat 400 wirksame Windungen und bewegt sich mit einer Umfangsgeschwindigkeit von 1 m/s. Wie groß ist die induzierte Spannung, wenn sich die Wicklung genau unter dem Pol befindet und die aktive Länge eines Leiters 0,15 m beträgt?

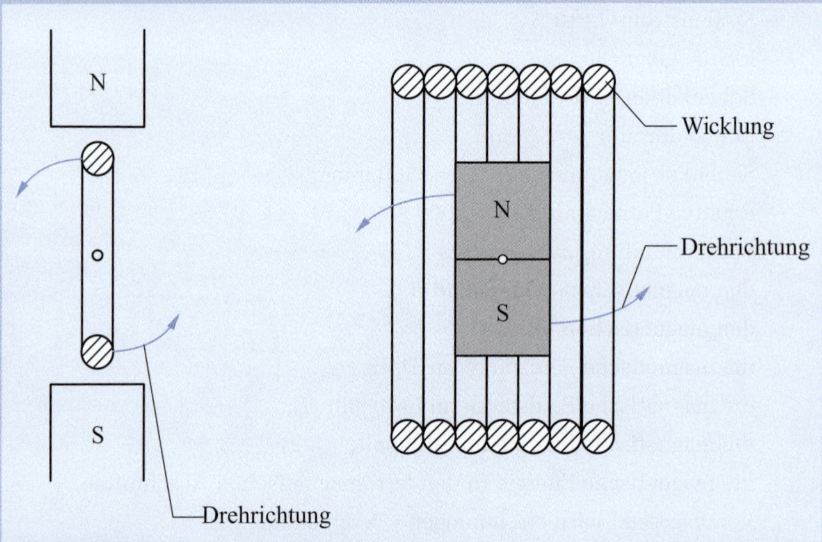

Abbildung 1.55 Spannungsinduktion in Ankerschleife bzw. -wicklung

3 Kraftwirkung am Elektromagneten

Den magnetischen Kreis eines Elektromagneten, bestehend aus einem *U*/*I*-Kern, stellt ▸Abbildung 1.56 dar. Die Spule wird mit Gleichstrom gespeist. Die magnetische Streuung darf vernachlässigt werden. Die Fläche der Magnetpole ist gleich der Querschnittsfläche des Magnetkreises. Bekannt sind folgende Daten:

- Jochlänge des U-Kerns: $a=50$ mm
- Schenkellänge des U-Kerns: $b=82$ mm
- Luftspaltlänge. $\delta=1$ mm
- Relative Permeabilität des Eisens: $\mu_{rFe}=1000$
- Windungszahl: $w=6000$

– Speisestrom: $I=3$ A
– Querschnittsfläche $A_m=10$ cm^2

Bestimmen Sie:
– die magnetische Durchflutung Θ,
– den gesamten magnetischen Widerstand des Magnetkreises,
– den magnetischen Fluss,
– die magnetische Felddichte B_0 im Luftspalt,
– die Magnetkraft und ihre Richtung, die auf den I-Kern wirkt,
– die Kraftdichte in der Anordnung,
– die magnetische Energie in den beiden Luftspalten und den ferromagnetischen Abschnitten.

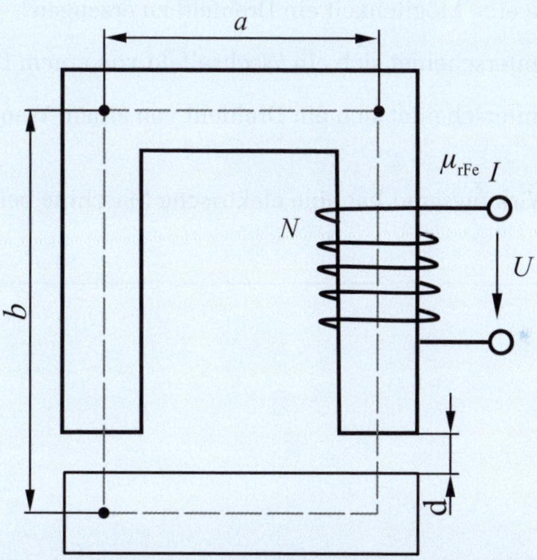

Abbildung 1.56 elektromagnetischer Hubmagnet

Lösungen

Prüfungsfragen

1 Warum ist es günstiger, Energiewandler auf elektromagnetischer als auf elektrostatischer Basis aufzubauen?

2 Wann würden Sie eine permanentmagnetische Erregung einer elektrischen Erregung in elektrischen Maschinen vorziehen?

3 Warum wird die Größe der Luftspaltinduktion in Maschinen im Wesentlichen durch den Luftspalt bestimmt?

4 Was unterscheidet das Hauptfeld vom Streufeld in Maschinen?

5 Welche prinzipielle Möglichkeit sehen Sie den Wirkungsgrad in elektromagnetischen Wandlern zu steigern?

6 Nennen Sie eine Möglichkeit ein Drehfeld zu erzeugen?

7 Wodurch unterscheidet sich ein Wechselfeld von einem Drehfeld?

8 Wodurch unterscheidet sich ein Drehfeld von einem Wanderfeld in Maschinen?

9 Welchen Wirkungsgrad hat eine elektrische Maschine bei Stillstand und im Leerlauf?

Zusammenfassung

Elektromagnetische Energiewandler gestatten es mit vergleichbarem Wirkungsgrad Bewegungsenergie in Elektroenergie und wieder zurück in Bewegungsenergie umzuwandeln. Der zum Energietausch benutzte Zwischenspeicher in Form des Magnetfeldes - und dort insbesondere im Luftspalt - besitzt eine mehrfach höhere Energiedichte als dies mit dem elektrostatischen Feld erreichbar wäre. Das prädestiniert elektromagnetische Energiewandler auch dazu sehr viel größere Energiemengen umzusetzen.

Der Magnetfeldaufbau erfolgt über die Durchflutung, erzeugt durch stromgespeiste Wicklungen oder Permanentmagnete, für deren Magnetisierung atomare Ringströme sorgen.

Die Ausprägung des Magnetfeldes wird unterstützt durch ferromagnetische Materialien, von denen im Elektromaschinenbau insbesondere verlustarme Dynamobleche aus FeSi-Legierungen bzw. Massiveisenteile technische Bedeutung erlangt haben.

Die Spannungserzeugung in elektromagnetischen Energiewandlern basiert auf dem Induktionsgesetz, die eine zeitlich veränderliche Flussverkettung voraussetzt. Bei Transformatoren wird die Spannung durch Ruheinduktion, in Elektromaschinen – Motoren wie Generatoren – in Form von Bewegungs- und Ruheinduktion erzeugt.

Elektromagnetische Kräfte können unterschieden werden in elektrodynamische (Lorentz) und Grenzflächenkräfte (Maxwell). Sie sind die Ursache für Bewegungen, Geräusche und Bauteilbeanspruchungen. Für ihre bewegungsrelevante Größe und räumliche Verteilung ist die Form und Intensität der Magnetfelddichte im Luftspalt verantwortlich.

Beim Energiewandlungsprozess treten Verluste im Magnetkreis und den Wicklungen auf, die im Wesentlichen drehzahl- und lastabhängig sind. Sie können sich teilweise sehr stark – je nach Maschinenart – unterscheiden.

Für die Auslegung beweglicher elektromagnetischer Energiewandler ist die Kenntnis des Nennmoments ausschlaggebend, da sich danach die Grundabmessungen der Maschine wie Durchmesser und Länge richten.

Literatur

[1.1] Albach, M.: Grundlagen der Elektrotechnik 1, PEARSON München 2008.

[1.2] Leuchtmann, P.: Einführung in die elektromagnetische Feldtheorie, PEARSON, München 2005

[1.3] Michalowsky, L.; Schneider, J.: Magnettechnik. Vulkan, Essen 2006.

[1.4] Küpfmüller, K.; Matthis, W.; Reibiger, A.: Theoretische Elektrotechnik, 17. Aufl. Berlin: Springer 2006.

[1.5] Müller, G., Ponick, B.: Theorie elektrischer Maschinen. Wiley-VCH, Weinheim 2009.

[1.6] Vogt, K.: Berechnung elektrischer Maschinen. Wiley-VCH, Weinheim 1996.

[1.7] Wunsch, G.; Schultz, H.G.: Elektromagnetische Felder. VEB Verlag der Technik, Berlin 1989

[1.8] Budig, P. K.: Drehstromlinearmotoren, Verlag der Technik, Berlin 1978.

[1.9] Gieras, J. F.: Linear induction drives. Oxford University Press 1993.

[1.10] Schönfeld, R.; Hofmann, W.: Elektrische Antriebe und Bewegungssteuerungen, VDE-Verlag, Frankfurt a.M. 2005.

[1.11] Schäffel, C.; Saffert, E.; Kallenbach, E.: Entwurf von Antriebsmodulen für Mehrkoordinatenbewegungen. VDI-Berichte 1269, 1996, S. 123-131.
[1.12] Kahlen, K.: Regelungsstrategien für permanentmagnetische Direktantriebe mit mehreren Freiheitsgraden, Dissertation, RWTH Aachen, 2002.
[1.13] Anders, M.; Andresen, E. Chr.; Binder, A.: Determination of Thrust Force Ripple of a Spherical Linear PM Motor for a Direct Telescope Drive. EPE 1999 Lausanne, Proceedings pp. 1580-1588.
[1.14] Kallenbach, E.; u. a.: Elektromagnete. Teubner, 3. Auflage, Leipzig 2008.
[1.15] Schweitzer, G.; Traxler, A.; Bleuler, H.: Magnetlager. Springer, Berlin 1993.
[1.16] Schäfer, H. (Hrsg.): Neue elektrische Antriebskonzepte für Hybridfahrzeuge. Expert Verlag, Renningen 2007.
[1.17] Kiel, E. (Hrsg.): Antriebslösungen. Mechatronik für Produktion und Logistik. Springer, Berlin 2007.
[1.18] DIN EN 60034(VDE 0530): Drehende elektrische Maschinen

Transformatoren

2

ÜBERBLICK

» Transformatoren sind ruhende Energiewandler, die hauptsächlich im Energieversorgungssystem zur Energieverteilung zum Einsatz kommen und zwischen einzelnen Netzen und Netzabschnitten eine Spannungsanpassung im Dreh- bzw. Wechselstromsystem gestatten. Zwischen dem Stromerzeuger im Kraftwerk und dem Stromverbraucher vor Ort befindet sich in der Regel eine Vielzahl von Transformatoren, die zunächst ein Hoch- und dann ein Tiefsetzen der Versorgungsspannung übernehmen müssen. Damit ist der Transformator ein wichtiges Bindeglied zwischen Energieerzeuger und Energieverbraucher, dessen Eigenverluste möglichst klein zu halten sind.

Neben dieser zentralen Rolle werden Transformatoren auch zunehmend in mobilen Geräten (Straßenfahrzeugen, Flugzeugen, Bahnen) eingesetzt, um durch eine individuelle Spannungsanpassung die höchste Effizienz und Kompaktheit sicherzustellen. «

Lernziele

Nach Durcharbeiten dieses Kapitels werden Sie in der Lage sein,

- das physikalische Grundverständnis für Aufbau und Wirkungsweise von Einphasen- und Drehstromtransformatoren zu entwickeln und dieses auch auf Sonderausführungen zu übertragen;
- die Beschreibung des stationären Verhaltens anhand einpoliger Ersatzschalt- und Zeigerbilder vorzunehmen und daraus die wichtigsten Betriebseigenschaften ableiten zu können;
- einige Grundregeln für das experimentelle Arbeiten mit Transformatoren anzuwenden.

2.1 Einführung

Transformatoren sind wichtige elektrotechnische Betriebsmittel, die in der elektrischen Energietechnik als Umspanner und in der Informationstechnik als Übertrager angewendet werden. Ihre Aufgabe besteht darin, für die Anpassung von Spannungen, Strömen oder Impedanzen zu sorgen. Nachfolgend werden einige häufig verwendete Begriffe in Verbindung mit Transformatoren erklärt:

Volltransformator	- auf induktiver Basis
Spartransformator	- auf galvanischer und induktiver Basis
Umspanner	- Spannungstransformator in der Energietechnik
Übertrager	- Transformator in der Informationstechnik
Einphasentransformator	- einphasige Primär- und Sekundärwicklung
Drehstromtransformator	- 3-phasige Primär- und Sekundärwicklung
Zweiwicklungstransformator	- Anpassung zwischen 2 Spannungsebenen
Dreiwicklungstransformator	- Anpassung zwischen 3 Spannungsebenen

Einen Überblick über das Anwendungsfeld von Transformatoren zeigt ▶Abbildung 2.1.

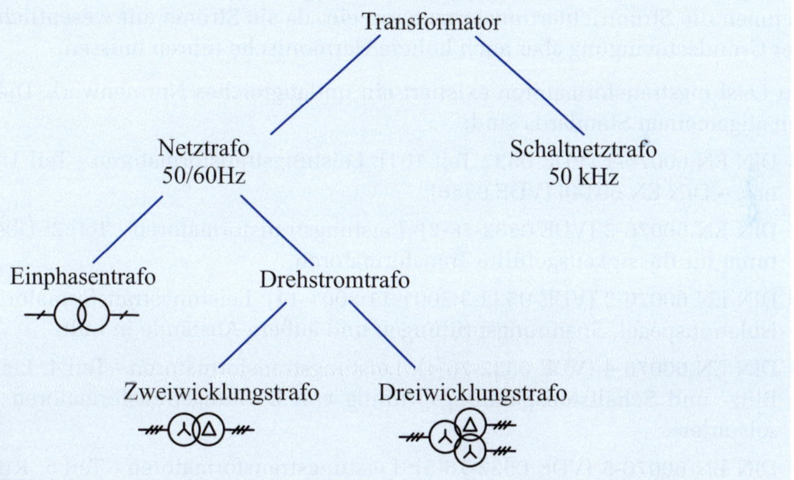

Abbildung 2.1 Übersicht zu Transformatoren

Die Netztransformatoren sind für eine bestimmte Betriebsfrequenz ausgelegt. Für die Landesnetze sind das 50 Hz bzw. 60 Hz. In der Bahnstromversorgung in Mitteleuropa und Skandinavien beträgt die Betriebsfrequenz 16,7 Hz (früher: $16^2/_3$ Hz), in Flugzeugen liegt sie in der Regel bei 400 Hz. Die Netzspannungen in 50-Hz-Netzen sind festgelegt in Niederspannungsnetzen auf 400 V, 690 V, in Mittelspannungsnetzen auf 1 kV, 6 kV, 20 kV und in Hochspannungsnetzen auf 110 kV, 220 kV, 380 kV, 500 kV. Netztransformatoren werden unterteilt in Einphasen- und Drehstromtransformatoren.

Einphasentransformatoren dienen der Spannungsanpassung in Haushalten, zur Gebäudestromversorgung, in Inselnetzen und zur Versorgung von Bahnstromnetzen, bei denen die Betriebsfrequenz von der des Landesnetzes abweicht. Die Betriebsspannung im Niederspannungsbereich beträgt 230 V. Das Prinzip des Einphasentransformators trifft man ferner in Stromwandlern (VA), Spannungswandlern (VA), Schweißtransformatoren (kVA), Bahntransformatoren (10 MVA) sowie als Einzeleinheiten in Drehstromtransformatoren (333 MVA) an.

Drehstromtransformatoren finden ihren Einsatz in Drehstromnetzen der Energieversorger (ab 400 V) und werden dort ausgeführt als

- Maschinentransformatoren (bis 1500 MVA) zwischen Generator und Hochspannungsnetz,
- Verteiler- und Netztransformatoren (100-2500 kVA) zwischen dem Mittelspannungs- und Niederspannungsnetz,
- Netzkupplungstransformatoren zur Verbindung mehrerer Hochspannungsnetze.

Schaltnetztransformatoren dienen zur Stromversorgung elektronischer Geräte aus dem Niederspannungsnetz. Ihre Betriebsfrequenzen liegen im kHz-Bereich. Sie unterscheiden sich grundsätzlich von den voranstehend genannten Netztransformatoren, da sie eine deutlich höhere Arbeitsfrequenz haben und Rechteck- bzw. Impulsströme (Impulsübertrager) in den Wicklungen führen.

Eine gewisse Zwischenstellung zwischen den Netz- und Schaltnetztransformatoren nehmen die Stromrichtertransformatoren ein, da sie Ströme mit wesentlichem Anteil der Grundschwingung aber auch höhere Harmonische führen müssen.

Zu Leistungstransformatoren existiert ein umfangreiches Normenwerk. Die wichtigsten allgemeinen Standards sind:

- DIN EN 60076-1 (VDE 0532 Teil 101): Leistungstransformatoren - Teil 1: Allgemeines. – DIN EN 60146 (VDE 0558),
- DIN EN 60076-2 (VDE 0532-76-2): Leistungstransformatoren - Teil 2: Übertemperaturen für flüssigkeitsgefüllte Transformatoren,
- DIN EN 60076-3 (VDE 0532-3:2001-11:2001-11): Leistungstransformatoren - Teil 3: Isolationspegel, Spannungsprüfungen und äußere Abstände in Luft,
- DIN EN 60076-4 (VDE 0532-76-4): Leistungstransformatoren - Teil 4: Leitfaden zur Blitz- und Schaltstoßspannungsprüfung von Leistungstransformatoren und Drosselspulen
- DIN EN 60076-5 (VDE 0532-76-5): Leistungstransformatoren - Teil 5: Kurzschlussfestigkeit,
- DIN EN 60076-11 (VDE 0532-76-11): Leistungstransformatoren - Teil 11: Trockentransformatoren,
- DIN EN 60076-13 (VDE 0532-76-13): Leistungstransformatoren - Teil 13: Selbstgeschützte flüssigkeitsgefüllte Transformatoren,
- DIN EN 60076-16 (VDE 0532-76-16): Leistungstransformatoren - Teil 16: Transformatoren für Windenergieanlagen-Anwendungen,
- DIN 42402:1976-03: Anschlussbezeichnungen für Transformatoren und Drosselspulen.

2.2 Einphasentransformatoren

2.2.1 Grundprinzip

Im Transformator wird das Prinzip der Ruheinduktion ausgenutzt, demgemäß ist die Umlaufspannung einer geschlossenen Leiterschleife gleich dem magnetischen Schwund:

$$e = \oint \vec{E} \cdot \mathrm{d}\vec{s} = -\int \frac{\partial \vec{B}}{\partial t} \cdot \mathrm{d}\vec{A} = -\frac{\mathrm{d}\Psi}{\mathrm{d}t} \qquad 2.1$$

Zum Aufbau eines Magnetflusses in einem Eisenkreis nach ▶Abbildung 2.2 besteht ein Durchflutungsbedarf von

$$\Theta_1 = w_1 I_1 \qquad 2.2$$

der von einer primärseitigen Spule der Windungszahl w_1 mit Speisung des Primärstromes I_1 erzeugt wird. Diese Durchflutung treibt im vorhandenen Eisenkreis mit dem magnetischen Widerstand

$$R_{\mathrm{mFe}} = \frac{l_{\mathrm{Fe}}}{\mu_0 \cdot \mu_{\mathrm{r}} \cdot A_{\mathrm{Fe}}} \qquad 2.3$$

den Magnetfluss

$$\Phi_1 = \frac{\Theta_1}{R_{\mathrm{mFe}}} \qquad 2.4$$

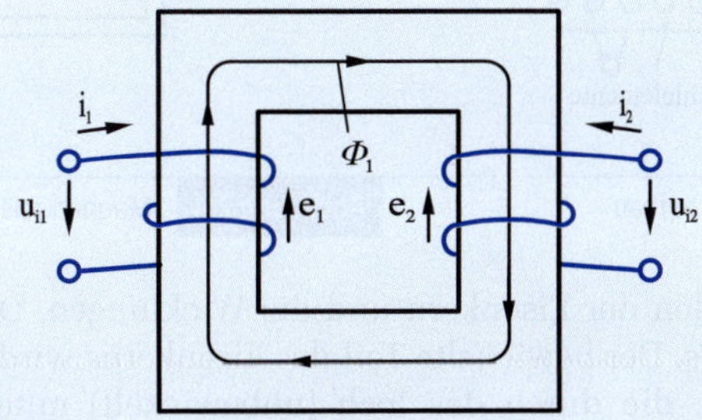

Abbildung 2.2 Grundanordnung des Einphasentransformators

Der Magnetfluss ist bei Speisung der Primärspule mit einem Sinusstrom ebenfalls sinusförmig:

$$\Phi = \hat{\Phi} \sin \omega t \qquad 2.5$$

und erzeugt in jeder Spule mit der Windungszahl w, die von diesem Fluss durchsetzt wird, eine sinusförmige Spannung

$$u_{\mathrm{i}} = w \frac{\mathrm{d}\Phi}{\mathrm{d}t} = w\omega \hat{\Phi} \cos \omega t \qquad 2.6$$

Diese Induktionsspannung besitzt die Amplitude

$$\hat{u}_{\mathrm{i}} = w \cdot \omega \cdot \hat{\Phi} \qquad 2.7$$

und den Effektivwert

$$U_{\mathrm{i}} = \frac{1}{\sqrt{2}} w \, 2\pi \, f \, \hat{\Phi} \qquad 2.8$$

und ist abhängig von der Flussamplitude $\hat{\Phi}$, der Frequenz f und der Windungszahl w.

2.2.2 Aufbau und technische Ausführung

Die äußere Gestaltung eines Leistungstransformators zeigt ▶Abbildung 2.3, bestehend aus Komponenten, die im Wesentlichen Sekundärfunktion erfüllen. Diese werden auch als Passivteile bezeichnet. Die direkt an der Energiewandlung beteiligten Komponenten nennt man Aktivteile.

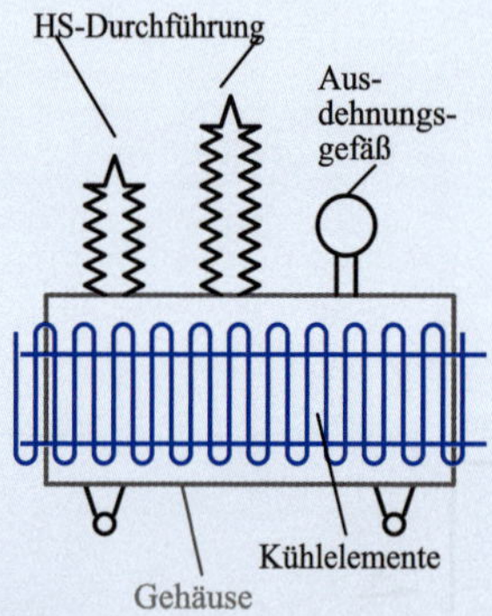

Abbildung 2.3 Transformatoraufbau

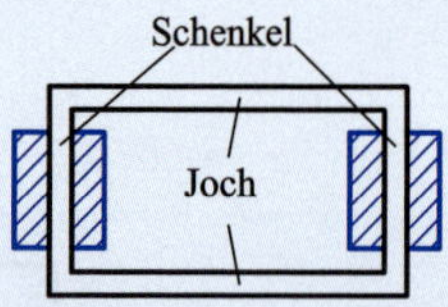

Abbildung 2.4 Magnetkreis

Zu den Aktivteilen zählen der Eisenkern und die Wicklungen. Der *Eisenkern* ist der Träger des Magnetflusses. Der bewickelte Teil des Eisenkerns wird durch die Transformatorschenkel gebildet, die durch das Joch (unbewickelt) miteinander verbunden sind, ▶Abbildung 2.4. Der Eisenkern wird aus kornorientiertem und kaltgewalztem Texturblech geschichtet, dieses besitzt in Walzrichtung einen niedrigeren magnetischen Feldstärkebedarf. Dadurch sind Magnetfelddichten von 1,7-1,9 T erreichbar. Durch eine schärfere Kornorientierung des Blechmaterials und die Oberflächenbeschichtung lässt sich eine bessere Magnetisierbarkeit erreichen.

Transformatorbleche zeichnen sich ferner durch sehr geringe Ummagnetisierungsverluste bei 50-Hz-Speisung aus.

Man gibt die Verluste, die für Felddichten von 1 T bzw. 1,5 T spezifiziert sind, durch die Verlustziffer (gravimetrische Verlustdichte) wieder:

Hystereseverlustziffer $p_{\mathrm{H}1,5} \approx 0{,}6 \ldots 0{,}7$ W/kg

Unter Beigabe von Silizium kann das Blech hochohmiger gemacht werden, zudem werden sehr geringe Blechdicken ≤0,35 mm verwendet. Durch Parallelblechung mit hochohmiger Blechisolierung durch MnO lassen sich Wirbelstromeffekte wirkungsvoll begrenzen. Hier definiert man die

Wirbelstromverlustziffer $p_{H1,5}$≈0,24 W/kg

Weitere Festlegungen zu Kernblechen können auch den Normenschriften entnommen werden:

- DIN EN 60740-1:2006-05: Kernbleche für Transformatoren und Drosseln - Teil 1: Mechanische und elektrische Eigenschaften,
- DIN IEC 60740-2: Kernbleche für Transformatoren und Drosseln für nachrichtentechnische und elektronische Einrichtungen - Teil 2: Beschreibung der Mindestpermeabilität von Kernblechen aus weichmagnetischen metallischen Materialien
- DIN EN 61021-1: Kernblechpakete für Transformatoren und Drosseln für nachrichtentechnische und elektronische Einrichtungen - Teil 1: Maße

Man unterscheidet den Aufbau des Magnetkreises hinsichtlich Kerntyp (▶Abbildung 2.5) und Manteltyp (▶Abbildung 2.6):

Der *Kerntransformator* besitzt zwei gleiche Schenkel (1), deren Schenkelachsen in einer Vertikalebene liegen. Auf jedem Schenkel sind Wicklungen (2), (3) der halben Windungszahl angebracht. Der Eisen-Querschnitt ist überall gleich.

Manteltransformatoren besitzen einen bewickelten Mittelschenkel, deren Wicklungen (2), (3) eine horizontale Achse haben. Das Kernblech (1) wird horizontal geschichtet. Joch und Rückschluss haben den halben Querschnitt des Mittelschenkels, wodurch eine Einsparung an Bauhöhe erreicht wird.

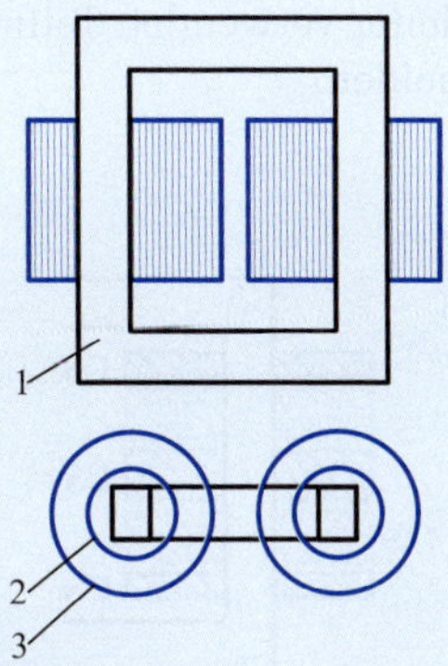

Abbildung 2.5 Kerntyp

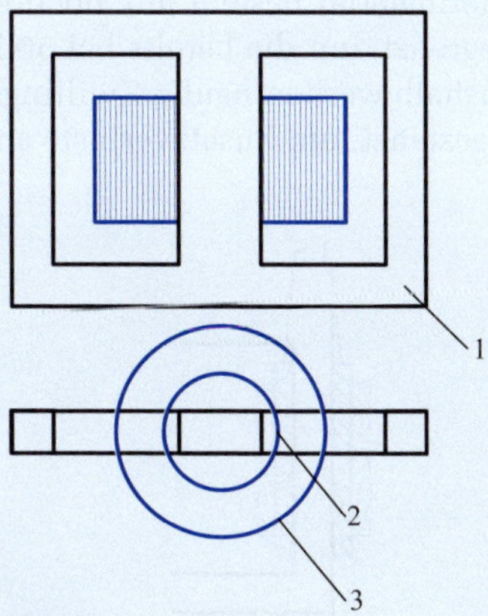

Abbildung 2.6 Manteltyp

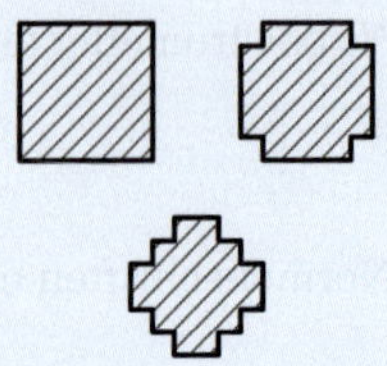

Abbildung 2.7 Blechschichtungs-Querschnitte

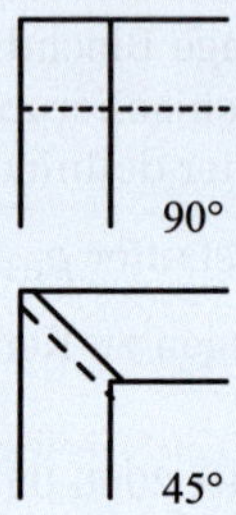

Abbildung 2.8 Blechverzapfungen

Die Schenkel- und Joch-Querschnitte können im einfachsten Fall quadratisch sein. Die Ausnutzung des verfügbaren Querschnittes lässt sich steigern, indem kreuz- oder stufenförmige Querschnitte [2.1] eingesetzt werden nach ▶Abbildung 2.7. Die Übergänge zwischen Schenkel und Joch weisen Verzapfungen auf, die für eine optimale magnetische Leitfähigkeit sorgen. Um dem Magnetfluss ausreichend Fläche zu bieten, werden meist 3-5 Blechlagen mit gleicher Kante übereinander geschichtet. Der Luftspalt pro Verzapfung beträgt 0,1 mm, siehe ▶Abbildung 2.8. Damit können der magnetische Widerstand und die benötigte Durchflutung gering gehalten werden.

Die Wechselstromwicklungen dienen dem Aufbau der Durchflutungen und damit der Magnetfelderzeugung sowie der Aufnahme der Transformationsspannungen.

Ihre Bezeichnung erfolgt bezüglich:

- der Spannung als Ober- und Unterspannungswicklung,
- der Energierichtung als Primär- und Sekundärwicklung.

Das Leitermaterial besteht aus hochreinem Elektrolytkupfer und wird in Breite und Höhe begrenzt, um die bereits bei 50 Hz auftretenden Wirbelstromverluste zu verringern. Deshalb werden häufig Zwillingsleiter und Drillleiter verwendet. Teilleiter werden ausgestanzt, um Zusatzverluste an Kanten zu vermeiden.

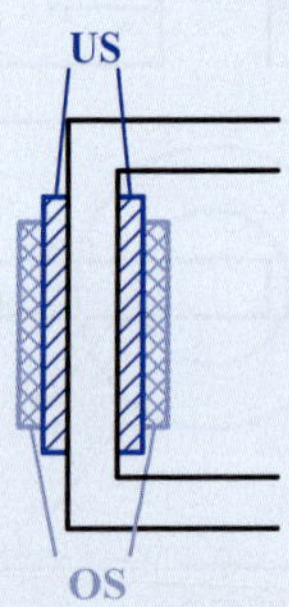

Abbildung 2.9 Zylinderwicklung

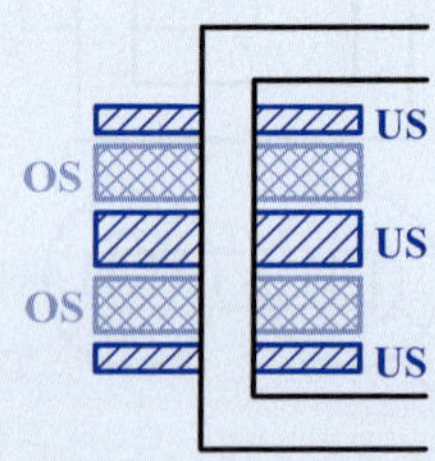

Abbildung 2.10 Scheibenwicklung

Die Wicklungen selbst können als Zylinder- oder Scheibenwicklungen ausgeführt werden. Dabei ist darauf zu achten, dass eine dichte Lage beider Wicklungen erreicht wird, um die Streuung und damit die Kurzschlussspannung gering zu halten.

Bei *Zylinderwicklungen* werden beide Wicklungen konzentrisch um den Eisenkern gewickelt. Die Unterspannungswicklung wird aus Isolationsgründen als innere Wicklung angeordnet. Bei mehrfacher konzentrischer Anordnung entstehen Lagenwicklungen (▶Abbildung 2.9). Zylinderwicklungen werden grundsätzlich für niedrigere Spannungen eingesetzt. Bei hohen Strömen erfolgt eine Aufteilung in parallele Teilleiter, bei höherer Spannung werden Lagenspulen verwendet.

Scheibenwicklungen entstehen bei axialer Wicklungsanordnung, auch hier kann eine mehrfache Aufteilung in Lagenspulen vorgenommen werden (▶Abbildung 2.10). Ober- und Unterspannungsspulen werden aufgeteilt und übereinander, um den Schenkel angeordnet, angebracht. Die Streuung lässt sich reduzieren, indem jeweils eine halbe US-Spule den Anfang bzw. Abschluss bildet. Beide Wicklungsarten können als Spulen- oder Lagenwicklung ausgeführt werden.

Für Betriebsspannungen unter 20 kV kommt die *Lagenwicklung* zum Einsatz. Es sind im Allgemeinen Wicklungen geringerer Windungszahl, die bei Netztransformatoren auf der Niederspannungsseite bzw. bei Stufenwicklungen verwendet werden oder bei Hochstromtransformatoren auf der Generatorseite anzutreffen sind, siehe ▶Abbildung 2.11.

Für Betriebsspannungen größer 20 kV wird die *Spulenwicklung* erforderlich, es sind Wicklungen höherer Windungszahl bzw. Hochspannungswicklungen, vgl. ▶Abbildung 2.12.

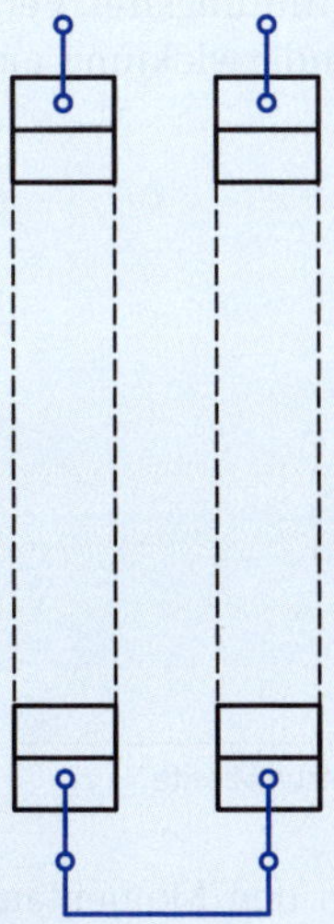

Abbildung 2.11 Lagenwicklung

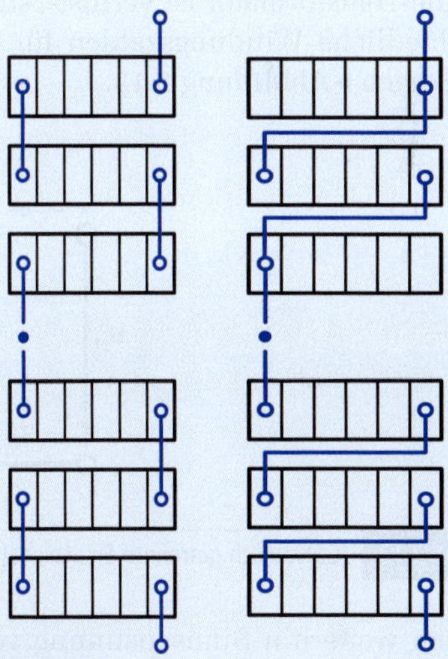

Abbildung 2.12 Spulenwicklung als Doppelspule (links), als Einzelspule (rechts)

Die Passivteile eines Transformators dienen der mechanischen Aufnahme und Stabilisierung sowie der elektrischen Isolierung. Isolierte Teile bestehen bei *Trockentransformator* aus einem Hartpapierzylinder, bei *Öltransformatoren* aus Weichpapier, mit dem eine Isolation zwischen Eisenkern und Wicklung bzw. zwischen den Wicklungen aufgebaut wird. Die Leiterisolierung besteht aus Papier oder Gewebe. Stütz- und Presskonstruktionen sind aus Pressspan und Gießharz gefertigt.

Zur Kühlung verwendet man bei Trockentransformatoren Luft. Bei Leistungen größer 100 kVA wird als Kühlmittel Öl in sogenannten Öltransformatoren verwendet.

Transformatoren, insbesondere Leistungstransformatoren, sind mit umfangreicher Schutztechnik ausgestattet, die eine Überbeanspruchung von Bauteilen vermeiden soll. Es werden folgende Schutzmaßnahmen eingesetzt:

- zur Öltemperaturüberwachung (Buchholz-Schutzrelais)
- zum Überlastschutz (Hochleistungssicherungen, Differentialschutz)
- zum Überspannungsschutz (Pegelfunkenstrecken, Überspannungsableiter)

2.2.3 Beschreibung des Transformators

Idealer Transformator

Das Betriebsverhalten von Transformatoren lässt sich anschaulich durch Ersatzschaltbilder als Abbild der elektrischen Realität und durch Zeigerbilder als Darstellungsmittel des Verhaltens von Wechselgrößen beschreiben.

Der ideale Transformator ist verlust-, streuungs- und durchflutungsfrei. Ferner werden unterschiedliche Windungszahlen für Primär- und Sekundärwicklung angenommen (w_1, w_2), nach ▶Abbildung 2.13.

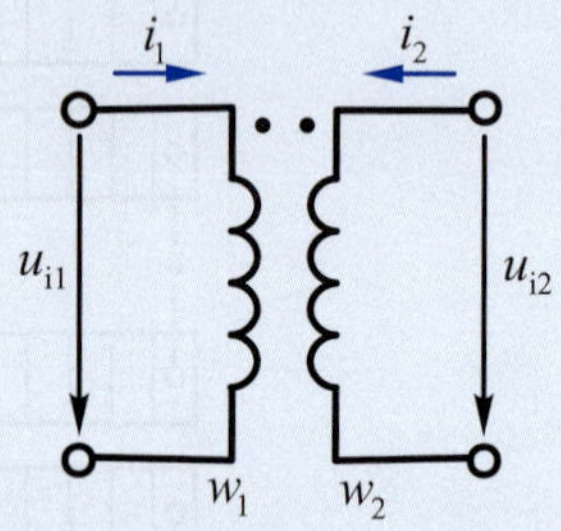

Abbildung 2.13 Galvanisch getrennte Ersatzschaltbilder von Primär- und Sekundärseite

Setzt man weiterhin Sinusspannung voraus, so kann von den Momentanwerten zur Effektivwertdarstellung übergegangen werden.

Momentanwert	Effektivwertzeiger
$i(t)=\hat{i}\sin(\omega t+\varphi_{\mathrm{i}})$	$\underline{I}=\frac{\hat{i}}{\sqrt{2}}\mathrm{e}^{\mathrm{j}\varphi_{\mathrm{i}}}$
$u(t)=\hat{u}\sin(\omega t+\varphi_{\mathrm{u}})$	$\underline{U}=\frac{\hat{u}}{\sqrt{2}}\mathrm{e}^{\mathrm{j}\varphi_{\mathrm{u}}}$

Im Leerlauf $i_2=0$ verhalten sich dann die induzierten Spannungen im Verhältnis der Windungszahlen zueinander, da die Primär- und die Sekundärwicklung vom gleichen Fluss $\Phi=\Phi_1=\Phi_2$ durchsetzt werden:

$$u_{\mathrm{i1}}=w_1\frac{\mathrm{d}\Phi}{\mathrm{d}t}$$
$$u_{\mathrm{i2}}=w_2\frac{\mathrm{d}\Phi}{\mathrm{d}t} \qquad 2.9$$
$$\frac{u_{\mathrm{i1}}}{u_{\mathrm{i2}}}=\frac{w_1}{w_2}=ü$$

Das Spannungsverhältnis ist proportional zum Windungszahlverhältnis, das auch als *Übersetzungsverhältnis ü* bezeichnet wird.

Für einen magnetischen Umlauf im Magnetkreis des belasteten idealen Transformators erhält man nach dem Durchflutungsgesetz:

$$\oint H_{\mathrm{Fe}}\,\mathrm{d}s=i_1w_1+i_2w_2=0 \qquad 2.10$$

und daraus das Stromverhältnis

$$\frac{i_1}{i_2}=-\frac{w_2}{w_1} \qquad 2.11$$

das somit indirekt proportional zum negativen Übersetzungsverhältnis ist. Mit Einführung der Effektivwertzeiger mit den jeweiligen Effektivwerten als Beträge ergibt sich aus Gl. 2.9

$$\frac{U_{\mathrm{i1}}}{U_{\mathrm{i2}}}=\frac{w_1}{w_2}=ü \qquad 2.12$$

bzw. aus Gl. 2.11

$$\frac{I_1}{I_2}=\frac{w_2}{w_1}=\frac{1}{ü} \qquad 2.13$$

Die elektrischen Verhältnisse lassen sich dann einfach in einem gemeinsamen Ersatzschaltbild nach ▶Abbildung 2.14 darstellen, wenn die Selbstinduktivitäten

$$L_{\mathrm{1h}}=\frac{w_1^2}{R_{\mathrm{m}}},\quad L_{\mathrm{2h}}=\frac{w_2^2}{R_{\mathrm{m}}} \qquad 2.14$$

und die Gegeninduktivitäten

$$L_{12} = L_{21} = \frac{w_1 w_2}{R_m} \qquad 2.15$$

eingeführt werden. Für den Hauptfluss wird dann als Proportionalitätsfaktor zum Strom die Hauptinduktivität eingesetzt

$$L_h = L_{1h} = \frac{w_1}{w_2} L_{12} = \left(\frac{w_1}{w_2}\right)^2 L_{2h} \qquad 2.16$$

die der primärseitigen Selbstinduktivität entspricht. Sie kann durch Umrechnung mithilfe der Windungszahlverhältnisse aus den anderen Induktivitäten berechnet werden. Die auf die Primärseite bezogenen sekundärseitigen Spannungen und Ströme – diese werden nachfolgend durch ′ (Strich)-Größen bezeichnet – ergeben sich demzufolge zu

$$U'_{i2} = \frac{w_1}{w_2} \cdot U_{i2} = \ddot{u} U_{i2} \qquad 2.17$$

und

$$I'_2 = \frac{w_2}{w_1} I_2 = \frac{1}{\ddot{u}} I_2 \qquad 2.18$$

sowie für bezogene Impedanzen:

$$Z' = \left(\frac{w_1}{w_2}\right)^2 Z = \ddot{u}^2 Z \qquad 2.19$$

wegen

$$Z' = U'_2 / I'_2 = \ddot{u} U_2 / (I_2 / \ddot{u}) .$$

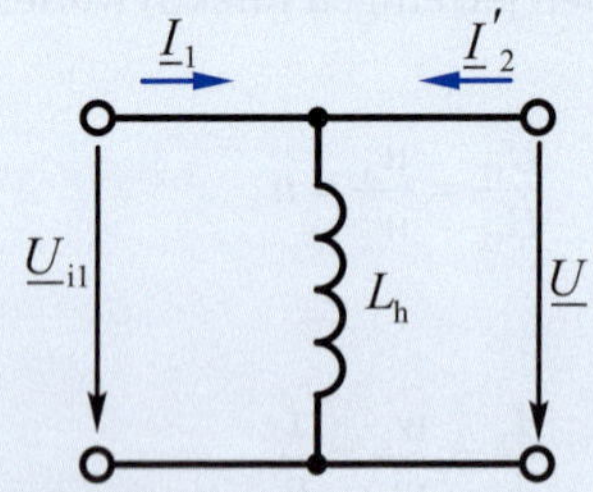

Abbildung 2.14 Gemeinsames Leerlauf-Ersatzschaltbild

In Abweichung vom idealen Transformator ist zum Aufbau des Hauptflusses eine Durchflutung erforderlich. Im Leerlauf (i_2=0) beträgt diese Durchflutung

$$\Theta_0 = w_1 \cdot i_{10} = \frac{\Phi_1}{R_m} \qquad 2.20$$

sodass sich die induzierte Primärspannung ermittelt mit

$$u_{i1} = w_1 \frac{d\Phi_1}{dt} = \frac{w_1^2}{R_m} \cdot \frac{di_{10}}{dt} = L_h \frac{di_{10}}{dt} \qquad 2.21$$

Damit lässt sich die Zeigergleichung im Komplexen schreiben

$$\underline{U}_{i1} = j\omega L_h \cdot \underline{I}_{10} = jX_h \cdot \underline{I}_{10} = \underline{U}'_{i2} \qquad 2.22$$

Zum Ersatzschaltbild nach Abbildung 2.14 gehört das Zeigerbild von ▶Abbildung 2.15.

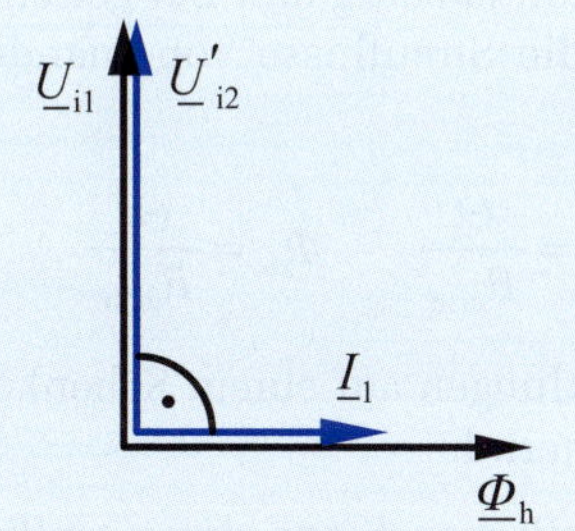

Abbildung 2.15 Leerlauf-Zeigerbild des idealen Transformators

Bei Belastung bleibt der Hauptfluss lastunabhängig und es bildet sich ein Durchflutungsgleichgewicht zwischen Primär- und Sekundärseite aus

$$\underline{\Theta}_0 = w_1 \cdot \underline{I}_1 + w_2 \cdot \underline{I}_2 = w_1 \cdot \underline{I}_0 \qquad 2.23$$

Bezogen auf die Primärseite erhält man aus derselben Durchflutung mit Gl. 2.18:

$$\underline{\Theta}_0 = w_1 \left(\underline{I}_1 + \frac{w_2}{w_1} \underline{I}_2 \right) = w_1 \left(\underline{I}_1 + \underline{I}'_2 \right) \qquad 2.24$$

Die Summe beider Ströme $\underline{I}_1$ und $\underline{I}'_2$ gibt den Magnetisierungsstrom wieder, der für den Aufbau des Hauptflusses verantwortlich ist:

$$\underline{I}_\mu = \underline{I}_1 + \underline{I}'_2 = \frac{1}{w_1^2} \underline{\Phi}_h \cdot R_m \qquad 2.25$$

Realer Transformator

Im realen Transformator treten Ohmsche Verluste in den Wicklungen auf, der Wechselfluss verursacht *Ummagnetisierungsverluste* im Eisen (Eisenverluste) und durch die nicht ideale Wicklungsanordnung kommt es zur Ausbildung von Streuflüssen, die sich über Luftwege oder andere Transformatorteile schließen.

Die nicht mehr vernachlässigbaren Wicklungswiderstände R_1 und R_2 führen zu zusätzlichen Spannungsabfällen:

$$\underline{U}_{R1} = \underline{I}_1 \cdot R_1 \qquad \underline{U}'_{R2} = \underline{I}'_2 \cdot R'_2 \qquad 2.26$$

Die Eisenverluste müssen durch einen Ohmschen *Eisenverluststrom* gedeckt werden

$$I_{VFe} = \frac{P_{VFe}}{U_{i1}} = \sqrt{\frac{P_{VFe}}{R_{Fe}}} \qquad 2.27$$

der wegen der Lastunabhängigkeit des Hauptflusses ein Teil des Leerlaufstromes ist, sodass gilt

$$\underline{I}_0 = \underline{I}_\mu + \underline{I}_{VFe} = \underline{I}_1 + \underline{I}'_2 \qquad 2.28$$

Die durch Magnetfeldstreuung entstehenden zusätzlichen Streuflüsse sind lastabhängig und treten primär- und sekundärseitig auf. Bei getrennter Bewicklung der Schenkel (Kerntransformator) sind die Streuflüsse voneinander unabhängig und ergeben sich zu

$$\Phi_{1\sigma} = \frac{\Theta_1}{R_{m1\sigma}} \qquad \Phi_{2\sigma} = \frac{\Theta_2}{R_{m2\sigma}} \qquad 2.29$$

Bei Unterbringung beider Wicklungen auf einem Schenkel (Manteltransformator) gelten diese Annahmen nur annähernd.

Der *Streufluss* ist im feldtheoretischen Sinne das eigentliche Trägermedium der Leistungsübertragung im Transformator, vgl. auch [2.9]. Insofern wäre der ideale Transformator (streuungslos) auch nicht zur Übertragung der Leistung fähig.

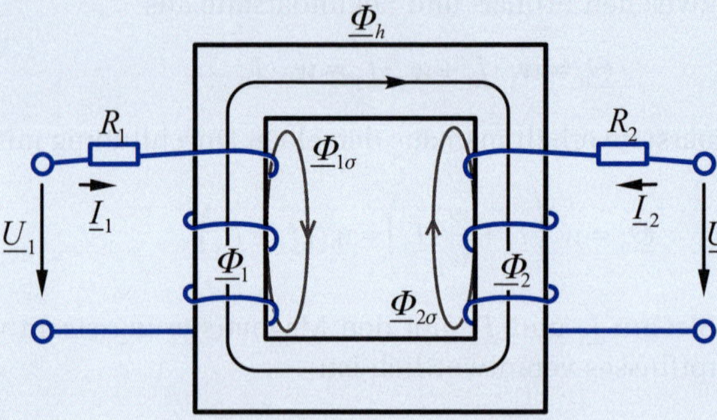

Abbildung 2.16 Erweiterte Grundanordnung

Aus den voranstehend beschriebenen Effekten kann mithilfe der Grundanordnung nach ▶Abbildung 2.16 das vollständige Ersatzschaltbild eines Transformators gemäß ▶Abbildung 2.17 gezeichnet werden.

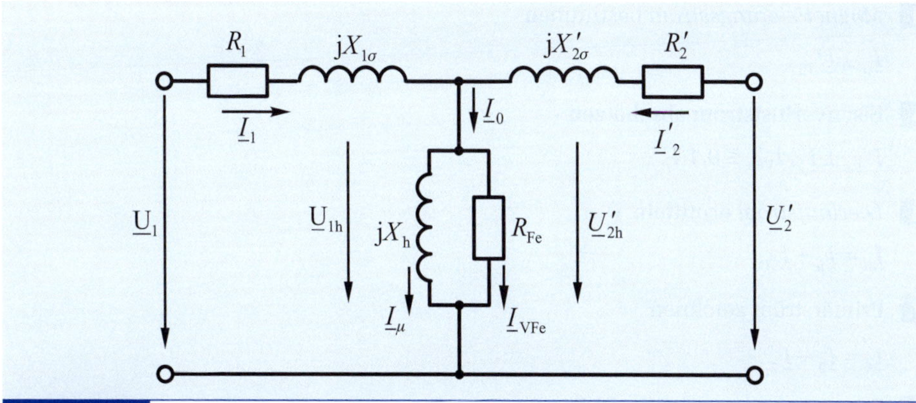

Abbildung 2.17 Vollständiges Ersatzschaltbild

Aus dem Ersatzschaltbild können dann die beiden Spannungsgleichungen angegeben werden mit:

$$\underline{U}_1 = R_1\underline{I}_1 + jX_{1\sigma}\underline{I}_1 + \underline{U}_{1h} \qquad 2.30$$

$$\underline{U}'_2 = R'_2\underline{I}'_2 + jX'_{2\sigma}\underline{I}'_2 + \underline{U}'_{2h} \qquad 2.31$$

Aus den beiden Spannungsgleichungen und der Stromgleichung 2.28 lässt sich bei Vorgabe eines Belastungszustandes nach ▶Abbildung 2.18 das Zeigerbild nach ▶Abbildung 2.19 konstruieren.

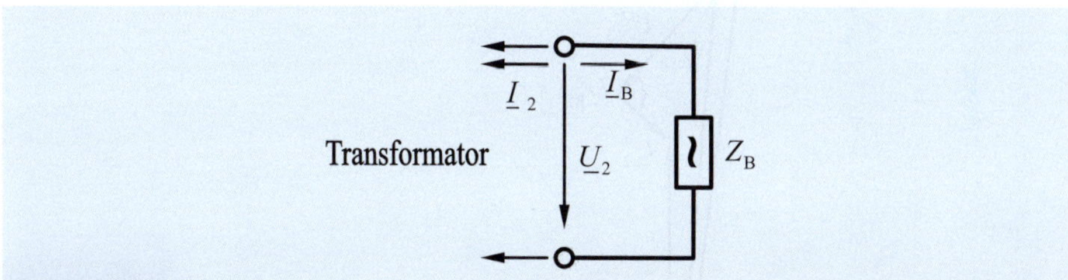

Abbildung 2.18 Belastung

Die Entwicklung des Zeigerbilds kann nach folgendem Ablauf vorgenommen werden:

1 Lastspannung, -strom, -winkel vorgeben

$U'_2,\ I_B,\ \varphi_B;\ \underline{I}_B = -\underline{I}_2'$

2 Sekundärspannungsabfälle abziehen

$\underline{U}'_{R2} = \underline{I}'_2 R'_2;\ \underline{U}'_{X2} = jX'_{2\sigma}\underline{I}'_2$

3 induzierte Hauptfeldspannung ergibt sich

$\underline{U}'_{2h} = \underline{U}_{1h}$

4 *Magnetisierungsstrom* bestimmen

$\underline{I}_\mu \perp \underline{U}_{1h}$

5 Eisenverluststrom abschätzen

$\underline{I}_{VFe} \perp \underline{I}_\mu$, $I_{VFe} \leq 0{,}1\ I_\mu$

6 *Leerlaufstrom* ermitteln

$\underline{I}_0 = \underline{I}_\mu + \underline{I}_{VFe}$

7 Primärstrom zeichnen

$\underline{I}_1 = \underline{I}_0 - \underline{I}'_2$

8 Primärspannungsabfälle addieren

$\underline{U}_{R1} = \underline{I}_1 R_1$, $\quad \underline{U}_{X1} = \mathrm{j} X_{1\sigma} \underline{I}_1$

9 Primärspannung ermitteln

$\underline{U}_1 = \underline{U}_{R1} + \underline{U}_{X1} + \underline{U}_{1h}$

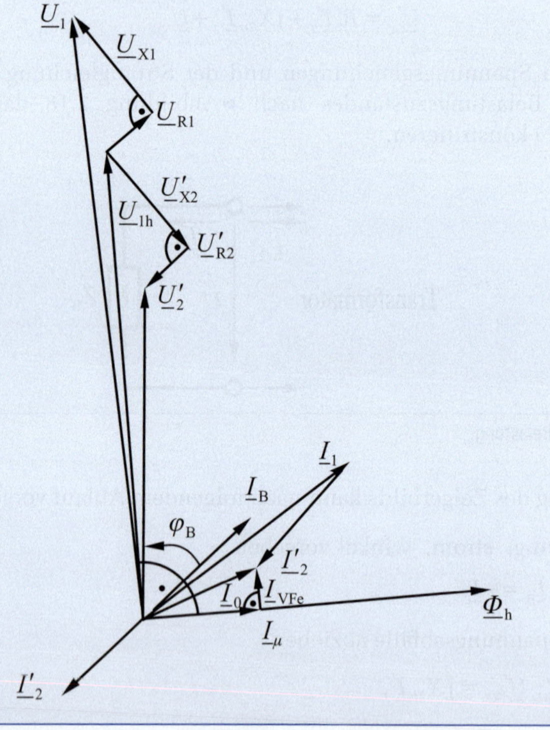

Abbildung 2.19 Vollständiges Zeigerbild des Einphasentransformators

Technischer Transformator

In der Praxis rechnet man oft mit Vereinfachungen, die für den technischen Transformator zulässig sind:

- primär- und sekundärseitige Streuung sind ungefähr gleich groß und bilden in der Summe die Kurzschlussreaktanz X_K

$$X_{1\sigma} \approx X'_{2\sigma} = \frac{X_K}{2}$$

- primär- und sekundärseitige Widerstände sind ungefähr gleich groß und bilden in der Summe den Kurzschlusswiderstand R_K

$$R_1 \approx R'_2 = \frac{R_K}{2}$$

- Eisenverluste können ggf. vernachlässigt werden

$$R_{Fe} \rightarrow \infty$$

- im Belastungsfall kann der Leerlaufstrom ggf. vernachlässigt werden wegen

$$X_h >> X_K$$

Beim technischen Transformator unterscheiden sich danach Primär- und Sekundärspannung nur durch einen Ohmschen und induktiven Längsspannungsabfall. ▶Abbildung 2.20 zeigt die entsprechenden Ersatzschaltbilder. Der Querzweig kann wegen des sehr kleinen Leerlaufstroms bei Belastung vernachlässigt werden. Beachtet man ferner die Größenverhältnisse $R_K << X_K$, so verbleibt nur noch ein lastabhängiger induktiver Spannungsabfall, der durch die Transformatorstreuung bestimmt wird.

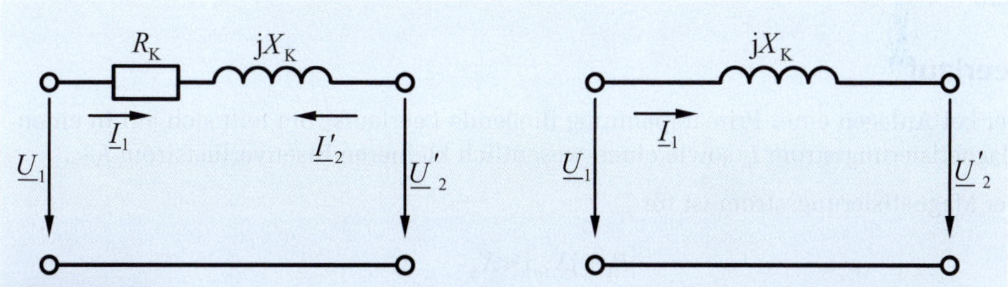

Abbildung 2.20 Ersatzschaltbilder des technischen Transformators: ohmsch-induktiv (links), induktiv (rechts)

Ein derart vereinfachter technischer Transformator lässt sich durch die Spannungsgleichung

$$\underline{U}_1 = \underline{U}'_2 + \Delta\underline{U} \qquad 2.32$$

beschreiben und wird durch das im Zeigerbild nach ▶Abbildung 2.21 angegebene *Kapp'sche Dreieck* wiedergegeben. Die Größe dieses Dreiecks ist neben der Belastung nur noch von den Transformatorparametern abhängig. Die Spannungsdifferenz ΔU bei Nennstrom wird auch als Kurzschlussspannung des Transformators (U_K) bezeichnet, da sie durch einen *Kurzschlussversuch* experimentell bestimmt werden kann. Ihr auf die Nennspannung bezogener Wert

$$\frac{u_K}{\%} = \frac{U_K}{U_N} \cdot 100 \qquad 2.33$$

die *bezogene Kurzschlussspannung*, wird auf dem Leistungsschild angegeben.

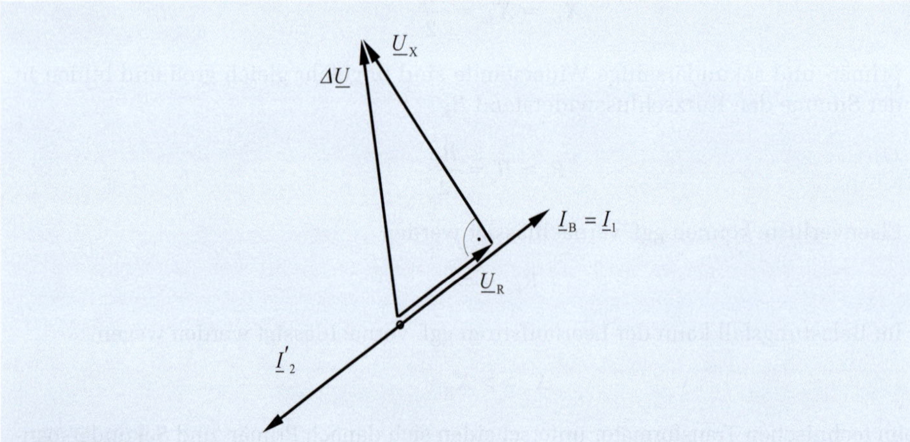

Abbildung 2.21 Vereinfachtes Zeigerbild des technischen Transformators mit Kapp'schem Dreieck

2.2.4 Betriebsverhalten

Als wichtigste Betriebszustände werden Leerlauf, Belastung und Kurzschluss behandelt.

Leerlauf

Der bei Anlegen einer Primärspannung fließende Leerlaufstrom teilt sich auf in einen Magnetisierungsstrom I_μ sowie einen wesentlich kleineren Eisenverluststrom I_{VFe}.

Der Magnetisierungsstrom ist für

$$\left|R_1 + jX_{1\sigma}\right| \ll X_h$$

ein reiner Blindstrom

$$\underline{I}_\mu = \frac{\underline{U}_1}{jX_h} \qquad 2.34$$

Die Parameter des Transformators gemäß dem wirksamen Ersatzschaltbild können auf experimentellem Wege durch den *Leerlaufversuch* bestimmt werden.

Der ebenfalls vorhandene Eisenverluststrom beträgt meist nur etwa 10 % des Leerlaufstromes. ▶Abbildung 2.22 zeigt das Zeigerbild für den Leerlauffall.

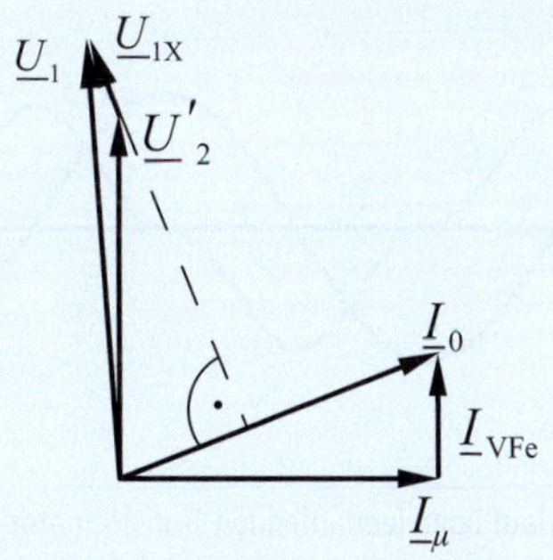

Abbildung 2.22 Leerlauf-Zeigerbild

Da im Leerlauf quasi keine Verluste auftreten, gilt:

$$\ddot{u} = \frac{U_1}{U_2} \geq \frac{w_1}{w_2} \qquad 2.35$$

Das Prinzip des leerlaufenden Transformators findet seine teilweise Anwendung bei *Spannungswandlern*. Diese können eingesetzt werden als reine Messwandler und nutzen die nahezu ideale Spannungstransformation zur Messung hoher Spannungen auf der Primärseite und Abbildung auf der Sekundärseite bis ca. 100 V.

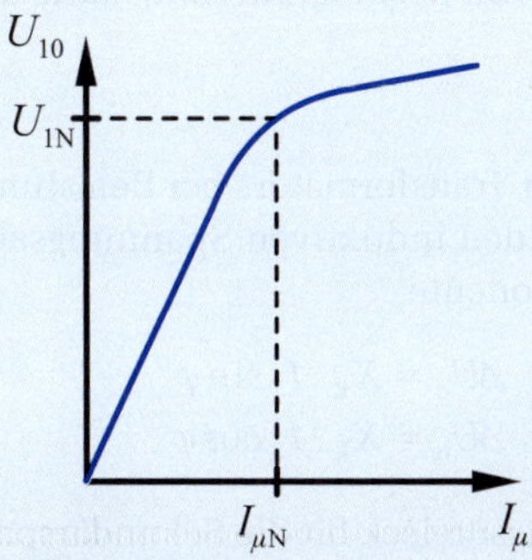

Abbildung 2.23 Leerlaufkennlinie

Um eine möglichst amplituden- und phasengetreue Abbildung zu erhalten, muss das sekundärseitige Messgerät einen hohen Innenwiderstand besitzen. Der Spannungswandler kann weiterhin für Schutzzwecke zur Potentialtrennung im Hochspannungsnetz oder bei der Überwachung und Prüfung von Hochspannungsmaschinen eingesetzt werden.

Nach Messung der Leerlaufkennlinie U_1=f(I_1) stellt man im Gegensatz zu Gl. 2.35 fest, dass der Zusammenhang gemäß ▸Abbildung 2.23 nichtlinear ist. Dies ist auf die Sättigung des Eisens zurückzuführen, da gilt $U_1 \approx U_{1h} \sim \Phi_h \sim B$ und $I_{10} \approx I\mu \sim \Theta \sim H$ wird hiermit indirekt die B=f(H)-Kennlinie wiedergegeben.

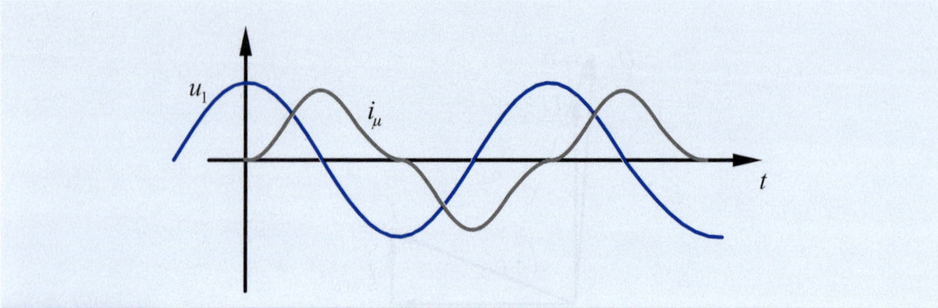

Abbildung 2.24 Spannungs-Stromverlauf beim leerlaufenden Transformator

Die Messung der Spannungs-Strom-Zeitverläufe zeigt wegen der vorgegebenen sinusförmigen Spannung einen oberschwingungsbehafteten Magnetisierungsstrom.

Er setzt sich aus Harmonischen ungerader Ordnungszahlen mit $v=2k+1$ für $k=0, 1, 2, 3, \ldots$ gemäß

$$i_\mu = \sum_{v=1}^{\infty} \hat{i}_{\mu v} \sin v\omega t \tag{2.36}$$

zusammen. Die konkreten Oberschwingungsamplituden sind abhängig von der Induktion und dem verwendeten Transformatorblech. Neben der Verzerrung im Stromverlauf kommt es noch zu einer zusätzlichen Phasenverschiebung durch die Hysteresekurve des Eisens, die konkret von der Koerzitivfeldstärke abhängig ist.

Belastung

Das Verhalten des technischen Transformators bei Belastung lässt sich am Kapp'schen Dreieck erklären. Zerlegt man den induktiven Spannungsabfall nach ▶Abbildung 2.25 in eine Längs- und Querkomponente

$$\begin{aligned} \Delta U_\mathrm{d} &= X_\mathrm{K} \cdot I \cdot \sin\varphi \\ \Delta U_\mathrm{q} &= X_\mathrm{K} \cdot I \cdot \cos\varphi \end{aligned} \tag{2.37}$$

so ergibt sich aus dem Spannungsdreieck für die Sekundärspannung nach Abbildung 2.25 zu

$$U_2' = \sqrt{U_1^2 - \Delta U_\mathrm{q}^2} - \Delta U_\mathrm{d} \tag{2.38}$$

Nach Ausklammern von U_1 und Reihenentwicklung der Wurzelfunktionen für kleine ΔU_q folgt

$$U_2' \approx U_1 - \frac{I \cdot X_\mathrm{K}}{2} \cos^2 \varphi_2 - X_\mathrm{K} I \sin\varphi_2 \tag{2.39}$$

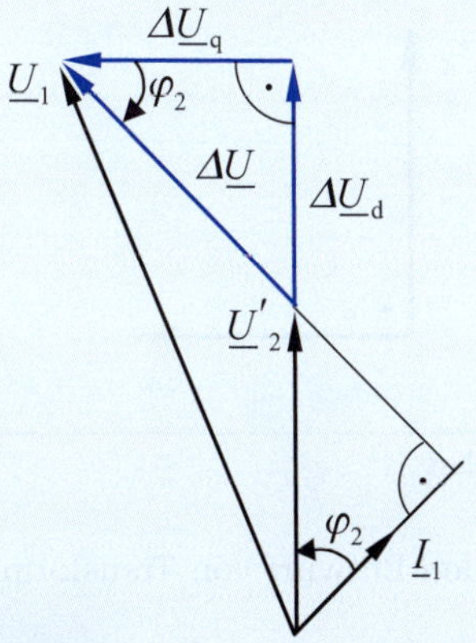

Abbildung 2.25 Kapp'sches Dreieck

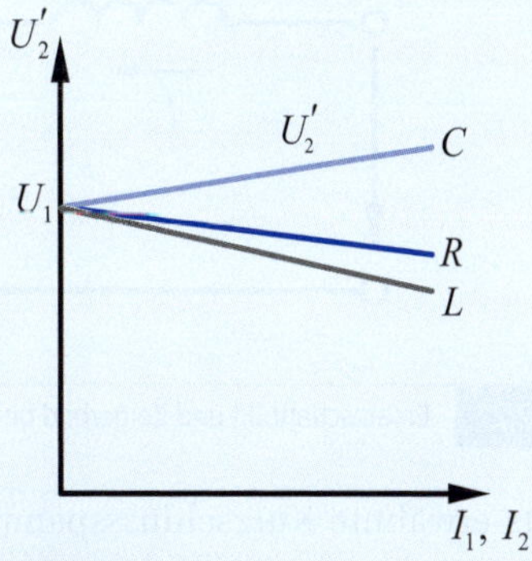

Abbildung 2.26 Lastkurven

Die Ergebnisse sind in den Lastkurven nach ▸Abbildung 2.26 für Ohmsche (φ_2=0°), induktive (φ_2=90°) und kapazitive Last (φ_2=−90°) näherungsweise dargestellt. Die Kurvendiskussion von Gl. 2.39 ergibt im Einzelnen:

$\varphi_2 = 0°$	$U_2^{'} = U_1 - \dfrac{(I \cdot X_K)^2}{2U_1}$
$\varphi_2 = 90°$	$U_2^{'} = U_1 - I \cdot X_K$
$\varphi_2 = -90°$	$U_2^{'} = U_1 + I \cdot X_K$

Das Ergebnis zeigt, je induktiver die Last ist, desto größer ist der Spannungsverlust am Ausgang. Bei kapazitiver Last zeigt sich ein entgegengesetztes Verhalten der Ausgangsspannung. Durch Einsatz von Regeltransformatoren mit gestuftem Übersetzungsverhältnis lassen sich diese Abhängigkeiten in gewissen Grenzen kompensieren [2.6].

Kurzschluss

Bei länger andauerndem Kurzschluss der Sekundärseite eines Transformators tritt ein Dauerkurzschlussstrom der Größe

$$I_{Kd} = \frac{U_1}{\sqrt{R_K^2 + X_K^2}} = \frac{U_1}{Z_K} \approx \frac{U_1}{X_K} \qquad 2.40$$

auf, der von der Kurzschlussimpedanz Z_K abhängt. Ersatzschaltbild und Zeigerbild für den Kurzschluss zeigen ▸Abbildung 2.27.

Bei angelegter Nennspannung oder bekannter bezogener Kurzschlussspannung lautet der *Dauerkurzschlussstrom*

$$I_{Kd} = \frac{U_N}{X_K} = \frac{I_N}{u_K} \cdot 100 \qquad 2.41$$

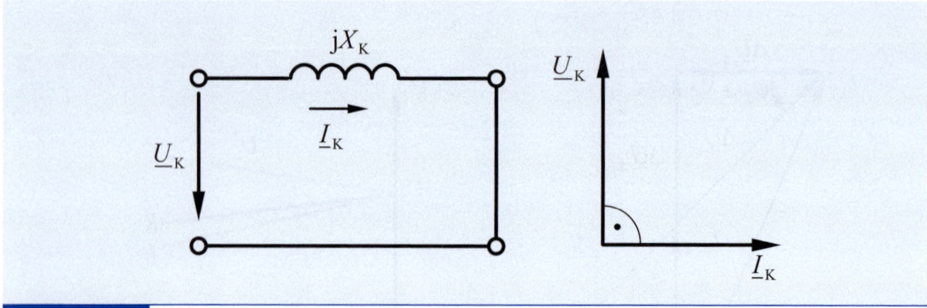

Abbildung 2.27 Ersatzschaltbild und Zeigerbild beim Dauerkurzschluss

Die bereits erwähnte Kurzschlussspannung ist für den Entwurf von Transformatoren wichtig.

- Sie bestimmt die Spannungsabweichungen bei Lastschwankungen.
- Sie ist indirekt proportional zum Kurzschlussstrom.
- Sie ist wichtig für den Parallelbetrieb von Transformatoren.

Die Messung der Kurzschlusskennlinie U_2=f(I_2) ergibt einen linearen Zusammenhang.

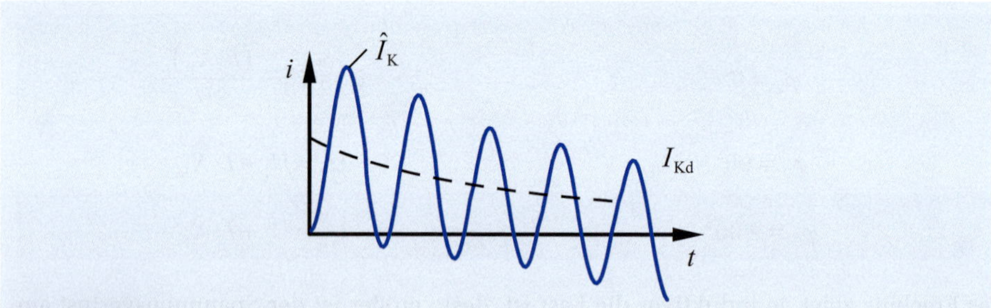

Abbildung 2.28 Dynamischer Kurzschlussstrom

Der zeitliche Kurzschlussstromverlauf nach ▶Abbildung 2.28 weist einen möglichen Maximalwert, den sogenannten *Stoßkurzschlussstrom*, bei

$$\hat{I}_{KS} = 2\sqrt{2} I_{Kd} \qquad 2.42$$

auf. Die Verschiebung des Kurzschlusswechselstroms aus der Nullachse resultiert aus einem abklingenden Gleichanteil. Dieser entsteht, weil die Transformatorwicklungen den im Magnetfeld gespeicherten Energiezustand aufrechterhalten wollen, der vor Kurzschlusseintritt herrschte.

Das Prinzip des kurzgeschlossenen Transformators findet seine technische Anwendung bei *Stromwandlern*. Diese werden unter Nutzung der dann idealen Stromtransformation als Messwandler eingesetzt und müssen mit einem niederohmigen Lastwiderstand sekundärseitig betrieben werden. Sie dienen ferner zur Potentialtrennung bei Messaufgaben in Hochstromanlagen.

2.2.5 Verluste und Wirkungsgrad

Die Verluste im Transformator teilen sich auf in lastabhängige Stromwärmeverluste (Kupferverluste) und lastunabhängige Ummagnetisierungsverluste (Eisenverluste). Die Stromwärmeverluste sind quadratisch vom Belastungsstrom abhängig und berechnen sich nach den Daten des vereinfachten Ersatzschaltbildes zu

$$P_{\text{VCu}} = \left(R_1 + R_2'\right) \cdot I_1^2 = P_{\text{VCuN}} \left(\frac{I_1}{I_{\text{N}}}\right)^2 \tag{2.43}$$

Die Ummagnetisierungsverluste sind bei konstanter Frequenz etwa quadratisch von der Flussdichte B abhängig und damit ebenso von der Hauptfeldspannung bzw. der Primärspannung

$$P_{\text{VFe}} = R_{\text{Fe}} I_\mu^2 = \frac{U_{1\text{h}}^2}{R_{\text{Fe}}} \approx P_{\text{VFeN}} \left(\frac{U_1}{U_{1\text{N}}}\right)^2 \tag{2.44}$$

Der Wirkungsgrad berechnet sich dann für den Einphasentransformator zu

$$\eta = \frac{P_2}{P_1} = \frac{U_2 I_2 \cos\varphi_2}{U_1 I_1 \cos\varphi_1} = 1 - \frac{P_{\text{VCuN}} \left(\frac{I_1}{I_{1\text{N}}}\right)^2 + P_{\text{VFeN}} \left(\frac{U_1}{U_{1\text{N}}}\right)^2}{P_1} \tag{2.45}$$

und zeigt, dass der Wirkungsgrad spannungs- und lastabhängig ist.

Die Eisen- bzw. Kupferverluste lassen sich über den Leerlauf- bzw. Kurzschlussversuch experimentell bestimmen. ▶Abbildung 2.29 zeigt das prinzipielle Verlustverhalten der Leerlaufverluste (P_{V0}) sowie der Kurzschlussverluste (P_{VK}) für steigende Nennleistungen.

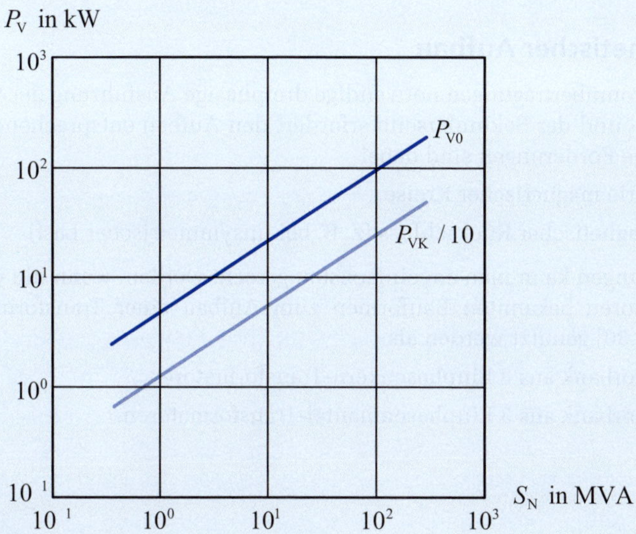

Abbildung 2.29 Verlustaufteilung im Transformator

Danach lässt sich ablesen, dass:

- die absoluten Verluste mit der Transformatorleistung zunehmen,
- die relativen Verluste P_V/P_N mit steigender Leistung sinken, d. h. der Wirkungsgrad erhöht sich bei größeren Einheiten

Über das Verhältnis der Kurzschluss- zu Leerlaufverluste kann der Wirkungsgrad in gewissen Grenzen optimiert werden. Die Randbedingungen werden aber von der Ökonomie (Materialeinsatz, Kosten) gesetzt.

Zu Einphasentransformatoren seien abschließend einige anwendungsbezogenen Normenschriften genannt:

- DIN EN 50329 (VDE 0115-329): Bahnanwendungen – Ortsfeste Anlagen – Bahn-Transformatoren.
- DIN EN ISO 5826 (VDE 0545-10): Widerstandsschweißeinrichtungen – Transformatoren – Allgemeine Anforderungen

2.3 Drehstromtransformatoren

In der modernen Energieversorgung wird der Transport elektrischer Energie mithilfe von Drehstromübertragungen vorgenommen. Aus Effizienzgründen erfolgt die Übertragung über weite Distanzen auf Hochspannungsebene (110 kV, 220 kV, 380 kV).

Dies macht, ausgehend von den in Kraftwerksgeneratoren bereitgestellten Mittelspannungen, eine Hochtransformation und beim Verbraucher wieder eine Transformation auf Mittel- bzw. Niederspannungsniveau erforderlich. Hierzu eignen sich Drehstromtransformatoren, die aus einer zweckmäßigen Zusammenschaltung von Wicklungen und Eisenkreisen entstehen [2.3], [2,4], [2.5].

2.3.1 Magnetischer Aufbau

Die bei Drehstromübertragungen notwendige dreiphasige Ausführung der Wicklungen auf der Primär- und der Sekundärseite erfordert den Aufbau entsprechender Magnetkreise. Wichtige Forderungen sind dabei

- die Symmetrie magnetischer Kreise,
- ein freier magnetischer Rückschluss (z. B. bei unsymmetrischer Last).

Diesen Forderungen kann man am einfachsten gerecht werden, wenn die von Einphasentransformatoren bekannten Bauformen zum Aufbau einer Transformatorenbank (▶Abbildung 2.30) genutzt werden als

- Transformatorbank aus 3 Einphasenkern-Transformatoren,
- Transformatorbank aus 3 Einphasenmantel-Transformatoren.

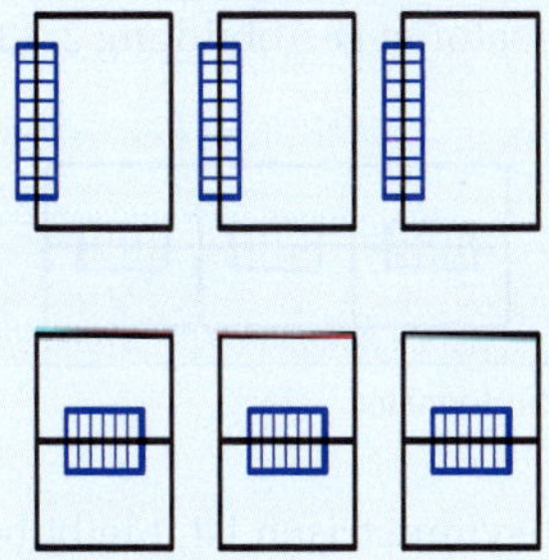

Abbildung 2.30 Transformatorbank aus Einphasenkern- bzw. Einphasenmantel-Transformatoren

Beide Forderungen werden durch diese Transformatorbänke erfüllt. Allerdings ist der hohe Materialaufwand nachteilig zu bewerten, weshalb man eher eine gemeinsame Nutzung von Jochteilen bevorzugt.

Im Falle des Kerntransformators (▶Abbildung 2.31) erhält man somit den

- symmetrischen Dreiphasenkern-Transformator (räumliche Anordnung),
- normalen Dreiphasenkern-Transformator (ebene Anordnung).

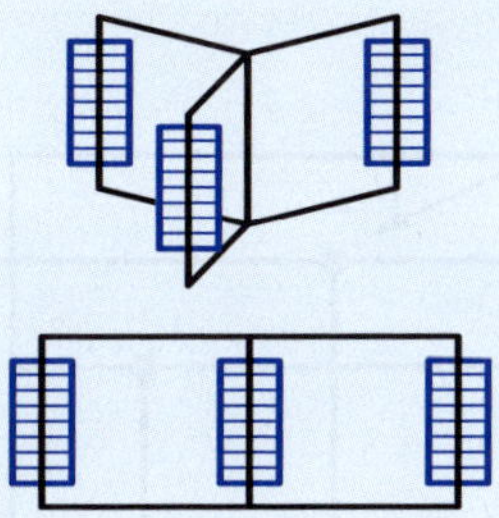

Abbildung 2.31 Drehstrom-Kerntransformator: symmetrisch (oben), normal (unten)

Während beim ersten noch alle denkbaren Forderungen eingehalten werden können, ist dies beim normalen Dreiphasen-Kerntransformator nicht mehr der Fall. Insbesondere können bei unsymmetrischer Last die Verluste in Transformatorteilen ansteigen, da sich der Ausgleichsfluss andere Wege suchen muss. Führt man zwei zusätzliche unbewickelte Schenkel ein, so lässt sich ein Rückschluss erreichen und man kommt zum *Fünfschenkeltransformator* (▶Abbildung 2.32).

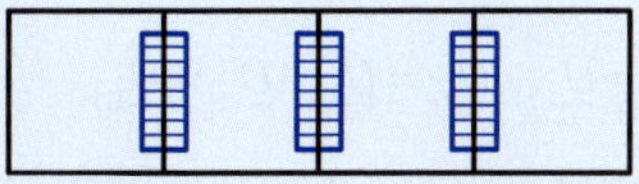

Abbildung 2.32 Fünfschenkeltransformator

Durch die unbewickelten Schenkel kann der Rückfluss jeweils halbiert werden, wodurch der Joch-Querschnitt und somit die Kernhöhe reduziert werden kann. Diese Bauform eignet sich deshalb besonders für Grenzleistungstransformatoren.

Ferner lassen sich auch durch Mehrfachnutzung der Joche von Einphasenmanteltransformatoren Dreiphasentransformatoren (▶Abbildung 2.33) aufbauen.

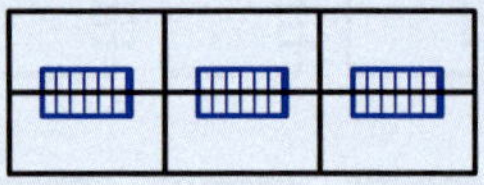

Abbildung 2.33 Dreiphasen-Manteltransformator

Obwohl der Magnetkreis nicht symmetrisch ist, bleibt bei unsymmetrischer Last auch hier ein kleiner magnetischer Rückschluss.

2.3.2 Elektrische Schaltungen

Zur elektrischen Verschaltung von Drehstromtransformatoren kommen infrage

- Sternschaltung,
- Dreieckschaltung.

Bei der *Sternschaltung* verhalten sich die Phasenspannungen wie die Leiterspannungen nach

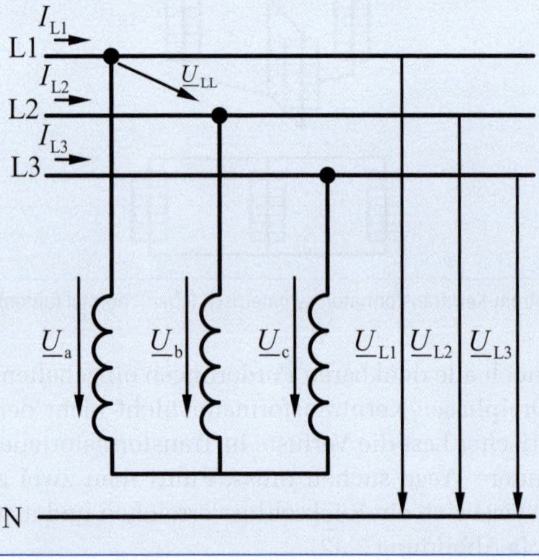

Abbildung 2.34 Sternschaltung

$$\underline{U}_a = \underline{U}_{L1}, \underline{U}_b = \underline{U}_{L2}, \underline{U}_c = \underline{U}_{L3} \tag{2.46}$$

Die Leiter-Leiter-Spannung ergibt sich aus der jeweiligen Differenz, z. B.:

$$\begin{aligned} \underline{U}_{LL} &= \underline{U}_{L1} - \underline{U}_{L2} = \underline{U}_a \left(1 - e^{-j2\pi/3}\right) \\ &= \sqrt{3}\underline{U}_a e^{j\pi/6} \end{aligned} \tag{2.47}$$

Die verketteten Spannungen bilden ein Spannungsdreieck nach ▶Abbildung 2.35, dessen Spannungen um jeweils 30° den Sternspannungen vorauseilen und den $\sqrt{3}$-fachen Betrag ausweisen.

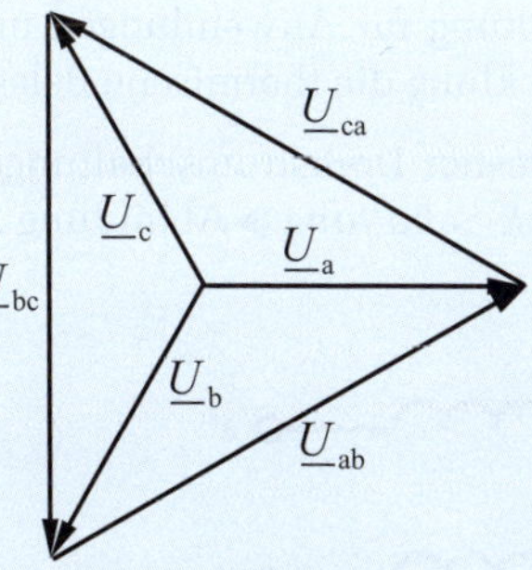

Abbildung 2.35 Spannungszeiger am Drehstromtransformator

Der Vorteil einer Sternschaltung besteht darin, dass wegen

$$U_a = \frac{1}{\sqrt{3}} U_{LL} \tag{2.48}$$

bei hohen Betriebsspannungen die Phasenwicklung für kleinere Isolationsspannungen ausgelegt werden kann.

Bei Verwendung einer *Dreieckschaltung* nach ▶Abbildung 2.36 muss die Phasenwicklung den $\sqrt{3}$-fachen Wert der Leiterspannungen aufnehmen:

$$\underline{U}_a = \underline{U}_{L1}\sqrt{3}\, e^{j\pi/6}, \quad U_a = \sqrt{3}\, U_{L1} \tag{2.49}$$

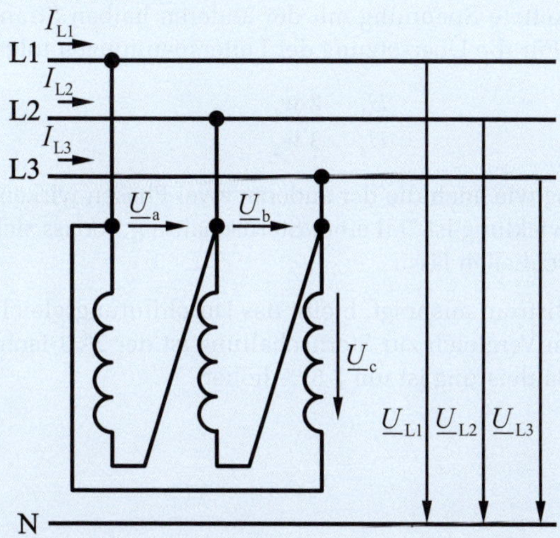

Abbildung 2.36 Dreieckschaltung

Günstiger verhält es sich mit der Strombelastung

$$\underline{I}_a = \underline{I}_{L1} - \underline{I}_{L3}, \quad I_a = \frac{1}{\sqrt{3}} I_{L1} \qquad 2.50$$

Ansonsten ist die Dreieckschaltung für Anwendungen mit höheren Strömen geeignet, da sich dann für die Phasenwicklung die thermische Belastung reduzieren lässt.

Neben diesen beiden bekanntesten Drehstromschaltungen ist für Drehstromtransformatoren noch die sog. *Zickzack-Schaltung* (▶Abbildung 2.37) interessant [2.2], [2.3].

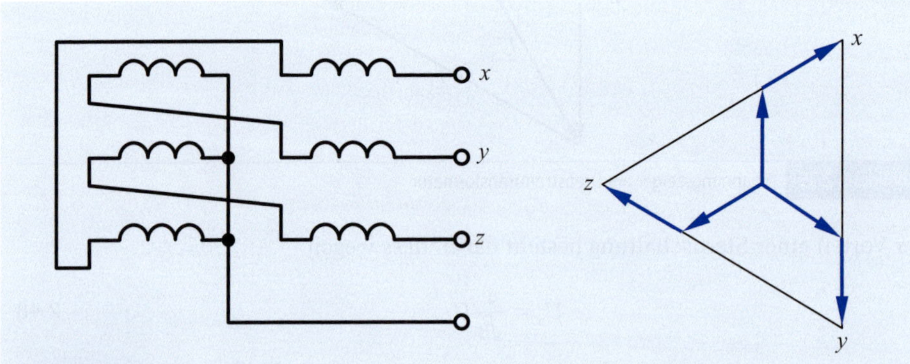

Abbildung 2.37 Zick-Zack-Schaltung

Sie wird für die Sekundärwicklung (oder Ausgleichswicklung) verwendet, wobei jeweils zwei Wicklungen auf zwei Schenkeln verteilt werden. Das Übersetzungsverhältnis lässt sich wie folgt erklären:

Setzt man voraus, dass die Oberspannungswicklung die Strangspannung U habe und die Windungszahl w_1, dann besitzt die halbe Unterspannungswicklung den Wert $U/2 \cdot w_2/w_1$. Die verkettete Spannung mit der anderen halben Strangspannung ergibt den $\sqrt{3}$-fachen Wert. Für die Übersetzung der Leiterspannungen folgt deshalb

$$\frac{U_1}{U_2} = \frac{2}{3} \frac{w_1}{w_2} \qquad 2.51$$

Die erste Teilwicklung wie auch die der anderen zwei Phasen wirken als Dreieckschaltung, die zweite Teilwicklung ist Teil einer Sternschaltung, sodass sich eine unsymmetrische Belastung ausschließen lässt.

Obwohl sich ein Nullstrom ausprägt, bleibt das Durchflutungsgleichgewicht über die Schenkel erhalten. Im Vergleich zur Sternschaltung ist der $2/\sqrt{3}$-fache Kupferaufwand notwendig und die Bauleistung ist um 7,5 % höher.

2.3.3 Schaltgruppen

Die oben ausgewiesenen Schaltungen lassen sich für Ober- und Unterspannungsseite kombinieren. Zur Kennzeichnung der *Schaltgruppen* werden nach Tabelle 2.1 Groß- und Kleinbuchstaben für die Primär- und Sekundärseite verwendet:

Tabelle 2.1: Schaltungskennzeichnung nach IEC 60076 Teil 1 (VDE 0532, Teil 1)

Schaltung	Oberspannungsseite	Unterspannungsseite	Beispiel
Dreieck	D	d	Yd5
Stern	Y	y	Dy11
Zickzack	Z	z	Yz5
Nullleiteranschluss	N	n	Dyn5

Die nach der Schaltungskennzeichnung aufgeführte Nummer gibt die um $x \cdot 30°$ vorhandene Phasenverschiebung der zusammengehörigen Ober- und Unterspannung wieder. ▶Abbildung 2.38 zeigt ein Schaltungsbeispiel.

Die unterschiedlichen Spannungs- und Stromwerte lassen einen gezielten Einsatz der jeweiligen Schaltungsart für Ober- und Unterspannungswicklungen zu.

Tabelle 2.2 zeigt die Vorzüge bestimmter Schaltungen, die sich aus den Unterschieden in der Spannungs- und Stromaufteilung ergeben.

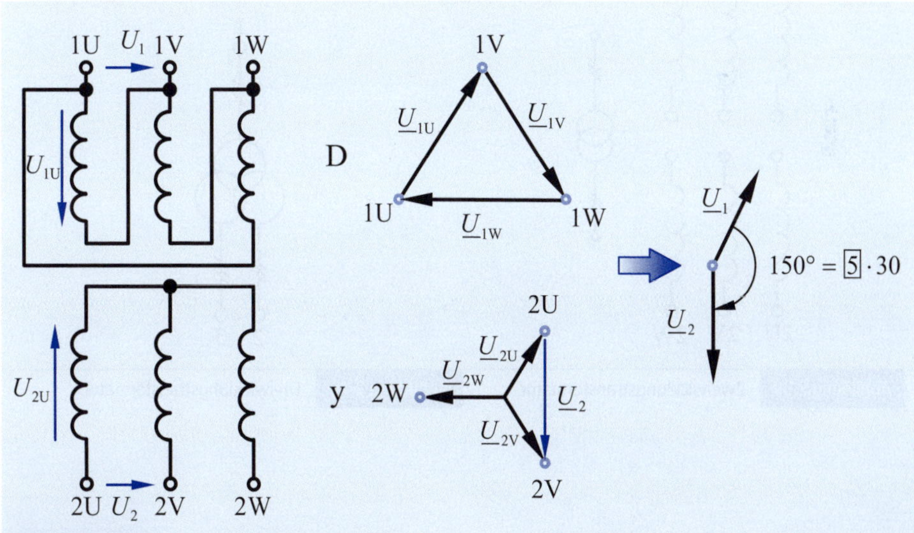

Abbildung 2.38 Definition der Schaltgruppe

Tabelle 2.2: Einsatzfelder für Drehstrom-Transformatorschaltungen

Y-Schaltung	D-Schaltung
kleine Windungszahl bei größeren Spannungen	geringer Leiter-Querschnitt bei großen Strömen
Nullleiter anschließbar	volle Nullpunktbelastbarkeit

▶Abbildung 2.39 zeigt Schaltzeichen und Klemmenbezeichnungen eines *Zweiwicklungstransformators,* der mindestens aus einer Primärwicklung, einer Sekundärwicklung und dem Eisenkreis besteht.

Neben den bisher besprochenen Zweiwicklungstransformatoren existieren weiterhin *Dreiwicklungstransformatoren,* siehe Schaltzeichen in ▶Abbildung 2.40. Diese besitzen eine Dreieckschaltung als Ausgleichswicklung zwischen Yy-Transformatoren und haben in der Regel zwei unterschiedliche Ausgangsspannungen. Sie werden verwendet:

- als Maschinentransformatoren im Großkraftwerk,
- als Netzkupplungstransformatoren,
- zur Blindleistungskompensation,
- zur Speisung kleiner Maschinen im Heizkraftwerk,
- in Anwendungen, wo Sternpunktbelastung gefordert wird.

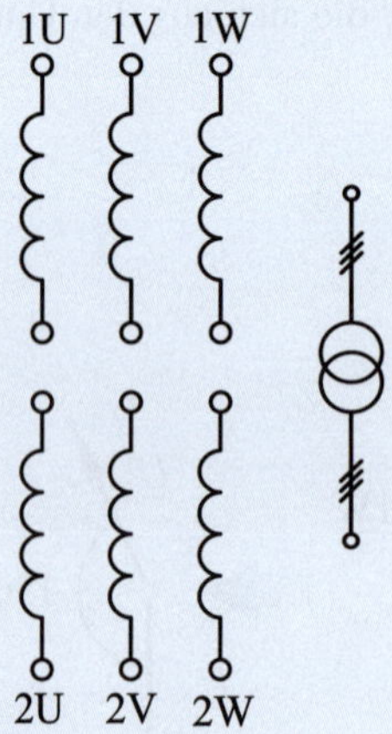

Abbildung 2.39 Zweiwicklungstransformator

Abbildung 2.40 Dreiwicklungstransformator

Nachfolgend werden einige häufig anzutreffende Anwendungen bekannter Schaltgruppen angegeben:

Yy0:	■ *Netzkupplungstransformatoren* für hohe Spannungen (220 ... 380 kV) auf Oberspannungsseite und Nullleiteranschluss auf Unterspannungsseite, bei unsymmetrischer Belastung durch Erdschluss bzw. Erdkurzschluss kommt es zu starker Sternpunktverlagerung, ■ *Verteilungstransformatoren [2.3]* bei symmetrischer Belastung.
Yd5:	■ *Maschinentransformatoren* für Kraftwerksgeneratoren Unterspannungsseite (6,3 ... 21 kV), keine Neutralleiter nötig auf Oberspannungsseite (110, 220, 380 kV), Erdung für Erdspulen, volle Sternpunktbelastbarkeit, ■ Verteilungstransformatoren mit oberspannungsseitiger Erdung.
Yd11:	■ Maschinentransformatoren
Dy5:	■ *Ortsnetztransformatoren* zum Verbraucher (<1 kV), Anschluss von einphasigen Verbrauchern, volle Sternpunktbelastbarkeit, ■ Ausgleich unsymmetrischer Last.
Dd6:	■ *Eigenbedarfstransformator* zwischen Sammelschiene 6 kV Eigennetz und 10,5 kV Generator,
Yz5:	■ kleiner Verteilungstransformator mit sekundär voll belastbarem Mittelpunktsleiter, keine Sternpunktverlagerung, da sich Primär- und Sekundärflüsse in jedem Schenkel aufheben, ■ kleinerer Ortsnetztransformator.

2.3.4 Betriebsverhalten des Drehstromtransformators

Neben den bereits besprochenen Eigenschaften des Einphasentransformators sollen einige Besonderheiten erwähnt werden.

Leerlauf

Beim Einphasentransformator wird ein durch die Sättigungskennline verursachter verzerrter Magnetisierungsstrom bemerkt, der sich bei vorausgesetzter sinusförmiger Spannung und sinusförmigem Fluss ergibt.

Bei primärseitiger Dreieckschaltung gilt dies ebenso für die jeweiligen Phasenströme. Im Außenleiterstrom heben sich jedoch alle durch 3 teilbaren Harmonischen auf.

Bei primärseitiger Sternschaltung verschwindet der Nullstrom ebenfalls. Dafür bilden sich entsprechende Komponenten im Fluss aus. Die Nullkomponente kann sich in einem 5-Schenkeltransformator über das Rückschlussjoch schließen, im 3-Schenkeltransformator tritt sie als Streufluss in Erscheinung.

Belastung

Im Lastfall sind insbesondere unsymmetrische bzw. einphasige Belastungen interessant. Um zusätzliche Verluste zu vermeiden, sollten folgende Bedingungen eingehalten werden:

- Fensterbedingungen $\Sigma\Phi$ pro Kernfenster =0,
- Schenkelbedingung Durchflutung $I \cdot w$ pro Schenkel =0.

Beispiel 2.1: Einphasige Last

Die Untersuchung wird an einer Yy0–Schaltung durchgeführt. Man kann nun vereinfachend annehmen, dass I_0=0 und w_1=w_2 gilt. Die Summe aller Primärstrangströme wird beschrieben durch

$$\sum I_1 = I_{1u} + I_{1v} + I_{1w} = 0$$

Aus dem Durchflutungsgleichgewicht folgt wegen

$$\Theta = I_{1u} - I_{1v} - I_{1w} = 0$$

und

$$I_{1u} + I_{2u} = I_{1v} = I_{1w}\,,\; I_{1v} = I_{1w} = -\frac{1}{2} I_{1u}$$

sowie

$$-\frac{I_{1u}}{2} - I_{1u} = I_{2u} = -\frac{3}{2} I_{1u}$$

Damit lassen sich in ▶Abbildung 2.41 die Stromrichtungen in der elektrischen Schaltung und im Magnetkreis einzeichnen.

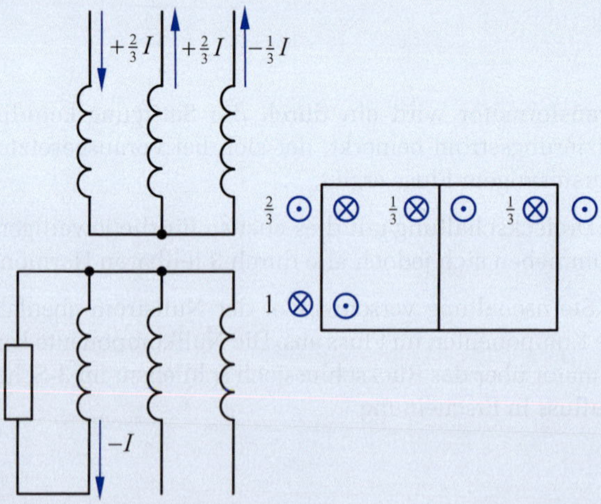

Abbildung 2.41 Einphasige Last

Wählt man nun die beiden Fenster (links und rechts) zur Prüfung der Fensterbedingung aus, so erweist sich diese in allen Fällen als erfüllt. Die Prüfung der Schenkelbedingung ergibt gleichphasige Magnetflüsse in allen drei Schenkeln, die wiederum zusätzliche Spannungen in den Wicklungen induzieren und zu einer Sternpunktverlagerung des Spannungsdreiecks führen. Damit kommt es im Extremfall zum Spannungszusammenbruch in der Lastphase und zur Spannungsüberhöhung in der unbelasteten Phase.

Beispiel 2.2: Zweiphasige Last

Für diesen Betriebsfall lassen sich die Ströme einfach den Strängen zuordnen. Es muss gelten:

$$I_u = -I_v$$
$$I_U = I_u$$
$$I_U = -I_V$$

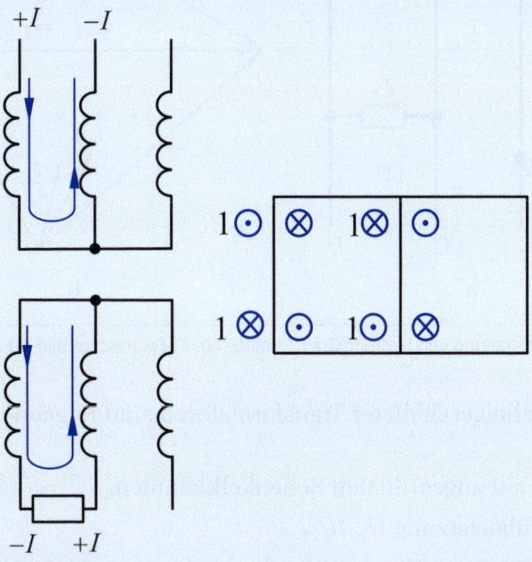

Abbildung 2.42 Zweiphasige Last

und es ergibt sich nach ▶Abbildung 2.42, dass sowohl die Fensterbedingung als auch die Schenkelbedingung eingehalten werden kann. Beachte die geänderte Zählrichtung der Strangströme! Sowohl die Magnetspannungsabfälle pro Schenkel als auch die Durchflutung je Fenster heben sich auf.

Ausgleichsvorgänge

Beim Einschalten eines leerlaufenden Einphasen- bzw. Drehstromtransformators am Netz tritt die als *Rush-Effekt* bekannte hohe Einschaltstromspitze auf. Sie ergibt sich durch das U-I-Verhalten an der nichtlinearen Sättigungskennlinie. Als Maßnahmen zur Vermeidung unerwünschter Folgen können verwendet werden:

- träge Sicherungen,
- Transformatoreinschaltgeräte mit Phasenanschnittsteuerung.

Parallelbetrieb

Bei der Übertragung hoher Drehstromleistung ist häufig die Parallelschaltung von Drehstromtransformatoren erforderlich. Die Situation zeigt ▶Abbildung 2.43. Zunächst ist einleuchtend, dass die Klemmenpotentiale gleich sein müssen, wenn keine größeren Ausgleichsströme entstehen sollen. Zu beachten ist auch die Schaltgruppe, über die die Phasenverschiebung zwischen Primär- und Sekundärspannung festgelegt ist.

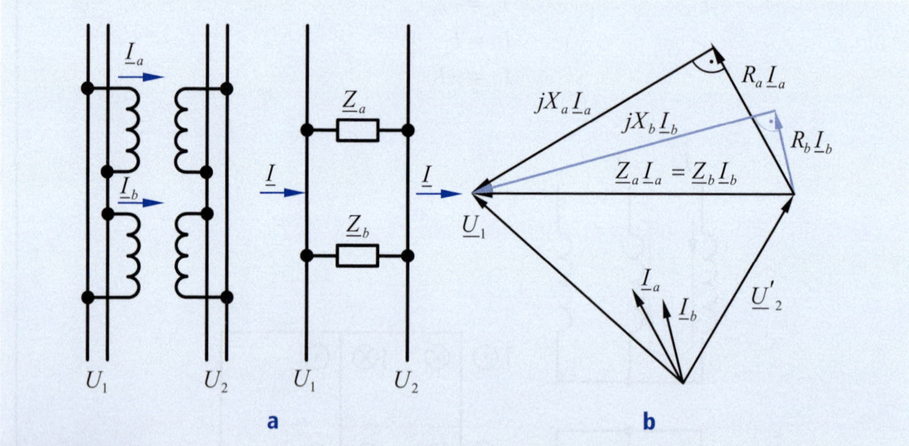

Abbildung 2.43 Parallelschaltung von Leistungstransformatoren, a) Ersatzschaltbild, b) Zeigerbilder

Bei der Auswahl parallelgeschalteter Transformatoren sind folgende Bedingungen einzuhalten:

- gleiche Potentiale auf zugeordneten Schenkelklemmen,
  - gleiche Leerlaufübersetzung U_{10}/U_{20}
  - identische Schaltgruppen-Kennzahlen für Drehstromtransformatoren
- gleiche Kurzschlussspannung U_K, da sie durch die Impedanz des Transformators bestimmt wird,
- ungefähr gleiches Verhältnis von P/S_N.

In der Praxis sind für den Einsatz parallelgeschalteter Transformatoren Abweichungen der Nennleistungen bis zu einem Drittel bei Einhaltung aller anderen Bedingungen noch zulässig.

2.4 Spezialtransformatoren

2.4.1 Spartransformatoren

Die bisher behandelten Transformatoren wiesen eine vollständige galvanische Trennung von Primär- und Sekundärseite auf, man bezeichnet sie deshalb auch als Volltransformator. Eine Spannungstransformation lässt sich jedoch auch durch eine teils galvanische, teils transformatorische Leistungsübertragung erreichen [2.5], [2.10], [2.11]. Die Prinzipschaltung zeigt ▶Abbildung 2.44. Danach ist U_1 die Oberspannung, die durch einen Spannungsteiler und eine Spannungstransformation auf die Unterspannung U_2 übersetzt wird.

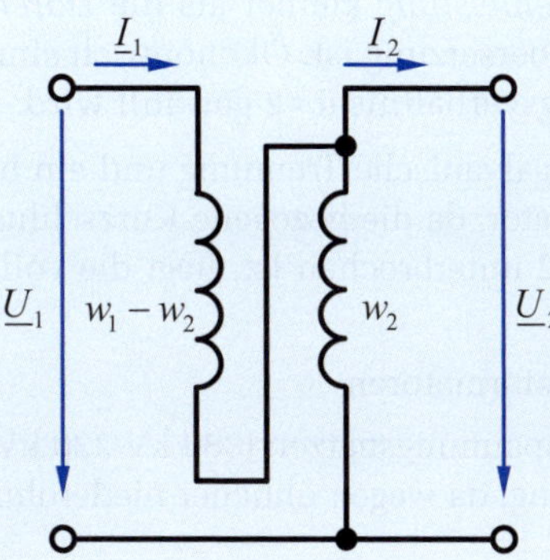

Abbildung 2.44 Schaltung eines Spartransformators

Im Leerlauf ($\underline{I}_2 = 0$) gilt nach der Spannungsteilerregel

$$\frac{\underline{U}_1}{\underline{U}_2} = \frac{w_1}{w_2} = ü \tag{2.52}$$

Bei Belastung kommt man mit der Stromteilerregel zu

$$\underline{I}_1 (w_1 - w_2) = (\underline{I}_2 - \underline{I}_1) w_2 \tag{2.53}$$

sodass sich das Stromverhältnis

$$\frac{\underline{I}_1}{\underline{I}_2} = \frac{w_2}{w_1} \tag{2.54}$$

rein formal wie beim Volltransformator ergibt.

Die Durchgangsscheinleistung S_D bestimmt man wegen der Gleichheit für Ein- und Ausgangsseite aus

$$S_D = U_1 \cdot I_1 = U_2 \cdot I_2 \tag{2.55}$$

Die Baugröße richtet sich jedoch nach der von einer zur anderen Wicklung übertragenen Leistung, der Typenleistung. Es ist zu unterscheiden der Tiefsetzbetrieb $U_2 < U_1$ mit:

$$S_T = I_1(U_1 - U_2) = U_2(I_2 - I_1) = S_D\left(1 - \frac{U_2}{U_1}\right) \quad 2.56$$

und der Hochsetzbetrieb $U_2 > U_1$mit:

$$S_T = U_1(I_1 - I_2) = I_2(U_2 - U_1) = S_D\left(1 - \frac{U_1}{U_2}\right) \quad 2.57$$

bei dem die 2. Wicklung gegensinnig auf dem Kern angebracht ist bzw. die Windungszahlverhältnisse umgetauscht werden.

In beiden Fällen ist die *Typenleistung* kleiner als die *Durchgangsleistung*, je kleiner die Spannungs- bzw. Stromübersetzung ist. Ökonomisch sinnvoll ist ein Spartransformator, wenn das Übersetzungsverhältnis $ü<2$ gewählt wird.

Nachteilig sind die fehlende galvanische Trennung und ein höherer Dauerkurzschlussstrom als beim Volltransformator, da die bezogene Kurzschlussspannung $u_K = 5 \ldots 7\%$ beträgt. Wenn die Wicklung 2 unterbrochen ist, liegt die volle Primärspannung an der Sekundärseite an.

Angewandt werden Spartransformatoren

- zur Kupplung von Höchstspannungsnetzen (380 kV/220 kV) als Grenzleistungstransformatoren in Yy0-Schaltung, da wegen üblicher niederohmiger Erdung Potentialunterschied nicht stören,
- zum Ausgleich von Spannungsschwankungen in Netzen,
- als Stromrichtertransformatoren in elektrischen Antrieben,
- im Bahnbetrieb zur Fahrmotorspeisung.

Fallstudie 2.1: Kurzschlussstrom des Spartransformators

Zur Bestimmung des Kurzschlussstroms müssen die gleichzeitige induktive Kopplung und galvanische Verbindung zwischen Primär- und Sekundärseite beachtet werden. Dazu stellen wir zunächst Überlegungen zu einem modifizierten Ersatzschaltbild an.

In dem Querzweig des Ersatzschaltbildes nach ▶Abbildung 2.45 kommen die auf die Primärseite bezogenen Parameter der Hauptreaktanz und des Eisenverlustwiderstands vor, im Längszweig der Sekundärseite müssen der Streurektanzanteil und der Widerstand der Sekundärseite einmal von den mit $ü^2$ übersetzten Parametern abgezogen werden, da sie auch im galvanisch verbundenen Wicklungsteil w_2 auftreten.

Betrachtet man nur die Streuung, so gilt bei Kurzschluss auch das für den Volltransformator vereinfachte Ersatzschaltbild unter Vernachlässigung des Querzweigs, so dass man schreiben kann

$$I_{1KSp} = \frac{U_1}{X_{1\sigma Sp} + X_{2\sigma}(ü - 1)^2} \quad 2.58$$

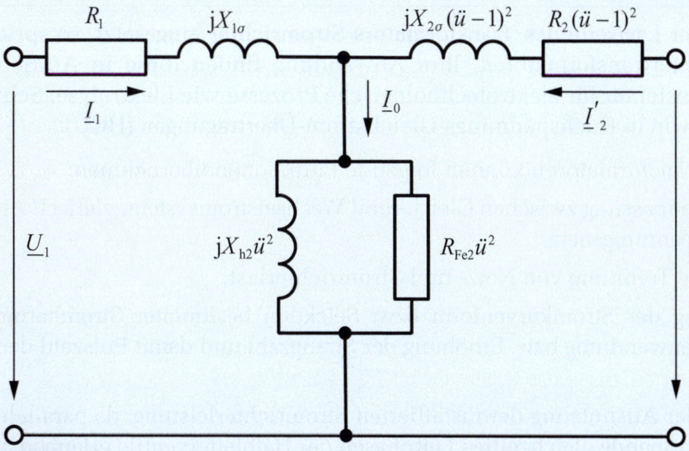

Abbildung 2.45 Vereinfachtes Ersatzschaltbild eines Spartransformators

Für den Volltransformator gilt aber

$$I_{1KV} = \frac{U_1}{X_{1\sigma} + X_{2\sigma}ü^2} \tag{2.59}$$

Daraus lässt sich das Verhältnis der Kurzschlussströme bei Spar- und Volltransformator für $U_1 > U_2$ auf der Primärseite zu

$$I_{1KSp} = \frac{I_{1KV}}{\left(1 - \frac{U_2}{U_1}\right)^2} \tag{2.60}$$

und auf der Sekundärseite zu

$$I_{2KSp} = \frac{I_{2KV}}{1 - \frac{U_2}{U_1}} \tag{2.61}$$

berechnen.

Das Primärstrom-Kurzschlussstrom-Verhältnis zeigt, dass ein gegen 1 gehendes Spannungsübersetzungsverhältnis den Kurzschlussstrom sehr wesentlich beeinflussen kann.

Fazit: Um den beim Spartransformator wesentlich vergrößerten Kurzschlussstrom beherrschen zu können, muss dieser mit einer erhöhten Streuung entworfen und ausgeführt werden.

2.4.2 Stromrichtertransformatoren

Werden auf der Lastseite des Transformators Stromrichter eingesetzt, so spricht man von Stromrichtertransformatoren. Ihre Anwendung finden diese in Antriebsstromrichtern, Stromrichter für elektrotechnologische Prozesse wie Elektrolyse, Schmelzen, Schweißen sowie in Hochspannungs-Gleichstrom-Übertragungen (HGÜ).

Stromrichtertransformatoren können folgende Funktionen übernehmen:

- Spannungsanpassung zwischen Gleich- und Wechselstromsystem, vielfach Anschluss ans Mittelspannungsnetz,
- Galvanische Trennung von Netz- und Stromrichterlast,
- Verbesserung der Stromkurvenform bzw. Selektion bestimmter Stromharmonischer durch Phasenwandlung bzw. Erhöhung der Strangzahl und damit Pulszahl der Gleichrichter,
- Erhöhung der Ausnutzung der installierten Stromrichterleistung, da parallele Strompfade überlappende gleichzeitige Leitphasen der Halbleiterventile erlauben.

Für letztere Funktion ist die in ▶Abbildung 2.46 dargestellte *Dreieck-Doppelstern-Schaltung* vorgesehen, mit der aus einem Drehstromsystem ein 6-Phasensystem erzeugt und damit über die höherpulsige Gleichrichterschaltung eine geringere Welligkeit der Gleichspannung erzielt werden kann.

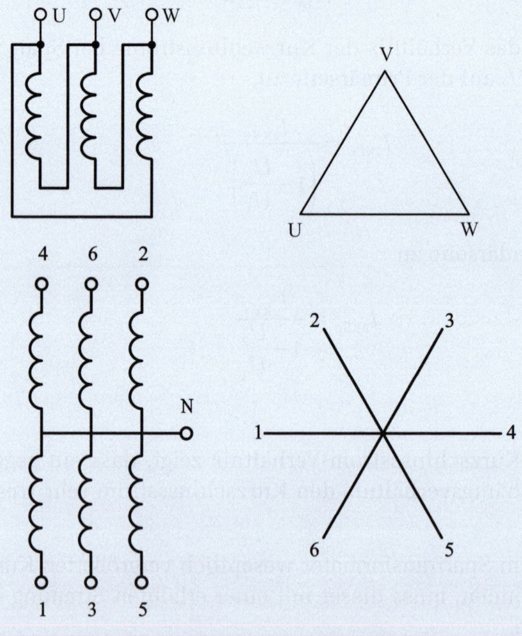

Abbildung 2.46 Stromrichtertransformator in Dreieck-Doppelsternschaltung

Eine weitere Variante zur Phasenvervielfachung ist mit der Stern- bzw. Dreieck-Gabelschaltung gegeben. Sie besteht oberspannungsseitig aus einer Stern- bzw. Dreieckschaltung. Unterspannungsseitig werden die Phasenwicklungen gedrittelt und jeweils auf einen anderen Schenkel gewickelt (▶Abbildung 2.47). Die ersten beiden unterspannungsseitigen Phasensysteme stellen dabei eine Zickzackschaltung dar, deren Sternpunkt herausgeführt ist.

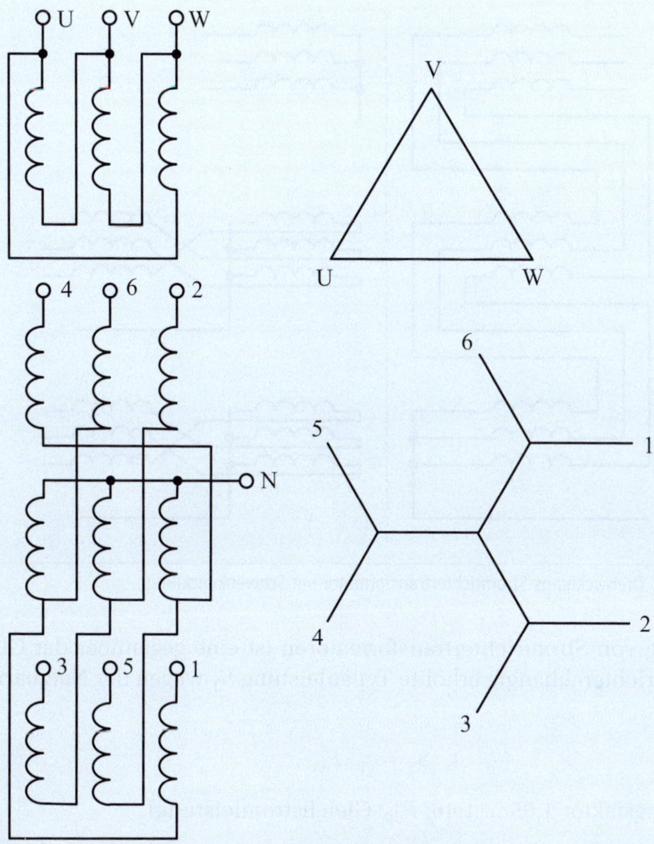

Abbildung 2.47 Stromrichterschaltung zur Dreieck-Gabelschaltung

Zur Erhöhung der Phasenzahl kann man auch mehrphasige Transformatoren über Saugdrosseln zusammenschalten. Weitere mehrphasige Schaltungen für Stromrichtertransformatoren sind in [2.12] angegeben.

Ein weiteres Beispiel für eine hochpulsige Schaltung im Höchstleistungsbereich ist der in ▶Abbildung 2.48 dargestellte Dreiwicklungstransformator mit *Schwenkwicklung*. Stromrichterseitig sind für jede Phase zwei Teilwicklungen auf verschiedenen Schenkeln des Transformatorkerns angebracht. Die Phasenverschiebung je System lautet $\pi/9$ und nur Harmonische der Ordnungszahlen v = 1, 17, 19, 35, 37 ... können sich ausbilden. Für k- Stromrichter ist somit eine Schwenkung um $\pi/(3\ k)$ gegeneinander erreichbar, sodass nur noch Harmonische der allgemeinen Ordnungszahlen v =1, 6k±1, 12k±1, in der Gleichspannung auftreten.

Das Prinzip ist anwendbar auf Reihen- und Parallelschaltung von Stromrichtern. Bei Parallelschaltung treten die restlichen Harmonischen in den Kreisströmen auf, die über Kreisstrom- bzw. Saugdrosseln abgefangen werden können.

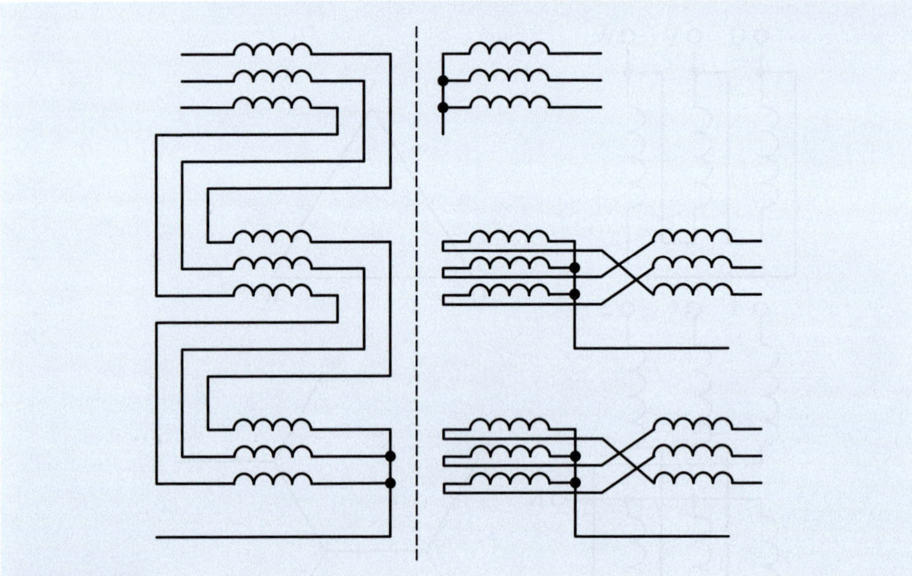

Abbildung 2.48 Dreiwicklungs-Stromrichtertransformator mit Schwenkwicklung

Zur Auslegung von Stromrichtertransformatoren ist eine gegenüber der Gleichstromleistung stromrichterabhängig erhöhte Typenleistung S_T wegen der Netzharmonischen anzusetzen.

$$S_T = c_T \cdot P_{d0} \qquad 2.62$$

(c_T: Ausnutzungsfaktor 1,05 ... 1,46; P_{d0}: Gleichstromleistung)

Im Gegensatz zu herkömmlichen Transformators ist eine niedrige Kurzschlussspannung anzustreben. Die dann recht große Streuinduktivität senkt die Gleichspannungswelligkeit und die bei Stromrichterbetrieb auftretende Kommutierungsblindleistung [2.7].

Zu Stromrichtertransformatoren seien abschließend die wichtigsten Normenschriften genannt:

- DIN EN 61378-1 (VDE 0532-41): Stromrichtertransformatoren - Teil 1: Transformatoren für industrielle Anwendungen,
- DIN EN 61378-2 (VDE 0532-42): Stromrichtertransformatoren - Teil 2: Transformatoren für HGÜ-Anwendungen
- DIN EN 60146-1-3 (VDE 0558-8): Halbleiter-Stromrichter; Allgemeine Anforderungen und netzgeführte Stromrichter; Teil 1-3: Transformatoren und Drosselspulen.

2.4.3 Streufeldtransformatoren

Führt man bei einem Einphasenkern-Transformator einen magnetischen Nebenschluss ein, der einen Luftspalt aufweist, so steigt die Streureaktanz stark an, vgl. ▶Abbildung 2.49. Wegen des größeren Längsspannungsabfalls ergibt sich eine stark reduzierte Sekundärspannung bei großem Laststrom, siehe ▶Abbildung 2.50. Der hohe Sekundärstrom eignet sich dann gut für Schweißprozesse.

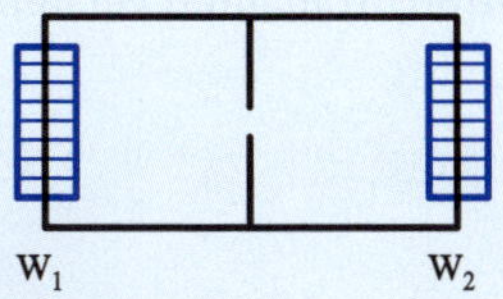

Abbildung 2.49 Magnetkreis des Streufeldtransformators

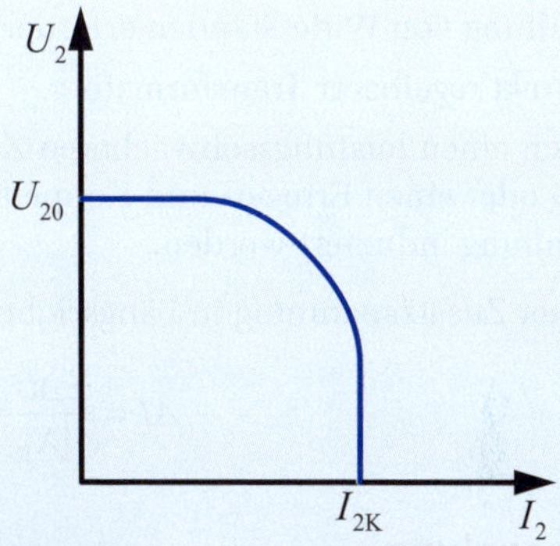

Abbildung 2.50 Lastkennlinie eines Streufeldtransformators

Die Anwendungen von Streufeldtransformatoren liegen im

- Einsatz in Leuchtröhren (Natrium-Dampf-Niederdruck) zur Erzeugung der nötigen Leerlaufspannung von 480-660 V, verwendet an öffentlichen Orten,
- Erzeugung von Stoßspannungen zum Zünden von Halogen-Metalldampflampen bzw. Natrium-Hochdrucklampen,
- Einsatz in UV-Strahlern.

Die einschlägige Normenschrift für entsprechende Transformatoranwendung findet man unter:

- DIN EN 61050 (VDE 0713-6): Transformatoren mit einer Leerspannung über 1000 V für Leuchtröhren.

2.4.4 Stelltransformatoren

Zur stetigen bzw. stufenweisen Änderung des Übersetzungsverhältnisses von Transformatoren können sekundärseitig Stellorgane eingesetzt werden [2.6]. Die vorgesehenen Anzapfungen werden dabei über Stufenschalter angewählt. Die Stufenschalter werden als mechanische Lastumschalter oder auch auf elektrischer Basis mit Thyristoren aufgebaut. In der Energieversorgung setzt man *Stelltransformatoren* mit Anzapfungen in der Nähe des Übersetzungsnennwertes als *Regeltransformatoren* ein. Die als Längs-, Quer- oder Schrägregler verwendeten Transformatoren dienen zur Verbesserung der Spannungsverhältnisse und zu einer Steuerung des Leistungsflusses. Sie gewinnen in Zukunft noch mehr an Bedeutung, da durch Einspeisung regenerativ erzeugter Energien die Spannungshaltung immer schwieriger wird. Zum Aufbau von Regeltransformatoren erfährt man Näheres in [2.13].

Längsregelung

Für die Längsregelung nach ▶Abbildung 2.51a kann das Übersetzungsverhältnis bzgl. des Nennpunktes mit bis zu ±20% verstellt werden. Es sind zwei Ausführungsformen zu unterscheiden:

- Direkt regelbarer Transformator mit Stamm- und Regelwicklung:

  Die Oberspannungsseite ist dabei in eine Stammwicklung und in eine Regelwicklung mit Anzapfungen unterteilt. Es kann unter Last geschaltet werden, was die Zuschaltung von Widerständen erforderlich macht.

- Indirekt regelbarer Transformator:

  Durch einen leistungsschwächeren Zusatztransformator, der über eine Tertiärwicklung oder einen Erreger- und Koppeltransformator gebildet wird, kann eine Zusatzspannung induziert werden.

Mit einer Zusatzspannung in Längsrichtung wird der Blindstromanteil verstellt gemäß

$$\Delta\underline{I} = \frac{\pm\Delta U_\mathrm{d}}{\mathrm{j}X_\mathrm{K}} = -\mathrm{j}\frac{\pm\Delta U_\mathrm{d}}{X_\mathrm{K}} \qquad 2.63$$

Querregelung

Für die Querregelung nach ▶Abbildung 2.51b wird eine Phasenverschiebung von 90° hergestellt, indem:

- eine in Reihe zur Grundphase liegende Regelwicklung eine Zusatzspannung addiert,
- oder ein separater Erregertransformator mit Koppeltransformator die phasenversetzten Spannungen einkoppelt.

Mit einer Zusatzspannung in Querrichtung wird der Wirkstromanteil verstellt gemäß

$$\Delta\underline{I} = \frac{\pm\mathrm{j}\Delta U_\mathrm{q}}{\mathrm{j}X_\mathrm{K}} = \pm\frac{\Delta U_\mathrm{q}}{X_\mathrm{K}} \qquad 2.64$$

Schrägregelung

Verwendet wird aus konstruktiven bzw. ökonomischen Gründen eine ±60° bzw. ±120°-Schrägregelung nach ▶Abbildung 2.51c, mit der sowohl die Längs- als auch die Querspannung beeinflusst werden.

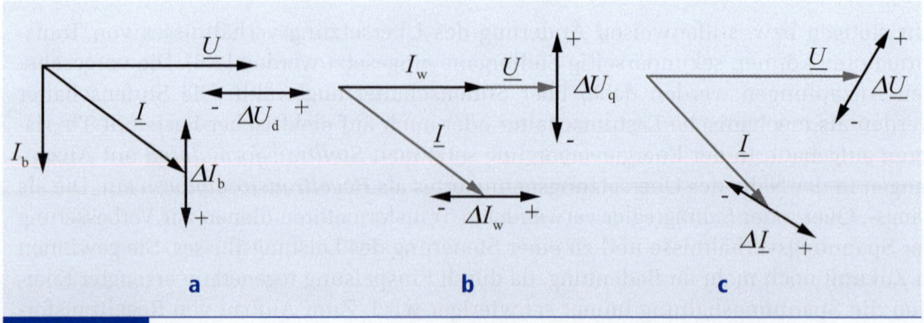

Abbildung 2.51 Regeltransformatoren: a) Längsregelung, b) Querregelung, c) 60° Schrägregelung

Bei einer 60°-Schrägregelung werden mit einer Zusatzspannung ΔU die Längs- und Querspannungskomponenten beeinflusst

$$\Delta U_\mathrm{d} = \pm \Delta U \cos 60^\circ = \pm \frac{1}{2} \Delta U \qquad 2.65$$

$$\Delta U_\mathrm{q} = \pm \Delta U \sin 60^\circ = \pm \frac{\sqrt{3}}{2} \Delta U$$

$$\Delta \underline{I} = \Delta I_\mathrm{w} - \mathrm{j}\Delta I_\mathrm{b} \qquad 2.66$$

$$\Delta I_\mathrm{w} = \pm \frac{\Delta U_\mathrm{q}}{X_\mathrm{K}} = \pm \frac{\sqrt{3}}{2} \frac{\Delta U}{X_\mathrm{K}}$$

$$\Delta I_\mathrm{b} = \pm \frac{\Delta U_\mathrm{d}}{X_\mathrm{K}} = \pm \frac{1}{2} \frac{\Delta U}{X_\mathrm{K}}$$

Zum Thema Stelltransformatoren sei auf die folgende Normenschrift verwiesen:

- DIN IEC 61558-2-14 (VDE 0570-2-14): Sicherheit von Transformatoren, Drosseln, Netzgeräten und dergleichen für Versorgungsspannungen bis einschließlich 1100 V - Teil 2-14: Besondere Anforderungen und Prüfungen für Stelltransformatoren und Netzgeräte, die Stelltransformatoren enthalten.

2.4.5 Mittelfrequenztransformatoren

Aus den Wachstumsgesetzen nach Kapitel *Wachstumsgesetze* wird erkennbar, dass mit gesteigerter Übertragungsfrequenz der Wechselgrößen eine wesentliche Reduzierung der Masse und Baugröße des Transformators möglich ist.

Bis zu Frequenzen von 10 kHz lassen sich herkömmliche Kernmaterialien verwenden. Für höhere Frequenzen (20-100 kHz) besteht das Aktivmaterial aus Leistungsferriten bzw. metallischen HF-Legierungen (z. B. nanokristallines Vitroperm: Fe, Si, B, Nb, Cu). Diese Materialien weisen wegen ihrer reduzierten Hysterese verhältnismäßig kleine Verlustziffern aus (4-20 W/kg, 20 kHz, 0,2 T). Grundsätzlich gilt, dass die nutzbare Felddichte mit steigender Frequenz ebenso wie mit steigender Leistung abnimmt.

Der MF-Transformator ist das zentrale Element getakteter Stromversorgungen, z. B. für:

- 400 Hz Bordnetzstromversorgung in der Luftfahrt,
- Schiffsbordnetze,
- Radio- und TV-Sender und -Empfänger,
- Automobil-Bordnetze,
- Haushaltgeräte,
- Mess- und Sensorsysteme,
- Unter-Wasser-Anlagen,
- Geräte in Ex-gefährdeter Umgebung,
- ICE-Bahn-Transformator für Traktionsantriebe (in Entwicklung).

Wegen der hohen Übertragungsfrequenzen ist besonderes Augenmerk auf die Wicklung zu legen. Der auftretende Skin- und Proximity-Effekt verlangt den Aufbau bifilarer Wicklungen.

Ebenfalls störend wirken sich zu große Streuinduktivitäten aus. Der Einsatz von Planartechniken führt hier zu wesentlichen Verbesserungen.

2.4.6 Kontaktlose Energieübertragung

Das Transformatorprinzip lässt sich vorteilhaft zur kontaktlosen Energieübertragung über begrenzte Luftspalte nutzen [2.8]. Da die begrenzte Baugröße weiterhin ein Merkmal ist, muss die Transformation über Mittelfrequenz (typisch: 20-50 kHz) erfolgen.

Für bewegte Teile sind rotatorische, aber auch lineare Bewegungsformen ausnutzbar.

Zu besonders hohen Spannungen kommt es bei hohen Geschwindigkeiten wie fahrerlosen Transportsystemen oder Hängebahnen. Bei ruhenden Systemen wird im Allgemeinen mit einem großen Luftspalt gearbeitet, er begrenzt zugleich die übertragbare Leistung. Wirtschaftlich und großtechnisch kann das bei Ladesystemen für Batterien in Elektrofahrzeugen genutzt werden. Mit Luftspalten von bis zu 7 mm lassen sich Leistungen bis 8 kW berührungslos übertragen.

Eine häufig verwendete Bauform basiert auf Ferrithalbschalen, siehe ▶Abbildung 2.52.

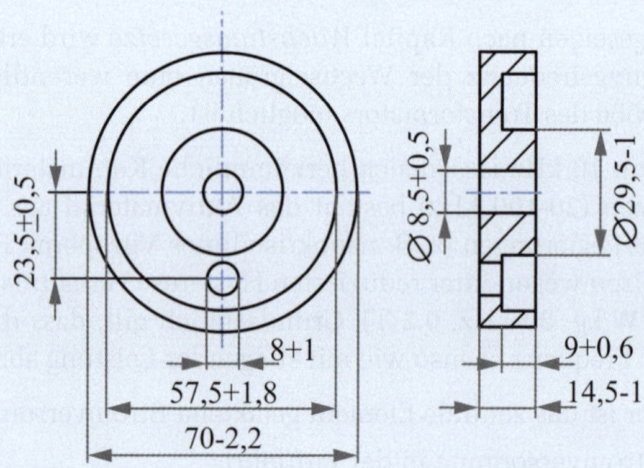

Abbildung 2.52 Ferrithalbschalen zur kontaktlosen Energieübertragung (nach Mecke)

Die Berechnung basiert auf dem üblichen Transformatorersatzschaltbild. Zur Reduzierung des Energieaufwands werden die Übertragungen im Resonanzpunkt betrieben, der sich durch Einfügen eines Lastkondensators zwischen der Übertragerinduktivität und der Lastkapazität einstellen lässt. Ein vereinfachtes Ersatzschaltbild nach ▶Abbildung 2.53 ermöglicht die Berechnung der Betriebsgrößen.

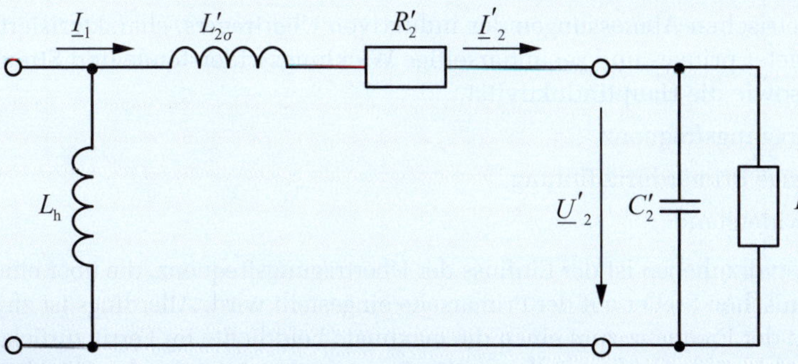

Abbildung 2.53 Vereinfachtes Ersatzschaltbild eines Resonanzübertragers (nach Mecke)

Die Ausgangsspannung erhält man mit Hilfe des Ausgangsstroms zu

$$\underline{U}'_2 = \left(\frac{1}{j\omega C'_2} \| R'_L\right) \underline{I}'_2 = \frac{R'_L}{1 + j\omega C'_2 R'_L} \underline{I}'_2 \qquad 2.67$$

Der Ausgangsstrom kann durch den eingeprägten Primärstrom per Stromteilerregel substituiert werden

$$\underline{I}'_2 = \underline{I}_1 \frac{j\omega L_h}{j\omega L'_2 + R'_2 + \dfrac{R'_L}{1 + j\omega C'_2 R'_L}} \qquad 2.68$$

und ergibt für die Ausgangsspannung

$$\underline{U}'_2 = \frac{j\omega L_h R'_L}{\left(R'_2 + R'_L - \omega^2 C'_2 L'_2 R'_L\right) + j\omega\left(L'_2 + C'_2 R'_2 R'_L\right)} \underline{I}_1 \qquad 2.69$$

Zur maximalen Leistungsübertragung muss der Realteil im Nenner zu Null gemacht werden, woraus sich die Resonanzkreisfrequenz

$$\omega_{res} = \sqrt{\frac{1 + \dfrac{R_2}{R_L}}{C'_2 L'_2}} \approx \sqrt{\frac{1}{C'_2 L'}} \qquad 2.70$$

errechnet. Die reale Sekundärspannung kann dann mit dem Übersetzungsverhältnis ermittelt werden zu

$$U_2 = \frac{w_1}{w_2} \frac{L_h R_L}{L_2 + \dfrac{R_2 R_L}{\omega_{res} L_2}} I_1 \qquad 2.71$$

und daraus die am Lastwiderstand umsetzbare Leistung mit

$$P_L = \frac{U_2^2}{R_L} = \left(\frac{w_1}{w_2}\right)^2 I_1^2 \left(\frac{L_h}{L_2 + \dfrac{R_2 R_L}{\omega_{res} L_2}}\right)^2 R_L \qquad 2.72$$

Die Ausgangsleistung wird bestimmt durch:

- die geometrischen Abmessungen des induktiven Übertragers, charakterisiert durch die Parameter primär- und sekundärseitige Wicklungswiderstände und Streuinduktivitäten sowie die Hauptinduktivität,
- die Übertragungsfrequenz,
- die zulässige Primärdurchflutung,
- den Lastwiderstand

Besonders hervorzuheben ist der Einfluss der Übertragungsfrequenz, die über einen leistungselektronischen Steller auf der Primärseite eingestellt wird. Allerdings ist zu bedenken, dass mit der Frequenz zum einen die maximale Felddichte im Ferrit zurückgenommen werden muss und zum anderen die Stromverdrängung in der Wicklungslitze zunimmt und damit die Ohmschen Verluste ansteigen.

Beispiel 2.3: Kontaktlose Energieübertragung

Für die Ferrithalbschalen sind die Abmessungen des Mittelschenkels mit einem Außen- bzw. Innendurchmesser von $D_a = 29{,}5$ mm bzw. $D_i = 8{,}5$ mm gegeben. Der wirksame Eisenquerschnitt beträgt damit

$$A_{FeM} = \frac{\pi}{4}\left(D_a^2 - D_i^2\right) = 626{,}7\,\text{mm}^2$$

Für Luftspalte von 1mm; 2mm und 3mm wurden die Hauptinduktivitäten von 0,632 μH; 0,352 μH und 0,25 μH bestimmt. Im Mittelschenkel soll eine maximale magnetische Felddichte von $B_{max} = 0{,}3$ T bei einem Luftspalt von 2mm nicht überschritten werden. Unter Vernachlässigung der Streuung ergibt sich der Durchflutungsbedarf zu

$$\Theta = w_1 I_1 = \frac{\hat{B}_{max} A_{FeM}}{\sqrt{2}\, L_{h0}} = \frac{0{,}3\,\text{T} \cdot 626{,}7\,\text{mm}^2}{\sqrt{2} \cdot 0{,}352\,\mu\text{H}} = 377{,}7\,\text{A}$$

Zu überprüfen wäre, ob der Wickelraum für die Stromlitze (Kupferfüllfaktor $\varphi_{Cu} = 0{,}3$) bei einer zulässigen Stromdichte von $J_{max} = 6$ A mm^{-2} ausreicht. Die Nachrechnung ergibt mit

$$\Theta = w_1 I_1 = J_{max} \varphi_{Cu} A_W = 6\,\text{A}\,\text{mm}^{-2}\, 0{,}3\left(14\,\text{mm} \cdot 9\,\text{mm}\right) = 226{,}8\,\text{A}$$

dass der Grenzwert überschritten wurde.

Zur Korrektur der Anordnung können zwei alternative Wege beschritten werden:

- Der Luftspalt wird verringert auf 1 mm, so dass sich eine Hauptinduktivität von $L_{h0} = 0{,}632\,\mu$H ergibt.
- Der Übertrager wird durch einen Schwingkreis ergänzt, dessen Bestandteile auf die Übertragungsfrequenz abgestimmt sind. Das verringert den Strombedarf.

2.5 Wachstumsgesetze

Wichtige Kenngrößen von Transformatoren ändern sich leistungsabhängig. Die Zusammenhänge lassen sich aus den Grundgleichungen des Transformators ablesen.

Aus dem Induktionsgesetz nach Gl. 2.1 ergibt sich mit

$$U_{1N} \approx U_{1h} = \frac{\omega}{\sqrt{2}} \cdot \widehat{B}_{Fe} \cdot A_{Fe} \qquad 2.73$$

und aus dem Durchflutungsgesetz

$$I_{1N} = \frac{\Theta_1}{w_1} = J\,A_{Cu} \qquad 2.74$$

die Scheinleistung des Transformators mit

$$S_N = mU_{1N}I_{1N} = m\sqrt{2}\,f\,\widehat{B}_{Fe}\,J\,A_{Cu}A_{Fe} \qquad 2.75$$

Aus den geometrischen Abmessungen von Transformators lassen sich folgende Zusammenhänge ableiten, wenn man für das Produkt der beiden Querschnittflächen A_{Fe} und A_{Cu} eine fiktive Bauhöhe l^4 einführt und die für die elektromagnetische Beanspruchung maßgebende magnetische Felddichte B_{Fe} und Stromdichte J konstant hält:

- Das Bauvolumen des Transformators mit

  $$V \sim l^3$$

  und dem Quotienten aus Scheinleistung zu Frequenz mit

  $$\frac{S}{f} \sim l^4$$

  liefert die Abhängigkeit des Volumens mit

  $$V \sim \left(\frac{S}{f}\right)^{\frac{3}{4}}$$

- Die Masse des Transformators ist bei einer angenommenen mittleren Dichte ρ mit

  $$\tilde{M} = \rho V$$

  in ähnlicher Abhängigkeit von Scheinleistung und Frequenz:

  $$\tilde{M} \sim \left(\frac{S}{f}\right)^{\frac{3}{4}}$$

- Die Stromwärme- bzw. Lastverluste sind ohne Stromverdrängung vom Quadrat des Stromes abhängig, sodass diese relativ zur Leistung abnehmen mit

  $$P_{VCu} \sim S^{\frac{1}{2}}$$

- Allerdings steigen die Gesamtverluste mit dem Volumen, sodass dann ein unterproportionaler Anstieg mit der Scheinleistung erfolgt

$$P_{\mathrm{V}} \sim \left(\frac{S}{f}\right)^{\frac{3}{4}}$$

- Da die Kühlfläche mit l^2 zunimmt, verhält sie sich im Verhältnis zur entstehenden Verlustleistung und zur Scheinleistung gemäß

$$A_{\mathrm{K}} \sim P_{\mathrm{V}}^{\frac{2}{3}} \sim \left(\frac{S}{f}\right)^{\frac{1}{2}}$$

  d. h. um die entstehende Verlustwärme auch abführen zu können, reicht die Zunahme der Kühloberfläche nicht mehr aus. Deshalb ist bei größeren Transformatoreinheiten die Kühlung zu intensivieren.

Aus den obigen Zusammenhängen können nun die Abhängigkeiten weiterer wichtiger Kennwerte abgeleitet werden:

- Die gravimetrische bzw. volumetrische Leistungsdichte in kVA/kg bzw. kVA/m³ nimmt gemäß

$$s_{\mathrm{V}} = \frac{S}{V} \sim \left(\frac{S}{f}\right)^{\frac{1}{4}} \sim \frac{S}{\tilde{M}} = s_{\mathrm{M}}$$

  langsam mit größeren Transformatorleistungen zu.

- Der Wirkungsgrad, der sich zur Scheinleistung und den Gesamtverlusten nach

$$\eta = \frac{S\cos\varphi - P_{\mathrm{V}}}{S\cos\varphi} = 1 - \frac{P_{\mathrm{V}}}{S\cos\varphi} = 1 - k\,S^{-\frac{1}{4}}$$

  verhält, verbessert sich ebenfalls mit größeren Transformatoreinheiten.

2.6 Messungen an Transformatoren

Die im Folgenden zu besprechenden Messungen an Transformatoren beziehen sich auf die experimentelle Ermittlung der Parameter des Ersatzschaltbildes von Einphasen- und Drehstromtransformatoren. Zur Parameterbestimmung werden zum einen der Leerlaufversuch und zum anderen der Kurzschlussversuch durchgeführt. Ziel der Untersuchungen ist es die Parameter des vollständigen T-Ersatzschaltbildes zu erhalten. Die Vorgehensweise und Berechnungsgleichungen werden nachfolgend beschrieben.

2.6.1 Leerlaufversuch

Die Grundlage zur Bestimmung der Leerlaufparameter ist die Messanordnung nach ▸Abbildung 2.54. Das zugrundeliegende Ersatzschaltbild ist einpolig und damit sowohl für Einphasen- als auch für Drehstromtransformatoren anwendbar. Unterschiede ergeben sich aber bei der Berechnung der Parameter, die stets als Stranggrößen definiert sind.

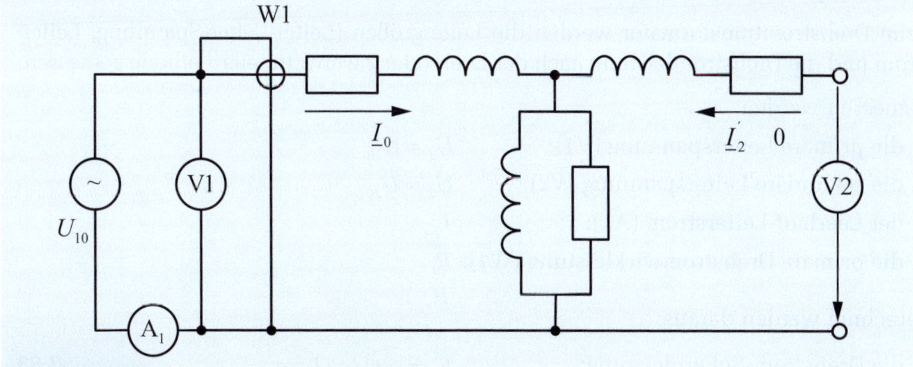

Abbildung 2.54 Versuchsanordnung zum Leerlaufversuch

Leerlaufparameter des Einphasentransformators

Im Leerlaufversuch werden bei unbelastetem Einphasen-Transformator primärseitig Spannung, Strom und Wirkleistung sowie sekundärseitig die Leerlaufspannung gemessen.

Gemessen werden:

- die Primärspannung (V1): $U_1 = U_{10}$
- die Sekundärspannung (V2): $U_2 = U_{20}$
- der Leerlaufstrom (A1): I_0
- die Primärwirkleistung (W1): P_0

Berechnet werden daraus:

- das Übersetzungsverhältnis: $ü = \frac{U_{10}}{U_{20}}$ 2.76
- die Scheinleistung: $S_0 = U_{10} \cdot I_{10}$ 2.77
- der Leerlaufleistungsfaktor: $\cos\varphi_0 = \frac{P_0}{S_0}$ 2.78
- der Eisenverluststrom: $I_{VFe} = I_{10} \cdot \cos\varphi_0$ 2.79
- der Magnetisierungsstrom: $I_\mu = I_{10} \cdot \sin\varphi_0$ 2.80
- der Eisenverlustwiderstand: $R_{Fe} = \frac{U_{10}}{I_{VFe}} = \frac{U_{10}^2}{P_0}$ 2.81

  der ebenfalls im Kreis befindliche Primärwicklungswiderstand R_1 verursacht einen vernachlässigbaren Anteil an den Leerlaufverlusten

- die Hauptreaktanz $X_h = \frac{U_{10}}{I_\mu}$ 2.82

Leerlaufparameter eines Drehstromtransformators

Beim Drehstromtransformator werden die Leitergrößen (Leiter-Leiter-Spannung, Leiterstrom und die Drehstromleistung nach der Drei- oder Zweiwattmetermethode gemessen.

Gemessen werden:

- die primäre Leiterspannung (V1): $U_1 = U_{10}$
- die sekundäre Leiterspannung (V2): $U_2 = U_{20}$
- der Leerlauf-Leiterstrom (A1): I_0
- die primäre Drehstromwirkleistung (W1): P_0

Berechnet werden daraus:

- die Drehstrom-Scheinleistung: $S_0 = \sqrt{3}\, U_{10} \cdot I_{10}$ 2.83
- der Leerlaufleistungsfaktor: $\cos\varphi_0 = \dfrac{P_0}{S_0}$ 2.84
- der Eisenverluststrom: $I_{\mathrm{VFe}} = I_{10} \cdot \cos\varphi_0$ 2.85
- der Magnetisierungsstrom: $I_\mu = I_{10} \cdot \sin\varphi_0$ 2.86
- der Eisenverlustwiderstand: $R_{\mathrm{Fe}} = \dfrac{U_{10}}{\sqrt{3} I_{\mathrm{VFe}}}$ 2.87

  der ebenfalls im Kreis befindliche Primärwicklungswiderstand R_1 verursacht einen vernachlässigbaren Anteil an den Leerlaufverlusten

- die Hauptreaktanz $X_{\mathrm{h}} = \dfrac{U_{10}}{\sqrt{3}\, I_\mu}$ 2.88

2.6.2 Kurzschlussversuch

Beim Kurzschlussversuch wird die Sekundärseite kurzgeschlossen und primärseitig eine variable Spannung angelegt, die so gewählt wird, dass der Transformator primärseitig den Nennstrom aufnimmt.

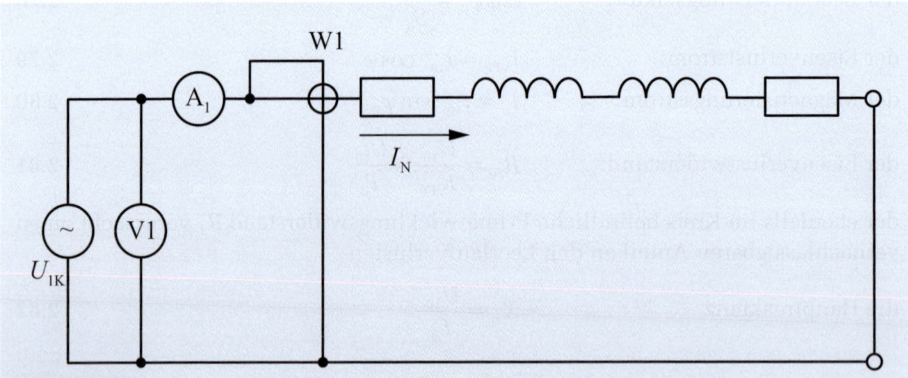

Abbildung 2.55 Versuchsanordnung zum Kurzschlussversuch

Kurzschlussparameter des Einphasentransformators

Gemessen werden:

- die Primärspannung (V1): U_{1K}
- der Primär-Nennstrom (A1): I_{1N}
- die Primärwirkleistung (W1): P_K

Berechnet werden:

- die Kurzschluss-Scheinleistung: $S_K = U_{1K} I_{1N}$ 2.89
- der Kurzschluss-Leistungsfaktor: $\cos\varphi_K = \frac{P_K}{S_K}$ 2.90
- die Kurzschlussspannungen: $U_{Kr} = U_{1K} \cdot \cos\varphi_K; \quad U_{Kx} = U_{1K} \cdot \sin\varphi_K$ 2.91
- die bezogene Kurzschlussspannung: $u_K = \frac{\sqrt{U_{Kr}^2 + U_{Kx}^2}}{U_{1N}}$ 2.92
- der Kurzschlusswiderstand: $R_K = \frac{U_{Kr}}{I_{1N}}$ 2.93
- die Kurzschlussreaktanz: $X_K = \frac{U_{Kx}}{I_{1N}}$ 2.94
- die Widerstände: $R_1 \approx \frac{R_K}{2}; \quad R_2 = \frac{R_2'}{ü^2} \approx \frac{R_K/2}{ü^2}$ 2.95
- die Streureaktanzen: $X_{1\sigma} \approx \frac{X_K}{2}; \quad X_{2\sigma} = \frac{X_{2\sigma}'}{ü^2} \approx \frac{X_K/2}{ü^2}$ 2.96

Kurzschlussparameter des Drehstromtransformators

Gemessen werden:

- die primäre Leiterspannung (V1): U_{1K}
- der primäre-Leiter-Nennstrom (A1): I_{1N}
- die primäre Drehstromwirkleistung (W1): P_{K3}

Berechnet werden:

- die Kurzschluss-Scheinleistung: $S_{K3} = \sqrt{3}\, U_{1K} I_{1N}$ 2.97
- der Kurzschluss-Leistungsfaktor: $\cos\varphi_K = \frac{P_{K3}}{S_{K3}}$ 2.98
- die Kurzschlussspannungen: $U_{Kr} = U_{1K} \cdot \cos\varphi_K; \quad U_{Kx} = U_{1K} \cdot \sin\varphi_K$ 2.99
- die bezogene Kurzschlussspannung: $u_K = \frac{\sqrt{U_{Kr}^2 + U_{Kx}^2}}{U_{1N}}$ 2.100
- der Kurzschlusswiderstand: $R_K = \frac{U_{Kr}}{\sqrt{3}\, I_{1N}}$ 2.101

- die Kurzschlussreaktanz: $X_K = \frac{U_{Kx}}{\sqrt{3}\, I_{1N}}$ 2.102
- die Widerstände: $R_1 \approx \frac{R_K}{2}; \quad R_2 = \frac{R_2'}{ü^2} \approx \frac{R_K/2}{ü^2}$ 2.103
- die Streureaktanzen: $X_{1\sigma} \approx \frac{X_K}{2}; \quad X_{2\sigma} = \frac{X_{2\sigma}'}{ü^2} \approx \frac{X_K/2}{ü^2}$ 2.104

Alle berechneten Ersatzschaltbild-Parameter sind Strangwerte und lassen sich auch als bezogene Werte (per unit: p. u.) angeben.

Für den Einphasentransformator gilt allgemein:

$$z = Z\,\frac{I_{1N}}{U_{1N}} \tag{2.105}$$

sowie für den Drehstromtransformator:

$$z = Z\,\frac{\sqrt{3}\, I_{1N}}{U_{1N}} \tag{2.106}$$

wenn die Nennbezugswerte vereinbarungsgemäß Leitergrößen sind.

2.7 Entwurfsgrundlagen

Die Grundabmessungen (Transformatorabmessungen; Schenkel-Querschnitt (links), Fenster-Querschnitt (rechts)1.56) basieren auf einem magnetischen und einem elektrischen Entwurf.

2.7.1 Magnetischer Entwurf

Festzulegen ist die Schenkelfläche für den Magnetfluss. Bei Vorgabe einer zulässigen Felddichte (B_{zul} = 1,5 ... 1,7 T) und Annahme eines *Schenkelfüllfaktors* (φ_S=0.85 ... 0,93), der für den effektiv genutzten Eisenquerschnitt steht, kann der Flussscheitelwert berechnet werden

$$\hat{\Phi} = \hat{B}_{zul} A_S \varphi_S \tag{2.107}$$

der außerdem über das Induktionsgesetz mit der Betriebsspannung zusammenhängt:

$$\hat{\Phi} = \frac{\sqrt{2} U_1}{\omega\, w_1} = \frac{\sqrt{2} U_2}{\omega\, w_2} \tag{2.108}$$

Nach Gleichsetzen beider Ausdrücke kann der Schenkel-Querschnitt bestimmt werden:

$$A_S = \frac{\sqrt{2} \cdot U_1}{\omega \cdot \hat{B}_{zul} \cdot \varphi_S} \cdot \frac{1}{w_1} \tag{2.109}$$

Der Schenkel-Querschnitt bestimmt zudem über den Hauptfluss und dessen Spannungsabhängigkeit die Leerlaufverluste des Transformators gemäß

$$P_{V0} = \frac{U_1^2}{R_{Fe}}$$

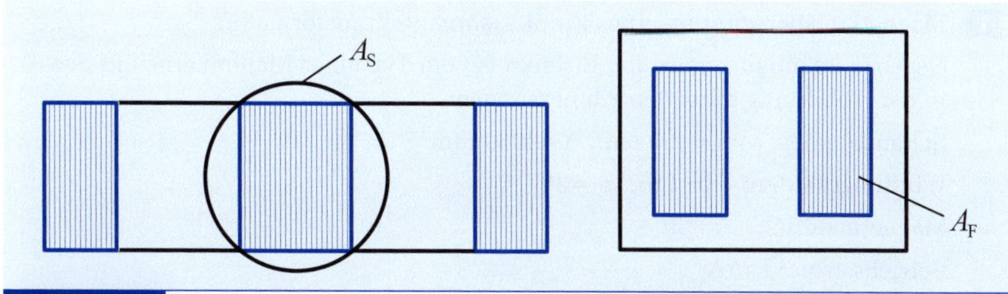

Abbildung 2.56 Transformatorabmessungen; Schenkel-Querschnitt (links), Fenster-Querschnitt (rechts)

2.7.2 Elektrischer Entwurf

Ausgangspunkt ist hierbei der Wickelfensterbedarf für Primär- und Sekundärwicklung w_1 und w_2, der der durch den *Fensterfüllfaktor* (φ_F=0,5) reduzierten Fensterfläche entspricht und durch die zulässige Stromdichte (J_{zul}=5 A/mm^2) begrenzt wird.

$$\varphi_F A_F = \frac{1}{J_{zul}}\left(I_1 w_1 + I_2 w_2\right) = \frac{2 I_1}{J_{zul}} w_1 \qquad 2.110$$

mit

$$I_1 w_1 = I_2 w_2 \, ,$$

Nach Auflösen erhält man die Wickelfensterfläche mit

$$A_F = \frac{2 \cdot I_1}{\varphi_F \cdot J_{zul}} \cdot w_1 \qquad 2.111$$

Die Wickelfensterfläche bestimmt wegen ihrer Abhängigkeit vom Strom die Lastverluste gemäß

$$P_{VL} \approx I_1^2 \left(R_1 + R_2^{'}\right).$$

Die Diskussion der beiden Ergebnisse nach Gl. 2.109 bzw. Gl. 2.110 zeigt den gegensätzlichen Einfluss der Windungszahl w_1 auf die Schenkelfläche bzw. die Wickelfensterfläche und damit auf die Leerlauf- und Lastverluste. Eine optimale Bemessung des Transformators für maximalen Wirkungsgrad erhält man bei Gleichheit von Leer- und Lastverlusten, von der jedoch aus Wirtschaftlichkeitsgründen vielfach abgewichen werden muss. Die Baugröße ergibt sich aus dem Volumen V_B durch Umrechnung des Produkts beider Flächen:

$$V_B = \left(A_F A_S\right)^{\frac{3}{4}} = \left(\frac{\sqrt{2}}{\pi \, \varphi_F \, \varphi_S} \frac{1}{J_{zul} \hat{B}_{zul}} \frac{U_1 I_1}{f}\right)^{\frac{3}{4}} \qquad 2.112$$

Es lässt sich ablesen, dass die Baugröße mit steigender Scheinleistung $S=U^*I$ ansteigt und mit zunehmender Frequenz abnimmt.

WWW.PEARSON-STUDIUM.DE CWS COMPANION WEBSITE
Lösungen

Aufgaben

1 Magnetkreisberechnung eines Einphasenmanteltransformators

Gegeben ist ein magnetischer Eisenkreis vom Typ eines Mantelkerns mit den in der Abbildung gezeigten Abmessungen:

Schenkelmaße: a=b=400 mm, A=2000 mm^2

Windungszahlen: $w_1=130$, $w_2=30$

Magnetmaterial: $\mu_r=800$

Betriebsstrom: I=5A

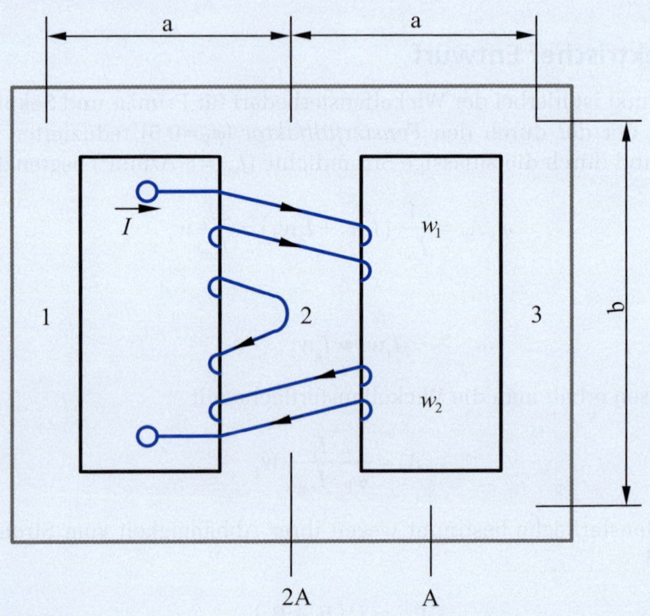

Abbildung 2.57 Einphasenmanteltransformator

Geben Sie für den magnetischen Kreis das Ersatzschaltbild an.

Berechnen Sie den Gesamtfluss und die Teilflüsse in den einzelnen Schenkeln. Dabei soll vorausgesetzt werden, dass sich in den einzelnen Schenkeln und im Joch homogene Felder ausbilden.

2 Berechnung von Betriebsgrößen aus Leistungsschildangaben und Messungen

Ein Transformator hat folgende Leistungsschildangaben:

- Primärleistung: $P_1=250$ W
- Sekundärleistung: $P_2=200$ W
- Primärstrom $I_1=1$ A
- Sekundärstrom: $I_2=10$ A

Im Leerlaufversuch wurde eine Leistung von $P_{V0}=25$ W gemessen. Die Stromwärmeverluste P_{VCu} in der Primär- und Sekundärwicklung waren gleich groß.

Zu bestimmen sind:

- der Wirkungsgrad,
- die Stromwärmeverluste in jeder Wicklung,
- die Ohmschen Widerstände beider Wicklungen.

3 Berechnung von Ersatzschaltbild-Parametern aus Messdaten

An einem Einphasentransformator werden zur Ermittlung des Ersatzschaltbildes ein Leerlauf- und ein Kurzschlussversuch durchgeführt. Dabei ergeben sich nach Leerlaufversuch: $P_0=12$ W; $U_0=230$ V; $I_0=60$ mA

nach Kurzschlussversuch: $P_K=420$ W; $U_K=34{,}5$ V; $I_K=14{,}5$ A

Geben Sie die Messschaltung zur Bestimmung der oben angegebenen Werte an.

Berechnen Sie aus den Messwerten den Eisenverlustwiderstand R_{Fe}, die Hauptreaktanz X_h, den Kurzschlusswiderstand R_K und die Kurzschlussreaktanz X_K.

Zeichnen Sie dafür maßstäblich das Kapp'sche Dreieck.

4 Bestimmung der Schaltgruppe

Gegeben ist ein Zweiwicklungs-Drehstromtransformator mit den in der Abbildung angegebenen Klemmenbezeichungen.

Gemessen wurden folgende Spannungen:

$U_{1V1-2W2}=350$ V, $U_{1U1-2W2}=180$ V, $U_{1V1-2V2}=350$ V

$U_{1U1-1W2}=U_{2U2\text{-}2V1}=U_{2V1-2W1}=0$ V

Bestimmen Sie die Schaltgruppe des Drehstromtransformators.

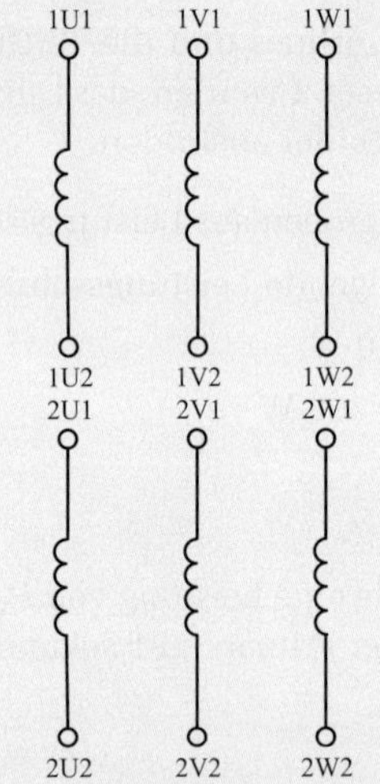

Abbildung 2.58 Zweiwicklungs-Drehstromtransformator

5 Bestimmung der Ersatzschaltbildparameter aus den Leistungsschildangaben

Für einen Drehstromtransformator, der primär- und sekundärseitig in Stern geschaltet ist und die Nennwerte S_N=100 kVA, U_{1N}/U_{2N}=20 kV/0,4 kV besitzt, sind nach IEC-Norm festgelegt:

- das Verhältnis von Leerlaufstrom zu Nennstrom mit 2,5 %,
- die Leerlaufverluste von 0,32 kW,
- die Kurzschlussverluste von 1,75 kW,
- die Kurzschlussspannung von 0,8 kV.

Bestimmen Sie die Parameter des Ersatzschaltbildes unter der zulässigen Näherung, dass gilt:

$$R_1 : R_2^{'} : X_{1\sigma} : X_{2\sigma}^{'} : X_h : R_{Fe} = 1:1:2:2:1000:10000$$

6 Bestimmung der Ersatzschaltbildparameter aus Prüffeldmessungen

Gegeben ist ein Drehstromtransformator mit der Nennleistung von P_N=100 kVA. Primär- und Sekundärwicklung sind in Stern geschaltet. Aus Leerlauf- und Kurzschlussmessungen sind bekannt:

- Leerlaufwirkleistung: P_0=0,32 kW
- Leerlaufprimärspannung: U_{10}=20 kV
- Leerlaufsekundärspannung: U_{20}=0,4 kV
- Leerlaufstrom: I_0=0,0723 A
- Kurzschlusswirkleistung: P_k=1,75 kW
- Kurzschlussspannung: U_k=0,8 kW
- Kurzschlussstrom: I_k=2,89 A

Ermitteln Sie die Parameter des einpoligen vollständigen Ersatzschaltbildes.

Wie groß ist die sekundäre Klemmenspannung bei Nennstrom und einem Leistungsfaktor $\cos\varphi$=0,8 (ind.) nach dem vereinfachten Ersatzschaltbild?

7 Kurzschluss eines Drehstromtransformators

Von einem Drehstromtransformator in Sternschaltung sind bekannt:
- Nennwirkleistung: $P_{1N}=500$ kW
- Nennleistungsfaktor: $\cos\varphi=1$
- Nennspannung: $U_{1N}=20$ kV
- Wirkungsgrad: $\eta=0{,}983$
- Nennverlustverhältnis: $P_{VFeN}/P_{VCuN}=0{,}15$
- Kurzschlussleistungsfaktor: $\cos\varphi_k=0{,}246$

Berechnen Sie die relative Kurzschlussspannung und den primären Dauerkurzschlussstrom.

8 Ermitteln Sie die günstigste Verlustaufteilung im Transformator, bei dem der Wirkungsgrad sein Maximum erreicht, und stellen sie diesen in bezogener Form in Abhängigkeit des Belastungszustands dar.

9 Stellen Sie das Flächenprodukt aus Fenster- und Schenkelfläche eines Kerntransformators über der Scheinleistung und der Frequenz als Maß für die Baugröße dar, wenn eine Stromdichte von $J_{zul}=5$ A/mm^2 und eine Induktion von $B_{zul}=1{,}7$ T vorausgesetzt werden können.

10 Stellen Sie das Flächenprodukt aus Fenster- und Schenkelfläche eines Kerntransformators über der Scheinleistung und der Frequenz als Maß für die Baugröße dar, wenn eine Stromdichte von $J_{zul}=5$ A/mm^2 und eine Induktion von $B_{zul}=1{,}7$ T vorausgesetzt werden können.

11 Berechnung einer berührungslosen Energieübertragung für ein Batterieladegerät [2.8]

Für eine berührungslose Energieübertragung, die bei einer Resonanzfrequenz von 20 kHz betrieben wird, kann das Ersatzschaltbild eines Transformators verwendet werden. Von diesem sind die folgenden Parameter bekannt:
- Primärseitige Streuinduktivität: $L_{1\sigma}=520\,\mu$H
- Sekundärseitige Streuinduktivität. $L_{2\sigma}=495\,\mu$H
- Hauptinduktivität: $L_h=190\,\mu$H
- Sekundärseitiger Widerstand $R_2=100$ mΩ
- Primärwindungszahl: $w_1=30$
- Sekundärwindungszahl: $w_2=10$

Berechnen Sie die übertragbare Ausgangsleistung und den Wirkungsgrad in Abhängigkeit des Lastwiderstands.

Nach welchen Gesichtspunkten könnte der Bemessungspunkt festgelegt werden? Geben Sie diesen an.

Wie wirkt sich eine Erhöhung der Resonanzfrequenz auf die Ausgangsleistung und den Wirkungsgrad aus?

12 Wirkungsgradmaximum einer berührungslosen Energieübertragung

Für das Beispiel in Abschnitt 2.4.6 soll der Lastwiderstand so gewählt werden, dass der Wirkungsgrad der Energieübertragung ein Maximum erreicht. Gegeben sind folgende Parameter des Übertragers:

- Primärseitige Streuinduktivität: $L_{1\sigma}$=0,052 μH
- Sekundärseitige Streuinduktivität. $L_{2\sigma}$=0,052 μH
- Hauptinduktivität: L_h=0,351 μH
- Primärseitiger Widerstand R_1=0,232 mΩ
- Sekundärseitiger Widerstand R_2=0,232 mΩ
- Primärwindungszahl: w_1=30
- Sekundärwindungszahl: w_2=10

CWS WWW.PEARSON-STUDIUM.DE COMPANION WEBSITE

Lösungen

Prüfungsfragen

1 Erklären Sie, warum ein Transformator in Mantelbauweise Vorteile beim Betriebsverhalten zeigt und eine günstigere Baugröße aufweist als ein vergleichbarer Kerntransformator.

2 Warum ist es zweckmäßig, die Ummagnetisierungsverluste durch einen Eisenverlustwiderstand im Querzweig des Transformator-Ersatzschaltbildes nachzubilden?

3 Warum sollten bei einer Parallelschaltung von zwei Transformatoren deren bezogene Kurzschlussspannungen gleich sein?

4 Erläutern Sie die Unterschiede der Spannungs- und Stromkurvenformen bei Stern- und Dreieckschaltung leerlaufender Drehstromtransformatoren.

5 Schätzen Sie die maximal übertragbare Leistung für ein induktiv wirkendes Batterieladegerät ab, wenn ein maximaler Luftspalt von 20 mm nicht überschritten werden soll.

6 Welches Magnetfeld ist beim Transformator Überträger der Leistung?

7 Welche Leistung steht auf dem Leistungsschild eines Drehstromtransformators?

8 Wozu nimmt ein Transformator Blindleistung aus dem Netz auf?

9 Was sagt die bezogene Kurzschlussspannung auf dem Leistungsschild des Transformators aus?

10 Mit welcher Schaltung eines Drehstromtransformators kann man eine Symmetrierung bei unsymmetrischer Belastung vornehmen?

11 Was drückt die Bezeichnung Dy11 beim Transformator aus?

12 Welche Leistung nimmt ein leerlaufender Transformator aus dem Netz auf?

13 Welche Transformatorparameter können aus den Messergebnissen des Leerlaufversuchs bestimmt werden?

14 Welche Transformatorparameter können aus den Messergebnissen des Kurzschlussversuchs bestimmt werden?

Zusammenfassung

Transformatoren sind ruhende Energiewandler, die zur Spannungs- bzw. Stromanpassung in Wechsel- und Drehstromnetzen dienen und dabei das magnetische Streufeld als energieübertragendes Medium benutzen. Sie werden meistens als Volltransformatoren mit induktiver Übertragung ausgeführt. Der Spartransformator kombiniert die induktive und galvanische Energieübertragung und spart an Baugröße.

Zur Leistungsübertragung in der Energieverteilung werden Drehstromtransformatoren in Zwei- bzw. Dreiwicklungsausführung eingesetzt, die sich zur Steigerung der Leistungsübertragung parallel schalten lassen. Der Wirkungsgrad von Leistungstransformatoren ist in der Regel größer 99%.

Die Parameter von Transformatoren können über den Leerlauf- und den Kurzschlussversuch experimentell ermittelt werden. Das Prinzip des Transformators findet neben der Energieübertragung Anwendung in der Messtechnik als Spannungswandler bzw. Stromwandler, die die potentialfreie Messung energietechnischer Größen gestatten.

Literatur

[2.1] Dietrich, W.: Transformatoren. VDE-Verlag, Offenbach 1998

[2.2] Vidmar, M.: Die Transformatoren. Birkhäuser Verlag, Basel (CH), 3. Auflage, 1956

[2.3] Abts, H. J.: Verteilungstransformatoren, Hüthig 2006

[2.4] Janns, R.: Nagel, H.: Transformatoren. VDE-Verlag 2005

[2.5] Baier, P.: Dreiphasen-Leistungstransformatoren: Magnetisierungserscheinungen, Harmonische, Betriebsvorgänge, Stell- und Stromrichtertransformatoren, VDE-Verlag 2009

[2.6] Seifert, G.: Stelltransformatoren. Hüthig 1982

[2.7] Schröder, D.: Leistungselektronische Schaltungen. 2. Auflage, Springer, 2008

[2.8] Schedler, D.: Kontaktlose Energieübertragung, Verlag Moderne Industrie SEW EURODRIVE, Landsberg 2009

[2.9] Rückl, L.: Energiefluss beim Transformator. ETZ Elektrotechnik und Automation, Band 117 (1996) H. 1-2, S. 28-32, VDE-Verlag, Offenbach

[2.10] Richter, R.: Elektrische Maschinen Band 3: Transformatoren, Birkhäuser, Basel 1963

[2.11] Küchler, R.: Die Transformatoren. Grundlage für ihre Berechnung und Konstruktion. Springer, 1966

[2.12] Bödelfeld, T.; Sequenz, H.: Elektrische Maschinen. 6. Auflage, Springer, 1962

[2.13] Schwab, A. J.: Elektroenergiesysteme. Springer, Berlin 2006

Stromwendermaschinen

3

ÜBERBLICK

» Stromwendermaschinen sind Kommutator (Stromwender)-Maschinen, die durch einen mechanischen Kommutator in der Lage sind, selbstgeführt zu arbeiten. Sie werden heutzutage fast ausschließlich als Motoren ausgeführt. Man unterscheidet folgende Arten von Stromwendermaschinen:

- Gleichstrommaschinen
- Universalmaschinen
- Wechselstrom-Kommutatormaschinen
- Drehstrom-Kommutatormaschinen

Während Drehstrom-Kommutatormaschinen heute keine Rolle mehr spielen und bei Wechselstrom-Kommutatormaschinen keine Neuentwicklungen mehr stattfinden, sind Gleichstrom- und Universalmaschinen noch in den Produktpaletten von Elektromaschinenherstellern zu finden. «

Lernziele

Nach Durcharbeiten dieses Kapitels werden Sie in der Lage sein,

- die wichtigsten Bauformen von Stromwendermaschinen, insbesondere von Gleichstrommaschinen, einzuordnen und die wesentlichen Bauteile in ihrer Funktionalität zu verstehen;
- die ruhenden Magnetfelder als Träger der gespeicherten magnetischen Energie durch Dichte- und Flussgrößen zu beschreiben und Besonderheiten ihrer räumlichen Verteilung zu erkennen und in ihrer Auswirkung auf das Betriebsverhalten nachzuvollziehen;
- Spannungs- und Drehmomentberechnungen aus den Maxwell'schen Gleichungen vorzunehmen;
- die diversen Methoden der Stromwendung in ihrer Wirkung auf die Maschinenfunktionen einzuordnen;
- die Betriebskennlinien der Maschinen nach Bauart und Schaltung zu entwickeln und grundsätzliche Möglichkeiten der Drehzahlsteuerung zu unterscheiden und zu bewerten;
- den Grobentwurf einer Gleichstrommaschine hinsichtlich der wichtigsten Abmessungen vornehmen und danach die Motorparameter berechnen zu können und die für eine Anwendung richtige Auswahl unter Stromwendermaschinen zu treffen.

3.1 Gleichstrommaschinen

Im Industriebereich werden Gleichstrommaschinen mit genormten Achshöhen bis ca. 500 kW bei Ankerspannungen von 420 V, 470 V, 520 V, 600 V sowie Erregerspannungen von 310 V und Drehzahlen bis 3000 min^{-1} eingesetzt. Ihre Anwendungen sind Werkzeugmaschinen, Hebezeuge, Fahrzeuge, Walzstraßen, Roboter, Unterhaltungselektronik und Papiermaschinen. Durch prinzipbedingte Einsatzgrenzen werden Motorleistungen von ca. 3 MW bei Spannungen von maximal bis zu 1,2 kV erreicht. Die Drehzahlen liegen unter 10.000 min^{-1}. Den Vorteilen einer einfachen Drehzahlverstellbarkeit und Eignung für Batteriebetrieb stehen ein höherer Wartungsaufwand, geringere Robustheit und Zuverlässigkeit gegenüber.

3.1.1 Aufbau

Grundbauform

Gleichstrommaschinen werden überwiegend als Außenpolmaschinen aufgebaut, ▶Abbildung 3.1 zeigt einen perspektivischen Schnitt durch eine im Industriebereich eingesetzte fremdbelüftete Maschine.

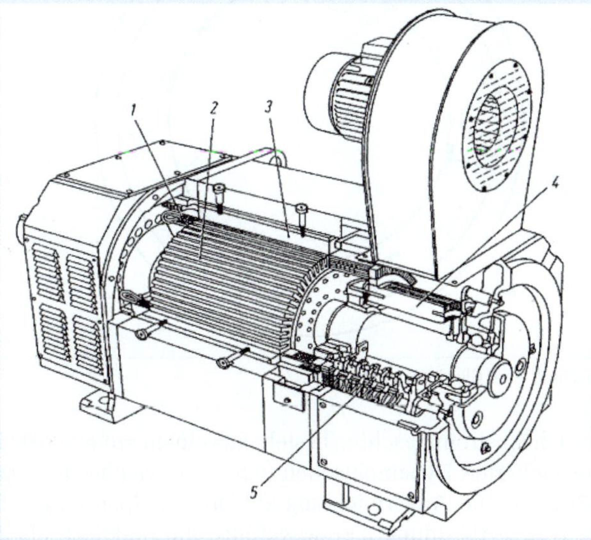

Abbildung 3.1 Aufbau einer Gleichstrommaschine (ABB)

Der Rotor trägt die Ankerwicklungen (1) (Kommutatorwicklungen), die mit ihren einzelnen Spulen mit dem ebenfalls auf dem Rotor (2) (Anker) angebrachten mechanischen Kommutator (4) verbunden sind. Auf dem Kommutator schleifen die Bürsten (5), über die die Verbindung mit den Motorklemmen im Klemmbrett der Maschine hergestellt wird. Das Erregerfeld wird auf dem Stator (3) erzeugt und kann elektrisch durch gleichstromgespeiste Erregerwicklungen oder Permanentmagneten aufgebaut werden.

Die Einzelheiten lassen sich noch besser in einer Schnittdarstellung in radialer Richtung nach ▶Abbildung 3.2 erkennen. Der Stator mit seinen Bauteilen wird zum Aufbau des Erregerfeldes genutzt, der durch das Joch (1) einen magnetischen Rückschluss besitzt. Der Jochring ist aus Walzstahl gefertigt oder besteht bei kleinen Motoren aus einer Schweißkonstruktion. Am Joch befinden sich die Hauptpole (2), die aus gestanztem Blech (2 mm) geschichtet werden, um bei stromrichtergespeisten Motoren die Wirbelströme wirkungsvoll zu begrenzen. Für einfache Anwendungen können auch Gusskörper mit Schraubverbindungen zum Joch eingesetzt werden. Die Haupt- bzw. Erregerpole, bestehend aus Polschuh und Polkern, tragen die Erregerwicklung (4), die einlagig hochkantig gewickelte Spulen oder flachkantig gewickelte Cu-Bandspulen sein können. Versetzt um eine halbe Polteilung zu den Hauptpolen befinden sich die Wendepole (3) mit den Wendepolwicklungen (5). Da diese zur Reduktion der Ankerrückwirkung eingesetzt werden, muss die Wicklung nahe der Ankeroberfläche angebracht sein. In den Polschuhen der Hauptpole befinden sich bei größeren Maschinen noch die Kompensationswicklungen, die einer Verzerrung des Hauptfeldes entgegenwirken.

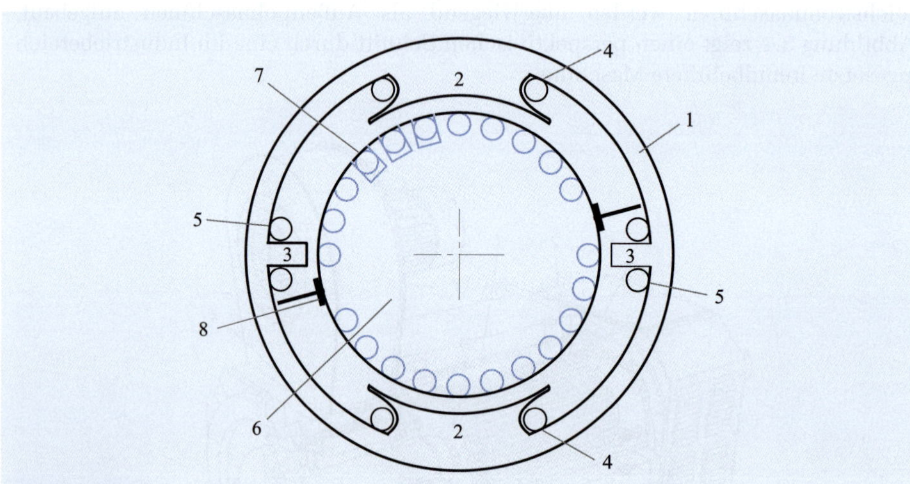

Abbildung 3.2 Querschnitt einer Gleichstrommaschine

Der Anker (6) einer Gleichstrommaschine besteht aus einem auf einer Welle aufgebrachten Blechpaket aus isolierten Dynamoblechen (0,5 mm), welches in axialen Nuten die Ankerwicklung (7) trägt. Die Ankerwicklung als Ort der Spannungsinduktion ist als Trommelwicklung (vgl. ▶Abbildung 3.3) ausgeführt, die praktisch als 2-Schichtwicklung eine zweiseitige Spannungsinduktion in beiden Spulenseiten erlaubt.

Der Kommutator oder Kollektor (8) dient zur Stromwendung in den Ankerwicklungen und besteht aus einem Ring hufförmiger Kupfersegmente (Lamellen), die voneinander durch eine 0,5-1 mm dicke Isolierschicht getrennt sind (▶Abbildung 3.4).

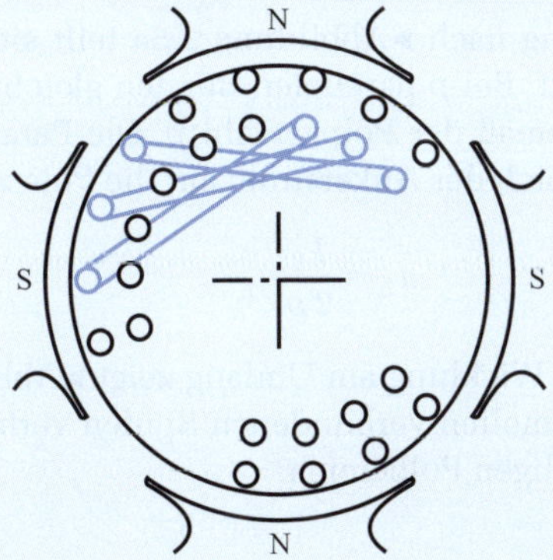

Abbildung 3.3 Trommel-Ankerwicklung

Jede Lamelle ist mit einer Spulengruppe verbunden. Die geringe zulässige Segmentspannung zwischen 2 Kommutatorsegmenten (25-50 V) ist der Grund dafür, dass die erreichbaren Grenzleistungen von Gleichstrommaschinen kleiner als bei Drehstrommaschinen sind.

Der Kommutator, der fest auf der Welle montiert ist, läuft zweimal pro Umdrehung an den Bürsten vorbei, die jeweils zwei benachbarte Lamellen und damit zwei Spulengruppen kurzschließen. Zur Sicherung eines guten Kontaktes wird die in der Halterung verankerte Bürste per Federdruck auf den Kommutator gedrückt. Das Bürstenmaterial besteht aus Grafit, Elektrografit, Hartkohle oder Metallgrafit. Häufig treten Kontaktprobleme zwischen Bürste und Kommutator auf, die zu einem erhöhten Verschleiß und einer Abnahme der Kommutierungsfähigkeit führen.

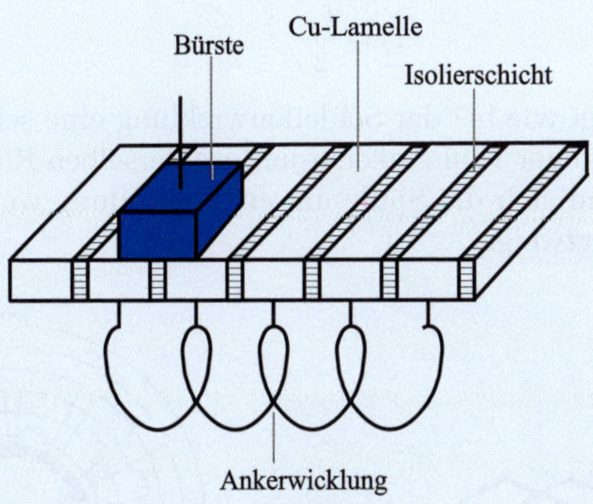

Abbildung 3.4 Kommutator (Beispiel Schleifenwicklung)

Die Ankerwicklungen können in zwei Formen auftreten:

- Bei der **Schleifenwicklung** nach ▸Abbildung 3.5a teilt sich der Strom pro Bürste auf zwei Ankerzweige auf. Bei p parallelen Bürsten gleicher Polarität entstehen 2a parallele Ankerzweige gemäß der Polpaarzahl p. Die Parallelwicklung eignet sich für große Maschinen, da sich der Ankerstrom auf die Pole zum Zweigstrom I_Z nach

$$I_Z = \frac{I_A}{2p} \qquad 3.1$$

verteilt. Die Wirkung der Wicklung am Umfang zeigt ▸Abbildung 3.5b. Bei Weiterschaltung der mit den Lamellen verbundenen Spulen verbleibt die gleiche Anzahl von Windungen im jeweiligen Polbereich.

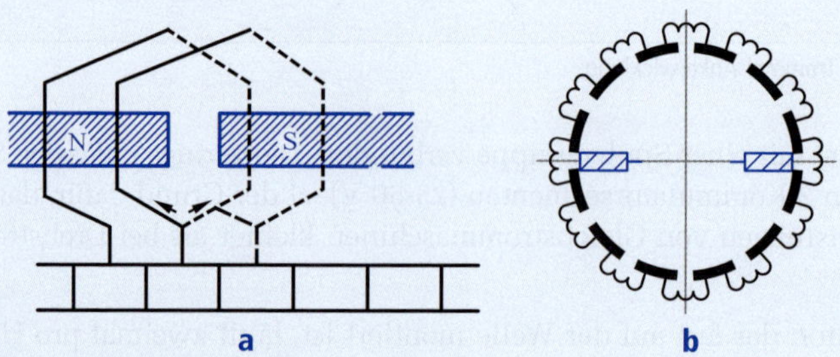

Abbildung 3.5 Schleifenwicklung a) Wickelschema, b) Ankerspule

- Die **Wellenwicklung** nach ▸Abbildung 3.6a stellt eine Reihenschaltung von Spulen dar, die sich in aufeinanderfolgenden Polteilungen etwa an gleicher Position befinden. Die Anzahl der Parallelzweige beträgt dann $2a=2$. Wellenwicklungen verwendet man für Maschinen kleiner Leistung, wo sich der Ankerstrom in zwei Zweigströme aufteilt

$$I_Z = \frac{I_A}{2} \qquad 3.2$$

▸Abbildung 3.6b zeigt wie bei der Schleifenwicklung eine scheinbar feststehende Spule entsteht, die immer vom Ankerstromfluss derselben Richtung gekennzeichnet ist. Denn während sich die Spule um eine Polteilung weiterbewegt, verbleibt sie im gleichen Ankerzweig.

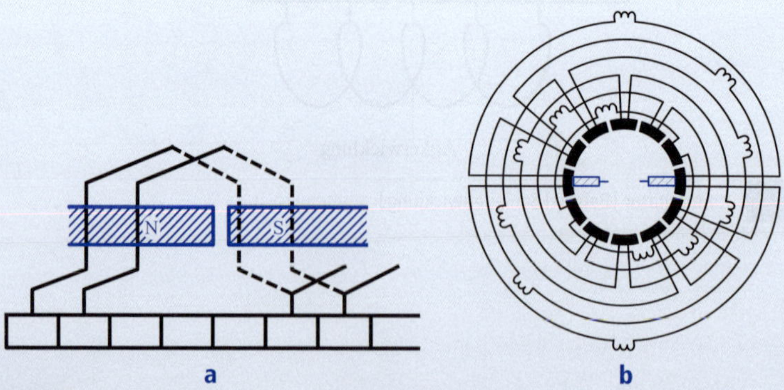

Abbildung 3.6 Wellenwicklung a) Wickelschema, b) Ankerspule

Permanentmagneterregte Gleichstrommaschinen

Die oben beschriebene Gleichstrommaschine mit elektrischer Erregung kann ebenso mit Permanentmagneten zur Erregung ausgestattet werden, wodurch sich die Erregerverluste vermeiden lassen. In der Regel werden damit Kleinmotoren ausgestattet mit Leistungen im Wattbereich, sodass man auch billige Permanentmagnete aus Ferriten bzw. AlNiCo verwenden kann. ▶Abbildung 3.7 zeigt zwei gebräuchliche Ausführungsformen. Bis etwa 100 W verwendet man Schalenmagnete (▶Abbildung 3.7a), für größere Leistungen aber unter 1 kW muss das Prinzip der Flusskonzentration angewandt werden (▶Abbildung 3.7b), bei dem z. B. eine Kombination aus tangential und radial magnetisierten Permanentmagneten wegen der beschränkten Remanenzinduktion der Ferrite zu einer Feldverdichtung ausgenutzt werden können.

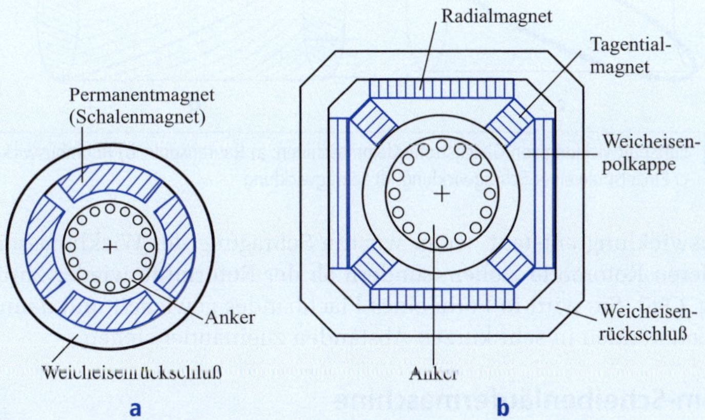

Abbildung 3.7 Gleichstrommaschine mit permanentmagnetischer Erregung a) mit Schalenmagneten, b) mit Flusskonzentration

Eisenlose Gleichstrommaschinen

Für trägheitsarme Maschinen kann auch eine Ausführung mit eisenlosem Anker gewählt werden, d. h. die Ankerwicklungen werden als Luftspaltwicklung auf einem Trägermaterial untergebracht. Jetzt müssen Wicklungsformen zum Einsatz kommen, die auf einen wulstigen Wicklungskopf verzichten können, da dann ein sehr breiter mechanischer Luftspalt gewählt werden müsste. Aus der Schleifenwicklung wird dann eine Rhombuswicklung bzw. Rautenwicklung nach ▶Abbildung 3.8b oder eine Schrägwicklung nach ▶Abbildung 3.8d. Dadurch lassen sich das Trägheitsmoment reduzieren und die Eisenverluste im Anker vermeiden. Allerdings muss dann im Allgemeinen der mechanische Luftspalt vergrößert werden, was die Induktivität absenkt, aber den Aufwand an Erregung bzw. Ankerstrom vergrößern kann. Deshalb wird diese Bauart vorzugsweise mit permanentmagnetischer Erregung realisiert. Durch den eisenlosen Rotor verbessern sich die dynamischen Eigenschaften, da die mechanische und die elektrische Zeitkonstante reduziert werden, siehe [3.6].

Bei der Schrägwicklung durchlaufen die beiden Wicklungsseiten alle Lagen einer Polteilung, ohne dass es zur Richtungsumkehr kommt (▶Abbildung 3.8c). Das führt zu einem vergleichsweise geringem Ohmschen Widerstand. Nachteilig wirkt sich dagegen die geringe Flussverkettung aus, die sich in einem geringeren Wicklungsfaktor niederschlägt und für die Luftspaltwicklungen typisch ist. In Wicklungsmitte ist der Beitrag zur Gesamtflussverkettung am größten, in Richtung der beiden Wicklungsköpfe wird er geringer. Die Schrägwicklung wird aus einer fertigen Zylinderspule hergestellt.

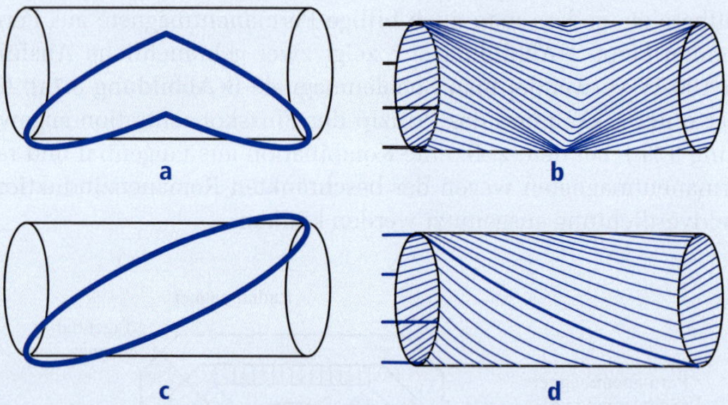

Abbildung 3.8 Luftspaltwicklung von Gleichstrom-Kleinmaschinen: a) Rautenspule, b) Rhombuswicklung, c) Einzelspule einer Schrägwicklung, d) Schrägwicklung

Die Rhombuswicklung entsteht, wenn wir die Schrägung der Wicklungsseiten nicht bis zum anderen Rotorende ziehen, sondern ab der Rotormitte wieder zurückführen (▶Abbildung 3.8a). Sie wird in Form eines Flachbandes gewickelt und dann gezogen, so dass die Leiterenden in sehr kurzen Abständen zueinander stehen.

Gleichstrom-Scheibenläufermaschine

Scheibenläufermaschinen werden mit Permanentmagneten aufgebaut, die als kleine zylinderförmige Erhebungen auf den beiden äußeren Statorscheiben jeweils paarweise angebracht sind. Der scheibenförmige Rotor besteht aus einem nichtmagnetischen Trägermaterial und trägt eine Drahtwicklung oder eine gedruckte Schaltung aus Kupferbahnen, wie in ▶Abbildung 3.9 dargestellt.

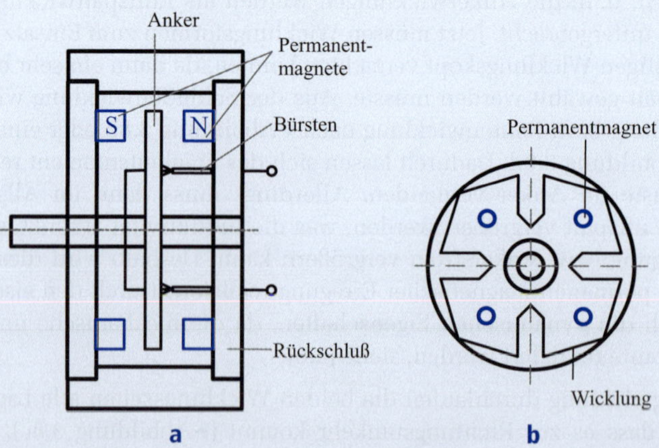

Abbildung 3.9 Gleichstrom-Scheibenläufermotor: a) Stator, b) Ankerwicklung

3.1.2 Magnetfelderzeugung

Die Gleichstrommaschine kann prinzipbedingt verglichen werden mit einer Synchronmaschine, da sich die beteiligten Magnetfelder (Erregerfeld, Ankerquerfeld) synchron zueinander verhalten und bei Betrachtung vom bewegten Anker aus auch rotieren.

Erregerfeld

Das Erregerfeld der Gleichstrommaschine wird durch die Gleichstromerregung der Hauptpole aufgebaut. Sie bewirkt eine zeitlich konstante, aber ortsabhängige Felddichte im Luftspalt, wie aus dem Feldbild in ▶Abbildung 3.10a zu entnehmen ist. Üblich sind zwei- oder mehrpolige Anordnungen.

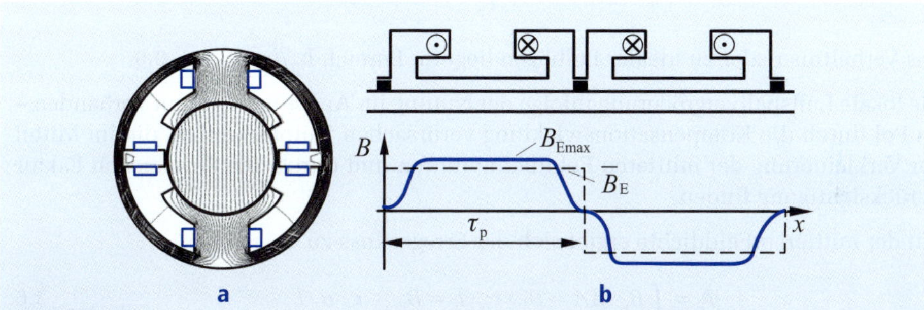

Abbildung 3.10 Erregerfeld, a) Feldbild (nach Aschendorf), b) Felddichteverlauf

Neben der Ankernutung, die als lokale Luftspaltvergrößerung wirkt, führt die Polschuhgestaltung zu einem charakteristischen Verlauf der Erregerfeldkurve im Leerlauf nach ▶Abbildung 3.11.

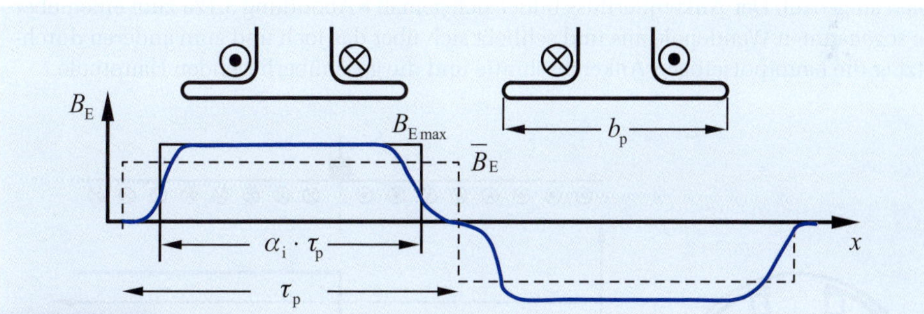

Abbildung 3.11 Erregerfeldkurve

Im Bereich des sogenannten Polbogens b_p ist die Felddichte wegen des konstanten minimalen Luftspaltes maximal. An den Kanten kommt es zu einer trapezförmigen Verschleifung. Ersetzt man die Feldkurve durch eine flächengleiche Ersatzkurve mit der mittleren Felddichte, $\overline{B}_E$, so gilt

$$\overline{B}_E = \frac{1}{\tau_p}\int_0^{\tau_p} B_E(x)\,d\,x = B_{Emax}\alpha_i \qquad 3.3$$

(α_i- ideelle Polbedeckung).

Der ideelle Polbedeckungsfaktor, der das Verhältnis von maximaler zu mittlerer Erregerfelddichte beschreibt

$$\alpha_i = \frac{\overline{B}_E}{B_{Emax}} = \frac{b_{pi}}{\tau_p} \qquad 3.4$$

ergibt sich aus der Feldkurve und kann Werte zwischen α_i=0,6 ... 0,75 erreichen.

Der tatsächliche Polbedeckungsfaktor beschreibt dagegen das geometrische Verhältnis von tatsächlichem Polbogen zur Polteilung

$$\alpha = \frac{b_p}{\tau_p} \qquad 3.5$$

Das Verhältnis realer zu idealer Polbögen liegt im Bereich b_p/b_{pi}=0,8 ... 0,9.

Die lokale Luftspaltvergrößerung infolge der Nutung im Anker und – wenn vorhanden – im Pol durch die Kompensationswicklung verursachen Nutoberwellen, die im Mittel zur Verkleinerung der mittleren Felddichte führen und durch den Carterschen Faktor Berücksichtigung finden.

Mit der mittleren Felddichte ergibt sich der Erregerfluss zu

$$\Phi_E = \int B_E \cdot dA = \overline{B}_E \cdot \tau_p \cdot l_i = B_{Emax}\, \tau_p\, \alpha_i\, l_i \qquad 3.6$$

(l_i- ideelle Länge, Blechpaketlänge).

Ankerquerfeld

Das Ankerquerfeld wird durch die Durchflutung des Ankerstroms quer zu den Hauptpolen aufgebaut. Der Ankerquerfluss bildet sich gemäß ▶Abbildung 3.12a zum einen über die sogenannten Wendepole aus und schließt sich über das Joch und zum anderen durchsetzt er die hauptpolseitigen Ankerabschnitte und die gegenüberliegenden Hauptpole.

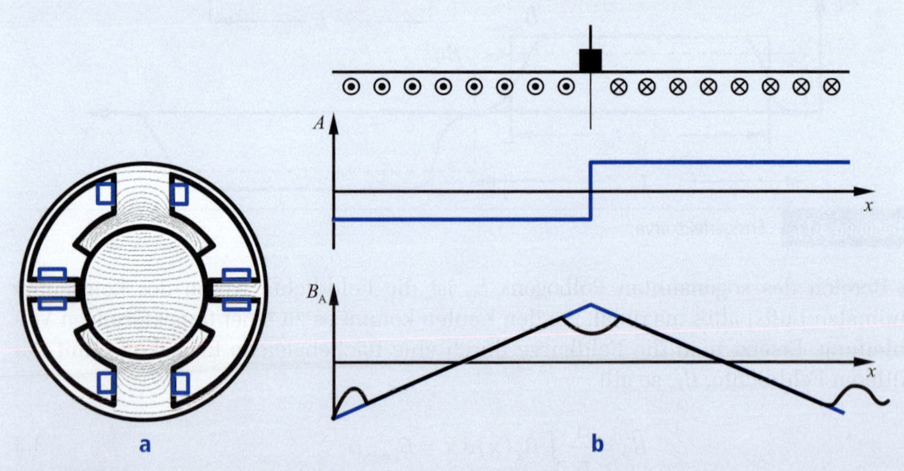

Abbildung 3.12 Ankerquerfeld, a) Feldbild mit Wendepole (nach Aschendorf), b) Feldverlauf mit/ohne Wendepole

Da die Ankerstromrichtung innerhalb einer Polteilung konstant ist, weist der Ankerstrombelag einen Rechteckverlauf auf, der stets in der geometrisch neutralen Zone wechselt, vgl. ▶Abbildung 3.12b.

Mit dem Ankerstrombelag

$$A = \frac{I_S}{\pi \cdot D_i} \tag{3.7}$$

(I_S – Stabstrom, Leiterstrom)

ergibt sich die Ankerfelderregerkurve zu

$$V_A = -\int_0^{\tau_p} A \cdot dx \tag{3.8}$$

die idealerweise eine Dreiecksfunktion beschreibt. Die Felddichte B_A des Ankerquerfeldes bestimmt sich im Wesentlichen aus dem Magnetspannungsabfall über dem Luftspalt.

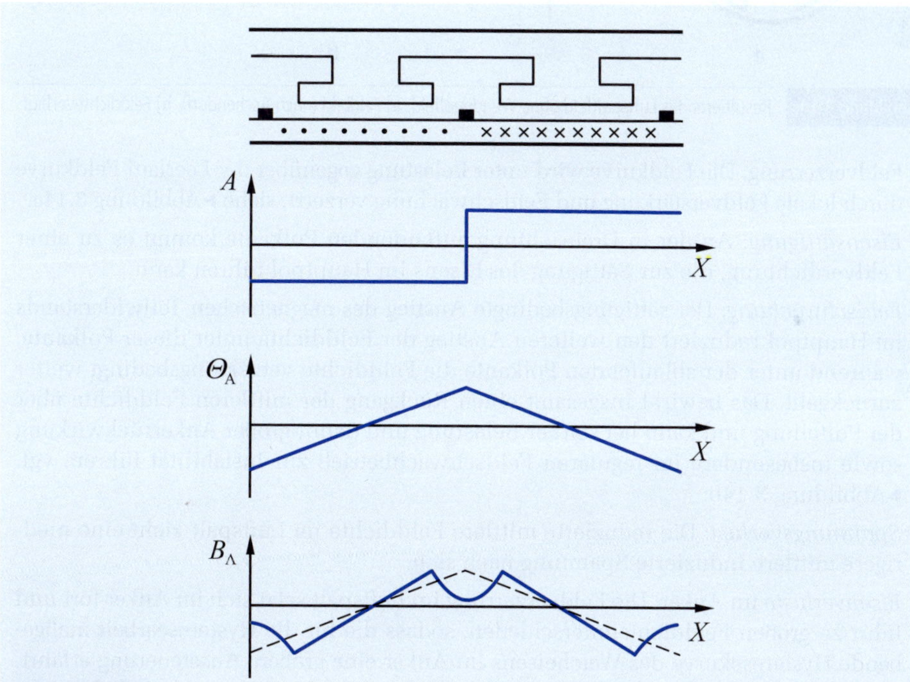

Abbildung 3.13 Ankerstrombelag und Ankerquerfeld

$$B_A(x) = \mu_0 \cdot \frac{V_A(x)}{\delta(x)} \tag{3.9}$$

Danach muss die Felddichteverteilung von der Ankerfeldkurve im Gebiet der Pollücke deutlich abweichen, wo eine Feldeinsattelung entsteht, ▶Abbildung 3.13. Der direkte Zusammenhang zwischen Ankerstrom und Ankerquerfeld führt zu einer belastungsabhängigen Beeinflussung, die auf das Erregerfeld zurückwirkt.

Luftspaltfeld mit Ankerrückwirkung

Das resultierende Luftspaltfeld ergibt sich aus der Überlagerung von Erregerfeld und Ankerquerfeld. Die dabei entstehende Ankerrückwirkung führt zu folgenden Effekten, vgl. ▶Abbildung 3.14.

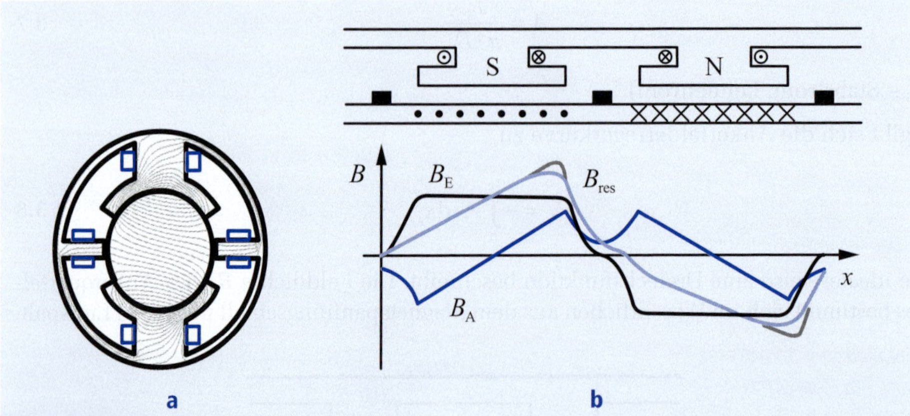

Abbildung 3.14 Resultierendes Luftspaltfeld ohne Wendepolfeld, a) Feldbild (nach Aschendorf), b) Felddichteverlauf

- Feldverzerrung: Die Feldkurve wird unter Belastung gegenüber der Leerlauf-Feldkurve durch lokale Feldverstärkung und Feldschwächung verzerrt, siehe ▶Abbildung 3.14a.
- *Eisensättigung*: An der in Drehrichtung auflaufenden Polkante kommt es zu einer Feldverdichtung, die zur Sättigung des Eisens im Hauptpol führen kann.
- *Feldschwächung*: Der sättigungsbedingte Anstieg des magnetischen Teilwiderstands im Hauptpol reduziert den weiteren Anstieg der Felddichte unter dieser Polkante, während unter der ablaufenden Polkante die Felddichte verzerrungsbedingt weiter zurückgeht. Das bewirkt insgesamt einen Rückgang der mittleren Felddichte über der Polteilung und kann bei starker Belastung und damit großer Ankerrückwirkung sowie insbesondere im regulären Feldschwächbetrieb zur Instabilität führen, vgl. ▶Abbildung 3.14b.
- *Spannungsverlust*: Die reduzierte mittlere Felddichte im Luftspalt zieht eine niedrigere mittlere induzierte Spannung nach sich.
- *Eisenverluste* im Anker: Die Feldverzerrung im Luftspalt setzt sich im Anker fort und führt zu großen Felddichteunterschieden, sodass die für die Hysteresearbeit maßgebende Hysteresekurve des Weicheisens im Anker eine größere Aussteuerung erfährt. Die durchfahrene Hysteresefläche ist dabei ein Maß für die Verlustenergiedichte.
- *Bürstenfeuer*: Die vom Kommutator in der geometrischen Zone kurzgeschlossenen Ankerspulen erfahren bei ihrem Durchlauf durch das Restfeld eine zusätzliche Spannungsinduktion, die je nach Stärke einen Kurzschlussstrom antreibt und dann beim Auftrennen des Kurzschlusses zu einem Lichtbogen führt.
- *Überschreitung* maximaler Lamellenspannung: Die Erhöhung der Felddichte B_{max} erhöht die induzierte Spannung in den Ankerspulen und damit zwischen den Lamellen. Durch die Verschiebung der Leerlaufkurve in die neutrale Zone (Bürsteneben) hinein kommt es zu einer zusätzlichen Bewegungsinduktion bei der Stromwendung

Die vorangegangen beschriebenen Auswirkungen der lastabhängigen Ankerrückwirkung lassen sich durch folgende Maßnahmen eindämmen:

- Durch eine geänderte Maschinenauslegung mit reduziertem Ankerstrombelag sowie vergrößertem Luftspalt kann das Ankerquerfeld reduziert werden – gleichzeitig sinkt aber die Ausnutzung.
- Mithilfe eines entgegenwirkenden Wendepolfeldes wird die geometrisch neutrale Zone feldfrei.
- Eine Aufhebung der Feldverzerrung unter den Erregerpolen wird durch Einsatz von Kompensationswicklungen erreicht.
- Mit Blechung bzw. Nutung der Hauptpole kann die Feldverzerrung durch Sättigung begrenzt bzw. dem Ankerquerfluss ein höherer magnetischer Widerstand entgegengesetzt werden.
- Bei unkompensierten Maschinen können Sinusfeldpole die Feldverzerrung vermindern.

Wendepolfeld

Das Wendepolfeld wird zur Aufhebung des Ankerquerfeldes im Gebiet der geometrisch neutralen Zone benötigt, da dort die Ankerspulen den Laststrom kommutieren. Es wird durch Wendepolwicklungen, die vom Ankerstrom durchflossen werden und gegensinnig zur Ankerwicklung geschaltet sind, aufgebaut. Damit wird eine belastungsabhängige Kompensation erreicht. Die Bürsten befinden sich dann wieder in einer feldfreien Zone, sodass die Gefahr des Bürstenfeuers abnimmt, vgl. ▶Abbildung 3.15a. Durch entsprechende Dimensionierung kann ein Zusatzfeld zu einer verbesserten Stromwendung beitragen.

Im Bereich der Hauptpole bleibt das Wendefeld jedoch wirkungslos und die Feldverzerrung kann nicht aufgehoben werden (▶Abbildung 3.15b), deshalb sind dort weitere Kompensationsmaßnahmen erforderlich.

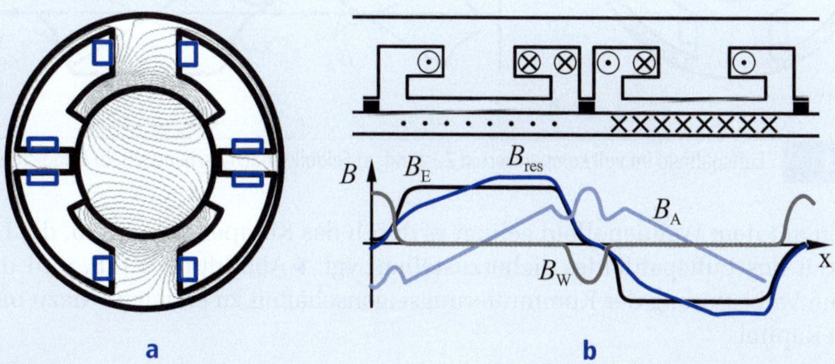

Abbildung 3.15 Resultierendes Luftspaltfeld mit Wendepolfeld, a) Feldbild (nach Aschendorf), b) Felddichteverlauf

Kompensationsfeld

Durch Einsatz von Kompensationswicklungen, die in den Polschuhen der Hauptpole in Nuten verteilt untergebracht sind, wird in großen Maschinen die Feldverzerrung unter den Erregerpolen aufgehoben, nach ▶Abbildung 3.16.

Dazu werden die Kompensationswicklungen vom Ankerstrom in Reihe zu Anker- und Wendefeldwicklung gespeist, deren Durchflutung entgegengesetzt zur gegenüberliegenden Ankerwicklung vorgenommen werden muss, vgl. ▶Abbildung 3.17. Gleichzeitig tragen sie zur Entlastung der Wendepole bei, für die bei großem Laststrom die Gefahr der Sättigung der Streufeldwege besteht. Das Feldbild einer vollständig kompensierten Maschine mit Wendepolen zeigt ▶Abbildung 3.17a.

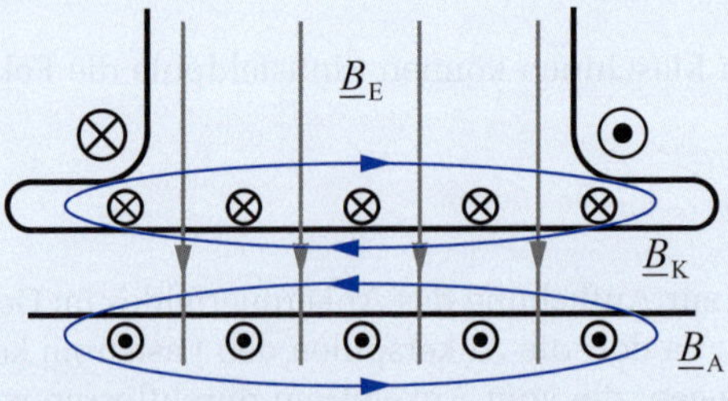

Abbildung 3.16 Feldlinien unter dem Hauptpol einer kompensierten Gleichstrommaschine

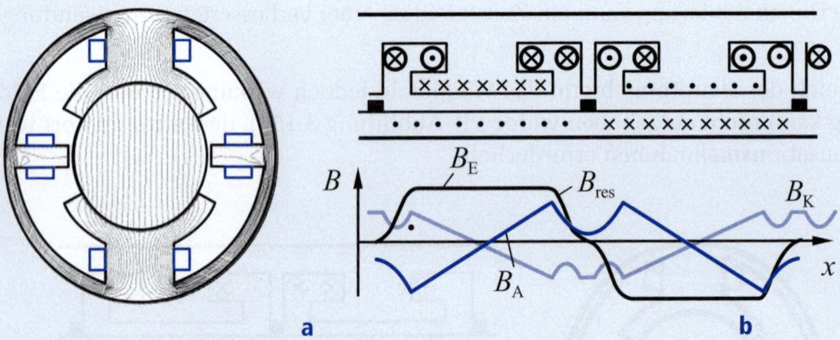

Abbildung 3.17 Luftspaltfeld im voll kompensierten Zustand: a) Feldbild (nach Aschendorf), b) Felddichteverlauf

Zusammen mit dem Wendepolfeld gelingt es durch das Kompensationsfeld, die Lastunabhängigkeit des Luftspaltfeldes sicherzustellen, vgl. ▶Abbildung 3.17b, und darüber hinaus eine Verbesserung der Kommutierungseigenschaften zu erzielen – dazu mehr im folgenden Kapitel.

3.1.3 Stromwendung

Das Prinzip der Stromwendung bzw. der Einsatz eines Kommutators gibt der gerade behandelten Maschinenart ihren Namen.

Bei Drehung einer Ankerspule im Erregergleichfeld würde die Spule einen wechselnden Fluss durchsetzen, der zur Induktion einer Wechselspannung führt und bei deren Anschluss an Schleifringe ein Wechselstrom messbar wäre. Dieser Wechselstrom kann mit dem Erregerfluss eine Lorentzkraft ausbilden, die je nachdem, unter welchem Hauptpol sich der Spulenzweig gerade befindet, ein alternierendes Drehmoment zur Folge hätte, was in der Kraftrichtungsänderung in ▶Abbildung 3.18 deutlich wird.

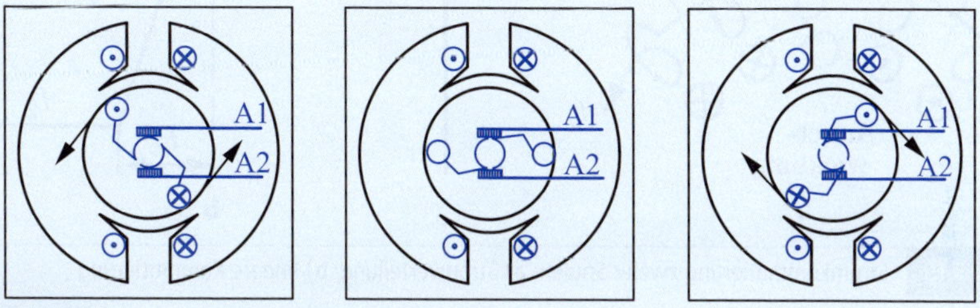

Abbildung 3.18 Lorentzkraft-Bildung bei Stromwendung

Durch Einsatz eines mechanischen Gleichrichters, bei dem die Bürsten in der unteren Zone (feldfrei) jeweils zwei Ankerspulen kurzschließen, kann die Stromrichtung im Ankerzweig umgekehrt werden. Die Folge ist, dass die Richtung der Ankerdurchflutung konstant in Bezug auf das Erregerfeld bleibt. Der Stromwender hat somit drei Funktionen:

- *Strom gleichrichten*: Der in jeder Ankerspule während eines Durchlaufs durch eine Polteilung fließende rechteckförmige Wechselstrom wird durch den Kommutator nach außen hin gleichgerichtet und zu einem an den Ankerklemmen wirksamen Gleichstrom.
- *Induktionsspannung gleichrichten*: Die in jeder Ankerspule induzierte Wechselspannung wird durch den Kommutator gleichgerichtet und an den Ankerklemmen (bei Leerlauf) als innere Gleichspannung messbar.
- *Drehmoment gleichrichten*: Während des Laufs der Ankerspule über eine Polteilung erfährt die Feldrichtung keine Änderung, sodass die Kraftwirkung auf die Spule unidirektional bleibt. Um eine gleichbleibende Drehmomentwirkung zu erzielen, wird mittels der Stromwendung in der Ankerspule eine Kraftwendung nach Durchlauf der neutralen Zone erreicht.

Der Stromrichtungswechsel in einer Spule nach ▶Abbildung 3.19a beim Kurzschließen benachbarter Lamellen und Ankerspulenzweige hat den in ▶Abbildung 3.19b gezeigten idealen Kommutierungsverlauf. Die Kommutierungszeit T_K hängt ab von der Bürstenbreite b und der Kommutator-Umfangsgeschwindigkeit v_K mit

$$T_K = \frac{b}{v_K} \qquad 3.10$$

Der Kommutierungsvorgang dauert ca. 1 ... 10 ms und kann durch zusätzliche induzierte Spannungen beschleunigt oder verzögert werden.

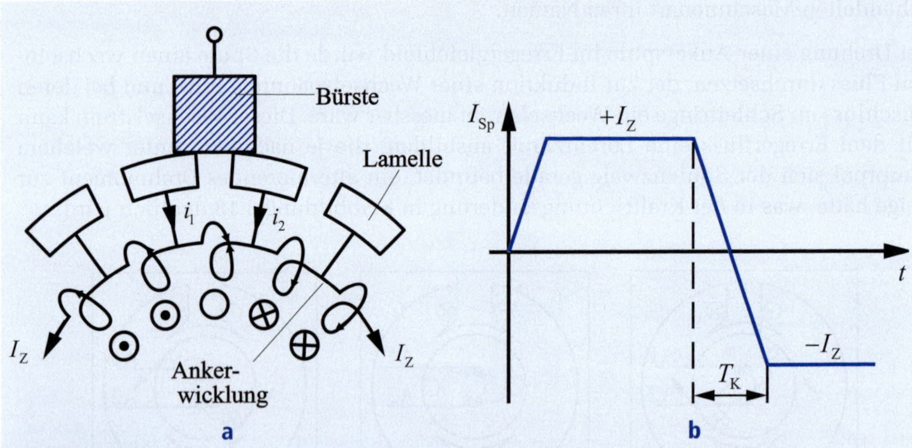

Abbildung 3.19 Stromkommutierung zweier Spulen: a) Stromverteilung, b) lineare Kommutierung

In beiden Fällen kommt es zur Lichtbogenbildung zwischen Bürste und Kommutator, da der Kommutierungsstrom auf den im äußeren Stromkreis fließenden Ankerstrom gezwungen wird.

Vergegenwärtigen wir uns nochmals die Richtungen von Erreger- und Ankerquerfeld, die senkrecht aufeinander stehen, so wird klar, dass man die Ankerspule, obwohl sich die Spulen mit dem Anker drehen, als quasistationär ansehen kann [3.1], [3,2], siehe auch ▸Abbildung 3.20.

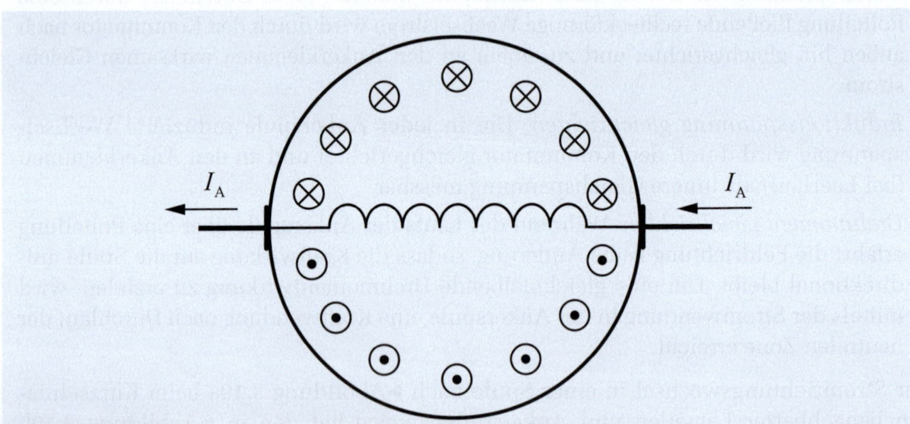

Abbildung 3.20 Quasistationäre Ankerspule

Exkurs

Ursache für die Behinderung eines idealen Stromwendevorgangs sind induzierte Spannungen:

Stromwendespannung

Die Stromwendespannung, auch Reaktanzspannung genannt, wird vom Ankerstreufeld in der kommutierenden Spule induziert. Sie hängt damit vom eigenen Stromgradienten ab

$$u_\sigma = L_\sigma \frac{\mathrm{d}i_{\mathrm{sp}}}{\mathrm{d}t} = L_\sigma \frac{I_\mathrm{A}}{a\,T_\mathrm{K}} \qquad 3.11$$

und da die Kommutierungszeit selbst von der Kommutatorgeschwindigkeit bestimmt wird, ist die Stromwendespannung proportional zur Belastung und zur Drehzahl. Ein Grenzwert von ca. 8 V sollte nicht überschritten werden, da ansonsten eine ordnungsgemäße Stromkommutierung behindert wird.

Querfeldspannung

Die Querfeldspannung entsteht durch Rotation der Spule im Ankerquerfeld und berechnet sich nach

$$u_\mathrm{q} = 2\,w_\mathrm{sp}\,l_\mathrm{i}\,v\,B_\mathrm{A}\left(\gamma_\mathrm{sp}\right) \qquad 3.12$$

Sie ist damit ebenfalls von der Drehzahl $n = v/(p \cdot D_\mathrm{i})$ und der Belastung abhängig.

Wendefeldspannung

Die Wendefeldspannung entsteht durch Rotation der Spule im Restfeld aus kompensiertem Ankerquerfeld und Wendepolfeld und berechnet sich nach

$$u_\mathrm{W} = 2\,w_\mathrm{sp}\,l_\mathrm{i}\,v\left(B_\mathrm{A}(\gamma) - B_\mathrm{W}(\gamma)\right) \qquad 3.13$$

Sie ist bei vollständiger Kompensation des Ankerquerfelds B_A durch das Wendefeld B_W nur noch von der Drehzahl abhängig.

Während die beiden erstgenannten Spannungen immer versuchen, den vor der Kommutierung herrschenden Zustand aufrechtzuerhalten, ist die Wendefeldspannung in der Lage, beide zu kompensieren. Daraus leitet sich für die Dimensionierung der Wendepolwicklung ab, die Wicklungszahl so zu wählen, dass immer ein leichter Überschuss an Wendefelddurchflutung vorhanden ist, um auch noch die Reaktanzspannung zu kompensieren.

Einige Kennwerte des Kommutators begrenzen den zulässigen Betriebsbereich von Gleichstrommaschinen. Dies sind:

- die Lamellenspannung (Stegspannung, Segmentspannung), die zwischen zwei benachbarten Lamellen eines Kommutators auftritt. Sie wird begrenzt durch:
  - die maximale Lamellenspannung von 30 ... 35 V
  - die maximale Leerlauf-Lamellenspannung von ca. 25 V
  - die maximal zulässige Lamellenspannung von 16 V

  Letztere lässt noch eine Reserve zu, die durch Feldverzerrung bei Belastung hinzuzurechnen ist. Bei kleinen und mittleren Maschinen kann mit 20 ... 25 V als zulässig gerechnet werden.

  Die zulässige Lamellenspannung U_{Lzul} multipliziert mit der Lamellenzahl k bestimmt die zulässig maximale Ankerspannung

$$U_{\mathrm{Amax}} = \frac{U_{\mathrm{Lzul}}}{2p} k \qquad 3.14$$

  und ist damit leistungsbegrenzend.
- die zulässige mittlere Bürstenstromdichte von 10 ...12 A/cm^2 begrenzt den mittleren Ankerstrom und ist damit ebenfalls leistungsbegrenzend.
- die zulässige kurzzeitige Bürstenstromdichte limitiert den Überlast-Ankerstrom und hat damit Einfluss auf die erreichbare Dynamik.

3.1.4 Induzierte Spannung

Der Ort der Spannungsinduktion ist der Anker der Gleichstrommaschine. Für das Betriebsverhalten relevant ist die an den Bürsten abnehmbare induzierte Spannung, die sich je nach Wicklungsart aus einer Reihen- oder Parallelschaltung einzelner Ankerspulen ermitteln lässt.

Spannungsinduktion in einer Ankerspule

Wählt man die in ▶Abbildung 3.21 angegebene Anordnung für eine Ankerspule in einem mit dem Erregerfeld festen Koordinationssystem, so kann die induzierte Spannung berechnet werden aus

$$u_{\mathrm{i}} = \frac{\mathrm{d}\Phi_E}{\mathrm{d}t} + \frac{\partial \Phi_E}{\partial \gamma_s} \cdot \frac{\mathrm{d}\gamma_s}{\mathrm{d}t} \qquad 3.15$$

Da das Erregerfeld im Unterschied zur Universalmaschine zeitlich konstant ist, entfällt der transformatorische Anteil. Der Spulenfluss (Polfluss) ergibt sich aus dem Felddichte-Integral über der Spulenfläche $A_{\mathrm{sp}} = l_{\mathrm{i}} \cdot \tau_{\mathrm{p}} \cdot \gamma_{\mathrm{s}} / \pi$.

$$\Phi_{\mathrm{sp}} = \frac{1}{\pi} \tau_{\mathrm{p}} \cdot l_{\mathrm{i}} \int_{\gamma_s - \frac{\pi}{2}}^{\gamma_s + \frac{\pi}{2}} B(\gamma_s) \cdot \mathrm{d}\gamma_s \qquad 3.16$$

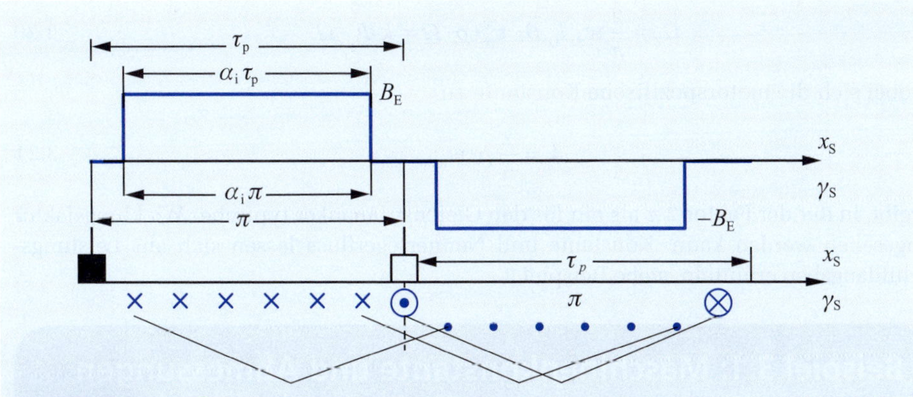

Abbildung 3.21 Felddichteverlauf im Luftspalt (vereinfacht)

Stellt man das Winkeldifferential des Flusses als proportionale Induktionsdifferenz dar mit:

$$\frac{\partial \Phi_{sp}}{\partial \gamma_s} = \tau_p \cdot l_i \left(B_E\left(\gamma_s + \frac{\pi}{2}\right) - B_E\left(\gamma_s - \frac{\pi}{2}\right)\right) \qquad 3.17$$

wobei nach Abbildung 3.21

$$B_E\left(\gamma_s + \frac{\pi}{2}\right) = -B_E\left(\gamma_s - \frac{\pi}{2}\right)$$

gilt, sowie $d\gamma_S/dt = p \cdot \Omega$, so kann man die induzierte Spannung zusammenfassen zu:

$$u_i = \frac{2}{\pi}\, l_i\, B_E\left(\gamma_s + \frac{\pi}{2}\right)\tau_p\, p\, \Omega \qquad 3.18$$

Aus dem Verlauf der Erregerfelddichte in der Umgebung der neutralen Zone ist dann auch der Einbruch der induzierten Ankerspulenspannung zum Zeitpunkt t_2 gemäß Tabelle 3.1, ▶Abbildung 3.22 zu erklären. Beachte, dass der Positionswinkel jetzt eine Funktion der Zeit ist, mit $\gamma_s = p \cdot \Omega \cdot t$, und dass sich die in den Einzelspulen induzierten Spannungen zeitlich gesehen wegen der örtlichen Lagedifferenz zwischen den Einzelspulen um eine Nutteilung verschieben.

Spannungsinduktion in der Ankerwicklung

Die an den Ankerklemmen – über die Bürsten zugängliche – induzierte Ankerspannung erhält man durch Aufsummierung der Ankerspulenspannung. Maßgebend ist der Mittelwert der induzierten Ankerspulenspannung, den man auch durch Integration über eine Nutteilung und anschließende Aufsummierung berechnen kann. Wenn die Bürsten den Abstand einer Polteilung τ_p aufweisen, kann man die Windungszahl w_A mit der Ankerleiterzahl z_A und der Anzahl der Parallelzweige $2a$ durch

$$w_A = \frac{z_A}{2 \cdot 2a} \qquad 3.19$$

ausdrücken. Für die mittlere Spannung reicht es aus, die mittlere Flussdichte oder den Mittelwert des Erregerflusses zu kennen mit:

$$U_i = \frac{2}{\pi} w_A \, l_i \, \overline{B}_E \, \tau_p \cdot p \cdot \Omega = k \, \Phi_E \cdot \Omega \qquad 3.20$$

wobei sich die motorspezifische Konstante zu

$$k = \frac{2}{\pi} p \cdot w_A \qquad 3.21$$

ergibt, in der der Faktor $2/\pi$ als ein für den Gleichstromanker typischer Wicklungsfaktor angesehen werden kann. Konstante und Nennerregerfluss lassen sich aus Leistungsschildangaben ermitteln, siehe Beispiel 3.

Beispiel 3.1: Maschinenkonstante und Abmessungen

Von einer Gleichstrommaschine ist der Verlauf des Erregerfeldes über einer Polteilung bekannt mit einer maximalen Felddichte von $B_{Emax} = 0{,}85$ T über den Polbogen von $b_P = 0{,}142$ m. Die Ankerleiterzahl der eingesetzten Wellenwicklung beträgt $z_A = 174$ und die Maschine ist 4-polig. Die Grundabmessungen der Maschine sind mit dem Innenbohrungsdurchmesser von $D_i = 0{,}26$ m und der ideellen Länge von $l_i = 0{,}190$ m gegeben. Bestimmt wird die Leerlaufspannung bei einer Drehzahl von 1500 min^{-1}.

Der mittlere Erregerfluss ergibt sich mit einem angenommenen ideellen Polbedeckungsfaktor von $\alpha_i = 0{,}7$ zu:

$$\Phi_E = l_i \tau_p \overline{B}_E = l_i \frac{\pi D_i}{2p} \alpha_i \, B_{Emax}$$

$$= 0{,}190\,\text{m} \frac{\pi \cdot 0{,}26\,\text{m}}{4} 0{,}7 \cdot 0{,}85\,\text{T} = 23{,}1\,\text{mVs}$$

Die motorspezifische Konstante errechnet sich zu

$$k = \frac{2}{\pi} p w_A = \frac{2}{\pi} p \frac{z_A}{2}$$

$$= \frac{2}{\pi} 2 \frac{174}{2} = 110{,}77$$

Die induzierte Spannung kann dann berechnet werden zu:

$$U_i = k \, \Phi_E \Omega = k \, \Phi_E \, 2\pi n_0$$

$$= 110{,}77 \cdot 23{,}1\,\text{mVs} \cdot \frac{2\pi \cdot 1500}{60\,\text{s}} = 401{,}7\,\text{V}.$$

Ein genauerer Blick auf die reale Maschine zeigt uns, dass sich die an den Ankerklemmen messbare induzierte Maschinenspannung aus den induzierten Einzelspannungen jedes Ankerzweiges zusammensetzt. In Tabelle 3.1 ist die räumliche Verteilung der Felddichte im Luftspalt $B_\delta(\gamma_s)$ in Bezug auf ausgewählte Rotorlagen einer Ankerspule dargestellt und der bei Drehung derselben resultierende zeitliche Verlauf der induzierten Spannung angegeben. Man erkennt, dass bei konstanter Drehgeschwindigkeit des Ankers und nahezu konstanter Felddichte unter den Hauptpolen die induzierte Spannung ebenfalls konstant bleibt, während sie beim Durchlaufen der neutralen Zone proportional zur Felddichte zurückgeht (▶Abbildung 3.23). Aus Abbildung 3.22 wird deutlich, dass die in der einzelnen Ankerspule induzierte Spannung über dem 2. Hauptpol durch die Wirkung des Kommutators gleichgerichtet wird. Es fällt auch auf, dass die induzierte Spannung im Bereich der neutralen Zone nicht mehr konstant bleibt und wegen der Kurzschlusswirkung sogar kurzzeitig zu Null werden muss. Die reale Maschine besitzt jedoch eine Vielzahl von Ankerspulen (▶Abbildung 3.24), die z. B. bei der Schleifenwicklung über die Lamellen in Reihe geschaltet sind, sodass immer nur ein Teil der Ankerwicklung (am Anfang und Ende der virtuell feststehenden Ankerspule) einen Spannungseinbruch zu verzeichnen hat. Damit werden zum einen eine Erhöhung der mittleren induzierten Spannung und zum anderen eine Verringerung der Spannungswelligkeit erreicht.

Tabelle 3.1: Entstehung der induzierten Ankerspannung

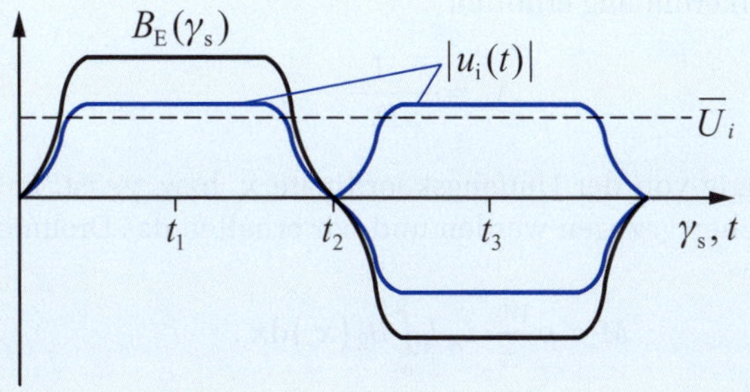

Abbildung 3.22 Felddichteverlauf und induzierte Spannung

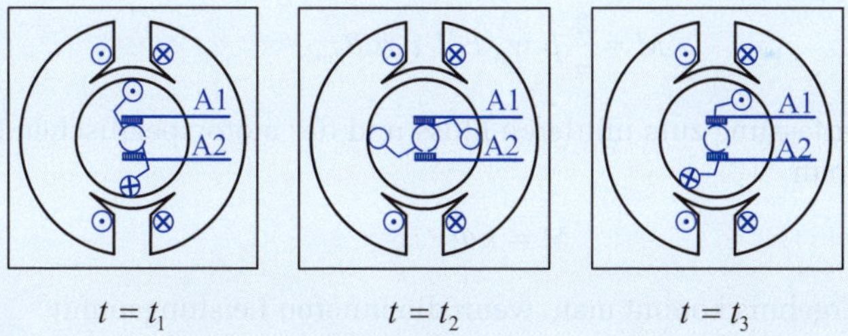

Abbildung 3.23 Spulenlage und Kommutierungszustand

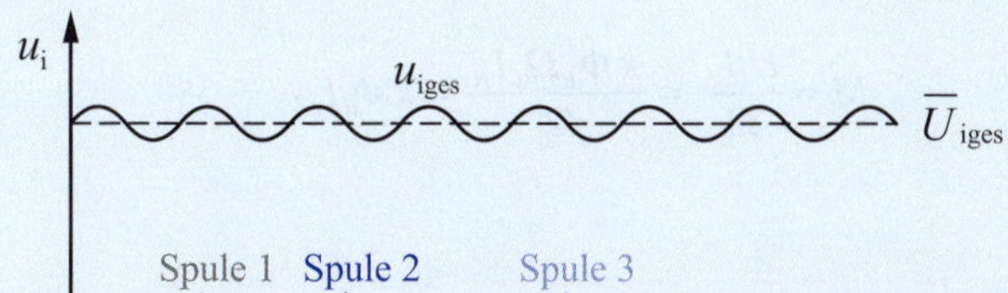

Abbildung 3.24 Induzierte Ankerspannung in gesamter Ankerwicklung

3.1.5 Drehmoment

Ausgangspunkt ist das Kraftwirkungsgesetz nach Gl. 1.101 aus dem sich ein mittleres Drehmoment ergibt.

$$M = p \cdot D_i \cdot l_i \int_0^{\tau_p} A_A \cdot B_E(x_s)\,d\,x_s \qquad 3.22$$

(p- Polpaarzahl, D_i- Innendurchmesser, l_i- ideelle Länge, A_A- Ankerstrombelag)

Der einzusetzende Ankerstrombelag ist unabhängig von der Koordinate x_s und wird aus dem in w_A Windungen verteilten Stab- bzw. Leiterstrom

$$I_S = w_A I_A \qquad 3.23$$

bezogen auf den Ankerumfang ermittelt

$$A_A = \frac{w_A I_A}{\pi D_i} \qquad 3.24$$

der damit unabhängig von der Umfangskoordinate x_s bzw. γ_S ist. Er kann damit vor das Integrationszeichen gezogen werden und wir erhalten das Drehmoment zu

$$M = p\frac{w_A}{\pi} I_A\, l_i \int_0^{\tau_p} B_E(x_s)\,dx_s. \qquad 3.25$$

Unter Beachtung der realen Feldkurve kann wieder die mittlere Felddichte mit dem ideellen Polbedeckungsfaktor bestimmt werden, sodass sich ergibt

$$M = \frac{2}{\pi} p\, w_A\, I_A\, l_i\, \tau_p \alpha_i B_{Emax} \qquad 3.26$$

Nach Zusammenfassung zum mittleren Fluss und der motorspezifischen Konstante in Gl. 3.21 erhält man

$$M = k\Phi_E \cdot I_A \qquad 3.27$$

Zum gleichen Ergebnis kommt man, wenn die inneren Leistungen mit

$$U_i \cdot I_A = M \cdot \Omega_0 \qquad 3.28$$

gleichgesetzt werden, sodass

$$M = \frac{U_i I_A}{\Omega_0} = \frac{k\Phi_E \Omega_0 I_A}{\Omega_0} = k\,\Phi_E I_A. \qquad 3.29$$

Beispiel 3.2: Drehmoment

Für dieselbe Beispielmaschine ist jetzt noch der Ankernennstrom von $I_{AN} = 185$ A gegeben. Berechnet wird das innere Drehmoment aus den Abmessungen

$$M_N = \frac{2}{\pi} p \frac{z_A}{2} l_i \frac{\pi D_i}{2p} \alpha_i B_{Emax} I_{AN}$$

$$= \frac{2}{\pi} 2 \frac{174}{2} 0{,}19\,\text{m} \frac{\pi \cdot 0{,}26\,\text{m}}{4} 0{,}7 \cdot 0{,}85\,\text{T} \cdot 185\,\text{A} = 473\,\text{Nm}$$

Beispiel 3.3: Maschinenkonstante und Leistungsschilddaten

Aus den Datenblattangaben einer fremderregten Gleichstrommaschine seien bekannt:

- die Ankernennspannung $U_N = 440$ V
- der Ankernennstrom $I_N = 247$ A
- die Nenndrehzahl $n_N = 980\ \text{min}^{-1}$,
- der Ankerkreiswiderstand $R_A = 25\ \text{m}\Omega$

Die induzierte Motorspannung lässt sich aus der Differenz der angelegten Ankerspannung und dem Spannungsabfall über dem Ankerkreiswiderstand bestimmen

$$U_{iN} = U_{AN} - R_A I_{AN} = 440\,\text{V} - 0{,}025\,\Omega \cdot 247\,\text{A} = 433{,}83\ \text{V}$$

Aus der induzierten Spannung kann nach Gl. 3.20 das Produkt aus motorspezifischer Konstante und Nennerregerfluss bestimmt werden

$$k\,\Phi_{EN} = \frac{U_i}{\Omega_N} = \frac{U_i}{2\pi n_N} = \frac{433{,}83\,\text{V}}{2\pi \frac{980}{60}\,\text{s}^{-1}} = 4{,}216\,\text{Vs}$$

Ist der Ankerwiderstand nicht gegeben, sondern nur der Nennwirkungsgrad bekannt, z. B. mit $\eta_N = 0{,}92$, so kann man näherungsweise ansetzen

$$U_i \approx U_{AN} - 0{,}5(1 - \eta_N) U_{AN}$$

$$= 440\,\text{V} - 0{,}5(1 - 0{,}92)\,440\,\text{V} - 422{,}4\,\text{V}$$

Die Motorkonstante bei Nennerregerfluss ergibt dann

$$k\,\Phi_{EN} = \frac{U_i}{2\pi n_N} = \frac{422{,}4\,\text{V}}{2\pi \frac{980}{60}\,\text{s}^{-1}} = 4{,}116\,\text{Vs}$$

Es bleibt nun noch ein dritter Weg über das Nennmoment, wenn die Nennleistung mit $P_N = 100$ kW gegeben ist.

$$k\,\Phi_{EN} = \frac{M_N}{I_{AN}} = \frac{P_N}{2\pi n_N I_{AN}} = \frac{100\,\text{kW}}{2\pi \frac{980}{60}\,\text{s}^{-1} \cdot 247\,\text{A}} = 3{,}931\,\text{Vs}$$

Eine weitere Aufteilung ist nur möglich, wenn die Daten des Erregerkreises bekannt sind.

3.1.6 Betriebsverhalten

Gleichstrommaschinen können in verschiedenen Schaltungen ausgeführt werden, die dann Unterschiede im Betriebsverhalten zur Folge haben. Das Betriebsverhalten wird durch die Betriebskennlinien von Drehgeschwindigkeit bzw. Ankerstrom in Abhängigkeit vom Drehmoment wiedergegeben, die sich aus dem jeweiligen Ersatzschaltbild der Maschine ableiten lassen.

Schaltungen der Gleichstrommaschine

Die Wicklungen der Gleichstrommaschine werden mit Kennbuchstaben nach DIN EN 60034-8 (VDE 0530 Teil 8) bezeichnet. Jede Maschine hat eine rotierende Ankerwicklung (A1, A2) und eine Erregerwicklung. Diese kann als Fremderregerwicklung (F1, F2) oder als Erregerwicklung für Nebenschluss (E1, E2) oder Reihenschluss (D1, D2) ausgeführt sein.

Tabelle 3.2: Schaltungen der Gleichstrommaschine nach IEC 60034-8

Schaltung	Anschlüsse
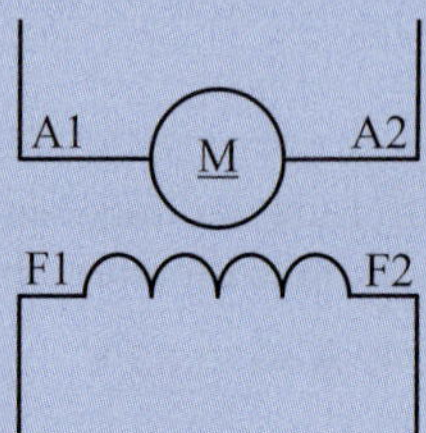	A1–A2: Ankerklemmen F1–F2: Erregerwicklung im fremderregten Nebenschluss
Abbildung 3.25 fremderregte Gleichstrommaschine	
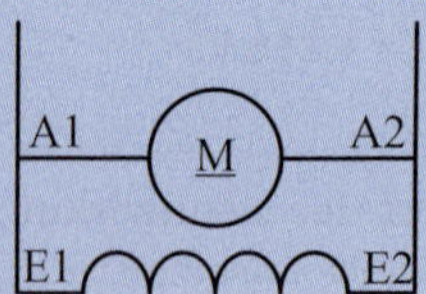	A1–A2: Ankerwicklung E1–E2: Erregerwicklung im Nebenschluss
Abbildung 3.26 Gleichstromnebenschlussmaschine	
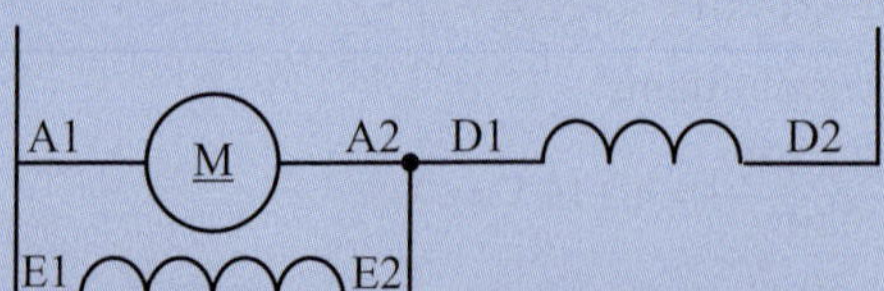	A1–A2: Ankerwicklung E1–E2: Nebenschluss-Erregerwicklung D1–D2: Reihenschluss-Erregerwicklung
Abbildung 3.27 Gleichstromdoppelschlussmaschine	
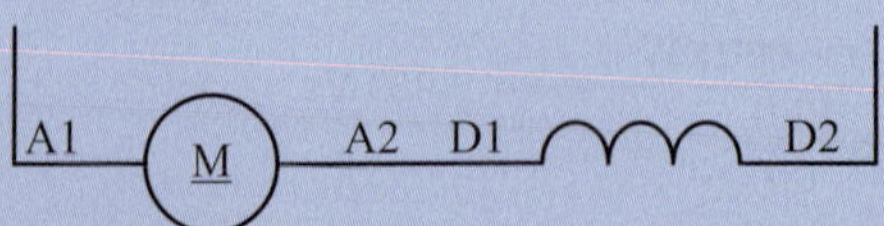	A1–A2: Ankerwicklung D1–D2: Reihenschluss-Erregerwicklung
Abbildung 3.28 Gleichstromreihenschlussmaschine	

Der Sicherstellung einer befriedigenden Kommutierung dient die Wendepolwicklung (B1, B2). Maschinen für hohe Anforderungen an das dynamische Verhalten tragen darüber hinaus eine Kompensationswicklung (C1, C2) zur Kompensation des Ankerfeldes im Erregerpolbereich. Wendefeld- und Kompensationswicklung werden beide vom Ankerstrom durchflossen. Üblich sind folgende Schaltungen:

- Fremderregte Gleichstrommaschine (▶Abbildung 3.25)

  Diese Schaltung ist Standard für drehzahlgeregelte Gleichstrom-Industrieantriebe. Da Erreger- und Ankerkreis galvanisch getrennt sind, lässt sich eine einfache Drehzahlsteuerung realisieren.

- Selbsterregte Gleichstrom-Nebenschlussmaschine (▶Abbildung 3.26)

  Die Nebenschlussschaltung wird nur noch in einfachen Kleingeneratoren in der Windenergietechnik verwendet. Ansonsten wurde sie früher als selbsterregter Gleichstromgenerator angewendet.

- Reihenschlusserregte Gleichstrommaschine (▶Abbildung 3.28)

  Maschinen mit Reihenschlussschaltung sind noch häufig als Fahrmotoren in Schienenfahrzeugen und in Elektromobilen anzutreffen, wo sie ihre Vorteile bzgl. großer Drehmomente bei kleinen Drehzahlen, also im Anfahrbereich zum Tragen bringen.

- Doppelschlusserregte Gleichstrommaschine (▶Abbildung 3.27)

  Die Kombination aus Reihen- und Parallelerregung spart eine Kompensationswicklung und lässt eine stromabhängige Feldschwächung zu.

Die gebräuchlichsten Schaltungen sind die fremderregte und die reihenschlusserregte Maschine.

Fremderregte Gleichstrommaschine

Die fremderregte Gleichstrommaschine ist die Standardschaltung von Gleichstrom-Industrieantrieben. Sie gestattet die völlig separate Beeinflussung von Erreger- und Ankerkreis und wird meist drehzahlgeregelt betrieben. Zur Beschreibung der Betriebseigenschaften ist es wieder sinnvoll, vom Ersatzschaltbild auszugehen.

Ersatzschaltbild

Aus dem Schaltbild der fremderregten Gleichstrom-Nebenschlussmaschine nach Abbildung 3.25 lässt sich das Ersatzschaltbild nach ▶Abbildung 3.29 unmittelbar ableiten.

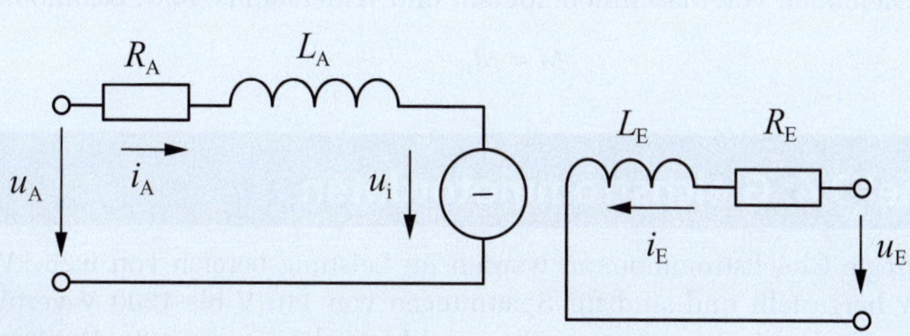

Abbildung 3.29 Ersatzschaltbild der fremderregten Gleichstrommaschine

Die treibenden Spannungen sind die Ankerspannung U_A sowie die Erregerspannung U_E. Der Ankerspannung entgegen wirkt die Induktionsspannung U_i. Anker- und Erregerkreis bestehen aus Ohmschen und induktiven Ersatzelementen der betreffenden Wicklungen.

Danach ergeben sich folgende Spannungsgleichungen für den stationären Betrieb:

$$U_A = R_A \cdot I_A + U_i \qquad 3.30$$

$$U_E = R_E \cdot I_E \qquad 3.31$$

Es treten nur Ohmsche Spannungsabfälle auf, da Gleichstrom fließt. Die Ankerkreiselemente ergeben sich dabei aus den Ersatzelementen der Ankerwicklung, den Bürstenübergängen, der Wendefeldwicklung und der Kompensationswicklung.

$$R_A = R'_A + R_W + R_K + R_B \qquad 3.32$$

Der Erregerstrom baut das Erregerfeld auf, wobei die ins Spiel kommende Erregerinduktivität L_E entsprechend der Magnetisierungskurve des Eisens nichtlinear vom Erregerstrom abhängig ist mit

$$\Phi_E = L_E(I_E) \cdot I_E \qquad 3.33$$

Die Größe des Erregerflusses und die Drehgeschwindigkeit bestimmen die induzierte Maschinenspannung

$$U_i = k\,\Phi_E \cdot \Omega \qquad 3.34$$

bzw. unter Berücksichtigung von Gl. 3.33

$$U_i = k\,L_E(I_E)\,I_E \cdot \Omega \qquad 3.35$$

Ankerstrom und Erregerfluss bestimmen über die Lorentzkraft das Drehmoment

$$M = k\,\Phi_E \cdot I_A \qquad 3.36$$

bzw. mit Gl. 3.33

$$M = k\,L_E(I_E)\,I_E \cdot I_A \qquad 3.37$$

Das mechanische Verhalten wird schließlich im stationären Arbeitspunkt beschrieben durch die Gleichheit von Maschinenmoment und Widerstands- bzw. Lastmoment.

$$M = M_W \qquad 3.38$$

Beispiel 3.4: Gleichstrommotordaten

Fremderregte Gleichstrommotoren werden im Leistungsbereich von 0,25 kW bis 4000 kW hergestellt und sind für Spannungen von 110 V bis 1200 V verfügbar. Nachfolgend werden Bemessungsgrößen und Motordaten einer 100-kW-Maschine in Tabelle 3.3 zusammengestellt.

Tabelle 3.3: Beispieldaten einer fremderregten Gleichstrommaschine

Bemessungswerte	Maschinenparameter
Nennleistung: $P_N = 100$ kW	Ankerwiderstand: $R_A = 25$ mΩ
Nenndrehzahl: $n_N = 980\ \text{min}^{-1}$	Ankerinduktivität: $L_A = 20$ mH
Nennspannung: $U_N = 440$ V	Drehmomentkonstante: $k\Phi_{EN} = 4{,}18$ Vs
Nennstrom: $I_N = 390$ A	Erregerwiderstand: $R_E = 73{,}3\ \Omega$
Nennwirkungsgrad: $\eta = 0{,}92$	Erregerinduktivität: $L_E = 10$ H
Drehzahlbereich: 0 ... 2600 min^{-1}	Trägheitsmoment: $J_M = 2\ \text{kg m}^2$
Polpaarzahl: $p = 3$	Achshöhe: k. A.
Erregernennspannung: k. A.	Gesamtlänge: k. A.
Erregernennstrom: $I_{EN} = 6$ A	Gesamtdurchmesser: k. A.

Beispiel 3.5: Gleichstrom Kleinmotordaten

Eisenlose Gleichstrommotoren werden ausschließlich im Kleinmotorensektor unter 1 kW und für hohe Drehzahlen hergestellt und sind für Kleinspannungen von 5 V bis 70 V ausgelegt. Nachfolgend werden Bemessungsgrößen und Motordaten eines 270 W-Motors in Tabelle 3.4 zusammengestellt.

Tabelle 3.4: Beispieldaten eines eisenlosen Gleichstrommotors (Fa. MAXON)

270 W – Gleichstrommotor, MAXON	
Nennmoment: $M_N = 0{,}758$ Nm	Ankerwiderstand: $R_A = 0{,}568$ mΩ
Nenndrehzahl: $n_N = 3360\ \text{min}^{-1}$ Leerlaufdrehzahl: $n_0 = 3570\ \text{min}^{-1}$	Ankerinduktivität: $L_A = 0{,}251$ mH
Nennspannung: $U_N = 60$ V	Drehmomentkonstante: $k\Phi_{EN} = 0{,}158$ Vs
Nennstrom: $I_N = 5{,}01$ A	Drehzahlkonstante: $n_0/U_N = 60{,}4\ \text{min}^{-1}\ \text{V}^{-1}$
Nennwirkungsgrad: $\eta = 0{,}89$	Motormasse: $m = 2{,}1$ kg
Drehzahlbereich: 0 ... 5500 min^{-1}	Trägheitsmoment: $J_M = 1320\ \text{g cm}^2$
Polpaarzahl: $p = 2$	Achshöhe: k. A.
Erregung: Permanentmagnete	Gesamtlänge: $l_{ges} = 131{,}4$ mm
Mechanische Anlaufzeitkonstante $\tau_{mech} = 3$ ms	Innendurchmesser: $D_a = 65$ mm Gesamtdurchmesser: $D_a = 65$ mm

Betriebskennlinien

Der Zusammenhang zwischen Drehgeschwindigkeit und Drehmoment beschreibt das mechanische Verhalten der Maschine, man erhält ihn durch Einsetzen von Gl. 3.34 und 3.36 in Gl. 3.30 zu

$$\Omega = \frac{U_A}{k\,\Phi_E} - \frac{R_A}{\left(k\,\Phi_E\right)^2} M = \Omega_0 - \Delta\Omega \qquad 3.39$$

Die Kennlinie weist eine belastungsunabhängige Leerlaufdrehzahl Ω_0 und einen lastabhängigen Drehzahlabfall $\Delta\Omega$ auf, ▸Abbildung 3.30. Der drehmomentproportionale Drehzahlabfall ist typisch für Maschinen mit Nebenschlusscharakteristik. Bei größerer Ankerrückwirkung und unkompensierter Maschine kann es u. U. zur Feldschwächung kommen, die dann allerdings zum Drehzahlanstieg führt. Dies wirkt sich nachteilig auf die Stabilität von Antrieben aus. Für negative Drehmomente steigt die Drehzahl weiter an.

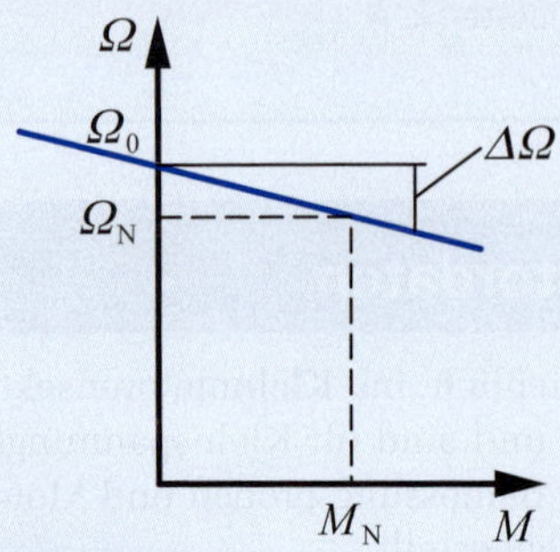

Abbildung 3.30 Ω(M)-Kennlinie

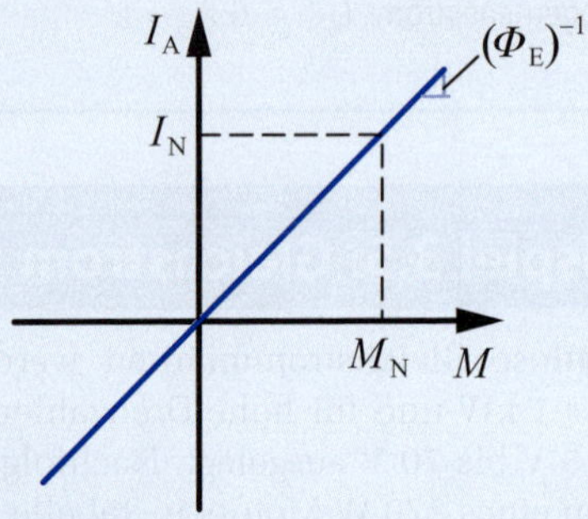

Abbildung 3.31 I(M)-Kennlinie

Die Strom-Drehmoment-Kennlinie $I(M)$ ergibt sich aus Gl. 3.36 zu

$$I_A = \frac{1}{k\,\Phi_E} \cdot M \qquad 3.40$$

und ist in ▸Abbildung 3.31 dargestellt. Auch hier wird der für Nebenschlussverhalten typische Zusammenhang $M \sim I_A$ deutlich.

Anlauf

Ein Anlauf mit voller Ankerspannung führt wegen der fehlenden Gegenspannung bei Drehzahl Null zu einem gefährlichen Überstrom im Anker, der insbesondere den Kommutator schädigt. Deshalb muss die wirksame Speisespannung beginnend mit ungefährlichen Werten langsam gesteigert werden. Geeignete Verfahren dazu sind:

- Drehzahlabhängige Spannungssteuerung über einen Stromrichter (Thyristorstromrichter oder Pulssteller) mit Hochlauf an der Strombegrenzung
- Widerstandsanlasser, die mit stufig über Schütze zugeschaltete Ankervorwiderstände arbeiten

Das erstgenannte Verfahren ist heute industrieller Standard, die zweite Methode findet noch in Maschinenlaboren Anwendung.

Bremsen

Zum Bremsen müssen Drehzahl und Drehmoment inverses Vorzeichen zueinander haben. Da die Drehzahl nicht ihr Vorzeichen wegen der Trägheit der Mechanik ändern kann, muss das Drehmoment umgepolt werden. Dazu existieren drei gebräuchliche Methoden:

- Generatorische Nutzbremsung: Die Ankerspannung wird elektronisch stetig reduziert, sodass sie stets kleiner als die Induktionsspannung ist und sich damit ein dem gewünschten Bremsmoment proportionaler Ankerstrom einstellen kann

$$u_{\mathrm{A}}(t) = k\Phi_{\mathrm{E}}\omega(t) + R_{\mathrm{A}} I_{\mathrm{ABr}} \qquad 3.41$$

  Das quasistationäre Bremsmoment bestimmt sich damit aus

$$M_{\mathrm{Br}} = \frac{u_A(t) - k\Phi_{\mathrm{E}}\omega(t)}{R_A} k\Phi_{\mathrm{E}} \qquad 3.42$$

- Widerstandsbremsung: Die Ankerklemmen werden über einen Bremswiderstand kurzgeschlossen, so dass die Induktionsspannung einen negativen Ankerstrom treibt, der ein quasistationäres Bremsmoment hervorruft mit

$$M_{\mathrm{Br}} = k\Phi_{\mathrm{E}} I_{\mathrm{ABr}} = -\frac{(k\Phi_{\mathrm{E}})^2}{R_{\mathrm{A}} + R_{\mathrm{V}}} \Omega \qquad 3.43$$

  Die beim Widerstandsbremsen im Motor umgesetzte Bremswärme entspricht etwa der in den bewegten Massen gespeicherten kinetischen Energie.

- Gegenstrombremsung: Die Verbindung des Ankers mit der Spannungsquelle wird umgepolt, so dass die Ankerspannung und die Induktionsspannung einen großen Bremsstrom durch den Anker treiben. Dieser muss durch Vorwiderstände wegen des Kommutators begrenzt werden. Das quasistationäre Bremsmoment ergibt sich zu

$$M_{\mathrm{Br}} = k\Phi_{\mathrm{E}} I_{\mathrm{ABr}} = \frac{-U_{\mathrm{A}} - k\Phi_{\mathrm{E}}\Omega}{R_{\mathrm{A}} + R_{\mathrm{V}}} k\Phi_{\mathrm{E}} \qquad 3.44$$

  Die beim Gegenstrombremsen im Motor umgesetzte Bremswärme entspricht etwa der 3-fachen kinetischen Energie der bewegten Massen.

Drehrichtungsumkehr

Die Drehrichtungsänderung, auch Reversieren genannt, ist eine Kombination aus Bremsen und Wiederanlauf des Motors. Der Vorgang wird eingeleitet durch den Vorzeichenwechsel beim Drehmoment. Aus der Drehmomentformel wird deutlich, dass dies erreicht werden kann durch:

- Ankerstromumkehr: Es sind theoretisch alle Bremsverfahren möglich. Üblicherweise wird die generatorische Nutzbremsung über Umkehrstromrichter verwendet
- Feldumkehr: Die Anschlüsse der Erregerwicklung zur Speisequelle werden umgepolt z. B. über eine sogenannte Wendeschützschaltung.

Die Drehzahlsteuerung von fremderregten Gleichstrommotoren kann über die Ankerspannung, das Erregerfeld (Feldschwächung) oder über einen Ankervorwiderstand vorgenommen werden. Für die moderne Antriebstechnik spielen nur die beiden erstgenannten Verfahren eine Rolle.

Drehzahlsteuerung

Die Drehzahlsteuerung einer fremderregten Gleichstrommaschine lässt sich anhand der Betriebskennlinien studieren. Angewandt werden:

- die Ankerspannungsstellung, mit der sich die Leerlaufdrehzahl variieren lässt gemäß

$$\Delta n_0 = \frac{\Delta U_A}{2\pi\, k\Phi_E} \qquad 3.45$$

Zum Einsatz kommen leistungselektronische Stellglieder wie der thyristorgesteuerte Stromrichter oder der Pulssteller. Diese sind in ihrer Ausgangsspannung begrenzt, sodass sich der Drehzahlstellbereich ebenfalls einschränkt. Für Ein- bzw. Mehrquadrantenbetrieb ergibt sich der Ankerstellbereich zu

$$0 < n \le \frac{U_{Amax}}{2\pi\, k\Phi_E} \text{ bzw. } \frac{U_{Amin}}{2\pi\, k\Phi_E} < n \le \frac{U_{Amax}}{2\pi\, k\Phi_E}.$$

Der Zusammenhang zwischen Drehmoment und Strom bleibt davon unbeeinflusst. ▶Abbildung 3.32 zeigt die Kurvenschar der Betriebskennlinien bei Ankerspannungsstellung.

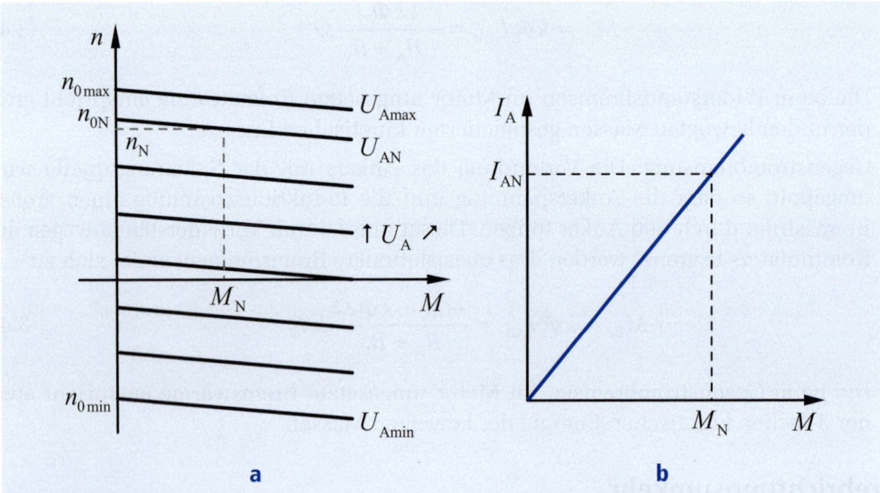

Abbildung 3.32 Betriebskennlinien bei Ankerspannungsstellung: a) Ω(M)-Kennlinien, b) I(M)-Kennlinie

- die Feldstellung, die über die Erregerspannung vorgenommen. Da die Maschine bereits im Ankerstellbereich mit Nennerregerfluss nahe des Sättigungsknicks der Magnetisierungskurve betrieben wird, bleibt nur die Feldschwächung. Damit wird sowohl die Leerlaufdrehzahl

$$\Delta n_0 = \frac{U_A}{2\pi\, k\, \Delta\Phi_E} \qquad 3.46$$

als auch der Drehzahlabfall beeinflusst

$$\Delta(\Delta n) = \frac{R_A}{2\pi\left(k \cdot \Delta\Phi_E\right)^2} M \qquad 3.47$$

Mit der Feldstellung ändert sich auch der Zusammenhang zwischen Ankerstrom und Drehmoment nach

$$\Delta I_{\mathrm{A}} = \frac{1}{k \cdot \Delta \Phi_{\mathrm{E}}} M \qquad 3.48$$

Die Begrenzung für den Feldschwächegrad liefert der maximal zulässige Ankerstrom, der sich aufgrund der Kommutierungsgrenzen (zulässige Bürstenstromdichte) noch einstellen lässt. Man erhält dann aus dem Maximalstrom den minimal zulässigen Erregerfluss und die maximal einstellbare Leerlaufdrehzahl

$$\Phi_{\mathrm{Emin}} \geq \frac{M}{k\, I_{\mathrm{Amax}}} \quad \text{und} \quad n_{0\,\mathrm{max}} \leq \frac{U_{\mathrm{Amax}}}{2\pi\, k\, \Phi_{\mathrm{Emin}}}$$

▶Abbildung 3.33 zeigt die Kurvenschar der Betriebskennlinien, wenn das Erregerfeld geschwächt wird.

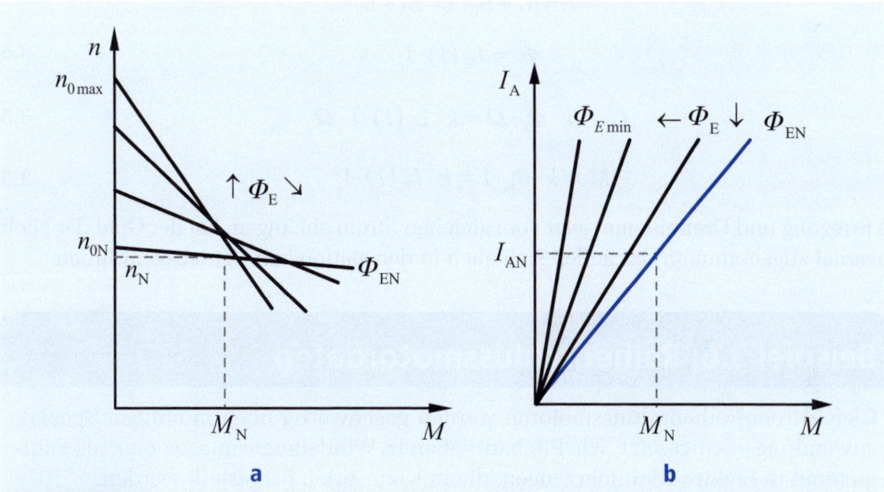

Abbildung 3.33 Betriebskennlinien bei Feldschwächung: a) n(M)-Kennlinien, b) I(M)-Kennlinie

Gleichstrom-Reihenschlussmaschine

Reihenschlussmaschinen nach Schaltung in Abbildung 3.28 finden überwiegend Verwendung als Universalmotoren in Elektrowerkzeugen und Haushaltgeräten und vereinzelt noch als Gleichstrommotor in Fahrantrieben für Straßenbahnen, U-Bahnen sowie Elektroautos.

Ersatzschaltbild

Anker- und Erregerkreiselemente müssen zusammengefasst werden, sodass sich die Ersatzschaltung nach ▶Abbildung 3.34 ergibt.

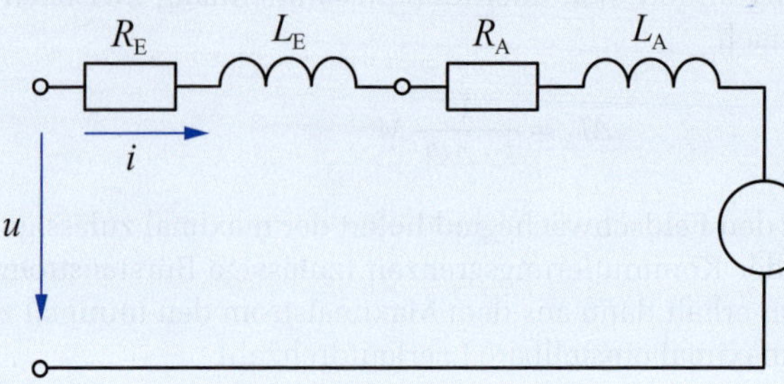

Abbildung 3.34 Ersatzschaltbild der Gleichstrom-Reihenschlussmaschine

Die Systemgleichungen lauten jetzt

$$U = R\,I + U_i \tag{3.49}$$

mit

$$R = R_A + R_E,\; L = L_A + L_E$$

$$\Phi_E = L_E(I) \cdot I \tag{3.50}$$

$$U_i = k \cdot \Phi_E \cdot \Omega = k \cdot L_E(I) \cdot I \cdot \Omega \tag{3.51}$$

$$M = k \cdot \Phi_E \cdot I = k \cdot L_E(I) \cdot I^2 \tag{3.52}$$

Da Erregung und Drehmoment jetzt vom gleichen Strom abhängen, hat der Grad der Nichtlinearität zugenommen. Das äußert sich auch in den stationären Betriebskennlinien.

Beispiel 3.6: Reihenschlussmotordaten

Gleichstrom-Reihenschlussmotoren werden gegenwärtig noch in einigen Spezialanwendungen eingesetzt, wie Pitchantrieben in Windenergieanlagen oder als Fahrmotoren in Elektro-Kleinfahrzeugen, die in Kleinserien hergestellt werden.

Tabelle 3.5: Beispieldaten einer Gleichstrom-Reihenschlussmaschine

Gleichstrom-Reihenschlussmotor, 5kW	
Nennleistung $P_N = 5$ kW	Ankerwiderstand $R_A = 0{,}25\ \Omega$
Nenndrehzahl $n_N = 1450\ \mathrm{min}^{-1}$	Ankerinduktivität $L_A = 20$ mH
Nennspannung $U_N = 220$ V	Maschinenkonstante $k\Phi_{EN} = 1{,}4$ Vs
Nennstrom $I_N = 27$ A	Erregerwiderstand $R_E = 0{,}3\ \Omega$
Nennwirkungsgrad $\eta_N = 0{,}84$	Erregerinduktivität $L_E = 20$ mH
Drehzahlbereich	Trägheitsmoment $J_M = 0{,}002\ \mathrm{kgm}^2$

Betriebskennlinien

Grundsätzlich gilt eine modifizierte Drehzahl-Drehmomenten-Gleichung nach Gl. 3.52

$$\Omega = \frac{U}{k \cdot \Phi_E(I)} - \frac{R}{\left(k \cdot \Phi_E(I)\right)^2} M \qquad 3.53$$

Dieser Zusammenhang kann nun für verschiedene Erregungszustände der Gleichstrommaschine konkretisiert werden, vgl. 3.35:

- untererregter Betrieb $0 < \Phi_E < \Phi_{EN}$

  Hier gilt ein durch die Magnetisierungskennlinie vorgegebener nahezu linearer Zusammenhang $\Phi_E \sim I$.

  Mit $\Phi_E = k_E \cdot I$ und $M = (k_M I)^2$ ergibt sich die Drehzahl-Drehmoment-Kennlinie zu

  $$\Omega = \frac{U \cdot k_M}{k \cdot k_E \sqrt{M}} - \frac{R \cdot k_M^2}{k \cdot k_E} \qquad 3.54$$

  sowie die Strom-Drehmoment-Kennlinie

  $$I = \frac{1}{k_M} \cdot \sqrt{M} \qquad 3.55$$

  Die Funktionen sind typisch für das Reihenschlussverhalten und weisen im praktischen Betrieb eine hohe Leerlaufdrehzahl aus, die nur durch die Remanenz des Eisens limitiert ist mit

  $$\Omega_0 = \frac{U}{k\,\Phi_{rem}} \qquad 3.56$$

  Dieser Punkt kann wegen der begrenzten mechanischen Festigkeit des Ankers aber nicht ausgenutzt werden, sodass der Reihenschlussmotor nicht unbelastet betrieben werden darf. Nur bei Motoren kleiner Leistung sind die Reibungsverluste groß genug, um das Durchgehen zu begrenzen.

- gesättigter Betrieb $\Phi_E > \Phi_{EN}$

  Bei höherer Belastung I geht das Eisen praktisch in die Sättigung und begrenzt den Erregerfluss auf einen nahezu konstanten Wert, dann gilt näherungsweise wieder die Nebenschlussfunktion

  $$\Omega = \frac{U}{k \cdot \Phi_{Emax}} - \frac{R}{\left(k \cdot \Phi_{Emax}\right)^2} \cdot M \qquad 3.57$$

  sowie

  $$I = \frac{1}{k \cdot \Phi_{Emax}} \cdot M \qquad 3.58$$

  Die Kennlinien, die sich an den untererregten Betrieb mit steigender Last anschließen, weisen nahezu lineares Verhalten auf, aber bei sehr kleinen Drehzahlen.

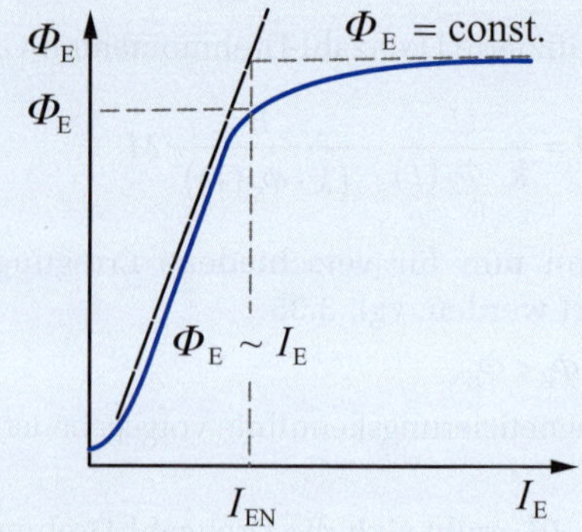

Abbildung 3.35 Magnetisierungskurve

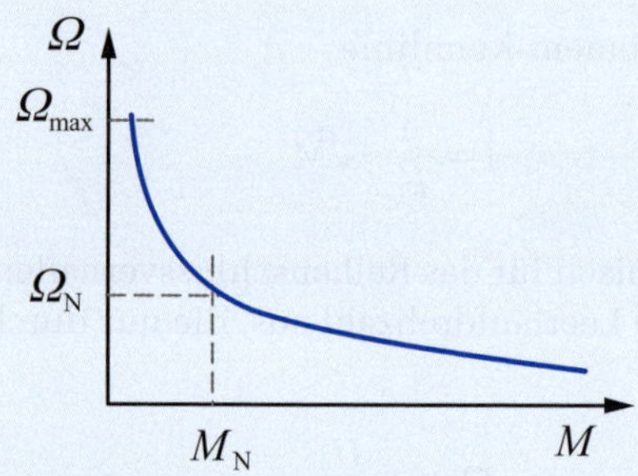

Abbildung 3.36 Ω(M)-Kennlinie

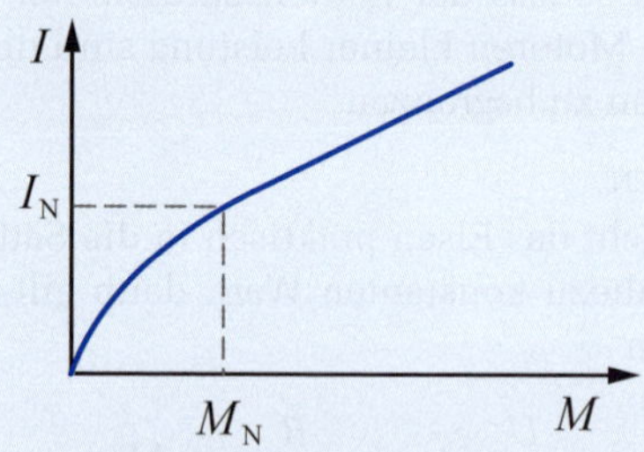

Abbildung 3.37 I(M)-Kennlinie

Die mechanische Betriebskennlinie zeigt ▶Abbildung 3.36 mit der Unterscheidung in die zwei verschiedenen Magnetisierungsbereiche der Maschine. Bei kleiner Last, also kleinem Maschinenstrom liegt eine ausgeprägte Reihenschlusscharakteristik vor. Bei großer Last, im Gebiet der Feldsättigung, sind Erregung und Strom wieder weitgehend unabhängig voneinander, so wie es bereits von der fremderregten Gleichstrom-Nebenschlussmaschine bekannt ist. Das zeigt sich auch in der elektromagnetischen Betriebskennlinie nach ▶Abbildung 3.37.

Es wird deutlich, dass Reihenschluss-Gleichstrommaschinen besonders für hohe Anlaufmomente geeignet sind und sich deshalb als Fahrzeugmotoren empfehlen. Die Drehzahlstellung kann über die Spannung oder zur Feldschwächung über einen Parallelwiderstand erfolgen.

Beim Gleichstrommotor mit Doppelschlusserregung nach Abbildung 3.27 entstehen Betriebskennlinien, die gegenüber dem nebenschlusserregten Motor eine erhöhte Leerlaufdrehzahl besitzen und einen geringeren lastabhängigen Drehzahlabfall als die Reihenschlussmaschine aufweisen.

Drehzahlsteuerung

Die reihenschlusserregte Maschine kann ebenso wie die fremderregte Nebenschlussmaschine drehzahlgesteuert gefahren werden. Da es allerdings wegen des gemeinsamen Erreger- und Ankerkreises eine gegenseitige Rückwirkung gibt, sind die Verhältnisse etwas komplizierter. In weiten Drehzahlbereichen und relativ verlustarm werden verwendet:

- Spannungsstellung über die Speisespannung U im Bereich $0 < U < U_N$:

  Die Betriebskennlinien verlaufen im Bereich kleiner Belastung mit sinkender Spannung etwas flacher, vgl. ▶Abbildung 3.38, während sie bei großer Belastung eine Parallelverschiebung erfahren. Die Strom-Drehmoment Charakteristik bleibt unbeeinflusst.

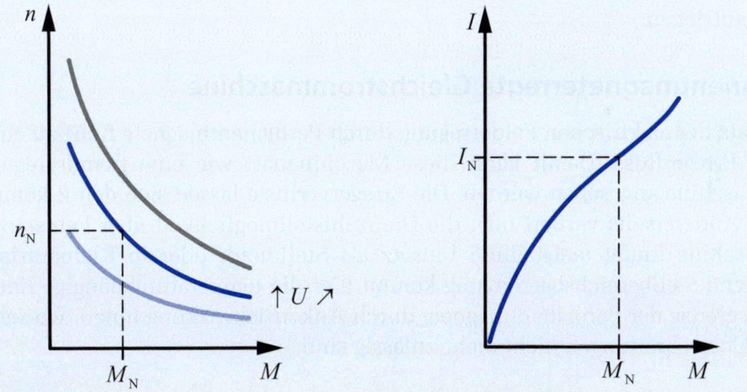

Abbildung 3.38 Betriebskennlinien bei Spannungsstellung

- Feldschwächung über Parallelwiderstand zur Feldwicklung

  Mit abnehmendem Parallelwiderstand zur Feldwicklung sinkt der Erregerfluss. Die Betriebskennlinien verschieben sich etwa parallel zur Ausgangkennlinie ($R_p = \propto$) hin zu größeren Drehzahlwerten und haben für kleiner werdende Parallelwiderstände einen geringeren lastabhängigen Drehzahlabfall, vgl. ▶Abbildung 3.39 Die Stromaufnahme bei gleicher Belastung vergrößert sich.

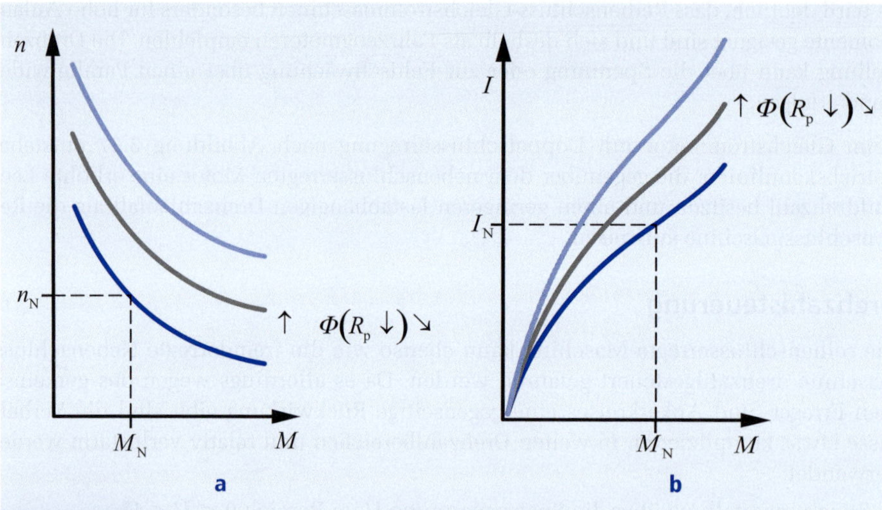

Abbildung 3.39 Betriebskennlinien bei Feldschwächung über Parallelwiderstand

- Zur Drehmomentumkehr, so wie sie bei Reversieranwendungen benötigt wird, sind mehrere Stelleingriffe nötig. Die Stromrichtung darf nur in einer der beiden Wicklungen geändert werden. Dafür ist eine zusätzliche Schaltvorrichtung erforderlich. Das erschwert die komplexe Anwendung dieser Maschinenart besonders in Fahrzeugantrieben.

Permanentmagneterregte Gleichstrommaschine

Der Ersatz der elektrischen Felderregung durch Permanentmagnete führt zu einem konstanten Erregerfluss. Damit kann diese Maschinenart wie eine fremderregte Gleichstrommaschine angesehen werden. Die Erregerverluste lassen sich damit komplett einsparen. Andererseits verliert man die Drehzahlstellmöglichkeit über Feldschwächung. Die Maschine findet meist ihren Einsatz als Stellmotor oder in Kleinantrieben. Als zusätzliche Stellbereichsbegrenzung kommt hier die temperaturabhängige Entmagnetisierungsgrenze der Permanentmagnete durch Ankerrückwirkung hinzu, wo selbst kurzzeitige Überschreitungen nicht mehr zulässig sind.

Bürstenlose Gleichstrommaschine

Der Verzicht auf den mechanischen Stromwender ist machbar, wenn an dessen Stelle ein leistungselektronisches Stellglied – hier ein Wechselrichter – zum Einsatz kommt. Die Ankerwicklungen werden dann im Stator meist als Mehrphasenwicklung untergebracht, während der Rotor die Permanentmagnete fürs Erregerfeld trägt. Die Maschine besitzt große Ähnlichkeit mit der permanentmagneterregten Synchronmaschine, da man sie auch als Drehfeldmaschine gespeist mit blockförmigem Wechselstrom auffassen kann. Obwohl die aufgebauten Felder sich drehen, weisen die Betriebskennlinien eine deutliche Verwandtschaft zu den Gleichstrommaschinen auf, vgl. Kapitel 6.6.3.

3.1.7 Verluste und Wirkungsgrad

Die Verluste der Gleichstrommaschine lassen sich in Leerlauf- und Lastverluste unterscheiden.

- Leerlaufverluste

  Die Leerlaufverluste treten auf, sobald die Maschine erregt ist und sich dreht. Der zum Aufbau des Erregerfeldes erforderliche Erregerstrom bestimmt die Erregerverluste

  $$P_{VE} = R_E \, I_E^2 \qquad 3.59$$

  Das feststehende Erregerfeld sorgt im sich drehenden Ankereisen für ständige Ummagnetisierung. Die Hystereseverluste sind proportional zur Hysteresefläche des verwendeten Dynamobleches. Man verwendet heute verlustarme Elektrobleche mit einer Verlustziffer von ca. 1,2 W/kg. Diese sog. Eisenverluste sind abhängig von der Drehzahl und der Erregerfelddichte

  $$P_{VH} \sim n \cdot B^2 \qquad 3.60$$

  Die Wirbelstromverluste spielen wegen der Blechung eine untergeordnete Rolle. Ferner sind noch die Reibungsverluste durch Luft-, Lager- und Bürstenreibung zu berücksichtigen.

- Lastverluste

  Die Lastverluste ändern sich mit dem Belastungsmoment. Eine entscheidende Rolle spielen die Stromwärmeverluste im Ankerkreis, die in den Anker-, Wendefeld- und Kompensationswicklungen auftreten mit

  $$P_{VCu} = R_A \cdot I_A^2 \qquad 3.61$$

  Daneben gibt es noch die Bürstenübergangsverluste

  $$P_{Vü} = U_{Bü} I_A \qquad 3.62$$

  sie sind wegen der geringen Bürstenübergangsspannung von 1 ... 3 V sehr gering.

- Wirkungsgrad

  Der Wirkungsgrad bestimmt sich aus dem Verhältnis von Ausgangsleistung zu Eingangsleistung. Für Gleichstrommotoren gilt

  $$\eta = \frac{P_{mech}}{P_{mech} + \sum P_V} \qquad 3.63$$

  Da die Verluste im Einzelnen schwer zu bestimmen sind, kann der Nenner durch die Summe der Eingangsleistungen ersetzt werden, sodass gilt

  $$\eta = \frac{P_{mech}}{P_A + P_E} \qquad 3.64$$

  mit der Ankerkreisleistung

  $$P_A = U_A I_A \qquad 3.65$$

und der Erregerkreisleistung

$$P_E = U_E I_E \qquad 3.66$$

Während die Erregerverluste keinen nennenswerten Beitrag liefern, sind die lastabhängigen Ankerverluste dominierend. Dennoch kann man bei kleinen Maschinen durch Einsatz von Permanentmagneten die elektrischen Erregerverluste eliminieren und den Wirkungsgrad somit etwas verbessern.

3.2 Universalmaschinen

Universalmotoren sind Reihenschluss-Kommutatormaschinen, die sowohl mit Gleich- als auch mit Wechselspannung arbeiten können [3.3]. Bei Einsatz in der Hausgerätetechnik (Staubsauger, Waschmaschinentrommeln) und bei Elektrowerkzeugen werden sie mit einphasiger Wechselspannung (230 V) betrieben. Sie werden für Nenndrehzahlen bis 18.000 $\min^{-1}$ gefertigt. Es wird ein Leistungsbereich von 10 W ... 2 kW realisiert.

3.2.1 Aufbau

Die Universalmaschine nach ▶Abbildung 3.40 besteht aus einem zweipoligen geblechten Stator (2), der die Erregerwicklung (1) trägt, und einem Anker (3) mit zweipoliger Schleifenwicklung (4). Die Kohlebürsten zur Stromwendung (5) sind oft leicht aus der geometrisch neutralen Zone entgegen der Drehrichtung verschoben, um die auftretende Stromwenderspannung zu kompensieren [3.3], [3.8]. Im Unterschied zur Gleichstrommaschine wird bei der Universalmaschine auf Wendefeld- und Kommutatorwicklungen verzichtet.

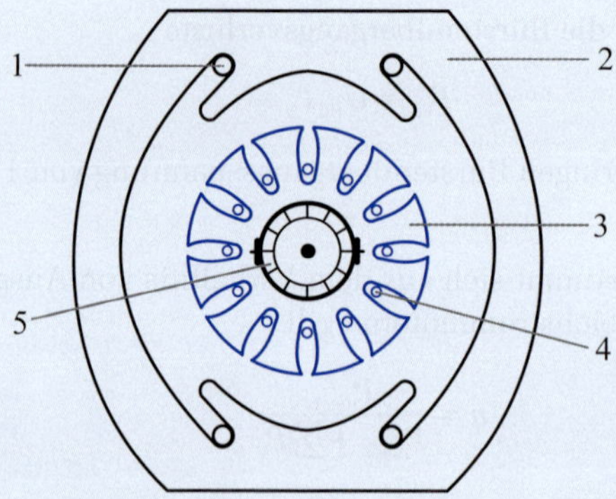

Abbildung 3.40 Aufbau einer Universalmaschine

Das Schaltbild des Universalmotors nach ▶Abbildung 3.41 kann gemäß dem eines Gleichstrom-Reihenschlussmotors übernommen werden. Es gelten dieselben Klemmenbezeichnungen.

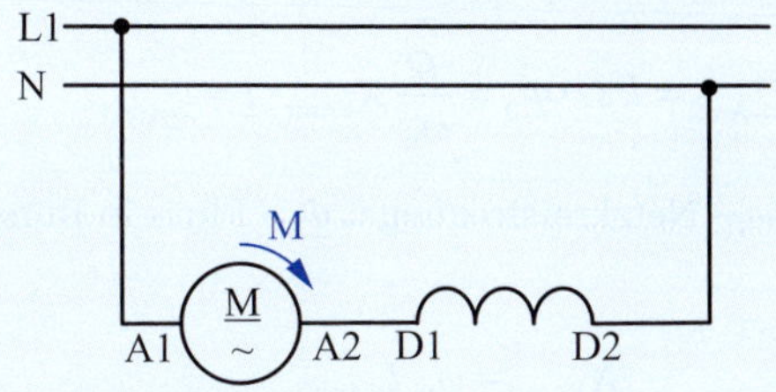

Abbildung 3.41 Schaltbild des Universalmotors

3.2.2 Magnetfelder und Spannungsinduktion

Aufgrund der Wechselstromversorgung der in Reihe geschalteten Erreger- und Ankerwicklung entstehen in beiden Wicklungen Ohmsche, selbstinduzierte und transformatorische Spannungen. Aus dem Ersatzschaltbild in ▶Abbildung 3.42 ergibt sich demzufolge die Spannungsgleichung in komplexer Schreibweise

$$\underline{U} = \underline{U}_{\mathrm{E}} + \underline{U}_{\mathrm{A}} \qquad 3.67$$

Die Erregerspannung setzt sich aus Ohmschen und induktiven sowie transformatorischen Spannungsabfällen zusammen.

Der Erregerfluss teilt sich auf in den Erregerhauptfluss Φ_{Eh}, der sich über dem Luftspalt schließt, und den Erregerstreufluss $\Phi_{\mathrm{E}\sigma}$, der sich über Luft schließt. Beide sind Wechselflüsse und induzieren in der Erregerwicklung eine Wechselspannung, die vom Strom abhängt:

$$u_{\mathrm{Ei}} = \frac{\mathrm{d}\psi_{\mathrm{Eh}}}{\mathrm{d}t} + \frac{\mathrm{d}\psi_{\mathrm{E}\sigma}}{\mathrm{d}t} \qquad 3.68$$

$$\underline{U}_{\mathrm{Ei}} = \mathrm{j}\left(X_{\mathrm{Eh}} + X_{\mathrm{E}\sigma}\right)\underline{I}$$

Die beiden Wechselstromwicklungen auf Erreger- und Ankerseite bilden einen Einphasentransformator, dessen Verkettungsfluss Φ_{EA} in den Erregerwicklungen eine transformatorische Spannung induziert, da die Wicklungsachsen nicht exakt 90° aufeinander stehen.

$$\underline{U}_{\mathrm{E}} = \underline{I}\,R_{\mathrm{E}} + \mathrm{j}\left(X_{\mathrm{E}\sigma} + X_{\mathrm{Eh}}\right)\underline{I} - \mathrm{j}\,X_{\mathrm{EA}}\underline{I} \qquad 3.69$$

($X_{\mathrm{E}\sigma}$ - Streureaktanz, X_{Eh} - Hauptreaktanz, X_{EA} - Koppelreaktanz zwischen Erreger- und Ankerwicklung)

Ankerseitig tritt neben den vom Ankerstreu- und Ankerhauptfeld selbstinduzierten Spannungen und der transformatorischen Spannung von der Erregerseite eine Bewegungsspannung auf

$$u_{\mathrm{Ai}} = \frac{\mathrm{d}\psi_{\mathrm{Ah}}}{\mathrm{d}t} + \frac{\mathrm{d}\psi_{\mathrm{A}\sigma}}{\mathrm{d}t} - \frac{\mathrm{d}\psi_{\mathrm{EA}}}{\mathrm{d}t} + u_{\mathrm{Arot}} \qquad 3.70$$

$$\underline{U}_{\mathrm{Ai}} = \mathrm{j}\left(X_{\mathrm{Ah}} + X_{\mathrm{A}\sigma}\right)\underline{I} - \mathrm{j}X_{\mathrm{AE}}\underline{I} + \underline{U}_{\mathrm{Arot}}$$

Die rotatorisch induzierte Spannung ergibt sich aus dem gedrehten Bürstenfluss

$$\underline{U}_{\text{Arot}} = k\,\Omega \cdot \underline{\Phi}_{\text{B}} = \frac{\Omega}{\omega_{\text{n}}} X_{\text{EArot}} \cdot \underline{I} = \underline{U}_{\text{i}} \qquad 3.71$$

(Ω- Rotorkreisfrequenz, ω_n- Netzkreisfrequenz, $\underline{\Phi}_B$ - Fluss in Bürstenebene)

mit der Koppelreaktanz

$$X_{\text{EArot}} = \omega_{\text{n}}\, L_{\text{EArot}} \qquad 3.72$$

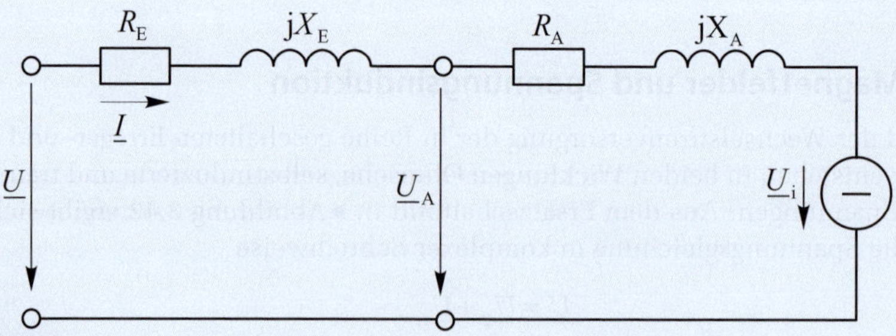

Abbildung 3.42 Ersatzschaltbild einer Universalmaschine

Im Ersatzschaltbild kann man die Erregerreaktanz zusammenfassen zu

$$X_{\text{E}} = X_{\sigma\text{E}} + X_{\text{hE}} - X_{\text{EA}} \qquad 3.73$$

Die Koppelreaktanz X_{EA} ist in der Regel sehr klein, da die Wicklungsachsen von Anker- und Erregerwicklung nahezu senkrecht aufeinander stehen, abgesehen von der bereits erwähnten kleinen Verschiebung der Bürsten aus der neutralen Zone.

$$\underline{U}_{\text{A}} = R_{\text{A}}\underline{I} + \text{j}\left(X_{\text{AA}} - X_{\text{AE}}\right)\underline{I} + \underline{U}_{\text{i}} \qquad 3.74$$

Die Klemmenspannung besteht nach Zusammenfassen in Gl. 3.74 dann aus zwei um 90° zueinander phasenverschobenen Spannungsanteilen

$$\underline{U} = \left(R + \frac{\Omega}{\omega_{\text{n}}} X_{\text{AErot}}\right)\underline{I} + \text{j}\,X\underline{I} \qquad 3.75$$

mit

$$R = R_{\text{A}} + R_{\text{E}}; \quad X = X_{\text{A}} + X_{\text{E}}$$

Das Zeigerbild nach ▶Abbildung 3.43 erinnert an das Kapp'sche Dreieck, an dem die Analogie zu Transformatoren wieder deutlich wird.

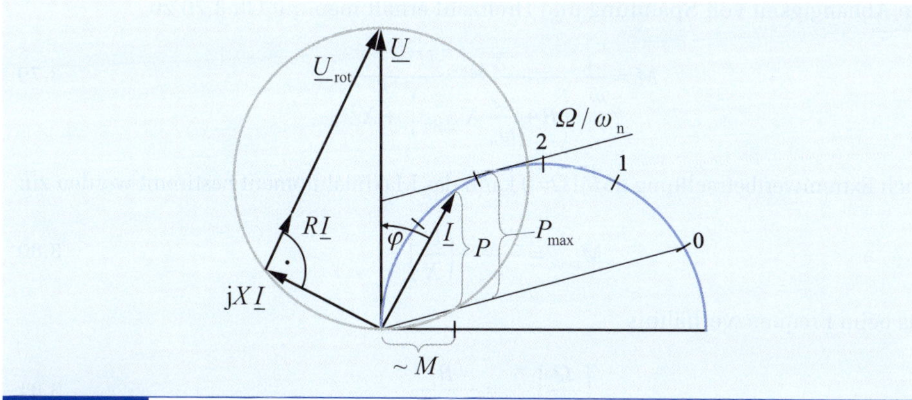

Abbildung 3.43 Stromortskurve

Im selben Diagramm ist die Stromortskurve eingezeichnet, die der komplexen Gleichung folgt

$$\underline{I} = \frac{\underline{U}}{R + \frac{\Omega}{\omega_n} X_{\text{AErot}} + \text{j}X} \qquad 3.76$$

mit dem Kreisfrequenzverhältnisse Ω/ω_n als Parameter

Aus der Ortskurve lassen sich folgende Eigenschaften ableiten:

- Der Leistungsfaktor steigt mit zunehmender Drehzahl, bei Frequenz Null (Gleichstrombetrieb) und mit abnehmendem Verhältnis von Speisefrequenz zu Polpaarzahl, was insbesondere bei hochpoligen 16,7 Hz Bahnmotoren genutzt wurde.
- Das Maximalmoment tritt bei negativer Drehzahl auf.
- Das Stillstandsmoment ist über die Stillstandsgerade $(\underline{OD})$ bestimmbar.
- Die maximale mechanische Leistung ist durch Parallelverschiebung der Stillstandsgeraden bis zum Tangentenschnittpunkt mit der Ortskurve und dem Abtragen des Abstandes zur Tangente und Stillstandsgeraden bestimmbar.

3.2.3 Drehmoment

Das Drehmoment wird wieder näherungsweise über die innere Leistung bzw. die Luftspaltleistung berechnet, mit

$$P_\delta = \text{Re}\left\{\underline{U}_\text{i} \cdot \underline{I}^*\right\} = M \cdot \Omega \qquad 3.77$$

ergibt sich durch Einsetzen der Gleichung der Zusammenhang zwischen Drehmoment und Strom

$$M = \frac{1}{\omega_n} X_{\text{AErot}} \cdot I^2 \qquad 3.78$$

Auch hier ist die Analogie zur Gleichstrom-Reihenschlussmaschine offensichtlich.

Die Abhängigkeit von Spannung und Drehzahl erhält man mit Gl. 3.76 zu

$$M = \frac{1}{\omega_n} \frac{X_{\text{AErot}} \cdot U^2}{\left(R + \frac{\Omega}{\omega_n} X_{\text{AErot}}\right)^2 + X^2} \qquad 3.79$$

Nach Extremwertbetrachtung $dM/d\Omega = 0$ kann das Maximalmoment bestimmt werden zu:

$$M_{\max} = \frac{X_{\text{AErot}}}{\omega_n} \left(\frac{U}{X}\right)^2 \qquad 3.80$$

das beim Frequenzverhältnis

$$\left(\frac{\Omega}{\omega_n}\right)_{\max} = \frac{R}{X_{\text{AErot}}} \qquad 3.81$$

auftritt. Häufig bezieht man das Drehmoment auf seinen Maximalwert, sodass sich ergibt

$$\frac{M}{M_{\max}} = \frac{1}{1 + \left(\frac{R}{X_{\text{AErot}}} + \frac{\Omega}{\omega_n}\right)^2} \qquad 3.82$$

▶Abbildung 3.44 zeigt die Drehmoment-Drehzahl-Kennlinie sowie die Stromaufnahme bei Belastung. Die Kurven ähneln den Betriebskurven der reihenschlusserregten Gleichstrommaschine, vgl. ▶Abbildung 3.36 und ▶Abbildung 3.37. Das Betriebsverhalten beider Maschinen gleicht sich umso mehr an, je besser es gelingt den Leistungsfaktor bei Wechselstromspeisung einzustellen. Deshalb wird der Universalmotor häufig mit sehr hohen Frequenzen wie bei Elektrowerkzeugen betrieben.

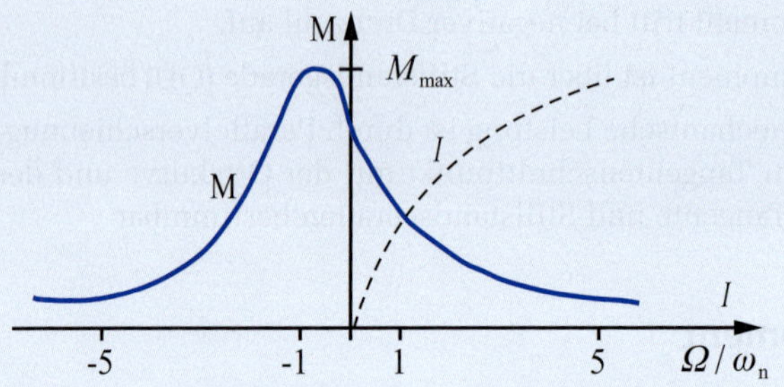

Abbildung 3.44 Drehzahl-Drehmoment-Kennlinie

Das dargestellte Drehmoment ist ein mittleres Nutzmoment. Der Wechselstrom

$$i = \sqrt{2}\, I \cdot \sin \omega_n t$$

ergibt nach Gl. 3.78

$$m = \frac{1}{\omega_n} X_{\text{AErot}}\, 2\, I^2 \sin^2 \omega_n t = \frac{1}{\omega_n} X_{\text{AErot}}\, I^2 \left(1 - \cos 2\omega_n t\right) \qquad 3.83$$

ein dem Nutzmoment (Mittelwert) überlagertes Pendelmoment, vgl. ▶Abbildung 3.45.

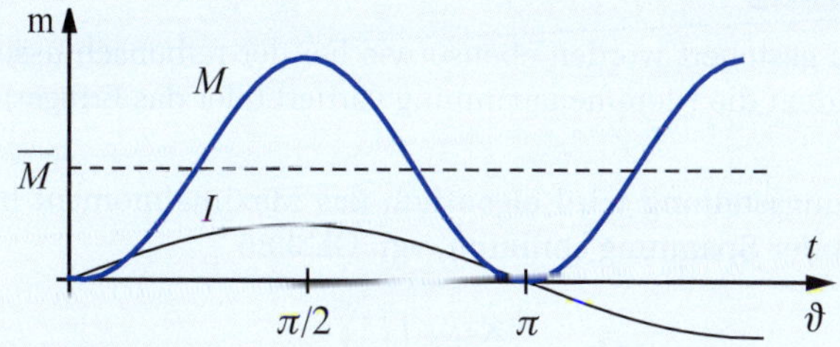

Abbildung 3.45 Drehmomentverlauf

Dieser Umstand führt zu kleinen Drehschwingungen und Geräuschen, die aber in vielen einfachen Anwendungen toleriert werden können. Kritisch zu hinterfragen ist jedoch die Energieeffizienz von Universalmaschinen [3.4]. Der Einsatz energiesparender Motoren wie bürstenlose Gleichstrommaschinen wird derzeit noch durch den hohen Kostendruck behindert.

Beispiel 3.7: Universalmotordaten

Universalmotoren werden meist im Leistungsbereich bis 2 kW hergestellt. Nachfolgend werden in Tabelle 3.6 Beispieldaten eines 1,5 kW-Universalmotors angegeben, der z. B. in einem Haushaltsgerät als Rührer eingesetzt wird.

Tabelle 3.6: Beispieldaten des Universalmotors U8050 [GEFEG-NECKAR Antriebssysteme]

Universalmotor U8050, GEFEG-Neckar Antriebssysteme	
Nennleistung $P_N = 96$ W	Ankerwiderstand $R_{ges}=60\ \Omega$
Nenndrehzahl $n_N = 4150\ \text{min}^{-1}$	Ankerinduktivität k.A.
Nennspannung $U_N = 230$ V	Mechanische Zeitkonstante $T_M = 125$ ms
Nennstrom $I_N = 0{,}8$ A	Erregerwiderstand k.A.
Nennwirkungsgrad $\eta_N = 60{,}5\%$	Erregerinduktivität k.A.
Nennmoment $M_N = 0{,}22$ Nm	Trägheitsmoment $J_M= 1236\ \text{g/cm}^2$
Anzugsmoment $M_A = 0{,}63$ Nm	Achshöhe $h= 36$ mm
Leistungsaufnahme $P_{el} =158$ W	Gesamtlänge $l_{ges}= 132$ mm
Masse $m = 1{,}8$ kg	Gesamtdurchmesser $D_{ges}= 72$ mm

Drehzahlsteuerung

Die Drehzahl kann gesteuert werden ebenso wie bei der reihenschlusserregten Gleichstrommaschine, indem die Klemmenspannung variiert oder das Erregerfeld geschwächt wird [3.11].

- Mit der Spannungsstellung wird eigentlich das Maximalmoment beeinflusst, was quadratisch mit der Spannung abnimmt, vgl. Gl. 3.80

$$M_{\max} = \frac{X_{\text{AErot}}}{\varpi_{\text{n}}} \left(\frac{U}{X} \right)^2 \qquad 3.80$$

- An Gl. 3.79 lässt sich der Einfluss auf die Drehzahl ablesen, mit R<<X erhält man,

$$\Omega = \omega_{\text{n}} \sqrt{\frac{U^2}{\omega_{\text{n}} X_{\text{AErot}}} \frac{1}{M} - \left(\frac{X}{X_{\text{AErot}}} \right)^2} \qquad 3.84$$

d. h. je kleiner die Spannung wird, desto stärker wird die Lastabhängigkeit aber die Linearität nimmt zu, vgl. ▶Abbildung 3.46. Die Verstellung der Spannung kann durch Phasenanschnitt-Steuerung der Wechselspannung über Wechselstromsteller, durch Änderung von Vorwiderständen oder durch Variation der Übersetzung eines Stelltransformators vorgenommen werden.

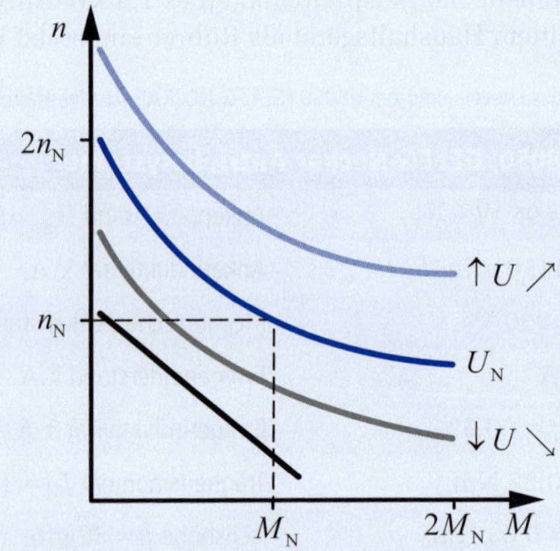

Abbildung 3.46 Drehzahl-Drehmoment-Kennlinien bei Spannungsstellung

Zur Feldstellung kann ein Ankerparallelwiderstand geschaltet werden, der auch dann einen Erregerstrom bereitstellt, wenn die Maschine nicht belastet ist. Der so am Anker vorbeifließende Strom speist aber noch die Erregerwicklung und begrenzt damit die hohe Leerlaufdrehzahl. Die Erregerwicklung kann mit Anzapfungen ausgeführt werden, um den Erregerfluss stufenweise einzustellen. Durch eine Kombination von Ankerparallel- und Vorwiderstand nach BARKHAUSEN wird sowohl der Drehzahlbereich erweitert als auch die Leerlaufdrehzahl begrenzt. Unter modernen Steuerungsaspekten ist das allerdings nicht mehr praktikabel. Zudem muss die Belastung bei geschwächtem Erregerfeld zurückgenommen werden. Gl. 3.84 muss dann um den Ohmschen Anteil wieder ergänzt werden. ▸Abbildung 3.47 zeigt die Lastabhängigkeit der Drehzahl. Die Kennlinien verschieben sich annähernd parallel bei Änderung des Erregerflusses.

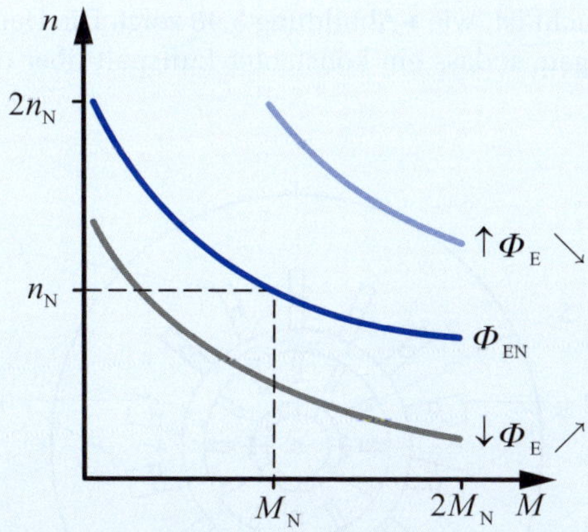

Abbildung 3.47 Drehzahl-Drehmoment-Kennlinien bei Feldschwächung

Verluste und Wirkungsgrad

Die Verluste gliedern sich ähnlich wie bei der Reihenschlussmaschine in Stromwärme- und Ummagnetsierungsverluste auf. Eine besondere Obacht ist auf die erhöhten Wirbelstromverluste zu legen, die eine Blechung des Ankers unumgänglich machen. Die erreichbaren Wirkungsgrade streuen sehr weit und betragen 45-70%. Mit einfachen Steuermaßnahmen lässt sich der Wirkungsgrad steigern:

- Variable Anpassung der Wechselspannung über Stelltransformator:

  Damit kann das Wirkungsgradmaximum an den Drehzahlarbeitspunkt angepasst werden
- Variable Anpassung der Gleichspannung über Stelltransformator mit Gleichrichter: Die Dynamik der Spannungsstellung ist begrenzt.
- Wechselstromsteller mit Phasenanschnittsteuerung: Spannung kann nur verkleinert werden.

3.3 Einphasen-Wechselstrom-Bahnmotoren

Einphasen-Wechselstrom-Bahnmotoren waren Jahrzehnte die wichtigsten Traktionsmotoren in Mitteleuropa, werden allerdings nicht mehr neu entwickelt, sondern nur noch überholt oder repariert. Sie sind geeignet für Speisung mit Wechselstrom, Gleichstrom oder Mischstrom [3.7]. Sie unterscheiden sich bzgl. des grundsätzlichen Aufbaus und Betriebsverhaltens nur wenig vom Universalmotor. Für Wechselstromspeisung beträgt die Betriebsfrequenz wegen der Bahnstromversorgung in Mitteleuropa und Skandinavien meist 16,7 Hz, sie können aber auch bei 50 Hz eingesetzt werden, für die sich dann etwas geänderte Betriebsparameter (Leistungsfaktor, Wirkungsgrad) einstellen.

3.3.1 Aufbau

Der Bahnmotor trägt die Haupt- oder Erregerwicklung (1) und die Wendepolwicklung (2) an den Wendepolen (4) des Stators, während die Kompensationswicklung (3) in den Hauptpolen untergebracht ist, wie ▶Abbildung 3.48 zeigt. Die Hauptpole sind bis an die Wendepole herangezogen, sodass ein konstanter Luftspalt über dem gesamten Umfang entsteht.

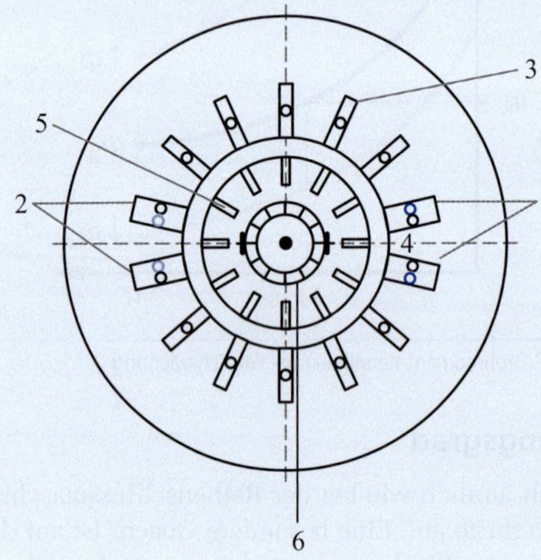

Abbildung 3.48 Aufbau eines Einphasenwechselstrommotors (Bahnmotor)

Das Schaltbild eines Bahnmotors weist neben dem Anker und der Reihenschlusserregerwicklung die Wendepol- und Kompensationswicklung auf, siehe ▶Abbildung 3.49.

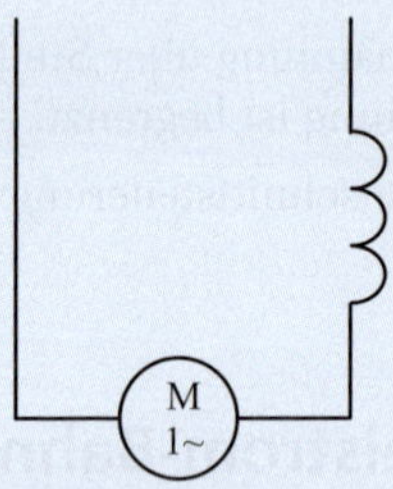

Abbildung 3.49 Schaltbild eines Bahnmotors (Wechselstrom-Reihenschlussmotor)

3.3.2 Magnetfelder und Spannungsinduktion

Das Haupt- bzw. Erregerfeld alterniert mit der üblichen Betriebsfrequenz von 16,7 Hz (früher $16^2/_3$ Hz), und induziert in den kurzgeschlossenen Ankerwicklungen eine von Frequenz, Windungszahl und Magnetfluss abhängige Transformationsspannung. Sie ist im Anlaufpunkt am größten. Beim Übergang auf 50-Hz-Speisung wird diese nochmal verdreifacht. Mit einer Auslegung des Motors für eine höhere Polzahl, die den Erregerfluss pro Pol bei großer Leistung verringert, sowie auf minimale Windungszahl (w=1) mit Schleifenwicklung kann diesem Nachteil begegnet werden. Wird die transformatorische Spannung zu hoch, so wird eine ordnungsgemäße Kommutierung behindert.

Die vom Wendefeld aufgebaute Wendefeldspannung kompensiert zum einen die Reaktanzspannung, die durch Umpolung des Streuflusses der kommutierenden Spule entsteht, und zum anderen eine Rotorrestspannung. Beide sind proportional zum Rotorstrom und der Rotordrehzahl.

3.3.3 Betriebsverhalten

Von besonderem Interesse für einen Fahrmotor ist das Verhalten im Anlaufpunkt. Bei Drehzahl Null weist der Bahnmotor einen schlechten Leistungsfaktor bei kleiner Spannung auf, so dass das Anlaufmoment relativ gering ausfällt. Eine Verbesserung wird dadurch erreicht, dass die Polzahl des Motors vergrößert wird (p = 6 ... 14) und eine kleine Betriebsfrequenz gewählt wird, um den Spannungsabfall über der Reaktanz zu begrenzen, siehe ▶Abbildung 3.50.

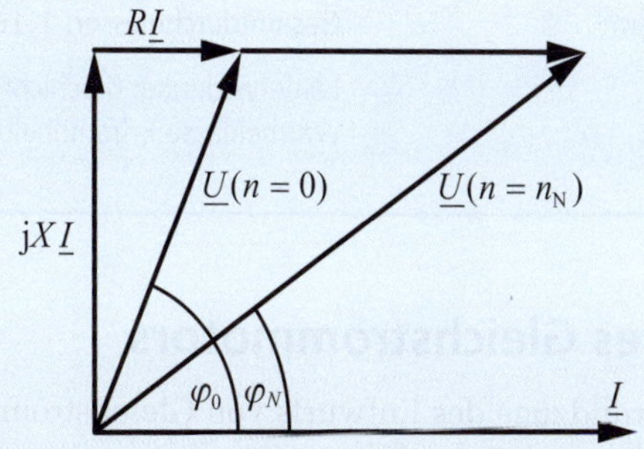

Abbildung 3.50 Zeigerdiagramm eines Bahnmotors

Beispiel 3.8: Bahnmotordaten

Für Wechselstrombahnmotoren gab es in der Vergangenheit aufgrund steigender Anforderungen für den Bahnverkehr eine große Palette verschiedener Ausführungen. Nachfolgend sind in Tabelle 3.7 die Bemessungsdaten und Maschinenparameter des Ersatzschaltbilds für den Bahnmotor der Reihe ECFB 1110-127K aufgeführt.

Tabelle 3.7: Daten eines Bahnmotors

Bahnmotor ECFB 1110-127K, VEM Sachsenwerk	
Nennleistung: 1000 kW	Ankerwiderstand: 3,26 mΩ
Nenndrehzahl: 1325 min^{-1}	Erregerwiderstand: 1,25 mΩ
Nennspannung: 560 V	Wendepolwiderstand: 1,2 mΩ
Nennstrom: 1900 A	Kompensationswiderstand; 2,9 mΩ
Nennfrequenz: 16 2⁄3 Hz	Ankerstreureaktanz: 5,12 mΩ
Nennwirkungsgrad: 0,908	Erregerstreureaktanz: 2,85 mΩ
Polpaarzahl: 6	Wendepolstreureaktanz: 2,54 mΩ
Leistungsfaktor: 0,983	Kompensationsstreureaktanz: 5,6 mΩ
Essonsche Ziffer: 3,9	Gesamtlänge 1,030 m
Trägheitsmoment: 113 kgm^2	Gesamtdurchmesser: 1,16 m
Motormasse: 3660 kg	Läuferwicklung: 6-Schicht-Schleifenwicklung, Wärmeklasse F, fremdbelüftet mit Axiallüfter

3.4 Entwurf eines Gleichstrommotors

Nachfolgend sollen die Grundzüge des Entwurfs von Gleichstrommaschinen skizziert werden, die zu den Grundabmessungen führen.

3.4.1 Ausnutzung

Wie bereits in Kapitel 1.4 ausgeführt wird die Ausnutzung einer Elektromaschine durch den Drehschub (Kraftdichte) bzw. die Essonzahl beschrieben.

Drehschub

Als Ausgangspunkt für einen zu realisierenden Dauerbetrieb ist es sinnvoll von einem mittleren Drehschub auszugehen, der sich aus dem Bezug der Tangentialkraft auf die kraftbildende Oberfläche herleiten ließ, vgl. Kapitel 1.4.

$$\overline{\sigma} = \frac{1}{\tau_p} \int_x B_\delta(x) A(x) \mathrm{d}x \qquad 3.85$$

Da der Strombelag des Ankers mit

$$A = \frac{z I_\mathrm{S}}{2a \pi D_\mathrm{i}} \qquad 3.86$$

konstant und damit unabhängig von der Umfangskoordinate x ist, kann er vor das Integral gezogen werden. Das Felddichteintegral führt zur mittleren Luftspaltfelddichte

$$\overline{B}_\delta = \frac{1}{\tau_\mathrm{p}} \int_x B_\delta(x) \mathrm{d}x = \alpha_\mathrm{i} B_{\delta\,\mathrm{max}} \qquad 3.87$$

und hängt über dem ideellen Polbedeckungsfaktor von der maximalen Felddichte ab. Damit ergibt sich der mittlere Drehschub zu

$$\overline{\sigma} = \overline{B}_\delta A = \alpha_\mathrm{i} B_{\delta\,\mathrm{max}} A \qquad 3.88$$

Die Einflussgrößen sind die elektromagnetischen Beanspruchungsgrößen, deren zulässige Werte mit steigendem Dauermoment ebenfalls zunehmen:

- Maximale Luftspaltfelddichte: Gewählt werden sollte sie zwischen 0,5 ... 1 T, wobei die unteren bzw. oberen Werte zu niedrigeren bzw. höheren Felddichten in den Eisenabschnitten des Magnetkreises führen und sowohl die Eisenverluste als auch den Erregerstrombedarf senken bzw. steigern.
- Strombelag: Die empfohlenen Richtwerte liegen zwischen 20 ... 65 kA/m^2. Die Wahl wird im Wesentlichen durch die Auswahl des Kühlverfahrens bestimmt. Die höheren Werte erfordern eine entsprechend intensivere Kühlung. Zudem führen sie zu höheren Stromwärmeverlusten.
- Verhältnis $B_{\delta\mathrm{max}}$/A: Damit lässt sich der Bestpunkt für den Wirkungsgrad festlegen.

Aus den Vorgaben für die Luftspaltfelddichte und den Strombelag kann man einen empfohlenen Bereich für den mittleren Drehschub von

$$\overline{\sigma} = 10 \ldots 40\,\mathrm{kN/m^2}$$

ableiten.

Essonzahl

Die Essonzahl hängt mit dem mittleren Drehschub über den Faktor π^2 zusammen. Nach [3.9] gelten in Abhängigkeit vom Drehmoment Richtwerte mit $C = 1 \ldots 8\,\mathrm{kW\,min/m^3}$.

3.4.2 Hauptabmessungen

Grundsätzlich gelten die unter Kapitel 1.5 angegebenen Zusammenhänge.

CWS COMPANION WEBSITE
Lösungen

Aufgaben

1 Leistungsbilanz eines Gleichstrommotors:

Ein Gleichstrommotor nimmt eine elektrische Leistung von 6 kW auf und gibt an der Welle eine mechanische Leistung von 5,1 kW ab.

Wie groß sind Wirkungsgrad und Verlustleistung?

Diskutieren Sie die Möglichkeiten des Zustandekommens dieser Verlustleistung!

2 Berechnung von Betriebsgrößen aus Leistungsschildangaben:

Von einem fremderregten Gleichstrommotor können vom Leistungsschild folgende Nennwerte abgelesen werden:

– Ankernennspannung: $U_{AN}=800$ V
– Ankernennstrom: $I_{AN}=2010$ A
– Nennleistung: $P_N=1530$ kW
– Erregerspannung: $U_E=110$ V
– Erregerwiderstand: $R_E=1\ \Omega$

Welchen Wirkungsgrad hat dieser Motor?

Wie groß ist der Ankerwiderstand, wenn die mechanischen Verluste vernachlässigbar sind?

3 Berechnung von Betriebsgrößen aus Leistungsschildangaben:

Bekannt sind von einer fremderregten Gleichstrom-Nebenschlussmaschine die Nenndaten:

– Nennspannung: $U_N=440$ V
– Nennstrom: $I_N=33$ A
– Nennleistung: $P_N=12$ kW
– Nenndrehzahl: $n_N=1150\ \text{min}^{-1}$

Gemessen wurde noch zusätzlich der Ankerwiderstand $R_A= 2{,}4\ \Omega$.

Berechnen Sie die Motorkonstante $k\Phi_E$

– über die Drehmomentformel,
– über die Ankerspannungsgleichung.

Erklären Sie die Abweichungen. Welcher Berechnungsweg sollte bevorzugt werden und warum?

Wie groß ist die Leerlaufdrehzahl n_0?

Wie groß ist der Einschaltstrom und wie groß müsste ein zusätzlicher Ankervorwiderstand gewählt werden, damit der Einschaltstrom den Wert von 80 A nicht überschreitet?

4 Generatorbetrieb einer fremderregten Gleichstrom-Nebenschlussmaschine:

Ein fremderregter Gleichstrom-Nebenschlussgenerator hat eine Ankerleerlaufspannung $U_{A0}=240$ V und einen Ankerwiderstand von $R_A=0{,}15\ \Omega$. Der Generator wird im Nennbetrieb mit einem Lastwiderstand $R_L=4\ \Omega$ belastet.

Ermitteln Sie:

- das elektrische Schaltbild
- die Klemmenspannung bei Belastung
- den inneren Spannungsabfall der Maschine
- die am Lastwiderstand umgesetzte Leistung
- die Stromwärmeverluste im Anker
- die Klemmenspannung bei halber Generatordrehzahl

Bei welchem Lastwiderstand wird der maximale Wirkungsgrad erreicht und wann wird die maximale Leistung auf der Lastseite umgesetzt?

5 Gleichstrom-Reihenschlussmotor

An einem Gleichstrom-Reihenschlussmotor ist die Drehrichtung zu ändern.

Welche technischen Lösungen sind möglich?

Zeichnen Sie für alle Varianten ein elektrisches Schaltbild!

Prüfungsfragen

CWS Lösungen

1 Wann bezeichnet man eine Gleichstrommaschine als fremderregt?

2 Welches Bauteil der Gleichstrommaschine ist besonderem Verschleiß ausgesetzt?

3 Was versteht man unter Nebenschlussverhalten einer Maschine?

4 Warum kann die fremderregte Gleichstrommaschine bei Unterbrechung der Erregerkreisversorgung kein Drehmoment mehr abgeben?

5 Warum müssen die Wendepolwicklungen mit dem Ankerstrom gespeist werden?

6 Nennen Sie 3 Gründe, warum in der Gleichstrommaschine ein Stromwender (Kommutator) eingesetzt werden muss!

7 Worauf deutet der Begriff Anker hin?

Zusammenfassung

- Stromwendermaschinen sorgen durch Richtungsänderung von Strömen dafür, dass sich bei stehenden Magnetfeldern die Lorentzkräfte so in ihrer Richtung ändern, dass ein richtungsgleiches Drehmoment entstehen kann.
- Der Stromwender oder Kommutator hat somit nach außen hin die Funktion eines Gleichrichters, indem ein Gleichstrom an den Maschinenklemmen entsteht bzw. eine gleichpolige induzierte Spannung messbar wird.
- Der Kommutator ist aufgrund des mechanischen Schaltkontakts ein verschleißbehaftetes Bauteil, das der Zuverlässigkeit und Robustheit der Stromwendermaschinen Grenzen setzt.
- Das lastabhängige Ankerquerfeld verzerrt das vom Erregerstrom aufgebaute Luftspaltfeld und erfordert im Bereich der geometrisch neutralen Zone ein kompensierendes Wendepolfeld, um eine ordnungsgemäße Stromkommutierung zu erreichen.
- Bei größeren Maschinen kann im Bereich der Hauptpole ein Kompensationsfeld zur Vergleichmäßigung des Luftspaltfeldes beitragen.
- Die wichtigste Stromwendermaschine im Industrieeinsatz ist die fremderregte Gleichstrom-Nebenschlussmaschine, die aufgrund ihrer getrennten Steuerbarkeit von Erregerfluss und Ankerstrom günstige Voraussetzungen für einen drehzahlvariablen Antriebsmotor mitbringt.
- Für die Anwendung als Fahrmotor eignet sich besonders der Gleichstrom-Reihenschlussmotor, der eine an die Fahrzeugspezifik angepasste Drehzahl-Drehmoment-Charakteristik aufweist, mit großem Drehmoment im Anfahrbereich und kleinem Drehmoment bei hohen Fahrgeschwindigkeiten.
- Permanenterregte Gleichstrommaschinen sind der bevorzugte Kleinmaschinentyp, sie besitzen einen einfachen Aufbau und lassen sich billig und effizient in Massenstückzahlen herstellen.

Literatur

[3.1] Bödefeld, Th.; Sequenz, H.: Elektrische Maschinen. Springer, Wien 1962

[3.2] Richter, R.: Elektrische Maschinen Teil 2: Berechnungselemente, Die Gleichstrommaschinen. Birkhäuser, Basel 1967

[3.3] Stölting H. D.; Kallenbach, E.: Handbuch Elektrische Kleinantriebe, Hanser, München, 2011, 4. Auflage

[3.4] Langgassner, W.: Energieeffizienz elektrischer Antriebe in Haushaltsgeräten. Herrsching: Energie- und Management Verlags-Gesellschaft, 2001, IFE-Schriftenreihe, H. 45

[3.5] Alexejew, A. E.: Elektrische Bahnmotoren.VEB Verlag Technik, Berlin, 1955

[3.6] Glockenankermotoren. Aufbau, Betriebsverhalten, Anwendungen, Süddeutscher Verlag onpact 2006

[3.7] Budig, P.K.: Elektrische Traktionsmotoren. Verlag der Technik, Berlin, 1975

[3.8] Moczala, H. u.a.: Elektrische Kleinmotoren. Expert Verlag, Esslingen 1993

[3.9] Vogt, K.: Berechnung elektrischer Maschinen. Wiley VCH, Zürich 1996

Grundlagen der Drehfeldmaschinen

4

ÜBERBLICK

» Drehfeldmaschinen sind die in der Gegenwart am häufigsten eingesetzten Maschinen für Motor- und Generatoranwendungen. Sie zeichnen sich aus durch

- robusten Aufbau der aktiven Bauteile,
- gute Material- und Energieeffizienz,
- hohe elektromagnetische Ausnutzung,
- großes Leistungsspektrum,
- verhältnismäßig großen Drehzahl- und Drehmomentstellbereich.

Die wesentlichen Vertreter dieser Maschinenfamilie sind die Synchron- und Asynchronmaschinen. Beide basieren auf der Wirkung eines Drehfeldes, das sich durch den Luftspalt der Maschine bewegt. «

Lernziele

Mit diesem Kapitel werden die in Kapitel 1 eingeführten Grundbegriffe zu den Magnetfeldern erneut aufgegriffen und an die verschiedenen Anwendungen angepasst. Am Ende sollen Sie in der Lage sein:

- die Bestimmungsstücke von beweglichen und ortsfesten sowie zeitlich konstanten und variablen Magnetfeldern zu unterscheiden,
- die betreffenden Felder hinsichtlich seiner Bestimmungsstücke zu beschreiben,
- die Auswirkung der Drehfeldeigenschaften auf das Betriebsverhalten zu erkennen.

4.1 Magnetfelder

Strombelag

Die örtliche Verteilung und zeitliche Änderung von Magnetfeldern in elektrischen Maschinen wird bestimmt durch die Anordnung stromdurchflossener Leiter und die Art ihrer Stromspeisung. Die sogenannte räumliche Verteilung des Stromes wird durch den *Strombelag* wiedergegeben, der als Leiterzahl × Stromstärke pro Länge des bewickelten Umfanges bei rotatorischen Maschinen definiert ist:

$$A = \frac{I \cdot w}{x_s p} = \frac{2mN \cdot I}{\pi \cdot D_i} \qquad 4.1$$

m: Phasenzahl, *N*: Nutzahl, 2*m N*: Gesamtleiterzahl, D_i: Innendurchmesser, *p*: Polpaarzahl

Führt man die Polteilung τ_p ein mit:

$$\tau_p = \frac{\pi \cdot D_i}{2p} \qquad 4.2$$

so lässt sich der Strombelag bei voller Bewicklung über eine Polteilung angeben mit:

$$A = \frac{m \cdot w \cdot I}{p \tau_p} \qquad 4.3$$

w: Windungszahl pro Phase

Weitere spezifische Darstellungen zum Strombelag, siehe auch [4.1].

Bei Wechselstromspeisung ist der Effektivstrom einzusetzen. Der Strombelag ist ein wichtiger elektromagnetischer Richtwert zum Entwurf elektrischer Maschinen und ausführbar zwischen 20-65 kA/m bei normal belüfteten Maschinen. Der Strombelag *A* wird bei rotatorischen Maschinen abhängig von der Umfangskoordinate mit *A*(*x*), wenn:

- sich durch Wechsel von Hin- zu Rückleiter einer Wicklung die Stromrichtung ändert,
- durch Konzentration der Wicklung der Strom in den Lücken zu Null wird.

Der dann alternierende Strombelag kann nach Fourier-Reihenansatz durch seine Grundwelle beschrieben werden.

$$A_1(x) = \hat{A}_1 \cos\frac{x}{\tau_p}\pi \qquad 4.4$$

Für die Kraftübertragung und Spannungsbildung in Maschinen sind die Feldgrößen im Luftspalt maßgebend, d. h. bei Vernachlässigung des magnetischen Spannungsabfalls im Eisen kann man laut Durchflutungsgesetz mit $\mu_{Fe} >> 1$ die magnetische Spannung über den Luftspalt an jeder Stelle der Umfangskoordinate *x* über das Integral des Strombelages

$$V_\delta(x) = -\int_0^x A(x)\mathrm{d}x \qquad 4.5$$

ermitteln, vgl. ▶Abbildung 4.1. Dieses Integral erhält die Bezeichnung Felderregerkurve, die angibt, welche magnetische Spannung zur Magnetfelderzeugung an der Stelle *x* zur Verfügung steht. Ihre Kenntnis ist hilfreich zur Berechnung von Streuung und Verlusten.

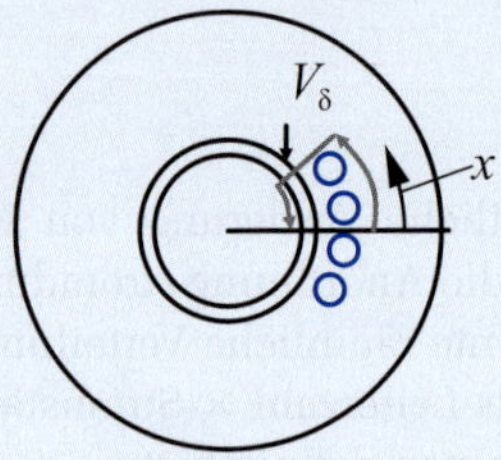

Abbildung 4.1 Magnetische Umlaufspannung

Durchflutung

Wird die integrale Größe des Strombelags über die Polteilung gebildet, so ergibt sich die Durchflutung zu

$$\Theta = -\int_0^{\tau_p} A(x)\mathrm{d}x = -\int_0^{2(\pi/p)} A(\gamma)\mathrm{d}\gamma \qquad 4.6$$

mit

$$\frac{x}{\tau_p} = \frac{\gamma}{\pi}.$$

Feldkurve

Aus der *Felderregerkurve* bzw. magnetischen Spannung lässt sich die *Feldkurve* bzw. Luftspaltfelddichte am Umfang ermitteln mit

$$B_\delta(x) = \frac{\mu_0}{\delta(x)} V_\delta(x) \qquad 4.7$$

Für den Fall, dass der Luftspalt konstant ist, haben Felderreger- und Feldkurve einen ähnlichen Verlauf. Setzt man homogene Feldverhältnisse im Luftspalt voraus, wird die für eine Polteilung geltende Luftspaltfelddichte ermittelt und die Durchflutung dem magnetischen Spannungsabfall über dem Luftspalt gleichgesetzt. Es gilt dann für einen vollen Umlauf (2 x Luftspalt):

$$B_\delta = \frac{\mu_0}{2\delta}\Theta \qquad 4.8$$

Nachfolgend werden einige technisch relevante Magnetfelder behandelt:

Gleichfelder

Wird der Strombelag einer Wicklung durch einen Gleichstrom gebildet, so entsteht ein örtlich, aber nicht zeitlich abhängiges Luftspaltfeld. Die örtliche Abhängigkeit hängt von der Gestaltung der Wicklung ab. ▶Abbildung 4.2 zeigt Strombelag *A* und Feldkurve *B* einer typischen Ankerspule. Der Strombelag ist konzentriert, die Feldkurve wird treppenförmig der Trapez- oder Sinusform angenähert. ▶Abbildung 4.3 zeigt Strombelag und Feldkurve einer verteilten Wicklung. Der Strombelag nimmt positive und negative Werte an, die Feldkurve bildet treppenförmig eine Dreiecksform nach.

Der Induktionsverlauf lässt sich allgemein nach Fourier-Reihenzerlegung durch die Grundwelle beschreiben.

$$B_1(x) = \hat{B}_1 \cos\left(\frac{x}{\tau_p}\pi\right) \qquad 4.9$$

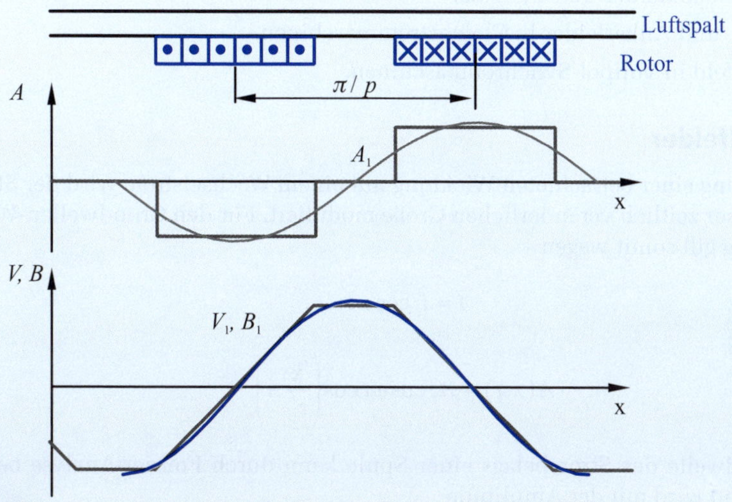

Abbildung 4.2 Strombelag, Felderreger- und Feldkurve der Vollpolmaschine

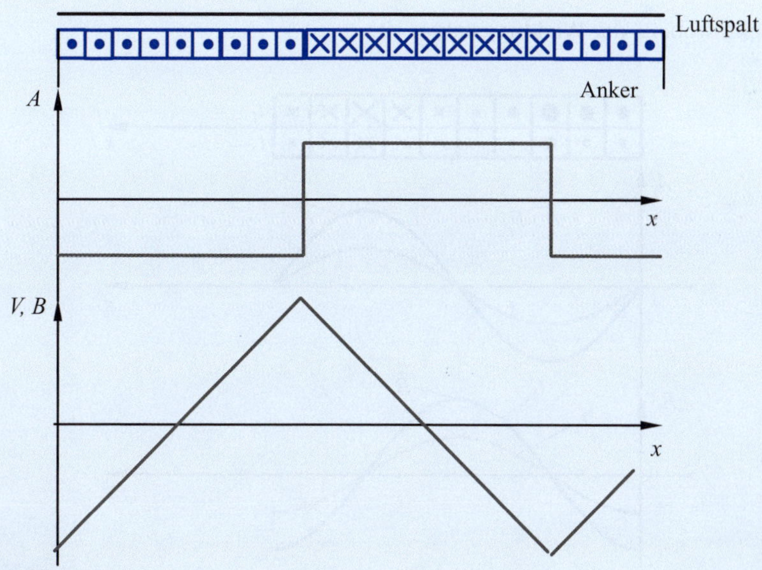

Abbildung 4.3 Strombelag, Felderreger- und Feldkurve des Gleichstromankers

Als integrale Größe kann von dieser Grundwelle der Mittelwert über eine Polteilung verwendet werden

$$\overline{B_1} = \int_{-\tau_p/2}^{\tau_p/2} \hat{B}_1 \left(\frac{x}{\tau_p} \pi \right) dx = \frac{2}{\pi} \hat{B}_1 \qquad 4.10$$

Nutzbare Gleichfelder treten auf als:

- Erreger- und Ankerfelder in Gleichstrommaschinen,
- Erregerfeld in Vollpol-Synchronmaschinen.

Wechselfelder

Bei Speisung einer betrachteten Wicklung mit einem Wechselstrom wird der Strombelag mit einer zeitlich veränderlichen Größe moduliert. Für den Grundwellen-Wechselstrombelag gilt somit wegen

$$i = \hat{i}_1 \cos \omega t$$

$$A(x,t) = \hat{A}_1 \cos \omega t \cos \left(\frac{x}{\tau_p} \pi \right) \qquad 4.11$$

Die Grundwelle des Strombelags einer Spule kann durch Fourier-Analyse bestimmt werden und wird mit der Amplitude

$$\hat{A}_1 = 2\sqrt{2} \frac{w\xi}{p\tau_p} I \qquad 4.12$$

ausgedrückt, wobei ξ der Wicklungsfaktor ist.

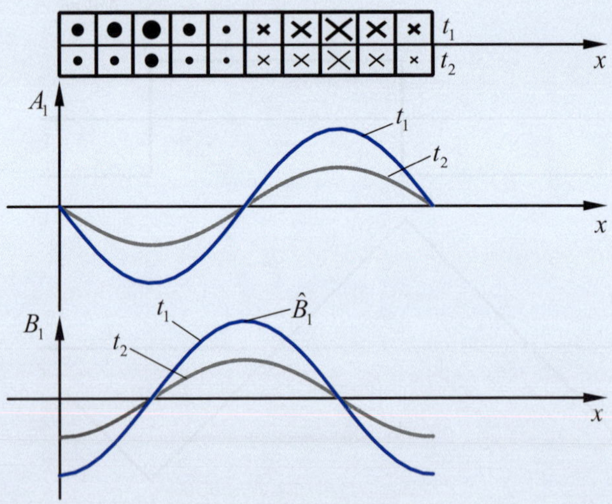

Abbildung 4.4 Stromverteilung, Ankerstrombelag und Feldkurve

Die Felddichte des Wechselfeldes ergibt sich analog zu Gl. 4.7 und 4.9

$$B_1(x,t) = \hat{B}_1 \cos\left(\frac{x}{\tau_p}\pi\right)\cos(\omega t + \varphi) \qquad 4.13$$

Gemäß ▶Abbildung 4.4 entspricht die räumliche Verteilung einer stehenden Welle (fester Wellenknoten und Wellenbauch) mit zeitlich abhängiger Amplitude.

Drehfelder

Drehfelder sind Magnetfelder, deren Welle durch den Luftspalt läuft.

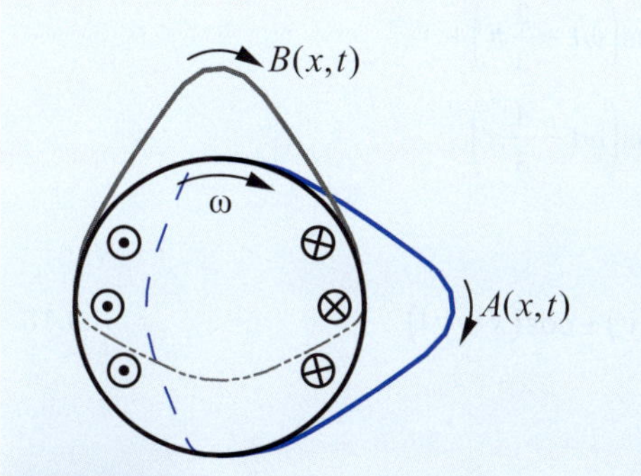

Abbildung 4.5 Drehfelder

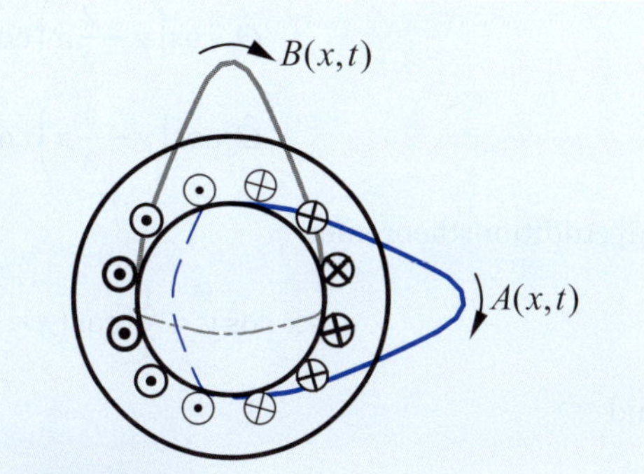

Abbildung 4.6 Drehfelder

Drehfelder können auf zwei Wegen erzeugt werden:

- Drehung eines Gleichfeldes nach ▶Abbildung 4.5,
- Überlagerung von räumlich verteilten und zeitlich versetzten Wechselfeldern nach ▶Abbildung 4.6.

Wird z. B. das Polrad einer Synchronmaschine mittels eines Gleichstromes erregt, so entsteht zunächst ein Gleichfeld mit örtlicher Induktionsverteilung. Wird nun die das Gleichfeld erzeugende Wicklung gedreht, bekommt das Feld

$$B(x,t) = \hat{B}\cos\left(\frac{x}{\tau_p}\pi \pm \omega t\right) \qquad 3.14$$

bzw. in Winkellage ausgedrückt

$$B(\gamma,t) = \hat{B}\cos(\gamma \pm \omega t) \qquad 3.15$$

eine Drehgeschwindigkeit, d. h. die Felddichte verhält sich orts- und zeitabhängig.

Für den 2. Fall muss der Begriff der Wechseldurchflutung für eine Spule (eines Stranges) eingeführt werden mit

$$\Theta_w = -\int_0^{\tau_p} A\,dx = \frac{2}{\pi}\tau_p A_{1w} = \frac{4}{\pi}\cdot\frac{w\cdot\xi}{p}\sqrt{2}\,I \qquad 3.16$$

ξ: Wicklungsfaktor ξ=0,96 für normale Drehstrom-Wicklung; $\zeta \searrow$ für gesehnte Drehstrom-Wicklung 2-Schichtwicklung

Für Schenkelpol-Synchronmaschinen gilt

$$I = \sqrt{2}\, I_E.$$

Die Drehdurchflutung erhält man aus der Überlagerung der einzelnen Wechseldurchflutungen

$$\begin{aligned}\Theta_d &= \Theta_a + \Theta_b + \Theta_c \\ &= \hat{\Theta}_a \cos\gamma \cos(\omega t) + \\ &\quad \hat{\Theta}_b \cos\left(\gamma - \frac{2}{3}\pi\right)\cos\left(\omega t - \frac{2}{3}\pi\right) + \\ &\quad \hat{\Theta}_c \cos\left(\gamma - \frac{4}{3}\pi\right)\cos\left(\omega t - \frac{4}{3}\pi\right)\end{aligned} \quad 3.17$$

mit Additionstheoremen

$$\cos x \cos y = \frac{1}{2}\left(\cos(x-y) + \cos(x+y)\right) \quad 3.18$$

und

$$\hat{\Theta}_a = \hat{\Theta}_b = \hat{\Theta}_c = \hat{\Theta}_w \quad 3.19$$

zu

$$\Theta_d = \frac{3}{2}\hat{\Theta}_w \cos(\gamma - \omega t) \quad 3.20$$

mit

$$\hat{\Theta}_d = \frac{3}{2}\hat{\Theta}_w \quad 3.21$$

Es ergeben sich weiterhin folgende Zusammenhänge zwischen den Drehfeldgrößen:

- für die Drehfeldinduktion:

$$B_d = \mu_0 \cdot H_d = \mu_0 \frac{\Theta_d}{2\delta} \quad 3.22$$

- für den Fluss einer Polteilung:

$$\begin{aligned}\Phi_d &= \int B_d \cdot dA \qquad dA = l_i \cdot dx \\ &= l_i \int_{\tau_p} B_d \cdot dx = \frac{2}{\pi} B_d\, l_i\, \tau_p\end{aligned} \quad 3.23$$

Die Darstellung einer sinusförmigen Welle ist im Komplexen möglich [4.4], [4.5] mit den entsprechenden Darstellungen in ▶Abbildung 4.7.

$$\Theta_\mathrm{d} = \hat{\Theta}_\mathrm{d} \cos\left(\frac{x}{\tau_\mathrm{p}}\pi - \omega t\right) \quad 4.24 \qquad \circ\!\!-\!\!\circ \qquad \underline{\Theta}_\mathrm{d} = \hat{\Theta}_\mathrm{d}\, \mathrm{e}^{\mathrm{j}\left(\omega t - \frac{x}{\tau_\mathrm{p}}\pi\right)} \quad 4.25$$

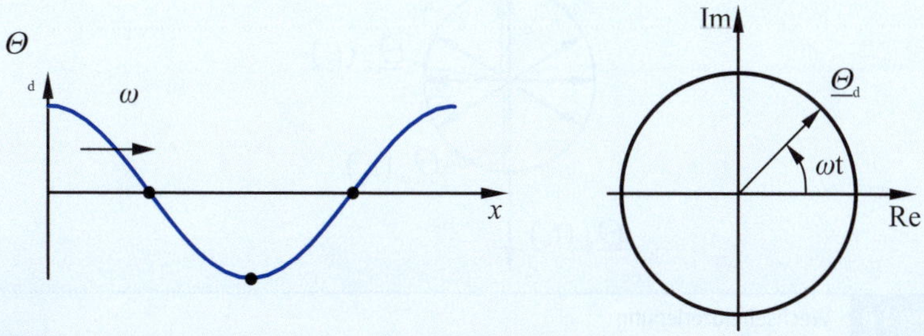

Abbildung 4.7 Durchflutungswelle und Durchflutungsraumzeiger

$\Theta_\mathrm{d}(x,t)$ ergibt sich demzufolge als Realteil von Θ_d. Die Drehrichtung der Welle ist im Komplexen in positiver Zählrichtung, sodass jetzt die Feldverteilung von der anderen Maschinenseite (spiegelbildlich) gesehen wird.

Man unterscheidet verschiedene Drehfeldarten:

- *Kreisdrehfeld:* Die Drehfeldamplitude bleibt in alle Richtungen konstant, d. h. die Länge des Raumzeigers bleibt ebenfalls konstant und der Zeiger beschreibt damit eine Kreisbahn

$$\underline{\Theta} = \hat{\Theta}_1\, \mathrm{e}^{\mathrm{j}\omega t} \qquad 4.26$$

- *Elliptisches Drehfeld:* Die Drehfeldamplitude ist richtungsabhängig veränderlich und der dazugehörige Raumzeiger beschreibt eine elliptische Bahn.

$$\underline{\Theta} = \hat{\Theta}_1\, \mathrm{e}^{\mathrm{j}\omega t} + \hat{\Theta}_2\, \mathrm{e}^{-\mathrm{j}\omega t} \qquad 4.27$$

mit $\hat{\Theta}_1 \neq \hat{\Theta}_2$.

Es kann entstehen durch die Überlagerung zweier Kreisdrehfelder unterschiedlicher Amplitude oder durch Überlagerung eines Wechselfeldes und eines Kreisdrehfeldes.

- *Wechselfeld:* Die Feldamplitude ändert sich periodisch mit der Ortskoordinate und sie wird zudem moduliert mit einem Wechselstrom, sodass

$$\Theta_\mathrm{w} = \hat{\Theta}_\mathrm{w} \cos\left(\frac{x}{\tau_\mathrm{p}}\pi\right) \cdot \cos\omega t \qquad 4.28$$

Es kann entstehen durch Überlagerung zweier Kreisdrehfelder mit gegensinniger Bewegungsrichtung, aber gleicher Amplitude

$$\hat{\Theta}_\mathrm{w} \cos\omega t = \underbrace{\frac{\hat{\Theta}_\mathrm{w}}{2}\mathrm{e}^{\mathrm{j}\omega t}}_{\text{Mit-Drehfeld}} + \underbrace{\frac{\hat{\Theta}_\mathrm{w}}{2}\mathrm{e}^{-\mathrm{j}\omega t}}_{\text{Gegen-Drehfeld}} \qquad 4.29$$

Überlegungen zum Wechselfeld und dessen Zerlegung bilden die Grundlage zur Beschreibung von Wechselstrommaschinen, vgl. ▶Abbildung 4.8.

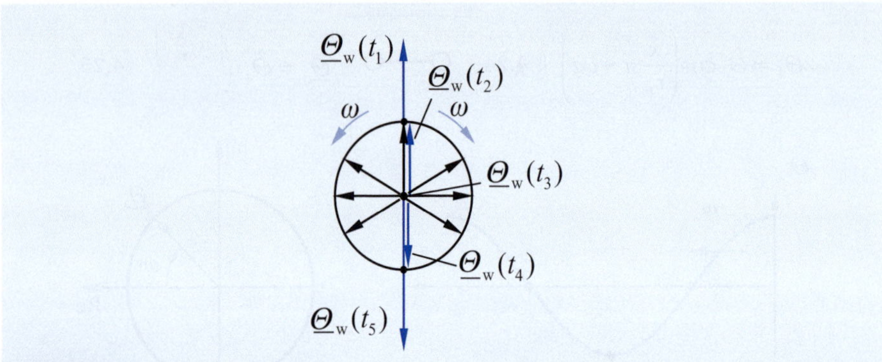

Abbildung 4.8 Wechselfeldzerlegung

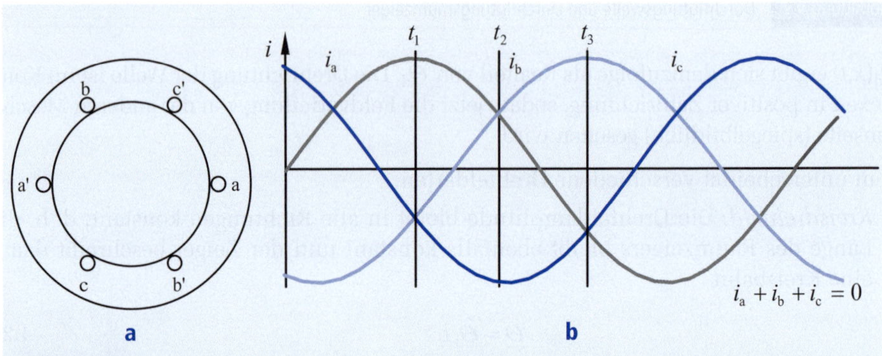

Abbildung 4.9 Drehfeldbildung durch 3-Phasenwicklung und Drehstrom: a) 3-Phasenwicklungssystme, b) Wicklungsbestromung

Eigenschaften von Kreisdrehfeldern

Wir wollen nun einige Merkmale von Kreisdrehfeldern beleuchten, da sie in Drehfeldmaschinen eine dominierende Rolle spielen:

- Amplitude und Phasenlage: Die zur Drehfeldentstehung erforderlichen Wechselfelder ändern ihre Lage nicht, nur die Amplitude. Das Drehfeld ändert seine Lage, je nach Bestromung, die Amplitude bleibt konstant.

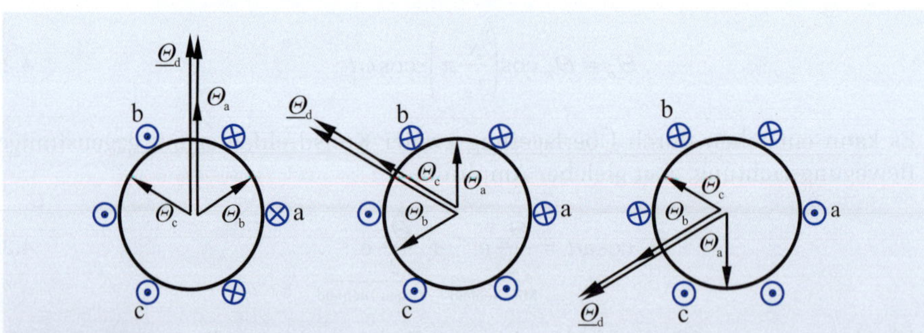

Abbildung 4.10 Drehfeldentstehung durch Wechselfelder: a) $t=t_1$, b) $t=t_2$, c) $t=t_3$

- Wellenlänge und Drehfrequenz: Die Drehfeldwelle läuft durch den Luftspalt entlang des Umfangs und hängt vom Innendurchmesser und von der Polpaarzahl ab. Die Wellenlänge

$$\lambda_\mathrm{d} = \frac{\pi \cdot D_\mathrm{i}}{p} = 2\tau_\mathrm{p} \qquad 4.30$$

ist damit gleich der doppelten Polteilung. Die Umfangsgeschwindigkeit der elektromagnetischen Welle berechnet sich aus der zurückgelegten Strecke geteilt durch die Periodendauer $T_\mathrm{d} = 1/f_1$ sodass

$$v_\mathrm{d} = \frac{\lambda_\mathrm{d}}{T_1} = \lambda_\mathrm{d} f_1 \qquad 4.31$$

Damit kann auch die Drehkreisfrequenz bestimmt werden zu

$$\omega_\mathrm{d} = \frac{v_\mathrm{d}}{R_\mathrm{i}} = \frac{2v_\mathrm{d}}{D_\mathrm{i}} = \frac{2\lambda_\mathrm{d} \cdot f_1}{D_\mathrm{i}} = \frac{2\pi f_1}{p} \qquad 4.32$$

und die Drehfelddrehzahl

$$n_\mathrm{d} \,/\, \mathrm{min}^{-1} = \frac{60}{p} f_1/\mathrm{Hz} \qquad 4.33$$

Tabelle 4.1 zeigt die Drehfelddrehzahlen für ausgewählte Polzahlen und Speisefrequenzen des Drehstroms.

Tabelle 4.1: Drehfelddrehzahlen

p	1	2	3	4	5	6	...	150
n_d in min^{-1} bei 50 Hz	3000	1500	1000	750	600	500	...	20
n_d in min^{-1} bei 60 Hz	3600	1800	1200	900	720	600	...	24

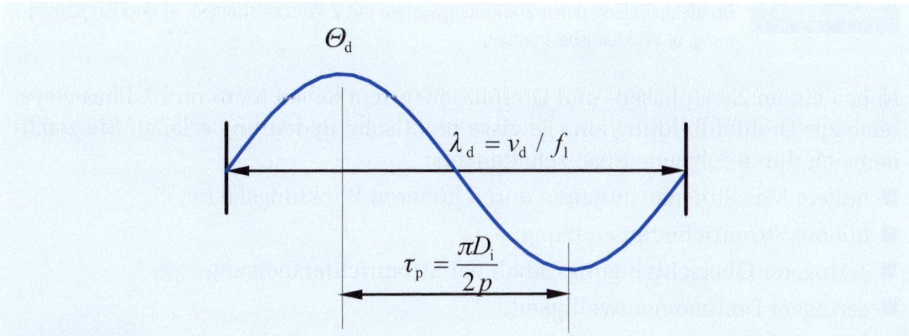

Abbildung 4.11 Bestimmungsstücke der Feldwelle

Drehfelderregerkurve und Drehfeldkurve: Diese ändern ihr Aussehen, je nach Bestromungszustand, sodass dreieck- bzw. trapezförmige Kurvenverläufe zustande kommen.

Beispiel 4.1: Drehfeldbildung

Ein Drehfeld kann auch durch entsprechende Speisung einer zweiphasigen Wicklung gebildet werden. Dies lässt sich leicht aus der komplexen Darstellung einer Raumzeigergröße ablesen. Die Drehdurchflutung wird durch den Durchflutungsraumzeiger

$$\underline{\Theta} = \hat{\Theta} e^{j(\omega_d t + \varphi_\Theta)} \tag{4.34}$$

beschrieben, der sich ausgehend von der Exponentialdarstellung in trigonometrischer Form wiedergeben lässt

$$\underline{\Theta} = \hat{\Theta}\left(\cos\left(\omega_d t + \varphi_\Theta\right) + j\sin\left(\omega_d t + \varphi_\Theta\right)\right) \tag{4.35}$$

In den trigonometrischen Funktionen sin und cos stecken die zeitlichen Funktionen der beiden einzuspeisenden Wechselströme. Die Aufgliederung in Real- und Imaginärteil gibt an, dass die örtliche Anordnung der beiden Wicklungen orthogonal zueinander vorgenommen werden muss. In ▶Abbildung 4.12 sind orthogonales Wicklungssystem und Stromspeisung angegeben.

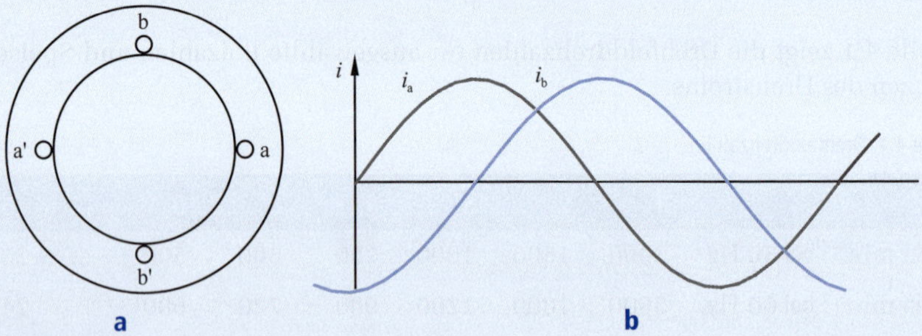

Abbildung 4.12 Drehfeldwicklung durch 2-Wicklungssystem mit 2 Wechselströmen: a) Wicklungsanordnung, b) Wicklungsbestromung

Neben einem Zweiphasen- und Dreiphasensystem haben 5-, 6- und 7-Phasensysteme zur Drehfeldbildung eine gewisse praktische Bedeutung erlangt. Sie zeichnen sich durch folgende Eigenschaften aus:

- höhere Maschinenausnutzung durch höheren Wicklungsfaktor,
- höhere Stromrichterausnutzung,
- geringerer Oberschwingungsgehalt bei Stromrichterspeisung
- geringere Drehmomentwelligkeit,
- höherer Fertigungsaufwand
- höherer Steuerungsaufwand

Sie werden insbesondere für Maschinen größerer Leistung (> 1 MW) interessant und gelegentlich für stromrichtergespeiste Mittelspannungsantriebe und Traktionsantriebe ausgeführt [4.6].

4.2 Spannungsinduktion eines Drehfeldes

Die Drehfeldwelle bewirkt bzgl. einer stationären Wicklung eine zeitliche Änderung des diese Wicklung durchsetzenden Flusses und erzeugt in dieser somit eine Induktionsspannung.

Die Feldwelle mit

$$B_\mathrm{d} = \hat{B}_\mathrm{d} \cos(\gamma - \omega_\mathrm{d} t) \qquad 4.36$$

wird in der komplexen Ebene unter Weglassen der Ortskoordinate beschrieben durch den Drehfeld-Induktionszeiger

$$\underline{B}_\mathrm{d} = \hat{B}_\mathrm{d}\, \mathrm{e}^{\mathrm{j}\omega_\mathrm{d} t} \qquad 4.37$$

Der über eine Fläche aufsummierte Luftspaltfluss ist durch Integration

$$\begin{aligned} \underline{\Phi}_\delta &= \int \underline{B} \cdot \mathrm{d}A = \frac{2}{\pi} \tau_\mathrm{p} \cdot l_\mathrm{i} \cdot \hat{B}_\mathrm{d} \cdot \mathrm{e}^{\mathrm{j}\omega_\mathrm{d} t} \\ &= \hat{\Phi}_\delta \cdot \mathrm{e}^{\mathrm{j}\omega_\mathrm{d} t} \end{aligned} \qquad 4.38$$

berechenbar und mit der betreffenden Wicklung verkettet, was über die Flussverkettung

$$\begin{aligned} \underline{\psi}_\mathrm{h} &= (w\xi)\underline{\Phi}_\delta = \frac{2}{\pi} \tau_\mathrm{p} \cdot l_\mathrm{i} (w\xi) \hat{B}_\mathrm{d} \cdot \mathrm{e}^{\mathrm{j}\omega_\mathrm{d} t} \\ &= \hat{\psi}_\mathrm{h} \cdot \mathrm{e}^{\mathrm{j}\omega_\mathrm{d} t} \end{aligned} \qquad 4.39$$

ausgedrückt werden kann.

Spannungsinduktion in einer ortsfesten Wicklung

Die zeitliche Änderung der Flussverkettung bewirkt eine Induktionsspannung in der zunächst betrachteten ortsfesten Wicklungen (▶Abbildung 4.13) mit

$$\underline{u}_\mathrm{i} = \frac{\mathrm{d}\underline{\psi}_\mathrm{h}}{\mathrm{d}t} = \mathrm{j}\omega_\mathrm{d} \cdot \hat{\psi}_\mathrm{h}\, \mathrm{e}^{\mathrm{j}\omega_\mathrm{d} t} = \mathrm{j}\omega_\mathrm{d} \underline{\psi}_\mathrm{h} \qquad 4.40$$

Der Betrag der Induktionsspannung, die durch Bewegungsinduktion zustande kommt, weist die in Tabelle 4.2 erläuterten Abhängigkeiten auf.

Tabelle 4.2: Abhängigkeiten der Induktionsspannung

$\hat{u}_\mathrm{i} \sim \omega_\mathrm{d}$	Elektrisch: Drehfeldkreisfrequenz
$\hat{u}_\mathrm{i} \sim \hat{\psi}_\mathrm{h}$	Magnetisch: Hauptflussverkettung
$\hat{u}_\mathrm{i} \sim \xi,\ w,\ l_\mathrm{i},\ \tau_\mathrm{p}$	Geometrisch: Wicklungsfaktor, Windungszahl, ideelle Länge, Polteilung
$\hat{u}_\mathrm{i} \sim \hat{\Theta}_\mathrm{d}\,(i \cdot w)$	Erregung: Erregerstrom, Windungszahl

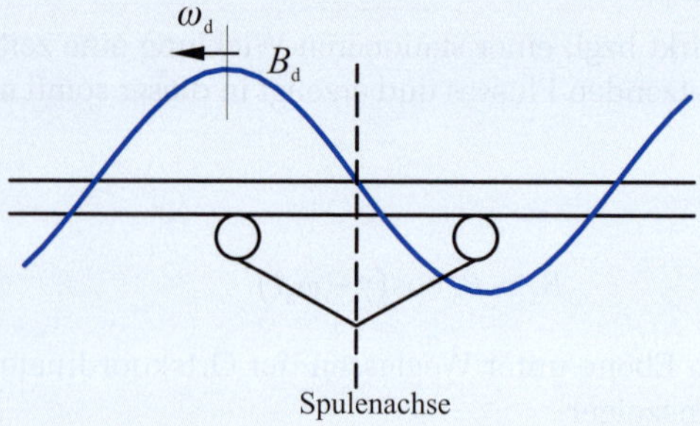

Abbildung 4.13 Spannungsinduktion in einer ortsfesten Wicklung

Sie tritt in Drehfeldmaschinen auf als

- selbsterzeugte Spannung: Das eigenerzeugte Drehfeld der Statorwicklung erzeugt in der ortsfesten Statorwicklung eine Selbstinduktionsspannung.
- fremderzeugte Spannung: Ein Rotordrehfeld einer Asynchron- oder Synchronmaschine induziert in den ortsfesten Statorwicklungen eine Bewegungsspannung.

Induzierte Spannung in ortsbeweglicher Wicklung

Das mit Drehfeldkreisfrequenz ω_d drehende Hauptfeld erzeugt durch seine zeitlich variable Flussverkettung in einer mit mechanischer Drehfrequenz ω bewegter Rotorwicklung nach ▶Abbildung 4.14 die Spannung

$$\begin{aligned} \underline{u}_\mathrm{i}^{\angle \mathrm{r}} &= \frac{\mathrm{d}\underline{\psi}_\mathrm{h}^{\angle \mathrm{r}}}{\mathrm{d}t} = \frac{\mathrm{d}}{\mathrm{d}t}\left(\hat{\psi}_\mathrm{h}\, \mathrm{e}^{\mathrm{j}(\omega_\mathrm{d}-\omega)t}\right) \\ &= \mathrm{j}\left(\omega_\mathrm{d}-\omega\right)\hat{\psi}_\mathrm{h}\, \mathrm{e}^{\mathrm{j}(\omega_\mathrm{d}-\omega)t} \\ &= \mathrm{j}\left(\omega_\mathrm{d}-\omega\right)\underline{\psi}_\mathrm{h}^{\angle \mathrm{r}} \end{aligned} \qquad 4.41$$

Die mit $\angle$r bezeichneten Zeiger werden hier von der Position der mit ω ortsbeweglichen Rotorwicklung betrachtet.

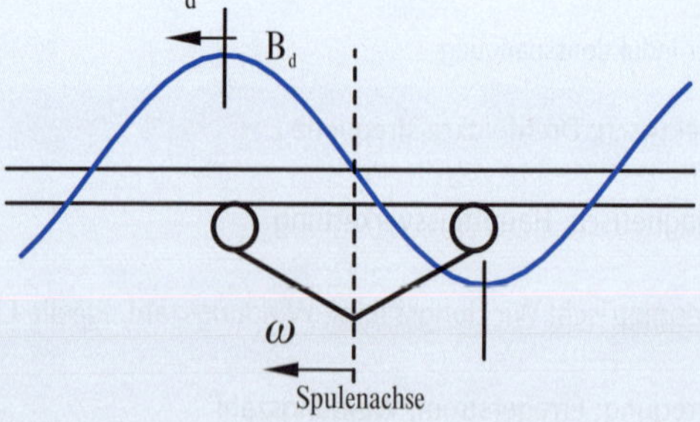

Abbildung 4.14 Spannungsinduktion in einer ortsveränderlichen Wicklung

Um den Bezug auf die Drehfrequenz herzustellen, ist es üblich, als Relativgröße den Schlupf mit

$$s = \frac{\omega_\mathrm{d} - \omega}{\omega_\mathrm{d}} \qquad 4.42$$

einzuführen, sodass sich die induzierte Rotorspannung nach Gl. 4.41 ergibt mit:

$$u_\mathrm{i}^{\angle \mathrm{r}} = \mathrm{j} s\,\omega_\mathrm{d}\,\underline{\psi}_\mathrm{h}^{\angle \mathrm{r}} = \mathrm{j} s\omega_\mathrm{d}\hat{\psi}_\mathrm{h}\,\mathrm{e}^{\mathrm{j}s\omega_\mathrm{d}t} \qquad 4.43$$

Den Zusammenhang zwischen Schlupf und Drehzahl gibt ▶Abbildung 4.15 wieder.

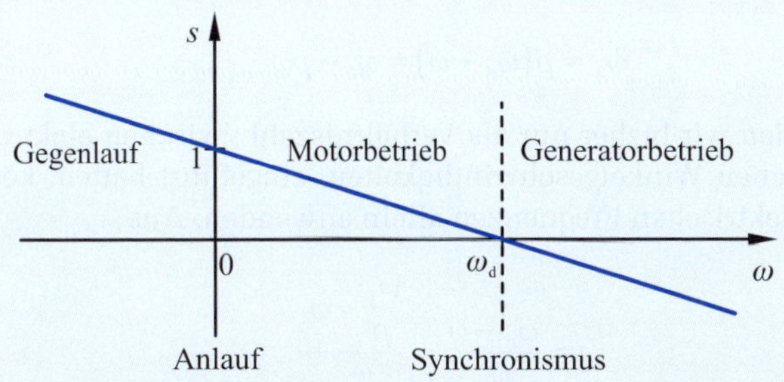

Abbildung 4.15 Drehzahlabhängigkeit des Schlupfes

Frequenzen magnetischer und elektrischer Größen

Die Vielzahl der Definitionen und Verwendungen von frequenzabhängigen bzw. schlupfabhängigen Größen macht es erforderlich hier nochmals auf die grundlegenden Zusammenhänge hinzuweisen:

- Die Drehfeldkreisfrequenz ω_d beschreibt die Winkelgeschwindigkeit des elektromagnetischen Drehfeldes im Luftspalt.

  Die elektrische Kreisfrequenz ω_1 der das Drehfeld erzeugenden Wechselströme in einer $2p$-poligen Drehstromwicklung ist p-mal größer als die Drehfeldfrequenz

$$\omega_\mathrm{d} = \frac{\omega_1}{p} \qquad 4.44$$

  Wird das Drehfeld mithilfe eines elektrisch oder permanentmagnetisch erregten $2p$-poligen Polrades einer Synchronmaschine gebildet, welches mit der Winkelgeschwindigkeit ω dreht, so ist die Drehfeldfrequenz p-mal kleiner

$$\omega_\mathrm{d} = \frac{\omega}{p} \qquad 4.45$$

- Die elektrische Kreisfrequenz bestimmt man aus der Speisefrequenz des Stators, in dem sich die ortsfeste Wicklung befindet, nach

$$\omega_1 = 2\pi f_1 \qquad 4.46$$

- Die elektrische Kreisfrequenz der rotorseitigen Ströme einer $2p$-poligen Drehstromwicklungen, die sich mit der mechanischen Winkelgeschwindigkeit ω drehen, lässt sich aus folgender Überlegung ableiten:

  Sowohl das Statorfeld als auch das Rotorfeld bilden zusammen das resultierende Drehfeld, also müssen beide anteiligen Drehfelder die gleiche Frequenz haben. Somit erhält man aus

$$\omega_\mathrm{d} = \frac{\omega_2}{p} + \omega = \frac{\omega_1}{p} \tag{4.47}$$

  die Beziehung zwischen den elektrischen Kreisfrequenzen und der mechanischen Winkelgeschwindigkeit zu

$$\omega_2 = p\left(\omega_\mathrm{d} - \omega\right) = \omega_1 - p\omega \tag{4.48}$$

- Den Schlupf, den wir bisher nur als Verhältniszahl zwischen elektromagnetischen und mechanischen Winkelgeschwindigkeiten, eingeführt hatten, können wir nun auch auf die elektrischen Frequenzen allein anwenden. Aus

$$s = \frac{\omega_\mathrm{d} - \omega}{\omega_d} = \frac{\dfrac{\omega_1}{p} - \omega}{\dfrac{\omega_1}{p}} \tag{4.49}$$

  kann erweitert werden mit Gl. 4.48 zu

$$s = \frac{\dfrac{\omega_1}{p} - \left(\dfrac{\omega_1}{p} - \dfrac{\omega_2}{p}\right)}{\dfrac{\omega_1}{p}} = \frac{\omega_2}{\omega_1} \tag{4.50}$$

  D. h. der Schlupf wird ebenfalls im Verhältnis der rotorseitigen zur statorseitigen elektrischen Kreisfrequenz abgebildet.

Die Zusammenhänge zwischen den Kreisfrequenzen bzw. Drehzahlen benötigen wir nun, um die Unterschiede im Fall der ortsfesten und ortsbeweglichen Drehstromwicklung herauszuarbeiten.

Beispiel 4.2: Betriebswerte Schleifringläufermotor

Eine Asynchron-Schleifringläufermaschine S11P 315 MY8 mit einer Nennleistung von 90 kW, ausgelegt für eine Netzfrequenz von 50 Hz, hat bei Nennbelastung eine Drehzahl von 742 min^{-1}. Es sind die wichtigsten Frequenzen in der Maschine zu bestimmen.

Zunächst wird die elektrische Statorfrequenz ermittelt, die sich aus der Angabe des 50-Hz-Betriebs mit

$$f_1 = f_n = 50\,\mathrm{Hz}$$

bzw.

$$\omega_1 = 2\pi f_1 = 314{,}15\,s^{-1}$$

sofort angeben lässt.

Die nächstliegende höhere Synchrondrehzahl liegt nach Tabelle 4.1 bei

$$n_0 = 750\,\text{min}^{-1}.$$

Damit kann die Polpaarzahl bestimmt werden aus

$$p = \frac{f_1}{n_0} = \frac{50\,\text{Hz}}{750\,\text{min}^{-1}} = \frac{60 \cdot 50\,\text{Hz}}{750\,\text{s}^{-1}} = 4.$$

Die Synchrondrehzahl ist zugleich die Drehfeldfrequenz

$$n_\text{d} = \frac{f_1}{p} = 750\,\text{min}^{-1}$$

bzw.

$$\omega_\text{d} = \frac{\omega_1}{p} = \frac{2\pi f_1}{p} = \frac{2\pi\, 50\,\text{s}^{-1}}{4} = 78{,}54\text{s}^{-1}.$$

Der Nennschlupf kann nunmehr ebenfalls berechnet werden gemäß

$$s_\text{N} = \frac{n_\text{d} - n_\text{N}}{n_\text{d}} = \frac{(750 - 742)\,\text{min}^{-1}}{750\,\text{min}^{-1}} = 0{,}01067.$$

Bleibt noch die elektrische Frequenz der Rotorgrößen, die sogenannte Schlupffrequenz zur Berechnung, die sich im Nennpunkt ergibt zu

$$f_{2\text{N}} = s_\text{N} f_1 = 0.01067 \cdot 50\,\text{Hz} = 0{,}534\,\text{Hz}$$

bzw.

$$\omega_{2\text{N}} = s_\text{N}\omega_1 = 0.01067 \cdot 2\pi 50\,\text{Hz} = 3{,}352\,s^{-1}.$$

Wie man sieht, ist die elektrische Frequenz auf der Rotorseite im Nennpunkt unter 1 Hz, was auf eine sogenannte steife Drehzahl-Drehmomenten-Charakteristik hindeutet.

Wirk- und Blindwiderstand einer Drehstromwicklung

Die in einer allgemeinen Drehstromwicklung (ortsfest oder ortsbeweglich) induzierte Wechselspannung treibt einen entsprechenden Wechselstrom. Amplitude und Phasenverschiebung des Wechselstroms in Bezug auf die Induktionsspannung sind abhängig vom Wechselstromwiderstand (Impedanz) der jeweiligen Wicklung.

Der Wicklungswiderstand hängt ab von den geometrischen Abmessungen (mittlere Länge l_m, Windungszahl w, Leiterquerschnitt A_L, Leitfähigkeit κ) und der Zusammenschaltung der Einzelspulen bei a parallel geschalteten Spulen und lautet

$$R = \frac{w \cdot l_m}{a \cdot \kappa \cdot A_L} \tag{4.51}$$

Der Blindwiderstand der Drehstromwicklung wird bestimmt durch die Haupt- und Streuinduktivitäten sowie die Kreisfrequenz des Wechselstroms:

$$X = \omega_0 (L_h + L_\sigma) \tag{4.52}$$

Die Hauptinduktivität wird aus dem Quotienten von Hauptflussverkettung und Strom bestimmt

$$L_h = \frac{\Psi_h}{I} = \frac{(w\xi)\Phi_h}{I} \tag{4.53}$$

Der Hauptfluss selbst hängt wieder von der Drehfelddichte ab

$$\Phi_h = \frac{2}{\pi}\tau_p \cdot l_i \cdot B_1 \tag{4.54}$$

und diese wird durch die Drehdurchflutung und den Luftspalt bestimmt nach

$$B_1 = \frac{\Theta_1}{\delta} \cdot \mu_0 \tag{4.55}$$

Bleibt noch die Drehdurchflutung, die wie bereits hergeleitet das 1,5-fache der Wechseldurchflutung beträgt, sodass wir erhalten

$$\Theta_1 = \frac{\sqrt{2}}{4} 3 \cdot \frac{(w\xi_1)}{p} \cdot \hat{I} \tag{4.56}$$

Damit kann man alles zusammenrechnen und erhält für die Hauptinduktivität

$$L_h = \frac{2}{\pi^2} \cdot \mu_0 \frac{l_i \tau_p}{\delta p} (w\xi_1)^2 \tag{4.57}$$

Die *Streuinduktivität* vermittelt zwischen Strom und Streufeld in Nut, Stirn- und Wickelkopf. Es gilt

$$L_\sigma = \sigma_1 \cdot L_h \tag{4.58}$$

Der *Streufaktor* σ_1 setzt sich dann aus den Einzelstreuanteilen zusammen, die hier nicht weiter differenziert werden sollen.

Nun ist noch zu unterscheiden, welche Impedanz durch die Kreisfrequenz des Stromes wirksam wird.

Für den Stator mit der ortsfesten Wicklungen, die mit Wechselströmen der Speisefrequenz f_1 gespeist werden, erhält man die wirksame Reaktanz zu:

$$X_1 = \omega_1 (L_h + L_{1\sigma}) \tag{4.59}$$

Die Rotorwicklungen führen dagegen Wechselströme der Schlupffrequenz f_2, die sich aus den bisher eingeführten Frequenzen bestimmt

$$\omega_2 = \omega_1 - \omega = p\omega_d - \omega = s\omega_1 \qquad 4.60$$

Somit kann für den Rotor eine Impedanz von

$$X_2 - \omega_2\left(L_h + L_{2\sigma}\right) - s\omega_1\left(L_h + L_{2\sigma}\right) \qquad 4.61$$

aufgeschrieben werden. Zusammenfassend lassen sich somit die in Tabelle 4.3 angegebenen Impedanzen bestimmen.

Tabelle 4.3: Frequenzabhängige Impedanzen

Statorimpedanz	$\underline{Z}_1 = R_1 + \mathrm{j}\omega_1 L_1$	4.62
Rotorimpedanz	$\underline{Z}_2 = R_2 + \mathrm{j}s\,\omega_1 L_2$	4.63

Je nach Verhältnis des induktiven zum resistiven Widerstand stellt sich eine Verschiebung zwischen Strom und Spannung ein, die sich für die Statorseite zu

$$\varphi_1 = \arctan\frac{X_1}{R_1} = \arctan\frac{\omega_1 L_1}{R_1} \qquad 4.64$$

und für die Rotorseite zu

$$\varphi_2 = \arctan\frac{X_2}{R_2} = \arctan\frac{s\omega_1 L_2}{R_2} \qquad 4.65$$

ergibt. Für beide betrachteten Ströme in den zum Drehfeld unterschiedlich bewegten Drehstromwicklungen gilt gleichermaßen die Frequenzabhängigkeit des Phasenwinkels. Für die Rotorströme kommt die Abhängigkeit vom Schlupf dazu. Die für die Drehmomentbildung verantwortliche Lorentzkraft wird aufgrund der schlupfabhängigen Phasenverschiebung des Stromes gegenüber der induzierten Hauptfeldspannung und damit der Drehfelddichte eine Reduzierung erfahren.

Dieser Sachverhalt wird im nächsten Kapitel näher erläutert.

4.3 Drehmomentbildung in Drehfeldmaschinen

Eine anschauliche Vorstellung über die Drehmomentbildung kann man sich verschaffen, wenn von einer Kraftwirkung auf bewegte Ladungen im Magnetfeld (Lorentz-Kraft) ausgegangen wird. Die Lorentzkraft ergibt sich aus dem Kreuzprodukt von Längenvektor und Felddichtevektor (Beachte: Es handelt sich hier um Vektoren und nicht um komplexe Zeiger)

$$\vec{F} = I \cdot \left(\vec{l} \times \vec{B}\right) \qquad 4.66$$

mit

$$F = I \cdot l \cdot B \cdot \sin\left(\sphericalangle \vec{l}, \vec{B}\right) \qquad 4.67$$

Stehen Längenvektor und Magnetfeld senkrecht aufeinander, und das ist im Allgemeinen gegeben, gilt

$$F = B \cdot I \cdot l \qquad 4.68$$

Das Drehmoment ergibt sich aus der flächenbezogenen Kraft

$$M = \frac{D_{\mathrm{i}}}{2} \int \frac{\partial F}{\partial A} \cdot \mathrm{d}A \qquad 4.69$$

(D_{i}: Innendurchmesser, Bohrungsdurchmesser)

Aus der differentiellen Fläche $\mathrm{d}A = l_{\mathrm{i}}\mathrm{d}x$ bei einer Zylinderfläche von $A = \pi D_{\mathrm{i}} l_{\mathrm{i}}$ und der Kraftdichte

$$\frac{\partial F}{\partial A} = \frac{B_{\mathrm{d}} \cdot I_2 \cdot l_{\mathrm{i}}}{\pi D_{\mathrm{i}} \cdot l_{\mathrm{i}}} = B_{\mathrm{d}} \cdot A_2 \qquad 4.70$$

mit dem Rotorstrombelag

$$A_2 = \frac{I_2}{\pi \cdot D_{\mathrm{i}}} \qquad 4.71$$

erhält man schließlich

$$M = \frac{D_{\mathrm{i}}}{2} l_{\mathrm{i}} \int_0^{\pi D_{\mathrm{i}}} B_{\mathrm{d}} \cdot A_2 \,\mathrm{d}x \qquad 4.72$$

bzw. mit der Winkelbeziehung

$$\mathrm{d}x = \frac{D_{\mathrm{i}}}{2} \mathrm{d}\vartheta \qquad 4.73$$

folgt

$$M = \frac{D_{\mathrm{i}}^2}{4} l_{\mathrm{i}} \int_0^{2\pi} B_{\mathrm{d}} \cdot A_2 \,\mathrm{d}\vartheta \qquad 4.74$$

Die Grundwellen lauten ausgeschrieben für die

Drehfeldwelle: $B_{\mathrm{d}} = \hat{B}_{\mathrm{d1}} \cdot \cos(\vartheta - \varphi_{\mathrm{B}})$ 4.75

Strombelagswelle: $A_2 = \hat{A}_2 \cdot \cos(\vartheta - \varphi_{\mathrm{A}})$ 4.76

Durchflutungswelle: $\Theta_2 = \hat{\Theta}_2 \cdot \cos(\vartheta - \varphi_{\Theta})$ 4.77

wobei auch geschrieben werden kann

$$\Theta_2 = -\int A_2 \,\mathrm{d}\vartheta = \hat{\Theta}_2 \cdot \cos(\vartheta - \varphi_{\Theta}) \qquad 4.78$$

mit

$$\hat{\Theta}_2 = \frac{\tau_p}{\pi} \hat{A}_2 = \frac{D_i}{2p} \hat{A}_2 \qquad 4.79$$

und löst das Drehmomentintegral, so ergibt sich mit dem Rotorstrombelag

$$M = \frac{\pi}{4} D_i^2 l_i \hat{A}_2 \cdot \hat{B}_d \cdot \sin(\varphi_B - \varphi_\Theta) \qquad 4.80$$

bzw. mit der Rotordurchflutung nach Gl. 4.79

$$M = \frac{\pi}{2} D_i l_i p \cdot \hat{\Theta}_2 \cdot \hat{B}_d \cdot \sin(\varphi_B - \varphi_\Theta) \qquad 4.81$$

Die Drehmomentformel kann aber auch im Komplexen formuliert werden wegen der Sinusfunktion des eingeschlossenen Winkels zwischen der Drehfelddichte und der Rotordurchflutung und der komplexen Raumzeiger der Drehfelddichte $\underline{B}_d = \hat{B}_d \, e^{j(\omega_d t + \varphi_B)}$ und der Rotordurchflutung

$$\underline{\Theta}_2 = \hat{\Theta}_2 \, e^{j(\omega_d t + \varphi_\Theta)}$$

mit

$$M = \frac{\pi}{2} D_i \cdot l_i \, p \cdot \mathrm{Im}\{\underline{B}_d \cdot \underline{\Theta}_2^*\} \qquad 4.82$$

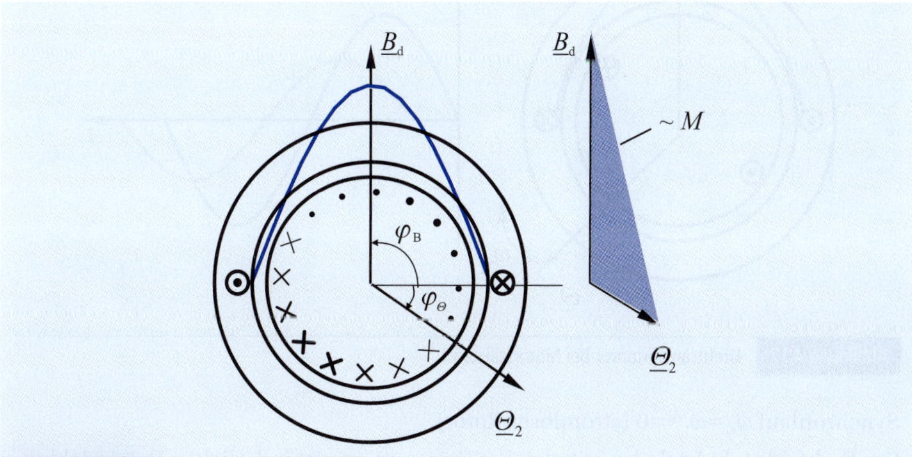

Abbildung 4.16 Geometrische Deutung des Drehmoments

▶Abbildung 4.16 gibt die elektromagnetischen Zustände einer Drehfeldmaschine wieder. Es lässt sich erkennen, dass die von beiden Zeigern aufgespannte Fläche des Parallelogramms proportional zum erzeugten Drehmoment ist. Das Drehmoment wird umso größer, je größer der Differenzwinkel zwischen beiden Drehfeldgrößen ist.

Nunmehr wollen wir mit Kenntnis des Drehmomentes und der Frequenzverhältnisse die Betriebszustände in einer Drehfeldmaschine studieren.

4.4 Betriebszustände der Drehfeldmaschinen

In diesem Kapitel werden die vorangehend behandelten Einzelerscheinungen zusammengeführt. Es lassen sich folgende Betriebszustände unterscheiden:

- Stillstand $\omega=0$, s=1 (festgebremster Rotor)

  Das mit Drehfeldfrequenz ω_d drehende Drehfeld bewirkt eine sinusförmige Änderung der Flussverkettung mit den stillstehenden Rotorwicklungen, sodass für die induzierte Rotorspannung gilt $u_{i2}{\sim}\omega_d$. Das Spannungsverhältnis auf Stator- und Rotorseite ist abhängig von der magnetischen Kopplung. Die Phasenlage zugeordneter Wicklungen ist abhängig von der Rotorlage. Man erhält damit einen Drehtransformator, bei dem sich durch Änderung der Rotorlage der Phasenwinkel zwischen Eingangs- und Ausgangsspannung variieren lässt (▶Abbildung 4.17).

- Anlaufpunkt $\omega=0$, $s=1$ (freier Rotor)

  Die Spannungs-Strom-Verhältnisse im Rotor entsprechen dem Zustand beim festgebremsten Rotor. Der durch den ohmschen Anteil im Rotor fließende Wirkstrom erzeugt in Wechselwirkung mit dem Drehfeld ein sogenanntes Anlaufmoment.

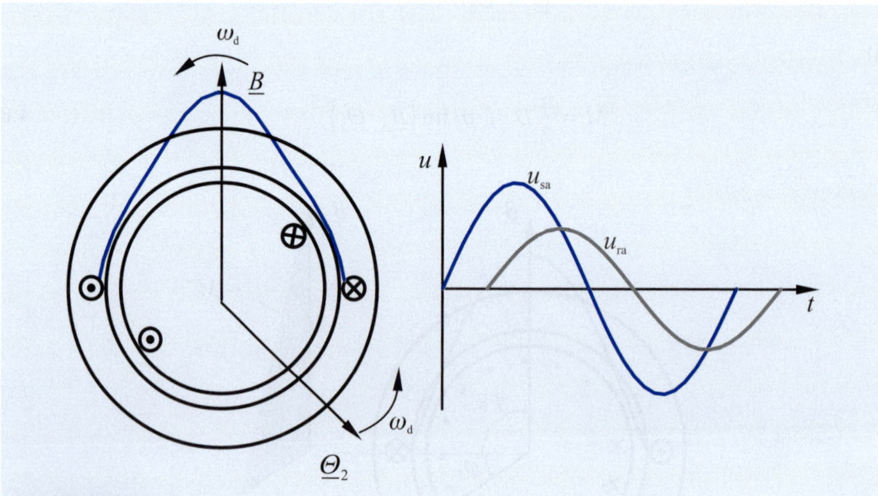

Abbildung 4.17 Drehtransformator bei Motorstillstand

- Synchronlauf $\omega_d=\omega$, $s=0$ (stromloser Rotor)

  Das Drehfeld steht bzgl. der mit gleicher Frequenz ortsveränderlichen Rotorwicklungen still, sodass sich eine konstante Flussverkettung ergibt. Demzufolge wird in den Rotorwicklungen keine Spannung induziert, es fließt ebenso kein Rotorstrom, sodass im Synchronlauf auch kein Drehmoment entwickelt werden kann. (▶Abbildung 4.18)

- Synchronlauf $\omega_d=\omega$, $s=0$ (fremderregter Rotor)

  Damit im Synchronismus ein Drehmoment aufgebracht werden kann, muss der Rotor fremderregt werden mit Gleichstrom. Die Rotordurchflutung dreht sich dann ebenso schnell wie die Drehfelddichte. (▶Abbildung 4.19)

- Untersynchronlauf $\omega<\omega_d$, 0<s<1

  Die schlupfabhängige Flussverkettungsänderung nach Gl. 4.41 erzeugt eine schlupffrequente und schlupfproportionale induzierte Rotorspannung, ▶Abbildung 4.20.

  Fasst man die Rotorwicklung bei kleinen Schlupffrequenzen idealerweise als ohmschen Widerstand auf, so ist auch der erzeugte Rotorstrom und die von ihm aufgebaute Rotordurchflutung schlupfproportional. Dadurch kann das erzeugte Drehmoment mit steigendem Schlupf zunehmen.

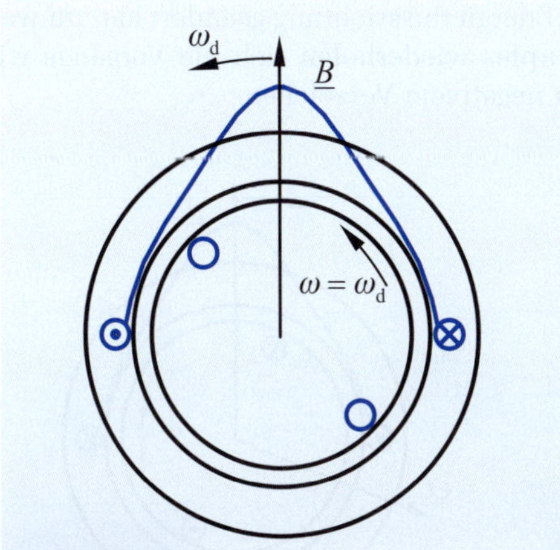

Abbildung 4.18 Drehfeldgrößen im stromlosen Synchronismus

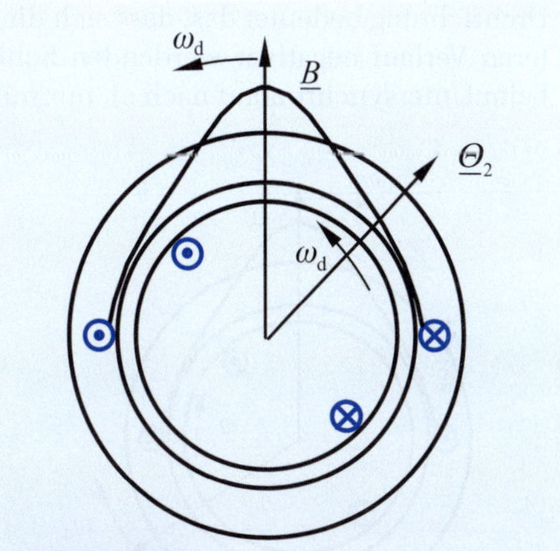

Abbildung 4.19 Drehfeldgrößen im fremderregten Synchronismus

Die realen Verhältnisse in den Rotorwicklungen ändern sich bei steigendem Schlupf, weil dann die induktive Wirkung der Rotorreaktanz wegen

$$X_2 = \omega_2 \cdot L_2 = s \cdot \omega_1 \cdot L_2$$

zunimmt und dazu führt, dass bei gleicher induzierter Spannung die Rotorstromamplitude

$$\hat{i}_2 = \frac{\hat{u}_{2h}}{\sqrt{R_2^2 + \left(s\,\omega_1 L_2\right)^2}} \qquad 4.83$$

sinkt und die Phasenverschiebung des Rotorstromes

$$\varphi_i = \arctan\frac{s\,\omega_1 L_2}{R_2} \qquad 4.84$$

in Bezug auf die induzierte Spannung zunimmt. Damit reduziert sich der Winkel zwischen Rotordurchflutung und Drehfeld $\varphi_B - \varphi_\Theta$. Die Überlagerung beider Effekte sowie der Schlupfanstieg führen zunächst zu einem unterproportionalen Drehmomentanstieg, bis sich die Tendenz umkehrt und das Drehmoment mit weiter steigendem Schlupf abfällt.

- Übersynchronlauf $\omega > \omega_d$, $s < 0$

  Wird der Rotor durch eine äußere Kraft, z. B. ein Turbinenmoment, schneller als das Drehfeld bewegt (▶Abbildung 4.21), wird mit negativer werdendem Schlupf eine Flussverkettungsänderung zu den Rotorwicklungen zu einer wieder betragsmäßig ansteigenden induzierten Spannung, jedoch mit umgekehrter Phasenlage, zum Untersynchronlauf führen. Die Amplituden von Spannung und Strom sind schlupfproportional bzw. annähernd schlupfproportional. Das Drehmoment wird wegen des negativen Schlupfes ebenfalls negativ, d. h. generatorisch. Bei gleicher Drehrichtung bedeutet das, dass sich die Energieflussrichtung geändert hat. Im weiteren Verlauf negativer werdenden Schlupfes wiederholen sich die Vorgänge wie beim Untersynchronlauf nach c), nur mit negativem Vorzeichen.

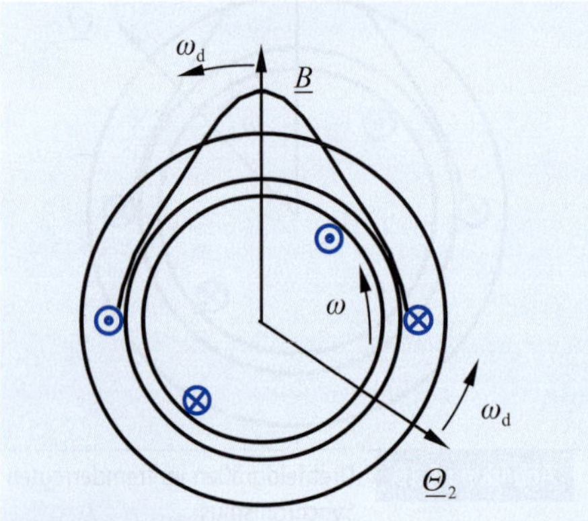

Abbildung 4.20 Untersynchroner Betrieb

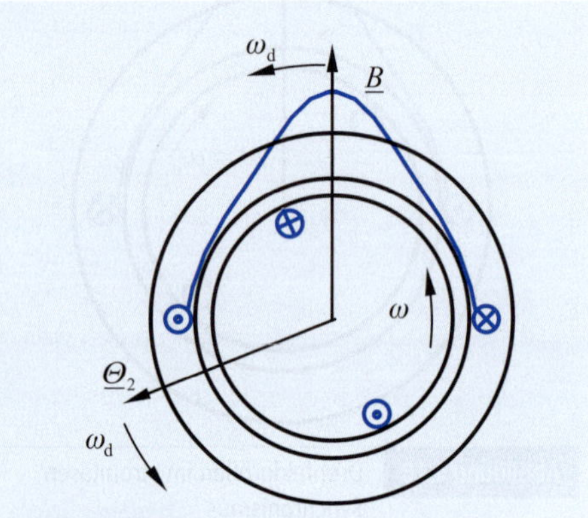

Abbildung 4.21 Übersynchroner Betrieb

- Gegenlauf $\omega_d < 0$, $\omega > 0$, $s > 1$ (▶Abbildung 4.22)

  Erzeugt man das Drehfeld in entgegengesetzter Richtung zum aktuellen Rotordrehsinn, dann nehmen der im Rotor durch die induzierte Spannung fließende Strom und dessen aufgebaute Durchflutung einen negativen Winkel in Bezug auf das Drehfeld ein. Das erzeugte Drehmoment versucht dann die Maschine abzubremsen.

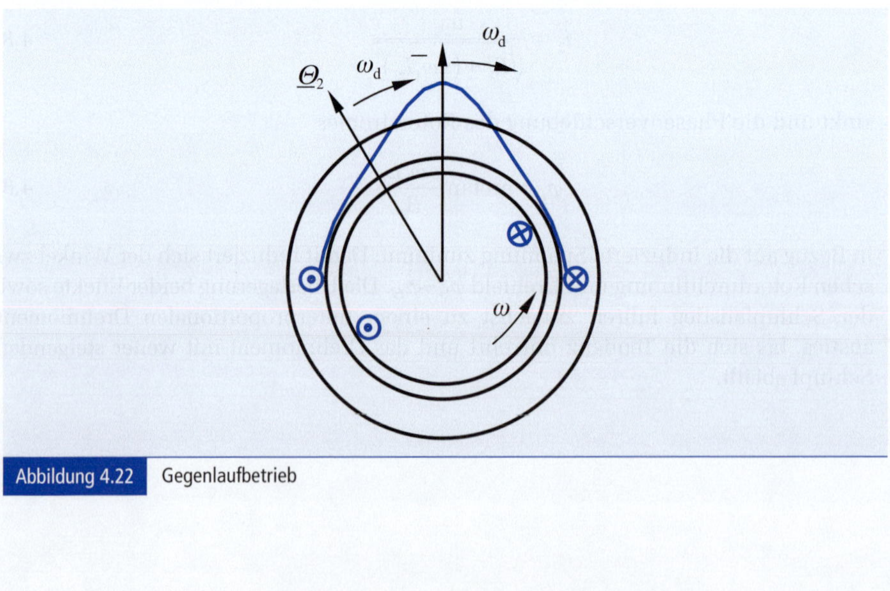

Abbildung 4.22 Gegenlaufbetrieb

Die oben untersuchten Betriebszustände lassen sich nun in einem gemeinsamen Diagramm erfassen, ▶Abbildung 4.23.

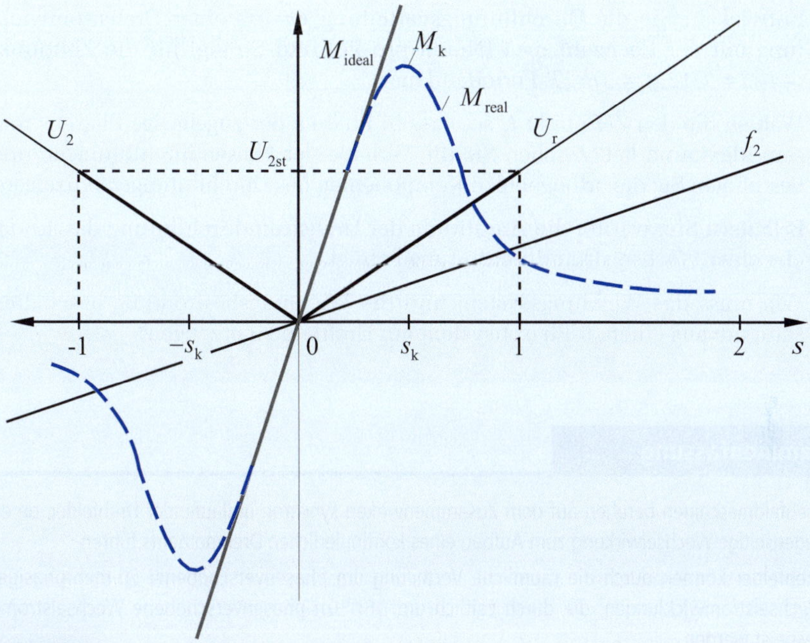

Abbildung 4.23 Schlupfabhängige Betriebsgrößen

Danach gelten folgende Zusammenhänge:

für die elektrische Rotorfrequenz	$f_2 = s \cdot f_1$
für die Rotorspannung	$U_2 = s \cdot U_{2st}$
	(U_{2st}: Rotorstillstandsspannung für s = 1)
für das ideale Drehmoment	$M = s \cdot M_{st}$
	(M_{st}: Stillstandsmoment für s = 1).

Für das reale Drehmoment entsteht ein Maximum, wenn Rotorstrombetrag und -phasenlage die günstigsten Werte beim sogenannten Kippschlupf annehmen, vgl. auch Kapitel 5. Wenn der Schlupf über den Kippschlupf hinaus weiter ansteigt, nimmt zwar über die induzierte Spannung auch der Rotorstrombetrag weiter zu. Aber die Phasenlage des Rotorstromes gegenüber der induzierten Hauptfeldspannung verschlechtert sich, sodass auch die Rotordurchflutung mit der Drehfelddichte einen ungünstigeren größeren Winkel einschließt.

CWS COMPANION WEBSITE WWW.PEARSON-STUDIUM.DE

Lösungen

Aufgaben

1 Entwickeln Sie die Durchflutungsverteilung Θ=f(x) einer Drehstromwicklung mit der Lochzahl q=5 (Nuten pro Pol und Strang) für die Zeitpunkt t=t_1, t= T/12, t = T/6 (T: Periodendauer).

2 Wählen Sie den Zeitpunkt t_1 so, dass in Phase a der zugehörige Phasenstrom sein Maximum hat. Zeichen Sie die Verläufe der Phasendurchflutungen und bestimmen Sie die orthogonalen Komponenten des Durchflutungsraumzeigers.

3 Erläutern Sie, warum die Amplitude der Drehstromdurchflutung das 1,5-fache einer Wechselstromdurchflutung beträgt.

4 Wie muss das Wicklungssystem und die Wicklungsbestromung beschaffen sein, um aus einem 5-Phasensystem ein Drehfeld zu erzeugen?

Zusammenfassung

- Drehfeldmaschinen beruhen auf dem Zusammenwirken synchron umlaufender Drehfelder, deren gegenseitige Wechselwirkung zum Aufbau eines kontinuierlichen Drehmoments führen
- Drehfelder können durch die räumliche Verteilung um phasenverschobener m-mehrphasiger Wechselstromwicklungen, die durch zeitlich um $360°/m$ phasenverschobene Wechselströme gespeist werden.
- Drehfelder lassen sich alternativ durch Drehung sinusähnlich verteilter Gleichfelder erzeugen.
- Drehfelder induzieren in zu ihnen in Ruhe befindlichen bzw. mit differierender Drehfrequenz rotierenden Wicklungen Induktionsspannungen.
- Eine besonders effektive Form des Drehfeldes liegt mit dem Kreisdrehfeld vor, das eine konstante Feldamplitude besitzt und sich im stationären Fall mit konstanter Umlaufgeschwindigkeit bewegt.
- Das Wechselfeld ist als Sonderfall einer Feldwelle aufzufassen, die sich im Luftspalt nicht fortbewegt, aber sich in zwei gegeneinander laufende gleich große Drehfelder zerlegen lässt.

Literatur

[4.1] Bödefeld, Th.; Sequenz, H.: Elektrische Maschinen. Springer, Wien 1962

[4.2] Richter, R.: Elektrische Maschinen. Birkhäuser, Basel 1967

[4.3] Sequenz, H.: Die Wicklungen elektrischer Maschinen. Bd. Wechselstrom-Ankerwicklungen, Springer, Wien 1950

[4.4] Kovac, K.P. ; Racz, I.: Transiente Vorgänge in Wechselstrommaschinen Bd.2, Budapest, Verlag der Ungarischen Akademie der Wissenschaften 1959

[4.5] Stepina, J.: Komplexe Grundgleichungen der Asynchronmaschine. Archiv für Elektrotechnik Band 73 (1990) Heft 1, Seite 45-49

[4.6] Steimel. A.: Elektrische Triebfahrzeuge und ihre Stromversorgung. Oldenbourg Industrieverlag, 2. Auflage, 2006

Induktionsmaschinen

5

ÜBERBLICK

» Induktions- bzw. Asynchronmaschinen sind die in der industriellen Praxis gegenwärtig am häufigsten verwendeten Drehfeldmaschinen. Sie zeichnen sich durch besondere Robustheit aus, da die Energieübertragung vom unbewegten zum bewegten Hauptelement rein induktiv, d. h. kontaktlos, erfolgt. Damit sind kein Kommutator wie beim Anker der Gleichstrommaschine und keine Schleifring-Bürstenkontakte wie bei der elektrisch erregten Synchronmaschine erforderlich, die mechanischen und elektrischen Verschleiß unterliegen und eine Gefährdung durch Funkenbildung mit sich bringen.

Der Begriff Induktionsmaschine deutet auf die Entstehung des Rotorstromes als Folge der Induktionswirkung des Drehfeldes hin.

Der im modernen Sprachgebrauch übliche Begriff der Asynchronmaschine zeigt an, dass sich Drehfeld und Rotor als Ort der Induktionswirkung bei Belastung asynchron zueinander verhalten müssen. «

Lernziele

Zum Grundverständnis der Induktionsmaschine gehören:

- die Voraussetzungen zur Drehfeldbildung zu erkennen;
- die grundsätzliche Wirkungsweise des Drehfelds so zu verstehen, dass sowohl mehr- als auch einphasige Maschinen in ihrem Betriebsverhalten beschrieben werden können;
- die vom Drehfeld ausgehende Spannungsinduktion in Abhängigkeit vom Betriebspunkt zu erklären;
- die elektromagnetischen, stationären Vorgänge durch ein elektrisches Ersatzschaltbild hinreichend genau wiederzugeben;
- Zeigerbilder zur Beschreibung stationärer Betriebszustände aufzustellen und daraus die Ortskurve des Statorstroms zu entwickeln;
- wichtige Kennwerte wie Leistungsfaktor und Wirkungsgrad aus der Statorstrom-Ortskurve zu bestimmen und ihr lastabhängiges Verhalten zu erkennen;
- besondere Betriebszustände wie Anlauf, Bremsen und Kurzschluss zu beschreiben und schaltungstechnische Maßnahmen zu entwickeln;
- Drehzahlsteuergesetze aus den Betriebsgleichungen abzuleiten und ihre Parameterabhängigkeit zu verstehen.

Induktions- bzw. Asynchronmaschinen zeichnen sich durch einen sehr hohen erreichten Stand der Technik aus. Sie besitzen einen einfachen und kompakten Aufbau, Masse und Laufgeräusche sind akzeptabel. Sie eignen sich hervorragend für eine automatisierte Fertigung und erfordern geringe Anschaffungskosten. Die verwendeten Materialien (Eisen, Kupfer, Aluminium) gehören zu den leicht verfügbaren Werkstoffen. Die Betriebskosten hängen vom jeweiligen Einsatzfall ab, sie lassen sich aber bei Verwendung von Motoren höherer Effizienzklassen wirkungsvoll senken. Asynchronmaschinen besitzen ein für die elektrische Antriebstechnik günstiges Betriebsverhalten, da sie im Betrieb überlastbar und robust sind. Wartungs- und Instandhaltungskosten sind gering. Sie sind sowohl am öffentlichen Energieversorgungsnetz drehzahlstarr als auch mit Frequenzumrichtern drehzahlvariabel betreibbar.

5.1 Konstruktiver Aufbau

5.1.1 Stator

Der Stator übernimmt einen Teil des Magnetkreises und nimmt die Drehstromwicklung auf, die die Durchflutung zur Drehfelderzeugung aufbaut.

Das Statorgehäuse nach ▸Abbildung 5.1 hat die Funktion, die Maschine mechanisch zu tragen, den Schutz vor Schmutz und Feuchtigkeit zu garantieren und durch eine entsprechende Formgebung die Kühlbedingungen zu verbessern. Durch Aufsetzen von Kühlrippen kann der vom Lüfterrad bewegte Kühlstrom zu einer verbesserten Wärmeabführung beitragen. Das Statorgehäuse besteht aus nicht ferromagnetischem Material, um den Magnetflussweg nicht zu beeinflussen (Leichtmetalldruckguss, Grauguss oder Walzstahl-Schweißkonstruktionen). Die konkrete Ausgestaltung des Gehäuses kann für die Geräuschentstehung durch Körperschall wichtig sein und ist deshalb mit Sorgfalt auszuführen.

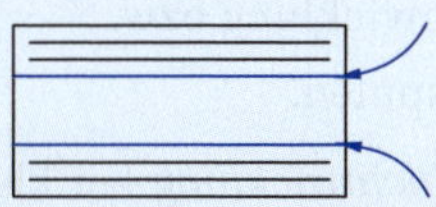

Abbildung 5.1 Motorgehäuse

Das zylinderförmige Blechpaket dient zur Führung des Drehflusses und besteht aus rotationssymmetrischen Vollringblechen (▸Abbildung 5.2) für kleine Maschinen oder segmentiert geschichteten Blechen für größere Maschinen (▸Abbildung 5.3)

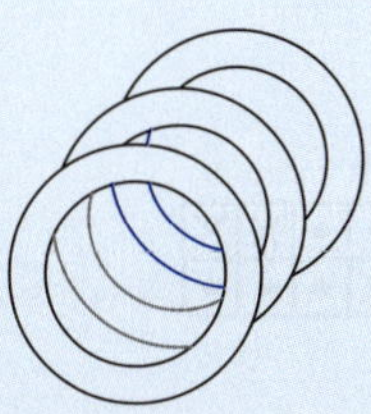

Abbildung 5.2 Vollringblech

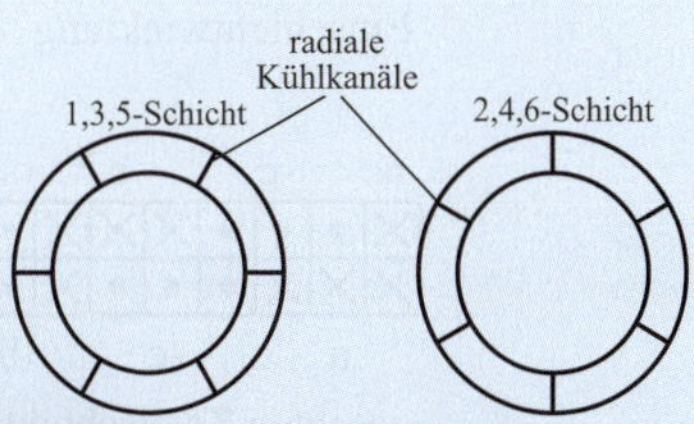

Abbildung 5.3 Segmentiertes Blech

Verwendet werden Dynamobleche 0,5 mm (Standardmotoren) oder 0,35 mm (Energiesparmotoren), die ein- oder zweiseitig isoliert sind und eine gute Magnetisierbarkeit bei kleinen Ummagnetisierungs- und Wirbelstromverlusten besitzt. Die Verlustziffer beträgt p_{VH}= 1-3W/kg.

In das Blechpaket sind axiale Nuten eingezogen, die die Wicklung aufnehmen und je nach gewählter Wicklung als offene oder halboffene Nuten gestaltet sind. Der Klemmenkasten gestattet den Anschluss der Motorkabel an die Stator- bzw. Rotorwicklungen, vgl. Abb. 5.4a. Die jeweiligen Schaltbilder von Käfig- und Schleifringläufermaschine zeigt Abb 5.4b.

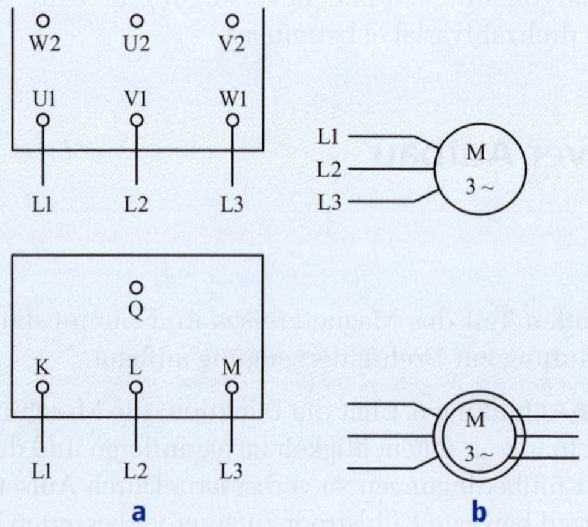

Abbildung 5.4 Anschlussklemmen (a) und Schaltbilder (b)

Die Statorwicklung dient zur Stromzufuhr und Durchflutungserzeugung und wird eingesetzt als:

- Träufelwicklung oder Durchziehwicklung bzw.
- vorgeformte und isolierte Formspulen.

Die Wicklungen können als *Einschichtwicklung* bei kleinen Maschinen und als meist *gesehnte Zweischichtwicklung* für größere Maschinen ausgeführt sein, deren Zonenpläne in ▸Abbildung 5.5 gezeigt sind. Die Verschaltung der Wicklungsstränge erfolgt in Stern- oder Dreieckschaltung.

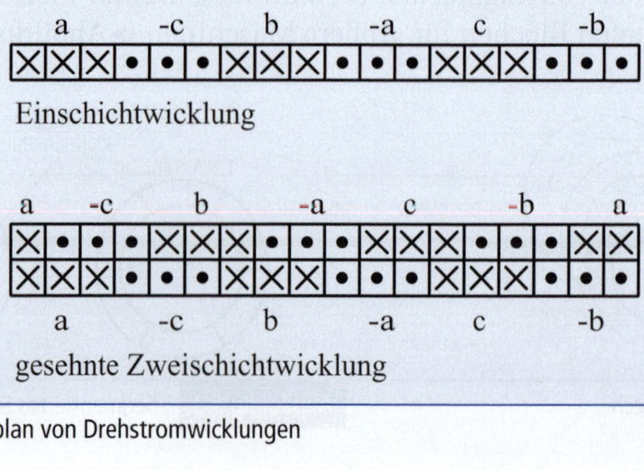

Abbildung 5.5 Zonenplan von Drehstromwicklungen

Stator und Rotor sind durch den Luftspalt konstanter Breite ($\delta > 0{,}5$ mm) getrennt. Er wird vom Luftspaltfluss durchsetzt, der das Drehmoment und damit die Leistungsübertragung bestimmt. Um den Magnetisierungsbedarf klein zu halten und den Leistungsfaktor zu maximieren, sollte der Luftspalt so klein wie möglich gewählt werden. Technologiegrenzen, Betriebssicherheit und Oberflächenverluste erfordern einen größeren Luftspalt.

5.1.2 Rotor

Hinsichtlich der Rotorgestaltung unterscheidet man in Schleifring- und Käfigläufer.

Schleifringläufer

Beim Schleifringläufer ist eine meist in Stern geschaltete Einschichtwicklung als Wellenwicklung anzutreffen. Die Polpaarzahl der Schleifringläuferwicklung p_2 wird identisch zur Statorwicklung p_1 gewählt

$$p_1 = p_2 \qquad 5.1$$

da sich ansonsten Stromsysteme und Durchflutungen mit verschiedenen Polen ausbilden können.

Die Wicklungszuführungen müssen mit den Schleifringen verbunden werden. Der Schleifringapparat besteht aus den auf dem Läufer befindlichen Schleifringen und den ortsfesten Bürsten. Beide bilden Metall-Kohle oder Graphit-Graphit-Paarungen, die einer erheblichen elektrischen und mechanischen Beanspruchung unterliegen. Die damit verbundene Abnutzung führt zu endlichen Standzeiten (in der Regel 1 Jahr), nach denen eine Wartung oder ein Komplettaustausch vorgenommen werden müssen.

Der Rotorkörper selbst besteht aus einer Schweißkonstruktion oder aus einem Läuferblechpaket direkt auf der Welle.

Käfigläufer

Der Käfig- oder Kurzschlussläufer wird aus einem Aluminium-Profil-Käfig, bestehend aus legierten Alu-Stäben und Kurzschlussringen mit Lüfterflügeln oder einzelnen Kupfer- oder Messingstäben und Kurzschlussringen, gefertigt vgl. ▶Abbildung 5.6. Aluminiumkäfige lassen sich besonders kostengünstig durch ein Druckgußverfahren fertigen und sind deshalb für eine Massenfertigung vorteilhaft.

Neuer Entwicklungen verwenden anstelle Aluminium- auch Kupferstäbe, die zu einer erheblichen Verlustreduktion im Rotor führen und sich deshalb für Motoren mit höheren Effizienzklassen eignen.

Man unterscheidet in Einfachkäfig und Doppelkäfig (▶Abbildung 5.7), die zur mehr oder minder starken Ausprägung der *Stromverdrängung* im Anlauf führen.

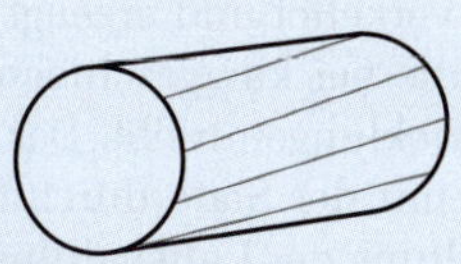

Abbildung 5.6 Einfachkäfignuten

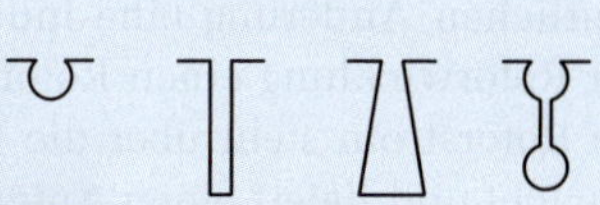

Abbildung 5.7 Doppelkäfignut

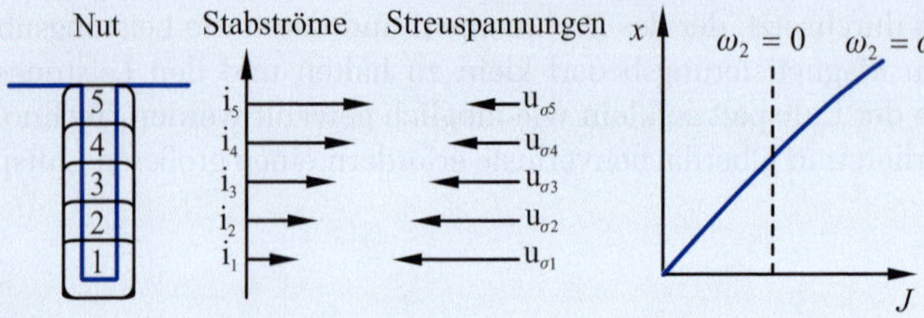

Abbildung 5.8 Stromverdrängung

In Hochstab- und Doppelkäfignuten kommt es zu Stromverdrängungseffekten, vgl. ▶Abbildung 5.8, die durch eine große Flussverkettung und deren Änderung im Unterkäfig zu einer Verringerung der Stromdichte führen, sodass der Strom scheinbar aus dem Unterkäfig in den Oberkäfig heraus gedrängt wird. Der Effekt ist jedoch stark frequenzabhängig. Im Anlaufpunkt für $\omega_r=\omega_s$ ist die induzierte Spannung am größten und trägt zu einer Vergrößerung des Rotorwiderstands bei, während nach ▶Abbildung 5.9 die Rotorstreuinduktivität sinkt, da der mit dem Strom verkettete Nutquerfluss abnimmt. Der höhere ohmsche Anteil führt für s=1 zu einer Steigerung des Anlaufmoments. Im Falle der Frequenzspeisung über einen Umrichter machen sich Stromverdrängungseffekte eher nachteilig bemerkbar, da Stromharmonische höherer Ordnung auch zu erhöhten Zusatzverlusten führen.

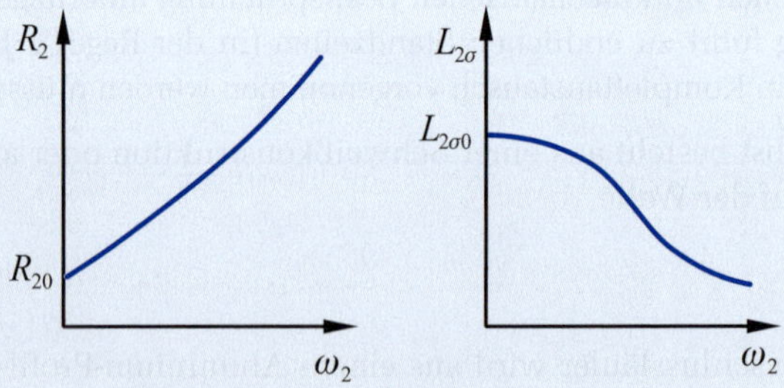

Abbildung 5.9 Parameteränderung durch Stromverdrängung

5.2 Grundwellenmodell und Ersatzschaltbild

Die Wirkungsweise einer Induktionsmaschine lässt sich anhand eines vereinfachten Verkettungsschemas im Modell nach ▶Abbildung 5.10 erklären.

Mithilfe der Statorwicklung wird die Statordurchflutung aufgebaut, die den Statorfluss erzeugt. Der Hauptteil des Statorflusses schließt sich als Hauptfluss bzw. Luftspaltfluss über Luftspalt und Rotor, während der Streufluss sich über Luftwege schließt. Der rotorseitige Teil des Hauptflusses ist mit der Rotorwicklung verkettet und erzeugt aufgrund seiner zeitlichen Änderung eine Induktionsspannung, die bei kurzgeschlossener oder belasteter Rotorwicklung einen Rotorstrom durch die Wicklungen treibt. Der nunmehr fließende Rotorstrom steht über die Rotordurchflutung mit der Statordurchflutung im Gleichgewicht und liefert einen Anteil zur Aufrechterhaltung des Luftspaltflusses.

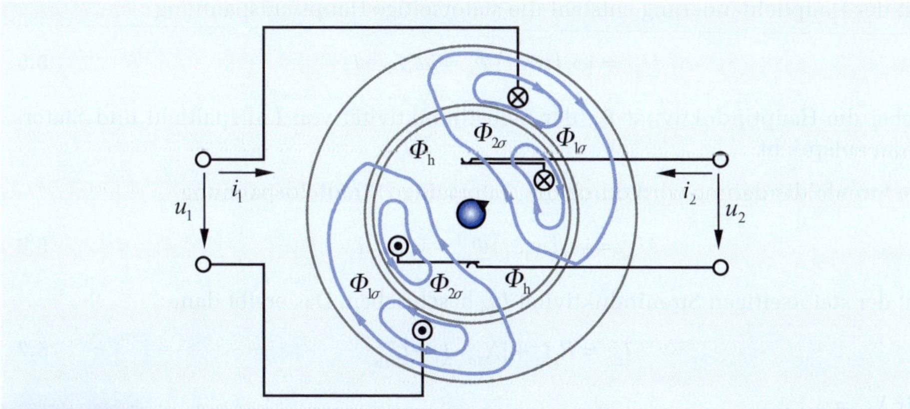

Abbildung 5.10 Wirkungsschema der Induktionsmaschine

Ein Teil des rotorseitigen Flusses schließt sich wieder als Streufluss über die Luftwege und ist deshalb ebenso wie der statorseitige Streufluss nicht am Leistungsumsatz beteiligt. Die Flussverkettungen der Induktionsmaschine sind durch die Hauptflussverkettung

$$\psi_h = w \, \xi \, \Phi_h \qquad 5.2$$

mit dem Spulenfluss Φ_h, herrührend vom resultierenden Grundwellen-Drehfeld, und die Streuflussverkettung

$$\psi_\sigma = L_\sigma I \qquad 5.3$$

charakterisiert. Die Streuflussverkettungen treten stator- als auch rotorseitig auf, hervorgerufen durch den jeweiligen Strom. Die damit verbundene zeitliche Änderung der Streuflussverkettungen führt zu zusätzlichen Spannungsabfällen in der Drehstromwicklung.

Nach Abbildung 5.10 lassen sich zusätzlich zwei galvanisch durch den Luftspalt getrennte Ersatzschaltbilder für Stator und Rotor darstellen, siehe ▶Abbildung 5.11.

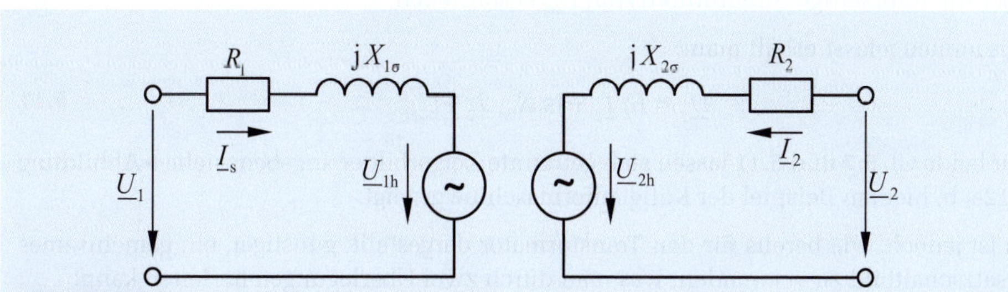

Abbildung 5.11 Galvanisch getrennte Ersatzschaltbilder der Induktionsmaschine

Im Statorkreis treibt die angelegte Statorspannung den Statorstrom. Dieser erzeugt einen ohmschen Spannungsabfall und durch Streu- und Hauptfeldänderungen selbstinduzierte Spannungen in den Wicklungen.

$$\underline{u}_1 = R_1 \underline{i}_1 + \frac{d\underline{\psi}_{1\sigma}}{dt} + \frac{d\underline{\psi}_{1h}}{dt} \qquad 5.4$$

Mit der Hauptfeldänderung entsteht die statorseitige Hauptfeldspannung

$$\underline{U}_{1\mathrm{h}} = \mathrm{j}\omega_1 \left(w_1 \xi_1\right) \underline{\Phi}_{\mathrm{h}} = \mathrm{j}\omega_1 L_{1\mathrm{h}} \cdot \underline{I}_1 \qquad 5.5$$

wobei die Hauptinduktivität L_{h}, der Selbstinduktivität von Luftspaltfeld und Statorstrom entspricht.

Die Streufeldänderung wird durch die statorseitige Streufeldspannung

$$\underline{U}_{1\sigma} = \mathrm{j}\omega_1 \left(w_1 \xi_1\right) \underline{\Phi}_{1\sigma} = \mathrm{j}\omega_1 L_{1\sigma} \underline{I}_1 \qquad 5.6$$

mit der statorseitigen Streuinduktivität $L_{1\sigma}$ beschrieben. Das ergibt dann:

$$\underline{U}_1 = R_1 \underline{I}_1 + \mathrm{j}X_{1\sigma} \cdot \underline{I}_1 + \underline{U}_{1\mathrm{h}} \qquad 5.7$$

mit $X_{1\sigma} = \omega_1 \mathrm{L}_{1\sigma}$.

Im Rotorkreis kann bei Schleifringläufermaschinen eine Rotorspannung vorgegeben werden, bei Käfigläufermaschinen ist die Rotorspannung Null. Diese treibt einen Rotorstrom I_2, der wiederum einen ohmschen Spannungsabfall und durch Streu- und Hauptfeldänderungen selbst- und gegeninduzierte Spannungen in den Rotorwicklungen hervorruft.

$$\underline{u}_2 = R_2 \cdot \underline{i}_2 + \frac{\mathrm{d}\underline{\psi}_{2\sigma}}{\mathrm{d}t} + \frac{\mathrm{d}\underline{\psi}_{2h}}{\mathrm{d}t} \qquad 5.8$$

Auf der Rotorseite erzeugt das Hauptfeld jetzt eine schlupfproportionale Hauptfeldspannung mit $\omega_2 = s\omega_1$

$$\underline{U}_{2\mathrm{h}} = \mathrm{j}s\,\omega_1 \left(w_2 \xi_2\right) \underline{\Phi}_{\mathrm{h}} = \mathrm{j}s\,\omega_1 L_{2\mathrm{h}}\, \underline{I}_2 \qquad 5.9$$

Die Streufeldänderung wird durch die rotorseitige Streufeldspannung

$$\underline{U}_{2\sigma} = \mathrm{j}s\,\omega_1 \left(w_2 \xi_2\right) \underline{\Phi}_{2\sigma} = \mathrm{j}s\,\omega_1 L_{2\sigma}\, \underline{I}_2 \qquad 5.10$$

über die rotorseitige Streuinduktivität $L_{2\sigma}$ beschrieben.

Zusammengefasst erhält man:

$$\underline{U}_2 = R_2\, \underline{I}_2 + \mathrm{j}s\, X_{2\sigma}\, \underline{I}_2 + \underline{U}_{2\mathrm{h}} \qquad 5.11$$

Für beide Gl. 5.7 und 5.11 lassen sich getrennte Zeigerbilder angeben, siehe ▶Abbildung 5.12a, b, hier am Beispiel der Käfigläufermaschine gezeigt.

Es ist jedoch, wie bereits für den Transformator dargestellt, günstiger, ein gemeinsames Ersatzschaltbild zu verwenden, was man durch zwei Überlegungen herleiten kann:

- durch Einführung einer gemeinsamen Kreisfrequenz ω_1. Dazu wird Gl. 5.11 durch den Schlupf s dividiert

$$\frac{\underline{U}_2}{s} = \frac{R_2}{s} \underline{I}_2 + \mathrm{j}X_{2\sigma} \cdot \underline{I}_2 + \frac{\underline{U}_{2\mathrm{h}}}{s} \qquad 5.12$$

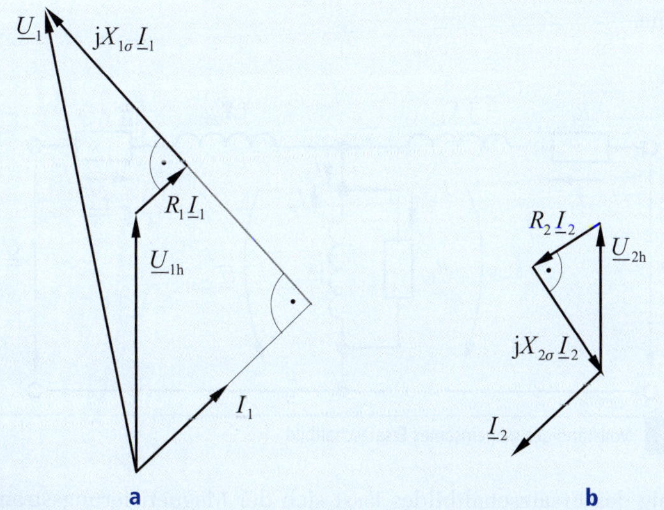

Abbildung 5.12 Zeigerbilder der Stator- und Rotorgrößen im Originalsystem

- durch transformierte Kopplung der beiden Hauptfeldspannungen. Die induzierte rotorseitige Hauptfeldspannung hängt nun ihrerseits mit der im Stillstand im Rotor induzierten Spannung $\underline{U}_{2st}$ zusammen gemäß

$$\underline{U}_{2h} = s \cdot \underline{U}_{2hst}, \tag{5.13}$$

sodass sich ein Stator-Rotor-Übersetzungsverhältnis von

$$ü_h = \frac{U_{1h}}{\frac{U_{2h}}{s}} = \frac{U_{1h}}{U_{2hst}} = \frac{(w_1\xi_1)}{(w_2\xi_2)} \tag{5.14}$$

einführen lässt, mit dem dann alle rotorseitigen Größen

- spannungstransformiert:

$$\underline{U}'_2 = \underline{U}_2 \cdot ü_h \tag{5.15}$$

- stromtransformiert:

$$\underline{I}_2{}' = \frac{\underline{I}_2}{ü_h} \tag{5.16}$$

- impedanztransformiert:

$$R_2' = R_2 ü_h^2 \qquad X_2' = X_2 ü_h^2 \tag{5.17}$$

werden.

Im Ergebnis entsteht das in ▶Abbildung 5.13 gemeinsame T-Ersatzschaltbild der Induktionsmaschine.

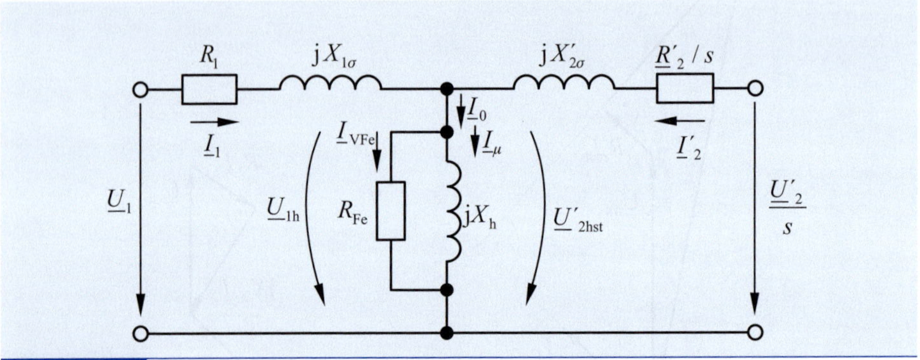

Abbildung 5.13 Vollständiges gemeinsames Ersatzschaltbild

Im Querzweig des Ersatzschaltbildes lässt sich der Magnetisierungsstrom $\underline{I}_\mu$ einführen, der bei Vernachlässigung des Eisenverluststromes sich ergibt zu:

$$\underline{I}_\mu = \underline{I}_1 + \underline{I}_2' \qquad 5.18$$

Dieser hängt mit der resultierenden Drehdurchflutung

$$\underline{\Theta}_\mu = \underline{\Theta}_1 + \underline{\Theta}_2 \qquad 5.19$$

über

$$\underline{\Theta}_\mu = (w_1 \xi_1) \cdot \underline{I}_\mu \qquad 5.20$$

zusammen. Das resultierende Hauptfeld entsteht dann durch Überlagerung von Stator- und Rotordrehfeld

$$\underline{\Phi}_h = \underline{\Phi}_1 + \underline{\Phi}_2 \qquad 5.21$$

Zur genaueren Modellierung der Ummagnetisierungsverluste im Eisen, ist es üblich, diese durch den Eisenverlustwiderstand R_{Fe} im Querzweig des Ersatzschaltbildes parallel zur Hauptreaktanz zu berücksichtigen. Den Gesamtstrom durch den Querzweig bezeichnet man als Leerlaufstrom I_0 mit

$$\underline{I}_0 = \underline{I}_\mu + \underline{I}_{VFe}$$

5.22

der sich aus dem Magnetisierungsstrom und dem Eisenverluststrom mit

$$\underline{I}_{VFe} = \frac{\underline{U}_{1h}}{R_{Fe}} \qquad 5.23$$

zusammensetzt.

Mit diesem Zusatz kann nun das Zeigerdiagramm gezeichnet werden mit folgendem Konstruktionsvorschlag, vgl. ▶Abbildung 5.14:

1 Vorgabe des Hauptflusses $\underline{\Phi}_h$ und des Magnetisierungsstroms $\underline{I}_\mu$

2 Eisenverluststrom $\underline{I}_{VFe}$ Magnetisierungsstrom $\underline{I}_\mu$

3 Leerlaufstrom $\underline{I}_0$ schließt Stromdreieck

4 Wahl des Statorstromes $\underline{I}_1$

5 Rotorstrom $\underline{I}'_2$ schließt Stromdreieck

6 Hauptfeldspannung $\underline{U}_{1h} \perp$ Hauptfluss $\underline{\Phi}_h$

7 ohmscher Statorspannungsabfall $\underline{U}_{1R} \| \underline{I}_1$

8 induktiver Statorspannungsabfall $\underline{U}_{1\sigma} \perp \underline{I}_1$

9 Statorspannung $\underline{U}_1$ schließt Spannungspolygon

10 ohmscher Rotorspannungsabfall $\underline{U}'_{2R} \| \underline{I}'_2$

11 induktiver Rotorspannungsabfall $\underline{U}'_{2\sigma} \perp \underline{I}'_2$

12 Käfigläufer: Rotorspannungsabfälle und Hauptfeldspannung bilden Spannungsdreieck;

Schleifringläufer: Rotorspannung $\underline{U}'_2$ schließt Spannungspolygon.

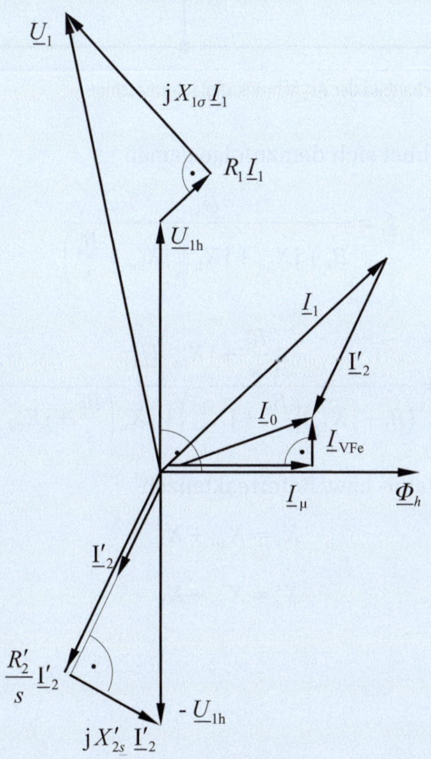

Abbildung 5.14 Zeigerbild der Asynchronkäfigläufermaschine

5.3 Kreisdiagramm der Käfigläufermaschine

Das Betriebsverhalten einer Induktionsmaschine lässt sich am anschaulichsten nach Betrachtung der Stromortskurven verstehen. Zur Vereinfachung sollen die Eisenverluste und die Stromverdrängung vernachlässigt werden. Ferner wird zunächst nur die Käfigläufermaschine betrachtet.

5.3.1 Stromdiagramme bei 50-Hz-Netzbetrieb

Ortskurve des Statorstromes

Die nachfolgenden Überlegungen beziehen sich zunächst auf das für 50-Hz-Netzbetrieb gültige Ersatzschaltbild nach ▶Abbildung 5.15, bei dem die Eisenverluste vernachlässigt werden sollen.

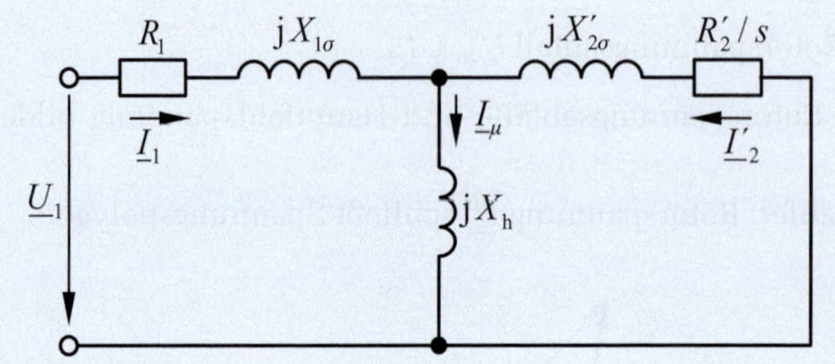

Abbildung 5.15 T-Ersatzschaltbild der Asynchronkäfigläufermaschine

Der Statorstrom berechnet sich demzufolge gemäß

$$\underline{I}_1 = \frac{\underline{U}_1}{R_1 + jX_{1\sigma} + jX_h \left\| \left(jX'_{2\sigma} + \frac{R'_2}{s} \right) \right.} \tag{5.24}$$

$$\underline{I}_1 = \frac{\left(\frac{R'_2}{s} + jX'_{2\sigma}\right)\underline{U}_1}{\left(R_1 + jX_{1\sigma}\right)\left(\frac{R'_2}{s} + jX'_{2\sigma}\right) + jX_h\left(\frac{R'_2}{s} + jX'_{2\sigma}\right)} \tag{5.25}$$

Mit Einführung der Stator- bzw. Rotorreaktanzen

$$X_1 = X_{1\sigma} + X_h \tag{5.26}$$

$$X'_2 = X'_{2\sigma} + X_h \tag{5.27}$$

und Erweiterung mit dem Schlupf s erhält man den Strom als komplexe Funktion

$$\underline{I}_1 = \frac{R_2' + \mathrm{j}sX_2'}{R_1R_2' + \mathrm{j}R_2'X_1 + \left(X_\mathrm{h}^2 - X_1X_2' + \mathrm{j}R_1X_2'\right)s}\underline{U}_1 \qquad 5.28$$

die sich als Ortskurve mit dem Schlupf als Parameter darstellen lässt. Für Maschinen mittlerer und größerer Leistung ist es zulässig, den Einfluss des Statorwiderstandes zu vernachlässigen. Es gilt dann:

$$\underline{I}_1 \approx \frac{R_2' + \mathrm{j}sX_2'}{\mathrm{j}R_2'X_1 + \left(X_\mathrm{h}^2 - X_1X_2'\right)s}\underline{U}_1 \qquad 5.29$$

Die Ortskurve stellt einen Kreis dar, der durch zwei Punkte festgelegt wird.

Im Synchronpunkt $s=0$ fließt der Leerlaufstrom

$$\underline{I}_{10} = \frac{\underline{U}_1}{\mathrm{j}X_1} \qquad 5.30$$

Im idealen Kurzschlusspunkt $s=\infty$ fließt der ideelle Kurzschlussstrom

$$\underline{I}_{1\infty} = \frac{\mathrm{j}X_2'}{X_\mathrm{h}^2 - X_1X_2'}\underline{U}_1. \qquad 5.31$$

Dieser kann durch Einführung des Streufaktors

$$\sigma = 1 - \frac{X_\mathrm{h}^2}{X_1X_2'} \qquad 5.32$$

auch beschrieben werden mit

$$\underline{I}_{1\infty} = \frac{\underline{U}_1}{\mathrm{j}X_1}\frac{1}{\sigma}. \qquad 5.33$$

Vergleicht man beide Ströme miteinander, so erkennt man, dass sie die gleiche Phasenlage zur Ständerspannung von 90° aufweisen, also reine Blindströme sind. Da der Streufaktor jedoch kleiner als 1% ist, weist der ideelle Kurzschlussstrom $I_{1\infty}$ nahezu den 100-fachen Wert des Leerlaufstroms auf.

Ein weiterer besonderer Statorstromzeiger ist für den Anlaufpunkt mit $s=1$ bestimmbar

$$\underline{I}_{1\mathrm{A}} = \frac{\underline{U}_1}{\mathrm{j}X_1}\cdot\frac{R_2' + \mathrm{j}X_2'}{R_2' + \mathrm{j}\sigma X_2'}. \qquad 5.34$$

Seine Zeigerlänge entspricht fast der des ideellen Kurzschlussstroms. Alle drei Stromzeiger liegen auf einer gemeinsamen Ortskurve nach ▶Abbildung 5.16.

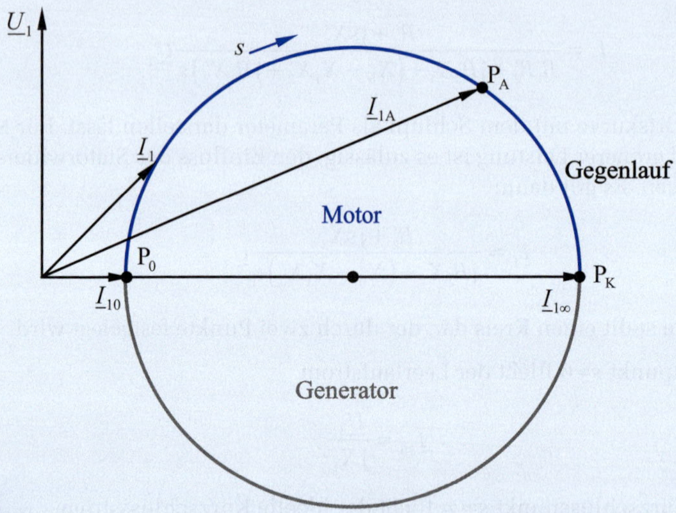

Abbildung 5.16 Ortskurve des Statorstroms

Ortskurve des Magnetisierungsstromes

Mit Anwendung der Stromteiler-Regel

$$\underline{I}_{\mu} = \underline{I}_1 \frac{R_2' + \mathrm{j}sX_{2\sigma}'}{R_1' + \mathrm{j}sX_2'} \qquad 5.35$$

und Gl. 5.29 ergibt sich der Magnetisierungsstrom zu

$$\underline{I}_{\mu} = \frac{\underline{U}_1}{\mathrm{j}X_1} \cdot \frac{R_2' + \mathrm{j}sX_{2\sigma}'}{R_2' + \mathrm{j}s\sigma X_2'} \qquad 5.36$$

Im Leerlauf mit $s=0$ erhält man

$$\underline{I}_{\mu 0} = \frac{\underline{U}_1}{\mathrm{j}X_1} = \underline{I}_{10} \qquad 5.37$$

für $s \to \infty$ wird der Magnetisierungsstrom kleiner

$$\underline{I}_{\mu\infty} = \frac{\underline{U}_1}{\mathrm{j}X_1} \cdot \frac{X_{2\sigma}'}{\sigma X_2'} \qquad 5.38$$

vgl. Stromortskurve in ▶Abbildung 5.17.

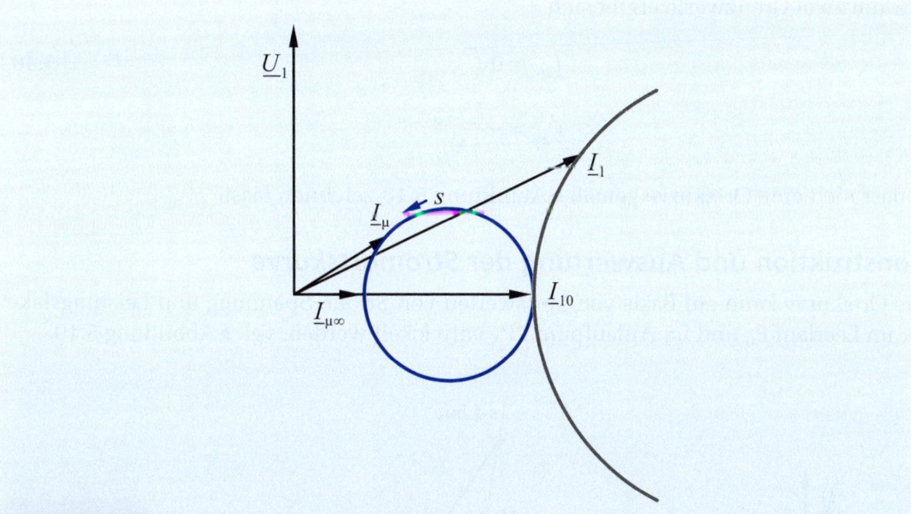

Abbildung 5.17 Ortskurve des Magnetisierungsstroms

Ortskurve des Rotorstromes

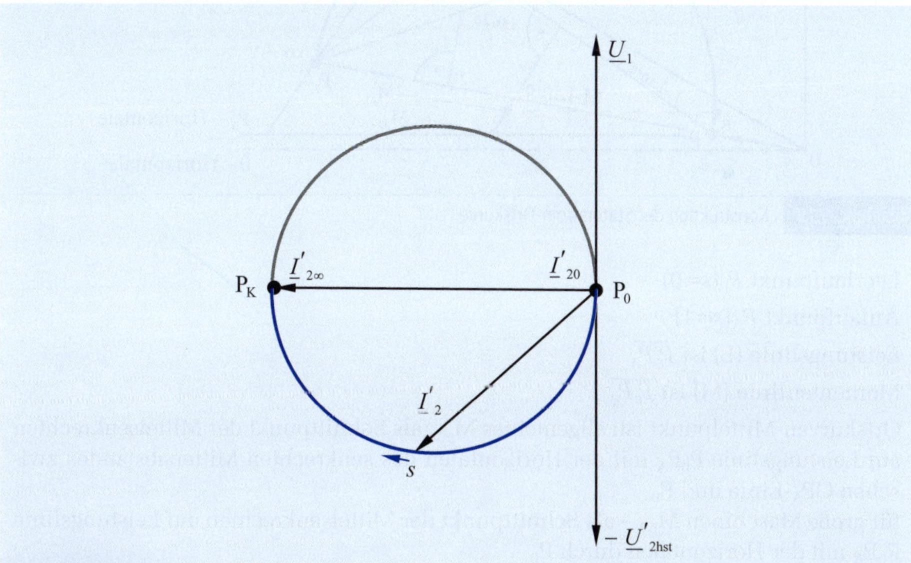

Abbildung 5.18 Ortskurve des Rotorstroms

Im Falle der Käfigläufermaschine erhält man für die Rotormaschengleichung bei Bezug auf die induzierte *Rotorstillstandsspannung* $\underline{U}_{2hst}$

$$\underline{I}_2' = \frac{-s\underline{U}'_{2hst}}{R_2' + \mathrm{j}sX'_{2\sigma}} \qquad 5.39$$

Für die zwei Grenzwerte ergibt sich

$$\underline{I}_{20}{}' = 0\sqrt{} \qquad 5.40$$

$$\underline{I}'_{2\infty} = -\frac{\underline{U}'_{2hst}}{jX'_{2\sigma}}$$

sodass sich eine Ortskurve gemäß ▶Abbildung 5.18 zeichnen lässt.

Konstruktion und Auswertung der *Stromortskurve*

Die Ortskurve kann auf Basis von Messwerten von Strom, Spannung und Leistungsfaktor im Leerlauf P_0 und im Anlaufpunkt P_A entwickelt werden, vgl. ▶Abbildung 5.19.

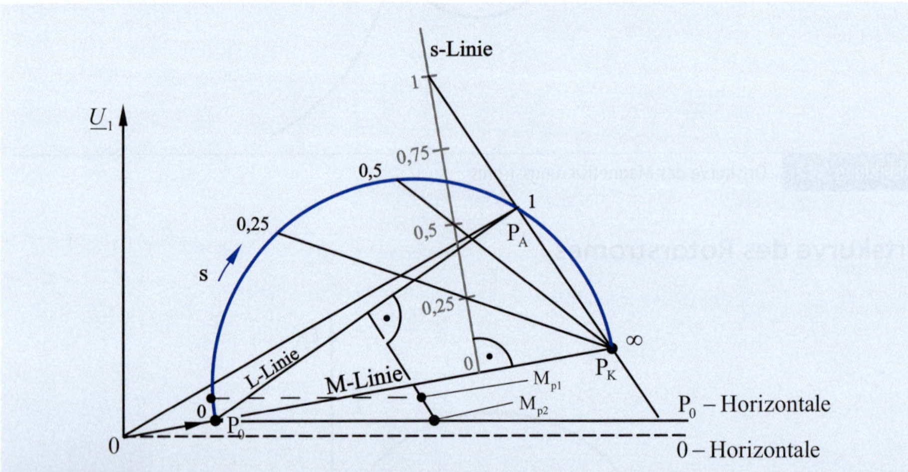

Abbildung 5.19 Konstruktion der Statorstrom-Ortskurve

- Leerlaufpunkt $P_0(s=0)$
- Anlaufpunkt $P_A(s=1)$
- Leistungslinie (L) ist $\overline{P_0P_A}$
- Momentenlinie (M) ist $\overline{P_0P_K}$
- Ortskurven-Mittelpunkt ist: allgemeines M_{p1}, als Schnittpunkt der Mittelsenkrechten auf Leistungslinie P_0P_A mit der Horizontalen des senkrechten Mittenabstandes zwischen OP_A-Linie und P_0
  für große Maschinen M_{p2} – als Schnittpunkt der Mittelsenkrechten auf Leistungslinie P_0P_A mit der Horizontalen durch P_0
- Einführung einer Schlupfskala als Senkrechte auf Momentenlinie
- Normierung der Schlupfachse
  ($s=0$) Schnittpunkt Schlupfskala mit Leistungslinie $\overline{P_0P_K}$
  ($s=1$) Schnittpunkt Schlupfskala mit Strecke $\overline{P_0P_A}$
  Unterteilung der Schlupfskala von ($s=1$) bis ($s=0$) in gleiche Teile
- Bestimmung der Ortskurvenparameter s durch Schnittpunkt (P_K,s) mit Ortskurve
- Ablesen der Leistungsverhältnisse ▶Abbildung 5.20

mechanische Leistung	$P_{mech} \triangleq \overline{P_s L}$
Rotorverluste	$P_{V2} \triangleq \overline{LM}$
Statorverluste	$P_{V1} \triangleq \overline{M\,\overline{P_0 M_p}}$
Eisenverluste	$P_{VFe} \triangleq \overline{0\,\overline{P_0 M_p}}$

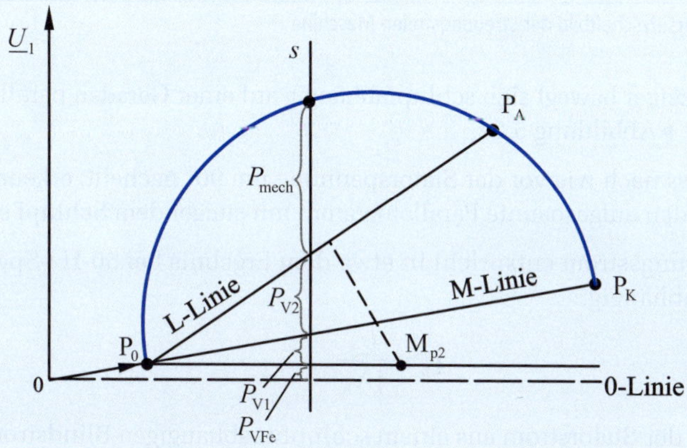

Abbildung 5.20 Auswertung der Statorstrom-Ortskurve

Unter Berücksichtigung der richtigen Maßstabsfaktoren lassen sich, zugeordnet zum Schlupf bzw. zur Drehzahl, die Drehzahl-Drehmomenten-Kennlinie, der Leistungsfaktor und der Wirkungsgrad sowie weitere Parameter bestimmen.

5.3.2 Stromortskurve der streuungsfreien Maschine

Eine streuungsfreie Maschine ist im Grunde genommen nicht herstellbar. Jedoch lässt sich an dieser ideal konstruierten Maschine erkennen, welchen Einfluss die Streuung auf die Betriebseigenschaften hat. Zudem lassen sich bei entsprechender Steuerung ähnliche Verhältnisse erzeugen durch:

- Stromeinprägung über Stromquelle oder schnelle Stromregelung $R_1=0$, $X_{1\sigma}=0$
- Steuerung mit Rotorflusskonstanz $X'_{2\sigma}=0$

▸Abbildung 5.21 zeigt das Ersatzschaltbild. Aus Gl. 5.29 folgt dann

$$\underline{I}_1 = \left(\frac{s}{R_2'} - \mathrm{j}\frac{1}{X_\mathrm{h}}\right)\underline{U}_1 \qquad 5.41$$

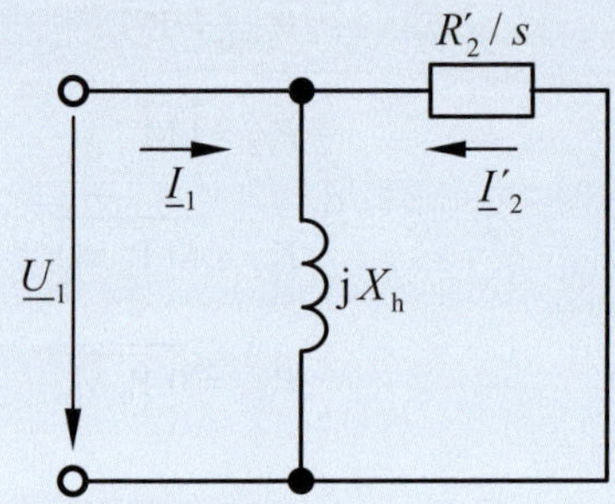

Abbildung 5.21 Ersatzschaltbild der streuungsfreien Maschine

Der Statorstromzeiger bewegt sich schlupfabhängig auf einer Geraden parallel zum Spannungszeiger, vgl. ▶Abbildung 5.22.

Da der Hauptfluss nach wie vor der Statorspannung um 90° nacheilt, erkennt man leicht, dass das von beiden aufgespannte Parallelogramm mit steigendem Schlupf stetig ansteigt.

Der Magnetisierungsstrom entspricht in etwa dem Ergebnis bei 50-Hz-Speisung, bleibt aber schlupfunabhängig.

$$\underline{I}_\mu = \frac{\underline{U}_1}{jX_h} \tag{5.42}$$

Damit setzt sich der Statorstrom aus einem schlupfunabhängigen Blindstrom und einem schlupfabhängigen Wirkstrom zusammen.

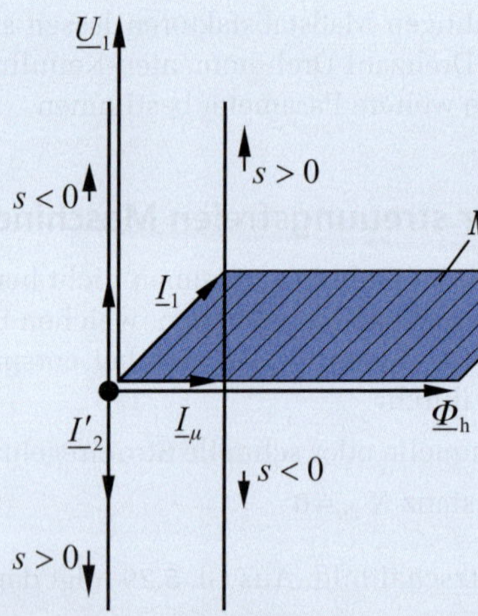

Abbildung 5.22 Stromortskurve der streuungsfreien Maschine

Der Rotorstrom mit

$$\underline{I}'_2 = s\frac{\underline{U}'_{2hst}}{R'_2} \tag{5.43}$$

ist dagegen ein reiner Wirkstrom. Damit gibt es im Idealfall keine schlupffrequenzabhängige Phasenverschiebung mehr zwischen der im Rotor induzierten Spannung und dem Rotorstrom, vgl. auch Kapitel 4. Das Drehmoment könnte damit stetig mit dem Schlupf ansteigen. Dieser Sachverhalt lässt sich in realen Maschinen im Betrieb am Festnetz nicht erreichen, da die Maschine immer eine Streuung besitzt. Nur im Betrieb mit einem Frequenzumrichter ist es möglich diesen Zustand künstlich und in gewissen Grenzen über die feldorientierte Steuerung mit Orientierung auf den Rotorfluss zu erreichen. Das bedingt aber eine ausreichende Spannungsstellreserve, um den benötigten Statorstrom bereitzustellen.

5.4 Betriebsverhalten der Käfigläufermaschine

5.4.1 Leistungsbilanz

Die Leistungsbilanz lässt sich anhand der Spannungsgleichungen der Asynchronmaschine näherungsweise ableiten.

Dabei wird die Eingangsleistung allein von der statorseitigen Wirkleistung

$$P_{\mathrm{W1}} = U_{\mathrm{1a}} \cdot I_{\mathrm{1a}} + U_{\mathrm{1b}} \cdot I_{\mathrm{1b}} + U_{\mathrm{1c}} \cdot I_{\mathrm{1c}} = 3\,\mathrm{Re}\left\{\underline{U}_1 \underline{I}_1^*\right\} = 3U_1 I_1 \cos\varphi \qquad 5.44$$

gestellt, die rotorseitige Wirkleistung $P_{\mathrm{W2}}=0$. Mit den beiden Spannungsgleichungen

$$\underline{U}_1 = \left(R_1 + \mathrm{j}X_{1\sigma}\right)\underline{I}_1 + \mathrm{j}X_{\mathrm{h}}\left(\underline{I}_1 + \underline{I}'_2\right) \qquad 5.45$$

$$0 = \left(R'_2 + \mathrm{j}sX'_{2\sigma}\right)\underline{I}'_2 + \mathrm{j}sX_{\mathrm{h}}\left(\underline{I}_1 + \underline{I}'_2\right) \qquad 5.46$$

und beidseitiger Multiplikation des jeweils konjugiert komplexen Stator- bzw. Rotorstroms ergeben sich

$$\begin{aligned} 3\,\mathrm{Re}\left\{\underline{U}_1 \underline{I}_1^*\right\} &= 3\,\mathrm{Re}\left\{R_1 \underline{I}_1 \underline{I}_1^* + \mathrm{j}X_{1\sigma} \underline{I}_1 \underline{I}_1^* + \mathrm{j}X_{\mathrm{h}} \underline{I}_1 \underline{I}_1^* + \mathrm{j}X_{\mathrm{h}} \underline{I}'_2 \underline{I}_1^*\right\} \\ 0 &= 3\,\mathrm{Re}\left\{R'_2 \underline{I}'_2 \underline{I}'^*_2 + \mathrm{j}X'_{2\sigma} \underline{I}'_2 \underline{I}'^*_2 + \mathrm{j}sX_{\mathrm{h}} \underline{I}_1 \underline{I}'^*_2 + \mathrm{j}sX_{\mathrm{h}} \underline{I}'_2 \underline{I}'^*_2\right\} \end{aligned} \qquad 5.47$$

Auf der Statorseite kann man wegen

$$\underline{I}_1 \underline{I}_1^* = I_1^2$$

schreiben

$$\begin{aligned} P_{\mathrm{W1}} &= 3R_1 I_1^2 + 3X_{\mathrm{h}}\,\mathrm{Re}\left(\mathrm{j}\underline{I}'_2 \underline{I}_1^*\right) \\ P_{\mathrm{W1}} &= P_{\mathrm{V1}} \quad + \quad P_\delta \end{aligned} \qquad 5.48$$

Auf der Statorseite lässt sich die Leistungsaufteilung nach ▶Abbildung 5.23, sehr gut erkennen. Die elektrische Wirkleistung P_{W1} wird zum größten Teil in die Luftspaltleistung P_δ umgewandelt und zur Deckung der Stromwärmeverluste P_{V1} aufgewendet. Die

Luftspaltleistung lässt sich noch klarer ausdrücken, indem man die Effektivwertzeiger der Ströme einsetzt mit

$$\underline{I}_1 = I_1 e^{j\varphi_{i1}}; \quad \underline{I}_1^* = I_1 e^{-j\varphi_{i1}}; \quad \underline{I}'_2 = I'_2 e^{j\varphi_{i2}} \tag{5.49}$$

$$\begin{aligned} P_\delta &= 3X_h \operatorname{Re}\left\{ j\underline{I}'_2 \underline{I}_1^* \right\} = -3X_h \operatorname{Im}\left\{ \underline{I}'_2 \underline{I}_1^* \right\} = 3X_h \operatorname{Im}\left\{ \underline{I}'^*_2 \underline{I}_1 \right\} \\ &= 3X_h I_1 I'_2 \sin\left(\varphi_{i1} - \varphi_{i2}\right) \end{aligned} \tag{5.50}$$

Auf der Rotorseite

$$\begin{aligned} 0 &= 3R'_2 I'^2_2 + 3sX_h \operatorname{Re}\left\{ j\underline{I}_1 \underline{I}'^*_2 \right\} \\ 0 &= 3R'_2 I'^2_2 - 3sX_h \operatorname{Im}\left\{ \underline{I}_1 \underline{I}'^*_2 \right\} \\ 0 &= P_{V2} \quad - \quad sP_\delta \end{aligned} \tag{5.51}$$

Das negative Vorzeichen mit der schlupfanteiligen Luftspaltleistung ergibt sich, da die Anwendung der konjugiert Komplexen getauscht wurde.

Hinzu kommen die im Ersatzschaltbild nach Abbildung 5.20 nicht berücksichtigten *Ummagnetisierungsverluste* sowie in der Regel nicht trennbare Zusatzverluste. Auf der Rotorseite wird die elektrische Wirkleistung nur bei vorhandenem Schlupf über den Luftspalt portiert, ansonsten entstehen wieder Rotorstromwärmeverluste P_{V2} sowie mechanisch bedingte *Reibverluste*.

Addiert man nun beide Luftspaltleistungsanteile nach Gl. 5.48 und 5.51, erhält man die mechanische Leistung

$$P_{mech} = M \cdot \Omega = P_\delta (1 - s) \tag{5.52}$$

Ersetzt wird nun noch die mechanische Winkelgeschwindigkeit durch

$$\Omega = (1 - s)\frac{\Omega_1}{p},$$

so gilt

$$\begin{aligned} M &= \frac{P_{mech}}{\Omega} = \frac{pP_\delta}{\Omega_1} = \frac{3p}{\Omega_1} X_h I_1 I'_2 \sin\beta \\ \beta &= \angle\left(\underline{I}_2, \underline{I}_1\right) = \varphi_{i1} - \varphi_{i2}. \end{aligned} \tag{5.53}$$

5.4.2 Drehmoment

Da im Fall der Käfigläufermaschine die zugeführte Rotorwirkleistung P_{W2}=0, kann das Drehmoment auch aus Gl. 5.51 bestimmt werden, ohne dass die Winkel zwischen den beiden Stromzeigern bekannt sein müssen. Durch Umstellung mit

$$sP_\delta = P_{V2} = 3R'_2 I'^2_2$$

Ergibt sich die Luftspaltleistung aus den Rotorverlusten mit

$$P_\delta = M\Omega_\mathrm{d} = M\frac{\Omega_1}{p} = 3R_2' I_2'^2 \qquad 5.54$$

so kann man das Drehmoment aus den Rotorverlusten errechnen

$$M = \frac{p P_\delta}{\Omega_1} = \frac{3p}{\Omega_1} \cdot \frac{R_2'}{s} I_2'^2 \qquad 5.55$$

Der Rotorstrom kann mithilfe des Ersatzschaltbilds nach Abbildung 5.15 und der Stromteilerregel beschrieben werden.

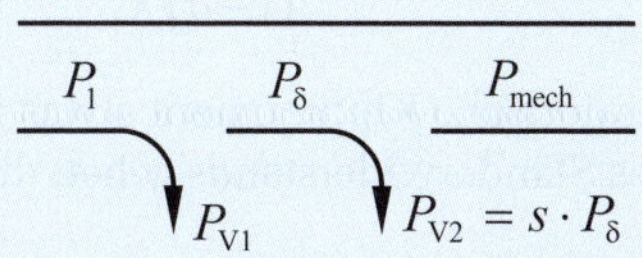

Abbildung 5.23 Vereinfachtes Sankey-Leistungsdiagramm

$$\underline{I}_2' = \underline{I}_1 \frac{\mathrm{j}X_\mathrm{h}}{\frac{R_2'}{s} + \mathrm{j}X_2'} = -\underline{I}_1 \frac{\mathrm{j}sX_\mathrm{h}}{R_2' + \mathrm{j}sX_2'} \qquad 5.56$$

Der Statorstrom folgt aus Gl. 5.28

$$\underline{I}_1 = \frac{R_2' + \mathrm{j}sX_2'}{R_1R_2' + jR_2'X_1 + (X_h^2 - X_1X_2' + jR_1X_2')s}\underline{U}_1 \,. \qquad 5.28$$

sodass sich das Drehmoment als Funktion von Spannung, Frequenz und Schlupf vollständig

$$M = \frac{3pU_1^2}{\Omega_1} \frac{s(1-\sigma)X_1X_2'R_2'}{\left(R_1R_2' - s\sigma X_1X_2'\right)^2 + \left(sR_1X_2' + R_2'X_1\right)^2} \qquad 5.57$$

und angenähert für $R_1 = 0$ angeben lässt

$$M \approx \frac{3pU_1^2}{\Omega_1 X_1} \frac{s(1-\sigma)X_1X_2'R_2'}{R_2'^2 + \left(s\sigma X_2'\right)^2} \qquad 5.58$$

Es zeigt sich, dass das Drehmoment nicht in dem gleichen Maße wie der Schlupf ansteigen kann. Das ist bereits an der Ortskurve des Statorstromes erkennbar, wo die vom Statorstrom- und Hauptflusszeiger aufgespannte Fläche wegen des abnehmenden Winkels zwischen beiden abnehmen muss. Es muss also ein Maximum geben.

Eine Extremwertrechnung für $dM/ds=0$ ergibt für den sogenannten Kippschlupf zwei Lösungen, eine im untersynchronen und eine im übersynchronen Betriebsbereich

$$s_k = \pm\sqrt{\frac{R_1^2+X_1^2}{R_1^2+\left(\sigma X_1\right)^2}\frac{R_2'}{X_2'}} \tag{5.59}$$

Diese Kippschlupfwerte werden in Gl. 5.57 eingesetzt und liefern ein motorisches und ein generatorisches Maximal- bzw. *Kippmoment*

$$M_k = \pm\frac{3}{2}\frac{pU_1^2}{\Omega_1}\frac{1}{\pm R_1+\dfrac{\sqrt{\left(R_1^2+X_1^2\right)\left(R_1^2+\sigma^2X_1^2\right)}}{(1-\sigma)X_1}} \tag{5.60}$$

Die Lösung zeigt, dass das generatorische Kippmoment etwas größer ausfällt als das motorische. Bei Vernachlässigung des Ständerwiderstands gehen die Kippschlupfwerte über in

$$s_k \approx \pm\frac{R_2'}{\sigma X_2'}\bigg|_{R_1\to 0} \tag{5.61}$$

und das Kippmoment lautet dann

$$M_k \approx \pm\frac{3}{2}\frac{pU_1^2(1-\sigma)}{\Omega_1\sigma X_1}\bigg|_{R_1\to 0} \tag{5.62}$$

Das Kippmoment erreicht Werte von M_k=1,7 ... 3 M_N. Um ein großes Kippmoment zu erhalten, sollte die Streuung σ der Maschine möglichst klein sein. Bei ausgeführten Maschinen liegt die Streuziffer im Bereich von 0,05 ... 0,07. Das kann man erreichen durch eine entsprechende Nutgestaltung (geschlossene und ungeschrägte Nuten, kurze Wicklungsköpfe).

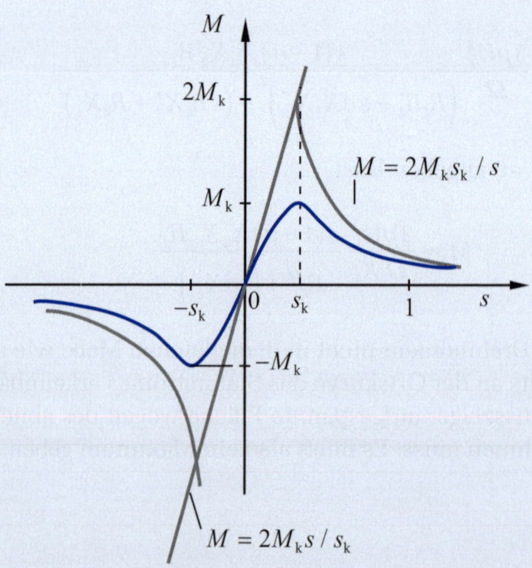

Abbildung 5.24 Drehmoment-Schlupf-Kennlinie

Bezieht man schließlich das Drehmoment nach Gl. 5.57 auf das Kippmoment, erhält man die sog. Kloss'sche Formel

$$\frac{M}{M_k} = \frac{2\left(1+\frac{R_1}{R_2'}s_k\right)}{\frac{s}{s_k}+\frac{s_k}{s}+2\frac{R_1}{R_2'}s_k} \qquad 5.63$$

Bei Vernachlässigung des Statorwiderstands ergibt sich

$$\frac{M}{M_k} \approx \left.\frac{2}{\frac{s}{s_k}+\frac{s_k}{s}}\right|_{R_1=0} \qquad 5.64$$

Der Zusammenhang zwischen Drehmoment und Schlupf ist in ▶Abbildung 5.24 dargestellt. Dafür lassen sich belastungsabhängig zwei asymptotische Näherungen angeben:

- Bei kleinen Schlupfwerten bis zum Nennpunkt $s<<s_k$ gilt:

$$\frac{M}{M_k} \approx 2\cdot\frac{s}{s_k}. \qquad 5.65$$

  und gibt erwartungsgemäß einen linearen Zusammenhang.

- Bei sehr großen Schlupfwerten mit $s>>s_k$ folgt

$$\frac{M}{M_k} \approx 2\cdot\frac{s_k}{s} \qquad 5.66$$

  womit eine indirekte Proportionalität beschrieben wird.

- Im Kipppunkt liefern die Näherungen ein um 100% erhöhtes Kippmoment, d. h. in der Nähe des Kippbereichs sind die Näherungen nicht anwendbar und es muss auf Gl. 5.64 zurückgegriffen werden.

Für $s=1$ (Stillstand) kann aus Gl. 5.64 das Anlaufmoment

$$M_A = \frac{2M_k}{\frac{1}{s_k}+s_k} = \frac{2M_k\cdot s_k}{1+s_k^2} \approx 2s_k\cdot M_k \qquad 5.67$$

bestimmt werden. Dies liegt je nach Rotorausführung im Bereich $M_A \approx 0{,}7 \ldots 1{,}5 M_N$. Die niedrigeren Werte gelten für stromverdrängungsarme Rotoren, die man insbesondere bei umrichtergespeisten Asynchronmaschinen vorsieht. Bei Motoren für Netzbetrieb wird der Stromverdrängungseffekt ausgenutzt, um das Anlaufmoment zu vergrößern – es gelten die angegebenen höheren Anlaufmomente.

5.4.3 Betriebsströme

Der vollständige Zusammenhang zwischen Spannung und Strom ist in Gl. 5.28 bzw. 5.29 wiedergegeben.

Vernachlässigt man den Einfluss des Statorwiderstandes und bezieht den Ausdruck auf den ideellen Kurzschlussstrom (s=∞) mit

$$I_{1K} = I'_{2K} = \frac{U_1}{X_{1\sigma} + X'_{2\sigma}} \qquad 5.68$$

so ergibt sich mit der Näherung $s_k \approx R_2/X_{2\sigma}$ nach kurzer Zwischenrechnung

$$\frac{I'_2}{I'_{2K}} = \frac{1}{\sqrt{1+\left(\frac{s_k}{s}\right)^2}} \qquad 5.69$$

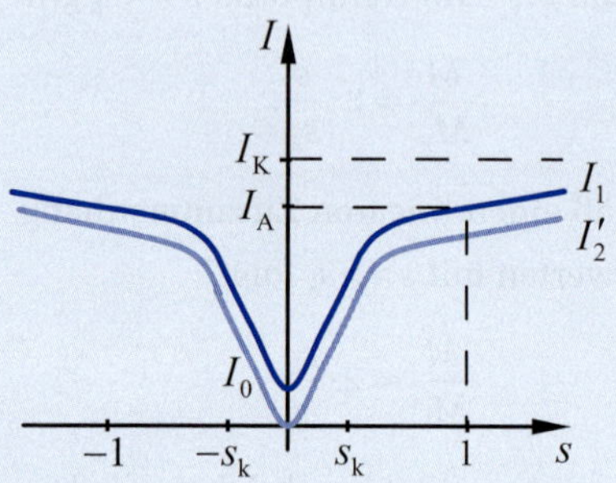

Abbildung 5.25 Strom-Schlupf-Kennlinien

Für den Statorstrom erhält man angenähert wegen

$$\underline{I}_1 = \frac{\underline{U}_1}{jX_1} + \frac{\underline{U}_1}{\frac{R'_2}{s} + jX'_{2\sigma}} \qquad 5.70$$

den auf den Kurzschlussstrom bezogenen Ausdruck

$$\frac{I_1}{I_{1K}} = \sqrt{1 - \frac{\left(1-\sigma^2\right)}{1+\left(\frac{s}{s_k}\right)^2}} \qquad 5.71$$

Die schlupfabhängigen Ströme zeigt ▶Abbildung 5.25. Die Differenz zwischen Stator- und Rotorstrom ist hier durch den Magnetisierungsstrom zu beschreiben, der im Leerlauf am größten ist und mit steigendem Schlupf abnimmt, vgl. auch Ortskurve des Magnetisierungsstroms in Abbildung 5.17.

Besondere Bedeutung hat noch der Anlaufstrom auf der Statorseite, da er das Netz und die elektrotechnischen Betriebsmittel kurzzeitig belastet. Ohne größere Probleme lässt sich der Anlaufstrom aus Gl. 5.71 berechnen.

Beispiel 5.1: Betriebsgrößen

Von einer am 50 Hz- Drehstromnetz betriebenen Asynchronmaschine sind bekannt die Nennleistung $P_N = 4$ kW und die Nenndrehzahl $n_N = 1475\ \text{min}^{-1}$. Das Verhältnis Kippmoment zu Nennmoment M_k/M_N beträgt 3,1. Der Kippschlupf liegt bei $s_k = \pm 0{,}1$.

Zunächst wird die Drehfelddrehzahl ermittelt.

Merke

Die Drehfelddrehzahl ergibt sich aus der Netzfrequenz und der Polpaarzahl der Maschine und liegt damit in der Nähe der Nenndrehzahl. Es gilt:

$$n_d = \frac{2\pi f_n}{p}$$

Bei Motorbetrieb muss die zu erwartende Drehfelddrehzahl geringfügig größer als die Nenndrehzahl sein. Das Einsetzen von p=1 ... 3 ergibt

$$n_{d1} = \frac{2\pi 50Hz}{1} = 3000\,\text{min}^{-1}$$

$$n_{d2} = \frac{2\pi 50Hz}{2} = 1500\,\text{min}^{-1}$$

$$n_{d2} = \frac{2\pi 50Hz}{3} = 1000\,\text{min}^{-1}$$

und damit ist die Drehzahl $n_{d2} = 1500\ \text{min}^{-1}$ die nächst höhere Drehfelddrehzahl.

Damit kann nun auch der Nennschlupf berechnet werden, der sich aus

$$s_N = \frac{n_d - n_N}{n_d} = \frac{(3000 - 1475)\,\text{min}^{-1}}{3000\,\text{min}^{-1}} = 0{,}017$$

ergibt. Als wichtige Drehzahlen werden noch die Kippdrehzahlen benötigt. Für die Kippschlupfe sind zwei Werte, der motorische und der generatorische angegeben.

$$n_{k1,2} = (1 \mp s_k)\, n_d = (1 \mp 0{,}1) \cdot 1500\,\text{min}^{-1}$$

$$n_{k1} = 1350\,\text{min}^{-1}$$

$$n_{k2} = 1650\,\text{min}^{-1}$$

Die größere Kippdrehzahl tritt bei Generatorbetrieb auf, die kleinere im Motorbetrieb.

Um Kipp- und Anlaufmoment bestimmen zu können, fehlt noch das Nennmoment mit

$$M_N = \frac{P_N}{2\pi n_N} = \frac{4000\text{W}}{2\pi 1475\,\text{min}^{-1}} = 25{,}9\text{Nm}.$$

Danach lässt sich aus den Listendaten das Kippmoment bestimmen

$$M_\mathrm{k} = 3{,}1 M_\mathrm{N} = 3{,}1 \cdot 25{,}9\ \mathrm{Nm} = 80{,}28\ \mathrm{Nm}\,.$$

Das Anlaufmoment wird über die Kloss'sche Beziehung berechnet

$$M_\mathrm{A} = \frac{2M_\mathrm{k}}{\frac{s_\mathrm{A}}{s_\mathrm{k}} + \frac{s_\mathrm{k}}{s_A}} = \frac{2 \cdot 80{,}28\ \mathrm{Nm}}{\frac{1}{0{,}1} + 0{,}1} = 15{,}9\ \mathrm{Nm}\,.$$

Das Anlaufmoment ist damit deutlich kleiner als das Nennmoment, was Einschränkungen bezüglich eines Lastanlaufs zur Folge hat.

5.4.4 Verluste

Verlustaufteilung

Die Verluste sollen nachfolgend am Beispiel der Käfigläufermaschine behandelt werden und teilen sich gemäß ▶Abbildung 5.26 auf. Dabei wurde das Ersatzschaltbild etwas modifiziert, damit die Verlustanteile richtig wiedergegeben werden. Die Aufspaltung des schlupfabhängigen Rotorwiderstandes gestattet es, den ersten Teil als Rotorverlustleistung

$$P_\mathrm{V2} = 3R_2' \cdot I_2'^2 \qquad 5.72$$

bzw. den zweiten Teil als mechanische Leistung aufzufassen mit

$$P_\mathrm{mech} = 3R_2' \frac{1-s}{s} I_2'^2 \qquad 5.73$$

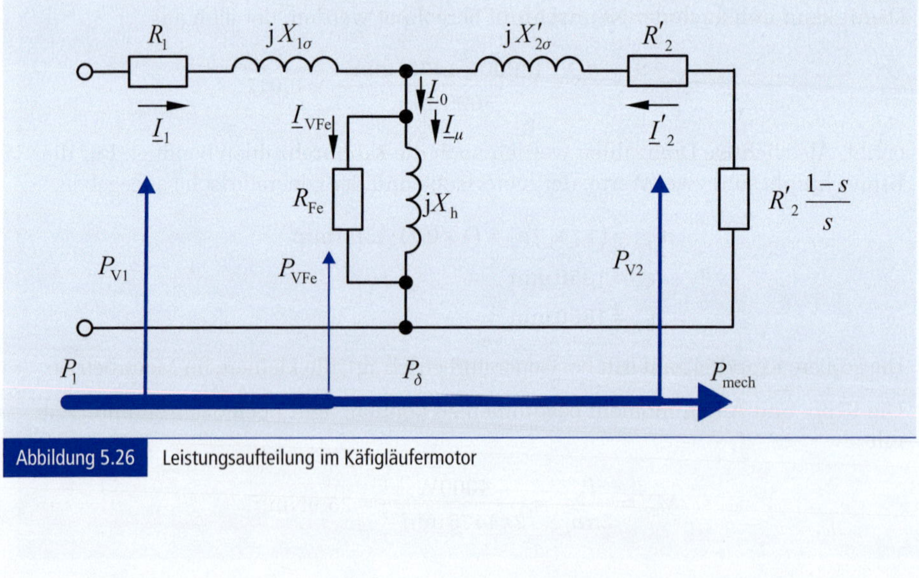

Abbildung 5.26 Leistungsaufteilung im Käfigläufermotor

Die Eingangsleistung ist die statorseitige Wirkleistung

$$P_{W1} = 3\,\mathrm{Re}\left\{\underline{U}_1 \cdot \underline{I}_1^*\right\} = 3\,U_1 \cdot I_1 \cdot \cos\varphi \qquad 5.74$$

die sich aufteilt in die übertragene *Luftspaltleistung*

$$P_\delta = 3\,X_h \cdot I_1\,I_2' \sin\left(\varphi_{i1} - \varphi_{i2}\right) = M \cdot \frac{\Omega_1}{p} \qquad 5.75$$

und die Statorverluste P_{V1}

$$P_{V1} = P_{VCu1} + P_{VFe1} + P_{VZ1} \qquad 5.76$$

mit den Stromwärmeverlusten(Kupferverluste)	$P_{VCu1} = 3R_1 \cdot I_1^2$
den Eisenverlusten	$P_{VFe1} = P_{VH} + P_{VW}$
■ davon Hystereseverluste	$P_{VH} \sim B^2 \cdot f_1$
■ und Wirbelstromverluste	$P_{VW} \sim B^2 \cdot f_1^2$
und den Statorzusatzverlusten	P_{VZ1}

Auf der Rotorseite werden der größte Teil der Luftspaltleistung in mechanische Leistung und ein kleinerer Teil in die Rotorverluste umgesetzt. Diese teilen sich auf in die Rotorstromwärmeverluste, die Rotoreisenverluste, die Reibverluste und die Rotorzusatzverluste.

$$P_\delta = P_{mech} + P_{VCu2} + P_{VFe2} + P_R + P_{VZ2} \qquad 5.77$$

mit der mechanischen Wellenleistung	$P_{mech} = M \cdot \Omega$
den Stromwärmeverlusten	$P_{VCu2} = 3R_2 \cdot I_2^2$
den rotorseitigen Eisenverlusten	$P_{VFe2} \sim B^2 \cdot f_2 \ll P_{VFe1}$
den Reibverlusten	$P_{Vrb} = k_1 \cdot n + k_2 \cdot n^2$
sowie den Rotorzusatzverlusten	P_{VZ2}

In den Zusatzverlusten wurden die stator- und rotorseitigen Verluste zusammengefasst, die sich experimentell von den anderen nicht separieren lassen (Oberflächenverluste, Oberwellenverluste). Die rotorseitigen Stromwärmeverluste stellen einen schlupfabhängigen Anteil der Luftspaltleistung dar

$$P_{VCu2} = s \cdot P_\delta \qquad 5.78$$

Sie werden zu Null, sobald Läufer und Drehfeld die gleiche Frequenz haben und wegen ausbleibender Spannungsinduktion kein Rotorstrom mehr im Rotorkreis fließt.

In ▶Abbildung 5.27a sind die schlupfabhängigen Leistungsanteile dargestellt. Die statorseitigen Stromwärmeverluste sind je nach Größe des ohmschen Widerstandes vergleichbar mit den Rotorstromwärmeverlusten.

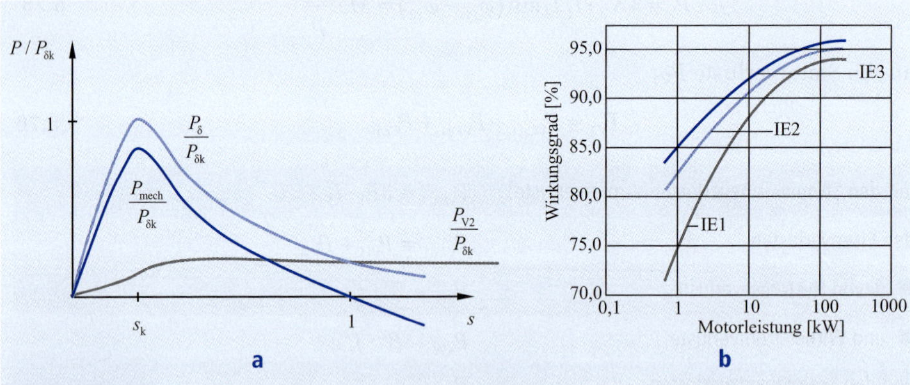

Abbildung 5.27 Leistungen und Wirkungsgrad: a) Schlupfabhängigkeit der Leistungen, b) Effizienzklassifizierung für 4-polige Normmotoren

Mit dem Wirkungsgrad kann die Effizienz einer Induktionsmaschine an einem Arbeitspunkt beschrieben werden

$$\eta = \frac{P_{mech}}{P_{W1}} \approx \frac{P_{mech}}{P_{VCu1} + P_{VFe1} + P_{VCu2} + P_{mech}} \qquad 5.79$$

Der Schlupf spielt für einen guten Wirkungsgrad eine entscheidende Rolle. Das zeigt eine Wirkungsgradberechnung für die ideale streuungslose Maschine

$$\eta = \frac{P_{mech}}{P_\delta} \approx \frac{(1-s)\,P_\delta}{P_\delta} = 1-s \qquad 5.80$$

vgl. Ersatzschaltbild in ▶Abbildung 5.21. Für die reale Maschine gilt aber näherungsweise

$$\eta \approx 1-2s \qquad 5.81$$

Energiesparmotoren

Moderne Entwicklungen zeigen, dass es für viele meist stationär betriebene Maschinen sinnvoll ist, auf spezielle wirkungsgradoptimierte (η-Motoren) zurückzugreifen, siehe ▶Abbildung 5.27b).

Die Wirkungsgrade von Normmotoren sind nach IEC DIN 60034-30 in folgende Wirkungsgradklassen eingeteilt:

- IE1: Standard-Wirkungsgrad
- IE2: High-Wirkungsgrad

- IE3: Premium-Wirkungsgrad
- IE4: Super-Premium-Wirkungsgrad

Erfasst werden gegenwärtig Standard-Käfigläufermotoren der Polzahlen 2, 4 oder 6 im Leistungsbereich von 0,75 ... 375 kW für S1 (Dauer-)- oder S3 (Aussetz-)-Betrieb für 50- oder 60-Hz-Speisung [5.8]. Danach kann ein beliebiger Teillastwirkungsgrad η_T bei einer Teillast P_T und gegebenen 100%-Volllast- und 75%-Teillastwirkungsgrad errechnet werden aus:

$$\eta_T = \frac{1}{1 + v_0 \frac{P_N}{P_T} + v_L \frac{P_T}{P_N}} \tag{5.82}$$

mit den Parametern

$$v_L = \frac{\left(\frac{1}{\eta_{100}} - 1\right) - 0,75\left(\frac{1}{\eta_{75}} - 1\right)}{0,4375}$$

und

$$v_0 = \left(\frac{1}{\eta_{100}} - 1\right) - v_L$$

Zum Nachweis der Einhaltung des Wirkungsgrads sind spezielle Prüf- bzw. Nachweisrichtlinien anzuwenden.

Die etwas erhöhten Investitionskosten von Energie-Sparmotoren sind in 2-3 Jahren wegen der niedrigen Betriebskosten wieder eingespielt. Bei diesen sogenannten η-Motoren werden zur Verringerung der Eisenverluste spezielle Bleche mit niedrigen Verlustziffern (p_{VH}=1W/kg) eingesetzt und der Magnetkreis wird so großzügig ausgelegt, dass die Felddichte reduziert werden kann. Des Weiteren kann Kupfer statt Aluminium im Käfigläufer verwendet werden, um den Widerstand zu verringern. Alternativ kann auch eine kombinierte Wicklung (quasi-6-strängig) im Stator eingesetzt werden, die den Wicklungsfaktor erhöht und wegen der höheren Phasenzahl die Wicklungsharmonische und deren Verlustanteile reduziert [5.9]. Diese Maschinen werden dadurch meist größer und schwerer.

Abschließend sei angemerkt, dass die im Kreisdiagramm darstellbaren Verhältnisse nur für das Verhalten bei Grundwellenfeldern gültig sind.

Die realen Verhältnisse in der Induktionsmaschine sind jedoch durch

- Sättigung der Hauptfeldwege,
- Sättigung der Streufeldwege beim Anlaufen, Bremsen und Kurzschluss,
- Stromverdrängung und
- Oberfeldharmonische

gekennzeichnet, auf die in den nächsten Kapiteln eingegangen wird.

Beispiel 5.2: IE3-Motordaten

Im Folgenden werden die Daten eines IE3-Motors für Netzbetrieb angeführt.

Tabelle 5.1: Daten eines IE3-Asynchronnormmotors

IE3-W41R 160 M4, Norm-Asynchronmotor, eigenbelüftet, VEM Sachsenwerk	
Nennleistung: 11 kW	Nennstrom: 21 A
Nennmoment: 71 Nm	Anlauf-/Nennstrom: 7,5
Nenndrehzahl: 1475 min^{-1}	Anlauf-/ Nennmoment: 2,5
100% Wirkungsgrad: 91,4%	Sattel- /Nennmoment: 2
75%-Wirkungsgrad: 91,5%	Kipp-/Nennmoment: 3,2
50%-Wirkungsgrad: 90,5%	Trägheitsmoment: 0,078 kgm^2
Leistungsfaktor: 0,83	Masse: 125 kg

5.4.5 Anlauf

Beim Anlauf netzbetriebener Induktionsmaschinen sind im Wesentlichen zwei physikalische Effekte zu beachten:

- Netzfrequente Rotorströme können zur Stromverdrängung führen,
- hoher Blindanteil im Rotorstrom führt zu hohen Anlaufströmen und zu zusätzlicher Erwärmung während des Hochlaufs.

Stromverdrängung

Im Falle des Hochstabläufers kann einer Widerstandserhöhung im Rotor durch die Verschiebung der Schlupfbezifferung auf dem Kreisdiagramm Rechnung getragen werden, der Punkt P_1 wandert in Richtung P_0, das Anlaufmoment (Distanz zur M-Linie) steigt an. Bei gleichzeitiger Reduktion der Rotorstreuinduktivität durch die geringere Flussverkettung vergrößert sich der Durchmesser des Kreisdiagrammes mit jedem Schlupfwert, vgl. ▶Abbildung 5.28.

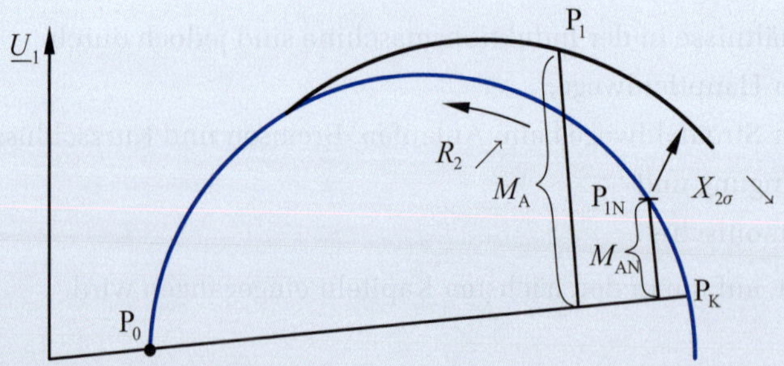

Abbildung 5.28 Stromortskurve bei Stromverdrängung

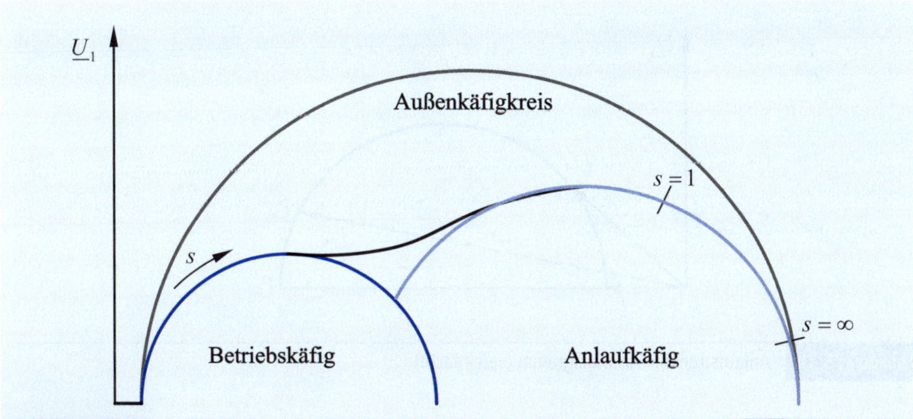

Abbildung 5.29 Stromortskurve bei Doppelkäfigläufer

Es kommt zu einer Aufweitung des Betriebskreises (für kleine Schlupfwerte). Bei Verwendung eines Doppelkäfigläufers gilt für jeden einzelnen Käfig ein Kreisdiagramm. Der Übergang zwischen beiden erfolgt bei mittleren Schlupfwerten, vgl. ▶Abbildung 5.29.

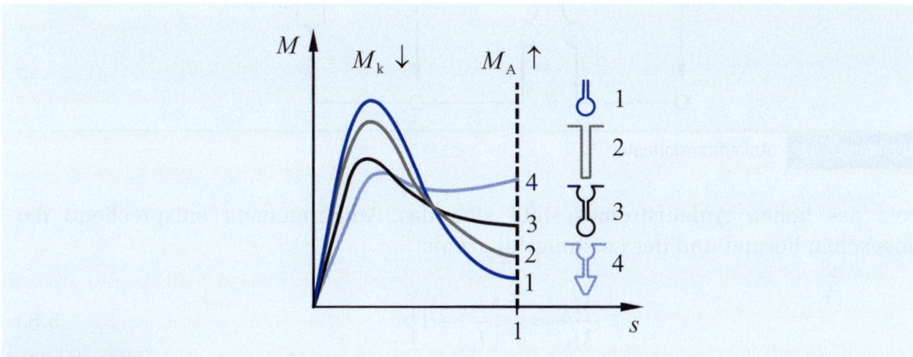

Abbildung 5.30 Drehmoment-Schlupf-Kennlinie bei verschiedenen Rotornutenformen

Der Betriebskreis für kleine Schlupfwerte hat jedoch einen kleineren Durchmesser als der des Hochstabläufers. Dies führt zu einem schlechten Nennleistungsfaktor und einem kleineren Kippmoment. Dafür wird in der Regel ein hohes Anlaufmoment erreicht. Die Auswirkungen der Nutform auf das Anlaufverhalten zeigt ▶Abbildung 5.30. Je größer der Einfluss der Stromverdrängung, desto größer wird das Anlaufmoment bei gleichzeitiger Reduktion des Kippmoments.

Anlaufstrom

Die Anlaufstromverhältnisse lassen sich wieder unmittelbar aus dem Kreisdiagramm ablesen, siehe ▶Abbildung 5.31. In Anlaufpunkt P_1 fließt je nach Maschinenauslegung der 5- bis 10-fache Nennstrom. Dies kann einerseits zu hohen Stromkräften und damit zu mechanischen Belastungen der Wickelköpfe führen und andererseits eine Spannungsabsenkung am Netzanschlusspunkt bewirken.

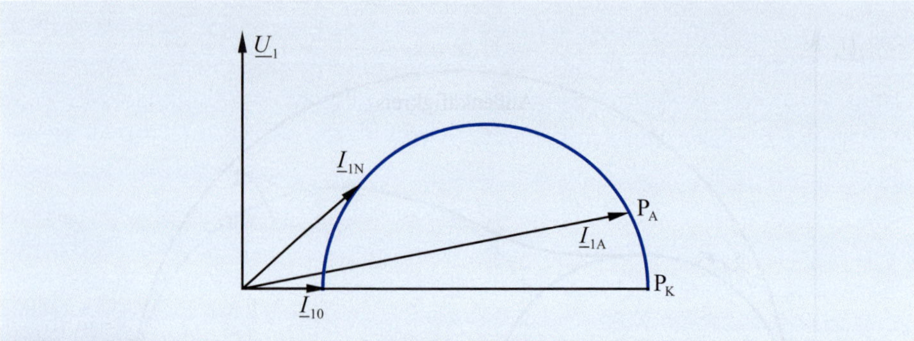

Abbildung 5.31 Anlaufstrom im Stromdiagramm (vereinfacht)

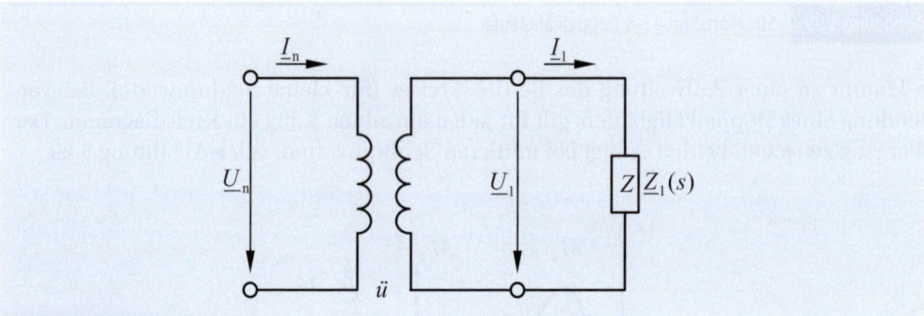

Abbildung 5.32 Anlauftransformator

Trotz des hohen Anlaufstromes stellt sich das Anlaufmoment entsprechend der Kloss'schen Formel und der Leistungsbilanz als

$$\frac{M_A}{M_N} \approx s_N \left(\frac{I_{1A}}{I_{1N}} + 1 \right)^2 \qquad 5.83$$

dar, d. h. da der Nennschlupf wegen der Schlupfverluste gering bleiben sollte, wird ein hoher Anlaufstrom nur zu einem mäßig großen Anlaufmoment führen.

Nachfolgend werden einige Anlassverfahren behandelt:

- Statoranlasser

  Das Anlassen über den Stator funktioniert über die Reduktion der Klemmenspannung. Dies reduziert Anlaufstrom und Anlaufmoment.

- mit Anlaßtransformator

  Die Netzspannung U_n wird über einen Stell- oder Spartransformator gemäß einem erforderlichen Übersetzungsverhältnis $ü$ reduziert, vgl. ▶Abbildung 5.32.

$$U_1 = ü U_n \quad (ü < 1) \qquad 5.84$$

  Der direkte Einschaltstrom im Stator reduziert sich ebenfalls proportional zum Übersetzungsverhältnis des Transformators

$$I_{1A} = \ddot{u} \cdot \frac{U_n}{Z_1(s=1)} \qquad 5.85$$

Da sich der netzseitige Transformatorstrom zum Statorstrom gemäß der Transformatorübersetzung $\ddot{u}$ verhalten muss, reduziert sich der Transformatorstrom entsprechend mit

$$I_{nA} = \ddot{u}^2 \cdot I_{AN} \qquad 5.86$$

und reduziert die Netzbelastung.

Das Anlaufmoment ist quadratisch von der Statorspannung abhängig, sodass sich in Bezug auf das Nennanlaufmoment M_{AN} ergibt:

$$M_A = \ddot{u}^2 \cdot M_{AN} \qquad 5.87$$

- mit Stern-Dreiecks-Umschaltung

  Bei einer auf Dreieckschaltung ausgelegten Maschine erfolgt das Anlassen in Sternschaltung (▶Abbildung 5.33).

  Der Leiterstrom bei Sternschaltung I_{1LY} lautet mit der statorseitigen Impedanz

$$I_{1LY} = \frac{U_1/\sqrt{3}}{Z_1} \qquad 5.88$$

und der Leiterstrom bei Dreieckschaltung

$$I_{1L\Delta} = \frac{\sqrt{3}\,U_1}{Z_1} \qquad 5.89$$

somit ergibt sich das Anlaufstromverhältnis zu

$$\frac{I_{1LY}}{I_{1L\Delta}} = \frac{1}{3} \qquad 5.90$$

Das Anlaufmomentverhältnis leitet sich wieder aus dem quadratischen Verhältnis der Strangspannungen ab

$$\frac{M_{AY}}{M_{A\Delta}} = \left(\frac{U_{1L}/\sqrt{3}}{U_{1L}}\right)^2 = \frac{1}{3}. \qquad 5.91$$

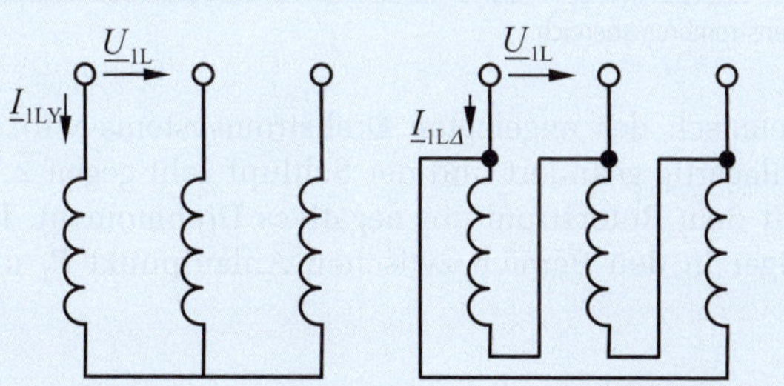

Abbildung 5.33 Stern-Dreiecks-Anlauf

- Sanftanlauf über einphasigem Vorwiderstand

  Die Maschine wird unsymmetrisch betrieben, der Anlaufstrom wird durch den Vorwiderstand herabgesetzt und das Drehmoment reduziert sich aufgrund des entstehenden Gegendrehfeldes [5.3]. Zur Analyse dieses Vorgangs ist es nötig mit symmetrischen Komponenten zu rechnen. Ähnliche Wirkung hat das Anlassen über einen Wechselstromsteller, der die Spannung kontinuierlich hochfährt.

- Frequenzanlauf

  Wird die Induktionsmaschine drehzahlvariabel über einen Frequenzumrichter betrieben, so kann über diesen ein *U*/*f*-proportionaler Anlauf vorgenommen werden. Anlaufstrom und Anlaufmoment sind dann zwischen Null und Maximalwert einstellbar.

5.4.6 Bremsen

Um eine Bremswirkung zu erzielen, muss entweder das Drehmoment entgegen gerichtet zur Rotordrehzahl sein oder der Rotor wird entgegen zum Drehmoment (Drehfeld) durchgezogen. Dabei kann noch unterschieden werden in den stationären Bremsbetrieb und in das Stillsetzen. Gebräuchliche Bremsverfahren sind Gegenstrombremsung, Gleichstrombremsung und Nutzbremsung.

Gegenstrombremsung

In der Stromortskurve nach ▶Abbildung 5.34 ist der Gegenstrombereich markiert. Er zeichnet sich dadurch aus, dass vom Netz Wirkleistung aufgenommen wird, obwohl die Drehzahl wegen $s>1$ negativ wird.

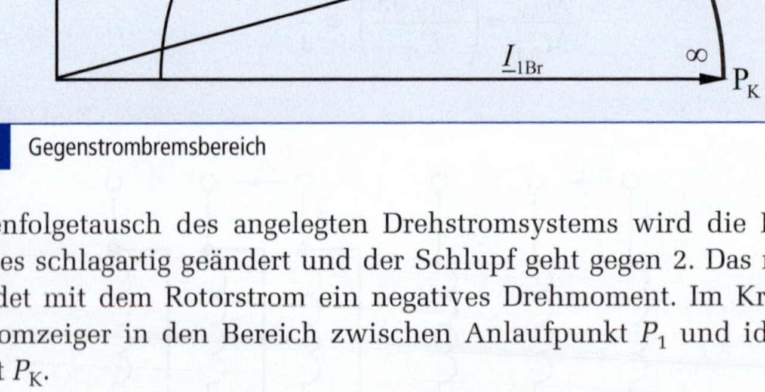

Abbildung 5.34 Gegenstrombremsbereich

Durch Phasenfolgetausch des angelegten Drehstromsystems wird die Drehrichtung des Drehfeldes schlagartig geändert und der Schlupf geht gegen 2. Das resultierende Drehfeld bildet mit dem Rotorstrom ein negatives Drehmoment. Im Kreisdiagramm läuft der Stromzeiger in den Bereich zwischen Anlaufpunkt P_1 und ideellen Kurzschlusspunkt P_K.

Die Drehmoment-Schlupf-Kennlinie erhält man nach Substitution von s durch $2-s$ entsprechend

$$\frac{M}{M_k} = \frac{2}{\frac{(2-s)}{s_k} + \frac{s_k}{(2-s)}} \qquad 5.92$$

Dies ergibt eine zur normalen Motorkennlinie punktsymmetrische Charakteristik. Der aufgenommene Strom verhält sich entsprechend Gl. 5.71 und liegt im Umschaltaugenblick in der Nähe des ideellen Kurzschlussstroms I_{1K}, einem Vielfachen des Nennstroms. Bei Käfigläufermaschinen ist die durch den hohen Bremsstrom erhöhte Bremswärme gegenüber dem Bemessungspunkt zu berücksichtigen und damit eine thermische Begrenzung der zulässigen Bremsschaltzahl (Bremsvorgänge/h) nötig.

Gleichstrombremsung

Durch Trennung des Drehstrommotors vom Netz und Einspeisung eines Gleichstroms gemäß einer Schaltung nach ▶Abbildung 5.35a entsteht auf der Statorseite ein starkes Gleichfeld, in dem sich der Rotor noch weiter dreht. Dabei sollte nur so viel Gleichstrom eingespeist werden, wie für eine Belastung vergleichbar zum Nennbetrieb zulässig. Der gleichstromerregte Stator erzeugt im Rotor eine der Synchronmaschine vergleichbare Polradspannung,

$$\underline{U}_{2P} = jX_h \underline{I}_d \qquad 5.93$$

die im kurzgeschlossenen Rotor einen Rotorstrom

$$\underline{I}_2 = \frac{\underline{U}_{2p}}{\frac{R_2'}{\nu} + jX_h} \qquad 5.94$$

treibt, dessen Durchflutung auf das Statorfeld zurückwirkt im Sinne einer Ankerrückwirkung. Über das Hauptfeld kann man dann die im Rotor induzierte Hauptfeldspannung einführen mit

$$\underline{U}_{2h} = \underline{U}_{2P} + jX_h \underline{I}'_2 = jX_h \underline{I}_\mu \qquad 5.95$$

Die induzierten Spannungen ändert sich mit der elektrischen Kreisfrequenz von

$$\Omega_2 = \Omega_0 (1-s) \qquad 5.96$$

Damit kann die bezogene Drehgeschwindigkeit eingeführt werden mit

$$\nu = \frac{\Omega}{\Omega_0} = 1-s \qquad 5.97$$

Zur Bestimmung des Bremsmoments wird die Luftspaltleistung der im Rotorkreis umgesetzten Leistung gleichgesetzt gemäß

$$P_\delta = M\Omega_0 = 3U_{2h} I_2' = 3\frac{R_2'}{\nu} I_2'^2 \qquad 5.98$$

Wir berechnen daraus das Bremsmoment zu

$$M_{\text{Br}} = \frac{3p}{\Omega_0}\frac{R_2'}{\nu}I_2'^2 = \frac{3p}{\Omega_0}\frac{R_2'}{1-s}I_2'^2 \tag{5.99}$$

Die dabei in ihm induzierten Ströme sorgen in Wechselwirkung mit dem Gleichfeld für ein zunächst kleines Bremsmoment mit sanfter Bremswirkung in ähnlicher Größe vom Anlaufmoment beim Motorbetrieb. Mit dann steigendem Schlupf erhöht sich das Bremsmoment nach der Kloss'schen Charakteristik. Im Stillstand verschwindet die Bremswirkung, da keine Spannungsinduktion mehr stattfindet und der Rotorstrom zu Null wird in Analogie zum Synchronismus beim Motorbetrieb.

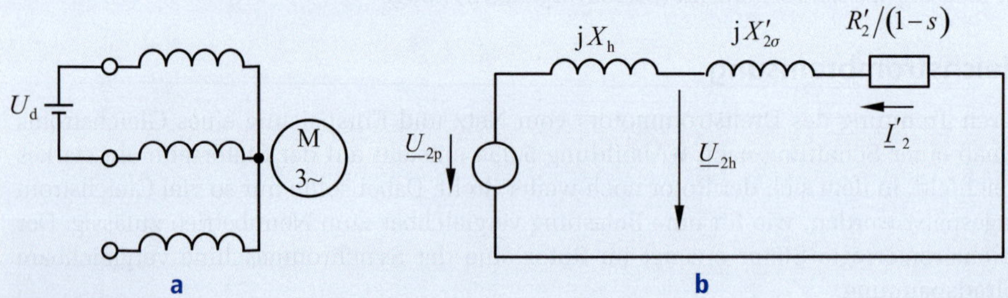

Abbildung 5.35 Gleichstrombremsung: a) Anordnung, b) Ersatzschaltbild

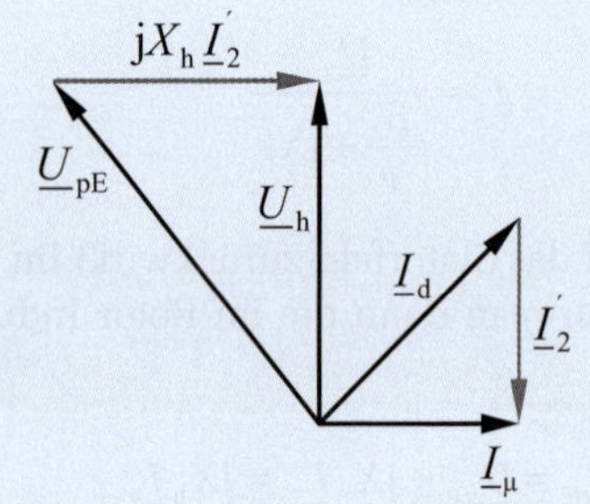

Abbildung 5.36 Zeigerbild bei Gleichstrombremsung

Für das Ersatzschaltbild nach ▶Abbildung 5.35b muss jetzt unter Beibehaltung der gleichen Schlupfbezifferung der rotorseitige Widerstand R'_2/s durch $R'_2/(1-s)$ ersetzt werden. Nach Extremwertbetrachtung und für $X'_{2\sigma} << X_h$ erhält man das diesbezügliche Brems-Kippmoment

$$M_{\text{Brk}} = \frac{3}{2\Omega_1}X_h \cdot I_1'^2, \tag{1.100}$$

das bei der Kippfrequenz

$$\Omega_k = \Omega_1\frac{R_2'}{X_h} \tag{1.101}$$

auftritt und wegen der Größenverhältnisse $R'_2 << X_h$ bei sehr kleinen Drehzahlen, in der Nähe von $s=1$ liegt nach ▶Abbildung 5.37a.

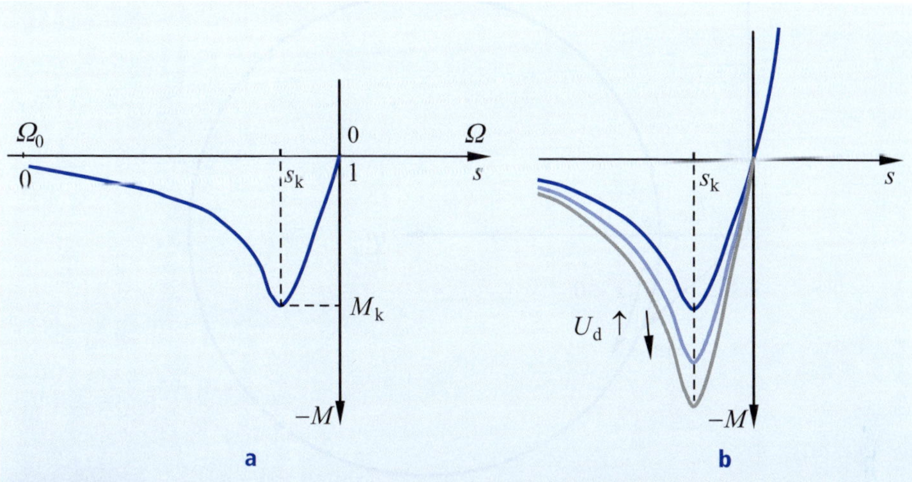

Abbildung 5.37 Bremsmoment-Kennlinie: a) Grundkennlinie b) Spannungsstellung

Für die Käfigläufermaschine lässt sich eine gewisse Änderung des Bremsmoments in einem schmalen Schlupfbereich durch Variation der Gleichspannung erreichen, vgl. ▶Abbildung 5.37b. Diese Bremsart ist auch für wechselrichtergespeiste Asynchronmaschinen populär geworden, da einerseits so auf eine kostspielige Rückspeiseeinrichtung oder einen Bremschopper im Zwischenkreis verzichtet werden kann. Andererseits ist die Gleichspannung über Pulsweitenmodulation der Zwischenkreisspannung des Umrichters kontinuierlich verstellbar und das Bremsmoment kann somit an die Antriebsaufgabe angepasst werden.

Übersynchrone Bremsung

Durch Einspeisung eines niederfrequenten Stromes kann ein Drehfeld erzeugt werden, das langsamer als der Rotor dreht, der dann übersynchron läuft. Laut Stromortskurve wechselt der Statorstromzeiger in den unteren Halbkreis und bildet mit dem Hauptfluss ein Bremsmoment wegen $0 > s > -\infty$, vgl. ▶Abbildung 5.38.

Übersynchrone Bremsung ist stationär auch realisierbar, wenn der Motor in Gegenrichtung eingeschaltet ist und durch eine durchziehende Last, wie bei Hebezeugen und Kranen anzutreffen, übersynchron läuft. Das entwickelte Drehmoment hat dann ein zur Drehzahl entgegengesetztes Vorzeichen und wirkt bremsend.

Daneben lassen sich durch Einsatz einphasiger Schaltungen stationäre und durch Polzahländerungen dynamische Bremswirkungen erzielen.

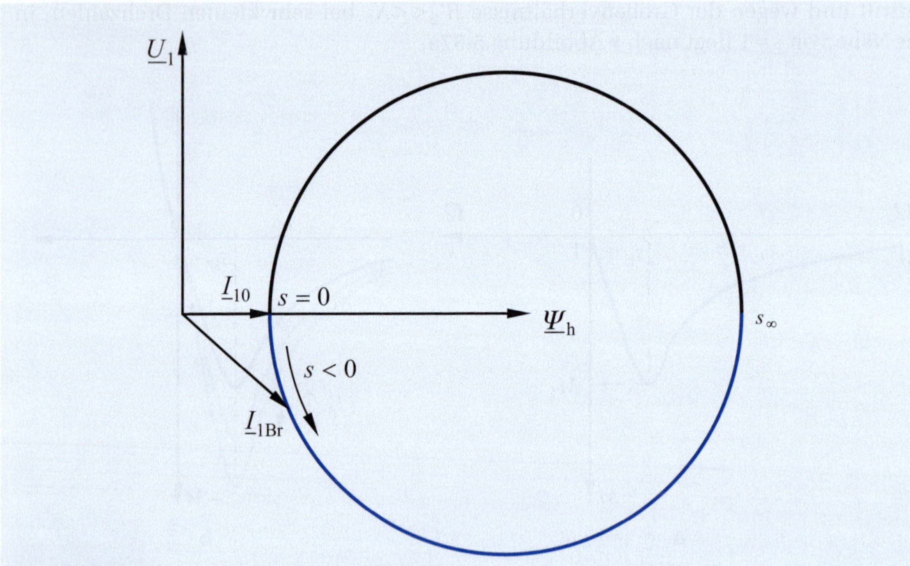

Abbildung 5.38 Übersynchroner Bremsbetrieb

5.4.7 Drehzahlstellung

Aus der allgemeinen Drehzahlbeziehung

$$\Omega = \frac{\Omega_1}{p}(1-s) \qquad 5.102$$

können die Möglichkeiten der Drehzahlbeeinflussung abgelesen werden.

Für den Betrieb am Energieversorgungsnetz eignen sich die Verfahren zur

- *Polumschaltung,*
- *Schlupfsteuerung.*

Durch Einsatz leistungselektrischer Stellglieder lassen sich auch noch eine Frequenz- und Spannungssteuerung erreichen.

Polumschaltung

Polumschaltbare Maschinen werden nur mit Käfigläufern ausgeführt, da eine gleichzeitig erforderliche Wicklungsumschaltung für die Schleifringläuferwicklungen nicht praktikabel ist. Die Realisierung kann auf drei unterschiedlichen Wegen vorgenommen werden:

Polumschaltung durch getrennte Wicklungen Eingesetzt wird eine Zweischichtwicklung, wobei jede Einzelwicklung für die gewünschte Polzahl ausgelegt ist. Vorteilhaft ist die bessere thermische Ausnutzung, die Kosten sind allerdings höher. Jeweils eine Wicklungsschicht ist im Betrieb, während die andere nicht bestromt wird. Somit kann die Maschine nicht voll ausgenutzt werden.

Polumschaltung durch Dahlander-Schaltung Die Dahlander-Schaltung benötigt eine Wicklung, von der einzelne Teile durch Schalter im Polpaarverhältnis 1:2 umgeschaltet werden. Folgende Forderungen werden an die Maschinen gestellt:

- niedrige Anzahl von Klemmen und Umschaltern (in der Regel 6 Klemmen)
- gute Anpassung der elektrischen und magnetischen Verhältnisse an geforderte Leistung
- hohe Wicklungsfaktoren realisieren
- Erzeugung einer oberwellenarmen Felderregerkurve durch Verwendung von 2-Schichtwicklungen für gute Anlaufverhältnisse.

Die ▶Abbildung 5.39a zeigt eine Dreieckschaltung für Polpaarzahl $p=2$, die durch Umschaltung der Wicklungsgruppen in eine Doppelsternschaltung nach ▶Abbildung 5.39b zu einer Reduzierung der Polzahl führt.

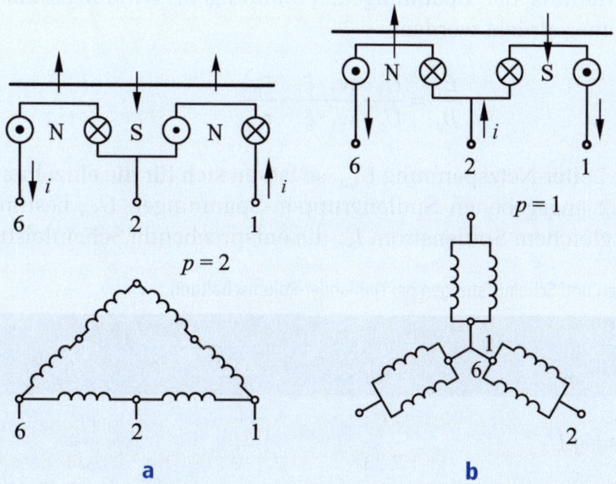

Abbildung 5.39 Polumschaltbare Wicklungen: a) Dreieckschaltung (p=2), b) Doppelsternschaltung (p=1)

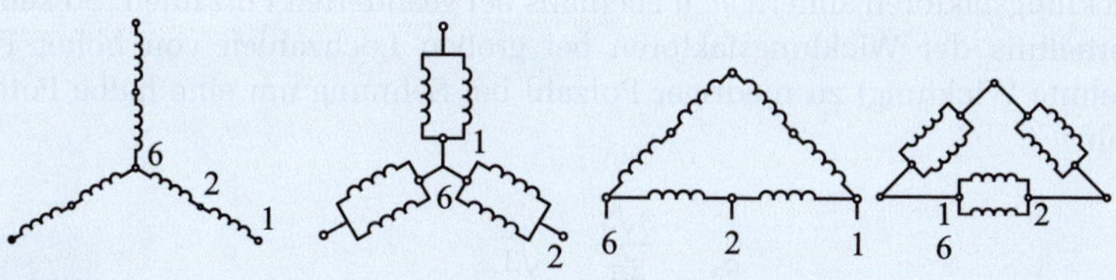

Abbildung 5.40 Polumschaltbare Wicklungen in Stern-, Doppelstern-, Dreieck- und Doppeldreieckschaltung

▶Abbildung 5.40 zeigt insgesamt vier Möglichkeiten in Stern- und Dreieckschaltung, die wahlweise kombiniert werden können.

Zur Beurteilung der Drehzahl- und Drehmomentverhältnisse lassen sich folgende Beziehungen verwenden:

- Die Synchrondrehzahlen verhalten sich wie

$$\frac{n_{d1}}{n_{d2}} = \frac{p_2}{p_1} \,. \qquad 5.103$$

  (Index 1: niedrige Polzahl; Index 2: höhere Polzahl)

- Aus der Drehmomentbeziehung über Induktion und Rotorstrombelag mit $M \sim \hat{B} \cdot \hat{A}_2$ sowie, $\hat{B} \sim \hat{A}_2$ ergibt sich $M \sim \hat{B}^2$.
- Das Verhältnis der Felddichten kann über die Induktionsspannung mit

$$U = \omega\,(w\xi)\frac{2}{\pi} B\,\tau_p l_i \qquad 5.104$$

  durch das Verhältnis der Spannungen, Polteilungen, Windungszahlen und Wicklungsfaktoren ausgedrückt werden:

$$\frac{B_1}{B_2} = \frac{U_1}{U_2} \cdot \frac{w_2 \cdot \xi_2}{w_1 \cdot \xi_1} \cdot \frac{\tau_{p2}}{\tau_{p1}} \qquad 5.105$$

Setzt man für die Leiter-Netzspannung U_{Ln}, so lassen sich für die einzelnen Schaltungen die in Tabelle 5.2 angegebenen Spulengruppen-Spannungen U_{Sp} bestimmen und bei vorausgesetztem gleichem Spulenstrom I_{Sp} die entsprechende Scheinleistung ableiten.

Tabelle 5.2: Spannungen und Scheinleistungen bei Dahlander-Polumschaltung

	Y	Δ	YY	ΔΔ
Spulenspannung U_{Sp}	$\frac{U_{Ln}}{2\sqrt{3}}$	$\frac{U_{Ln}}{2}$	$\frac{U_{Ln}}{\sqrt{3}}$	U_{Ln}
Scheinleistung S	$\sqrt{3}\ U_{Ln} \cdot I_{Sp}$	$3\ U_{Ln} \cdot I_{Sp}$	$2\sqrt{3}\,U_{Ln} \cdot I_{Sp}$	$6\ U_{Ln} \cdot I_{Sp}$

- Die Wicklungsfaktoren ändern sich ebenfalls bei geänderten Polzahlen. So kann man das Verhältnis der Wicklungsfaktoren bei großen Lochzahlen von hoher Polzahl (ungesehnte Wicklung) zu niedriger Polzahl bei Sehnung um eine halbe Polteilung ermitteln

$$\frac{\xi_2}{\xi_1} = \frac{\frac{3\sqrt{3}}{2\pi}}{\frac{3\sqrt{2}}{2\pi}} = \frac{\sqrt{3}}{\sqrt{2}} \qquad 5.106$$

Die Polteilungen verhalten sich umgekehrt proportional zu den Polzahlen

$$\frac{\tau_{p2}}{\tau_{p1}} = \frac{p_1}{p_2} \qquad 5.107$$

- Daneben ist eine überschlägige Beurteilung der Leistungs- und Drehmomentverhältnisse möglich mit

$$\frac{P_{M2}}{P_{M1}} = \frac{S_2 \cdot \cos\varphi_2}{S_1 \cdot \cos\varphi_1} \cdot \frac{\eta_1}{\eta_2} \cdot k_{red}. \qquad 5.108$$

Im Allgemeinen gilt $\cos\varphi_2 < \cos\varphi_1$, $\eta_2 < \eta_1$; $k_{red} < 1$ wegen schlechterer Kühlung bei kleinen Drehzahlen, sodass man nach [5.1] für die mechanischen Leistungen

$$\frac{P_{M2}}{P_{M1}} \approx 0{,}75 \frac{S_2}{S_1} \qquad 5.109$$

sowie für die Drehmomente

$$\frac{M_2}{M_1} \approx 0{,}75 \cdot \frac{p_2}{p_1} \cdot \frac{S_2}{S_1} \qquad 5.110$$

schreiben kann.

Damit kann eine Dimensionierung der Dahlander-Schaltung erfolgen nach Tabelle 5.3.

Tabelle 5.3: Dahlander-Schaltungsvarianten

Schaltungsversion					
p_2	p_1	$\frac{P_{M2}}{P_{M1}}$	$\frac{M_2}{M_1}$	$\frac{B_2}{B_1}$	M_w
Δ	YY	0,65	1,3	1,4	const
YY	Δ	0,85	1,7	1,9	$\sim \frac{1}{n}$
Y	YY	0,4	0,75	0,8	$\sim n^2$

Die jeweiligen Schaltungen eignen sich damit zur Drehzahlstellung bei angepassten Lastmoment-Drehzahlverhältnissen, vgl. ▶Abbildung 5.41.

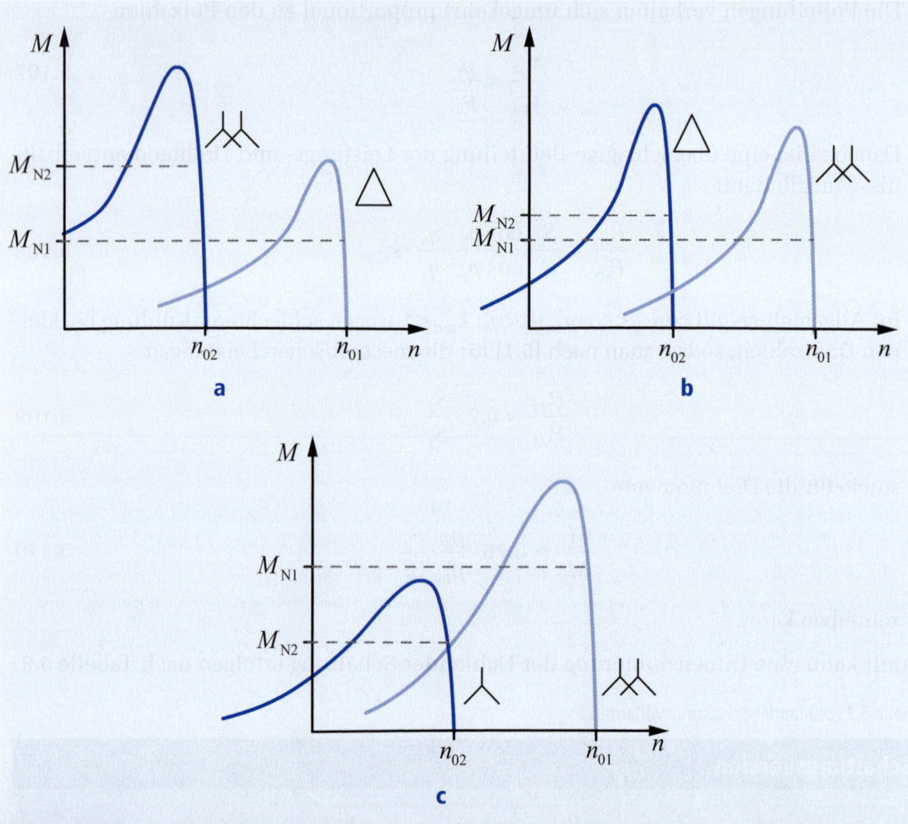

Abbildung 5.41 Kennlinien einer Polumschaltung nach Tabelle 5.3: a) Konstantleistung, b) Konstantlast c) Quadratische Last

Polumschaltung durch Polamplitudenmodulation

Ausgenutzt wird die sogenannte Polamplitudenmodulation (PAM), mit deren Hilfe nahezu alle gewünschten Drehzahlverhältnisse einstellbar sind. Bei Motoren mit PAM-Wicklungen entstehen durch Überlagerung bzw. Modulation von Felderregerkurven verschiedener Ordnungszahlen neue Felderregerkurven anderer Ordnungszahl (▸Abbildung 5.42). Durch Wicklungsauslegung kann erreicht werden, dass nur eine der gebildeten Wellen übrig bleibt.

Zusammenfassend kann für alle Polumschaltungsverfahren gesagt werden, dass sie verlustarm arbeiten.

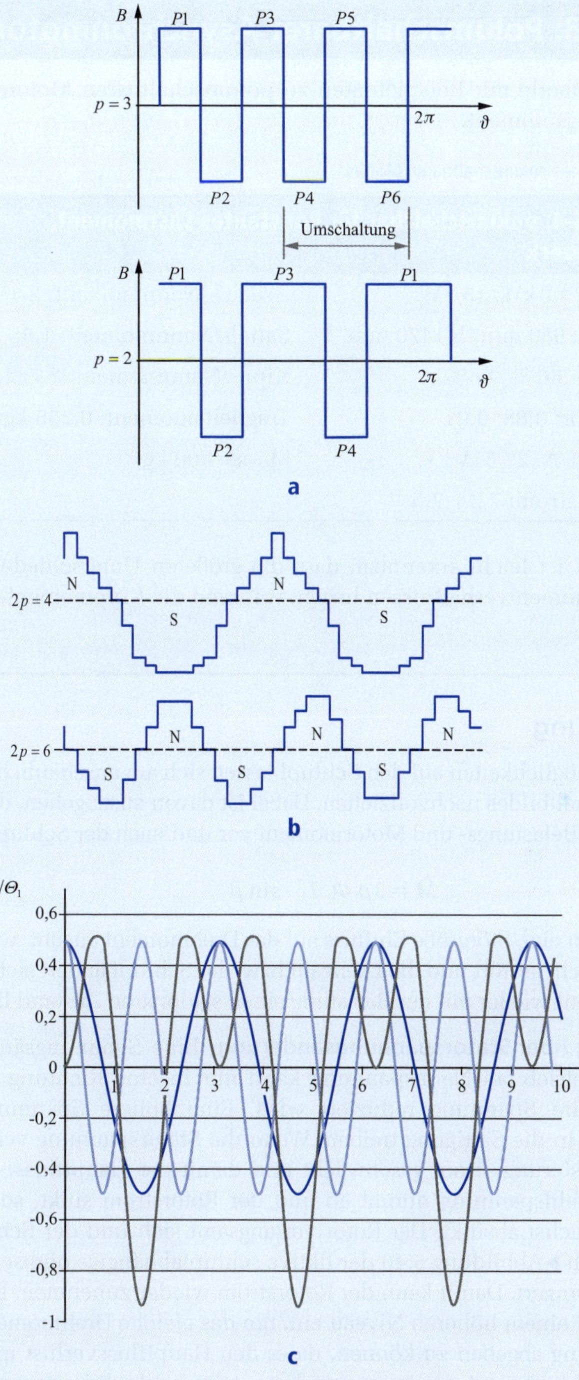

Abbildung 5.42 PAM-Wicklung: a) Prinzip, b) Felderregerkurve, c) Entwicklung

Beispiel 5.3: Polumschaltbarer Asynchronmotor

Es folgt eine Tabelle mit Beispieldaten zu polumschaltbaren Motoren für konstantes Belastungsmoment.

Tabelle 5.4: Daten eines polumschaltbaren Motors

K21R 200 LX 6-4, polumschaltbar für konstantes Lastmoment, VEM Sachsenwerk	
Nennleistung: 11 kW; 15 kW	Anlauf-/Nennmoment: 2,1; 1,6
Nenndrehzahl: 980 min^{-1}; 1470 min^{-1}	Sattel-/Nennmoment: 1,5; 1
Wirkungsgrad: 86 %; 86%	Kipp-/Nennmoment. 2,7; 2,6
Leistungsfaktor: 0,88; 0,91	Trägheitsmoment: 0,265 kgm^2
Nennstrom: 21 A, 27,5 A	Masse: 200 kg
Anlauf-/Nennstrom: 7,2 ; 7,5	

Aus Tabelle 5.4 ist leicht erkennbar, dass die größeren Unterschiede nur in den Anlauf-/Nennmomentverhältnissen liegen, während die Kippmomente annähernd gleich sind.

Schlupfsteuerung

Die Einwirkungsmöglichkeiten auf den Schlupf lassen sich am anschaulichsten am Rotorkreis des Ersatzschaltbildes nachvollziehen. Dabei ist davon auszugehen, dass ein Gleichgewicht zwischen Belastungs- und Motormoment vor und nach der Schlupfänderung mit

$$M = 3p\,\Phi_h\,I_2' \cdot \sin\beta \qquad 5.111$$

existiere d. h. wenn eine Störgröße Einfluss auf das Drehmoment ausübt, wird das mechanische Gleichgewicht gestört und die Drehzahl bzw. der Schlupf ändert sich in dem Maße, bis das Drehmoment wieder mit der Belastung einen stationären Zustand findet.

Schlupfsteuerung über Statorspannungsänderung Eine Spannungsänderung gegenüber dem Nennbetrieb bei Nennspannung kann nur in eine Richtung vorgenommen werden, indem die Spannung reduziert wird. Eine höhere Spannung würde die Maschine schnell in die Sättigung treiben. Wenn die Statorspannung vermindert wird, wird der Magnetisierungsstrom geschwächt und damit der Hauptfluss. Die rotorseitig induzierte Hauptfeldspannung nimmt ab und der Rotorstrom sinkt, sodass auch das Drehmoment zunächst absinkt. Der Rotor verlangsamt sich und der Schlupf steigt an, wodurch sich nach ▶Abbildung 5.43 der fiktive schlupfabhängige ohmsche Widerstand im Rotorkreis verringert. Damit kann der Rotorstrom wieder zunehmen. Der Rotorstrom stellt sich jetzt auf einem höheren Niveau ein, um das gleiche Drehmoment wie vor der Spannungsänderung abgeben zu können, da er den Hauptflussverlust mit ausgleichen muss. Da der Schlupf jetzt zugenommen hat, steigt auch die rotorseitig induzierte Hauptfeldspannung wieder an und es stellt sich der stationäre Zustand bei insgesamt niedrigerem Drehzahlniveau ein.

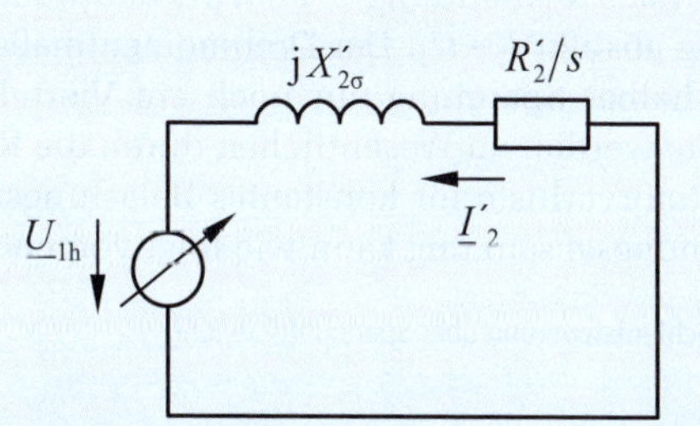

Abbildung 5.43 Ersatzschaltung für Spannungsstellung

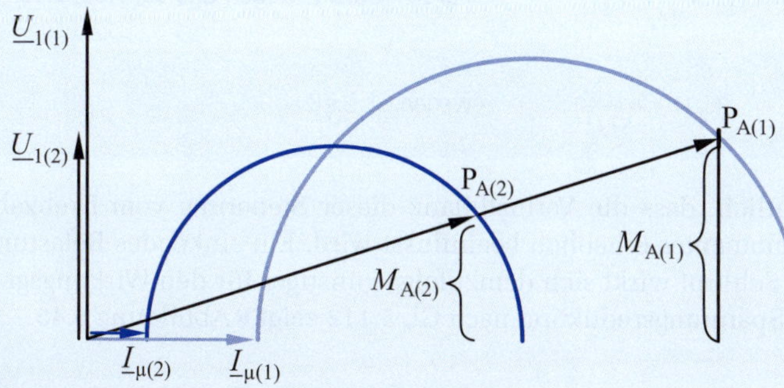

Abbildung 5.44 Stromortskurve bei Spannungsstellung

Würde die Spannung jetzt bei diesem Wert verbleiben, änderten sich nun auch die erreichbaren Drehmomente im Anlauf und im Kipppunkt erheblich. In der Drehmoment-Schlupfbeziehung kommt dies über eine Absenkung des Kippmomentes zum Ausdruck nach Gl. 5.60 gilt $M_k \sim U_1^2$ und $s_k = \text{const}$.

$$\frac{M}{M_{kN}} = \frac{2}{\frac{s}{s_k} + \frac{s_k}{s}} \cdot \left(\frac{U_1}{U_{1N}}\right)^2 \qquad 5.112$$

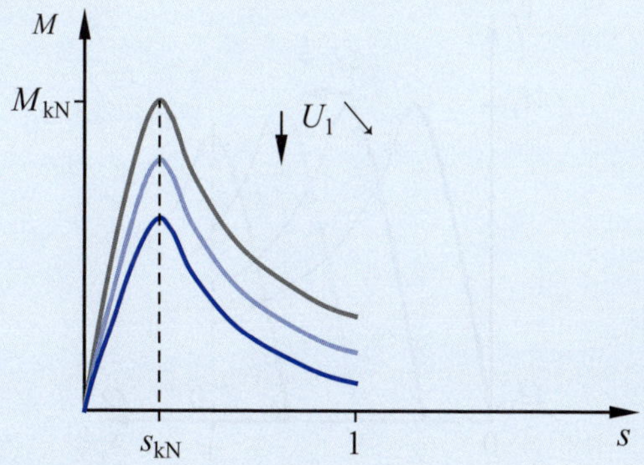

Abbildung 5.45 Drehmoment-Schlupf-Kennlinie bei Spannungsstellung

Für das Kreisdiagramm nach ▸Abbildung 5.44 wird deutlich, dass der Statorstrombetrag mit der Spannung absinkt $I_1 \sim U_1$. Der Drehmomentmaßstab halbiert sich allerdings auch, sodass bei halber Spannung nur noch ein Viertel des Drehmoments zu erreichen ist. Die Verluste werden im Wesentlichen durch die Rotorverluste bestimmt. Eine Abschätzung der Rotorverluste für konstantes Belastungsmoment bei ansteigendem Schlupf über Spannungsabsenkung kann wie folgt vorgenommen werden:

Tabelle 5.5: Betriebsgrößen bei Schlupfsteuerung über Spannungsstellung

Schlupf:	$s \sim \frac{1}{U_1^2}$	Für M=const. aus Gl. 5.65 und 5.60
Rotorstrom:	$I_2' \sim \frac{1}{U_1}$	Für M=const. wegen Gl.5.55, 5.65, 5.66
Rotorverluste:	$P_{V2} \sim s \sim \frac{1}{U_1^2}$	wegen Gl. 5.78

Dies macht deutlich, dass die Verlustbilanz dieser Steuerung vom Drehzahlverhalten des Belastungsmomentes erheblich beeinflusst wird. Ein sinkendes Belastungsmoment bei steigendem Schlupf wirkt sich demzufolge günstiger für den Wirkungsgrad aus. Die Kennlinien für Spannungsreduktion nach Gl. 5.112 zeigt ▸Abbildung 5.45.

Frequenzsteuerung

Eine sehr komfortable Drehzahlstellung wird erreicht, wenn die Maschine vom Netz getrennt und über einen Frequenzumrichter betrieben wird. Mit der Variation der Statorfrequenz verändern sich proportional die Drehfeldfrequenz und damit auch die Leerlaufdrehzahl der Maschine. Es kommt zu einer Parallelverschiebung der Betriebskennlinien. Eine Variation der Statorfrequenz ist nur dann sinnvoll, wenn der Magnetisierungszustand über eine der drei möglichen Flussverkettungen konstant gehalten wird.

- Frequenzsteuerung auf konstantes Kippmoment

  Nach ▸Abbildung 5.46 kann man über ein Steuergesetz das Kippmoment über einen weiten Drehzahlbereich konstant halten.

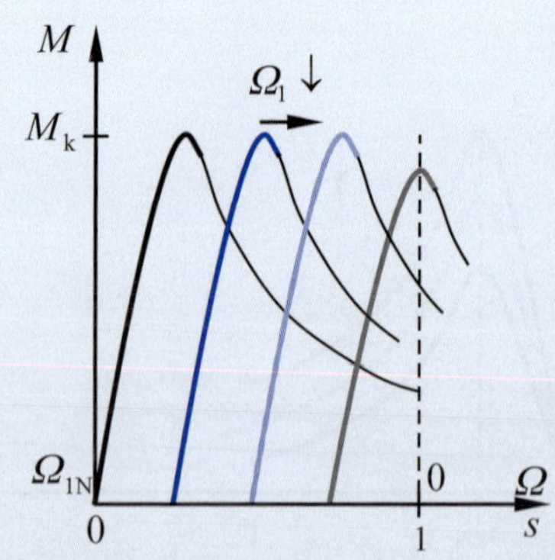

Abbildung 5.46 Drehmoment-Schlupfkurven bei U/f-Steuerung

Dafür analysieren wir das Kippmoment nach der Kloss'schen Formel (Gl. 5.60) unter den Bedingungen der Frequenzsteuerung, indem wir die Reaktanzen als frequenzabhängig beschreiben mit

$$M_k = \pm\frac{3}{2}\frac{pU_1^2}{\Omega_1^2}\frac{1}{\pm\frac{R_1}{\Omega_1}+\frac{\sqrt{\left(R_1^2+\left(\Omega_1 L_1\right)^2\right)\left(R_1^2+\left(\Omega_1 \sigma L_1\right)^2\right)}}{\Omega_1^2\left(1-\sigma\right)L_1}} \qquad 5.113$$

Für Frequenzen $f_1 > 0{,}1\ f_{1N}$ kann der Einfluss des Statorwiderstands vernachlässigt werden und das Kippmoment ist dann nur noch abhängig vom Verhältnis von Spannung zur Frequenz

$$M_k = \frac{3}{2}\cdot\frac{pU_1^2}{\Omega_1^2}\frac{1-\sigma}{\sigma L_1} \sim \frac{U_1^2}{f_1^2}. \qquad 5.114$$

Die Kurvenschar ist in Abbildung 5.46 wiedergegeben mit einem Kippmoment, das nur bei kleinen Statorfrequenzen über eine proportionale *Spannungs-Frequenzsteuerung* (U/f-Steuerung) nicht mehr konstant zu halten ist, da dann der Einfluss des Statorwiderstandes gegenüber der Reaktanz wächst. Man hilft sich dann mit einer überproportionalen Spannungsanhebung bei kleinen Statorfrequenzen unter 10% der Nennfrequenz.

Exkurs

Die modernen Möglichkeiten der Steuerungstechnik und Leistungselektronik gestatten es, die Konstanz des Kippmoments unter bestimmten Nebenbedingungen zu erreichen. Das sind Steuerverfahren zur Konstanthaltung der inneren Flussverkettungen wie in [5.4], [5.5] näher ausgeführt mit:

- Konstanter Statorflussverkettung
- Konstanter Hauptflussverkettung
- Konstanter Rotorflussverkettung

Hinzu kommt ein Verfahren, das mit konstanter Schlupffrequenz arbeitet:

- Wirkungsgradoptimaler Betrieb mit konstanter Schlupffrequenz.

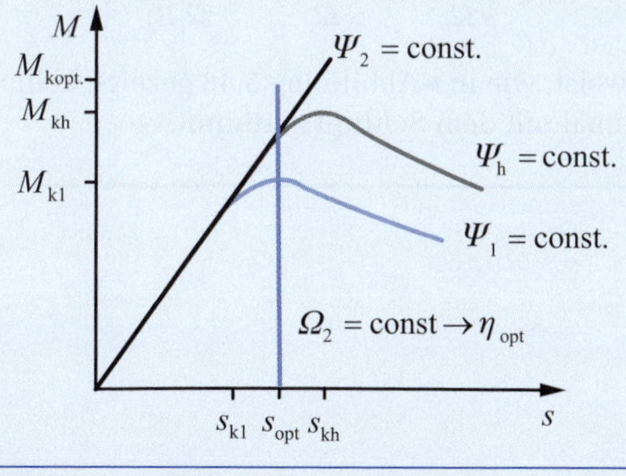

Abbildung 5.47 Stellbereich für verschiedene Flusssteuerverfahren

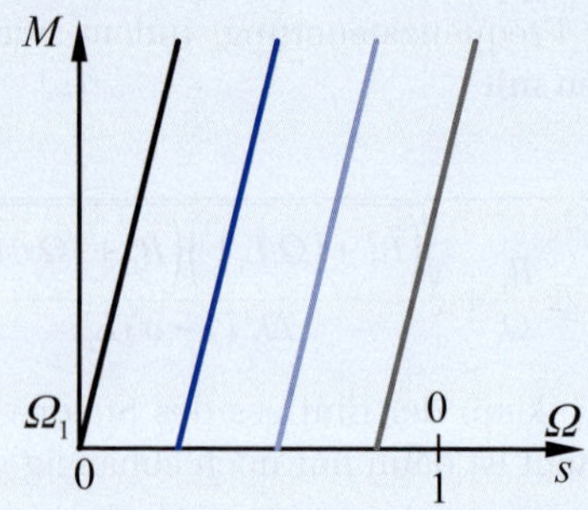

Abbildung 5.48 Drehmoment-Schlupfkurven bei U/f-Steuerung mit Rotorflusskonstanz

Die prinzipiellen Unterschiede sind in ▶Abbildung 5.47 dargestellt. Danach zeigt sich ein grundsätzlicher Vorteil für den Betrieb mit konstanter Rotorflussverkettung, wie bereits schon für die ideale streuungslose Maschine ausgeführt, da hier praktisch das Kippmoment keiner inneren elektromagnetischen Begrenzung unterliegt. Bei konstanter Hauptflussverkettung wird die Maschine immer im Betriebspunkt bester magnetischer Ausnutzung betrieben. Für konstante Statorflussverkettung spricht, dass dieser Betriebsfall dem Netzbetrieb sehr nahe kommt. Energetisch am sinnvollsten ist der Betrieb mit konstanter Schlupffrequenz, die so eingestellt wird, dass der Wirkungsgrad immer den lastabhängig besten Wert erreicht. Die Flussverkettungen werden dadurch lastangepasst reduziert. Das bringt insbesondere Vorteile im Teillastbetrieb, da dann die Eisenverluste und die Stromwärmeverluste stärker zurückgehen als bei Betrieb mit Flusskonstanz.

Um die Rotorflussverkettung konstant zu halten, wird die rotorseitig induzierte Spannung im Verhältnis zur Statorfrequenz geführt gemäß

$$U'_{2h} = \Omega_1 \cdot \Psi_{2N}. \qquad 5.115$$

Das Drehmoment verhält sich dann ähnlich, wie in Kapitel 5.3.2 für die streuungslose Maschine ermittelt wurde.

$$M = \frac{p\,P_{V2}}{s\,\Omega_1} = \frac{3\,p\,R'_2\,I'^2_2}{s\,\Omega_1} = \frac{3\,p\,s\,U'^2_{2h}}{\Omega_1 R'_2} \qquad 5.116$$

Das Drehmoment weist, wie in ▶Abbildung 5.48 gezeigt, keinen Kipppunkt mehr auf, da es proportional mit dem Schlupf zunimmt.

Beispiel 5.4: IE1-Normmotor-Daten

Nachfolgend sind die Nenndaten und Ersatzschaltbildparameter eines IE1-Normmotors zusammengestellt.

Tabelle 5.6: Nenndaten und Parameter eines Asynchronnormmotors

IE1-Norm-Asynchronmotor, 50 Hz,	
Nennleistung: 55 kW	Statorwiderstand: 0,1 Ω
Nenndrehzahl: 2950 min^{-1}	Rotorwiderstand: 0,08 Ω
Nennspannung: 400 V	Hauptreaktanz: 22,71 Ω
Nennstrom: 105 A	Ständerstreureaktanz: 0,597Ω
Wirkungsgrad: 0,9	Rotorstreureaktanz: 1,225 Ω
Leistungsfaktor: 0,9	
Netzfrequenz: 50 Hz	Trägheitsmoment: 0,375 Nms^2

5.4.8 Asynchrongenerator

Der generatorische Betrieb einer Induktionsmaschine wird durch das in Kapitel 5.3.1 eingeführte Kreisdiagramm für $s<0$ hinreichend genau beschrieben. Man sollte zwei Betriebsweisen unterscheiden:

- Betrieb am starren Netz

  Der für den Generatorbetrieb wie schon beim Motor benötigte Blindstrom zur Magnetisierung wird durch das Netz geliefert, vgl. ▶Abbildung 5.49.

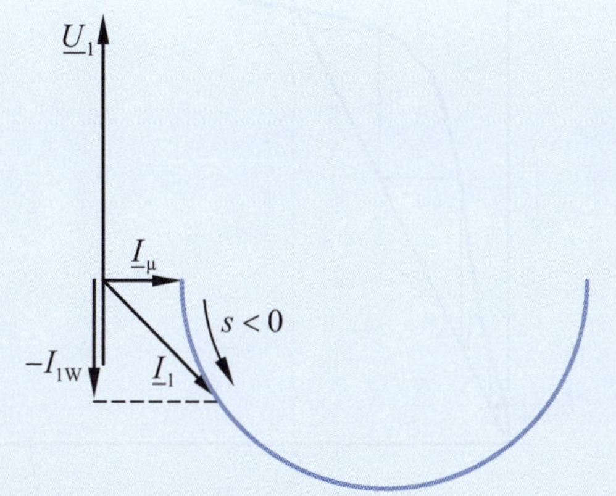

Abbildung 5.49 Stromortskurve für Generatorbetrieb

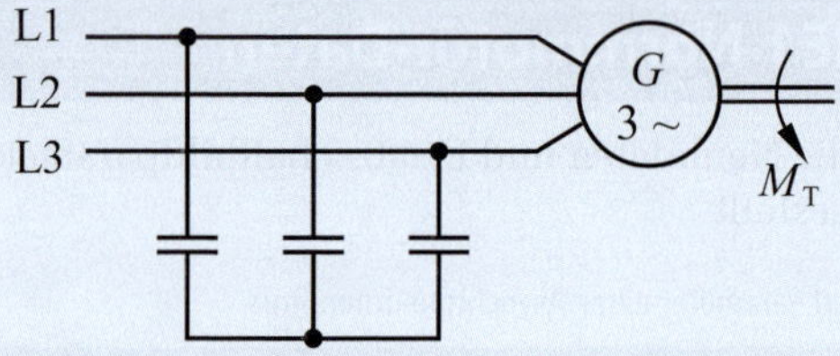

Abbildung 5.50 Kondensatorbank für Asynchrongenerator

Die Unterschiede zum Motorbetrieb ergeben sich jetzt durch den negativen Schlupf:

- der Nennstrom wird bei betragsmäßig kleinerem Schlupf erreicht,
- der Eisenweg des Hauptfeldes kommt eher in die Sättigung, da die Hauptfeldspannung bei Nennbetrieb etwas größer ist.

Für den Betrieb am starren Netz kann man sowohl Asynchronkurzschlussläufermaschinen direkt als auch Schleifringläufermaschinen mit Rotorkaskadenschaltung verwenden.

- Betrieb am Inselnetz

Entscheidend ist bei Inselbetrieb die Versorgung der Maschine mit Blindstrom. Durch Ausnutzung der Selbsterregung kann man bei Parallelschaltung einer dreiphasigen Kondensatorbank nach ▶Abbildung 5.50 unter Ausnutzung der nichtlinearen Magnetisierungskurve, ausgehend vom Remanenzpunkt, einen Arbeitspunkt stabiler Spannung erreichen, vgl. ▶Abbildung 5.51. Dabei ist darauf zu achten, dass die Kapazität auf den im Generatorbetrieb benötigten Magnetisierungsstrom abgestimmt wird.

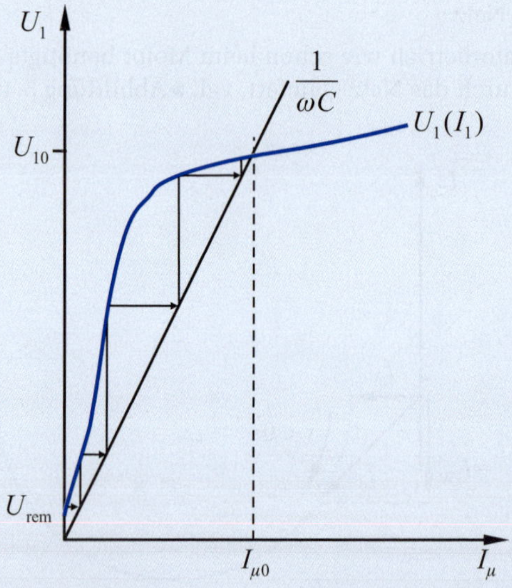

Abbildung 5.51 Selbsterregungsvorgang

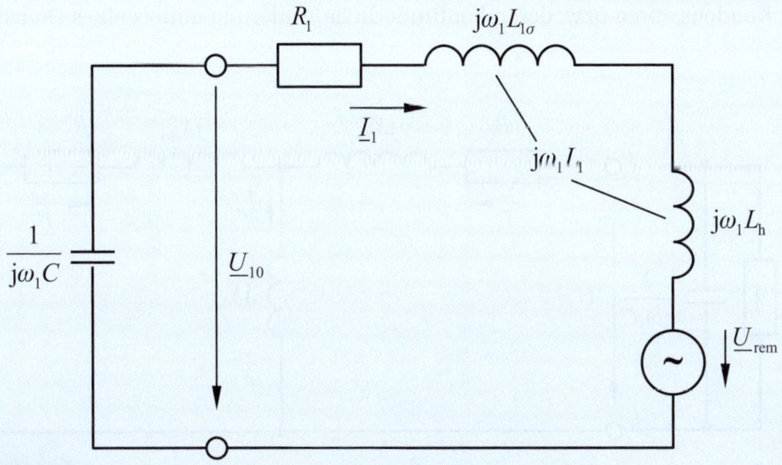

Abbildung 5.52 Ersatzschaltbild bei leerlaufendem Generator

Der Restmagnetismus des drehenden Rotors erzeugt in dem nach ▶Abbildung 5.52 gebildeten Resonanzkreis einen synchronen Strom. Die Kapazität wird dann so gewählt, dass der Schnittpunkt von Kondensator und Magnetisierungskurve die gewünschte Leerlaufspannung U_{10} einstellt

$$C = \frac{U_{10}}{\Omega_1 \, I_{\mu 0}} . \tag{5.117}$$

Der notwendige Magnetisierungsstrom lässt sich aus ▶Abbildung 5.52 ablesen mit

$$\underline{I}_\mu = \frac{U_{1h}}{R_1 + j\left(\omega_1 L_1 - \dfrac{1}{\omega_1 C}\right)} . \tag{5.118}$$

wobei die vom Rotor statorseitig induzierte Spannung U_{1h} von der Remanenzspannung und der Rotordrehzahl abhängt.

Zur Spannungsstabilisierung lassen sich ggf. noch parallelgeschaltete Sättigungsdrosseln verwenden.

Sobald der Generator netzseitig elektrisch belastet wird, geht die Maschine aus dem synchronen in den asynchronen Betrieb über. Damit gilt das Ersatzschaltbild nach ▶Abbildung 5.53a. Der Generatorbetrieb wird auch über das Ersatzschaltbild deutlich; da der Schlupf negativ wird, geht der Gesamtinnenwiderstand ins Negative. Wichtig für die Funktionsweise des Generators ist nun, bis zu welcher netzseitigen Belastung die Spannung an den Statorklemmen aufrecht erhalten werden kann. Eine gewisse Spannungsabsenkung bis zur Kippgrenze, die zudem noch abhängig von der Belastungsart ist, lässt sich nicht vermeiden. Sie kann auch seitens des Generators nicht kompensiert werden, da eine noch so kleine Drehzahlerhöhung sofort mit einer Frequenzänderung verbunden ist.

Es bleibt eine Nachführung der Kapazität der Kondensatorbank über das Zuschalten weiterer Kondensatoren bzw. deren kontinuierliche Änderung mittels eines Drehstromstellers.

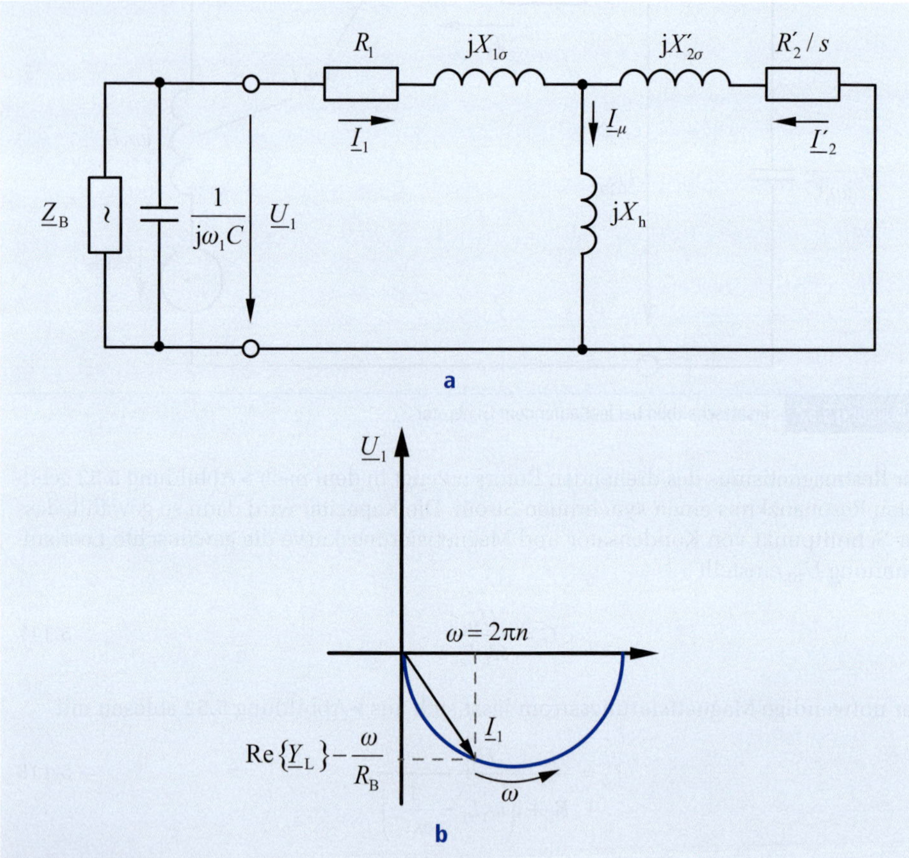

Abbildung 5.53 Asynchroner Generatorbetrieb am Inselnetz: a) Ersatzschaltbild, b) Stromortskurve

Die Lage des Stromzeigers hängt jetzt vom Belastungswiderstand des Inselnetzes R_B und von der sich einstellenden Inselnetzfrequenz ω ab, siehe ▸Abbildung 5.53b.

Beispiel 5.5: Käfigläufergenerator-Daten

Im Folgenden werden die Daten eines Asynchron-Käfigläufergenerators angeführt.

Tabelle 5.7: Nenndaten und Parameter einer Asynchrongenerators

Asynchrongenerator, G22R 355 LY4,	
Nennleistung: 420 kW	Anlaufstromverhältnis: 8,5
Scheinleistung: 506 kVA	Kipp-/Nennmoment: 3,5
Nenndrehzahl: 1509 min^{-1}	Nennfrequenz: 50 Hz
Nennspannung: 400 V	Innendurchmesser:
Nennstrom: 730 A	Außendurchmesser: 0,715 m
Leistungsfaktor: 0,83	Gesamtlänge: 1,612 m
Wirkungsgrad: 0,962	Masse: 2500 kg
Maximaldrehzahl: 3000 min^{-1}	Trägheitsmoment: 10 kgm^2
Wärmeklasse: F	

5.5 Stromortskurven der Schleifringläufermaschine

Die Schleifringläufermaschine weist einige bemerkenswerte Unterschiede gegenüber der Käfigläufermaschine auf. Ihre Vorteile hat sie bezüglich der zusätzlichen Steuermöglichkeiten, die sich durch den Zugang zum Rotorkreis ergeben. Damit lässt sich das Betriebsverhalten aktiv über eine Rotorzusatzspannung oder passiv über Rotorzusatzwiderstände vorteilhaft beeinflussen.

Grundsätzlich hat sie aber auch ähnliches Verhalten, wenn sie rotorseitig kurzgeschlossen betrieben wird. Sie unterscheidet sich in diesem Betriebsfall etwas von der Käfigläufermaschine durch die größere Rotorstreuung.

Das Betriebsverhalten einer Asynchron-Schleifringläufermaschine lässt sich am anschaulichsten nach Betrachtung der Stromortskurven verstehen. Zur Vereinfachung sollen wieder die Eisenverluste und die Stromverdrängung vernachlässigt werden.

5.5.1 Stromortskurven bei passivem Widerstandsbetrieb

Dieser Betriebsfall stellt eine einfache Erweiterung des Käfigläufers mit erhöhtem Rotorwiderstand dar.

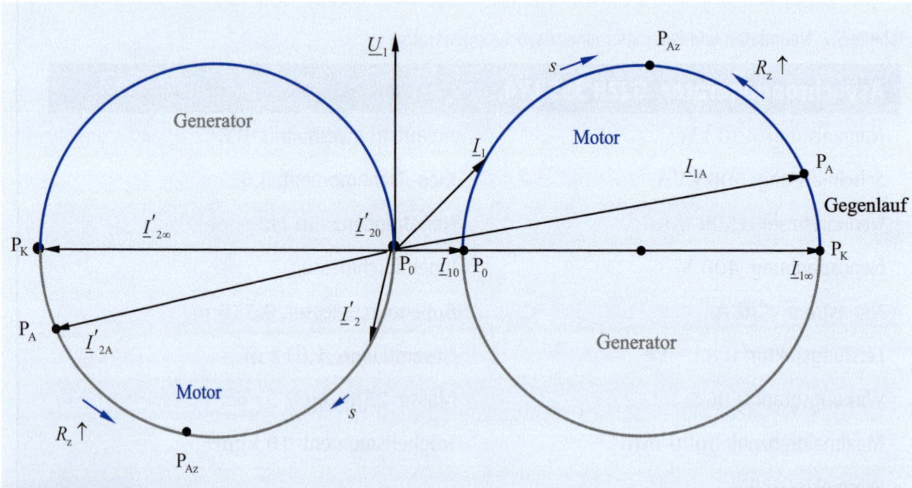

Abbildung 5.54 Stromortskurven mit Rotorzusatzwiderstand

Der Zusatzwiderstand im Rotorkreis erhöht den resistiven Anteil in der Maschine und damit nimmt auch der Wirkanteil des Stroms zu und das Drehmoment, was besonders im Anlaufpunkt $P_A \rightarrow P_{Az}$ nützlich ist. Der Gegenlaufbetriebsbereich zwischen P_K und P_A verschiebt sich auf der Stromortskurve ebenfalls zu höherem Wirk- und kleinerem Blindstrom.

5.5.2 Stromortskurven bei Rotorspeisung

Die Verhältnisse unterscheiden sich nur durch die zusätzliche Speisemöglichkeit über den Rotor von der Käfigläufermaschine, sodass die Rotorgleichung übergeht in

$$\underline{U}_2{}' = \left(R_2{}' + \mathrm{j}\, s\, X_{2\sigma}{}'\right)\underline{I}_2{}' + \mathrm{j}\, s\, X_\mathrm{h}\left(\underline{I}_1 + \underline{I}_2{}'\right). \qquad 5.119$$

Im Ersatzschaltbild ergibt sich dann eine schlupfbezogene Rotorspannung, vgl. Abbildung 5.13. Über die neue Stellmöglichkeit kann nicht nur die Drehzahl beeinflusst werden, sondern auch der Wirk- und Blindleistungshaushalt. Das macht diese Maschine so interessant für generatorische Anwendungen, vgl. Zeigerdiagramm in ▶Abbildung 5.55.

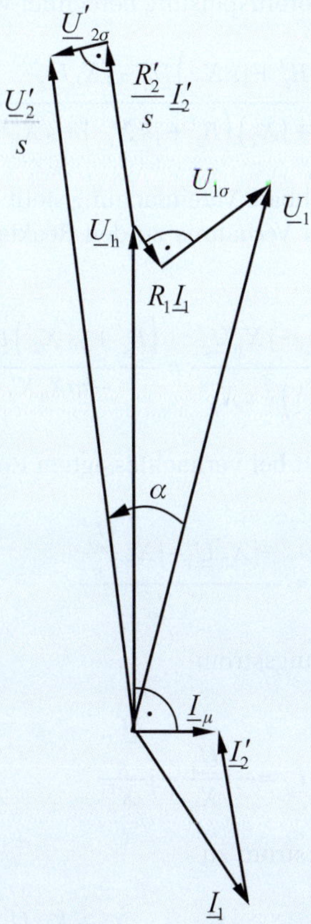

Abbildung 5.55 Zeigerdiagramm des doppeltgespeisten Asynchrongenerators

Durch Vorgabe von Amplitude und Phasenlage der Rotorspannung kann jetzt der Statorstrom in Bezug auf die Statorspannung jede x-beliebige Winkellage einnehmen. Das Zeigerbild stellt einen induktiv generatorischen Betrieb im untersynchronen Bereich dar. Erkennbar ist das an dem negativen Wirkanteil und dem positiven Blindanteil im Statorstrom. Rotorspannung und Rotorstrom befinden sich fast in Phase, sodass elektrische Wirkleistung über den Rotor zugeführt wird. Es ist charakteristisch für den untersynchronen Betrieb, dass der Schlupf zwischen 0 und 1 liegt.

Zur Konstruktion der Ortskurve mit aktiver Rotorspannung kann der Statorstrom jetzt unter Berücksichtigung der Rotoreinspeisung berechnet werden zu

$$\underline{I}_1 = \frac{\left(R_2' + \mathrm{j}\,s\,X_2'\right)\underline{U}_1 - \mathrm{j}\,X_\mathrm{h}\underline{U}_2'}{\left(R_1 + \mathrm{j}X_1\right)\left(R_2' + \mathrm{j}\,s\,X_2'\right) + s\,X_\mathrm{h}^{\,2}} \qquad 5.120$$

Eine zunächst leicht nachvollziehbare Vereinfachung stellt die Vernachlässigung des Statorwiderstands dar, da dieser im Verhältnis zu den Reaktanzen bei 50-Hz-Betrieb klein ist. Der Statorstrom lautet dann:

$$\underline{I}_1 \approx \frac{\left(R_2' + \mathrm{j}\,s\,X_2'\right)\underline{U}_1 - \mathrm{j}X_\mathrm{h}\underline{U}_2'}{\mathrm{j}X_1\left(R_2' + \mathrm{j}\,s\,X_2'\right) + s\,X_\mathrm{h}^{\,2}} = \frac{\left(R_2' + \mathrm{j}\,s\,X_2'\right)\underline{U}_1 - \mathrm{j}X_\mathrm{h}\underline{U}_2'}{-s\sigma X_1 X_2' + \mathrm{j}X_1 R_2'} \qquad 5.121$$

den man in einem letzten Schritt bei vernachlässigtem Rotorwiderstand in

$$\underline{I}_1 \approx \frac{-\mathrm{j}X_2'\underline{U}_1 + \mathrm{j}X_\mathrm{h}\dfrac{\underline{U}_2'}{s}}{X_\mathrm{h}X_\sigma} \qquad 5.122$$

umformt. Mit dem Magnetisierungsstrom

$$\underline{I}_\mu \approx -\mathrm{j}\frac{\underline{U}_1}{X_\mathrm{h}} - \mathrm{j}\frac{\dfrac{\underline{U}'_2}{s}}{X_2'} \qquad 5.123$$

ergibt sich schließlich der Rotorstrom zu

$$\underline{I}'_2 = \underline{I}_\mu - \underline{I}_1 \approx \mathrm{j}\frac{1}{X_\sigma}U_1 - \mathrm{j}\frac{X_2' + X_\sigma}{X_2' X_\sigma}\frac{\underline{U}'_2}{s} \qquad 5.124$$

Die Rotorspannung wird durch die Statorspannung ausgedrückt mithilfe eines Drehoperators $\mathrm{e}^{\mathrm{j}\alpha}$ und einer Spannungsübersetzung $\ddot{u}$ nach

$$\underline{U}_2' = \ddot{u}U_1\,\mathrm{e}^{\mathrm{j}\alpha} = \ddot{u}U_1\left(\cos\alpha + \mathrm{j}\sin\alpha\right). \qquad 5.125$$

Damit lassen sich beide Stromortskurven konstruieren, deren grundsätzliche Verläufe in ▶Abbildung 5.56 gezeigt sind. Man erkennt, dass bereits bei kleinem Verschiebungswinkel α der Statorwirkstrom schnell zunimmt, so dass die Maschine Last aufnehmen kann. Bei positivem Schlupf, im sogenannten untersynchronen Betrieb, und positivem Verschiebungswinkel arbeitet die Maschine als Generator. Geht der Verschiebungswinkel in den negativen Bereich ist Motorbetrieb. Dieser Zusammenhang verkehrt sich jedoch ins Gegenteil, wenn der Schlupf negativ wird, d. h. wenn die Maschine übersynchron läuft. Dann muss der Verschiebungswinkel ins Negative gedreht werden, um einen generatorischen Betrieb zu erreichen.

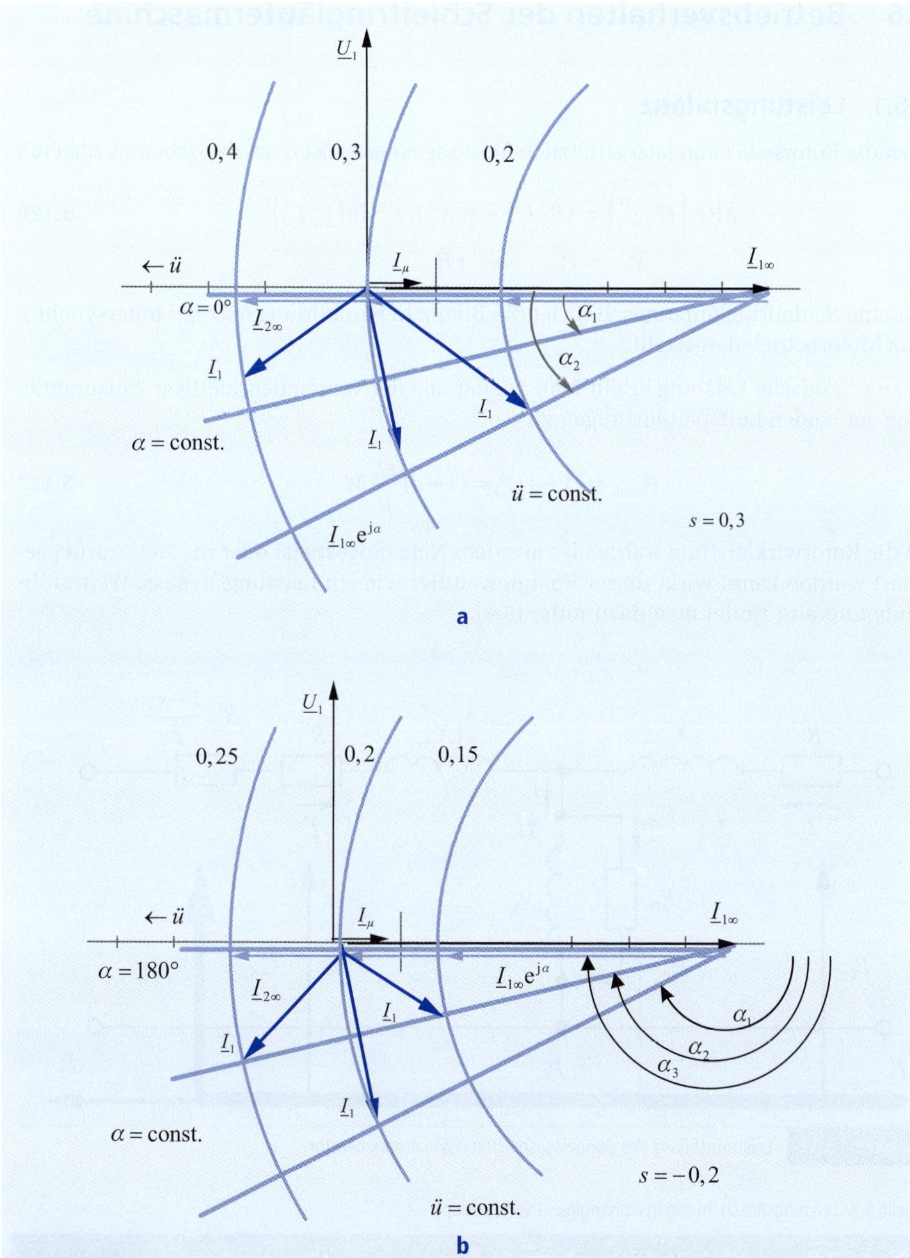

Abbildung 5.56 Statorstrom-Ortskurven des doppeltspeisenden Asynchrongenerators: a) untersynchron, b) übersynchron

Die Variation, ob kapazitiver bzw. induktiver Betreib gefahren wird, hängt im Wesentlichen vom Übersetzungsfaktor $ü$ ab, der übererregt ($|ü/s|>1$) bzw. untererregt ($|ü/s|<1$) eingestellt werden muss. Ferner ist zu erkennen, dass der Spannungsaufwand auf der Rotorseite umso kleiner wird, je näher sich die Maschine am Synchronpunkt befindet.

5.6 Betriebsverhalten der Schleifringläufermaschine

5.6.1 Leistungsbilanz

Über die Rotorseite kann jetzt zusätzlich Leistung eingespeist oder abgegeben werden mit

$$3\,\mathrm{Re}\left\{\underline{U}'_2\underline{I}'^*_2\right\} = 3R_2'I_2'^2 - 3sX_\mathrm{h}I_1I_2'\sin\left(\underline{I}_1,\underline{I}_2'\right). \qquad 5.126$$

$$P_2 = P_{\mathrm{V2}} - sP_\delta$$

Für eine Schleifringläufermaschine ist die Bilanz in ▶Abbildung 5.57 bei untersynchronem Motorbetrieb dargestellt.

Die mechanische Leistung erhält man wieder aus der vorzeichenrichtigen Aufsummierung der beiden Luftspaltleistungen zu

$$P_\mathrm{mech} = (1-s)P_\delta = (1-s)\frac{\Omega_1}{p}M \qquad 5.127$$

Da die Rotorwirkleistung wahlweise aus dem Netz eingespeist oder ins Netz zurückgespeist werden kann, wirkt dieser Energiewandler wie ein Leistungsbypass. Weiterführende Literatur findet man dazu unter [5.6].

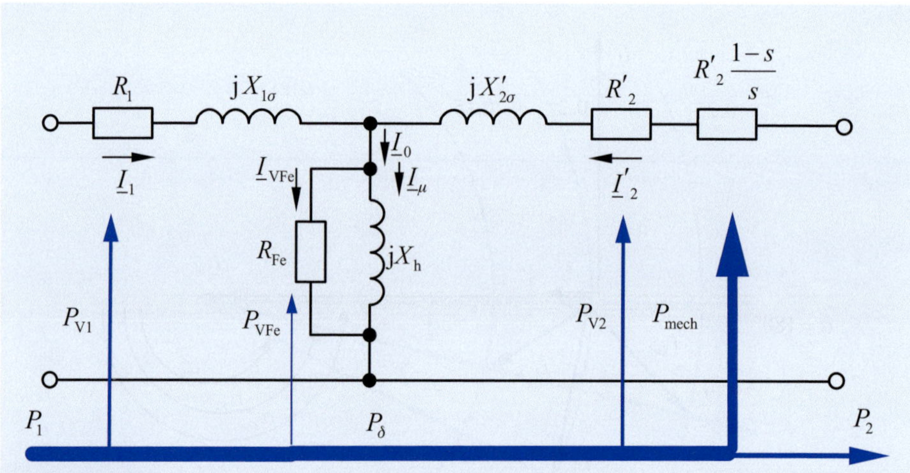

Abbildung 5.57 Leistungsbilanz des doppeltgespeisten Asynchrongenerators

Tabelle 5.8: Leistungsflussrichtung in Abhängigkeit vom Schlupf

Drehzahlbereich	Untersynchron: $s>0$, $n<n_\mathrm{syn}$	Übersynchron: $s<0$, $n>n_\mathrm{syn}$
Motor $P_\mathrm{mech}>0$	$P_2<0$	$P_2>0$
Generator $P_\mathrm{mech}<0$	$P_2>0$	$P_2<0$

In Tabelle 5.8 sind die einzelnen Schlupfbereiche für motorischen und generatorischen Betrieb unterschieden.

5.6.2 Drehmoment

Die Berechnung erfolgt wieder über die Luftspaltleistung, wobei sich der Statorstrom jetzt unter Berücksichtigung der Rotoreinspeisung berechnet:

$$\underline{I}_1 = \frac{\left(R_2' + \mathrm{j}sX_2'\right)\underline{U}_1 - \mathrm{j}X_\mathrm{h}\underline{U}_2'}{\mathrm{j}X_1\left(R_2' + \mathrm{j}sX_2'\right) + sX_\mathrm{h}^2} \qquad 5.128$$

Die Rotorspannung wird, wie oben bereits dargestellt durch die Statorspannung ausgedrückt mittels eines Drehoperators und einer Spannungsübersetzung, sodass sich das Drehmoment wieder aus der Luftspaltleistung berechnet zu:

$$M = \frac{3pU_1^2}{\Omega_1 X_1} \cdot \frac{sX_2'\left((1-\sigma)R_2' - \ddot{u}\cdot\sin\alpha\cdot\sigma X_\mathrm{h}\right) + \ddot{u}\cdot\cos\alpha\cdot\sigma X_\mathrm{h}R_2'}{R_2'^2 + \left(s\sigma X_2'\right)^2} \qquad 5.129$$

Bei Bezug auf die entsprechenden Extremwerte für kurzgeschlossenen Rotor (M_{kN} und s_{kN}) entsteht eine überschaubare Drehmomentbeziehung

$$M = \frac{2M_{\mathrm{kN}}}{s/s_{\mathrm{kN}} + s_{\mathrm{kN}}/s}\left(1 - \frac{1}{sk_1}\ddot{u}\cdot\cos\alpha - \frac{1}{s_{\mathrm{kN}}k_1}\ddot{u}\cdot\sin\alpha\right) \qquad 5.130$$

k_1 - statorseitiger Koppelfaktor (L_h/L_1).

Führt man den *Leerlaufschlupf* s_0 ein, der sich für $M=0$ ermitteln lässt

$$s_0 = \frac{\ddot{u}\cos\alpha}{\left(k_1 - \frac{1}{s_{\mathrm{kN}}}\ddot{u}\cdot\sin\alpha\right)}, \qquad 5.131$$

so folgt die Drehmomentformel

$$M = \frac{2M_{\mathrm{kN}}}{s/s_{\mathrm{kN}} + s_{\mathrm{kN}}/s}\,\frac{s-s_0}{s}\left(1 - \frac{\ddot{u}}{sk_1}\sin\alpha\right), \qquad 5.132$$

aus der sich die echten Kippschlupfwerte

$$s_{\mathrm{k1,2}} = s_0 \pm \sqrt{s_0^2 + s_{\mathrm{kN}}^2} \qquad 5.133$$

sowie das Kippmoment

$$M_{\mathrm{k1,2}} = M_{\mathrm{kN}}\frac{s_{\mathrm{kN}}\left(1 - \frac{1}{k_1}\ddot{u}\sin\alpha\right)}{s_0 \pm \sqrt{s_0^2 + s_{\mathrm{kN}}^2}} \qquad 5.134$$

bestimmen lassen. Das Verhalten des Kippmoments über dem Schlupfstellbereich ist in ▸Abbildung 5.58 bezogen auf das Kippmoment bei Nennbetrieb angegeben, vgl. [5.7]. Es zeigt sich, dass das Kippmoment in starkem Maße von der Art der Rotorspeisung abhängt. Je größer die rotorseitige Erregung, desto mehr kann die Maschine elektromagnetisch belastet werden.

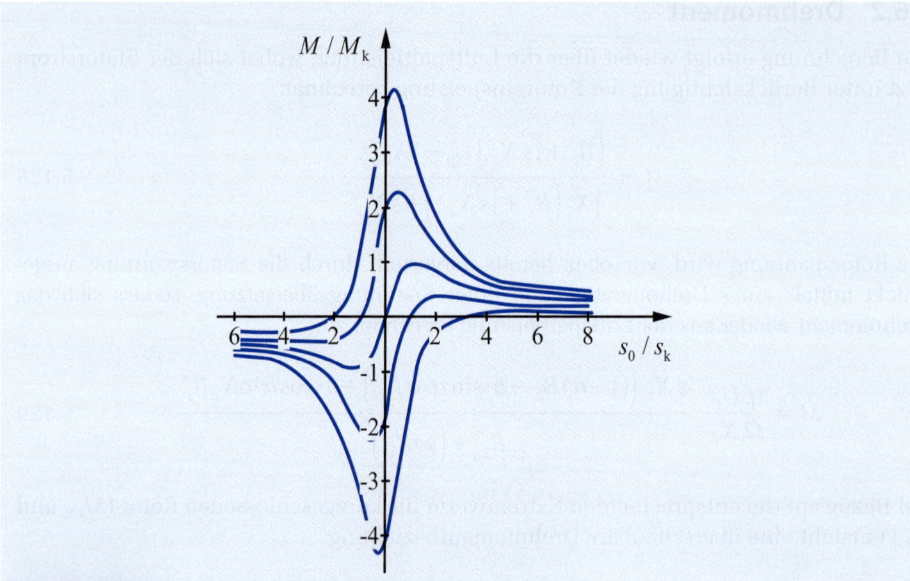

Abbildung 5.58 Drehmoment-Schlupf (Drehzahl-) Kennlinien

In ▶Abbildung 5.59 ist der grundsätzliche Verlauf des Kippmoments vom Bezugsschlupf dargestellt und zeigt, dass im übersynchronen Motorbetrieb und im untersynchronen Generatorbetrieb das Kippmoment sehr große Werte annehmen kann.

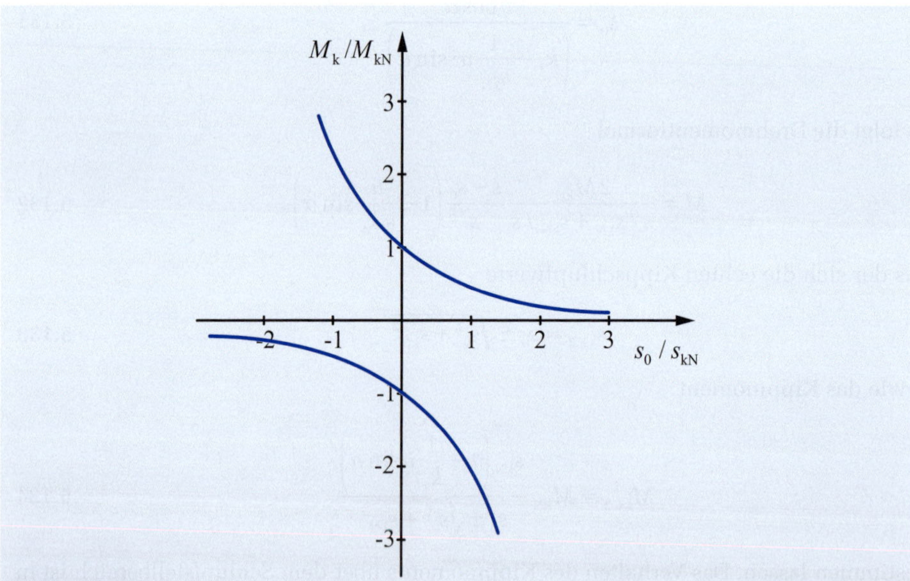

Abbildung 5.59 Kippmoment-Schlupf-Kennlinien

Wirken Stator- und Rotorspannung gleichphasig (α=0°) bzw. gegenphasig (α=180°), so ist der Leerlaufschlupf abhängig von der Spannungsübersetzung einstellbar und wird positiv (untersynchron) bzw. negativ (übersynchron). Ferner lässt sich ablesen, dass sich das Kippmoment nach einer Hyperbelfunktion ändert und damit an strömungstechnische Arbeitsmaschinen bzw. Turbinen bestens angepasst ist. Durch einen negativen Spannungswinkel, d. h. kapazitiver Betrieb, kann das Kippmoment noch weiter gesteigert werden. Die Drehmoment-Schlupf-Kennlinienschar in einem üblichen Drehzahlbereich für Windkraftanlagen zeigt ▶Abbildung 5.66.

5.6.3 Anlaufen

Die Schleifringläufermaschine besitzt die Möglichkeit passiv mithilfe von Zusatzwiderständen das Anlaufverhalten in gewissen Grenzen zu steuern.

Rotoranlasser

Diese Anlaufregulation bietet sich nur beim Schleifringläufermotor an. Durch Hinzuschalten von Zusatzwiderständen R_z wird der ohmsche Anteil des Rotorstromes und damit auch des Statorstromes erhöht (siehe Schlupfbezifferung im Kreisdiagramm). Mit steigendem Wirkanteil sinkt der Blindanteil rapide, gleichzeitig steigt das Anlaufmoment, vgl. ▶Abbildung 5.60. Der Strom kann bis auf Nennstrom reduziert werden, wenn das Nennmoment als Anlaufmoment ausreicht. Andernfalls muss wieder mit einer Stromzunahme gerechnet werden.

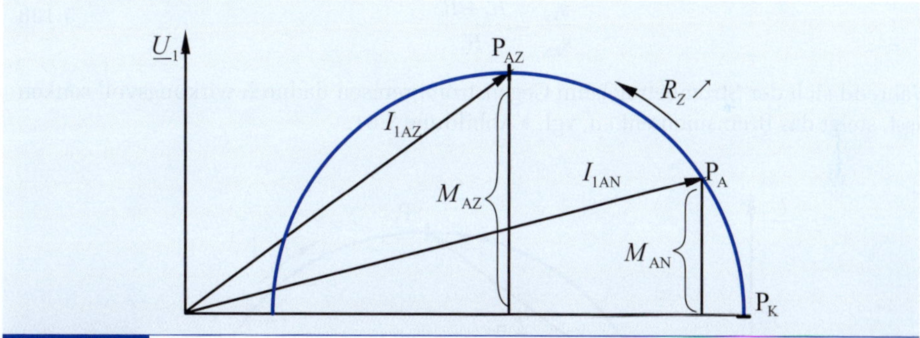

Abbildung 5.60 Stromortskurve (vereinfacht) bei Anlauf über Rotorzusatzwiderstand

5.6.4 Bremsen

Faktisch sind alle von der Käfigkäufermaschine bekannten Bremsverfahren anwendbar. Durch das Einfügen von Zusatzwiderständen können Bremsverfahren wie Gegenstrombremsung und Gleichstrombremsung in ihrer Bremscharakteristik verbessert werden, da die Zusatzwiderstände für eine Linearisierung der Kennlinie sorgen und den ausnutzbaren Bremsbereich vergrößern.

Gegenstrombremsung

Die Drehmoment-Schlupf-Kennlinie erhält man nach Substitution von s durch $2-s$ entsprechend

$$\frac{M}{M_k} = \frac{2}{\frac{(2-s)}{s_{kz}} + \frac{s_{kz}}{(2-s)}} . \qquad 5.135$$

Das Kippmoment bleibt konstant, da die Statorwicklungen mit dem Netz verbunden sind. Der Kippschlupf erfährt jedoch die gewünschte Änderung, weil sich das Verhältnis von resistivem zu induktivem Anteil im Rotorkreis zugunsten des ohmschen Widerstands verändern lässt. In Anlehnung an Gl. 5.59 erhält man den neuen Kippschlupf zu

$$s_{kz} = \pm \sqrt{\frac{R_1^2 + X_1^2}{R_1^2 + \left(\sigma X_1\right)^2}} \frac{R_2' + R_z'}{X_2'} \qquad 5.136$$

mit der Näherung für vernachlässigbaren Statorwiderstand

$$s_{kz} \approx \pm \frac{R_2' + R_z'}{\sigma X_2'} \bigg|_{R_1 \to 0} \qquad 5.137$$

Somit bietet sich die Möglichkeit über das Widerstandsverhältnis die Kippschlupfe einzustellen

$$\frac{s_{kz}}{s_{kN}} = \frac{R_2' + R_z'}{R_2'} \qquad 5.138$$

Während sich der Strombetrag beim Gegenstrombremsen dadurch wirkungsvoll senken lässt, steigt das Bremsmoment an, vgl. ▸Abbildung 5.61.

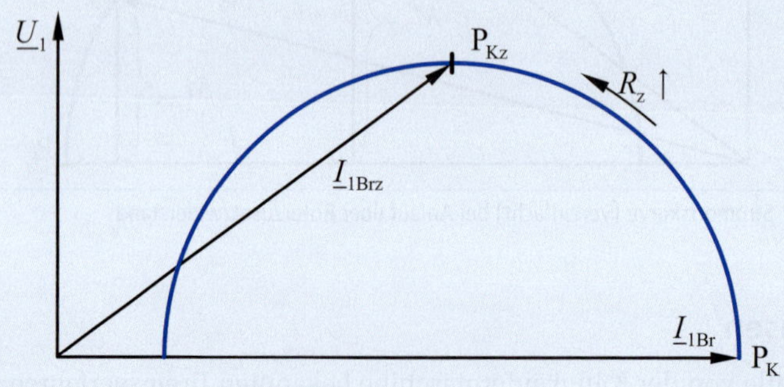

Abbildung 5.61 Gegenstrombremsung mit Zusatzwiderstand

Gleichstrombremsung

Die Wirkung der Gleichstrombremsung lässt sich bei Schleifringläufermaschinen ebenfalls verbessern, indem man Rotorzusatzwiderstände einfügt. Hierbei wird der äquivalente Gleichstrom-Kippschlupf durch die Zusatzwiderstände verschoben mit

$$\frac{\Omega_k}{\Omega_{kN}} = \frac{R_2' + R_z'}{R_2'} \qquad 5.139$$

während das Kippmoment davon unbeeinflusst bleibt. Das Kippmoment kann aber nach wie vor über die Höhe der Gleichspannung an den Statorklemmen geändert werden, vgl. Abbildung 5.37 b. Zur Berechnung der Betriebsgrößen kann ein um den Zusatzwiderstand R_z erweitertes Ersatzschaltbild nach Abbildung 5.35b verwendet werden. Die Gleichstrombremsung von Asynchron-Schleifringläufermotoren über Rotorzusatzwiderstände ist ein heute noch anzutreffendes Bremsverfahren für Hubwerke und Förderanlagen, die in der Regel nicht über eine Frequenzsteuerung arbeiten.

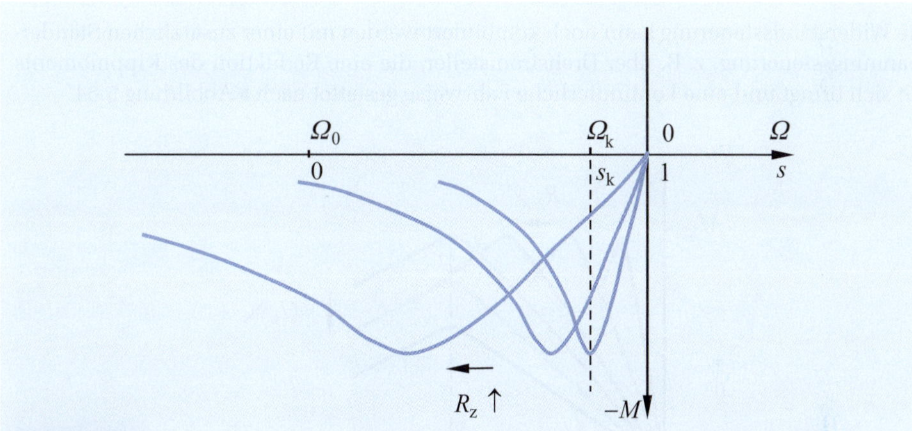

Abbildung 5.62 Drehmoment-Schlupf-Kennlinie bei Gleichstrombremsung mit Rotorzusatzwiderstand

Vielfach wird ein spezieller Widerstandsläufer eingesetzt, mit dem ein Kippschlupf von s_k=1 erreichbar ist und ein vergrößerter Stellbereich erzielt wird (▶Abbildung 5.62). Für Anlaufvorgänge lässt sich dann ein geringerer Wärmeanfall im Stator erreichen.

5.6.5 Drehzahlstellung

Schlupfsteuerung über Rotorzusatzwiderstände

In Anlehnung an die Ausführung des Rotors als Widerstandsläufer kann bei Schleifringläufermaschinen an den Rotorklemmen ein dreiphasiger Zusatzwiderstand angeschlossen werden. Jetzt ändert sich der Kippschlupf

$$s_{kZ} = \frac{R_2' + R_z'}{\sigma X_2'}, \qquad 5.140$$

bei dem das Maximalmoment, das selbst unbeeinflusst bleibt, erreicht wird. Im Unterschied zur Spannungsänderung bleibt das Kreisdiagramm unverändert, nur die Schlupfbezifferung ändert sich. Aus dem Ersatzschaltbild, ▶Abbildung 5.63, geht hervor, dass bei größer werdendem ohmschen Rotorkreiswiderstand die im Rotor induzierte Spannung U_{2h} vergrößert werden muss, was nur durch Schlupferhöhung zu erreichen ist. Damit kann der erforderliche Rotorstrom zur Momentenbildung aufgebracht werden.

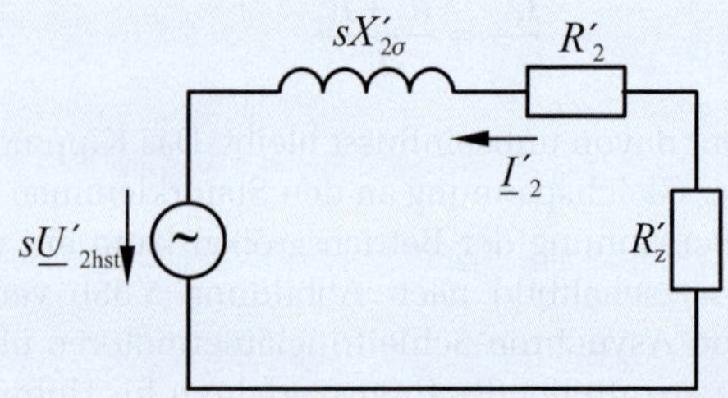

Abbildung 5.63 Rotorseitiges Ersatzschaltbild

Die Widerstandssteuerung kann noch kombiniert werden mit einer zusätzlichen Ständerspannungssteuerung, z. B. über Drehstromsteller, die eine Reduktion des Kippmoments mit sich bringt und eine kontinuierliche Fahrweise gestattet nach ▶Abbildung 5.64.

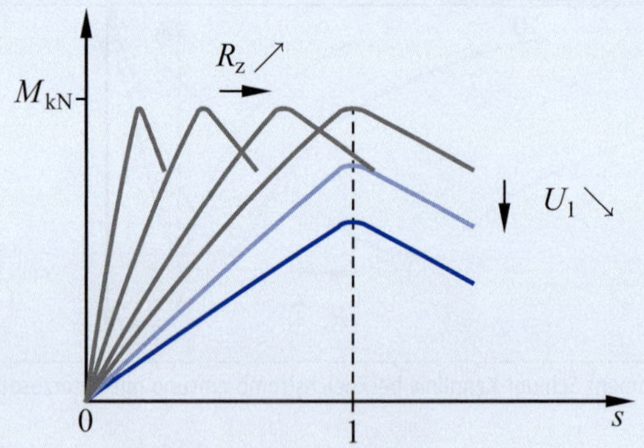

Abbildung 5.64 Kombinierte Spannungs-Widerstandssteuerung

Schlupfsteuerung durch Rotorzusatzspannung Bei Schleifringläufermaschinen ist es möglich, durch eine Spannungskaskadierung (früher Kaskadenmaschinen) den Schlupf zu steuern. Die erforderliche niederfrequente Gegen- oder Zusatzspannung ist in Amplitude und Phasenlage variierbar. Entscheidend ist wieder, wie der Rotorstrom sich in Amplitude oder Phasenlage in Bezug auf das Drehfeld verändert, siehe ▶Abbildung 5.65. Wird durch die Beeinflussung seitens der Rotorspannung das Drehmoment kleiner, so sinkt die Drehzahl und der Schlupf steigt. In der Folge steigt damit die rotorseitig induzierte Spannung und stellt den vorherigen Rotorstrom mit dem zugehörigen Drehmoment wieder her. Diese Prinzip kann sowohl einen untersynchronen ($s>0$) oder übersynchronen ($s<0$) Betrieb bewirken (▶Abbildung 5.66). Man verwendet dieses Prinzip heutzutage noch in sogenannten doppeltspeisenden Drehstromgeneratoren für

Windkraftanlagen, bei dem ein drehzahlvariabler Betrieb zum windgeführten Betrieb sinnvoll ist [5.11].

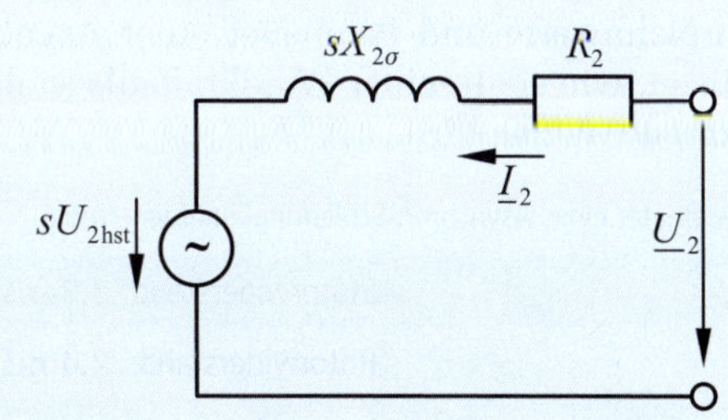

Abbildung 5.65 Ersatzschaltbild zur Drehzahlsteuerung über Rotorspannung

Wegen der im Rotorkreis mit dem Leerlaufschlupf ansteigenden Leistung wird der Drehzahlstellbereich aus Kostengründen auf $-0{,}3<s<+0{,}3$ begrenzt, um die Bauleistung für die Leistungselektronik zu beschränken.

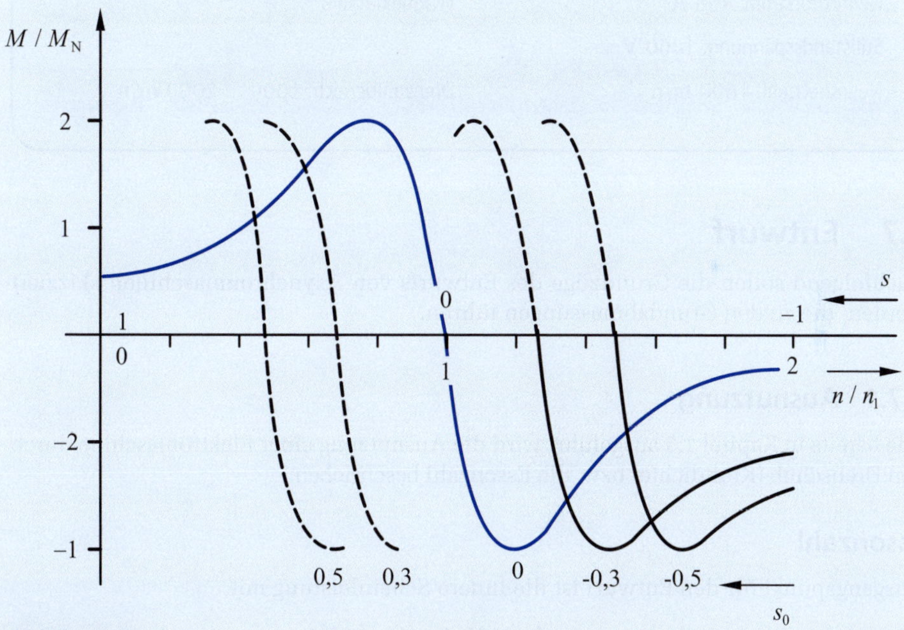

Abbildung 5.66 Drehmoment-Drehzahlverläufe der doppeltspeisenden Schleifringläufermaschine

Beispiel 5.6: Daten eines Schleifringläufergenerators

In Tabelle 5.9 werden Nennwerte und Parameter einer Asynchron-Schleifringläufermaschine aufgelistet, wie sie in einer Windkraftanlage als doppeltspeisender Drehstromgenerator verwendet wird.

Tabelle 5.9: Nenndaten und Parameter eines Asynchron-Schleifringläufergenerators

Nennleistung: 1500 kW	Statorwiderstand: 2,7 mΩ
Nennspannung: 690 V	Rotorwiderstand: 2,4 mΩ
Scheinleistung: 1667 kVA ($\cos\varphi = 0{,}9$)	Hauptreaktanz: 1,82 Ω
Nennfrequenz: 50 Hz	Statorstreureaktanz: 0,0453 Ω
Leistungsfaktor: + 0,9	Rotorstreureaktanz: 0,049 Ω
Nennstatorstrom. 1221 A	Eisenverlustwiderstand: 57,6 Ω
Nennrotorstrom: 498 A	Wärmeklasse B
Stillstandsspannung: 1860 V	
Nenndrehzahl: 1800 min^{-1}	Drehzahlbereich: 1000 ... 2000 min^{-1}

5.7 Entwurf

Nachfolgend sollen die Grundzüge des Entwurfs von Asynchronmaschinen skizziert werden, die zu den Grundabmessungen führen.

5.7.1 Ausnutzung

Wie bereits in Kapitel 1.5 ausgeführt wird die Ausnutzung einer Elektromaschine durch den Drehschub (Kraftdichte) bzw. die Essonzahl beschrieben.

Essonzahl

Ausgangspunkt für den Entwurf ist die innere Scheinleistung mit

$$S_i = 3U_h I \qquad 5.141$$

Die induzierte Hauptfeldspannung hängt über das Induktionsgesetz vom Hauptfluss ab, wobei wegen der verteilten Drehstromwicklung der Wicklungsfaktor zur Windungszahl hinzugerechnet werden muss

$$U_h = \frac{\omega_1}{\sqrt{2}}\left(w_1\xi_1\right)\hat{\Phi}_h \qquad 5.142$$

mit der Hauptfeldamplitude

$$\Phi_{\mathrm{h}} = \frac{2}{\pi}\tau_{\mathrm{p}} l_{\mathrm{i}} \hat{B}_1. \tag{5.143}$$

Der Statorstrom kann wieder mit dem Statorstrombelag in Zusammenhang gebracht werden über die Leiterzahl bzw. Windungszahl z_1=2w_1

$$A_1 = \frac{3I_1 2w_1}{\pi D_{\mathrm{i}}}, \tag{5.144}$$

wobei die 3 für die Phasenzahl einer Drehstrommaschine steht.

Nach Einsetzen in Gl. 5.141 und Ersatz der Polteilung durch den Innendurchmesser erhält an für die innere Scheinleistung

$$\begin{aligned} S_{\mathrm{i}} &= 3\frac{\omega_1}{\sqrt{2}}\left(w_1\xi_1\right)\frac{2}{\pi}\frac{\pi D_{\mathrm{i}}}{2p} l_i \hat{B}_1 \frac{\pi D_{\mathrm{i}}}{3\cdot 2w_1} A_1 \\ &= \frac{\pi^2}{\sqrt{2}}\xi_1 \hat{B}_1 A_1\, D_{\mathrm{i}}^2 l_{\mathrm{i}} \frac{\omega_1}{2\pi p} \end{aligned} \tag{5.145}$$

und zusammengefasst

$$S_{\mathrm{i}} = \frac{\pi^2}{\sqrt{2}}\xi_1 \hat{B}_1 A_1\, D_{\mathrm{i}}^2\, l_{\mathrm{i}}\, n_0 \tag{5.146}$$

Den Ausdruck vor den Ausnutzungsgröößen und der Drehzahl fasst man wieder zur Esson'schen Zahl zusammen mit

$$C = \frac{\pi^2}{\sqrt{2}}\xi_1 \hat{B}_1 A_1 \tag{5.147}$$

Für vorrangig motorische Anwendung der Induktionsmaschine sollte eine Umrechnung auf die mechanische Leistung vorgenommen werden. Aus der mechanischen Leistung mit

$$P_{\mathrm{mech}} = \eta 3 U_1 I_1 \cos\varphi = \eta \frac{U_1}{U_{\mathrm{h}}} S_{\mathrm{i}} \tag{5.148}$$

Damit kann die allgemeine Essonzahl nach Gl. 5.147 für motorische Anwendungen zugeschnitten werden.

$$C_{\mathrm{mech}} = \frac{\pi^2}{\sqrt{2}}\xi_1 \hat{B}_1 A_1 \eta \cos\varphi \frac{U_1}{U_{\mathrm{h}}} \tag{5.149}$$

bzw. bei vorhandener Angabe für die mittlere Induktion

$$B_{\mathrm{m}} = \frac{2}{\pi}\hat{B}_1$$

$$C_{\mathrm{mech}} = \frac{\pi^3}{2\sqrt{2}}\xi_1 B_{\mathrm{m}} A_1 \eta \cos\varphi \frac{U_1}{U_{\mathrm{h}}} \tag{5.150}$$

Richtwerte für die Bestimmungsgrößen der Ausnutzungsziffer sind in Tabelle 5.10 angeführt. Gegebenenfalls sind weiter Reduktionsfaktoren einzuführen bei veränderten Kühlbedingungen.

Tabelle 5.10: Richtwerte für 4-polige Induktionsmaschinen

Leistung Parameter	**1 kW**	**10 kW**	**100 kW**	**1000 kW**
Wirkungsgrad	80%	89%	94%	96%
Leistungsfaktor	0,77	0,85	0,9	0,91
U_h/U_1	0,92	0,94	0,96	0,96
B_m in T	0,4	0,5	0,6	0,65
A_1 in kA/m	20 ... 120			

Nach [5.10] kann man für die Essonzahl Richtwerte von

$$C = 2...5\,\mathrm{kW\,min/m^3}$$

für Leistungen zwischen 1 ... 1000 kW für 4- und 6-polige Motoren angeben. Für höhere Polzahlen und für 2-polige Maschinen liegen die Essonzahlen etwas niedriger.

Drehschub

Wie bereits von der Gleichstrommaschine bekannt, bietet der mittlere Drehschub auch eine gute Basis zur Auslegung der Induktionsmaschine. Er entsteht durch das Zusammenwirken von Grund- und Oberwellen des Strombelags und Luftspaltfelddichte. Ein guter Anhaltspunkt ergibt sich, wenn nur die jeweiligen Grundwellen zusammenwirken, sodass man schreiben kann:

$$\bar{\sigma} = \frac{1}{\tau_p} \int \hat{A}_{r1} \cos(\omega_d t - \gamma + \varphi_A) \hat{B}_{\delta 1} \cos(\omega_d t - \gamma + \varphi_B) \mathrm{d}\gamma \qquad 5.151$$

Die Lösung des Integrals führt zur Abhängigkeit des Drehschubs von den beiden Grundwellenamplituden und dem Differenzwinkel beider Grundwellen zueinander mit

$$\bar{\sigma} = \frac{1}{2} \hat{A}_1 \hat{B}_{\delta 1} \cos(\varphi_A - \varphi_B) \qquad 5.152$$

mit der Strombelagsamplitude

$$\hat{A}_1 = 3 \frac{2 w I}{\pi D_i} \qquad 5.153$$

Der Drehschub wird maximal, wenn zwischen den Grundwellen von Strombelag und Luftspaltfelddichte kein Phasenversatz auftritt. Das ist bei Induktionsmaschinen physikalisch nicht erreichbar, da immer ein gewisser Stromanteil zur Magnetisierung zur Verfügung gestellt werden muss.

Für die Amplitude der Luftspaltinduktion kann auch die mittlere Halbwellen-Felddichte B_m eingesetzt werden, sodass sich der mittlere Drehschub ergibt aus

$$\bar{\sigma} = \frac{\pi}{4} \hat{A}_1 B_m \cos(\varphi_A - \varphi_B) \qquad 5.154$$

Mit den in Tabelle 1.10 angegebenen Richtwerten sind mittlere Drehschübe von

$$\bar{\sigma} = 10 \ldots 40 \, \mathrm{kN/m^2}$$

ansetzbar.

5.7.2 Hauptabmessungen

Grundsätzlich gelten die unter Kapitel 1.4 angegebenen Zusammenhänge.

Über die für Motoren angepasste Auslegungsformel

$$P_{mech} = C_{mech} D_i^2 l_i \, n_0 \qquad 5.155$$

und die relative Länge $\lambda = l_i/\tau_p$, die im Bereich 0,5 ... 3 gewählt oder nach $\lambda = \sqrt[3]{p}$ festgelegt wird, kann der Bohrungsdurchmesser bestimmt werden

$$D_i = \sqrt[3]{\frac{P_{mech} 2p}{n_0 C_{mech} \pi \lambda}} \qquad 5.156$$

Zur Unterscheidung zwischen Käfig- und Schleifringläufermaschinen ist zu sagen, dass für den Entwurf von Schleifringläufermotoren eine auf 5 ... 10% reduzierte Ausnutzung gegenüber dem Käfigläufermotor anzusetzen ist. Als Schleifringläufergenerator in doppeltspeisenden Windgeneratoren muss der Rotor etwas größer ausgelegt werden, da die Blindleistungssteuerung vorrangig über den Rotorkreis vorgenommen wird.

5.7.3 Wicklungsentwurf

Der Wicklungsentwurf kann in 3 Etappen erfolgen:

- Ausgangspunkt für die Wicklungsauslegung ist die vom Hauptfluss in den Wicklungen induzierte Spannung

$$U_h = \frac{\omega}{\sqrt{2}} (w_1 \xi_1) \hat{\Phi}_{h1} \qquad 5.157$$

- Zur Wahl der Hauptfeldspannung ist deren Abhängigkeit von der Betriebsspannung zu berücksichtigen.

$$U_h = k U_{1N} \qquad 5.158$$

Die Faktoren k variieren abhängig von der Leistung. Werte um 0,92 gelten für kleine Maschinen, Werte bis max. 0,96 werden für größere Maschinen angesetzt.

- Die Festlegung der Windungszahl orientiert sich an der Anzahl der Nuten pro Pol und Strang (Lochzahl)

$$w = pq\frac{z}{a} = \frac{Nz}{2am} \qquad 5.159$$

Es schließt sich an die Entscheidung ob die Wicklung mit oder ohne Sehnung ausgelegt werden soll. Der dadurch beeinflusste Gesamtwicklungsfaktor ist für die grundwelle und wesentliche Oberwellen zu bestimmen.

WWW.PEARSON-STUDIUM.DE CWS COMPANION WEBSITE

Lösungen

Aufgaben

1 Stromortskurve eines Asynchronmotors:

Zur messtechnischen Bestimmung der Stromortskurve eines Asynchronmotors mit U_N = 380 V (Y) wurden durchgeführt:

ein Leerlaufversuch bei $n = n_1$ mit Aufnahme der nachfolgenden Messwerte

U_0 in V	100	150	200	250	300	380
I_0 in A	2,7	2,1	1,7	1,8	2,2	3,3
P_0 in W	291	308	333	375	424	521

eine Kurzschlussversuch mit U_K = 100 V, I_K = 10,2 A, P_K = 655 W

Es sind die Punkte P_0 und P_K einer Stromortskurve festzulegen.

2 Berechnung von Betriebsgrößen aus Motorparametern:

Ein 4-poliger Asynchronmotor mit den Nenndaten:

- Nennleistung: 22 kW,
- Nennspannung: 220 V,
- Nennfrequenz: 50 Hz

hat folgende Motorparameter nach einpoligem Ersatzschaltbild:

- Statorwiderstand: 0,14 Ω,
- bezogener Rotorwiderstand: 0,20 Ω,
- Statorstreureaktanz: 0,45 Ω,
- bezogene Rotorstreureaktanz: 0,40 Ω,
- Hauptreaktanz: 13 Ω.

Es sind zu bestimmen:

a. der Kippschlupf und das Kippmoment,
b. das Anlaufmoment,
c. die Nenndrehzahl, wenn die Rotorstromwärmeverluste 900 W und die Reibungsverluste 200 W betragen,
d. die Punkte P_0, P_K und P_∞ der Stromortskurve und der Mittelpunkt der Ortskurve.

3 Eine Kleinwindkraftanlage werde mit einem Asynchrongenerator betrieben. Sie soll wahlweise für den Parallelbetrieb am starren Netz oder zur Speisung eines Inselnetzes verwendet werden. Folgende Nenndaten sind bekannt:

- Nennleistung: 4,8 kW
- Nennspannung: 400 V
- Nennstrom: 10,3 A
- Nennfrequenz: 50 Hz
- Nenndrehzahl: 780 min^{-1}
- Leistungsfaktor: 0,71

Die Ersatzschaltbildparameter lauten

- Statorwiderstand: 0,988 Ω
- Rotorwiderstand: 0,781 Ω
- Streureaktanz: 6,59 Ω
- Hauptreaktanz: 42,88 Ω
- Eisenverlustwiderstand: 686 Ω

a. Bestimme Nenn- und Kippmoment beim Betrieb am starren Netz!

b. Skizziere die Drehzahl-Drehmoment-Kennlinie im interessierenden Arbeitsbereich und kennzeichne wesentliche Kennlinienpunkte bei Netzbetrieb!

c. Im Inselbetrieb muss zur Selbsterregung des Generators eine Kondensatorbank vorgesehen werden. Wie groß müssen die Kondensatoren dimensioniert werden, wenn sich eine Inselnetzfrequenz von 50 Hz im Leerlauf einstellen soll?

Prüfungsfragen

Lösungen

1 Was versteht man unter dem Schlupf einer Asynchronmaschine?

2 Was versteht man unter dem Kippmoment eines Asynchronmotors?

3 Welche Vorteile hat es Kupfer anstelle von Aluminium als Leitermaterial für den Käfigläufer zu verwenden?

4 Warum dreht sich der Rotor eines Käfigläufer-Asynchronmotors bei Belastung langsamer als das Drehfeld?

5 Beschreiben Sie die Relation zwischen Drehfelddrehzahl und mechanischer Drehzahl bei einem belasteten Asynchrongenerator mit Käfigläufer!

6 Warum kann ein Drehstrom-Asynchronmotor ohne zusätzliche Hilfsmittel anlaufen?

7 Was erreicht man mit der Erhöhung der Polzahl bei einer netzgespeisten Asynchronmaschine?

8 Erklären Sie das Wirkprinzip, was zum Kippen einer Asynchronmaschine bei einem bestimmten Schlupf führt.

Zusammenfassung

Induktionsmaschinen werden überwiegend motorisch eingesetzt. Sie können ohne Stellglied direkt am Drehstromnetz betrieben werden, sind aber dann nur in einem engen Drehzahlbereich einsetzbar, der sich lastabhängig einstellt. Anlauf und Bremsen sind ohne große technische Zusatzaufwendungen möglich. Moderne Leistungselektronik ermöglicht einen drehzahlvariablen Betrieb mit einem großen Drehzahlstellbereich und einer kurzzeitigen Überlastbarkeit bis zum Kippmoment.

Generatorische Anwendungen der Induktionsmaschine haben sich besonders für die Ausführung in Schleifringläufervariante als doppeltspeisende Drehfeldmaschine in Windkraftanlagen etabliert.

Literatur

[5.1] Richter, R.: Elektrische Maschinen – Band 4: Die Induktionsmaschinen, 2. Auflage, Basel, Stuttgart: Birkhäuser 1954

[5.2] Nürnberg, W.: Die Asynchronmaschine, 2. Auflage, Berlin, Göttingen, Heidelberg: Springer, 1963

[5.3] Jordan, H.; Klima, V.; Kovacs, K. P.: Asynchronmaschinen – Funktion, Theorie, Technisches. 1. Auflage Budapest, Akademia Kiado 1975

[5.4] Bühler, H.R.: Einführung in die Theorie geregelter Drehstromantriebe. Bd. 1 Grundlagen. Birkhäuser, Basel 1977

[5.5] Schröder, D.: Regelung elektrischer Antriebe. Berlin, Springer 2004

[5.6] Hofmann, W.: Der Leistungsbypass – ein erfolgreiches Prinzip in elektromechanischen Energiewandlern. Sitzungsberichte der Sächsischen Akademie der Wissenschaften zu Leipzig Technikwissenschaftliche Klasse Band 3 Heft 1, 31 Seiten, SAW und Hirzel, Leipzig/Stuttgart 2009.

[5.7] Weh, H.: Elektrische Netzwerke und Maschinen in Matrizendarstellung. Bibliographisches Institut, Mannheim 1968.

[5.8] IEC-DIN 60034-30 (VDE-530 Teil 30):

[5.9] Kasten, H.; Hofmann, W.: Wirkungsgradsteigerung durch kombinierte Wicklungen. Antriebstechnik, Mainz 2012

[5.10] Vogt, K.: Berechnung elektrischer Maschinen, Wiley VCH, Zürich 1996

[5.11] Meier, S.: Windkraftanlagen. Vieweg+Teubner, Wiesbaden 2009

[5.12] Müller, G.; Ponick, B.: Grundlagen elektrischer Maschinen, Wiley VCH, Zürich 2006

Synchronmaschinen

6

ÜBERBLICK

» Synchronmaschinen sind von ihrem Leistungsangebot die Maschinenart mit der weitesten Spreizung von wenigen Watt bis mehreren 1000 MW. Für die höchsten Leistungen arbeiten sie als Generatoren, im unteren und mittleren Leistungsbereich meist als Motoren.

Die Drehstrom-Synchronmaschine ist der wichtigste elektromagnetische Energiewandler zur Stromerzeugung in Kraftwerken. Die Leistungen der Kraftwerksgeneratoren können einige 100 MVA betragen und gehen im Grenzleistungsbereich bis 2000 MVA. Die Forcierung der Windenergietechnik hat auch zu Neuentwicklungen von hochpoligen Generatoren unter 10 MW geführt. Dagegen hat sich die Anwendung als Antriebsmotor erst später besonders durch die Entwicklung der Stromrichtertechnik ausgeweitet. Im unteren Leistungsbereich etablieren sich zunehmend permanentmagneterregte Synchronmotoren (<100 kW). Für höhere Leistungen dominieren noch elektrisch erregte Synchronmaschinen. In beiden Fällen werden heutzutage Frequenzumrichter zum drehzahlvariablen Betrieb eingesetzt. Während die Bedeutung anderer Maschinenarten wie Gleichstrommaschinen, aber z. T. auch Induktionsmaschinen rückgängig ist, befinden sich die Synchronmaschinen auf dem Vormarsch und können insbesondere bei Direktantrieben ihre Vorteile ausspielen. «

Lernziele

Nach Durcharbeiten dieses Kapitels werden Sie in der Lage sein:

- den grundsätzlichen Aufbau von Synchrongeneratoren für die Stromerzeugung zu unterscheiden,
- die verschiedenen Möglichkeiten der Erregung des Polrads zu verstehen und zu bewerten,
- die Entstehung der in der Maschine wirkenden Magnetfelder und der von ihnen induzierten Spannungen zu verstehen und mit einfachen mathematischen Mitteln zu beschreiben,
- aus den physikalischen Zusammenhängen die einpoligen Ersatzschaltbilder zu entwickeln und durch Zeigerbilder die wichtigsten Betriebszustände zu beschreiben,
- die Unterschiede im Aufbau der Synchronmaschinen am unterschiedlichen Betriebsverhalten zu reflektieren,
- die grundsätzlichen Unterschiede des Betriebs von Synchrongeneratoren am starren Netz und im Inselbetrieb zu erkennen,
- die Betriebskennlinien für stationäre Betriebszustände zu berechnen.

6.1 Aufbau von Synchronmaschinen

Die Wirkungsweise von Synchronmaschinen beruht auf der Drehung eines elektrischen oder permanenterregten Magnetfeldes in Form eines Gleichfeldes, durch das in ruhenden Drehstromwicklungen Drehströme erzeugt werden. Diese bilden zusammen mit dem synchron umlaufenden Magnetfeld das synchrone Drehmoment. Insofern ähnelt sie in Aufbau und Wirkungsweise sehr der Gleichstrommaschine. Während bei der Gleichstrommaschine die Felder (Erregerfeld und Ankerfeld) stillstehen, laufen bei der Synchronmaschine beide Felder synchron um.

Synchronmaschinen werden vorrangig als Innenpolmaschinen ausgeführt und besitzen demzufolge einen Stator, der die Drehstromwicklungen (Ankerwicklungen) aufnimmt, und einen Rotor, der das Polsystem oder die Erregerwicklung trägt.

6.1.1 Anker

Der Anker von Synchronmaschinen, überwiegend als Stator ausgeführt, besteht aus einem Blechpaket, das aus Teilpaketen segmentiert geschichtet wird, wofür verlustarme, kaltgewalzte, nichtkornorientierte Elektrobleche verwendet werden.

Die Drehstromwicklungen für Generatoren sind in offenen Nuten am Bohrungsumfang eingelegt und in der Regel in parallel isolierte Einzelleiter aufgeteilt, um die strombedingten Zusatzverluste gering zu halten.

Zur Verbesserung der Stromverteilung und Vergleichmäßigung der Nutstreuflussverkettung ist eine zyklische Verlegung der Einzelleiter in Form von Roebelstäben üblich. Die Wicklungen selbst werden als Zweischichtwicklungen ausgeführt und sind bei größeren Leistungen als Hochspannungswicklungen (6 kV...27 kV) ausgelegt.

Zur Aufnahme des Blechpaketes dient eine Schweißkonstruktion als Gehäuse.

Stator und Rotor sind durch einen Luftspalt getrennt, bei dessen Wahl man freier als bei Asynchronmaschinen ist, da der Magnetisierungsbedarf über eine separate Erregung gedeckt werden kann und unabhängig von der Drehstromseite ist. Die Luftspaltbreite liegt abhängig von der Leistung zwischen 0,5-100 mm.

Der Rotor von Synchronmaschinen kann als Vollpolläufer (Turboläufer) oder als Schenkelpolläufer gestaltet werden.

6.1.2 Rotor

Vollpolläufer

Der Vollpol- oder Turboläufer, vielfach auch als Induktor bezeichnet, bildet beim Zusammenbau mit dem Stator einen konstanten Luftspalt und ist damit bzgl. der magnetischen Leitwerte richtungsunabhängig ausgeführt. Er wird gemäß ▶Abbildung 6.1 für Maschinen großer Leistung und $p=1$ aus massivem Stahl hergestellt, um bei hohen Drehzahlen die Fliehkräfte aufnehmen zu können. Für Maschinen kleiner Leistung und $p>1$ besteht der Rotor aus lamellierten Blechpaketen, um die durch Feldoberwellen hervorgerufenen Wirbelströme zu reduzieren. Der Rotor wird genutet, meist über 2/3 der Polteilung. In die Nuten werden die Erregerwicklungen eingelegt. Durch die ungleiche Masseverteilung ergeben sich Unterschiede in den Flächenträgheitsmomenten bzgl. der Symmetrieachsen, die die Biegesteifigkeit und den Lauf der Maschine verschlechtern. Andererseits führen die nutfreien Gebiete an den Polkappen dazu, dass sich die Feldkurve im Luftspalt günstiger gestalten lässt.

Die Erregerwicklungen bestehen aus Profilstäben, sind meist 2-polig (mehrpolig nur für mittlere Leistungen) und bestehen aus Spulen ungleicher Spulenweite, vgl. ▶Abbildung 6.1, die mit Gleichstrom gespeist werden. Zum Schutz gegen die Wirkung der Fliehkräfte werden die Nuten mit Nutkeilen verschlossen.

Da die Synchronmaschinen im Vergleich zu anderen Maschinenarten besonders schwingungsanfällig ist, müssen noch zusätzlich sogenannte Dämpferwicklungen vorgesehen werden, die wie elektrische Kurzschlusskreise wirken. Dämpferwicklungen bilden in kompletter Ausführung einen leitfähigen Käfig, in der Wirkung vergleichbar dem Käfigläufer von Drehstrom-Asynchronmaschinen und dienen bei asynchronen Betriebszuständen zum Ausgleich von Rotorpendelungen und Schieflasterscheinungen. Sie können auch als Anlaufhilfe für Synchronmotoren benutzt werden. Der Anlauf erfolgt dann asynchron. In einfachster Ausführung können Stahlkappen über Nutkeilen und Wickelköpfen die Funktion erfüllen.

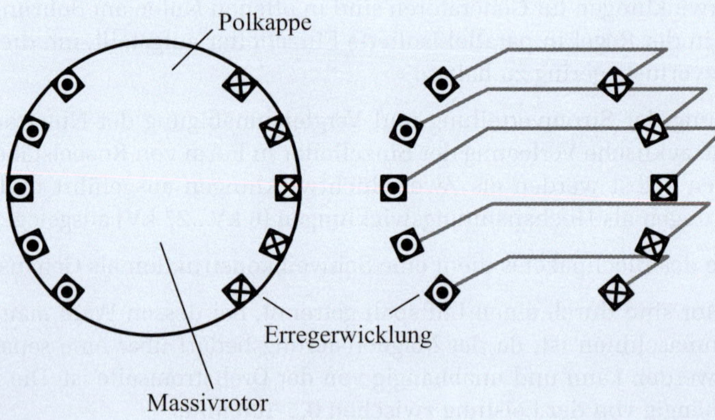

Abbildung 6.1 Vollpolläufer mit Erregerwicklung

Schenkelpolläufer

Der Schenkelpolläufer besitzt durch seine Form eine ausgeprägte magnetische Vorzugsrichtung. Er besteht nach ▶Abbildung 6.2 aus einem Polkern und je nach Polpaarzahl aus $2p$ Polschuhen.

Polschuhe haben die Form von Sinusfeldpolen, die eine sinusförmige Verteilung des Erregerfeldes im Luftspalt begünstigen.

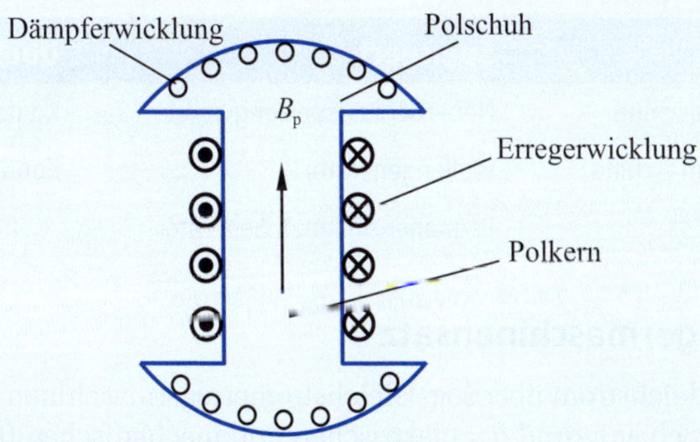

Abbildung 6.2 Schenkelpolläufer mit Erregerwicklung

Aus Gründen der Wirtschaftlichkeit werden große Rotordurchmesser zur Unterbringung vieler Magnetpole bevorzugt. Die Rotorlänge wird dagegen kürzer gehalten. Ein großes Trägheitsmoment bringt Vorteile beim Lastabwurf der Generatoren.

Erregerwicklungen sind um den Polkern gelegt und müssen durch Spulenstützen gegen Deformation geschützt werden.

Der Dämpferkäfig ist in den Polschuhen untergebracht und kann realisiert werden aus geblechten Polen oder Polen mit geblechten Polschuhen. Vielfach werden zusätzliche Nuten in den Polschuhen eingebracht, in denen Dämpferstäbe aus Kupfer verlegt sind, deren Enden dann durch Kurzschlussringe verbunden werden.

Für beide Läuferformen ist es bei größeren Maschinen üblich, das Magnetfeld über einen Gleichstrom zu erzeugen, der mittels einer Erregereinrichtung eingespeist wird.

Die vorstehenden Varianten sind alles Innenpolmaschinen. Das Prinzip lässt sich auch umkehren, indem die Pole außen angeordnet werden (Außenpolmaschine). Der Läufer wirkt mit seinen Drehstromwicklungen als Anker und wird über Schleifringe gespeist. Diese Konfiguration wird zur bürstenlosen Erregung von Synchronmaschinen benutzt, besitzt aber selbst elektrische Kontakte zur Stromübertragung.

Eine weitere Maschinenart stellt die Außenläufermaschine dar, die außen um den feststehenden Anker dreht und mit Permanentmagnetpolen ausgestattet wird. Damit eignet sie sich als Radnabenmotor zur direkten Drehmomentübertragung auf ein Rad für Fahrzeugantriebe oder eine Läuferwalze für Aufzugsmotoren.

6.1.3 Erregereinrichtung

Ähnlich wie bei Gleichstrommaschinen ist für das Funktionieren der Synchronmaschine ein Gleichfeld erforderlich, das elektrisch oder permanentmagnetisch erregt werden kann. Neben der Erregungsart wird noch unterschieden in die Speiseart und das Übertragungsprinzip der Erregerleistung. In Tabelle 6.2 ist eine Zusammenstellung der wichtigsten Erregereinrichtungen vorgenommen worden.

Tabelle 6.1: Erregereinrichtungen

Erregungssystem	Speiseart	Übertragungsart
Gleichstrom-Erregermaschine	Nebenschlussspeisung	Kontaktbehaftet
Wechselstrom-Erregermaschine	Wellengenerator	Kontaktlos
Statische Erregung	Permanentmagnet-Generator	

Gleichstromerregermaschinensatz

Klassisch wird der Gleichstrom über sog. Gleichstromerregermaschinen (▶Abbildung 6.3) bereitgestellt, die jedoch aufgrund der elektrischen und mechanischen Belastungsgrenzen des Ankers nur bis ca. 150 MVA ausführbar sind. Die eigentliche Erregerwicklung (E) der Synchronmaschine wird über den Ankerkreis einer Haupterregermaschine (G_1) versorgt. Zur Erregung dieser Maschine (E_1) wiederum wird eine selbsterregte Hilfserregermaschine (G_2) benötigt, die über deren Ankerkreis die Erregerwicklung versorgt. Synchronmaschine und Haupt- sowie Hilfserregermaschine sind hintereinander auf derselben Welle angeordnet und bilden einen Wellengenerator. Dadurch baut die Maschine sehr lang. Für die Erregereinrichtung ist keine zusätzliche äußere Energiezufuhr notwendig, da die Erregerwicklung (E_2) mit dem Ankerkreis der Hilfserregermaschine einen Selbsterregungskreis aufbaut. Die Erregerverluste müssen daher über die mechanische Leistung des Wellengenerators abgedeckt werden. Durch die Mehrstufigkeit über Hilfs- und Haupterregersatz, die aufgrund der erforderlichen Leistungsverstärkung gewählt wird, ist die Verlustbilanz nicht optimal. Die Dynamik der Erregereinrichtung wird maßgeblich bestimmt durch die große Zeitkonstante der Haupterregerwicklung und lässt deshalb keine Schnellerregung zu. Da beide Gleichstrommaschinen ankerseitig einen Kommutator besitzen, ist die Übertragung der Erregerleistung bis zur Haupterregung E kontaktbehaftet.

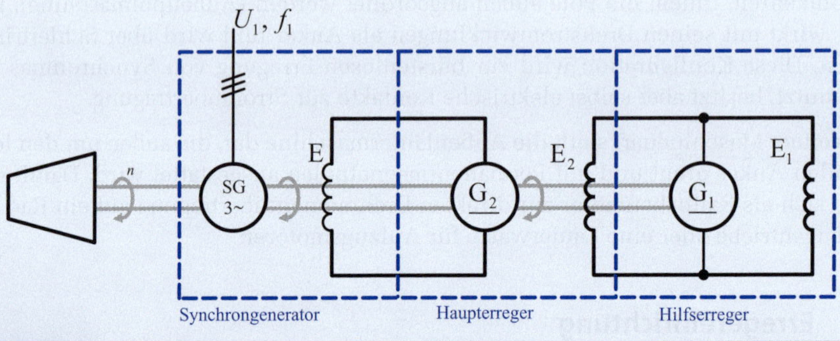

Abbildung 6.3 Gleichstromerregermaschinensatz

Moderne Erregereinrichtungen arbeiten zunehmend mit einer Stromrichtererregung.

Stromrichtergespeister Erregersatz

Ein wesentlich geringerer Bauaufwand ergibt sich beim Übergang zur statischen Stromrichtererregung (▶Abbildung 6.4), wodurch auf das Wellengeneratorprinzip verzichtet werden kann. Die Erregerleistung wird über eine Nebenschlussspeisung bereitgestellt, die während des Betriebs als Eigenbedarf aus dem Netz bezogen wird. Bei Betrieb an einem Inselnetz muss der Generator durch Selbsterregung die erforderliche Erregerleistung mit übernehmen. Dazu wird der Restmagnetismus des Erregerkreises genutzt, indem sich bei drehender Maschine über die ankerseitig induzierte Spannung der in den Nebenzweig fließende Erregerstrom hochschaukelt.

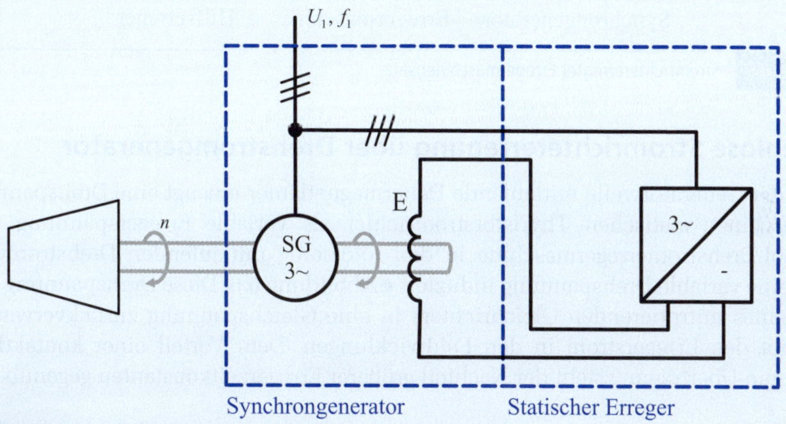

Abbildung 6.4 Erregersatz mit Stromrichterspeisung

Im Betrieb kann der mittels Stromrichter gleichgerichtete Erregerstrom zudem lastabhängig verstärkt werden. Man spricht dann von der Kompoundierung. Sie sorgt für ein gutes dynamisches Verhalten bei Laststörungen. Das statische Erregerprinzip erfordert allerdings eine kontaktbehaftete Energieübertragung über Schleifringe und Bürsten.

Stromrichtererregung mit Erregermaschine

Durch Kombination des Wellengeneratorprinzips mit dem Stromrichtereinsatz kann die Strombegrenzung durch die Kommutatoren beim Gleichstromerregermaschinensatz umgangen werden ▶Abbildung 6.5. Der Part der Hilfserregermaschine wird durch eine einphasige Synchronmaschine übernommen, die durch einen Permanentmagnetrotor erregt wird. Haupt- und Hilfserregermaschinen werden durch Synchronmaschinen ersetzt.

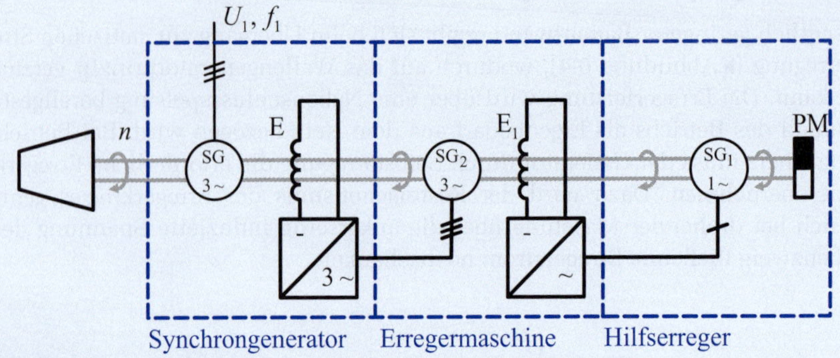

Abbildung 6.5 Stromrichtererregter Erregermaschinensatz

Bürstenlose Stromrichtererregung über Drehstromgenerator

Der auf der Generatorwelle mitlaufende Dauermagnetläufer erzeugt eine Drehspannung, die über einen statischen Thyristorstromrichter als variable Erregerspannung einer Außenpol-Drehstromerregermaschine in den rotorseitig mitlaufenden Drehstromwicklungen eine variable Drehspannung induziert ▶Abbildung 6.6. Diese Drehspannung wird mittels eines mitrotierenden Gleichrichters in eine Gleichspannung zurückverwandelt und treibt den Erregerstrom in den Feldwicklungen. Dem Vorteil einer kontaktlosen Feldenergie-Übertragung steht der Nachteil größerer Erregerzeitkonstanten gegenüber.

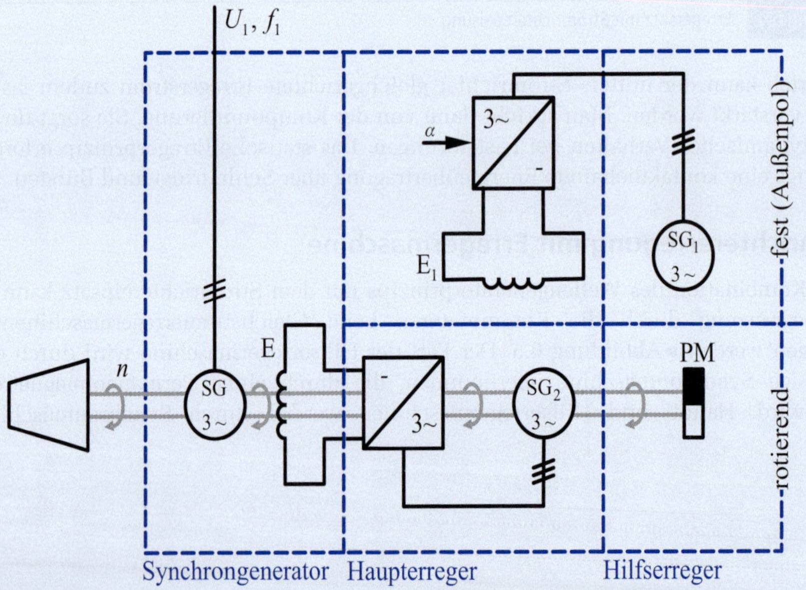

Abbildung 6.6 Bürstenlose Stromrichtererregung mit Drehstromgenerator

Bürstenlose kompoundierte Stromrichtererregung

Die Generatorklemmenspannung wird gleichgerichtet. Eine lastabhängig verstärkte Erregung wird durch Kompoundierung realisiert ▶Abbildung 6.7, und führt zur Erregung einer 3-phasigen Synchron-Erregermaschine, deren Ankerspannung gleichgerichtet wird und zur Speisung der Erregerwicklung des Generators dient.

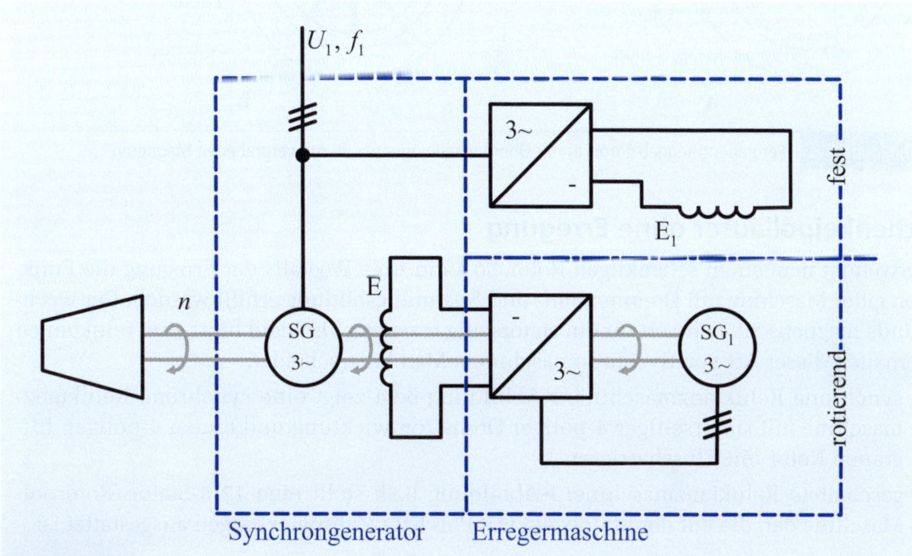

Abbildung 6.7 Bürstenlose Stromrichtererregung mit Kompoundierung

Permanentmagneterregung

Die Einsparung der Erregerverluste lässt sich durch Einsatz von Dauermagneten erreichen. Dies sind für hochwertige Maschinen Seltenerde-Magnete wie Neodyn-Eisen-Bor (NdFeB) bzw. Samarium-Kobalt (SmCo) oder für Billigantriebe Ferrite. Die üblichste Bauform zeichnet sich durch den Einsatz von Schalenmagneten aus, die am Umfang der Rotoroberfläche aufgeklebt werden und durch eine Glasfaserbandage vor der Fliehkraftwirkung geschützt werden können, siehe ▶Abbildung 6.8a.

Die Einzelmagnete werden entsprechend der Polausrichtung sortiert und weisen in der Regel eine radiale Magnetisierung auf. Durch Abstufung der Magnethöhe eines Poles bzw. Einsatz von Flussleitstücken kann eine Annäherung an das Verhalten von Schenkelpolmaschinen erreicht werden.

Eine andere Bauform mit vergrabenen Magneten (▶Abbildung 6.8b) wird zur Flusskonzentration verwendet und erhöht die Luftspaltinduktion, wenn Ferrite als Magnetmaterialien zum Einsatz kommen.

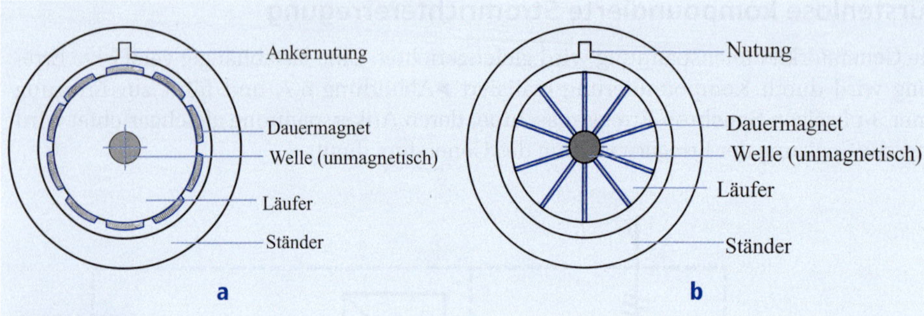

Abbildung 6.8 Permanentmagnet-Rotor: a) mit Oberflächenmagneten, b) mit vergrabenen Magneten

Schenkelpolläufer ohne Erregung

Verwendet man einen schenkligen Rotor, so kann trotz Wegfalls der Erregung die Funktion einer Maschine mit Drehmoment- und Spannungsbildung erfüllt werden. Der wechselnde magnetische Leitwert für ein statorseitig erzeugtes Drehfeld führt zum reluktanten Verhalten dieser Art von Synchronmaschinen. Man unterscheidet:

- synchrone Reluktanzmaschine: ▸Abbildung 6.9a zeigt eine synchrone Reluktanzmaschine mit statorseitiger 4-poliger Drehstromwicklung und einem 4-poligen filigranen Rotor mit Flussbarrieren
- geschaltete Reluktanzmaschine: ▸Abbildung 6.9b stellt eine 12/8-Stator-/Rotorpol-Maschine dar, die auf der Statorseite mit Pol- bzw. Zahnwicklungen ausgestattet ist.

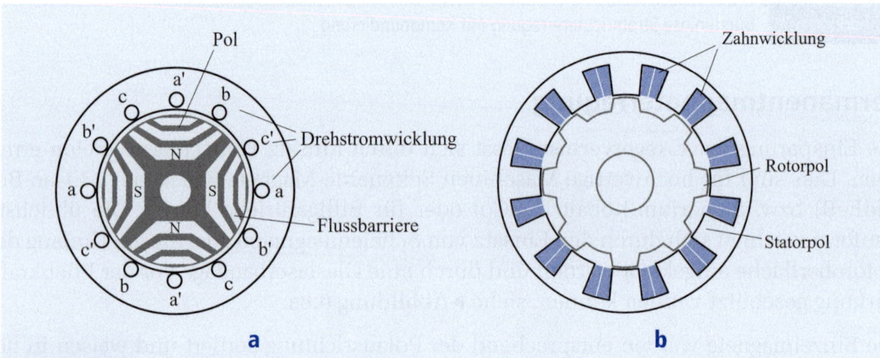

Abbildung 6.9 Reluktanzrotor: a) synchrone Reluktanzmaschine, b) geschaltete Reluktanzmaschine

Synchronmaschinen reluktanter Bauart erreichen jedoch bei weitem nicht die günstigen Betriebsparameter, die von herkömmlichen Synchronmaschinen bekannt sind. Der unbewickelte Rotor bringt jedoch einige Vorteile in Hochgeschwindigkeitsanwendungen.

6.2 Kühlung

Synchronmaschinen werden häufig in Grenzleistungsbereichen als Turbogeneratoren eingesetzt, deren Entwicklung maßgeblich durch Fortschritte bzgl. der eingesetzten Isolierstoffe und der Kühlsysteme bestimmt werden [6.6].

6.2.1 Luftkühlung

Luftgekühlte Generatoren haben erst in den letzten Jahren ihre Vorzüge ausspielen können. Obwohl die Kühlmitteleigenschaft von Luft vergleichsweise schlecht ist, konnten doch gute Wirkungsgrade (<98,5%) bei vertretbaren Investitionskosten erreicht werden.

Bei normal luftgekühlten Synchronmaschinen wird die Wärmeabgabefähigkeit durch die Ständerbohrungsoberfläche bestimmt. Für Turbogeneratoren ($p=1$) ergeben sich aufgrund der Fliehkraft- und Lagerbelastungen folgende Grenzwerte:

- Rotordurchmesser $D_r < 1{,}3$ m,
- Rotorlänge $l_r < 9$ m,

die noch bei der vorgeschriebenen Schleuderdrehzahl entsprechend dem 1,2-fachen der Synchrondrehzahl einzuhalten sind [6.6].

Beispiel 6.1: Grenzleistungsgenerator

Ein Turbogenerator mit einer Polpaarzahl $p=1$ und einem Rotordurchmesser von $D_r=1.3$ m hat bei einer Schleuderdrehzahl von

$n_s = 1.2 \cdot n_{syn} = 3600\,\text{min}^{-1}$ eine Umlaufgeschwindigkeit von

$$v_s = \pi\, D_r n_s = \pi\, 1.3\,\text{m} \cdot (3600/60)\,\text{s}^{-1} = 245\,\text{m/s} = 882\,\text{km/h}.$$

Die wirkende Fliehkraft erzeugt eine tangentiale Zugspannung, die sich über folgende Zwischenschritte bestimmen lässt:

– auf ein differentielles Masseelement eines Vollpolläufers der Größe

$$\mathrm{d}m = \rho\,\mathrm{d}V = \rho\,\phi\, l\, r\,\mathrm{d}r$$

– wirkt eine differentielle Radialkraft

$$\mathrm{d}F = r\,\Omega_s^2\,\mathrm{d}m = \rho\,\phi\, l\,\left(r\,\Omega_s\right)^2 \mathrm{d}r$$

– die sich umrechnen lässt in eine Tangentialkraft

$$\mathrm{d}F_t = \frac{1}{2\sin\left(\frac{\phi}{2}\right)}\mathrm{d}F \approx \frac{1}{\phi}\,\mathrm{d}F = \rho\, l\left(r\,\Omega_s\right)^2 \mathrm{d}r$$

Damit ergibt sich die Zugspannung zu

$$\sigma_t = \frac{1}{l}\frac{\mathrm{d}F_t}{\mathrm{d}r} = \rho\left(r\,\Omega_s\right)^2 = \rho\, v_s^2 = 7850\,\frac{\text{kg}}{\text{m}^2}\left(245\,\frac{\text{m}}{\text{s}}\right)^2 = 471\,\frac{\text{MN}}{\text{m}^2}$$

Demgegenüber stehen die Grenzfestigkeiten von Baustahl St 37 (370 ... 650 MPa) und Dynamoblech (370 MPa), sodass eine Realisierung mit einem Massivrotor noch zulässig wäre. Für einen geblechten Rotor ergibt sich durch Rückrechnung eine Grenzschleudergeschwindigkeit von 217 m/s. Zu prüfen ist jedoch noch, ob die Festigkeitswerte auch bei Nutung eingehalten werden können.

Da eine direkte Luftkühlung der Ankerwicklungen wegen der geringen spezifischen Wärmekapazität von Luft ausscheidet, erfolgt die Kühlung indirekt. Dazu wird das Blechpaket als Kühlkörper benutzt. Die Abstände der radialen Kühlschlitze werden gestaffelt. Die Schlitzbreiten und Teilpaketbreiten sind unterschiedlich ausgeführt. Wegen der punktuellen Einleitung der Kühlluft per Lüfterdruck kommt es zu einer komplizierten Kühlstromverteilung im Blechpaket. Hinzu kommen lokale Verlustquellen z. B. an den Blechpaketenden durch das Luftspaltfeld und das Nutstreufeld sowie das Wickelkopffeld. Sowohl eine Blechpaketabtreppung als auch intensivierte Kühlung können Abhilfe schaffen.

Mit luftgekühlten Generatoren lassen sich heutzutage Einheitsleistungen bis 300 MVA erreichen. Leistungssteigerungen bis 500 MVA erscheinen realistisch. Ihre Anwendung ist besonders für GuD-Kraftwerke von hoher Relevanz [6.7].

6.2.2 Wasserstoffkühlung

Die Kühlung mit Wasserstoff erlaubt eine Steigerung der Grenzleistung. Die Wärmeabgabefähigkeit von Wasserstoff (A_{H2}=0.186 W/(mK)) rund zweimal besser als die von Luft (A_{Lu}=0.0262 W/(mK)). Unter Druck (bis 6 bar) lässt sich das Wärmeabgabevermögen weiter steigern. Ferner ist das spezifische Gewicht von Wasserstoff kleiner als von Luft, sodass die Gasreibungsverluste sinken und damit der Teillastwirkungsgrad steigt. Man unterscheidet direkte und indirekte H_2-Kühlung:

- Die indirekte H_2-Kühlung erfolgt bei einem Gasdruck von bis zu 4 bar und ist mit einem Wasserkühler an den Seiten des Gehäuses verbunden.
- Die direkte H_2-Kühlung erfolgt direkt am Leiter, der in der Erregerwicklung als Hohlleiter ausgeführt wird. Sowohl die Isolation als auch das Rotoreisen müssen keine nennenswerte Wärmestromabführung übernehmen.

Die erreichbaren Leistungen liegen mit indirekter Wasserstoffkühlung bei etwa 150 MVA, die sich bei direkter Kühlung bis 600 MVA steigern lässt. Wegen der Gaskühlung sind druckfeste und gasfeste Kapselungen zu verwenden, die einen Austritt des Wasserstoffs verhindern.

6.2.3 Flüssigkeitskühlung

Als Kühlflüssigkeit kommt in erster Linie Wasser in Betracht, das vorher durch einen Ionenaustauscher zur Senkung der Leitfähigkeit geschickt wird. Das erwärmte Wasser wird nach dem Generator über einen Wärmeaustauscher geleitet, in dem die Kühlluft die Wärme abnimmt und das Wasser wieder herunterkühlt.

Folgende Kühlvarianten werden verwendet:

- Indirekte Kühlung mit Leistungen bis 300 MVA
- Direkte Rotorkühlung und indirekte Statorkühlung mit Leistungen bis 600 MVA
- Direkte Rotor- und Statorkühlung mit Leistungen zwischen 1000 – 2400 MVA

Neben Wasser wird auch Öl als Kühlmittel eingesetzt, z. B. zur Kühlung des Ständerblechpakets.

6.2.4 Tieftemperaturkühlung für Hochtemperatur-Supraleiter (HTSL)

Mit der Verwendung von Hochtemperatur-Supraleitern [6.8] werden spezielle Anforderungen an die Kühltechnik gestellt. Da die Wechselstromverluste bei derzeit bekannten

HTSL-Materialien ungleich größer sind, kommen nur die den Gleichstrom führenden Erregerwicklungen als Anwendung infrage, vgl. ▶Abbildung 6.10. Der sogenannte kalte Teil des Generators besteht aus dem Rotor mit dem Polkern (10) und den HTS-Spulen (9), die den Erregerstrom führen. Das Kühlmittel wird vom Kompressor (6) über den Kaltkopf (5) auf den Rotor übertragen. Die Abtriebswelle (1) ist vom Kaltteil thermisch isoliert durch die Drehmomentübertragungseinheit (11). Im Luftspalt (7) zwischen Rotor und Statorjoch (8) befinden sich die Ankerwicklungen (2), die aufgrund der hohen Felddichten nicht im Eisen untergebracht werden können. Statorseitig sorgen Wärmotauscher (3) und Lüfter (4) für Kühlung.

Durch Wegfall der Erregerverluste wegen des widerstandslosen Betriebes und höherer magnetischer Felddichten ist einerseits eine weitere Steigerung der Grenzleistung absehbar. Andererseits kann die Leistungsdichte (MVA/kg bzw. MVA/m^3) erheblich gesteigert werden, vgl. auch [6.9].

Der kleine Erregerwiderstand führt allerdings auch zu einer sehr großen Erregerzeitkonstante, sodass eine schnelle Änderung des Erregerfeldes nur durch eine kurzzeitig stark erhöhte Erregerspannung möglich wird, ansonsten muss ein Konstantfeldbetrieb bevorzugt werden.

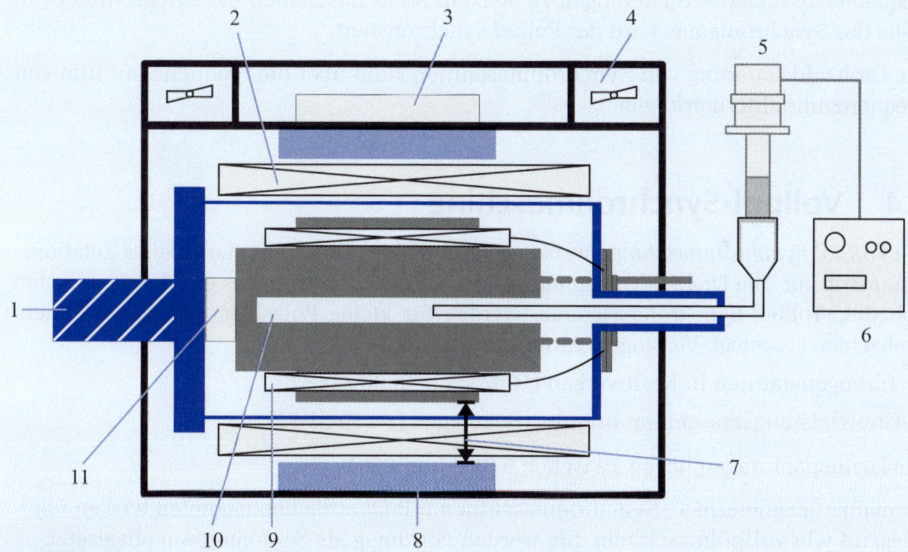

Abbildung 6.10 Generator mit HTSL-Erregerwicklungen

6.3 Prinzipielle Wirkungsweise

Synchronmaschinen sind bei dreiphasiger Ausführung Drehfeldmaschinen. Als Synchronmotor arbeitend erzeugt der in den Statorwicklungen fließende Drehstrom ein Drehfeld, das das Polrad mit seinem Magnetfeld synchron mitzieht. Da das Polradfeld nicht durch Spannungsinduktion erzeugt, sondern durch Energiezufuhr von außen aufgebaut wird, haben Ankerdrehfeld und Polradfeld dieselbe Kreisfrequenz wie der Rotor. Es gilt

$$\omega_1 = p \cdot \omega = p \cdot \omega_d \qquad 6.1$$

Als Synchrongenerator arbeitend wird durch Drehung des Polrades ein Drehfeld bzgl. der ortsfesten Drehstromwicklung auf der Statorseite erzeugt, das in diesem die sog. Polradspannung der Kreisfrequenz $\omega 1$ induziert. Mithilfe dieser Polradspannung lässt sich auch ein Inselnetz aufbauen.

Synchronisation

Synchrongeneratoren sind grundsätzlich vor Anschluss an das Versorgungsnetz zu synchronisieren, um gefährliche Ausgleichsvorgänge zu vermeiden. Dabei wird eine Übereinstimmung von Amplitude, Frequenz und Phasenlage der Polradspannung in Bezug auf die Netzspannung angestrebt. Durch den Abgleich der Erregerströme und der Drehzahl sowie Auswertung einer Synchronisiereinrichtung (Dunkelschaltung) ist dies möglich.

Asynchroner Anlauf

Verfügt die Synchronmaschine über einen Dämpferkäfig, so kann wie bei Drehstromasynchronmotoren ein direkter Anlauf vorgenommen werden. Dazu wird die Erregerwicklung mit einem großen Widerstand abgeschlossen, um die Wirkung hoher schlupffrequenter induzierter Spannungen zu senken. Nach Zuschalten des Erregerstromes in Nähe des Synchronismus wird das Polrad synchronisiert.

Die Drehzahlsteuerung von Synchronmaschinen kann über die Frequenz mithilfe von Frequenzumrichtern erfolgen.

6.4 Vollpol-Synchronmaschine

Die *Vollpol-Synchronmaschinen* weisen aufgrund eines konstanten Luftspaltes Rotationssymmetrie auf. Die Drehfelderzeugung basiert auf der Drehung eines gleichstromerregten Polrades. Vollpol-Synchronmaschinen werden für kleine Polzahlen und damit höhere Drehzahlen ausgelegt. Vorrangige Anwendungen sind:

- Turbogeneratoren in Kraftwerken (10 MVA ... 2200 MVA)
- Grenzleistungsmaschinen in Industrieanlagen (<200 MW)

Die Nennspannungen liegen zwischen 6,3kV und 27kV.

Permanentmagneterregte Synchronmaschinen mit Oberflächenmagneten wirken überwiegend wie Vollpolmaschinen. Sie werden vorrangig als Servomotoren eingesetzt.

6.4.1 Magnetfelder

Polradfeld

Das nach ▶Abbildung 6.11 bewickelte Polrad weist aufgrund der nur teilweisen Bewicklung der Polteilung einen dreistufigen Strombelag $A(x)$ aus, aus dem sich nach Integration gemäß Gl. (4.5) eine mehrstufige Felderregerkurve $V(x)$ ableiten lässt. Die Stufenhöhen sind sättigungsabhängig und können für die Erregerdurchflutung $\Theta_e(x)$ durch eine Trapezform angenähert werden.

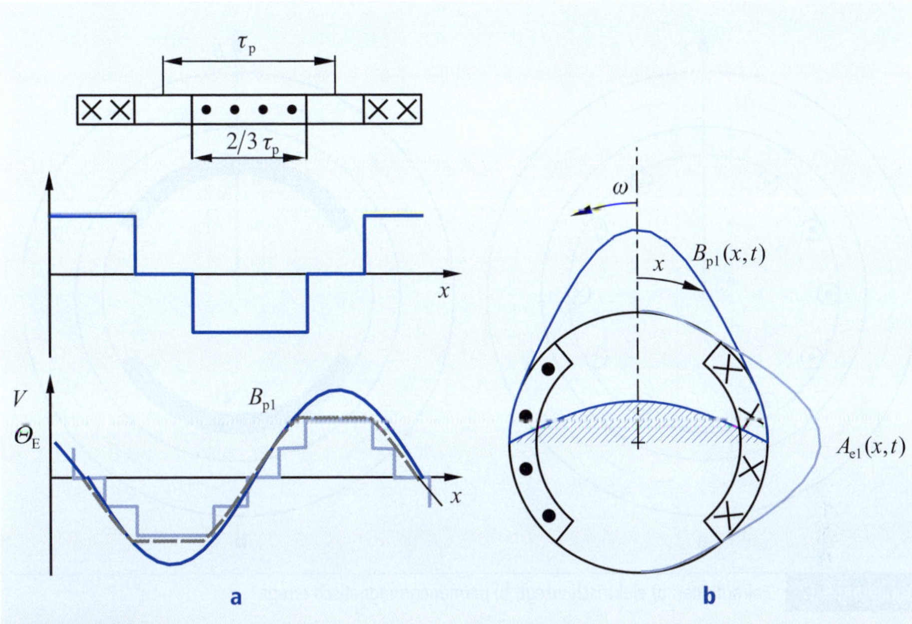

Abbildung 6.11 Polradfeld: a) Felderreger- und Feldkurve, b) Feldwellen

Dafür lässt sich eine Durchflutungsgrundwelle mit der Amplitude

$$\hat{\Theta}_{e1} = \frac{4}{\pi} \cdot \frac{(w\xi_1)_e}{2p} I_e \qquad 6.2$$

mit der effektiven Erregerwindungszahl $(w\,\xi_1)_e$ und dem Erregergleichstrom I_e angeben. Die Felddichte des Polradfeldes ergibt sich bei konstantem Luftspalt δ und ist wegen der Drehung des Rotors lage- und zeitabhängig:

$$B_p(x,t) = \frac{\mu_0}{\delta} \cdot \frac{4}{\pi} (w\xi_1)_e I_e \cdot \cos(\gamma - \omega t) \qquad 6.3$$

Die Kreisfrequenz ω des Polradflusses lautet dann $\omega = 2\pi \cdot p \cdot n$.

Der Polradfluss kann, ausgehend von Gl. 6.3 komplex dargestellt werden mit

$$\underline{\Phi}_p = \hat{\Phi}_p \cdot e^{j\omega t} \qquad 6.4$$

und der Amplitude als Funktion des Erregerstroms

$$\hat{\Phi}_p = \frac{2}{\pi} \tau_p \cdot l_i \cdot \hat{B}_p = \frac{8}{\pi^2} \tau_p \cdot l_i \frac{\mu_0}{\delta} \cdot (w\xi_1)_e I_e \qquad 6.5$$

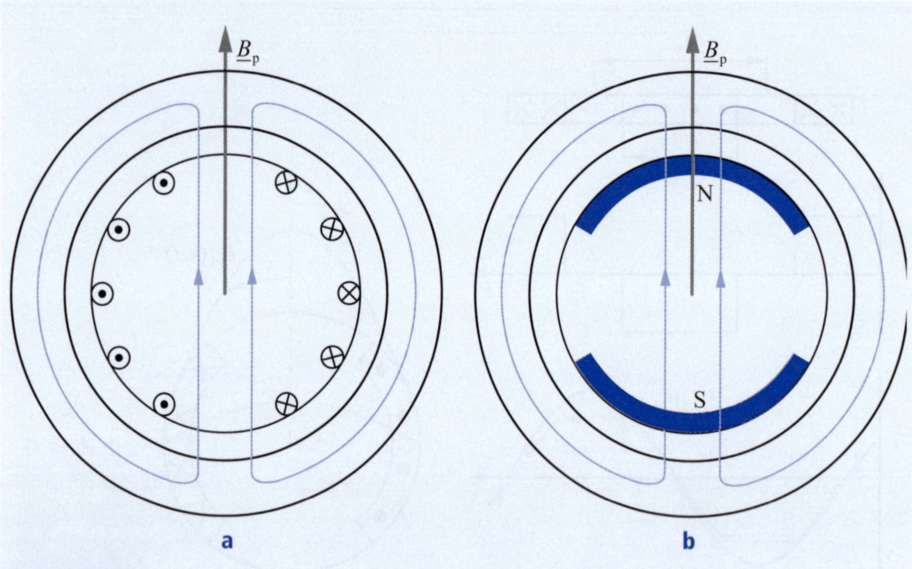

Abbildung 6.12 Polradfelder: a) elektrisch erregt, b) permanentmagnetisch erregt

Ankerfeld (Ankerrückwirkung)

Sobald die Synchronmaschine belastet wird, erzeugen die dreiphasigen Ankerströme ihrerseits eine Drehdurchflutung der Amplitude

$$\hat{\underline{\Theta}}_1 = \frac{3}{2} \cdot \frac{4}{\pi} \cdot \frac{(w\xi_1)_1}{2p} \sqrt{2} \cdot I_1 \tag{6.6}$$

mit dem Ankereffektivstrom I_1, der effektiven Ankerwindungszahl $(w\xi)_1$ und der Polpaarzahl p. Das daraus resultierende Ankerdrehfeld besitzt wiederum eine zeit- und lageabhängige Felddichteverteilung

$$B_1(\gamma,t) = \frac{\mu_0}{\delta} \cdot \frac{3}{2} \cdot \frac{4}{\pi} \cdot \frac{(w\xi_1)_1}{2p} \sqrt{2} I_1 \cdot \cos(\gamma_1 - \omega t - \varphi_i) \tag{6.7}$$

mit der Statorkoordinate γ_1 und dem Phasenwinkel φ_i des Strangstromes in Phase a.

Der Ankerfluss kann, ausgehend von Gl. 6.7 komplex dargestellt werden mit

$$\underline{\Phi}_1 = \hat{\Phi}_1 \cdot e^{j(\omega t + \varphi_i)} \tag{6.8}$$

und der Amplitude als Funktion des Ankerstroms

$$\hat{\Phi}_1 = \frac{2}{\pi} \tau_p \cdot l_i \cdot \hat{B}_1 = \frac{6}{\pi^2} \tau_p \cdot l_i \cdot \frac{\mu_0}{\delta} \cdot \frac{(w\xi_1)_1}{p} \sqrt{2} I_1 \tag{6.9}$$

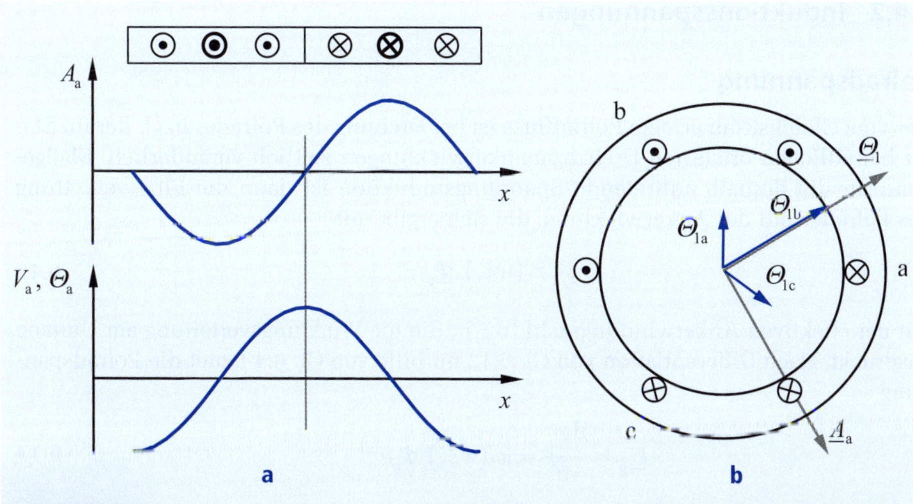

Abbildung 6.13 Ankerfeld: a) Felderregerkurve und Feldkurve, b) Drehdurchflutung

Hauptfeld

Beide Drehfelder – das Polradfeld und das Ankerfeld – überlagern sich geometrisch im Luftspalt zum Hauptfeld mit

$$B_h(\gamma,t) = B_p + B_a \tag{6.10}$$

Über die Bestimmung des Hauptflusses aus Polradfluss und Ankerfluss gelangt man schließlich analog, wie oben gezeigt, zur Hauptflussverkettung

$$\underline{\Psi}_h = \underline{\Psi}_p + \underline{\Psi}_a = (w\xi_1)_1 \left(\frac{8}{\pi^2} \tau_p \cdot l_i \frac{\mu_0}{\delta} \cdot (w\xi_1)_e I_e \cdot e^{j\omega t} + \frac{6}{\pi^2} \tau_p \cdot l_i \cdot \frac{\mu_0}{\delta} \cdot \frac{(w\xi_1)_1}{p} \sqrt{2} I_1 e^{j(\omega t + \varphi_i)} \right) \tag{6.11}$$

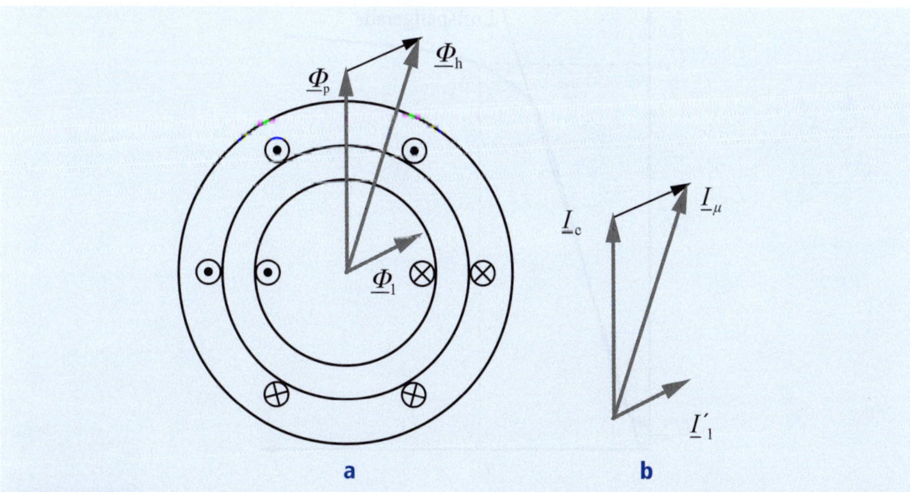

Abbildung 6.14 Hauptfeld: a) Feldüberlagerung, b) Zuordnung der Ströme

6.4.2 Induktionsspannungen

Polradspannung

Der vom Gleichstrom erregte Polradfluss ist bei Drehung des Polrades bzgl. der im Stator befindlichen ortsfesten Drehstromankerwicklungen zeitlich veränderlich. Maßgebend für die deshalb auftretende Spannungsinduktion ist dann die Flussverkettung des Polrades mit der Ankerwicklung, die sich ergibt mit

$$\underline{\psi}_{\mathrm{p}} = \left(w\xi_1\right)_1 \underline{\Phi}_{\mathrm{p}} \qquad 6.12$$

mit der effektiven Ankerwindungszahl $(w\xi_1)_1$, die die Wicklungsverteilung am Umfang ausdrückt. Nach Differentiation von Gl. 6.12 mithilfe von Gl. 6.4 lautet die Polradspannung

$$\underline{U}_{\mathrm{p}} = \frac{\mathrm{d}\underline{\psi}_{\mathrm{p}}}{\mathrm{d}t} = \mathrm{j}\omega\left(w\xi_1\right)_1 \hat{\Phi}_{\mathrm{p}} e^{\mathrm{j}\omega t} \qquad 6.13$$

mit einer Spannungsamplitude von

$$\hat{U}_{\mathrm{p}} = \omega\left(w\xi_1\right)_1 \left(w\xi_1\right)_{\mathrm{e}} \frac{8}{\pi^2} \tau_{\mathrm{p}} l_{\mathrm{i}} \frac{\mu_0}{\delta} I_{\mathrm{e}} \qquad 6.14$$

Dieser Zusammenhang wird bei konstanter Drehzahl durch die Leerlaufkennlinie in ▶Abbildung 6.15 beschrieben und berücksichtigt:

- die Eisensättigung bei steigendem Erregerstrom
- die Remanenz bei Erregung Null

Die Polradspannung ist im Leerlauf der Synchronmaschine an den Klemmen messbar. Der zeitliche Verlauf ist weitgehend sinusförmig, da die Oberwellen in der Feldkurve durch die Oberwellen-Wicklungsfaktoren der Ankerwicklung kompensiert werden.

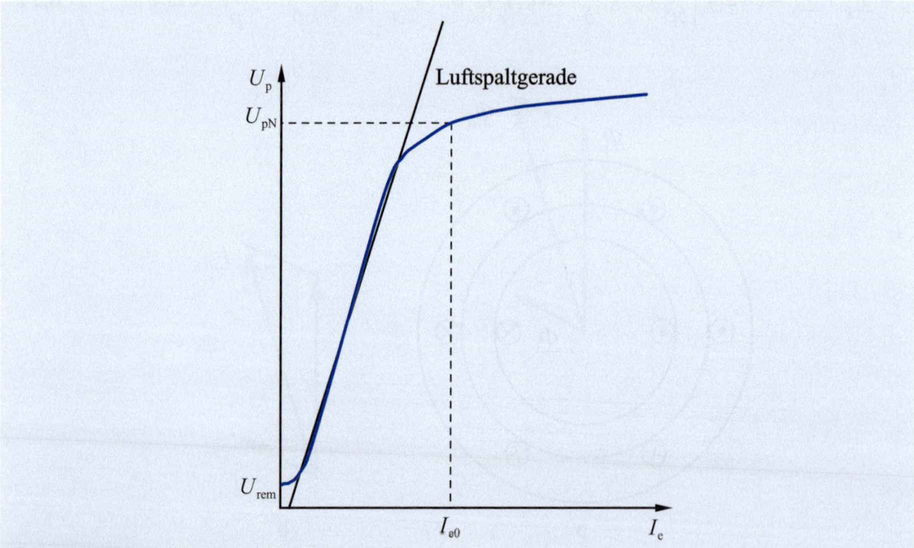

Abbildung 6.15 Leerlaufkennlinie der Vollpol-Synchronmaschine

Ankerfeldspannung

Das vom Ankerstrom erregte Ankerdrehfeld ist bezüglich der eigenen ortsfesten Drehstromankerwicklungen zeitlich veränderlich. Maßgebend für die deshalb auftretende Spannungsinduktion ist dann die Flussverkettung mit der eigenen Ankerwicklung, die sich ergibt mit

$$\underline{\psi}_a = (w\xi_1)_1 \underline{\Phi}_a. \tag{6.15}$$

Nach Differentiation von Gl. 6.15 mithilfe von Gl. 6.8 lautet die Ankerfeldspannung

$$\underline{U}_a = \frac{d\underline{\psi}_a}{dt} = j\omega (w\xi_1)_1 \hat{\Phi}_a e^{j(\omega t + \varphi_i)} \tag{6.16}$$

mit einer Spannungsamplitude von

$$\hat{U}_a = \omega \cdot \frac{6}{\pi^2} \tau_p l_1 \frac{\mu_0}{\delta} (w\xi_1)_1^2 \sqrt{2} I_a \tag{6.17}$$

und einer Phasenverschiebung von +90° gegenüber der Ankerflussverkettung.

Hauptfeldspannung

Die zeitliche Änderung der Hauptflussverkettung entspricht dann der im Anker auftretenden Hauptfeldspannung

$$\underline{U}_h = \frac{d\underline{\psi}_h}{dt} = j\omega (w\xi_1)_1 \hat{\Phi}_h e^{j(\omega t + \varphi_h)} = \underline{U}_p + \underline{U}_a, \tag{6.18}$$

die sich aber ebenso aus der vorher berechneten Polrad- und Ankerspannung berechnen lässt.

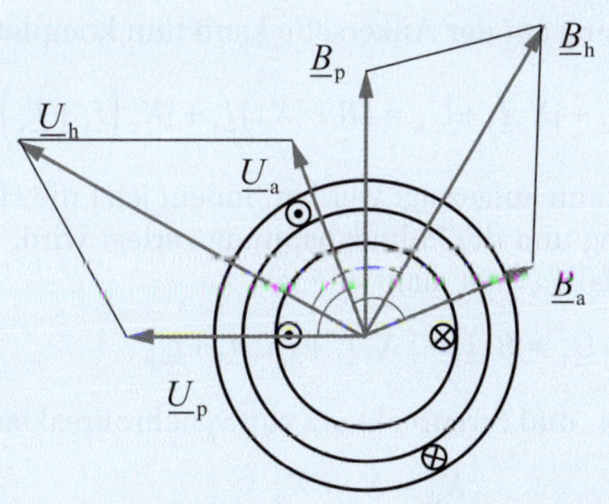

Abbildung 6.16 Induktionsspannungen: Polradspannung, Ankerfeldspannung, Hauptfeldspannung

Zur genauen Analyse der elektromagnetischen Vorgänge in der Synchronmaschine werden nachfolgend Ersatzschaltbilder mit Zeigerdiagrammen eingeführt.

6.4.3 Zeigerdiagramm und Ersatzschaltbild

Im Zeigerdiagramm werden zunächst die Flüsse, danach die Ströme sowie die induzierten Spannungen und zuletzt die Maschengleichungen wiedergegeben.

Wir entwickeln das Zeigerbild und das Ersatzschaltbild zur Darstellung der elektromagnetischen und elektrischen Größen parallel.

- Flusszeigerdiagramm zeichnen mit

$$\underline{\Phi}_\mathrm{h} = \underline{\Phi}_\mathrm{p} + \underline{\Phi}_\mathrm{a} \tag{6.19}$$

Der Polradfluss wird in die Waagerechte gelegt und stimmt damit mit der Längsachse des Polrades überein.

- Stromzeigerdiagramme zeichnen mit dem auf die Ankerseite bezogenen Erregerstrom

$$\underline{I}_\mu = \underline{I}_1 + \underline{I}_\mathrm{e}' \tag{6.20}$$

Die Stromzeiger haben dieselbe Richtung wie die zugehörigen Flusszeiger und bilden wegen der Proportionalität ihrer Amplituden ähnliche Dreiecke.

- Spannungszeigerdiagramme entwickeln

Die Hauptfeldspannung kann zum einen aus der Addition von Ankerfeld- und Polradspannung gewonnen werden nach Gl. 6.18 oder zum anderen wird sie mithilfe der Hauptfeldinduktivität aus dem Magnetisierungsstrom bestimmbar

$$\underline{U}_\mathrm{h} = \mathrm{j}\omega L_\mathrm{h}\underline{I}_\mu = \mathrm{j}X_\mathrm{h}\underline{I}_\mu . \tag{6.21}$$

Damit wird die Hauptreaktanz aus Gl. 6.22 berechenbar

$$X_\mathrm{h} = \omega \cdot \frac{6}{\pi^2}\tau_\mathrm{p} \cdot l_\mathrm{i} \cdot \frac{\mu_0}{\delta} \cdot \frac{(w\xi_1)_1^2}{p}\sqrt{2}. \tag{6.22}$$

Die Spannungsgleichung auf der Ankerseite kann nun komplettiert werden

$$\underline{U}_1 = R \cdot \underline{I}_1 + \mathrm{j}X_\sigma \underline{I}_1 + \underline{U}_\mathrm{h} = (R + \mathrm{j}X_\sigma)\underline{I}_1 + \mathrm{j}X_\mathrm{h}\left(\underline{I}_1 + \underline{I}'_\mathrm{e}\right). \tag{6.23}$$

- Ein alternativer Weg kann aufgezeigt werden, indem jetzt die Hauptfeldspannung in die Ankerfeldspannung und die Polradspannung zerlegt wird. Unter Beachtung der übrigen Spannungsabfälle erhält man

$$\underline{U}_1 = R \cdot \underline{I}_1 + \mathrm{j}\,X_\sigma \underline{I}_1 + \mathrm{j}X_\mathrm{h}\underline{I}_1 + \underline{U}_\mathrm{p} \tag{6.24}$$

Fasst man noch Haupt- und Streureaktanz zur Synchronreaktanz zusammen

$$X_\mathrm{d} = X_\mathrm{h} + X_\sigma \tag{6.25}$$

so gilt dann

$$\underline{U}_1 = R \cdot \underline{I}_1 + \mathrm{j}\,X_\mathrm{d} \cdot \underline{I}_1 + \underline{U}_\mathrm{p}. \tag{6.26}$$

Fluss- und Stromzeigerdiagramm sind bereits in ▸Abbildung 6.17 dargestellt. Im Spannungszeigerdiagramm werden induzierte Spannungen durch Polradfeld und Ankerdrehfeld sowie die Spannungsabfälle durch Streufelder und ohmsche Anteile zusammengefasst (Abb. 6.18). Die in Gl. 6.23 angegebenen Spannungen lassen sich in einem einpoligen Ersatzschaltbild nach ▸Abbildung 6.19 mit dem auf die Ankerseite umgerechneten Erregerstrom als Stromquelle wiederfinden. Für Gl. 6.24 steht die Ersatzschaltung nach ▸Abbildung 6.20.

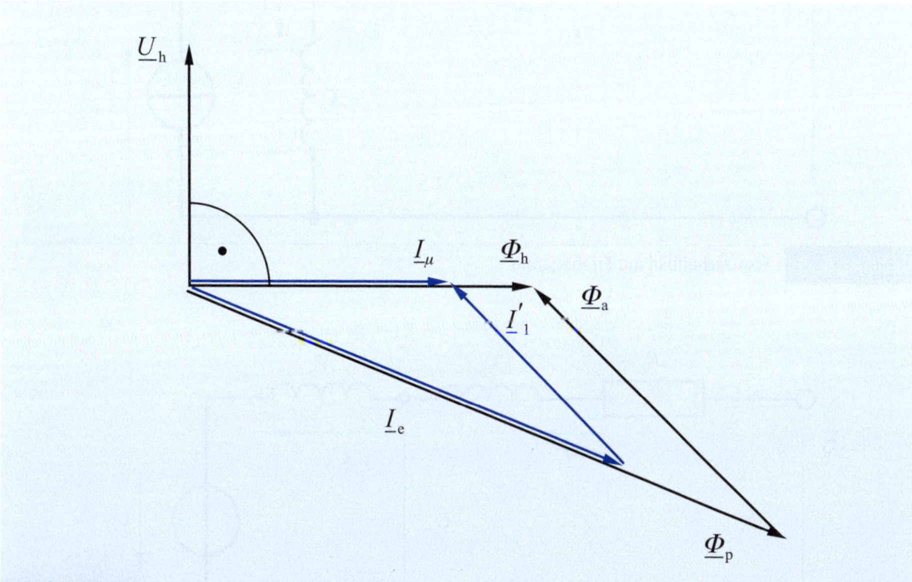

Abbildung 6.17 Strom- und Flusszeigerbilder

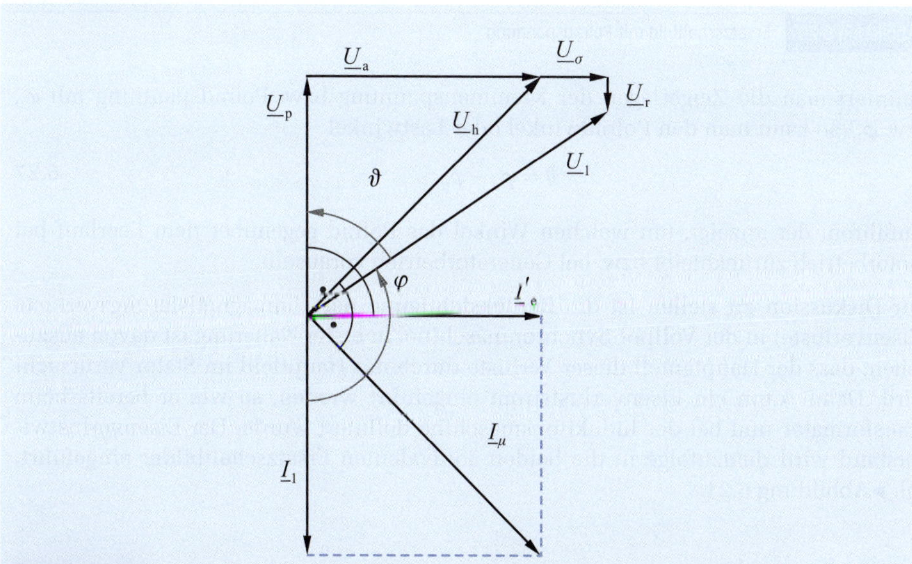

Abbildung 6.18 Strom- und Spannungszeigerbilder

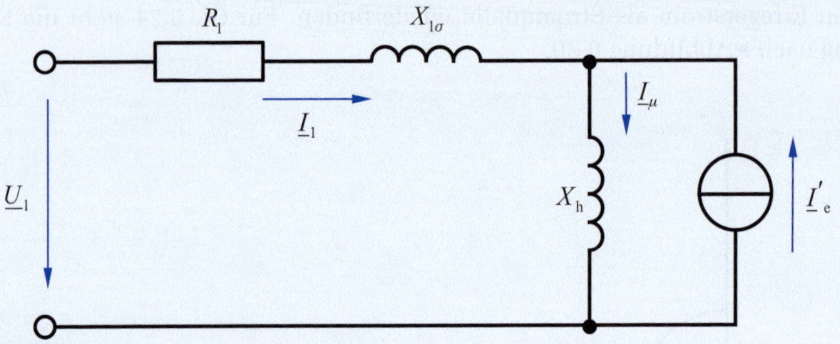

Abbildung 6.19 Ersatzschaltbild mit Erregerstrom

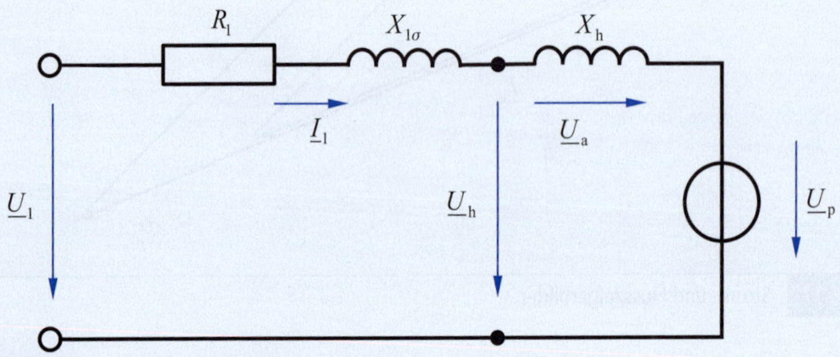

Abbildung 6.20 Ersatzschaltbild mit Polradspannung

Definiert man die Zeigerlagen der Klemmenspannung bzw. Polradspannung mit φ_u bzw. φ_p, so kann man den Polradwinkel oder Lastwinkel

$$\vartheta = \varphi_u - \varphi_p \tag{6.27}$$

einführen, der anzeigt, um welchen Winkel das Polrad gegenüber dem Leerlauf bei Motorbetrieb zurückbleibt bzw. bei Generatorbetrieb vorauseilt.

Zur Diskussion zu stellen ist die Berücksichtigung der Ummagnetisierungsverluste (Eisenverluste) in der Vollpol-Synchronmaschine. In erster Näherung ist davon auszugehen, dass der Hauptanteil dieser Verluste durch das Hauptfeld im Stator verursacht wird. Damit kann ein Eisenverluststrom eingeführt werden, so wie er bereits beim Transformator und bei der Induktionsmaschine definiert wurde. Der Eisenverlustwiderstand wird demzufolge in die beiden äquivalenten Ersatzschaltbilder eingeführt, vgl. ▸Abbildung 6.21.

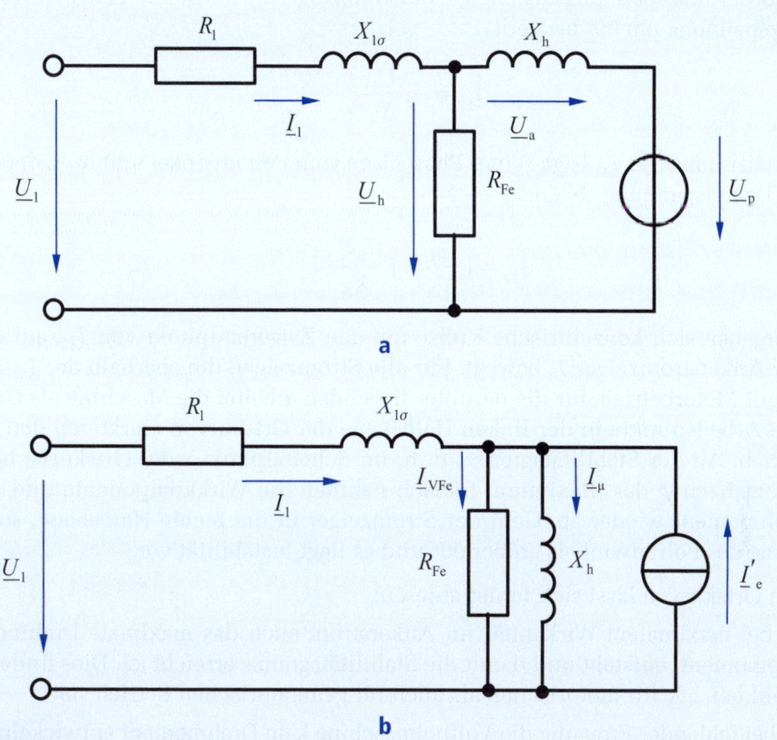

Abbildung 6.21 Ersatzschaltbilder mit Ummagnetsierungsverlusten: a) Spannungsquellen-Ersatzschaltbild, b) Stromquellen-Ersatzschaltbild

Alternativ könnte der Eisenverlustwiderstand auch vor der Streureaktanz eingefügt werden, was nebenbei gesagt auch zu einer Vereinfachung der Netzwerkberechnung führt. Dann werden zudem die Streufeldanteile berücksichtigt, die im Eisenkreis der Maschine auch Ummagnetisierungsverluste verursachen können.

6.4.4 Stromortskurve

Wie bereits bei Induktionsmaschinen erkannt, lässt sich aus der Stromortskurve sehr anschaulich das Betriebsverhalten an verschiedenen Arbeitspunkten der Maschine beschreiben. Bei der Synchronmaschine lassen sich anhand der Ortskurve die Auswirkungen von Polradwinkel ϑ und Polradspannung U_p auf den Statorstrom studieren.

Zur Konstruktion nach ▶Abbildung 6.22 werden aus der Maschengleichung des vereinfachten Ersatzschaltbilds ohne Ankerwiderstand und ohne Eisenverlustwiderstand

$$\underline{U}_1 = \mathrm{j}X_\mathrm{d} \cdot \underline{I}_1 + \underline{U}_\mathrm{p} \tag{6.28}$$

die Teilströme bestimmt mit

$$\underline{I}_1 = \frac{\underline{U}_1 - \underline{U}_\mathrm{p}}{\mathrm{j}X_\mathrm{d}} = \underline{I}_{11} + \underline{I}_{12} \tag{6.29}$$

Während der netzspannungsabhängige Teilstromzeiger $\underline{I}_{12}$ konstante Länge besitzt und der Netzspannung um 90° nacheilt

$$\underline{I}_{12} = -\mathrm{j}\frac{U_1}{X_\mathrm{d}} \qquad 6.30$$

ist der Teilstromzeiger $\underline{I}_{11}$ bzgl. seiner Phasenlage vom Polradwinkel und bzgl. der Länge von der Polradspannung abhängig

$$\underline{I}_{11} = \mathrm{j}\frac{\underline{U}_\mathrm{p}}{X_\mathrm{d}} = \mathrm{j}\frac{U_\mathrm{p}e^{\mathrm{j}\vartheta}}{X_\mathrm{d}}\,. \qquad 6.31$$

Somit ergeben sich konzentrische Kreise um den Zeigerendpunkt von $\underline{I}_{12}$, auf denen sich der Ankerstromzeiger $\underline{I}_1$ bewegt. Für alle Stromzeiger, die oberhalb der $\underline{I}_{12}$-Achse liegen, gilt Motorbetrieb, für die darunter liegenden arbeitet die Maschine als Generator. Alle Arbeitspunkte in der linken Halbebene der Ortskurven markieren den stabilen Betrieb. An der Stabilitätsgrenze, d. h. im Scheitelpunkt jeder Ortskurve hat der Wirkstrom $I_1 \cdot \cos\varphi$ das Maximum. Danach nehmen die Wirkkomponente und damit das Drehmoment wieder ab. Geht der Stromzeiger in die rechte Halbebene, so wird der Betrag des Polradwinkels größer 90° und es liegt Instabilität vor.

Aus den Ortskurven lässt sich ferner ablesen:

- dass bei maximalem Wirkanteil im Ankerstrom auch das maximale Drehmoment (Kippmoment) entsteht und damit die Stabilitätsgrenze erreicht ist. Dies findet man sowohl bei $\pm\vartheta_\mathrm{k}$ für motorischen als auch für generatorischen Betrieb statt,
- dass bei fehlender Erregung die Vollpolmaschine kein Drehmoment entwickeln kann und der aufgenommene Ankerstrom rein induktiven Charakter hat,
- dass bei einer Übererregung (ε>1) die Ankerstromortskurve auch in der linken Halbebene verläuft und damit den kapazitiven Betrieb wiedergibt,
- dass mit der Übererregung auch das Kippmoment ansteigt,
- dass mit lastabhängiger Variation des Erregungsgrades ε ein konstanter Leistungsfaktor (vorzugsweise $|\cos\varphi| = 1$) einstellbar ist.

Die Betriebsgrenzen der Ortskurven werden durch folgende markante Grenzlinien festgelegt, vgl. ▶Abbildung 6.23.

Kurve 1: Grenze der Ankererwärmung wird bei großem Ankerstrom erreicht.

Kurve 2: Grenze der Polraderwärmung wird bei hohem Erregungsgrades erreicht.

Kurve 3: Stabilitätsgrenze $|\vartheta| > \vartheta_\mathrm{k}$

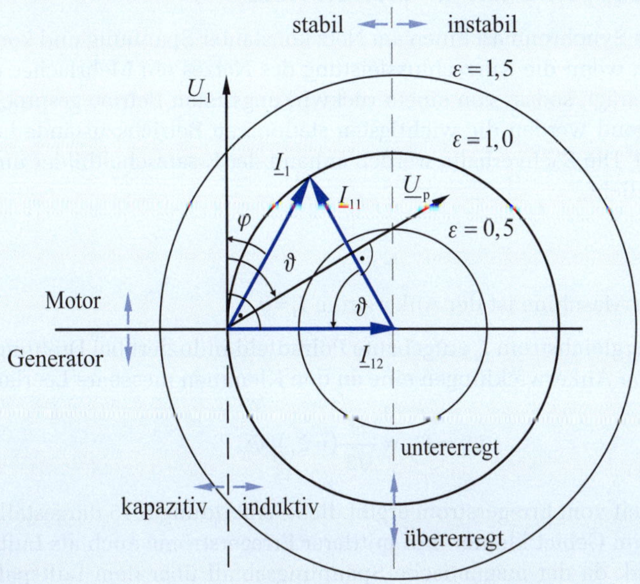

Abbildung 6.22 Stromortskurve der Vollpol-Synchronmaschine

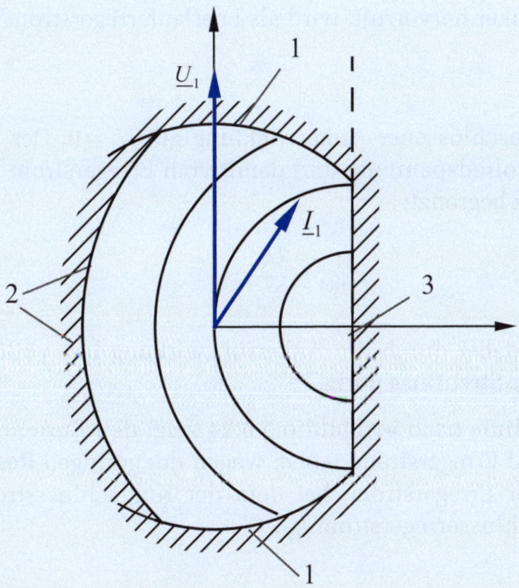

Abbildung 6.23 Stromortskurve mit Betriebsgrenzen

6.4.5 Betriebsverhalten am starren Netz

Der Betrieb von Synchronmaschinen am Netz konstanter Spannung und konstanter Frequenz liegt vor, wenn die Kurzschlussleistung des Netzes ein Mehrfaches der der Einzelmaschine beträgt, sodass von einem rückwirkungsfreien Betrieb gesprochen werden kann. Nachfolgend werden die wichtigsten stationären Betriebszustände beim Netzbetrieb eingeführt. Die Sachverhalte werden anhand der Ersatzschaltbilder und Zeigerbilder veranschaulicht.

Leerlauf

Im Leerlauf der Maschine ist der Ankerstrom $I_1=0$.

Das vom Erregergleichstrom I_e aufgebaute Polradfeld induziert bei Drehung des Rotors in den ortsfesten Ankerwicklungen eine an den Klemmen messbare Leerlaufspannung

$$U_1 = U_p = \frac{\omega}{\sqrt{2}}(w\xi_1)_1 \hat{\Phi}_p. \qquad 6.32$$

Die Abhängigkeit vom Erregerstrom ergibt die in Abbildung 6.15 dargestellte Leerlaufkennlinie, die im Gebiet kleiner und mittlerer Erregerströme auch als Luftspaltgerade bezeichnet wird, da der magnetische Spannungsabfall über dem Luftspalt den Leerlauffluss bestimmt.

Bei steigendem Erregerstrom nehmen die Magnetspannungsabfälle im Weicheisen zu und verringern den Anstieg des Luftspaltflusses. Der Erregerstrom, der im Leerlauf die Nennspannung im Anker hervorruft, wird als Leerlauferregerstrom I_{e0} bezeichnet.

Kurzschluss

Bei dreiphasig kurzgeschlossener Ankerwicklung gilt $U_1 = 0$. Der Dauerkurzschlussstrom wird von der Polradspannung und damit vom Erregerstrom bestimmt und von der Synchronreaktanz begrenzt:

$$I_{1Kd} = \frac{U_p}{X_d} \qquad 6.33$$

Das Polradfeld wird dabei durch die Ankerrückwirkung fast völlig aufgehoben. Als Gesamtfluss bleibt der Streufluss übrig.

Die Kurzschlusskennlinie nach ▶Abbildung 6.24 zeigt den Zusammenhang zwischen Kurzschlussstrom und Erregerstrom, wobei wegen der geringen Restfeldstärken keine Sättigung auftritt. Der Erregerstrom, bei dem der Kurzschlussstrom den Nennwert erreicht, heißt Kurzschlusserregerstrom I_{eK}.

Zu beachten ist, dass im Verlaufe eines Kurzschlusses nach wenigen ms ein Vielfaches des hier berechneten Dauerkurzschlussstromes, der sogenannte Stoßkurzschlussstrom I_{KS} (▶Abbildung 6.25), fließen kann. Dies ist bei der Dimensionierung vorgelagerter elektrischer Betriebsmittel zu berücksichtigen. Stationär stellt sich der Dauerkurzschlussstrom ein.

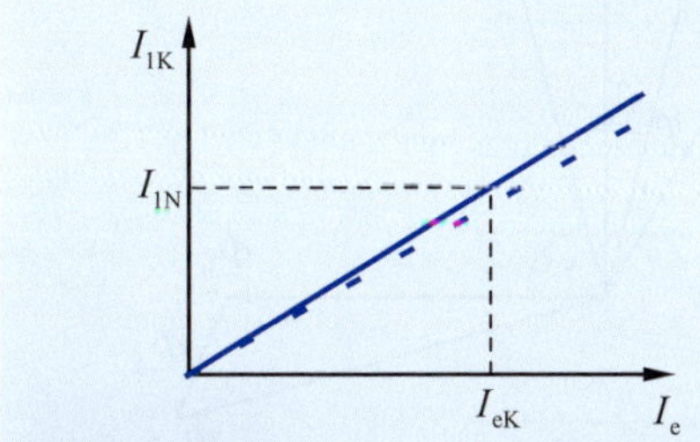

Abbildung 6.24 Kurzschlussstromkennlinie

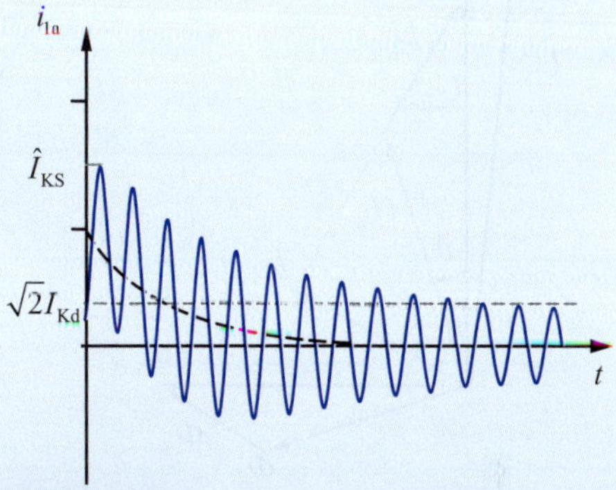

Abbildung 6.25 Kurzschlussstromverlauf

Eine Methode zur experimentellen Bestimmung der Synchronreaktanz X_d ergibt sich aus der Ermittlung der Leerlaufspannung und dem Kurzschlussstrom bei konstantem Erregerstrom

$$X_d = \left(\frac{U_p}{I_{1K}}\right)_{I_e=\text{const}} . \quad 6.34$$

Belastung

Bei Belastung der Synchronmaschine fließt ein entsprechender Drehstrom in den Ankerwicklungen. Die Phasenlage des Ankerstroms in Bezug auf die Ankerspannung bestimmt, ob die Maschine Wirkleistung abgibt oder aufnimmt und demzufolge als Generator oder Motor arbeitet.

Darüber hinaus kann die Synchronmaschine aufgrund der variablen Erregung Blindleistung abgeben und aufnehmen. Die Verknüpfung von jeweils zwei dieser Zustände (z. B. Wirkleistungsabgabe und Blindleistungsaufnahme) ist gegeben.

Für den Motorbetrieb nach ▶Abbildung 6.26 ist typisch, dass der Polradfluss dem Hauptfluss ebenso wie die Polradspannung der Ankerspannung um den *Polradwinkel* ϑ nacheilt. Wird dabei die Polradspannung betragsmäßig größer als die Ankerspannung eingestellt (*Übererregung*), so arbeitet der Motor kapazitiv. Bei *Untererregung* nimmt er wie eine Spule induktive Blindleistung auf. Die Zeigerbilder gelten für Netzbetrieb. Deshalb wurde der Statorpannungszeiger als konstant angenommen.

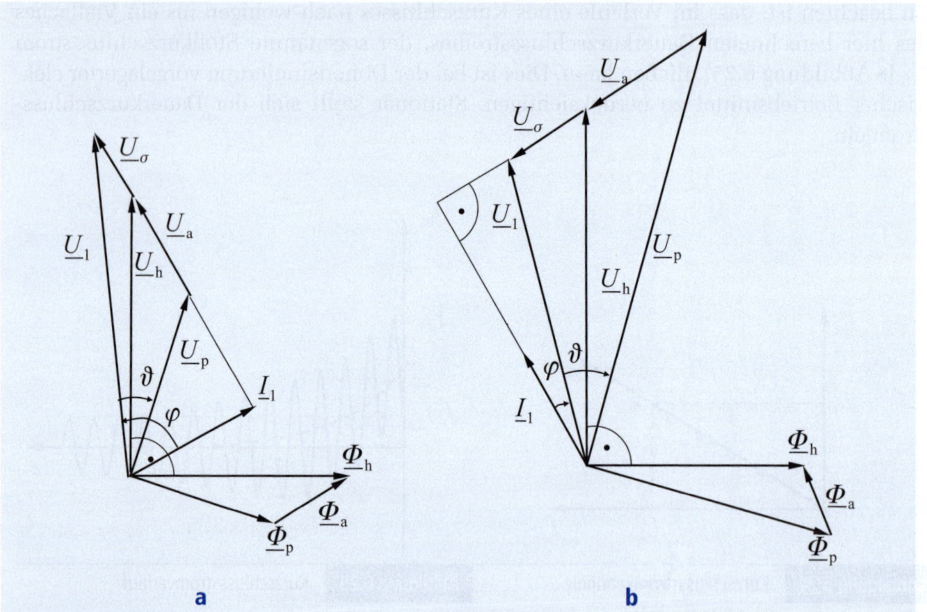

Abbildung 6.26 Zeigerbild Motorbetrieb: a) untererregt, b) übererregt

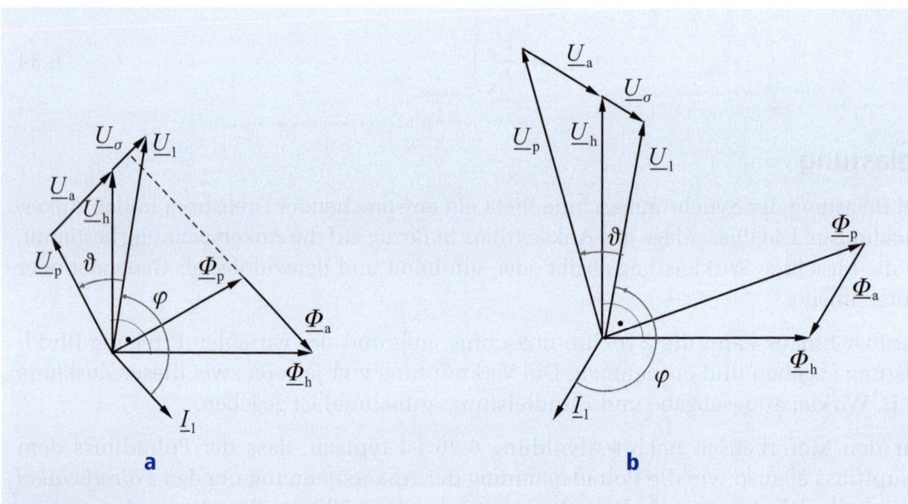

Abbildung 6.27 Zeigerbild Generatorbetrieb: a) untererregt, b) übererregt

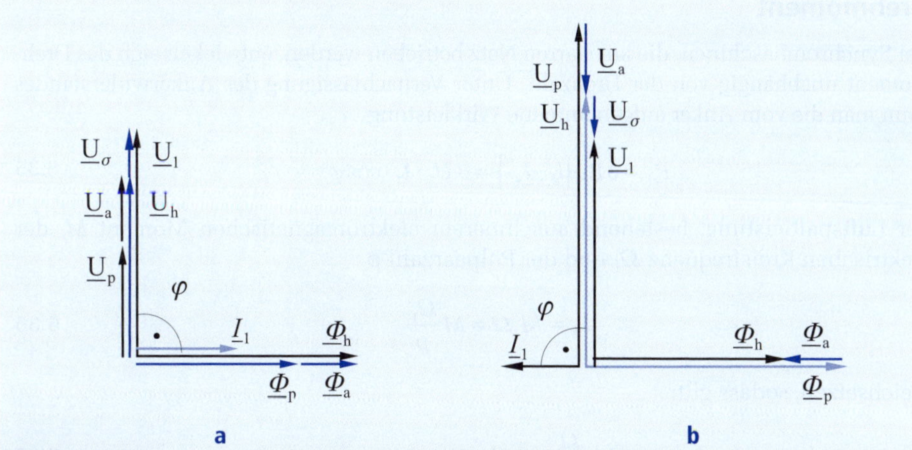

Abbildung 6.28 Phasenschieberbetrieb: a) untererregt, b) übererregt

Im *Phasenschieberbetrieb* nimmt die Synchronmaschine nur so viel Wirkleistung auf, wie zur Deckung der eigenen Verluste notwendig ist. Ansonsten sorgt eine Übererregung für rein kapazitives, eine Untererregung für rein induktives Verhalten nach ▸Abbildung 6.28. Phasenschieber bzw. Blindleistungsmaschinen sind heutzutage noch in Entwicklungsländern anzutreffen und dienen zur Spannungshaltung. In den Industrieländern sind sie fast vollständig durch stationäre Blindleistungskompensatoren ersetzt worden.

In Tabelle 6.2 sind alle Belastungszustände in einer Übersicht zusammengefasst.

Tabelle 6.2: Betriebsbereiche der Vollpol-Synchronmaschine

Bereich / Zustand	Phasenwinkel φ	Polradwinkel ϑ	Erregungsrad ε
Motor			
untererregt	$0 < \varphi < \frac{\pi}{2}$	$\vartheta < 0$	$\varepsilon < 1$
übererregt	$-\frac{\pi}{2} < \varphi < 0$		$\varepsilon > 1$
Generator			
untererregt	$\frac{\pi}{2} < \varphi < \pi$	$\vartheta > 0$	$\varepsilon < 1$
übererregt	$-\pi < \varphi < -\frac{\pi}{2}$		$\varepsilon > 1$
Phasenschieber			
untererregt	$\varphi \approx \frac{\pi}{2}$	$\vartheta = 0$	$\varepsilon < 1$
übererregt	$\varphi \approx -\frac{\pi}{2}$		$\varepsilon > 1$

Drehmoment

Bei Synchronmaschinen, die am starren Netz betrieben werden, entwickelt sich das Drehmoment unabhängig von der Drehzahl. Unter Vernachlässigung des Ankerwiderstandes kann man die vom Anker aufgenommene Wirkleistung

$$P_{el} = 3\,\mathrm{Re}\left\{\underline{U}_1\,\underline{I}_1^*\right\} = 3\,U_1 \cdot I_1 \cdot \cos\varphi \qquad 6.35$$

der Luftspaltleistung, bestehend aus innerem elektromagnetischen Moment *M*, der elektrischen Kreisfrequenz Ω_1 und der Polpaarzahl *p*

$$P_\delta = M\,\Omega = M\,\frac{\Omega_1}{p} \qquad 6.36$$

gleichsetzen, sodass gilt:

$$M \cdot \frac{\Omega_1}{p} = 3\,U_1 \cdot I_1 \cdot \cos\varphi \qquad 6.37$$

Der Ankerstrom lässt sich aus Gl. 6.26 mit R=0 ermitteln zu

$$\underline{I}_1 = \mathrm{j}\,\frac{\underline{U}_\mathrm{p} - \underline{U}_1}{X_\mathrm{d}} = \underline{I}_{12} + \underline{I}_{11}. \qquad 6.38$$

Die beiden spannungsabhängigen Teilströme lassen sich in einem Zeigerbild nach ▶Abbildung 6.29 zum Gesamtstrom $\underline{I}_1$ zusammensetzen, dessen Wirkstrom lautet:

$$I_{1\mathrm{w}} = I_1 \cdot \cos\varphi = -\frac{U_\mathrm{p}}{X_\mathrm{d}} \cdot \sin\vartheta \qquad 6.39$$

Somit wird die Luftspaltleistung

$$P_\delta = M \cdot \frac{\Omega_1}{p} = -\frac{3U_1 \cdot U_\mathrm{p}}{X_\mathrm{d}}\sin\vartheta \qquad 6.40$$

und das Drehmoment

$$M = -\frac{3\,p\,U_1 \cdot U_\mathrm{p}}{\Omega_1\,X_\mathrm{d}}\sin\vartheta \qquad 6.41$$

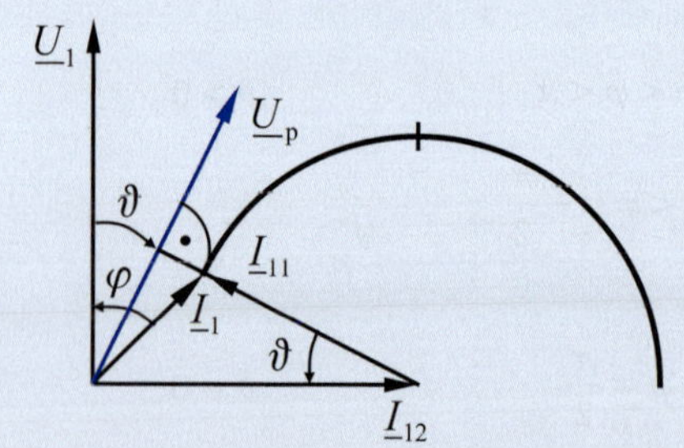

Abbildung 6.29 Stromzeigerzerlegung für Ortskurve

Der Drehmomentverlauf für eine Vollpolmaschine ist in ▶Abbildung 6.30 dargestellt, bei dem sich die Maximal- bzw. Kippmomente zu

$$M_k = \frac{3\, p\, U_1 U_p}{\Omega_1 X_d} \qquad 6.42$$

bei Polradwinkeln $\vartheta_k = \pm\pi/2$ ergeben. In Übereinstimmung mit Tabelle 6.2 entstehen motorische Drehmomente für negative Polradwinkel und für positive Polradwinkel generatorische Drehmomente.

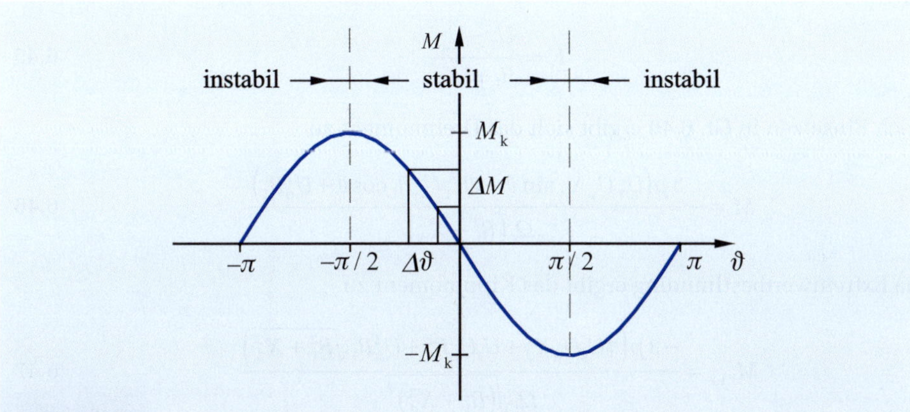

Abbildung 6.30 Drehmomentkennlinie

Aus der Momentenkennlinie lässt sich der Bereich statischer Stabilität erkennen. Greift an der Welle ein positives Widerstandsmoment an, so wird die Welle gegenüber dem Statorfeld verzögert und der Polradwinkel wird negativer. Damit kann das motorische Drehmoment weiter ansteigen und das Statorfeld wieder einholen. Ähnliches kann für den generatorischen Betrieb abgeleitet werden, sodass die Stabilitätsbedingung erfüllt ist, solange gilt

$$\frac{\mathrm{d}M}{\mathrm{d}\vartheta} < 0 \,. \qquad 6.43$$

Vollpolmaschinen werden in der Regel so ausgelegt, dass das relative Kippmoment M_k/M_N groß wird, um den Abstand zur Stabilitätsgrenze zu vergrößern. Dies kann erreicht werden, wenn die Synchronreaktanz über einen vergrößerten Luftspalt hinreichend klein gehalten wird. Durch die Änderung des Erregungsstromes $\varepsilon = I_e/I_{e0}$ kann das Kippmoment proportional variiert werden, vgl. ▶Abbildung 6.31. Für dynamische Vorgänge besitzt die Synchronmaschine eine größere Stabilitätsreserve, als das durch den oben angegebenen Kippwinkel vorgetäuscht wird, vgl. auch [6.5].

Für Maschinen mittlerer und größerer Leistung ist der Einfluss des Ankerwiderstands vernachlässigbar, für kleine Synchronmaschinen ist das nicht mehr zulässig. Die Leistungsbilanz zur Ermittlung der Luftspaltleistung schließt jetzt die Stromwärmeverluste im Anker ein, so dass sich das Drehmoment berechnen lässt mit

$$M = \frac{pP_\delta}{\Omega_1} = 3p\frac{\mathrm{Re}\left\{\underline{U}_1 \underline{I}_1^*\right\} - R_1 I_1^2}{\Omega_1} \quad 6.44$$

Der Ankerstrom wird bestimmt aus der Spannungsdifferenz und dem Innenwiderstand mit

$$\underline{I}_1 = \frac{U_1 - \underline{U}_\mathrm{p}}{R_1 + \mathrm{j}X_d} \quad 6.45$$

Nach Einsetzen in Gl. 6.40 ergibt sich das Drehmoment zu

$$M = -\frac{3p\left(U_1 U_\mathrm{p} X_\mathrm{d} \sin\vartheta - 2U_1 U_\mathrm{p} R_1 \cos\vartheta + U_\mathrm{p}^2 R_1\right)}{\Omega_1\left(R_1^2 + X_\mathrm{d}^2\right)}. \quad 6.46$$

Die Extremwertbestimmung ergibt das Kippmoment zu

$$M_{\mathrm{k}1,2} = \frac{-3p\left(\mp U_1 U_\mathrm{p} X_\mathrm{d}^2 + U_1 U_\mathrm{p} R_1^2 + U_\mathrm{p}^2 R_1 \sqrt{R_1^2 + X_\mathrm{d}^2}\right)}{\Omega_1 \sqrt{\left(R_1^2 + X_\mathrm{d}^2\right)^3}} \quad 6.47$$

bei einem Kippwinkel von

$$\vartheta_{\mathrm{k}1,2} = \mp \arctan\left(\frac{X_\mathrm{d}}{R_1}\right) \quad 6.48$$

Der Betrag des Kippwinkels sinkt mit zunehmendem Widerstands-Reaktanzverhältnis und das Kippmoment nimmt erwartungsgemäß ab. Durch den nun hinzutretenden Kosinus- und Absolutwertanteil kommt es zu einer geringfügigen Verschiebung der Momentenkennlinie in Richtung Nullachse, vgl. ▶Abbildung 6.32.

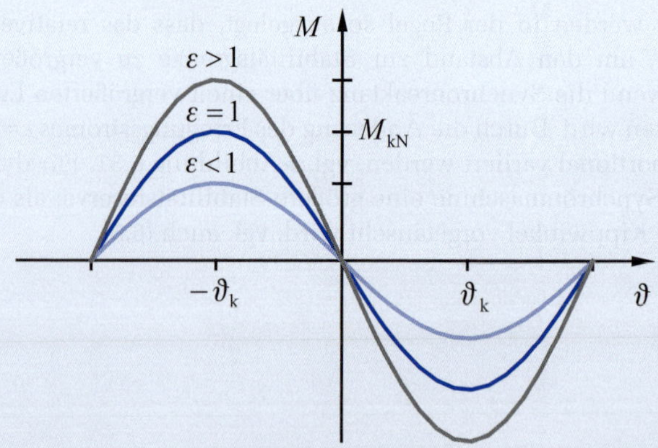

Abbildung 6.31 Drehmomentkennlinie bei variabler Erregung

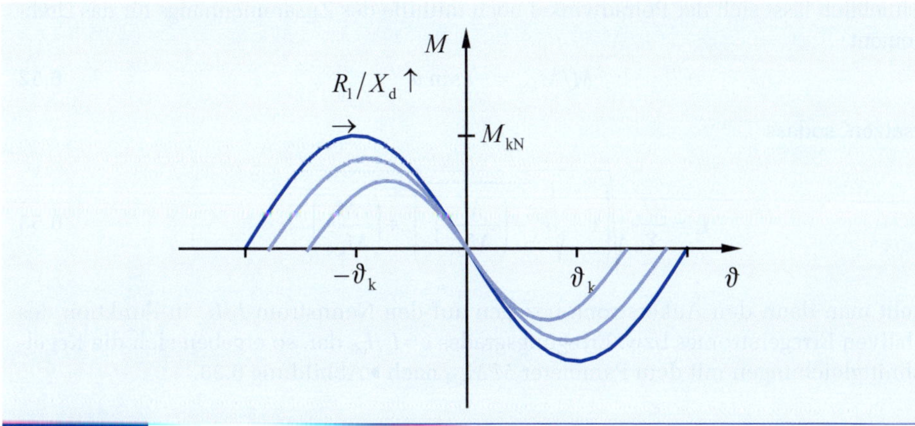

Abbildung 6.32 Drehmomentkennlinie bei kleinen Synchronmaschinen

V-Kurven

Aus der Stromortskurve in Abbildung 6.22 ist ersichtlich, dass bei konstanter Belastung (P_w=const., M_w=const.) über den Erregerstrom verschiedene Leistungsfaktoren einstellbar sind. Die untere Grenze geringen Erregerstromes (Untererregung, induktiver Betrieb) ist durch die Stabilitätsgrenze gegeben, da dort das Kippmoment stark verringert ist. Die obere Grenze wird durch die zulässige Erregerverlustleistung festgelegt. Da der Ankerstrom ein Maß für die Belastung ist, kann man sie als Funktion des benötigten Erregerstroms darstellen. Dabei ersetzt man die Polradspannung durch den Erregungsgrad und die Klemmenspannung mit

$$\underline{I}_1 = \frac{\underline{U}_1 - \underline{U}_P}{jX_d} = \frac{\underline{U}_1 - \frac{U_P}{U_1}\underline{U}_1 e^{j\vartheta}}{jX_d}. \tag{6.49}$$

Für Leerlauf mit dem Polradwinkel ϑ=0 bzw. Drehmoment M=0 ergibt sich mit

$$I_1 = \left|\frac{\underline{U}_1}{jX_d} - \frac{\varepsilon\,\underline{U}_1}{jX_d}\right| = \frac{U_1}{X_d}|1-\varepsilon| = \frac{U_1}{X_d}\left|1 - \frac{I_f}{I_{f0}}\right| \tag{6.50}$$

eine Betragsgleichung, die die untere Begrenzung der sogenannten V-Kurve wiedergibt und ideale V-Gestalt besitzt.

Für Belastung mit einem Polradwinkel $\vartheta \neq 0$ folgt dann

$$I_1 = \left|\frac{\underline{U}_1}{jX_d} - \frac{\varepsilon\,\underline{U}_1 e^{j\vartheta}}{jX_d}\right| = \frac{U_1}{X_d}\left|1 - \varepsilon e^{j\vartheta}\right| = \frac{U_1}{X_d}\left|1 - \varepsilon\cos\vartheta + j\varepsilon\sin\vartheta\right|$$

$$= \frac{U_1}{X_d}\sqrt{(1-\varepsilon\cos\vartheta)^2 + (\varepsilon\sin\vartheta)^2}. \tag{6.51}$$

Schließlich lässt sich der Polradwinkel noch mithilfe des Zusammenhangs für das Drehmoment

$$M/M_{kN} = -\varepsilon \sin \vartheta \qquad 6.52$$

ersetzen, sodass

$$I_1 = \frac{U_1}{X_d} \sqrt{\left(1 - \sqrt{\varepsilon^2 - \left(\frac{M}{M_{kN}}\right)^2}\right)^2 + \left(\frac{M}{M_{kN}}\right)^2} \,. \qquad 6.53$$

Stellt man dann den Ankerstrom, bezogen auf den Nennstrom I_1/I_N, in Funktion des relativen Erregerstromes bzw. Erregungsgrades $\varepsilon = I_e/I_{e0}$ dar, so ergeben sich die Kegelschnittgleichungen mit dem Parameter M/M_{kN} nach ▶Abbildung 6.33.

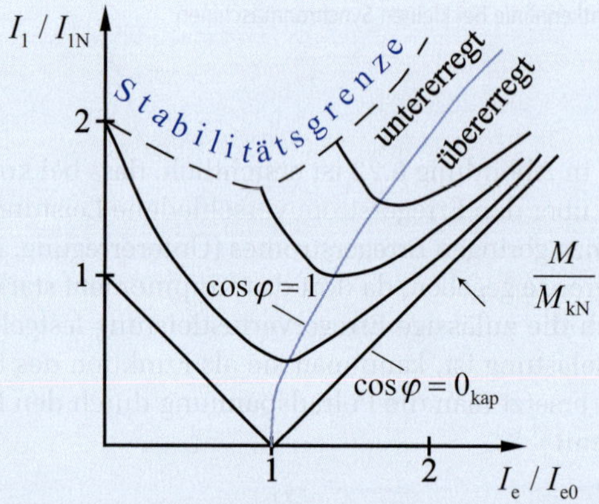

Abbildung 6.33 V-Kurven

Der minimierte Ankerstrom pro Belastungsstufe wird für einen idealen Leistungsfaktor von 1 erreicht, für den allerdings auch ein steigender Erregerzustand des Polrades erforderlich ist. Im stark untererregten Betrieb gelangt die Maschine schnell an ihre statische Stabilitätsgrenze.

6.4.6 Betriebsverhalten am Inselnetz

Mit der Zunahme dezentraler Energieversorgung nimmt die Bedeutung des Einsatzes elektromagnetischer Energiewandler zum Aufbau von Inselnetzen zu. Ein Inselnetz bzw. Inselbetrieb liegt dann vor, wenn nur ein Generator zur Spannungs- und Frequenzhaltung und damit zum Aufbau eines autonomen Versorgungsnetzes verwendet wird und ansonsten nur passive Verbraucher durch dieses Netz versorgt werden.

Strom – Spannungsortskurven

Die grundsätzlichen Verhältnisse lassen sich anhand des vereinfachten Ersatzschaltbildes in ▶Abbildung 6.34 erklären, bei dem eine allgemeine Belastungsimpedanz das Verhalten des Inselnetzes charakterisiert.

Dementsprechend wird der Ankerstrom I_1 verschiedene Phasenlagen φ in Bezug auf die Ankerspannung U_1, die gleichzeitig die Inselnetzspannung darstellt, einnehmen. Dabei ist zu beachten, dass Ankerstrom $\underline{I}_1$ und Belastungsstrom $\underline{I}_B$ wegen des Verbraucherzählpfeilsystems entgegengesetzt gerichtet sind. Die Polradspannung $\underline{U}_p$ wird als lastunabhängig fixiert. Durch die Lageänderung des immer reaktiven Spannungsabfalls im Generator umschreibt dieser in Abhängigkeit von der Belastungsart einen Kreis um den Polradspannungszeiger, vgl. ▶Abbildung 6.35.

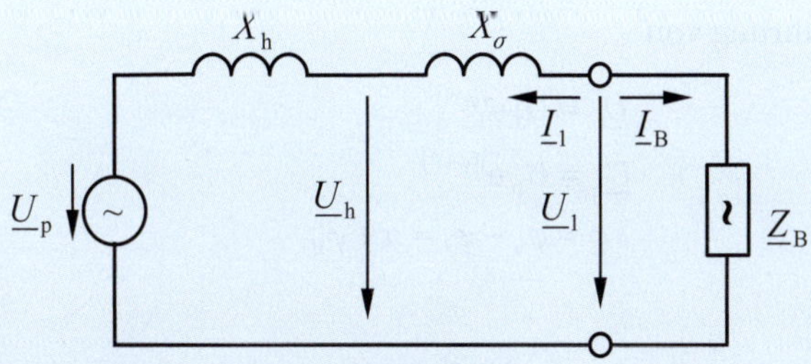

Abbildung 6.34 Vereinfachtes Ersatzschaltbild für Inselbetrieb

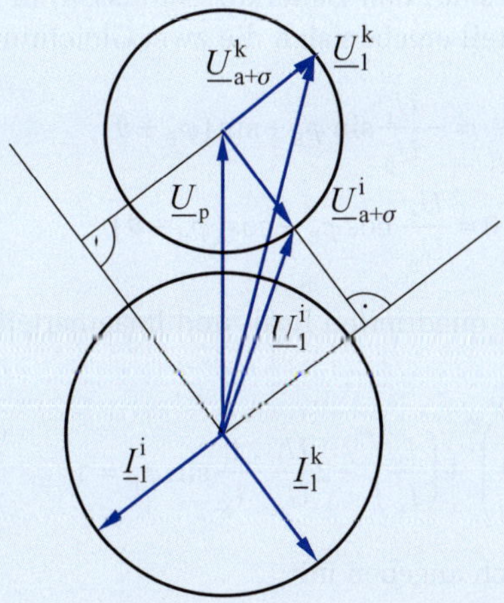

Abbildung 6.35 Zeiger- und Ortsdiagramme für Inselbetrieb (Index i, k-induktive, kapazitive Last)

Qualitativ wird deutlich, dass es bei induktiver Belastung zur Absenkung und bei kapazitiver Belastung zur Erhöhung der Generatorspannung kommt. Quantitativ lassen sich die Belastungskennlinien durch Lösung der komplexen Gleichungen ermitteln.

Strom – Spannungskennlinien

Nach Abbildung 6.34 erhält man durch Gleichsetzen der Generatorspannung mit den inneren und äußeren Spannungsabfällen

$$\underline{U}_1 = \frac{\underline{Z}_B}{jX_d + \underline{Z}_B}\underline{U}_p = -\underline{Z}_B \cdot \underline{I}_1 = \underline{Z}_B \underline{I}_B, \qquad 6.54$$

d. h. die Generatorspannung U_1 ist eine Funktion der Inselnetzbelastung $\underline{Z}_B$, des Erregerstromes I_e und der Winkelgeschwindigkeit Ω Gefragt wird nun nach der Abhängigkeit der Generatorspannung vom Ankerstrom $U_1 = f(I_1)$. Aus dem Ankerstrom

$$\underline{I}_1 = \frac{\underline{U}_1 - \underline{U}_p}{j\,X_d + \underline{Z}_B} \qquad 6.55$$

lässt sich bei Einführung von

$$\underline{U}_1 = U_1\,e^{j\varphi}$$
$$\underline{U}_p = U_p\,e^{j(\varphi+\vartheta)}$$
$$\varphi = \varphi_u - \varphi_i = \pi + \varphi_B$$

ermitteln:

$$\underline{I}_1 = -j\frac{U_1}{X_d}e^{j(\pi+\varphi_B)} + j\frac{U_p}{X_d}e^{j(\pi+\varphi_B+\vartheta)} \qquad 6.56$$

Bei Bezug des Ankerstromes auf den Dauerkurzschlussstrom $I_K = U_p/X_d$ und Aufspaltung in Real- und Imaginärteil ergeben sich die zwei Gleichungen:

$$\frac{I_1}{I_K} = -\frac{U_1}{U_p}\sin\varphi_B + \sin(\varphi_B + \vartheta)$$
$$0 = \frac{U_1}{U_p}\cos\varphi_B - \cos(\varphi_B + \vartheta) \qquad 6.57$$

Durch Zusammenfassen der quadrierten Real- und Imaginärteile folgt die Kegelschnittgleichung

$$\left(\frac{U_1}{U_p}\right)^2 + \left(\frac{I_1}{I_K}\right)^2 + 2\frac{U_1}{U_p}\cdot\frac{I_1}{I_K}\sin\varphi_B = 1, \qquad 6.58$$

deren Sonderfälle lassen sich angeben mit:

induktive Last	$\varphi_B = \frac{\pi}{2}$	$\frac{U_1}{U_p} = 1 - \frac{I_1}{I_K}$	6.59
kapazitive Last	$\varphi_B = -\frac{\pi}{2}$	$\frac{U_1}{U_p} = \pm 1 + \frac{I_1}{I_K}$	6.60
ohmsche Last	$\varphi_B = 0$	$\left(\frac{U_1}{U_p}\right)^2 + \left(\frac{I_1}{I_K}\right)^2 = 1$	6.61

Die Zusammenhänge für die Sonderfälle sind in Form von Belastungskennlinien für konstante Polradspannung U_p in ▶Abbildung 6.36 dargestellt. Bei rein induktiver Belastung ergibt sich eine lineare Laststromabhängigkeit der Ankerspannung. Bei ohmscher Belastung gehorcht die laststromabhängige Spannungskurve der Kreisgleichung. Im Sonderfall der rein kapazitiven Last tritt Resonanz zwischen Last und Maschine ein und die Spannung steigt theoretisch bis ins Unendliche, was aber unter realen Bedingungen einer Begrenzung unterliegt.

Zur Spannungskonstanthaltung (U_1=const.) kann man aus Gl. 6.54 - 6.57 die Regulierkennlinien nach ▶Abbildung 6.37 ableiten. Demnach ist der Erregerstrombedarf zur Konstanthaltung der Ankerspannung erwartungsgemäß dann am höchsten, wenn eine induktive Last vorliegt, während bei kapazitiver Last der Erregerstrom linear mit dem Laststrom gesenkt werden kann. Diese grundsätzlichen Zusammenhänge konnten wir bereits aus Zeigerbild und Ortskurve nach Abbildung 6.35 entnehmen.

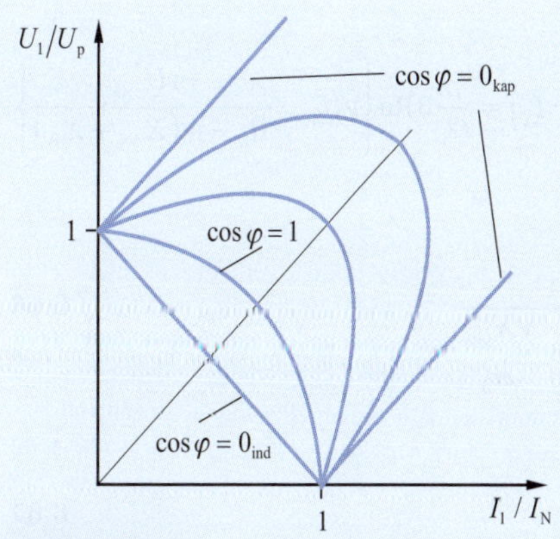

Abbildung 6.36 Spannungsstromkennlinien

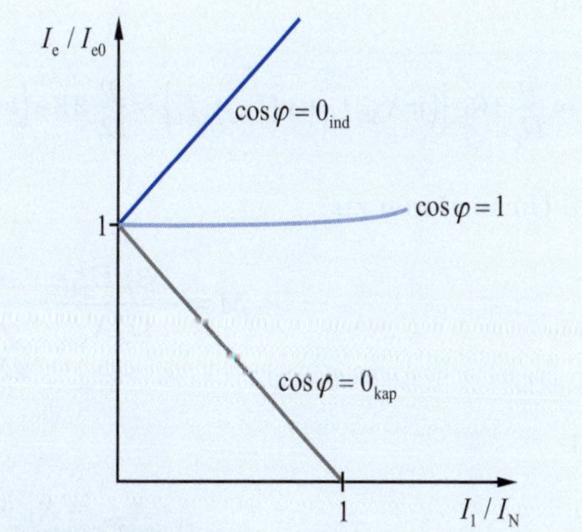

Abbildung 6.37 Regulierkennlinien

Neben dem Erregerstrom I_e könnte man auch die Polraddrehzahl Ω zur Spannungskonstanthaltung heranziehen. Allerdings steht weiterhin die Forderung nach einer konstanten Inselnetzfrequenz. Dabei ist zu beachten, dass sich das Drehzahl-/Drehmomentverhalten bei einer Synchronmaschine im Inselbetrieb grundsätzlich vom bekannten synchronen Verhalten am starren Netz unterscheidet.

Drehzahl-Drehmomentverhalten

Wie bereits in Kapitel *Betriebsverhalten am starren Netz* gezeigt, kann das Drehmoment aus der Luftspaltleistung bzw. Ankerwirkleistung abgeleitet werden nach

$$P_{\mathrm{mech}} = M \cdot \frac{\Omega_1}{p} \approx 3\,\mathrm{Re}\left\{\underline{U}_1 \cdot \underline{I}_1^*\right\}. \qquad 6.62$$

In Analogie zum Schlupf von Asynchronmaschinen wird jetzt eine relative Winkelgeschwindigkeit ν eingeführt, indem mit dem Frequenzverhältnis $\nu=\Omega/\Omega_{\mathrm{N}}$ ein Bezug auf die Nennfrequenz Ω_{N} vorgenommen wird und für die Polradspannung, die Synchronreaktanz und die Belastungsimpedanz folgt:

$$\begin{aligned} \underline{U}_{\mathrm{p}}(\nu) &= \nu \underline{U}_{\mathrm{pN}} \\ X_{\mathrm{d}}(\nu) &= \nu X_{\mathrm{dN}} \\ \underline{Z}_{\mathrm{B}}(\nu) &= R_{\mathrm{B}} + \mathrm{j}\nu X_{\mathrm{B}}. \end{aligned} \qquad 6.63$$

Aus der Spannungsgleichung

$$\underline{U}_1 = \mathrm{j}\nu X_{\mathrm{dN}} \underline{I}_1 + \nu \underline{U}_{\mathrm{PN}} \qquad 6.64$$

und dem Ankerstrom

$$\underline{I}_1 = -\frac{\nu \underline{U}_{\mathrm{pN}}}{R_{\mathrm{B}} + \mathrm{j}\nu\left(X_{\mathrm{dN}} + X_{\mathrm{B}}\right)} \qquad 6.65$$

kann man nach Einsetzen dieser in Gl. 6.62 das Drehmoment über Zwischenschritte nach

$$M \approx \frac{p}{\Omega_1} 3\,\mathrm{Re}\left\{\left(\mathrm{j}\nu X_{\mathrm{dN}} \underline{I}_1 + \nu \underline{U}_{\mathrm{PN}}\right) \cdot \underline{I}_1^*\right\} = \frac{p}{\Omega_1} 3\,\mathrm{Re}\left\{\nu \underline{U}_{\mathrm{PN}} \cdot \underline{I}_1^*\right\} = \frac{p}{\Omega_1} 3\,\mathrm{Re}\left\{\nu \underline{U}_{\mathrm{PN}} \cdot \frac{-\nu \underline{U}^*_{\mathrm{pN}}}{R_{\mathrm{B}} - \mathrm{j}\nu\left(X_{\mathrm{dN}} + X_{\mathrm{B}}\right)}\right\}$$

und Umsortieren zu

$$M = -\frac{3pU_{\mathrm{pN}}^2}{\Omega_{\mathrm{N}} X_{\mathrm{ges}}} \cdot \frac{1}{\dfrac{R_{\mathrm{B}}}{\nu X_{\mathrm{ges}}} + \dfrac{\nu X_{\mathrm{ges}}}{R_{\mathrm{B}}}} \qquad 6.66$$

mit

$$X_{\mathrm{ges}} = X_{\mathrm{B}} + X_{\mathrm{dN}} \qquad 6.67$$

erhalten. In Anlehnung an die Kloss'sche Formel mit

$$\nu_{\mathrm{k}} = \frac{R_{\mathrm{B}}}{X_{\mathrm{ges}}} \qquad 6.68$$

lautet die Beziehung für das Drehmoment

$$M = -\frac{2M_k}{\frac{\nu}{\nu_k} + \frac{\nu_k}{\nu}} \qquad 6.69$$

mit dem Kippmoment

$$M_k = \frac{3}{2} \cdot \frac{p}{\Omega_N} \cdot \frac{U_{pN}^2}{X_{ges}}. \qquad 6.70$$

Die Darstellung des Drehmomentes in ▶Abbildung 6.38 lässt die Analogie zur gleichstromgebremsten Asynchronmaschine erkennen. Dieses analoge Ergebnis ist auch insofern logisch, da beim Inselnetz kein starres Netz zur Speisung zur Verfügung steht, also die Speisefrequenz Null ist. Um das Inselnetz lastunabhängig mit einer konstanten Frequenz der Inselnetzspannung versorgen zu können, muss die Turbine mit einem Drehzahlregler ausgestattet sein. Eine Steigerung des generatorischen Drehmomentes und damit der Wirkleistung bei konstanter Frequenz ist durch Erhöhung des Erregerstromes, wie auch aus der Regulierkennlinie nach Abbildung 6.37 erkennbar war, möglich. Der Kipppunkt des Generators im Inselbetrieb befindet sich bei sehr kleinen Drehzahlen. Diese ist belastungsabhängig und steigt mit zunehmendem Wirklastanteil an, vgl. Gl. 6.68.

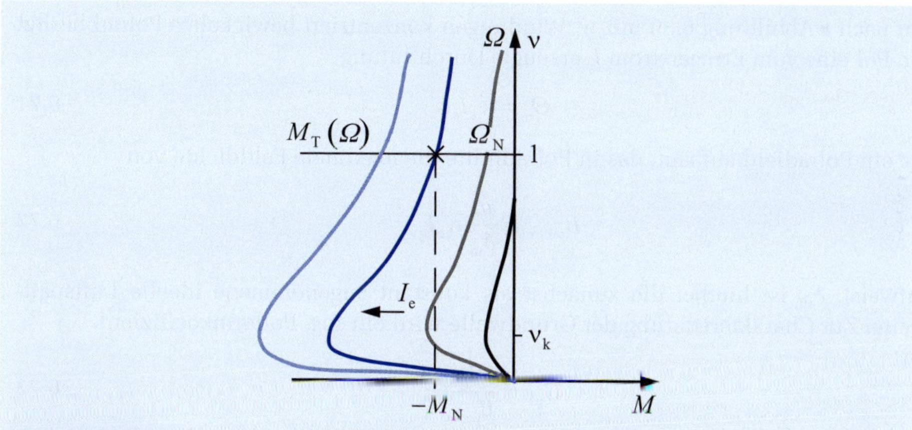

Abbildung 6.38 Drehzahl-Drehmoment-Kennlinie des Synchrongenerators im Inselbetrieb

6.5 Schenkelpol-Synchronmaschine

Schenkelpol-Synchronmaschinen (SPSM) tragen in Innenläuferausführung ausgeprägte Pole, die zu einer Änderung des Luftspaltes am Rotorumfang führen. Es bildet sich eine magnetische Vorzugsrichtung aus, die ein gegenüber der Vollpol-Synchronmaschine verändertes Betriebsverhalten zur Folge hat.

Schenkelpolmaschinen werden für höhere Polzahlen und damit kleinere Drehzahlen ausgelegt. Vorrangige Anwendungen sind:

- Generatoren in Wasserkraftwerken
- Dieselgeneratoren in Notstromaggregaten
- Motorgeneratoren in Pumpspeicherwerken

Übliche Leistungen für Schenkelpol-Synchronmaschinen liegen bei ca. 300 MVA, Grenzleistungen werden derzeit bei 840 MVA erreicht.

Permanentmagneterregte Synchronmaschinen mit vergrabenen Magneten verhalten sich magnetisch ebenfalls wie Schenkelpolmaschinen.

6.5.1 Magnetfelder und Induktionsspannungen

Polradfeld und Polradspannung

Ein nach ▸Abbildung 6.39 mit w_e Windungen konzentriert bewickeltes Polrad besitzt pro Pol eine vom Erregerstrom I_e erzeugte Durchflutung

$$\Theta_e = w_e I_e, \tag{6.71}$$

die ein Polradfeld aufbaut, das in Polradmitte die maximale Felddichte von

$$B_{pmax} = \frac{\mu_0}{\delta_{i0}} w_e I_e \tag{6.72}$$

aufweist. δ_{i0} ist hierbei die zunächst als konstant angenommene ideelle Luftspaltbreite. Zur Charakterisierung der Grundwelle wird ein sog. Polformkoeffizient

$$C_{p1} = \frac{B_{p1}}{B_{pmax}} \tag{6.73}$$

eingeführt.

Damit lautet dann die Polradfelddichte in rotorfesten Koordinaten, beschrieben durch die stehende Grundwelle:

$$B_p(\gamma_2) = \hat{B}_{p1} \cos\gamma_2 = \frac{\mu_0}{\delta_{i0}} C_{p1} \cdot w_e I_e \cos\gamma_2 \tag{6.74}$$

Mit $\gamma_2 = \pi/\tau_p \cdot x_2$ (τ_p-Polteilung, x_2-Rotorkoordinate, γ_2-Rotorwinkel).

Bei Drehung des Polrades wirkt das Polradfeld bzgl. des Ankers als ein Drehfeld, das mit der Winkelgeschwindigkeit ω umläuft und beschrieben wird durch

$$B_p(\gamma_1, t) = \hat{B}_{p1} \cdot \cos(\gamma_1 - \omega t)\,. \tag{6.75}$$

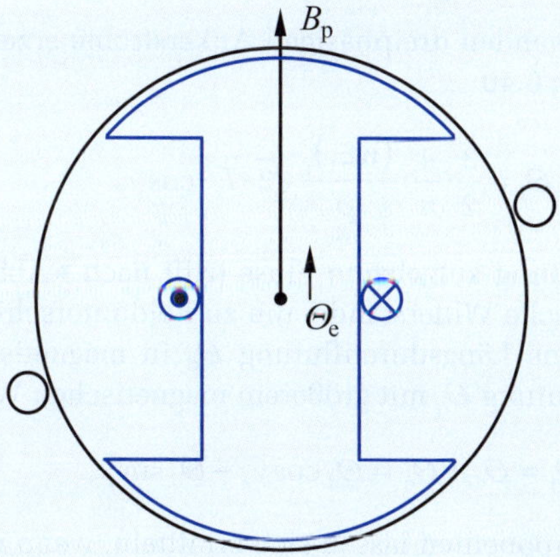

Abbildung 6.39 Erregerdurchflutung und Polradflussdichte

Der Polradfluss kann wie bei der Vollpol-Synchronmaschine aus Gl. 6.13 und 6.75 bestimmt werden. In Anlehnung an Gl. 6.13 erhält man nach Differenzieren des Polradflusses die Polradspannung mit der Amplitude

$$\hat{U}_\mathrm{p} = \omega \left(w \xi_1 \right)_1 \left(w_\mathrm{e} C_\mathrm{p1} \right) \frac{2}{\pi} \tau_\mathrm{p} \cdot l_\mathrm{i} \frac{\mu_0}{\delta_\mathrm{res}} I_\mathrm{e} \,. \tag{6.76}$$

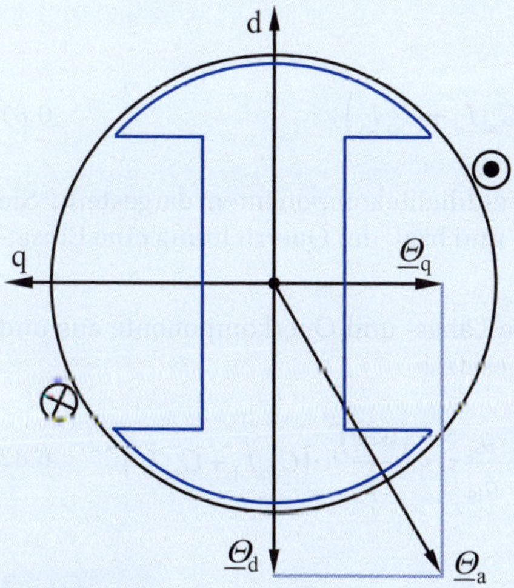

Abbildung 6.40 Ankerdurchflutung

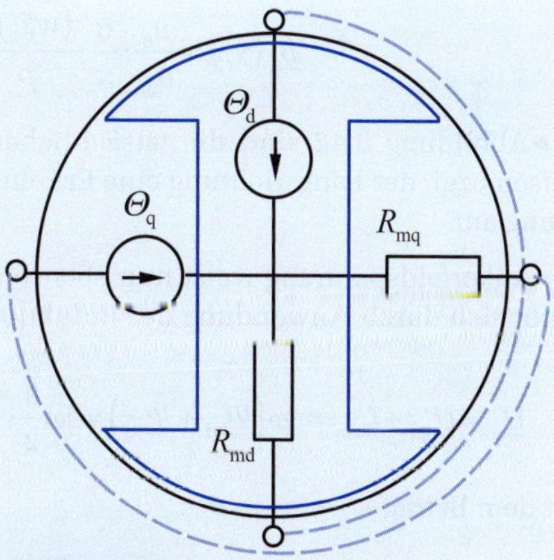

Abbildung 6.41 Magnetischer Ersatzkreis

Ankerfeld und Ankerfeldspannung

Die bei Belastung entstehenden dreiphasigen Ankerströme erzeugen eine Drehdurchflutung nach ▶Abbildung 6.40

$$\Theta_1 = \frac{3}{2} \cdot \frac{4}{\pi} \cdot \frac{(w\xi_1)_1}{p} \sqrt{2} \cdot I_1 \cdot \cos\gamma_2. \qquad 6.77$$

Der von dieser Durchflutung aufgebaute Fluss trifft nach ▶Abbildung 6.41 auf richtungsabhängige magnetische Widerstände, die zu Feldunterschieden führen. Deshalb ist eine Zerlegung in eine Längsdurchflutung Θ_d in magnetischer Vorzugsrichtung und in eine Querdurchflutung Θ_q mit größerem magnetischen Widerstand vorteilhaft:

$$\Theta_1 = \Theta_d + \Theta_q = \hat{\Theta}_d \cos\gamma_2 - \hat{\Theta}_q \sin\gamma_2 \qquad 6.78$$

Die Längs- und Querkomponenten lassen sich ermitteln, wenn man den Ankerdurchflutungszeiger $\underline{\Theta}_1$ erweitert mit $e^{\pm j\vartheta}$ und so ausrichtet, dass die Längsrichtung mit dem Polradfluss übereinstimmt

$$\underline{\Theta}_1 = \underline{\Theta}_d + \underline{\Theta}_q. \qquad 6.79$$

Ebenso kann man den Ankerstrom gemäß Abbildung 6.40 in Längs- und Querstrom zerlegen

$$\underline{I}_1 = \underline{I}_d + \underline{I}_q. \qquad 6.80$$

Die Felddichte in Rotorkoordinaten ergibt sich wieder durch Einführung der Polformkoeffizienten C_{ad} und C_{aq} zu

$$\underline{B}_a(\gamma_r) = \frac{\mu_0}{\delta_{i0}} \cdot \frac{6}{\pi} \cdot \frac{(w\xi_1)_1}{p} \left(C_{ad}\underline{I}_d + C_{aq}\underline{I}_q\right). \qquad 6.81$$

In ▶Abbildung 6.42 sind die tatsächlichen Felddichtekomponenten dargestellt. Sie weisen bzgl. der Längsrichtung eine Erhöhung und bzgl. der Querrichtung eine Einsattelung auf.

Die Ankerfeldspannung weist nun ebenso eine Längs- und Querkomponente aus und ergibt sich durch Anwendung des Induktionsgesetzes.

$$\underline{U}_a = \underline{U}_{ad} + \underline{U}_{aq} = j\omega\left(\underline{\Psi}_{ad} + \underline{\Psi}_{aq}\right) = j\omega \frac{3}{2} \cdot \frac{8}{\pi^2} \cdot \frac{\mu_0}{\delta_{i0}} \tau_p l_i \frac{(w\xi_1)_1^2}{p} \cdot \left(C_{ad}\underline{I}_d + C_{aq}\underline{I}_q\right) \qquad 6.82$$

mit dem Betrag

$$U_a = \omega \frac{3}{2} \frac{8}{\pi^2} \frac{\mu_0}{\delta_i} \tau_p \cdot l_i \frac{(w\xi_1)_1}{p} \sqrt{(C_{ad} I_d)^2 + (C_{aq} I_q)^2} \qquad 6.83$$

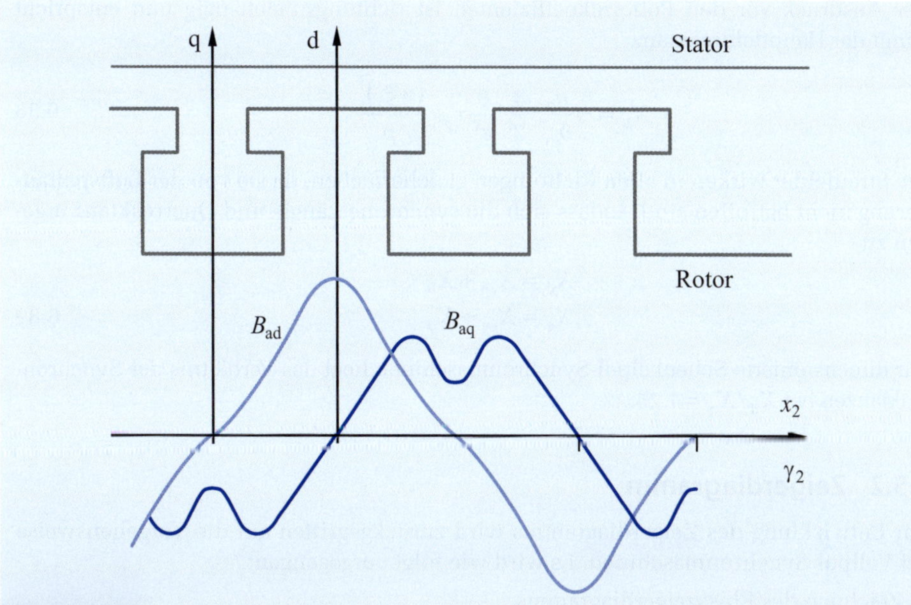

Abbildung 6.42 Ankerfeldkomponenten

Hauptfeld und Hauptfeldspannung

Der Gesamtfluss resultiert aus der Überlagerung von Polradfeld und den Ankerfeldkomponenten mit

$$\underline{B}_\mathrm{h} = \underline{B}_\mathrm{p} + \underline{B}_\mathrm{ad} + \underline{B}_\mathrm{aq}. \tag{6.84}$$

Die wegen variablen Hauptflusses induzierte Hauptfeldspannung setzt sich sodann aus der Polradspannung und den Ankerfeldspannungskomponenten in Längs- und Querrichtung zusammen mit

$$\underline{U}_\mathrm{h} = \underline{U}_\mathrm{p} + \mathrm{j}\omega \frac{3}{2} \cdot \frac{8}{\pi^2} \cdot \frac{\mu_0}{\delta_\mathrm{i0}} \tau_\mathrm{p} l_\mathrm{i} \frac{\left(w\xi_1\right)_1^2}{p} \cdot \left(C_\mathrm{ad} \underline{I}_\mathrm{d} + C_\mathrm{aq} \underline{I}_\mathrm{q}\right), \tag{6.85}$$

mit dem Effektivwert

$$U_\mathrm{h} = \sqrt{U_\mathrm{p}^2 + U_\mathrm{a}^2 + 2 U_\mathrm{p} U_\mathrm{a} \cdot \cos(\underline{U}_\mathrm{p} \underline{U}_\mathrm{a})} \tag{6.86}$$

Aus obigem Ausdruck lassen sich die Ankerlängsfeld- und Ankerquerfeldreaktanzen als Parameter vor den Strömen I_d, I_q ablesen mit

$$X_\mathrm{ad} = \omega \frac{\mu_0}{\delta_\mathrm{i0}} \cdot \frac{3}{2} \cdot \frac{8}{\pi^2} \tau_\mathrm{p} l_\mathrm{i} \frac{\left(w\xi_1\right)_1^2}{p} C_\mathrm{ad}$$

$$X_\mathrm{aq} = \omega \frac{\mu_0}{\delta_\mathrm{i0}} \cdot \frac{3}{2} \cdot \frac{8}{\pi^2} \tau_\mathrm{p} l_\mathrm{i} \frac{\left(w\xi_1\right)_1^2}{p} C_\mathrm{aq}. \tag{6.87}$$

Der Ausdruck vor den Polformkoeffizienten ist richtungsunabhängig und entspricht damit der Hauptfeldreaktanz

$$X_{\mathrm{h}} = \omega \frac{\mu_0}{\delta_{\mathrm{i0}}} \cdot \frac{3}{2} \cdot \frac{8}{\pi^2} \tau_{\mathrm{p}} l_{\mathrm{i}} \frac{\left(w\xi_1\right)_1^2}{p}. \tag{6.88}$$

Die Streufelder wirken in allen Richtungen gleichermaßen, da sie von der Luftspaltänderung nicht betroffen sind, sodass sich die synchrone Längs- und Querreaktanz ergeben zu

$$\begin{aligned} X_{\mathrm{d}} &= X_{\mathrm{ad}} + X_{\sigma} \\ X_{\mathrm{q}} &= X_{\mathrm{aq}} + X_{\sigma}. \end{aligned} \tag{6.89}$$

Für dimensionierte Schenkelpol-Synchronmaschinen liegt das Verhältnis der Synchronreaktanzen bei $X_{\mathrm{d}}/X_{\mathrm{q}} = 1{,}25\ldots2$.

6.5.2 Zeigerdiagramm

Zur Entwicklung des Zeigerdiagramms wird zurückgegriffen auf die Vorgehensweise bei Vollpol-Synchronmaschinen. Es wird wie folgt vorgegangen:

- Zeichnen des Flusszeigerdiagramms

$$\underline{\Phi}_{\mathrm{h}} = \underline{\Phi}_{\mathrm{p}} + \underline{\Phi}_{\mathrm{ad}} + \underline{\Phi}_{\mathrm{aq}} \tag{6.90}$$

- Zeichnen des ähnlichen Stromzeigerdiagramms

$$\underline{I}_{\mu} = \underline{I}_{\mathrm{e}}' + \underline{I}_{\mathrm{d}} + \underline{I}_{\mathrm{q}} \tag{6.91}$$

- Entwicklung des Spannungszeigerdiagramms

$$\underline{U}_1 = R_1 \cdot \underline{I}_1 + \mathrm{j}X_{\mathrm{d}} \cdot \underline{I}_{\mathrm{d}} + \mathrm{j}X_{\mathrm{q}} \cdot \underline{I}_{\mathrm{q}} + \underline{U}_{\mathrm{p}} \tag{6.92}$$

Für das Zeigerbild wird davon ausgegangen, dass Polradspannung und Ankerstrom bekannt sind. Dann lässt sich der Ankerstrom in seine beiden Komponenten zerlegen, wobei die *d*-Richtung mit dem Polradflusszeiger und die *q*-Richtung mit dem Polradspannungszeiger zusammenfallen, vgl. ▸Abbildung 6.43.

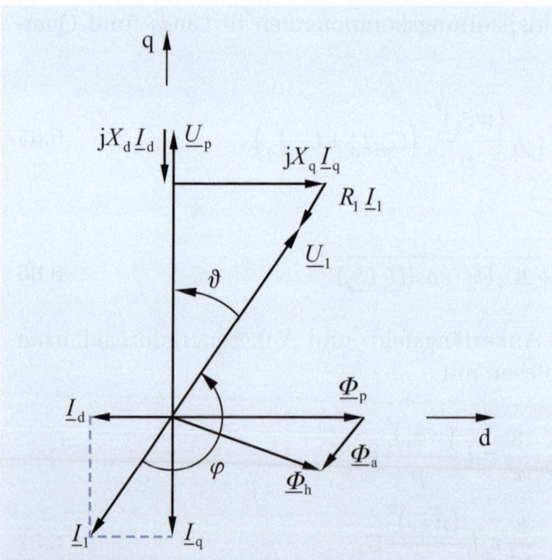

Abbildung 6.43 Zeigerbild der Schenkelpol-Synchronmaschine

Bei der Konstruktion der reaktiven Spannungsabfälle ist zu beachten, dass die Stromkomponenten durch komplexe Zeiger und nicht durch Skalare dargestellt werden.

Die Zustände von Leerlauf und Kurzschluss gleichen denen der Vollpol-Synchronmaschine, z. B. ergeben sich bei Kurzschluss mit

$$0 = \mathrm{j} X_{\mathrm{d}} \cdot \underline{I}_{\mathrm{d}} + \mathrm{j}\, X_{\mathrm{q}} \cdot \underline{I}_{\mathrm{q}} + \underline{U}_{\mathrm{p}} \qquad 6.93$$

die Dauerkurzschlussstromkomponenten nach

$$\underline{I}_{\mathrm{Kq}} = 0$$

$$\underline{I}_{\mathrm{Kd}} = -\mathrm{j}\frac{\underline{U}_{\mathrm{p}}}{X_{\mathrm{d}}}. \qquad 6.94$$

da Polradspannungszeiger und q-Richtung übereinstimmen.

6.5.3 Stromortskurve

Grundlage der Betrachtung sei das vereinfachte, auf die Polradspannung orientierte Zeigerbild von Abbildung 6.43. Die komponentenweise Zerlegung liefert die Spannungen

$$\underline{U}_{\mathrm{d}} = -\mathrm{j}U_1 e^{\mathrm{j}\vartheta} \sin\vartheta = \mathrm{j}\, X_{\mathrm{q}} \underline{I}_{\mathrm{q}} \qquad 6.95$$

$$\underline{U}_{\mathrm{q}} = U_1 e^{\mathrm{j}\vartheta} \cos\vartheta = \underline{U}_{\mathrm{p}} + \mathrm{j} X_{\mathrm{d}} \underline{I}_{\mathrm{d}}. \qquad 6.96$$

Beachte, dass hier mit komplexen Zeigern und nicht mit Komponenten gerechnet wird. Der d-Spannungszeiger hat einen Betrag, der sich aus der Winkelbeziehung mit dem Polradwinkel und Spannungsbetrag ergibt. Die positive Richtung wird entlang der d-Achse gezählt. Also muss der Spannungszeiger in positiver Zählrichtung des Polradwinkels gedanklich zurück auf den Polradspannungszeiger und dann nochmal um 90° zurück ($-j$) in d-Richtung gedreht werden. Der q-Spannungszeiger wird ebenfalls betragsmäßig aus der Winkelbeziehung des Polradwinkels und Spannungsbetrags gebildet. Die Richtung stimmt mit der Polradspannung überein, sodass die Rückdrehung des Spannungszeigers um den Polradwinkel diesen in die q-Achse schwenkt.

Setzt man nun den Ankerstromzeiger aus den Komponenten durch Auflösung der Gl. 6.95 und 6.96 zusammen, so erhält man

$$\underline{I}_1 = \underline{I}_{\mathrm{d}} + \underline{I}_{\mathrm{q}} = \mathrm{j}\frac{\underline{U}_{\mathrm{p}}}{X_{\mathrm{d}}} - \mathrm{j}\frac{\underline{U}_1}{X_{\mathrm{d}}} \mathrm{e}^{\mathrm{j}\vartheta} \cos\vartheta - \frac{\underline{U}_1}{X_{\mathrm{q}}} \mathrm{e}^{\mathrm{j}\vartheta} \sin\vartheta \qquad 6.97$$

Nach Euler können sin- und cos-Funktionen durch komplexe Zeiger ersetzt werden

$$\sin\vartheta = \frac{1}{2\mathrm{j}}\left(e^{\mathrm{j}\vartheta} - e^{-\mathrm{j}\vartheta}\right);\ \cos\vartheta = \frac{1}{2}\left(e^{\mathrm{j}\vartheta} + e^{-\mathrm{j}\vartheta}\right), \qquad 6.98$$

sodass sich der Ankerstrom ergibt zu

$$\begin{aligned}\underline{I}_1 &= \mathrm{j}\frac{\underline{U}_{\mathrm{p}}}{X_{\mathrm{d}}} - \frac{1}{2\mathrm{j}} \cdot \frac{\underline{U}_1}{X_{\mathrm{d}}} e^{\mathrm{j}2\vartheta} - \mathrm{j}\frac{\underline{U}_1}{X_{\mathrm{d}}} \cdot \frac{1}{2} e^{\mathrm{j}2\vartheta} + \frac{1}{2\mathrm{j}}\frac{\underline{U}_1}{X_{\mathrm{q}}} - \mathrm{j}\frac{1}{2} \cdot \frac{\underline{U}_1}{X_{\mathrm{d}}} \\ &= \mathrm{j}\frac{\underline{U}_{\mathrm{p}}}{X_{\mathrm{d}}} e^{\mathrm{j}\vartheta} - \mathrm{j}\frac{\underline{U}_1}{2}\left(\frac{1}{X_{\mathrm{d}}} + \frac{1}{X_{\mathrm{q}}}\right) - \mathrm{j}\frac{\underline{U}_1}{2}\left(\frac{1}{X_{\mathrm{q}}} - \frac{1}{X_{\mathrm{d}}}\right) e^{\mathrm{j}2\vartheta}.\end{aligned} \qquad 6.99$$

Die Konstruktion der Ortskurven lässt sich in 3 Schritten ausführen:

- Unerregte Schenkelpol-Synchronmaschine: $I_e = 0 \rightarrow U_p = 0$

  Der erste Teilstrom ist belastungsunabhängig und eilt der Statorspannung um 90° nach. Um dessen Endpunkt beschreibt der 2. Teilstrom einen lastabhängigen Kreis – den Reaktionskreis.

  ▶Abbildung 6.44 zeigt die Ankerstromortskurve, die für Reluktanzmaschinen (Synchronmaschinen ohne Erregung) typisch ist.

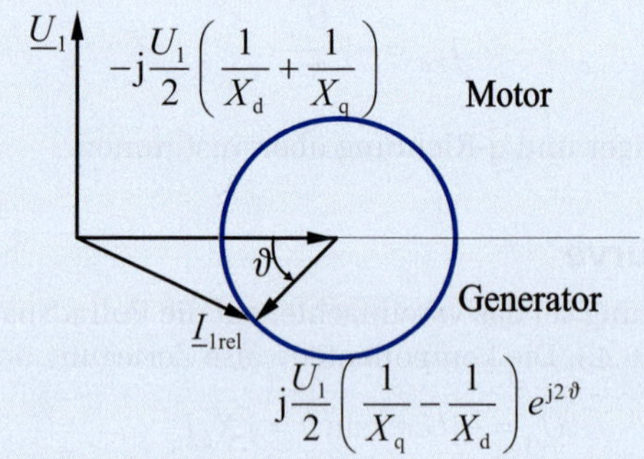

Abbildung 6.44 Reaktionskreis des Ankerstroms

  Diese Art von Maschinen kann aufgrund des Vorhandenseins einer Wirkstromkomponente ein Drehmoment erzeugen.

- Erregte Schenkelpol-Synchronmaschine: $I_e \neq 0 \rightarrow U_p \neq 0$

  Zum Reaktionskreis kommt jetzt ein weiterer lastwinkelabhängiger Zeiger, vgl. ▶Abbildung 6.45.

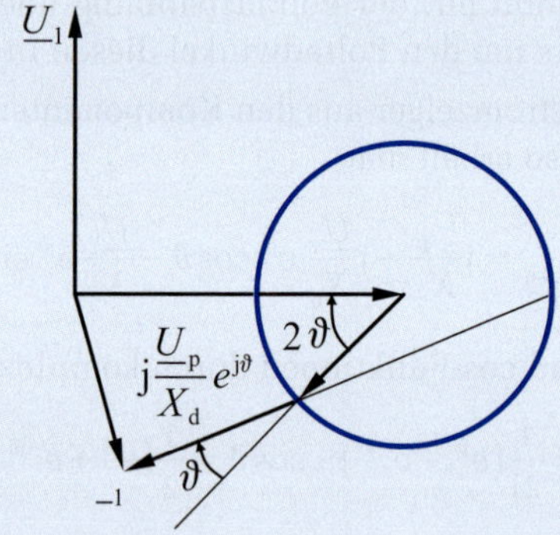

Abbildung 6.45 Zeigerdiagramm des Ankerstroms für Generatorbetrieb ($\vartheta > 0$)

- Schenkelpol-Synchronmaschine für I_e, U_p=const.

  Verbindet man nun alle Zeigerendpunkte für jeweils konstante Erregung, so ergeben sich die in ▶Abbildung 6.46 dargestellten Pascal'schen Schnecken, diese entarten für I_e=0 zum Reaktionskreis.

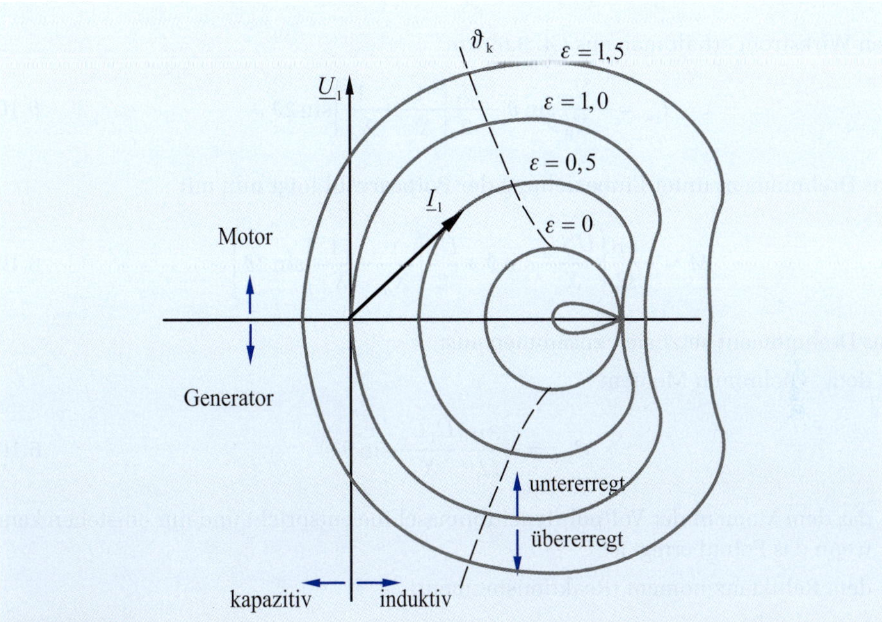

Abbildung 6.46 Ankerstromortskurve der Schenkelpol-Synchronmaschine (Pascal'sche Schnecke)

Aus den Ortskurven lassen sich wieder verschiedene Betriebszustände ablesen:

- Motor- bzw. Generatorbetrieb findet statt in oberer bzw. unterer Halbebene.
- Kapazitiver bzw. induktiver Betrieb liegt vor in linker bzw. rechter Halbebene.
- Stabiler bzw. instabiler Bereich befinden sich links bzw. rechts der Verbindung aller Scheitelpunkte der Ortskurven (bei $\vartheta=\vartheta_k$ ist der Wirkstrom und damit das Drehmoment maximal).

6.5.4 Betriebsverhalten

Grundsätzlich weist die Schenkelpol-Synchronmaschine ein sehr ähnliches Betriebsverhalten zur Vollpol-Synchronmaschine am starren Netz und im Inselbetrieb auf. Größere Unterschiede existieren bei der Drehmomentcharakteristik, die deshalb nochmal betrachtet werden soll.

Drehmomentverhalten

Das Drehmoment berechnet sich näherungsweise aus der Wirkleistung

$$M = \frac{p}{\Omega_1} P_\delta \approx \frac{p}{\Omega_1} P_1 = \frac{3p}{\Omega_1} U_1 \cdot I_{1\mathrm{w}}. \tag{6.100}$$

Den Wirkstrom erhält man aus Gl. 6.99 zu

$$I_{1\mathrm{w}} = -\frac{U_\mathrm{p}}{X_\mathrm{d}} \sin\vartheta - \frac{U_1}{2}\left(\frac{1}{X_\mathrm{q}} - \frac{1}{X_\mathrm{d}}\right)\sin 2\vartheta . \tag{6.101}$$

Das Drehmoment unter Einbeziehung der Polpaarzahl folgt nun mit

$$M = -\frac{3p}{\Omega_1}\left(\frac{U_\mathrm{p} U_1}{X_\mathrm{d}} \sin\vartheta + \frac{U_1^2}{2}\left(\frac{1}{X_\mathrm{q}} - \frac{1}{X_\mathrm{d}}\right)\sin 2\vartheta\right). \tag{6.102}$$

Das Drehmoment setzt sich zusammen aus:

- dem synchronen Moment

$$M_\mathrm{syn} = -\frac{3p}{\Omega_1} \cdot \frac{U_1 U_\mathrm{p}}{X_\mathrm{d}} \sin\vartheta, \tag{6.103}$$

  das dem Moment der Vollpol-Synchronmaschine entspricht und nur entstehen kann, wenn das Polrad erregt ist.
- dem Reluktanzmoment (Reaktionsmoment)

$$M_\mathrm{rel} = -\frac{3p}{\Omega_1} \cdot \frac{U_1^2}{2}\left(\frac{1}{X_\mathrm{q}} - \frac{1}{X_\mathrm{d}}\right)\sin 2\vartheta \tag{6.104}$$

  das nur bei magnetischer Ungleichheit entstehen kann und dessen Größe sich nach der Differenz von Längs- und Querreaktanz richtet.

Beide Teildrehmomente sowie das resultierende Drehmoment sind in ▶Abbildung 6.47 dargestellt. Der Polradwinkel, bei dem das maximale Moment (Kippmoment) erreicht wird, hängt von der Größenrelation der Längs- und Querreaktanz $X_\mathrm{d}/X_\mathrm{q}$ ab.

Wenn gilt $X_\mathrm{d}>X_\mathrm{q}$ folgt $\vartheta_\mathrm{k}<\pi/2$ (elektrisch erregte Schenkelpol-Synchronmaschine: typisch $\vartheta_\mathrm{k}\approx 40°$), aber bei $X_\mathrm{d}<X_\mathrm{q}$ folgt $\vartheta_\mathrm{k}>\pi/2$ (permanent erregte Schenkelpol-Synchronmaschine).

Die Schenkligkeit im Aufbau der elektrisch bzw. permanentmagnetisch erregten Schenkelpol-Synchronmaschine steigert die maximale Drehmomentausbeute und verringert bzw. vergrößert den stationären Stabilitätsbereich.

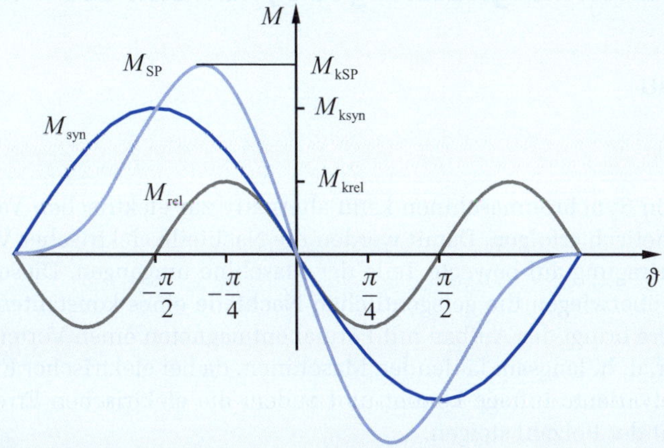

Abbildung 6.47 Drehmomentkennlinie der Schenkelpol-Synchronmaschine

Der zeitliche Drehmomentverlauf ist von einem mittleren Drehmoment und einem oberwelligen Pendelmoment gekennzeichnet.

Beispiel 6.2: Schenkelpol-Synchrongenerator

Nachfolgend werden die Ersatzschaldbildparameter eines bürstenlos erregten Schenkelpol-Synchrongenerators angegeben, der für den Einsatz in Klein-Energieerzeugungsanlagen wie Notstromversorgungen, mobilen Kraftwerken, Windkraftwerken mit variablem Getriebe geeignet ist.

Tabelle 6.3: Daten eines Schenkelpol-Synchrongenerators

Schenkelpol-Synchrongenerator HVSI804S, 60 Hz, AvK Dessau	
Nennscheinleistung: 2, 222 MVA	Ankerwiderstand (115°): 760 Ω
Nennnwirkleistung: 2,0 MVA	Längsreaktanz: 1,5 p. u.
Mechanische Leistung: 2,072 MVA	Querreaktanz: 1,1 p. u.
Nennspannung: 13,8 kV	transiente Längsreaktanz: 0,135 p. u.
Nennstrom: 93 A	transiente Querreaktanz: 1,1 p. u.
Nennleistungsfaktor: 0,9	subtransiente Längsreaktanz: 0,1 p. u.
Frequenz: 60 Hz	subtransiente Querreaktanz: 0,19 p. u.
Nenndrehzahl: 1800 min^{-1}	Erregerwiderstand (115°): 1,8 Ω
Polzahl: 4	Nennverluste: 72 kW
Nennerregerstrom: 2,1 A	Kippmoment/Nennmoment: 1,3
Isolationsklasse: F	Masse: 5757 kg
Schutzgrad: IP 43	

6.6 Permanentmagneterregte Synchronmaschine

6.6.1 Aufbau

Erregung

Die Erregung von Synchronmaschinen kann alternativ zur elektrischen Variante auch permanentmagnetisch erfolgen. Damit werden die Nachteile elektrischer Verluste und der Energieübertragung auf bewegte Teile der Maschine umgangen. Diese offensichtlichen Vorteile überwiegen die gelegentlichen Nachteile eines konstanten Erregerfeldes. Insbesondere bringt der Aufbau mit Permanentmagneten einen Vorteil beim Aufbau hochpoliger, d. h. langsam laufender, Maschinen, da bei elektrischer Erregung nur die Schenkelpolvariante infrage kommt und zudem die elektrischen Erregerverluste proportional mit der Polzahl steigen.

Innenpolläufer

Nachfolgend werden zunächst Maschinen mit Innenpolläufer und damit mit dessen Erregung besprochen. Im Laufe der Entwicklung permanentmagnetischer Synchronmaschinen haben sich viele Bauvarianten herausgebildet, die anwendungsbezogene Vorteile bringen, siehe ▸Abbildung 6.48.

Nachfolgend werden wir die Eigenschaften der wichtigsten Rotorbauarten behandeln:

- Oberflächenmagnete: Den Oberflächenmagneten ist gemeinsam, dass sie die höchsten Luftspaltfelddichten erzeugen. Der Feldverlauf ist deswegen stark von der realisierten Magnetisierungsrichtung abhängig und erfordert große Sorgfalt beim Herstellungsprozess. Die Magnete unterliegen bei Drehung direkt der Fliehkraftbeanspruchung, so dass eine Fixierung durch Klebung und Bandagierung erforderlich ist. Die hohen Felddichten an der Luftspaltoberfläche erschweren die Betriebsweise der Feldschwächung zur Begrenzung der induzierten Polradspannung in den Ankerwicklungen und sind mit einem erhöhten feldschwächenden Strombedarf verbunden. Oberflächenmagnete können als
  - Aufgesetzte Magnete nach ▸Abbildung 6.48a) mit dem daraus resultierenden Vollpolcharakter ($X_d = X_q$) wegen gleicher relativer Permeabilität von Luft und Permanentmagneten ausgeführt werden oder als
  - Versenkte Magnete nach ▸Abbildung 6.48b) mit dem daraus resultierenden leichten Schenkelpolcharakter ($X_d < X_q$) mit schmalen Eisenstegen in Querrichtung eingesetzt werden, bei denen eine Schwalbenschwanzbefestigung für mechanische Fixierung gegen Fliehkräfte sorgt.
- Sinusfeldpol-Magnete: Auf dem Rotorblech aufgesetzte Permanentmagnete werden mit einer Polkappe aus Eisenmaterial gegenüber dem Luftspalt abgeschlossen, vgl. ▸Abbildung 6.48c. Die Formgebung der Polkappe nimmt starken Einfluss auf die Feldkurve im Luftspalt. Durch die Anordnung wird die Schenkligkeit des Rotors verstärkt ($X_d > X_q$), sodass ein zusätzliches Reluktanzmoment zum synchronen Vollpolmoment entsteht. Zur Verbesserung der Feldkurve werden auch sog. Brotlaibmagnete nach ▸Abbildung 6.48h eingesetzt.

- Vergrabene Magnete: Den diversen Ausführungsformen ist gemeinsam, dass ein konstanter Luftspalt entsteht, eine bessere Fliehkraftaufnahme möglich wird und der mechanische Aufbau komplizierter wird. Zu unterscheiden ist in:
  - Magnete mit Feldkonzentration nach ▶Abbildung 6.48e-g, bei denen Feldanteile von jeweils 2 Magneten im Eisen zusammengeführt werden. Tief vergrabene Magnetstrukturen nach Abbildung 6.48e werden besonders bei energieärmeren Magneten wie Ferriten eingesetzt. V-Magnete nach Abbildung 6.48g eignen sich für hochkompakte Permanentmagnetmaschinen, da sie sowohl eine Flusskonzentration als auch Reluktanzeffekte vereinigen und damit für eine gute Drehmomentausnutzung stehen. Die Luftspaltbreite ist hier häufig nicht konstant ausgeführt, sondern wird oft wegen der verwendeten Zahnspulenwicklung mit einer Sinusabweichung moduliert.
  - Magnete ohne Feldkonzentration nach ▶Abbildung 6.48d bewirken einen geringeren Reluktanzeffekt und lassen sich einfacher fertigen
- Hallbach-Magnete: Sie sind besonders für Kleinmaschinen interessant und sparen zusätzliches Eisenmaterial zur Flussführung, da durch ihre speziellen Magnetisierungsrichtungen die Umlenkung der Feldrichtung im Rotor selbst übernommen werden kann, siehe ▶Abbildung 6.48i.

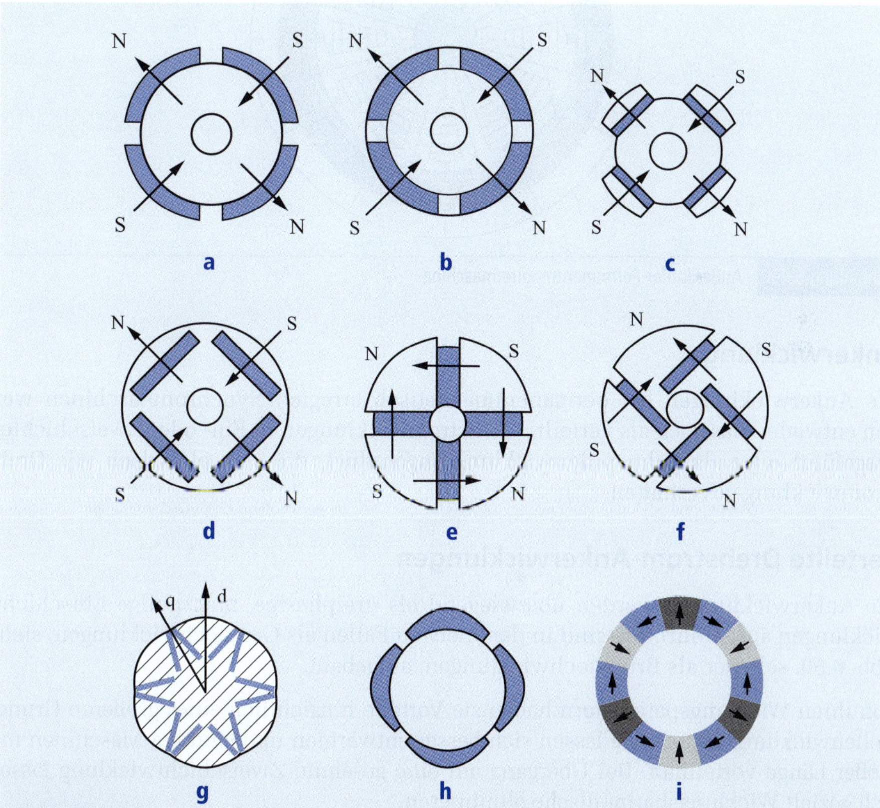

Abbildung 6.48 Permanentmagnetläufer: a) aufgesetzte Oberflächenmagnete, b) versenkte Oberflächenmagnete, c) Sinusfeldpol-Magnete, d) Sekanten-Magnete, e) Segment-Magnete, f) schräg vergrabene Magnete, g) vergrabene V-Magnete, h) Brotlaib-Magnete, i) Hallbach-Magnete

Außenpolläufer

Für Maschinen, die in speziellen Anwendungen wie Radnabenantrieben zum Einsatz kommen, kann auch der Außenpolläufer mit entsprechender Erregung vorteilhaft eingesetzt werden. Der Anker ist dann auf dem feststehenden Innenteil untergebracht. Zunächst einmal erscheint die Drehmomentausnutzung verbessert, da der drehmomentwirksame Radius sich nach außen hin verlagert und damit die Felddichte im Luftspalt reduziert werden kann, was Magnetmaterial sparen hilft. Oder der Strombelag kann verkleinert werden, so dass die Verluste sinken. Dies bedarf allerdings einer gründlichen Nachprüfung bei entsprechender Auslegung. Unbestritten ist, dass die am Außenring befestigten Permanentmagnete, siehe ▶Abbildung 6.49, keiner Fliehkraftbeanspruchung ausgesetzt sind, so dass sich die Befestigung einfacher gestaltet.

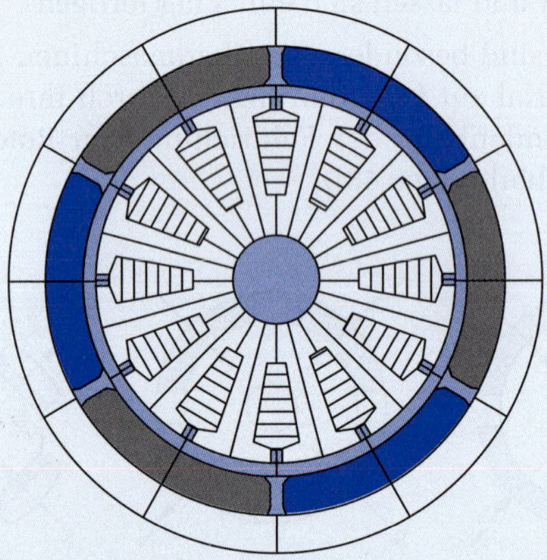

Abbildung 6.49 Außenläufer-Permanentmagnetmaschine

Ankerwicklung

Die Ankerwicklungen bei permanentmagnetisch erregten Synchronmaschinen werden entweder klassisch als verteilte Drehstromwicklungen in Ein- oder Zweischichten ausgeführt oder als Zahnspulenwicklung angeordnet, die sich elektrisch wie Drehstromwicklungen verhalten.

Verteilte Drehstrom-Ankerwicklungen

Die Ankerwicklungen werden überwiegend als dreiphasige, mehrpolige Einschichtwicklungen ausgeführt. Sie sind in den meisten Fällen als Ganzlochwicklungen, siehe Abb. 6.50, seltener als Bruchlochwicklungen, aufgebaut.

Von ihren Wicklungsparametern haben sie Vorteile hinsichtlich eines größeren Grundwellenwicklungsfaktors, sie lassen sich besser entwärmen und sind bei Maschinen mit großer Länge vorteilhaft. Bei Übergang auf eine gesehnte Zweischichtwicklung lassen sich gezielt Wicklungsharmonische eliminieren.

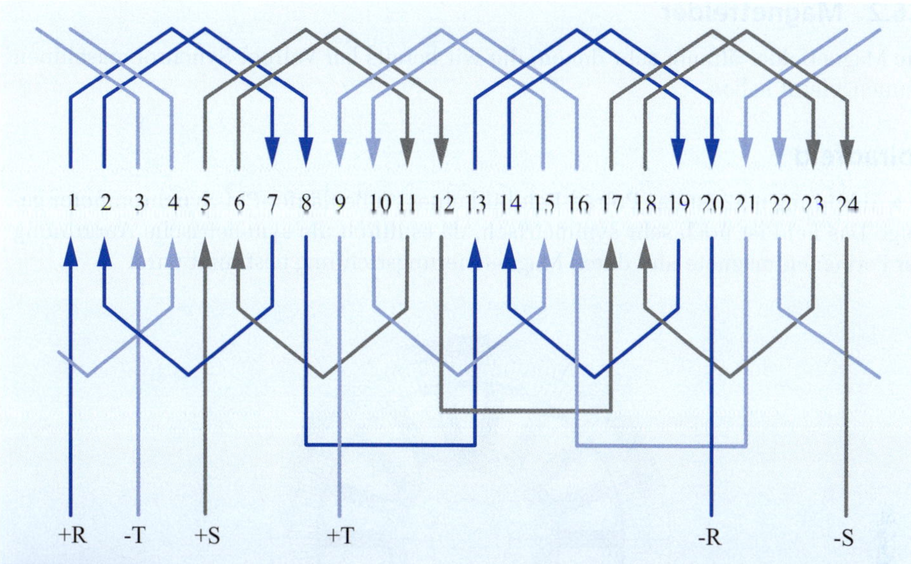

Abbildung 6.50 Verteilte Drehstrom-Ankerwicklung ($p=2$, $N=24$, $m=3$, $q=2$)

Zahnspulenwicklungen

Einzelzahn- bzw. Zahnspulenwicklungen kommen aus dem Kleinmotorenbereich und haben sich im Laufe der Zeit auch bei größeren Motoren etablieren können. Ihr Einsatz ist insbesondere dann begründet, wenn die Maschinen so hochpolig sind, dass keine verteilten Wicklungen mit einer Lochzahl $q < 1$ realisierbar sind, vgl. ▶Abbildung 6.51.

Zahnspulenwicklungen haben einen größeren Nutfüllfaktor, so dass sich die Ausnutzung bei gleichen Stromwärmeverlusten steigern lässt. Sie sind vorteilhaft einsetzbar, wenn kurze Wicklungsköpfe gefordert sind und lassen sich technologisch einfacher herstellen, da die Bewicklung pro Zahn vorgenommen werden kann.

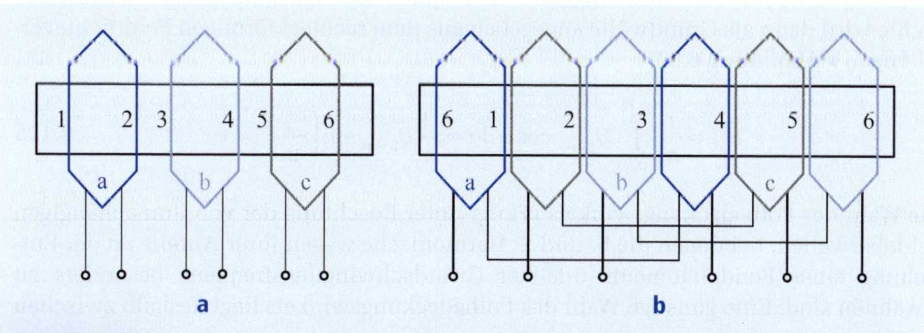

Abbildung 6.51 Zahnspulen-Ankerwicklung: a) Einschichtwicklung, b) Zweischichtwicklung

6.6.2 Magnetfelder

Die Magnetfelder ähneln sehr denen, die wir bereits bei Vollpol-Synchronmaschinen kennengelernt haben.

Polradfeld

In ▶Abbildung 6.52 ist das Polrad-Feldbild eines Außenläufer-PM-Synchronmotor gezeigt. Das Feld ist noch sehr symmetrisch, da es durch die symmetrische Anordnung der Permanentmagnete und deren Magnetisierungsrichtung bestimmt wird.

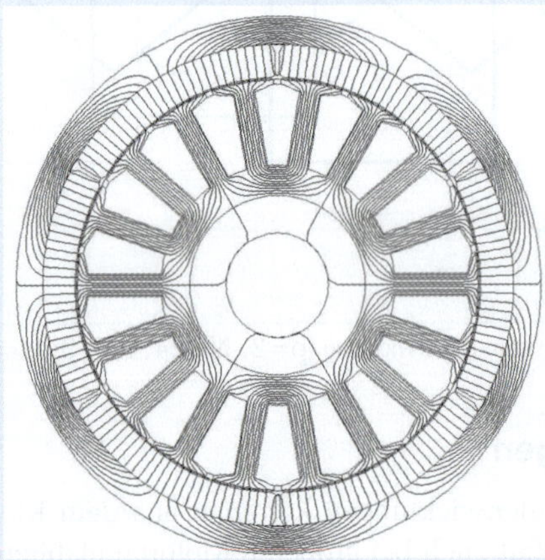

Abbildung 6.52 Polrad-Feldbild einer PM-Außenläufermaschine

Je nach Magnetisierung und Anordnung der Permanentmagnete können rechteckförmige bzw. sinusförmige Felddichteverläufe im Luftspalt entstehen. Im Falle eines konstanten Polradfeldverlaufs lässt sich feststellen, dass die Permanentmagnete nur über einen bestimmten Polbedeckungswinkel α_p am Polrad montiert sind, da es ansonsten zu großer magnetischer Streuung zwischen den Polenden kommt. Die Polradfelddichte wird dann als Grundwelle angegeben aus dem rechteckförmigen Felddichteverlauf nach ▶Abbildung 6.53

$$\hat{B}_{\mathrm{p}1} = \frac{1}{\pi} \int_{-\alpha_\mathrm{p}/2}^{\alpha_\mathrm{p}/2} B_{\mathrm{p\,max}} \cos\alpha \,\mathrm{d}\alpha = \frac{2}{\pi} B_{\mathrm{p\,max}} \sin\left(\frac{\alpha_\mathrm{p}}{2}\right) \qquad 6.105$$

Die Wahl des Polbedeckungswinkels erfolgt unter Beachtung der von ihm abhängigen Feldoberwellen, bei denen die 5. und 7. Harmonische wegen ihrer Anteile an der Entstehung eines Pendelmoments 6-facher Grundschwingungsfrequenz besonders zu erwähnen sind. Eine günstige Wahl des Polbedeckungswinkels liegt deshalb zwischen

$$0{,}78 < \frac{\alpha_\mathrm{p}}{\pi/p} < 0{,}82,$$

vgl. dazu auch [6.10].

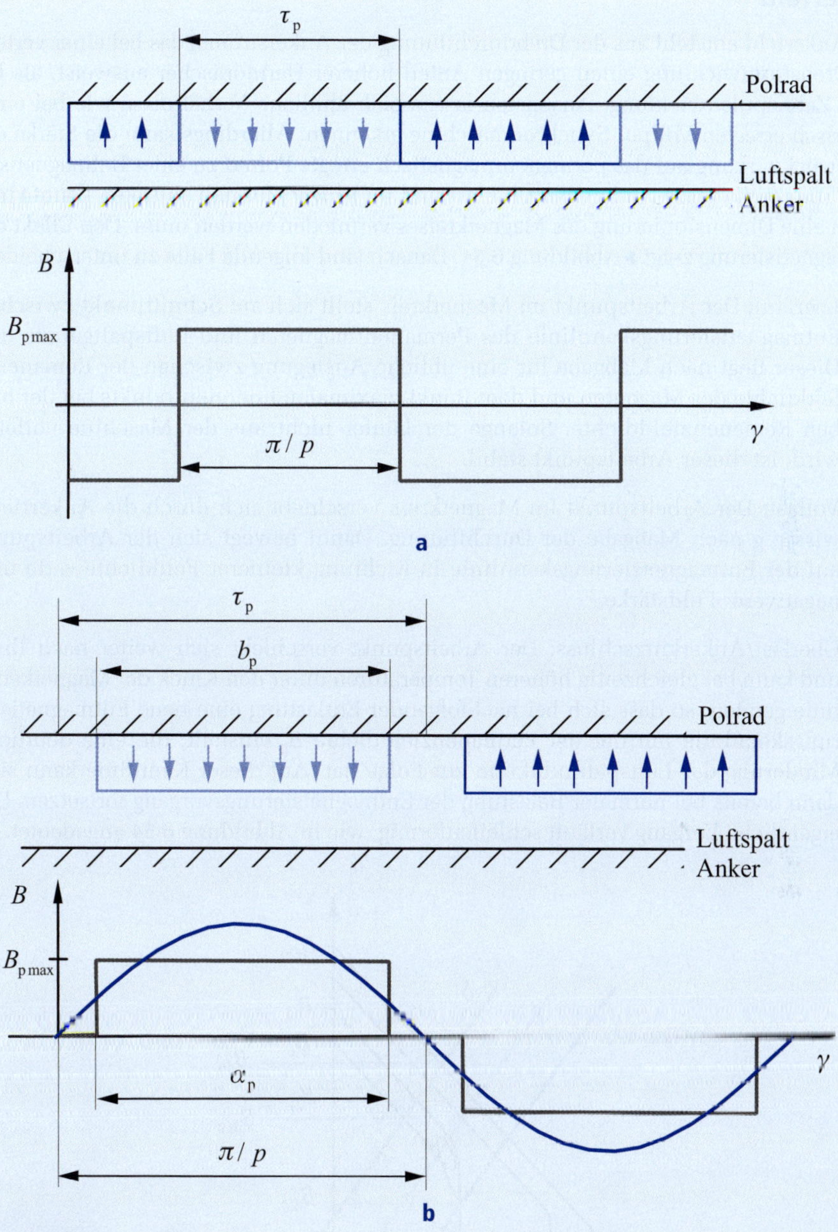

Abbildung 6.53 Polradfeld: a) Rechteckfeld, b) Sinusfeld

Ankerfeld

Das Ankerfeld entsteht aus der Drehdurchflutung der Ankerströme, das bei einer verteilten Drehstromwicklung einen geringen Anteil höherer Harmonischer ausweist, als bei einer Zahnspulenwicklung. Ansonsten lassen sich ähnliche Verhältnisse wie bei einer elektrisch erregten Vollpol-Synchronmaschine erkennen. Allerdings kann die Stärke der Ankerrückwirkung auf das permanentmagnetisch erregte Polrad zu einer Entmagnetisierung führen, die insbesondere bei Überlast und im Kurzschlussfall auftreten könnte und durch eine Dimensionierung des Magnetkreises vermieden werden muss. Den Effekt der Entmagnetisierung zeigt ▶Abbildung 6.54. Danach sind folgende Fälle zu unterscheiden:

1 Leerlauf: Der Arbeitspunkt im Magnetkreis stellt sich am Schnittpunkt zwischen Entmagnetisierungskennlinie des Permanentmagneten und Luftspaltgerade ein. Dieser liegt nach Maßgabe für eine übliche Auslegung zwischen der Remanenzfelddichte des Magneten und dem Punkt maximalen Energieprodukts bei der halben Remanenzfelddichte. Solange der Läufer nicht aus der Maschine entfernt wird, ist dieser Arbeitspunkt stabil.

2 Vollast: Der Arbeitspunkt im Magnetkreis verschiebt sich durch die Ankerrückwirkung nach Maßgabe der Durchflutung. Damit bewegt sich der Arbeitspunkt auf der Entmagnetsierungskennlinie in Richtung kleinerer Felddichtewerte und negativerer Feldstärke.

3 Überlast/Ankerkurzschluss: Der Arbeitspunkt verschiebt sich weiter nach links und kann bei gleichzeitig höheren Temperaturen unter den Knick der Magnetkennlinie geraten, so dass sich bei nachfolgender Entlastung eine neue Entmagnetisierungskennlinie mit der der Permanenzfelddichte B_p einstellt, die eine deutliche Minderung der Luftspaltinduktion zur Folge hat. Auf dieser Kennlinie kann sich dann bereits bei normaler Belastung der Entmagnetsierungsvorgang fortsetzen. Der eigentliche Vorgang verläuft schleifenförmig, wie in Abbildung 6.54 angedeutet.

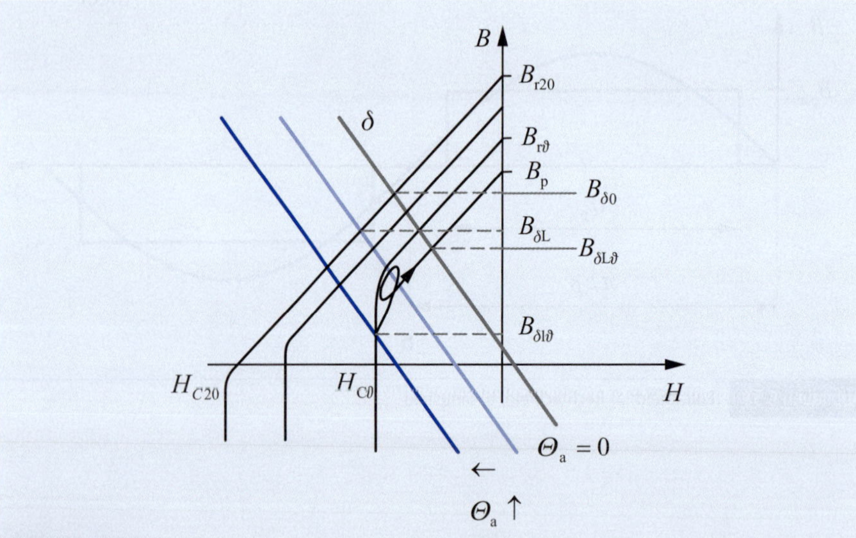

Abbildung 6.54 Entmagnetisierung der Permanentmagnete

Hauptfeld

Dem Polradfeld überlagert sich bei Belastung das Ankerfeld, woraus sich schließlich das resultierende Hauptfeld ergibt.

Beispiel 6.3: Permanentmagnet-Synchronmotor

Hier werden die Ersatzschaltbildparameter und Abmessungen eines permanentmagneterregten Synchronmotors für Anwendungen in der Traktionstechnik wie Hybridbussen und Straßenbahnen angegeben.

Tabelle 6.4: Daten eines PM-Synchronmotors

PM-Synchronmotor, APX-18,4-T0R9Q, Wittur Electric Drives GmbH	
Nennleistung: 162 kW	Spannungskonstante: 0,188 V/min^{-1}
Nennmoment: 915 Nm	Wicklungswiderstand (verkettet): 0,02 Ω
Nenndrehzahl: 1695 min^{-1}	Wicklungsinduktivität (verkettet): 1,05 mH
Nennstrom: 302 A	Masse: 330 kg
Nennfrequenz: 113 Hz	Kühlung: Luft
Polzahl: 8	Betriebsart: S1
Maximalmoment: 1940 Nm	Schutzart: IP 54
Maximaldrehzahl: 2660 min^{-1}	Isolationsklasse: 180 (H)
Maximalstrom: 640 A	PM-Rotor: vergrabene NdFeB-Magnete (V-Form)
Stillstandsdrehmoment: 960 Nm	
Stillstandsstrom: 320 A	

6.6.3 Betriebsverhalten bei blockförmiger Stromkommutierung

Feldkurven und Ankerströme

Permanentmagneterregte Maschinen, die mit rechteckförmigem Strom gespeist werden, so dass die betragsmäßige Summe aller Phasenströme einen Gleichstrom ergeben, sind seit langem als bürstenlose Gleichstrommotoren oder Elektronikmotoren bekannt. Sie benötigen zur Stromkommutierung eine Elektronik, die als Wechselrichter arbeitet und aus einem Gleichstrom Wechselströme für die zu speisenden Motorphasen bereitstellt. Hierfür hat sich eine ganze Reihe von Kombinationen von Stromspeisearten für verschiedene Feldkurven etabliert:

- π-Feldkurve mit $2/3\pi$ -Stromblockkommutierung: Die Wicklung ist örtlich konzentriert und in Sternschaltung elektrisch verschaltet.
- $2/3\pi$ -Feldkurve mit π-Stromblockkommutierung: Die Wicklung ist örtlich konzentriert und in Dreieckschaltung elektrisch verschaltet.
- Sinusfeldkurve mit $2/3\pi$ -Stromblockkommutierung:
- Sinusfeldkurve mit π-Stromblockkommutierung:

Für den Gleichstrombetrieb bei niedrigeren und mittleren Drehzahlen wird der Strom blockförmig ideal eingeprägt. Im Ankerkreis treten neben der induzierten Polradspannung ein Ohmscher und nur ein geringfügiger induktiver Spannungsabfall auf. Die zur Speisung benötigte Ankerspannung ist betragsmäßig etwas größer als die Polradspannung und eilt nur geringfügig derselben voraus, siehe ▶Abbildung 6.55.

Bei Gleichstrombetrieb mit höheren Drehzahlen kann der Strom nicht mehr ideal eingeprägt werden. Die Folge ist ein endlicher Stromanstieg, der die induktiven Spannungsabfälle erhöht und damit eine Verschiebung der Speisespannung erforderlich macht, vgl. ▶Abbildung 6.56.

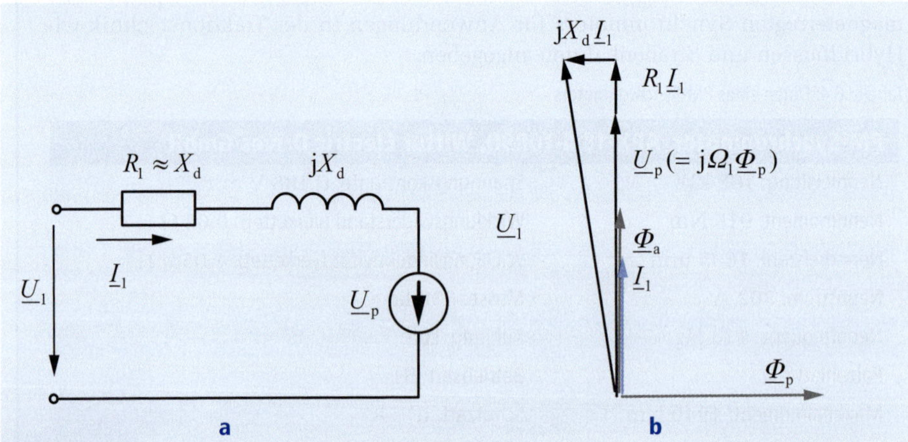

Abbildung 6.55 Beschreibung des bürstenlosen Gleichstrommotors bei kleinen und mittleren Drehzahlen: a) Ersatzschaltbild, b) Zeigerbild

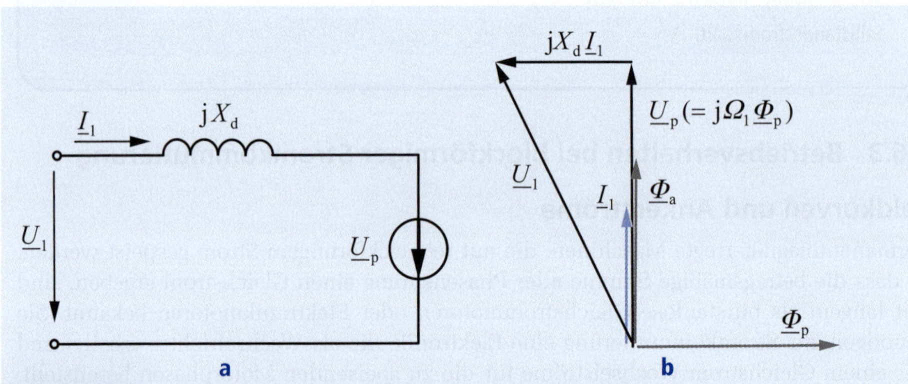

Abbildung 6.56 Beschreibung des bürstenlosen Gleichstrommotors bei höheren Drehzahlen: a) Ersatzschaltbild, b) Zeigerbild

Während sich bei Synchronmaschinen ein lastabhängiger Winkel zwischen Ankerstrom und Polradfeld bzw. Polradspannung einstellt, wird hier der Strom durch den Wechselrichter so gesteuert, dass er immer in Phase zu Polradspannung bzw. 90° voreilend zum Polradfluss liegt, ▶Abbildung 6.57. Dazu muss die absolute Winkelposition des Polrades erfasst werden. Dann kann die Durchflutung durch Bestromung der betreffend aktiven Wicklungen nach Abbildung 6.57 immer passend zur Lage des Polradflusses eingestellt werden. Die Winkelverläufe für Luftspaltfeld, induzierter Spannung und Strom zeigt ▶Abbildung 6.58.

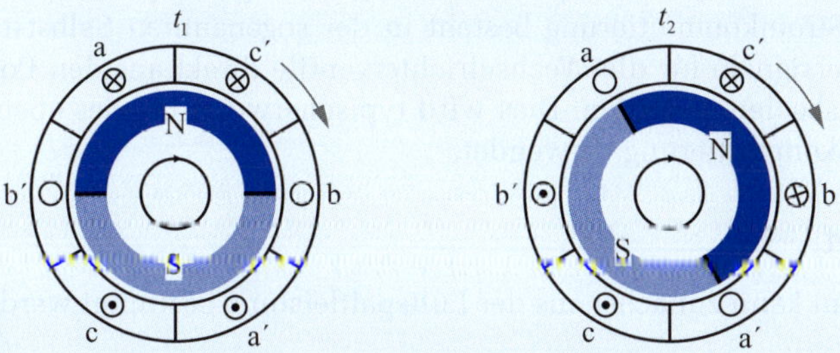

Abbildung 6.57 Betriebsweise des bürstenlosen Gleichstrommotors

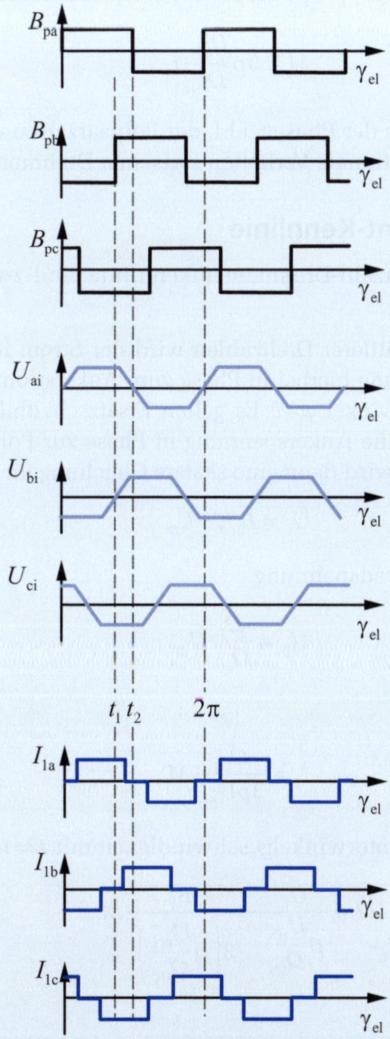

Abbildung 6.58 Bürstenloser Gleichstrommotor mit π-Feldkurve und $2/3\pi$-Stromblockkommutierung

Eine typische Betriebsweise von permanentmagneterregten Synchronmaschinen mit blockförmiger Stromkommutierung besteht in der sogenannten Selbststeuerung, bei der die Ansteuersignale für die Wechselrichterventile direkt aus den Positionssignalen des Rotors abgeleitet werden. Dies wird typischerweise bei der oben beschriebenen $2\pi/3$-Stromkommutierung verwendet.

Drehmoment

Das Drehmoment kann zunächst aus der Luftspaltleistung bestimmt werden mit

$$M = \frac{3p}{\Omega_1}\mathrm{Re}\left\{\underline{U}_\mathrm{p}\underline{I}_1^*\right\} = \frac{3p}{\Omega_1}U_\mathrm{p}I_1 \qquad 6.106$$

Die Polradspannung ist selbst proportional zur Frequenz, so dass sich aus

$$M = 3p\frac{U_\mathrm{pN}}{\Omega_\mathrm{1N}}I_1 \qquad 6.107$$

der Drehmomentfaktor aus der Phasenzahl, der Polpaarzahl und der Polradnennspannung ergibt für das proportionale Verhalten zwischen Drehmoment und Ankerstrom.

Drehzahl-Drehmoment-Kennlinie

Zur Bestimmung der Drehzahl-Drehmomentkennlinie sind zwei Betriebsbereiche zu unterscheiden.

Im Bereich kleiner und mittlerer Drehzahlen wird der Strom ideal blockförmig eingeprägt. Da die Polradspannung hierbei in Phase zum Ankerstrom ist, entspricht der Polradwinkel dem Leistungswinkel $\varphi=\vartheta$ Es gelten Ersatzschaltbild und Zeigerbild nach ▶Abbildung 6.55, bei der die Ankerspannung in Phase zur Polradspannung liegt. Aus der komplexen Gleichung wird dann eine skalare Gleichung für die Ankerspannung

$$U_1 = R_1I_1 + U_\mathrm{p} \qquad 6.108$$

Nach Substitution der Polradspannung

$$U_\mathrm{p} = \frac{\Omega_1}{\Omega_\mathrm{1N}}U_\mathrm{pN} \qquad 6.109$$

und des Ankerstroms

$$I_1 = \frac{\Omega_\mathrm{1N}}{3pU_\mathrm{pN}}M \qquad 6.110$$

und Auflösung nach der Rotorwinkelgeschwindigkeit mit $\Omega=\Omega_1/p$ ergibt sich

$$\Omega = \frac{U_1}{p\dfrac{U_\mathrm{pN}}{\Omega_\mathrm{1N}}} - \frac{R_1}{3\left(p\dfrac{U_\mathrm{pN}}{\Omega_\mathrm{1N}}\right)^2}M \qquad 6.111$$

Der Drehzahlabfall entwickelt sich für kleine und mittlere Drehzahlen proportional zum Belastungsmoment, siehe ▶Abbildung 6.59. Als einzige Steuergröße für die Drehzahl bleibt somit die Ankerspannung übrig, da die Frequenz wegen der Selbststeuerung entfällt. Dieser Zusammenhang ist damit vergleichbar mit der klassischen Gleichstrommaschine und macht die Begriffsbildung bürstenlose Gleichstrommaschine verständlicher.

Im Bereich höherer Drehzahlen wird der Anstieg des Stromes am Anfang und Ende des Stromblocks immer geringer, so dass jetzt vorrangig der reaktive Spannungsabfall ins Spiel kommt, vgl. Abbildung 6.56.

Die Ankerspannung erhält man mit dem Dreiecksatz zu

$$U_1^2 = \left(\frac{\Omega_1}{\Omega_{1N}} U_{pN}\right)^2 + \left(\frac{\Omega_1}{\Omega_{1N}} X_d I_1\right)^2 \qquad 6.112$$

in der der Ankerstrom wieder durch das Drehmoment ersetzt und nach der Drehzahl aufgelöst wird mit

$$\Omega = \frac{U_1}{p} \frac{1}{\sqrt{\left(\frac{U_{pN}}{\Omega_{1N}}\right)^2 + \left(\frac{X_d}{3pU_{pN}} M\right)^2}} \qquad 6.113$$

Nach Ausklammern des ersten Terms unter der Wurzel und Entwicklung in eine Taylorreihe mit Abbruch nach dem zweiten Glied der Reihe ergibt sich

$$\Omega = \frac{U_1}{p} \frac{\Omega_{1N}}{U_{pN}} \frac{1}{\sqrt{1 + \left(\frac{X_d}{3p\Omega_{1N}} M\right)^2}} \approx \frac{U_1}{p} \frac{\Omega_{1N}}{U_{pN}} \left(1 - \frac{1}{2}\left(\frac{X_d}{3p\Omega_{1N}} M\right)^2\right) \qquad 6.114$$

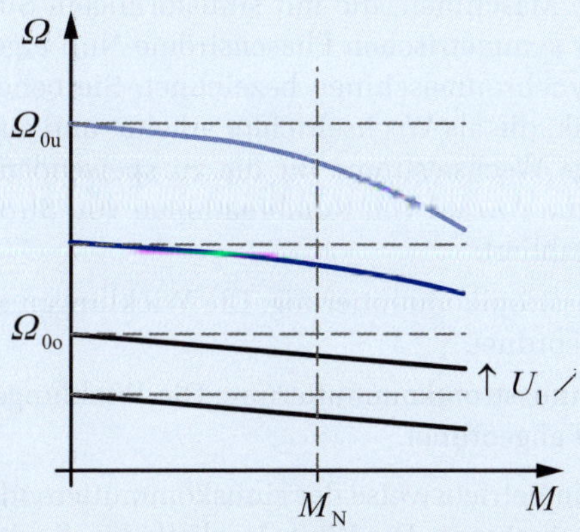

Abbildung 6.59 Drehzahl-Drehmomentenkennlinie des bürstenlosen Gleichstrommotors

Zwischen dem oberen und unteren Drehzahlbereich wird die Kennlinie durch das gemeinsame Wirken von Ohmschen und reaktiven Spannungsabfall bestimmt. Das Ergebnis wird dann durch eine Kreisgleichung wiedergegeben.

Beispiel 6.4: Permanentmagnet-Außenläufer-Synchronmotor

Der nachfolgend gelistete Motor ist ein permanentmagneterregter Außenläufer-Synchronmotor für kleine Drehzahlen bis 200 min^{-1} und ist mit Zahnspulenwicklungen ausgeführt. Er wird selbstgesteuert betrieben und hat damit ein dem Gleichstrommotor vergleichbares Nebenschlussverhalten.

Tabelle 6.5: Daten eines PM-Außenläufersynchronmotors

Außenläufermotor AEC 150/54, Beldrive GmbH Chemnitz	
Nennspannung: 24 V	Innendurchmesser: 110 mm
Nennstrom: 25 A	Außendurchmesser: 180 mm
Nennleistung: 460 W	Blechpaketlänge: 54 mm
Nennmoment. 25 Nm	Schutzgrad: IP 54
Maximalmoment: 100 Nm	Masse: 11 kg

6.6.4 Betriebsverhalten bei sinusförmiger Stromkommutierung

Feldkurven und Ankerströme

Permanentmagneterregte Maschinen, die mit sinusförmigem Strom gespeist werden, so dass die Summe aller symmetrischen Phasenströme Null ergeben, werden als permanentmagneterregte Synchronmaschinen bezeichnet. Sie benötigen zur Stromkommutierung eine Elektronik, die als Wechselrichter arbeitet und aus einem pulsierenden Gleichstrom sinusförmige Wechselströme für die zu speisenden Motorphasen bereitstellt. Hierfür hat sich eine Anzahl von Kombinationen von Stromspeisearten für verschiedene Feldkurven etabliert:

- π-Feldkurve mit Sinusstromkommutierung: Die Wicklungen sind räumlich verteilt oder konzentriert angeordnet.
- Sinusfeldkurve mit Sinusstromkommutierung: Die Wicklungen sind räumlich verteilt oder konzentriert angeordnet.

▸Abbildung 6.60 zeigt die Betriebsweise der sinuskommutierenden Maschine mit PM-Rotor für zwei Momentaufnahmen. Die Winkelverläufe für die Ankerströme, induzierten Spannungen und Ankerinduktion sind in ▸Abbildung 6.61 dargestellt.

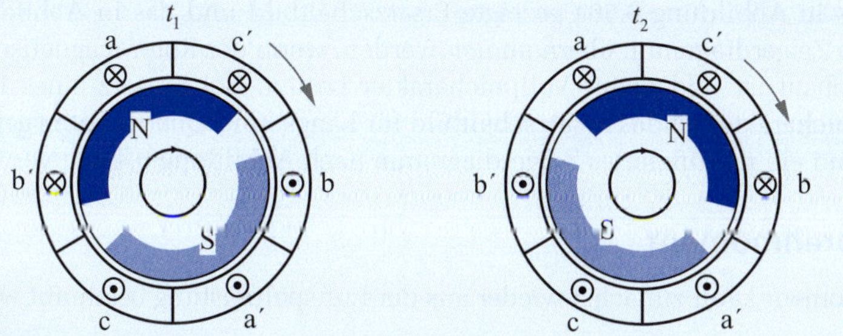

Abbildung 6.60 Betriebsweise eines permanentmagneterregten Synchronmotors

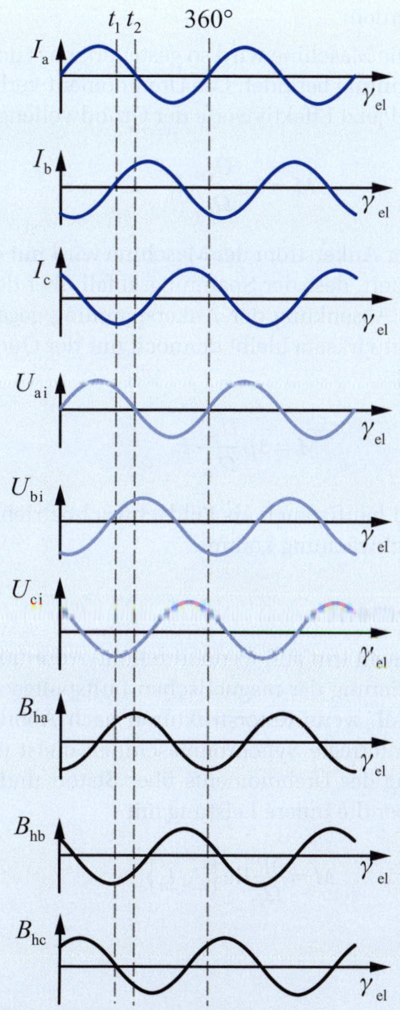

Abbildung 6.61 Permanentmagneterregter Synchronmotor mit Sinusfeldkurve und Sinusstromkommutierung

Im fremdgesteuerten Betrieb, bei dem Spannung und Frequenz vorgegeben werden, können das in Abbildung 6.56a gezeigte Ersatzschaltbild und das in Abbildung 6.56b angegebene Zeigerdiagramm übernommen werden, wenn der Rotor magnetisch symmetrisch aufgebaut ist und damit Vollpolcharakter besitzt. Bei Einsatz eines Rotors mit Schenkelpolcharakter ist das Ersatzschaltbild für Längs- und Querrichtung getrennt aufzustellen und ein modifiziertes Zeigerdiagramm nach Abbildung 6.43 zu verwenden.

Vollpol-Drehmoment

Das Drehmoment kann zunächst wieder aus der Luftspaltleistung bestimmt werden mit

$$M = \frac{3p}{\Omega_1} \mathrm{Re}\left\{ \underline{U}_\mathrm{p} \underline{I}_1^* \right\} \qquad 6.115$$

Bei Sinuskommutierung können im Unterschied zur Blockkommutierung zwei Betriebsbereiche unterschieden werden:

- Untererregter Betrieb: Die Maschine wird so gesteuert, dass der Ankerstrom sich stets in Phase zur Polradspannung befindet. Das Drehmoment verhält sich ähnlich wie in Gl. 6.107 allerdings sind jetzt Effektivwerte der Grundwellengrößen einzusetzen

$$M = 3p \frac{U_\mathrm{pN}}{\Omega_{1N}} I_1 \qquad 6.116$$

- Übererregter Betrieb: Der Ankerstrom der Maschine wird mit einem negativen Längsstromanteil so vorgesteuert, dass der Spannungsabfall über der Synchronreaktanz zu einer Begrenzung bzw. Absenkung der Ankerspannung gegenüber der Polradspannung führt. Drehmomentwirksam bleibt dennoch nur der Querstromanteil im Ankerstrom, so dass jetzt folgt:

$$M = 3p \frac{U_\mathrm{pN}}{\Omega_{1N}} I_{1\mathrm{q}} \qquad 6.117$$

  Dieser Betriebsfall wird häufig auch als Feldschwächbetrieb bezeichnet, obwohl es zu keiner echten Feldschwächung kommt.

Schenkelpol-Drehmoment

Das Schenkelpol-Drehmoment tritt auf, wenn durch die Anordnung der Permanentmagnete eine wesentliche Änderung der magnetischen Luftspaltgeometrie entsteht. Das ist mehr oder weniger der Fall, wenn Rotorstrukturen nach Abbildung 6.48 b-g Verwendung finden. Da permanenterregte Synchronmaschinen meist über Umrichter gespeist werden, ist die Darstellung des Drehmoments über Stator- und Polradspannung nicht mehr sinnvoll, sondern über die innere Leistung mit

$$M = \frac{3p}{\Omega_1} \mathrm{Re}\left\{ \underline{U}_\mathrm{h} \underline{I}_1^* \right\} \qquad 6.118$$

Die Hauptfeldspannung wird gebildet durch

$$\underline{U}_{\mathrm{h}} = \mathrm{j}\Omega_1 L_{\mathrm{hd}} \underline{I}_{\mathrm{d}} + \mathrm{j}\Omega_1 L_{\mathrm{hq}} \underline{I}_{\mathrm{q}} + \underline{U}_{\mathrm{p}} \tag{6.119}$$

und bei Orientierung des Koordinatensystems auf den Polradfluss (reelle Achse liegt auf Polradfluss) zu:

$$\underline{U}_{\mathrm{h}} = \mathrm{j}\Omega_1 L_{\mathrm{hd}} I_{\mathrm{d}} - \Omega_1 L_{\mathrm{hq}} I_{\mathrm{q}} + \mathrm{j}U_{\mathrm{p}} \tag{6.120}$$

Somit berechnet sich das Drehmoment zu

$$\begin{aligned} M &= \frac{3p}{\Omega_1}\mathrm{Re}\left\{\left(\mathrm{j}\Omega_1 L_{\mathrm{hd}} I_{\mathrm{d}} - \Omega_1 L_{\mathrm{hq}} I_{\mathrm{q}} + \mathrm{j}U_{\mathrm{p}}\right)\left(I_{\mathrm{d}} - \mathrm{j}I_{\mathrm{q}}\right)\right\} \\ &= \frac{3p}{\Omega_1}\left(U_{\mathrm{p}} I_{\mathrm{q}} + \left(L_{\mathrm{d}} - L_{\mathrm{q}}\right)\Omega_1 I_{\mathrm{d}} I_{\mathrm{q}}\right) \end{aligned} \tag{6.121}$$

bei dem die Differenz der beiden Hauptinduktivitäten auch durch die der Längs- und Querinduktivität insgesamt ersetzt werden kann, da die Streuung richtungsunabhängig ist. Da die Polradspannung bei drehzahlvariablen Maschinen selbst von der Frequenz abhängt, hat es Sinn diese durch die Polradflussverkettung $U_{\mathrm{p}} = \Omega_1 \cdot \Psi_{\mathrm{p}}$, die konstant bleibt, zu ersetzen, so dass das Drehmoment schließlich lautet

$$M = 3p\left(\Psi_{\mathrm{p}} I_{\mathrm{q}} + \left(L_{\mathrm{d}} - L_{\mathrm{q}}\right) I_{\mathrm{d}} I_{\mathrm{q}}\right) \tag{6.122}$$

Der erste Term stellt das bereits bekannte Vollpol-Drehmoment dar, der zweite Term gibt das Reluktanzmoment wieder, dessen Größe zum einen wie bei Netzbetrieb von der Schenkligkeit abhängt, aber jetzt zusätzlich durch den Längsstrom beeinflusst werden kann. Dies kann man sich zunutze machen, um permanentmagneterregte Synchronmaschinen energieeffizient zu steuern.

6.6.5 Netzgespeiste selbstanlaufende PM-Synchronmaschine

Werfen wir zuletzt noch einen Blick auf das Verhalten einer netzgespeisten und selbstanlaufenden permanenterregten Synchronmaschine (LSPM – line start permanent magnet), die überwiegend mit einer gewissen Schenkligkeit ausgestattet ist.

Die Ströme sind wegen des drehzahlstarren Betriebs nicht mehr über eine Steuerung beeinflussbar. Es liegt dann der Fall einer Schenkelpolsynchronmaschine mit Betrieb am starren Netz vor, vgl. Kapitel 6.5.

Aufbau

Der LSPM-Synchronmotor ist eine neuere Entwicklung auf dem Gebiet der Motorentechnik und vereinigt die sehr guten Wirkungsgradeigenschaften einer PM-Synchronmaschine mit den Anlaufeigenschaften einer Asynchronmaschine. Der Rotor besitzt deshalb einen Anlaufkäfig aus Aluminium oder Kupferstäben mit Kurzschlussringen und Permanentmagnete. Im asynchronen Betrieb während des Hochlaufs entstehen durch Induktionswirkung des Drehfelds rotorseitige Wechselströme, die das nötige Anlaufmoment aufrechterhalten. Am Ende des Hochlaufvorgangs wird der Rotor durch die Permanentmagnete in den Synchronismus gezogen. Die Induktionswirkung und damit die Ströme im Anlaufkäfig werden zu null. Der Motor verhält sich dann wie eine Synchronmaschine.

Stromortskurve

Im stationären Betrieb fließen keine Ausgleichströme mehr im Anlaufkäfig und die Maschine befindet sich im Synchronismus. Die Lastaufnahme geschieht über die Änderung des Polradwinkels. Zunächst wird die Stromortskurve betrachtet. Für den Ankerstrom galt

$$\underline{I}_1 = \mathrm{j}\,\frac{\underline{U}_\mathrm{p}}{X_\mathrm{d}} e^{\mathrm{j}\vartheta} - \mathrm{j}\,\frac{U_1}{2}\left(\frac{1}{X_\mathrm{d}} + \frac{1}{X_\mathrm{q}}\right) + \mathrm{j}\,\frac{U_1}{2}\left(\frac{1}{X_\mathrm{d}} - \frac{1}{X_\mathrm{q}}\right) e^{\mathrm{j}2\vartheta} \qquad 6.123$$

Aufgrund der Vertauschung der Relation zwischen Längs- und Querreaktanz, erfährt die Stromortskurve eine etwas geänderte Gestalt vgl. ▶Abbildung 6.62, die die schrittweise Entwicklung der Ortskurve zeigt.

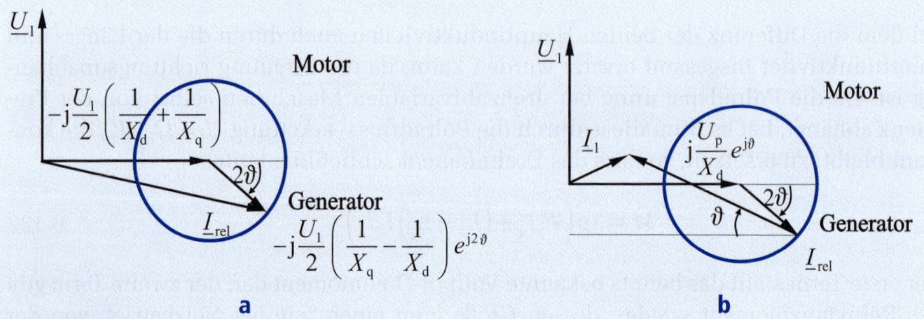

Abbildung 6.62 Stromortskurvenkonstruktion für $X_\mathrm{d} < X_\mathrm{q}$ und Motorbetrieb ($\vartheta<0$)

Die komplette Stromortskurve nach ▶Abbildung 6.63 bildet wieder eine Pascal'sche Schnecke, die jedoch diesmal nach der anderen Seite eingedellt ist.

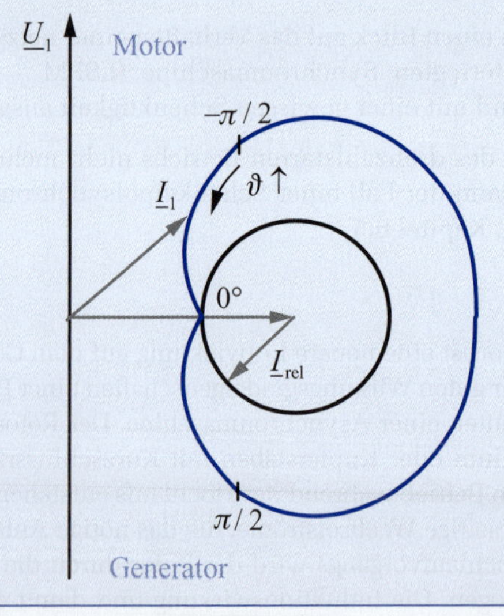

Abbildung 6.63 Stromortskurve der netzgespeisten PM-Synchronmaschine mit Schenkelpolcharakter

Drehmoment

Das Drehmoment ist nun wieder in Funktion des Polradwinkels anzugeben. Durch den Vorzeichenwechsel beim Reluktanzmoment erhält man

$$M = -\frac{3p}{\Omega_1}\left(\frac{U_p U_1}{X_d}\sin\vartheta - \frac{U_1^2}{2}\left(\frac{1}{X_d}-\frac{1}{X_q}\right)\sin 2\vartheta\right) \qquad 6.124$$

dessen Verlauf in ▶Abbildung 6.64 dargestellt ist. Es zeigt sich, dass der Kippwinkel zu betragsmäßig größeren Werten tendiert und damit der statische Stabilitätsbereich zunimmt. Gleichzeitig sinken die erreichbaren Drehmomente bei kleinem Polradwinkel schneller ab, so dass sich bei Nennlast prinzipiell größere Polradwinkel im Vergleich zur elektrisch erregten Schenkelpolmaschine einstellen. Dasselbe Verhalten kann prinzipiell bei generatorischem Betrieb beobachtet werden.

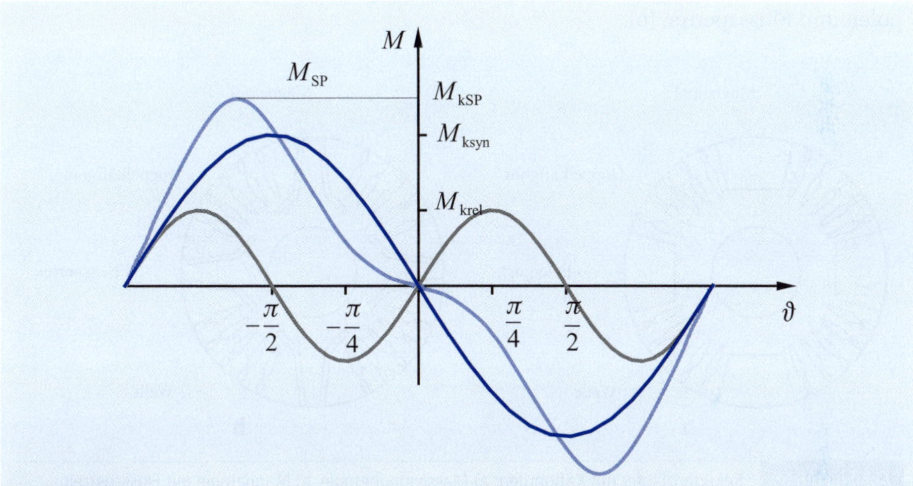

Abbildung 6.64 Drehmomentcharakteristik der PM-Maschine mit Schenkelpolcharakter

6.7 Synchrone Reluktanzmaschinen

Die Synchrone Reluktanzmaschine (SynR-Maschine) ist ein Sonderfall der Synchronmaschine. Ihr Anwendungsbereich war bisher auf motorische Anwendungen höherer Drehzahlen beschränkt, die in der Regel mit fester Drehzahl, also am Netz betrieben wurden. Nachteilig für den Netzbetrieb erweist sich der im Vergleich zu Asynchron- und Synchronmaschine schlechtere Leistungsfaktor. Der damit im Verhältnis höhere Magnetisierungsstrom führt zum Anstieg der Leerlaufverluste und damit einem ungünstigen Teillastwirkungsgrad. Dagegen erweist sich der unbewickelte Rotor als vorteilhaft wegen der wegfallenden Rotorverluste und bringt für Hochgeschwindigkeitsanwendungen eine Ausweitung der zulässigen Grenzgeschwindigkeiten. Der Einsatz von Frequenzumrichtern hat in dieser Hinsicht einen Wandel eingeleitet und der SynR-Maschine auch einen größeren Drehzahlbereich eröffnet.

6.7.1 Aufbau

Der Stator der Reluktanzmaschine ist wegen der Verwendung von Drehstromwicklungen grundsätzlich vergleichbar mit dem von Asynchron- und Synchronmaschinen. Die Drehstromwicklungen werden als verteilte Wicklungen in Einschichtwicklungen ausgeführt. Sie sind fast ausnahmslos als Ganzlochwicklungen angeordnet.

Für die Ausgestaltung des Rotors gibt es mehrere Varianten.

- Für Maschinen kleinerer Leistung bevorzugt man einen einfachen Aufbau, der sich aus dem Prinzip des Käfigläufers von Asynchronmaschinen ableitet. Dazu werden Abschnitte des Käfigläufers mit Eisenabschnitten ohne Nuten gefertigt, vgl. ▶Abbildung 6.65. Durch die Käfigläufernuten lässt sich für die Reluktanzmaschine sogar ein selbständiger asynchroner Anlauf am Netz realisieren. Für umrichtergespeiste Maschinen ist diese Variante nicht notwendig.

  Zu unterscheiden ist in Strukturen mit Massiveisenpolen (a) und mit geblechten Eisenpolen und Flusssperren (b).

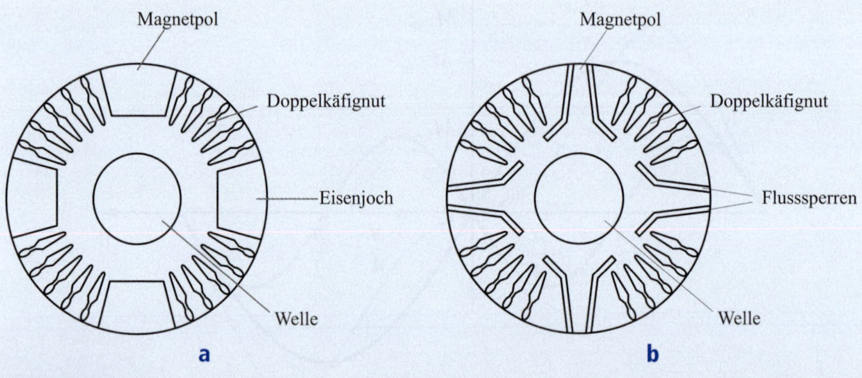

Abbildung 6.65 Reluktanzläufer mit Käfignuten: a) Massivmagnetpole, b) Magnetpole mit Flusssperren

- Maschinen, die vorzugsweise über Umrichter hochgefahren werden, benötigen keinen Anlaufkäfig. Sie werden mit Flusssperren ausgestattet, so dass innere Reluktanzunterschiede zwischen Längs- und Querrichtung entstehen, vgl. ▶Abbildung 6.66.

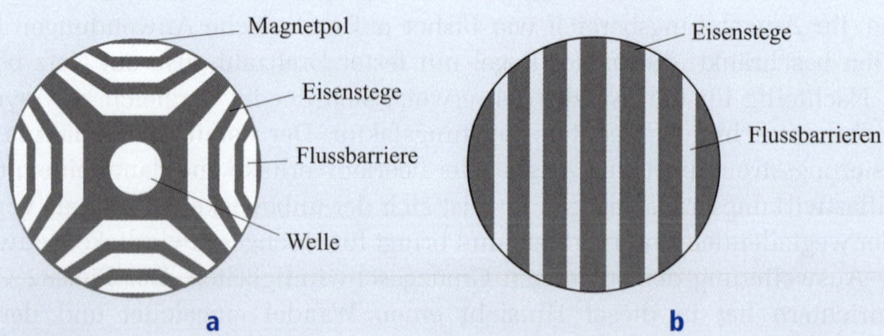

Abbildung 6.66 Reluktanzläufer mit inneren Reluktanzunterschieden a) segmentierte Eisenstege, b) geschichtete Eisenstege

6.7.2 Magnetfelder

Bei der SynR-Maschine erfolgt die Magnetisierung über den Anker, der in der Regel den Stator der Maschine bildet. Die Ankerwicklungen sind als Drehstromwicklungen ausgebildet, die über drei räumlich versetzte Wechselfelder das Drehfeld bilden.

Das Drehfeld trifft mit dem schenkligen Läufer auf unterschiedliche Reluktanzen, die zu einer Verzerrung des Luftspaltfelds führen, vgl. ▶Abbildung 6.67.

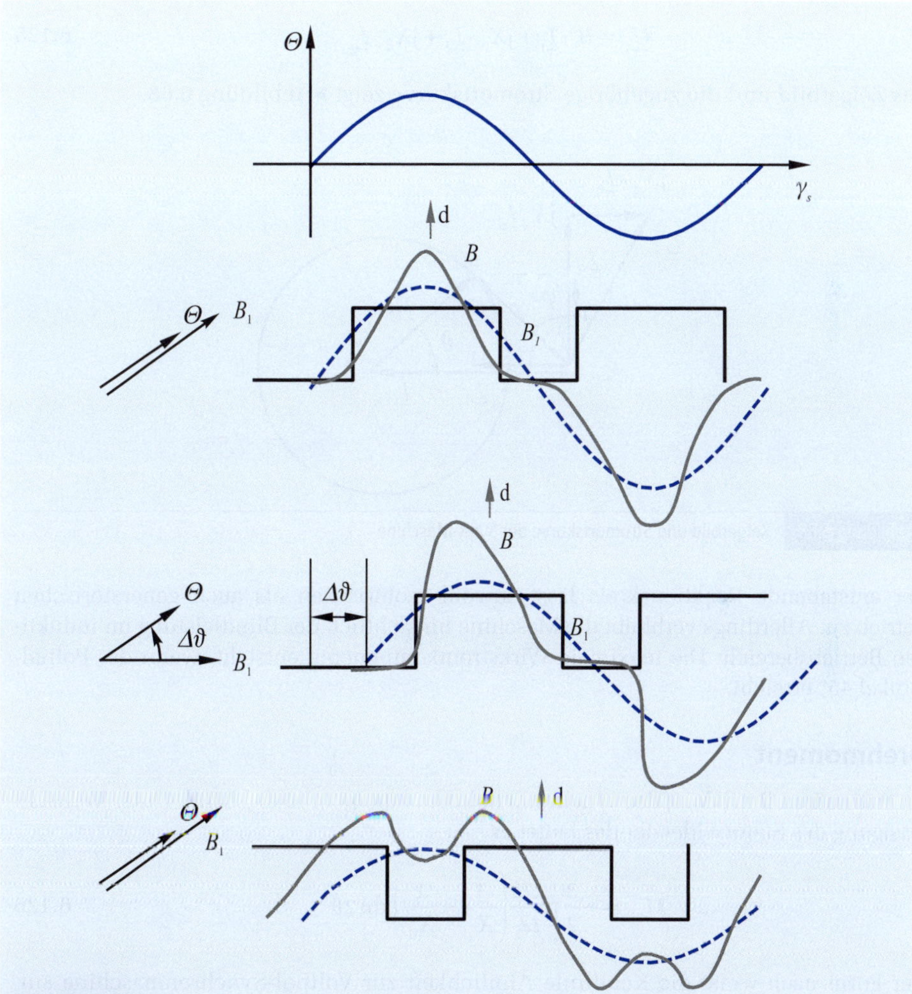

Abbildung 6.67 Feldverlauf im Luftspalt

Dadurch entsteht gegenüber der Grundwelle der Drehdurchflutung und des Luftspaltfelds ein transienter Differenzwinkel, der zu einem Drehmomentaufbau führt. Das Drehmoment sorgt aber gleichzeitig dafür, dass der Rotor synchron zum Drehfeld nachgezogen wird und der Differenzwinkel wieder verschwindet.

6.7.3 Betriebsverhalten

Stromortskurve

Durch den ständigen Wechsel von Drehmomentaufbau und -abbau stellt sich ein mittleres Drehmoment überlagert von einem Pendelmoment ein. Durch das Luftspaltfeld entstehen je nach Induktivitätsaufkommen nur selbstinduzierte Spannungsabfälle, sodass gilt:

$$\underline{U}_1 = R_1 \cdot \underline{I}_1 + \mathrm{j}X_\mathrm{d} \cdot \underline{I}_\mathrm{d} + \mathrm{j}X_\mathrm{q} \cdot \underline{I}_\mathrm{q} \qquad 6.125$$

Das Zeigerbild und die zugehörige Stromortskurve zeigt ▶Abbildung 6.68.

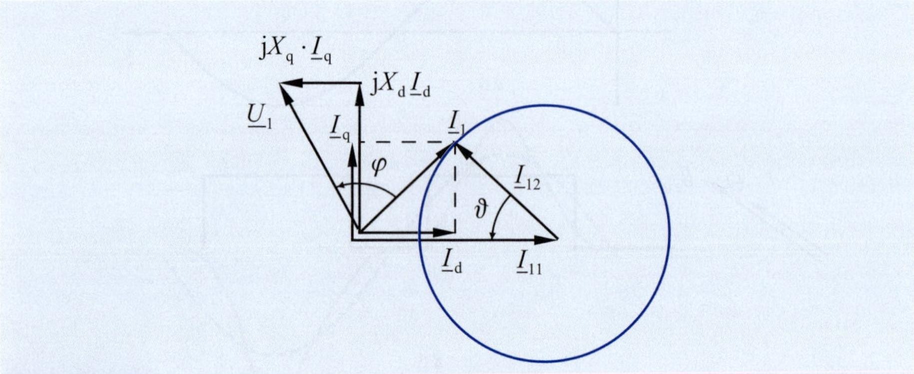

Abbildung 6.68 Zeigerbild und Stromortskurve der SynR-Maschine

Der entstehende Reaktionskreis lässt sowohl motorischen als auch generatorischen Betrieb zu. Allerdings verbleibt die Maschine hinsichtlich der Blindleistung im induktiven Betriebsbereich. Die maximale Wirkstromkomponente entsteht, wenn der Polradwinkel 45° erreicht.

Drehmoment

Im stationären Betrieb ist das synchrone Reluktanzmoment maßgebend. Unter Vernachlässigung des Statorwiderstandes lautet es

$$M_\mathrm{rel} = -\frac{3}{2} p \frac{U_1^2}{\Omega_1} \left(\frac{1}{X_\mathrm{q}} - \frac{1}{X_\mathrm{d}} \right) \sin 2\vartheta \qquad 6.126$$

Der Form nach weist die Kennlinie Ähnlichkeit zur Vollpol-Synchronmaschine auf, siehe ▶Abbildung 6.69. Der Kipplastwinkel reduziert sich aber von 90° auf 45°. Desweiteren sinkt das Kippmoment, das im Wesentlichen vom Unterschied der magnetischen Widerstände in Längs- und Querrichtung bestimmt wird.

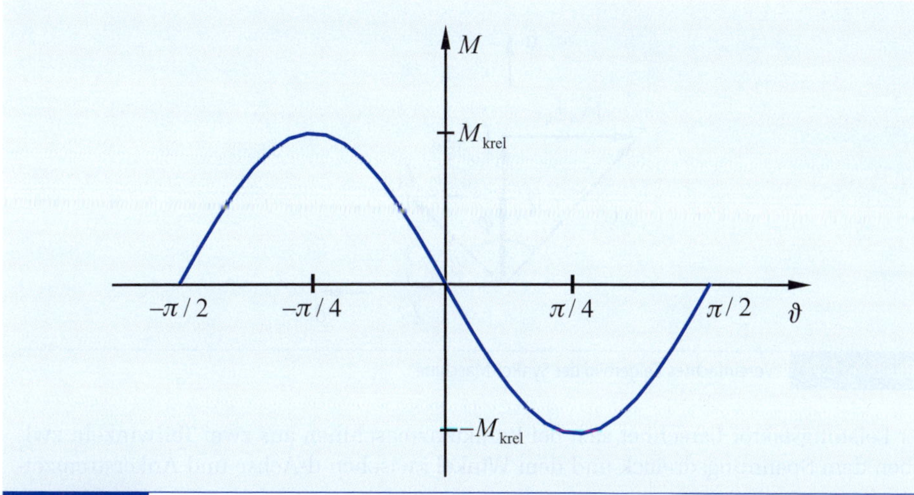

Abbildung 6.69 Drehmoment-Polradwinkel-Kennlinie

Beim Hochlauf entwickelt der Motor zusätzlich ein asynchrones Moment, das für einen asynchronen Hochlauf sorgt, bei dem der Rotor ab einer bestimmten Drehzahl in Tritt fällt, siehe ▶Abbildung 6.70. Dafür sind besonders die Aluminiumstege geeignet, die als Anlaufkäfig wirken. Das asynchrone Drehmoment bleibt auch im synchronen Betrieb erhalten und ist als schlupffrequentes Pendelmoment überlagert.

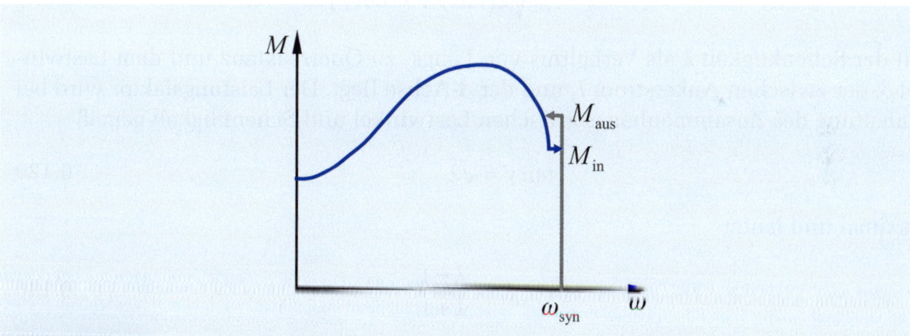

Abbildung 6.70 Hochlauf und In-Tritt-Fall

Leistungsfaktor

Als ein durchaus kritischer Punkt bei SynRel-Maschinen muss der relativ niedrige Leistungsfaktor gesehen werden. Die gesamte Durchflutung muss über die Statorseite realisiert werden. Dabei ist die Frage zu stellen, durch welche Entwurfsgröße kann seitens der Maschine dafür gesorgt werden, dass der Leistungsfaktor günstig ausfällt. Dafür vereinfachen wir das Zeigerbild der Maschine gemäß ▶Abbildung 6.71, indem der Widerstand vernachlässigt wird.

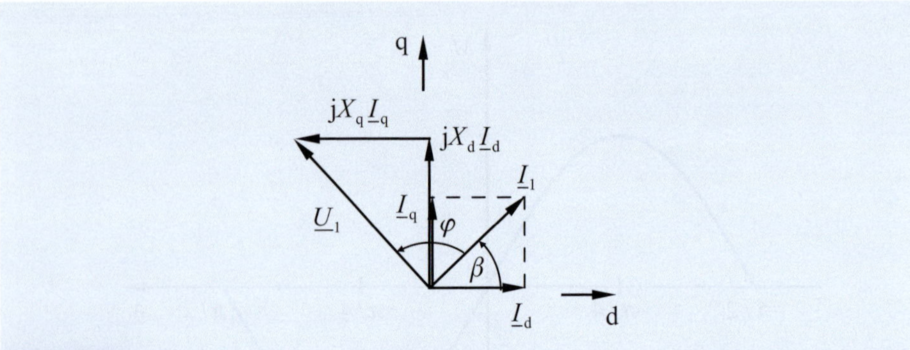

Abbildung 6.71 Vereinfachtes Zeigerbild der SynRel-Maschine

Der Leistungsfaktor berechnet sich bei Reluktanzmaschinen aus zwei Teilwinkeln zwischen dem Spannungsdreieck und dem Winkel zwischen d-Achse und Ankerstromzeiger mit

$$\varphi = \arccos \frac{X_d I_d}{\sqrt{\left(X_d I_d\right)^2 + \left(X_q I_q\right)^2}} + \arccos\left(\sin\beta\right) \qquad 6.127$$

Sodass sich der Leistungsfaktor nach etwas Umrechnung ergibt zu

$$\cos\varphi = (\lambda - 1)\sqrt{\frac{\sin 2\gamma}{2\left(\tan\gamma + \lambda^2 \cot\gamma\right)}} \qquad 6.128$$

mit der Schenkligkeit λ als Verhältnis von Längs- zu Querreaktanz und dem Lastwinkel β, der zwischen Ankerstrom I_1 und der d-Achse liegt. Der Leistungsfaktor wird bei Einhaltung des Zusammenhangs zwischen Lastwinkel und Schenkligkeit gemäß

$$\tan\gamma = \sqrt{\lambda} \qquad 6.129$$

maximal und lautet

$$\cos\varphi_{max} = \frac{\lambda - 1}{\lambda + 1} \qquad 6.130$$

Einer unbegrenzten Erhöhung der Schenkligkeit sind physikalische Grenzen gesetzt dadurch, dass:

- der magnetische Widerstand in Querrichtung nicht Null werden kann ($L_q > L_{qmin}$)
- die Rotorbleche der Sättigung in Längsrichtung unterliegen ($L_d \downarrow$)

Als theoretische Grenzen für die Schenkligkeit können je nach spezieller Ausführung zwischen $\lambda_{max} = 25 \ldots 60$ angegeben werden, was allerdings nur mit erheblichem Fertigungsaufwand zu erreichen ist.

Neben dreiphasigen Synchronmaschinen gibt es noch eine Reihe weiterer einfacher Ausführungen, die in Kapitel 7 zusammengefasst und besprochen werden.

Beispiel 6.5: Synchron-Reluktanzmotor

Nachfolgend werden die Daten eines synchronen Reluktanzmotors gelistet, der an einem Frequenzumrichter betrieben wird und als Unwuchtantrieb dient. Der Rotor ist als teilweiser Aluminiumkäfig gestaltet, dessen Blechpaket an den Polen ungenutet ist.

Tabelle 6.6: Daten eines synchronen Reluktanzmotors (400 W)

Synchroner Reluktanzmotor, 100 Hz,	
Nenndrehzahl: $6000\ \mathrm{min}^{-1}$	Blechpaketlänge: 57 mm
Nennspannung: 380 V (Y)	Innendurchmesser: 55,5 mm
Leerlaufstrom: 2 A	Außendurchmesser: 106 mm
Leistungsaufnahme: 600 W	Nutzahl: 24
Leistungsfaktor: 0,46	Masse: 15 kg
Polzahl: 2	Rotor: Alu-Käfig (teilweise)

Aufgaben

Lösungen

1 Ein Drehstromsynchrongenerator mit der Nennspannung von U_1=400 V (Y), dem Nennstrom von I_{1N} = 100 A und der Synchronreaktanz von X_d = 2,02 Ω hat eine Leerlauferregung von I_e =2,2 A. Ohne Berücksichtigung der Sättigung und unter Vernachlässigung des Ankerwiderstands (R_1=0) sind bei Leerlauferregung und reiner Wirkbelastung die Spannungskurve U_1 = f (I_1) und die Regulierkurve I_e=f(I_1) anzugeben.

2 Welchen Polradwinkel besitzt ein Turbogenerator, der im Nennbetrieb bei P_N=150 MW bei einer Leiterspannung von U_{1N}=10,5 kV (Y) betrieben wird, wenn die Synchronreaktanz X_d = 0,927 Ω und das Erregerstromverhältnis I_e/I_{e0} = 2,6 beträgt. Die Ohmschen Verluste sollen vernachlässigt werden.

3 Eine Schenkelpol-Synchronmaschine mit der Nennspannung U_{1N} = 6,3 kV (Y) und den Nennstrom I_{1N} = 367 A hat im Nennbetrieb die Synchronreaktanzen X_d = 19,2 Ω und X_q = 11,5 Ω und arbeitet bei einer Nennpolradspannung von U_p = 9,3 kV mit dem Polradwinkel ϑ =20,6°.

Es ist der Polradwinkel anzugeben, bei dem das Kippmoment erreicht wird.

Wie groß müsste das Reaktanzverhältnis X_d/X_q werden, damit bei Nennerregung das Kippmoment bereits bei einem Polradwinkel ϑ = 60° auftritt?

COMPANION WEBSITE WWW.PEARSON-STUDIUM.DE CWS
Lösungen

Prüfungsfragen

1 Worauf deutet der Begriff Anker hin?

2 Wann setzt man bei Synchrongeneratoren niederpolige Maschinen ein?

3 Was drückt der Leistungsfaktor auf dem Leistungsschild eines Synchrongenerators aus?

4 Was versteht man unter dem Kippmoment eines Synchronmotors?

5 Erklären Sie den Unterschied zwischen Netz- und Inselbetrieb!

6 Erklären Sie den Vorgang des Außer-Tritt-Fallens beim Synchrongenerator!

7 In welchem Betriebszustand hat die Synchronmaschine eine größere statische Stabilitätsreserve?

8 Erklären Sie, was bei der Synchronisierung eines Synchrongenerators am Netz beachtet werden muss!

Zusammenfassung

- Synchronmaschinen werden im Allgemeinen als Drehfeldmaschinen gebaut, in denen das Ankerfeld mit dem Polradfeld im Luftspalt synchron mit einem Winkelversatz zusammenwirken und ein Drehmoment entwickeln.
- Das Polradfeld kann durch eine elektrische Gleichstromerregung oder permanentmagnetisch erzeugt werden, das Ankerfeld wird durch das Zusammenwirken mehrphasiger Wechselfelder gebildet.
- Synchronmaschinen zeichnen sich wegen der elektrischen oder permanentmagnetischen Erregung des Rotors durch einen gegenüber der Induktionsmaschine verbesserte Effizienz aus, die sowohl im Nennbetriebsbereich als auch im Teillastbereich mehrere Prozentpunkte betragen kann.
- Synchronmaschinen lassen sich sowohl für Kraftwerksgeneratoren oder Hochleistungsmotoren im Grenzleistungsbereich bis 2000 MW als auch für Stellmotoren und Präzisionsantriebe im Kleinleistungsbereich (wenige W b) skalieren.
- Der Betrieb der Synchronmaschinen kann sowohl drehzahlstarr am Netz – dann als Kraftwerksgeneratoren - als auch drehzahlvariabel am Frequenzumrichter erfolgen.

Literatur

[6.1] Richter, R.: Elektrische Maschinen Bd. 2, Synchronmaschinen, Birkhäuser Verlag Basel 1963

[6.2] Müller, G.; Ponick, B.: Grundlagen elektrischer Maschinen, Weinheim: Wiley - VCH 2006

[6.3] Bödefeld-Sequenz: Elektrische Maschinen, Springer Verlag Wien, New York 1971

[6.4] Synchronmaschinen AEG-TELEFUNKEN-Handbücher Bd. 12, 1970

[6.5] Schwab, A. J.: Elektroenergiesysteme, Springer Verlag, Wien, New York, 2. Auflage 2009

[6.6] Liese, M.: Innovative Turbogeneratoren im Sog der GuD-Kraftwerkstechnik, VDE-Kongress 2004, ETG-Fachtagungsbericht S. 467-472

[6.7] Dolezal, R.: Kombinierte Gas- und Dampfkraftwerke. Aufbau und Betrieb, Springer Verlag, Wien, New York, 1. Auflage, 2000

[6.8] Buckel, W.; Kleiner, R.: Supraleitung. Grundlagen und Anwendungen. 6. Auflage Wiley-VCH, Weinheim, 2004

[6.9] Frauenhofer, J.; Kaufhold, M.; Nerowski, G.; Nick, W.: Supraleitende Synchronmaschinen großer Leistung auf dem Weg zur Produktreife. VDE-VDI-Fachtagung Elektrisch-mechanische Antriebssysteme, Böblingen 2006, VDI-Berichte Nr. 1963 S. 943-952

[6.10] Weschta, A.: Entwurf und Eigenschaften permanenterregter Synchron-Servomotoren. Dissertation, Universität Erlangen-Nürnberg, 1983

Kleinmaschinen

7

ÜBERBLICK

» Unter Kleinmotoren versteht man in der Regel Maschinen bis zu einer Leistung von 1 kW (im angelsächsischen Bereich bis 746 W) [7.1], [7.2], [7.6], [7.10].

Ihre Anwendung erfolgt als Einbaumotoren in Konsumgütern (Hausgeräten, Audio- und Videotechnik), in Elektrowerkzeugen, als Hilfsantriebe in Kraftfahrzeugen, in der Büro- und Datentechnik sowie in der Gerätetechnik.

Die Maschinen entziehen sich einer Normung, da sie eine hohe Kundenspezifik aufweisen müssen. Man unterscheidet Kleinmotoren u. a. hinsichtlich ihrer Bewegungsart in kontinuierlich (linear, rotierend), diskontinuierlich (schrittweise, schwingend) oder mit eingeschränkter (unvollständiger) Bewegung arbeitend.

Kleinmotoren können ausgeführt werden als Einphasen-, Asynchron-, Synchron- oder Kommutatormaschinen. Ihre Effizienz ist in der Regel so gering, dass sie in Zukunft durch permanentmagneterregte Synchronmaschinen ersetzt werden könnten [7.9]. Sehr häufig spielt aber der Kostenfaktor eine entscheidende Rolle bei Kleinmaschinen. «

Lernziele

Nach Durcharbeiten dieses Kapitels werden Sie in der Lage sein:

- den grundsätzlichen Aufbau von Kleinmaschinen zu rekapitulieren,
- die Gemeinsamkeiten und Besonderheiten der Kleinmaschinen im Betriebsverhalten gegenüber den bisher behandelten Grundtypen elektrischer Maschinen zu erkennen,
- die Einfachheit im Aufbau kennen zu lernen und die Folgen für das Betriebsverhalten nachzuvollziehen,
- die verschiedenen Möglichkeiten des Anschlusses an das Wechsel- oder Drehstromnetz zu unterscheiden und die Auswirkungen auf das prinzipielle Betriebsverhalten zu verstehen,
- die Entstehung der in der Maschine wirkenden Wechselfelder und der von ihnen induzierten Spannungen zu verstehen und mit einfachen mathematischen Mitteln zu beschreiben,
- aus den physikalischen Zusammenhängen die einpoligen Ersatzschaltbilder zu entwickeln und durch Zeigerbilder die wichtigsten Betriebszustände zu beschreiben,
- die Möglichkeiten der Weiterentwicklung von Kleinmotoren hinsichtlich wichtiger Kennwerte wie Leistungsfaktor, Wirkungsgrad und Leistungsvermögen einzuschätzen.

7.1 Einphasen-Wechselstrommaschinen

In Niederspannungsnetzen kleiner Anschlussleistung steht oft nur 1-Phasen-Wechselstrom (230 V) zur Verfügung. Es gilt deshalb, Maschinen zur Verfügung zu haben, die zwischen Außenleiter und Nullleiter anschließbar sind. Hierzu lassen sich einphasige Asynchronmaschinen oder auch Dreiphasen-Asynchronmaschinen in spezieller Verschaltung verwenden.

7.1.1 Wechselfelder

Bei Bestromung einer Wechselstromwicklung mit Wechselstrom lässt sich gemäß Kapitel 1 ein Wechselfeld erzeugen, dessen magnetische Felddichte beschrieben werden kann mit:

$$B = \hat{B}\cos(\omega_{\mathrm{d}} t + \varphi)\cos\gamma_1 \qquad 7.1$$

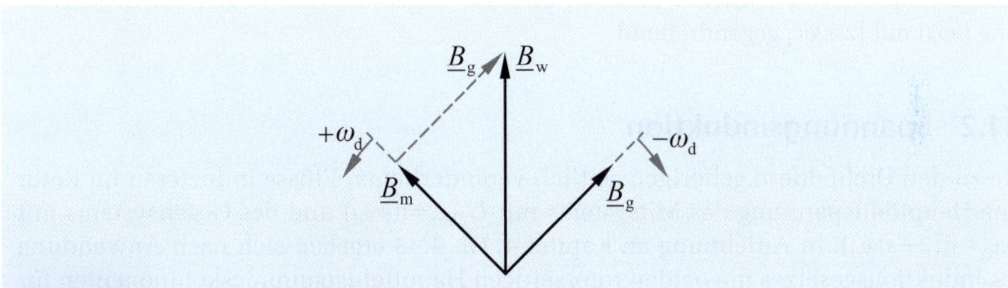

Abbildung 7.1 Zerlegung eines Wechselfelds in zwei Drehfelder

Das in ▸Abbildung 7.1 gezeigte Zeigerbild eines Wechselfeldes lässt sich nun in zwei gegensinnig laufende Drehfelder zerlegen. Dabei kann man die trigonometrische Funktion in zwei komplexe Teilfunktionen zerlegen, die die rotierenden komplexen Zeiger bilden:

$$\underline{B} = \frac{\hat{B}}{2}\left(e^{\mathrm{j}(\omega_{\mathrm{d}} t + \varphi)} + e^{-\mathrm{j}(\omega_{\mathrm{d}} t + \varphi)}\right) e^{\mathrm{j}\gamma_1} \qquad 7.2$$

Das in mathematisch positiver Richtung linksdrehende Feld wird als Mitfeld bezeichnet

$$B_{\mathrm{m}} = \frac{\hat{B}}{2}\cos(\gamma_1 - \omega_{\mathrm{d}} t + \varphi) \qquad 7.3$$

Das rechtsdrehende Feld ist das Gegenfeld

$$B_{\mathrm{g}} = \frac{\hat{B}}{2}\cos(\gamma_1 + \omega_{\mathrm{d}} t + \varphi). \qquad 7.4$$

▸Abbildung 7.2 zeigt die lageabhängige Addition der beiden Teildrehfelder. Daraus kann die Erkenntnis abgeleitet werden, dass die Beschreibung einer 1-Phasen-Induktionsmaschine auf der Grundlage von zwei gegensinnig rotierenden Drehfeldern erfolgen kann.

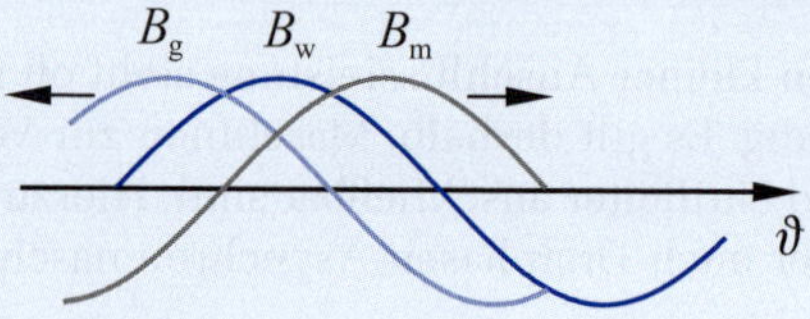

Abbildung 7.2 Zerlegung eines Wechselfelds

Aus der Perspektive des Rotors lassen sich die beobachtbaren Drehfelder mit

$$B=\frac{\hat{B}}{2}\cos\left(\gamma_2-s\,\omega_d t+\varphi\right)+\frac{\hat{B}}{2}\cos\left(\gamma_2+(2-s)\omega_d t+\varphi\right) \tag{7.5}$$

beschreiben. Ein auf dem Rotor befindlicher Beobachter sieht jetzt das Mitdrehfeld mit Schlupffrequenz $s\omega_d$ schneller drehend und das Gegendrehfeld wegen der Gegenrichtung ($-\omega_d$) mit $(2\text{-}s)\omega_d$ gegendrehend.

7.1.2 Spannungsinduktion

Die zu den Drehfeldern gehörigen zeitlich veränderlichen Flüsse induzieren im Rotor eine Hauptfeldspannung des Mitsystems mit $U_{2hm}=f(s\omega_d)$ und des Gegensystems mit $U_{2hg}=f((2-s)\omega_d)$. In Anlehnung an Kapitel 4, Gl. 4.43 ergeben sich nach Anwendung des Induktionsgesetzes die beiden rotorseitigen Hauptfeldspannungskomponenten für das Mitfeld bzw. das Gegenfeld zu

$$\underline{U}_{2hm}=\frac{1}{\sqrt{2}}s\,\omega_d\,\frac{2}{\pi}\hat{B}_1\tau_p l_i\;e^{js\omega_d t} \tag{7.6}$$

$$\underline{U}_{2hg}=\frac{1}{\sqrt{2}}(2-s)\,\omega_d\,\frac{2}{\pi}\hat{B}_1\tau_p l_i\;e^{j(2-s)\omega_d t}. \tag{7.7}$$

die beide die zugehörigen Rotorstromkomponenten im Mitsystem $I_{2m}=f(s\omega_d)$ bzw. Gegensystem $I_{2g}=f((2-s)\omega_d)$ in den Rotorwicklungen antreiben.

7.1.3 Drehmomentbildung

Das Drehmoment der Einphasen-Wechselstrommaschine entsteht durch Wechselwirkung der einzelnen Drehfeld- und Rotorstromkomponenten. Zur Bestimmung kann man wieder die Felddichtewelle des Wechselfeldes

$$\underline{B}_w=\frac{\hat{B}_m}{2}e^{j\omega_d t}+\frac{\hat{B}_g}{2}e^{-j\omega_d t}. \tag{7.8}$$

und die durch die Spannungsinduktion erzeugten Rotorstrombelagswellen

$$\begin{aligned} \underline{I}_2 &= \underline{I}_{2m} + \underline{I}_{2g} \\ &= I_{2m} e^{j(\omega + s\,\omega_d)t} + I_{2g} e^{j(\omega-(2-s)\omega_d)t} \\ &= I_{2m} e^{j\omega_d t} + I_{2g} e^{-j\omega_d t} \end{aligned} \quad 7.9$$

die sich durch die Rotorbewegung mit ω und die Schlupfkreisfrequenz in ihren Bestandteilen wieder synchron mit dem Mit- bzw. Gegendrehfeld bewegen. Damit lassen sich die bekannten Drehmomentformeln für die Drehfeldmaschine auch hier für das Mit- und Gegenmoment anwenden. Das innere Drehmoment bestimmt sich dann aus der Luftspaltleistung beider Teilmaschinen

$$M = \frac{P_\delta}{\Omega_d} = \frac{P_{\delta m} + P_{\delta g}}{\Omega_d} = -\frac{3}{\Omega_d} \mathrm{Re}\left\{\underline{U}_{2h} \underline{I}_2^*\right\}. \quad 7.10$$

Der Einfachheit halber wird das Drehmoment mithilfe der komplexen Zeigerdarstellung ermittelt. Ein resultierendes Drehmoment entsteht durch Interaktion der Induktionswelle mit der Rotorstrombelagswelle, die auch durch den induzierten Rotorhauptfeldspannungszeiger und den Rotorstromzeiger ausgedrückt werden können.

$$M = -\frac{3}{\Omega_d} \mathrm{Re}\left\{\left(U_{2hm} e^{j(\omega_d t + \varphi_u)} + U_{2hg} e^{-j(\omega_d t + \varphi_u)}\right)\left(\left(I_{2m} e^{-j(\omega_d t + \varphi_i)} + I_{2g} e^{j(\omega_d t + \varphi_i)}\right)\right)\right\} \quad 7.11$$

Das asynchrone Drehmoment entsteht durch Interaktion der jeweiligen Induktionswelle mit der zugehörigen Rotorstrombelagswelle und ist im stationären Fall konstant mit:

$$M = -\frac{3}{\Omega_d}\left(U_{2hm} I_{2m} + U_{2hg} I_{2g}\right)\cos\left(\varphi_u - \varphi_i\right). \quad 7.12$$

Zusätzlich entstehen noch Pulsationsmomente M_p durch das Zusammenwirken der jeweiligen Felddichtewelle mit der dazu entgegengesetzt laufenden Rotorstrombelagswelle.

$$M_p = -\frac{3}{\Omega_d}\left(U_{1hm} I_{2g} + U_{2hg} I_{2m}\right)\cos\left(2\omega_d t + \varphi_u - \varphi_i\right) \quad 7.13$$

Die Pulsationsmomente sind im Mittel Null und damit nicht am nutzbaren Leistungsumsatz beteiligt. Die Frequenz des pulsierenden Moments entspricht der doppelten Drehfeldfrequenz. Die vorstehenden Gleichungen gelten für die Effektivwerte der Stranggrößen.

7.1.4 Bauformen und Betriebsverhalten

Einphasenmaschinen lassen sich mit und ohne Hilfswicklung realisieren, sie unterscheiden sich allerdings dann in ihrem Drehmoment-Schlupf-Verhalten.

Einphasenmaschine ohne Hilfswicklung

Zunächst soll eine Einphasenmaschine ans Wechselstromnetz gebracht werden. Basierend auf der Zerlegung eines Wechselfeldes in zwei gegensinnig rotierende Drehfelder wird das Ersatzschaltbild beginnend mit den hauptfeldrelevanten Größen aufgeteilt, vgl. ▶Abbildung 7.3.

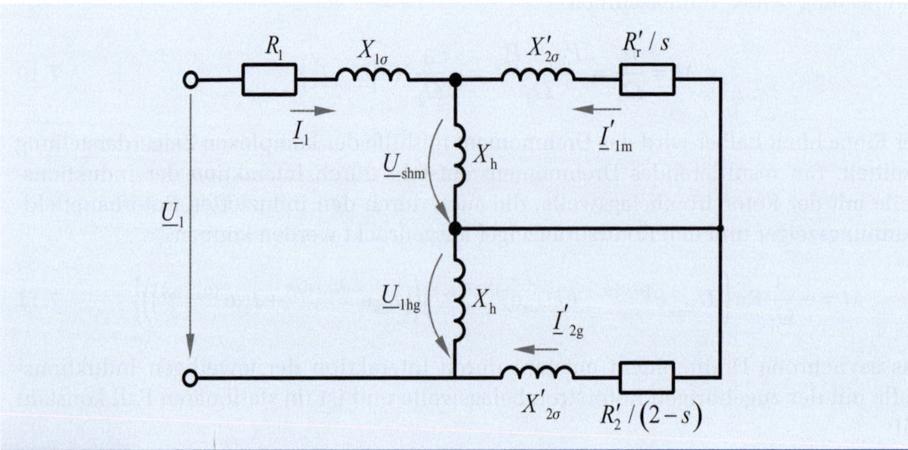

Abbildung 7.3 Ersatzschaltbild einer Einphasen-Wechselstrommaschine

Die Statorspannung setzt sich dann aus der Summe der Hauptfeldspannungen beider Teildrehfelder und dem statorseitigen Spannungsabfall zusammen:

$$\underline{U}_1 = (R_1 + jX_{1\sigma})\underline{I}_1 + \underline{U}_{1hm} + \underline{U}_{1hg} \qquad 7.14$$

Die beiden Ersatzrotorkreise berücksichtigen die durch Bezug auf die Statorseite entstehenden unterschiedlichen schlupfabhängigen Rotorwiderstände mit

$$0 = \left(\frac{R'_2}{s} + jX'_{2\sigma}\right)\underline{I}'_{2m} + \underline{U}_{1hm} \qquad 7.15$$

$$0 = \left(\frac{R'_2}{(2-s)} + jX'_{2\sigma}\right)\underline{I}'_{2g} + \underline{U}_{1hg} \qquad 7.16$$

Bezeichnet man nun den Schlupf des Rotors zum Mitfeld bzw. Gegenfeld mit $s_1 = s$ bzw. $s_2 = 2-s$, so lassen sich die Luftspaltleistungen der beiden Drehfeldmaschinen mit

$$P_{\delta m} = \frac{R_2}{s} I_{2m}^2, \quad P_{\delta g} = -\frac{R_2}{2-s} I_{2g}^2 \qquad 7.17$$

angeben. Das resultierende Drehmoment ergibt sich aus beiden Luftspaltleistungen der Polpaarzahl p und der elektrischen Statorkreisfrequenz Ω_1 zu

$$M = \frac{p\left(P_{\delta m} + P_{\delta g}\right)}{\Omega_1} = \frac{pR_2}{\Omega_1}\left(\frac{I_{2m}^2}{s} - \frac{I_{2g}^2}{2-s}\right). \qquad 7.18$$

Zurückkommend auf die Kloss'sche Beziehung kann man die veränderte Netzspannungsaufteilung auf Mit- und Gegensystem in einem reduzierten Kippmoment des jeweiligen Drehfeldes berücksichtigen, sodass gilt:

$$M = \frac{2M_k}{s/s_k + s_k/s} \cdot \left(\frac{U_{1m}}{U_N}\right)^2 - \frac{2M_k}{(2-s)/s_k + s_k/(2-s)} \cdot \left(\frac{U_{1g}}{U_N}\right)^2. \qquad 7.19$$

Sind Mit- und Gegenspannungskomponenten betragsmäßig gleich, so erhält man die in ▶Abbildung 7.4 gezeigte Drehmoment-Schlupfkennlinie.

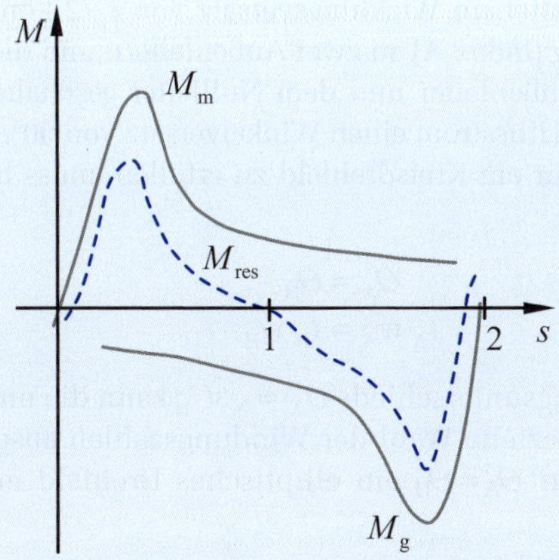

Abbildung 7.4 Resultierendes Drehmoment der Wechselstrommaschine

Die Kennlinie zeigt ein verschwindendes Anlaufmoment, denn bei Stillstand mit s=1 heben sich beide Teildrehmomente M_m und M_g genau auf. Durch die reduzierte Spannung auf 1/√3 reduziert sich das Kippmoment auf 1/3 gegenüber dem einer Drehfeldmaschine. Der Nachteil, nicht selbstständig anlaufen zu können, soll nun nachfolgend durch geänderte Schaltungen behoben werden.

Einphasenmaschine mit Hilfswicklung

Die Erweiterung der Einphasenmaschine mit einer Hilfswicklung hat zum Ziel, in bestimmten Arbeitspunkten, z. B. beim Anlauf ein Kreisdrehfeld zu erzeugen, um die damit verbundenen Vorteile zur Drehmomentbildung ausnutzen zu können.

Aus der komplexen Darstellung eines Kreisdrehfeldes und dessen Zerlegung in Real- und Imaginärteil nach

$$\underline{B} = \hat{B} \cdot e^{j\omega_d t} = \hat{B}\cos\omega_d t + j\hat{B}\sin\omega_d t \qquad 7.20$$

wird klar, dass die eingespeisten Wechselströme eine Phasenverschiebung von 90° el. aufweisen müssen und die beiden Wicklungen um eine halbe Polteilung zueinander räumlich versetzt angeordnet werden (90° bei p=1; 45° bei p=2), vgl. ▶Abbildung 7.5.

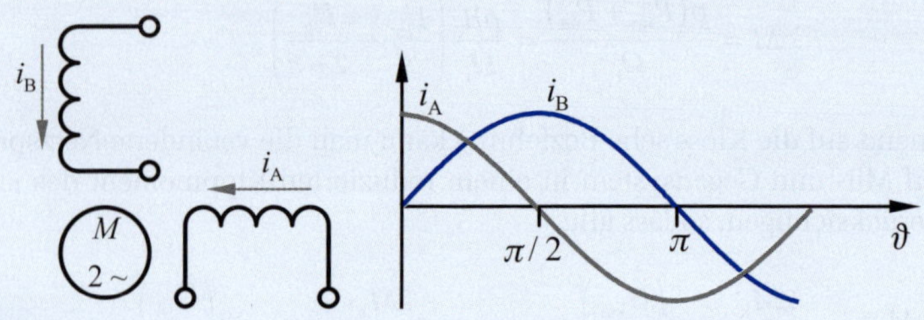

Abbildung 7.5 Maschine mit räumlich verteilten 90°-Wicklungen und zeitlich versetzten 90°-Wechselströmen

Zur Realisierung existieren mehrere Möglichkeiten:

- zweiphasiger Anschluss ans Drehstromnetz

  Bei vorhandenem räumlichem Wicklungsversatz von $\tau_p/2$ können nach ▶Abbildung 7.6 die Arbeitswicklung (Index A) an zwei Außenleitern und die Hilfswicklung (Index H) zwischen dem 3. Außenleiter und dem Nullleiter geschaltet werden. Man erhält zwischen Arbeits- und Hilfsstrom einen Winkelversatz von 90°, siehe ▶Abbildung 7.7. Um die Bedingungen für ein Kreisdrehfeld zu erfüllen, muss für die Durchflutungen gelten:

$$\Theta_A = \Theta_H$$
$$I_A\, w_A = I_H\, w_H . \qquad 7.21$$

  Aufgrund der Spannungsunterschiede $U_A = \sqrt{3}U_H$ kann die unterschiedliche Stromaufnahme nur durch gezielte Wahl der Windungszahlen ausgeglichen werden, ansonsten entsteht wegen $\Theta_A \neq \Theta_H$ ein elliptisches Drehfeld mit vermindertem Anlaufmoment.

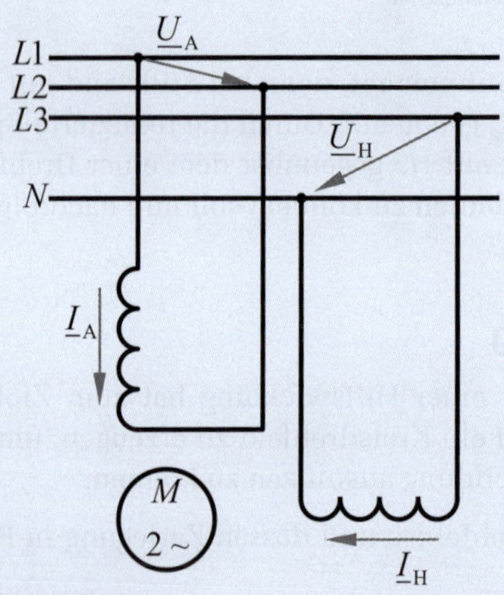

Abbildung 7.6 Zweiphasenmaschine mit Anschluss am Drehstromnetz

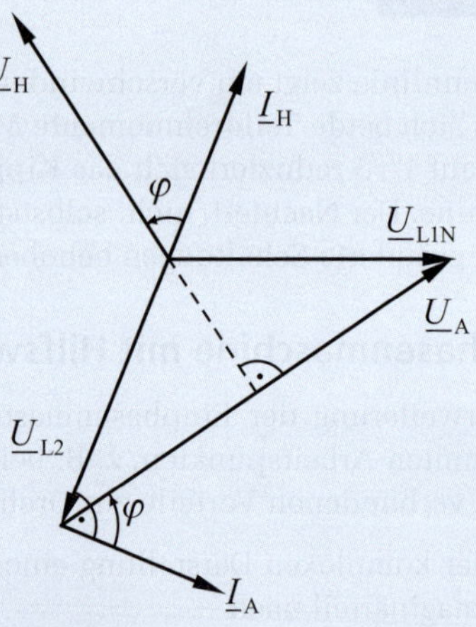

Abbildung 7.7 Zeigerbild für Arbeits- und Hilfswicklung

- einphasiger Anschluss mit Hilfskondensator

  Steht nur ein Wechselstromnetz zur Verfügung, so kann die Arbeitswicklung einphasig angeschlossen werden, während in den Hilfswicklungszweig ein Phasendrehglied eingefügt wird. Am effektivsten wirkt sich der Einsatz eines Kondensators aus, sodass der Hilfsstrom sich ergibt aus

$$\underline{I}_{\mathrm{H}} = \frac{\underline{U}_{\mathrm{A}}}{\underline{Z}_{\mathrm{H}} + \mathrm{j}X_{\mathrm{C}}}, \qquad 7.22$$

der damit gegenüber dem Arbeitsstrom $\underline{I}_A = \underline{U}_A / \underline{Z}_A$ eine Phasenverschiebung erfährt.

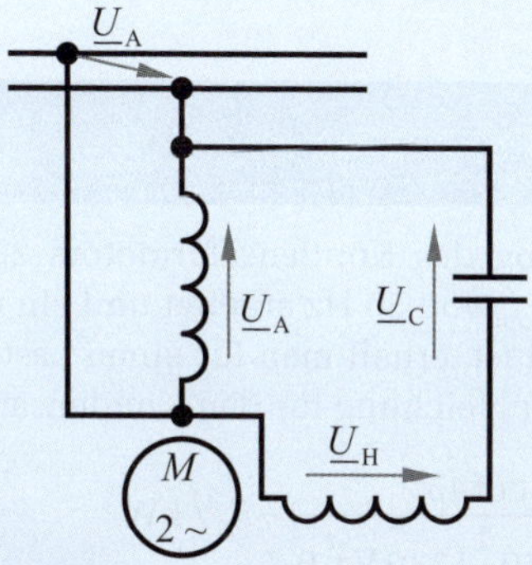

Abbildung 7.8 Zweiphasenmaschine mit Phasendrehglied im Hilfszweig

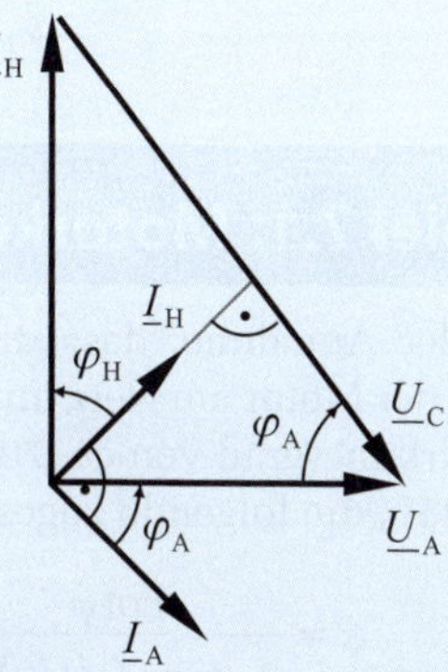

Abbildung 7.9 Spannungsdiagramm einer Zweiphasenmaschine mit phasendrehendem Hilfszweig

Mithilfe des Schaltbilds ▸Abbildung 7.8 und der Spannungsgleichung

$$\underline{U}_{\mathrm{A}} = \underline{U}_{\mathrm{H}} + \underline{U}_{\mathrm{C}} \qquad 7.23$$

ergibt sich das Zeigerdiagramm nach ▸Abbildung 7.9.

Für die beiden Ströme muss die Symmetriebedingung $\underline{I}_H \perp \underline{I}_A$ und sonst $\underline{U}_H \perp \underline{U}_A$ gelten. Bei Vernachlässigung ohmscher und induktiver Spannungsabfälle erhält man ein imaginäres Strom- und Spannungsübersetzungsverhältnis.

$$\frac{\underline{I}_{\mathrm{H}}}{\underline{I}_{\mathrm{A}}} = \mathrm{j}\ddot{u} = \ddot{u}^2 \frac{\underline{U}_{\mathrm{H}}}{\underline{U}_{\mathrm{A}}} \qquad 7.24$$

Mit der Kapazitätsspannung $\underline{U}_{\mathrm{C}} = \underline{I}_{\mathrm{H}} / (\mathrm{j}\omega_1 C)$ und Einsetzen in Gl. 7.24 lässt sich die Kapazität in Abhängigkeit von Arbeitsspannung und Arbeitsstrom bestimmen zu

$$C = \frac{\underline{I}_{\mathrm{H}}}{\mathrm{j}\omega_1 \left(1 - \frac{1}{\ddot{u}}\right) \underline{U}_{\mathrm{A}}} = \frac{\underline{I}_{\mathrm{H}}\, \ddot{u}}{\omega_1 \underline{U}_{\mathrm{A}} \left(1 - \frac{1}{\ddot{u}}\right)}. \qquad 7.25$$

Nach Ablesen der Phasenwinkelgleichheit von

$$\varphi_A = \angle\left(\underline{U}_A \underline{I}_A\right) = \angle\left(\underline{U}_C, \underline{U}_A\right) \qquad 7.26$$

sowie der Winkelbezeichnung für

$$ü = \frac{U_A}{U_H} = \frac{1}{\tan \varphi_A}, \qquad 7.27$$

lässt sich die komplexe Gleichung für die Kapazität umwandeln in:

$$C = \frac{U_A \cdot I_A \cdot \cos^2 \varphi_A}{\omega_1 U_A^2 \sin \varphi_A} = \frac{P_N \cdot \cot \varphi_A}{2\omega_1 U_A^2 \eta_N}. \qquad 7.28$$

Beispiel 7.1: Motorkondensator

Unter der Annahme, dass die Strangspannung des Kondensatormotors 230 V beträgt, der Motor am Netz mit einer Frequenz f_n von 50 Hz arbeitet und ein mittlerer Wirkungsgrad von ca. 70 % gerechtfertigt ist, erhält man für einen Lastwinkel $\varphi=45°$, die folgende zugeschnittene Größengleichung für den Kondensator:

$$C = \frac{\cot \varphi}{2 \cdot 2 \cdot \pi \cdot f_n \left(U_A\right)^2 \eta} P_N = \frac{\cot 45°}{2 \cdot 2 \cdot \pi \cdot 50 \frac{1}{s} \left(230\,\mathrm{V}\right)^2 0{,}7} P_N / \mathrm{kW}$$

$$= 43 \frac{\mu\mathrm{F}}{\mathrm{kW}}$$

Das Ergebnis wird nun für verschiedene Betriebsfälle diskutiert:

- Allgemeiner Kondensatormotor

  Gl. 7.28 bildet die Grundlage für eine Dimensionierungsgleichung für Kondensatormotoren mit

  $$C_N / \mu\mathrm{F} \approx 43 \ldots 47\, P_N / \mathrm{kW}.$$

  Die Phasenverschiebungen φ_A, φ_H sind abhängig vom Arbeitspunkt der Maschine, sodass das Phasendrehglied anzupassen ist.

- Betriebskondensator-Motor

  Die Symmetrierung im Nennpunkt führt zu einer Unsymmetrie im Anlaufpunkt und damit zur Reduktion des Anlaufmomentes. Um dennoch den Anlauf zu bewältigen, wird $C_B < C_N$ gewählt mit

  $$C_B / \mu\mathrm{F} \approx 25 \ldots 35 \cdot P_N / \mathrm{kW}.$$

- Anlaufkondensator-Motor

  Die Symmetrierung erfolgt für den Anlaufpunkt (s=1). Nach Erreichen einer Betriebsdrehzahl wird die Hilfsphase aufgetrennt.

Der Anlaufkondensator wird größer ausgelegt mit

$$C_{\mathrm{A}} \,/\, \mu\mathrm{F} \approx 100 \ldots 120 \cdot P_{\mathrm{N}} \,/\, \mathrm{kW}.$$

- Doppelkondensator-Motor

  Mit einer Parallelschaltung von zwei Kondensatoren mit ausgewählten Kapazitäten von

$$\frac{C_{\mathrm{A}}}{C_{\mathrm{N}}} = \frac{Z_{\mathrm{AN}}}{Z_{\mathrm{AK}}} \sqrt{1 + \frac{1}{\ddot{u}^2}} \qquad 7.29$$

  mit der Nennimpedanz Z_{AN} und der Kurzschlussimpedanz Z_{AK} kann sowohl der Anlauf als auch der Nennbetrieb unter annähernden Drehfeldbedingungen ablaufen.

Für Kleinmaschinen mit einem Leistungsfaktor $\cos\varphi < 0{,}7$ kann anstelle des Kondensators ein bifilar gewickelter Widerstand in die Hilfsphase als Phasendrehglied eingesetzt werden mit $R \approx \ddot{u} Z_{\mathrm{AK}}$.

Beispiel 7.2: Kondensatormotor

Es werden die Daten von zwei Kondensatormotoren mit unterschiedlicher Rotorausführung gegenübergestellt.

Tabelle 7.1: Daten für zwei Läuferausführungen eines Kondensatormotors

Kondensatormotor 235, 4-polig, 230 V / 50 Hz, Fa. Heidolph GmbH, offene Ausführung IP 00		
Läuferausführung	Alu-Läufer: 235-55-4	Legierungsläufer: 235-55-4
Aufnahmenennleistung	123 W	127 W
Abgabenennleistung	72 W	67 W
Nennstrom	0,57 A	0,59 A
Nennmoment	0,510 Nm	0,535 Nm
Anlaufmoment	0,235 Nm	0,380 Nm
Kippmoment	0,6 Nm	0,620 Nm
Nenndrehzahl	1350 min^{-1}	1200 min^{-1}
Leerlaufdrehzahl	1490 min^{-1}	1470 min^{-1}
Kondensator	4 µF / 400 V	4 µF / 400 V
Pakethöhe	55 mm	
Innendurchmesser	55 mm	
Außendurchmesser	75 mm	
Gesamtlänge (ohne Welle)	116,5 mm	

Wie aus dem Datenbeispiel leicht zu entnehmen ist, muss die Kennlinie des Kondensatormotors mit Legierungsläufer weicher ausfallen als die für den Aluminiumläufer. Anlauf- und Kippmoment sind etwas höher, da der ohmsche Widerstandsanteil an der Rotorimpedanz größer ist. Dafür ergeben sich im Nennpunkt deutlichere Vorzüge für den Aluminiumläufer mit einem Wirkungsgrad von 58 % gegenüber 53 %.

Spaltpolmotor

Im Spaltpolmotor werden zwei räumlich und zeitlich versetzte Wechselfelder erzeugt. Dies geschieht zum einen über eine Flussaufteilung über Haupt- und Spaltpol und zum anderen durch die transformatorische Wirkung des Teilflusses, der über den Spaltpol geht und in einer Ringwicklung einen Kurzschlussstrom erzeugt. Dieser treibt dann zusammen mit der Hauptdurchflutung das Spaltpolfeld an. ▶Abbildung 7.10 zeigt die asymmetrische Grundanordnung eines Spaltpolmotors.

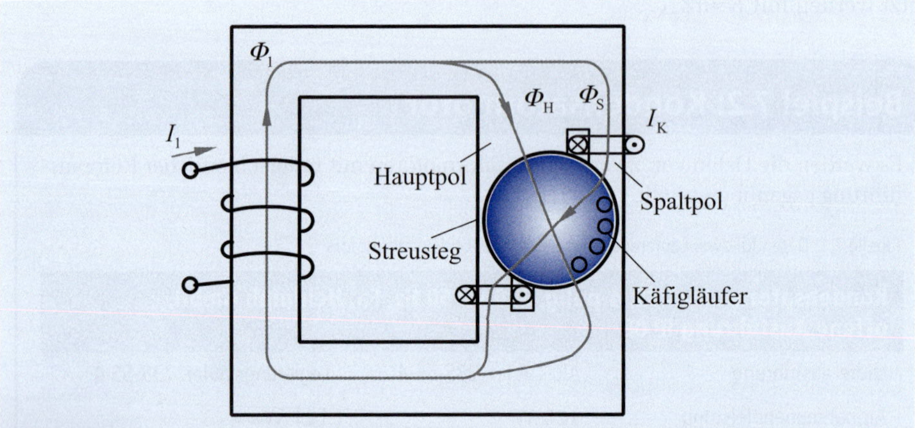

Abbildung 7.10 Aufbau eines Spaltpolmotors

Das Hauptwechselfeld wird durch einen einphasigen Netzanschluss aufgebaut mit der Wechseldurchflutung

$$\underline{\Theta}_1 = \underline{I}_1 w_1 \qquad 7.30$$

und ergibt sich aus der Statorspannung zu

$$\underline{\Phi}_1 = \frac{\underline{U}_1}{j\omega_1 w_1} \qquad 7.31$$

Dieser Fluss teilt sich dann auf in einen Hauptpol- und einen Spaltpolfluss, die beide über den Luftspalt auf den Käfigläufer übergehen, sowie einen Streufluss, der sich über die Streustege seitlich schließen kann. Die Gesamtflussbilanz lautet

$$\Phi_1 = \Phi_H + \Phi_S + \Phi_{1\sigma} \qquad 7.32$$

Der Spaltpolfluss durchsetzt die Kurzschlusswicklung im Spaltpol und induziert in dieser eine Hilfsspannung

$$\underline{U}_K = j\omega_1 \underline{\Phi}_S, \qquad 7.33$$

die den Kurzschlussstrom

$$\underline{I}_K = -\frac{\underline{U}_K}{\underline{Z}_K} \qquad 7.34$$

antreibt. Der Kurzschlussstrom der Spaltpolwicklung und der Statorstrom bauen zusammen die Spaltpoldurchflutung auf gemäß

$$\underline{\Theta}_S = w_1 \underline{I}_1 + w_S \underline{I}_K \qquad 7.35$$

Der vom Kurzschlussstrom angetriebene Teilfluss ergibt sich aus den magnetischen Verhältnissen des Flusspfades nach

$$\underline{\Phi}_K = \frac{\underline{I}_K}{R_{mHi}}. \qquad 7.36$$

Entscheidend für die Drehmomentbildung ist die Überlagerung beider Wechselfelder vom Hauptpol und vom Spaltpol zu einem Drehfeld. Da die beiden Felder jedoch weder räumlich senkrecht aufeinander stehen, noch einen zeitlichen Phasenversatz von 90° aufweisen, kann nur ein elliptisches Drehfeld entstehen mit dem räumlichen Feldwinkel ϑ zwischen Hauptpol- und Spaltpolfeld und dem Kurzschlusswinkel φ_K.

$$\underline{\Phi}_\delta = \frac{\hat{\Phi}_H}{2}\left(e^{j\omega_1 t} + e^{-j\omega_1 t}\right) + \frac{\hat{\Phi}_S}{2} e^{j\vartheta}\left(e^{j(\omega_1 t + \varphi_K)} + e^{-j(\omega_1 t + \varphi_K)}\right) \qquad 7.37$$

wobei das Hauptpolfeld dem Spaltpolfeld voraus eilt, vgl. ▶Abbildung 7.11.

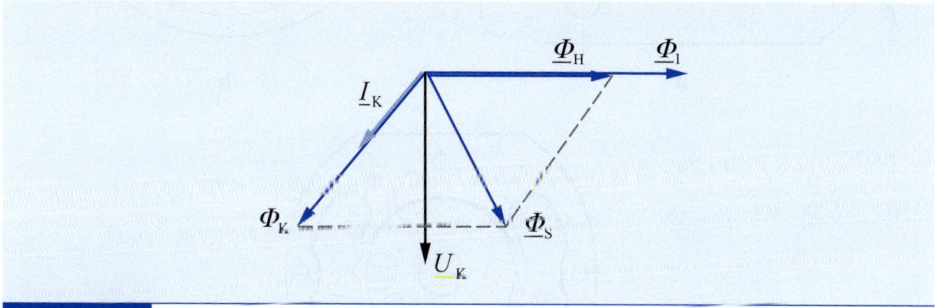

Abbildung 7.11 Zeigerbilder zur Drehfeldentstehung im Spaltpolmotor

Das Drehfeld bewegt sich immer in Richtung des Spaltpoles. Für eine Drehrichtungsumkehr muss eine zweite Spaltpolwicklung vorgesehen werden, wobei immer nur die aktive von beiden kurzgeschlossen ist.

Die Käfigwicklung im Spaltpol wird aus Aluminium im Druckgussverfahren hergestellt.

Für das Betriebsverhalten sind bereits kleine Details bei der Ausführung des Motors entscheidend.

Man unterscheidet folgende Bauformen:

- Asymmetrischer Schnitt (▶Abbildung 7.12a):
  - Joch- und Polbleche sind asymmetrisch ausgeführt,
  - trotz seitlicher Streubleche, die den Käfigläufer umgeben, ergibt sich große Streuung
  - Wirkungsgrad bleibt unter 15% und die Leistungen sind auf maximal 10 W begrenzt
- Symmetrischer Schnitt mit geteiltem Statorblech (▶Abbildung 7.12b):
  - verringerte Streuung
  - Wirkungsgrad bleibt unter 25%, daher für größere Leistungen bis 50 W geeignet
- Symmetrischer Schnitt mit einteiligem Statorblech (▶Abbildung 7.12c):
  - bester magnetischer Kreis, da geringste Streuung
  - Wirkungsgrad steigt auf 35%, deshalb für Leistungen bis 150 W angewendet

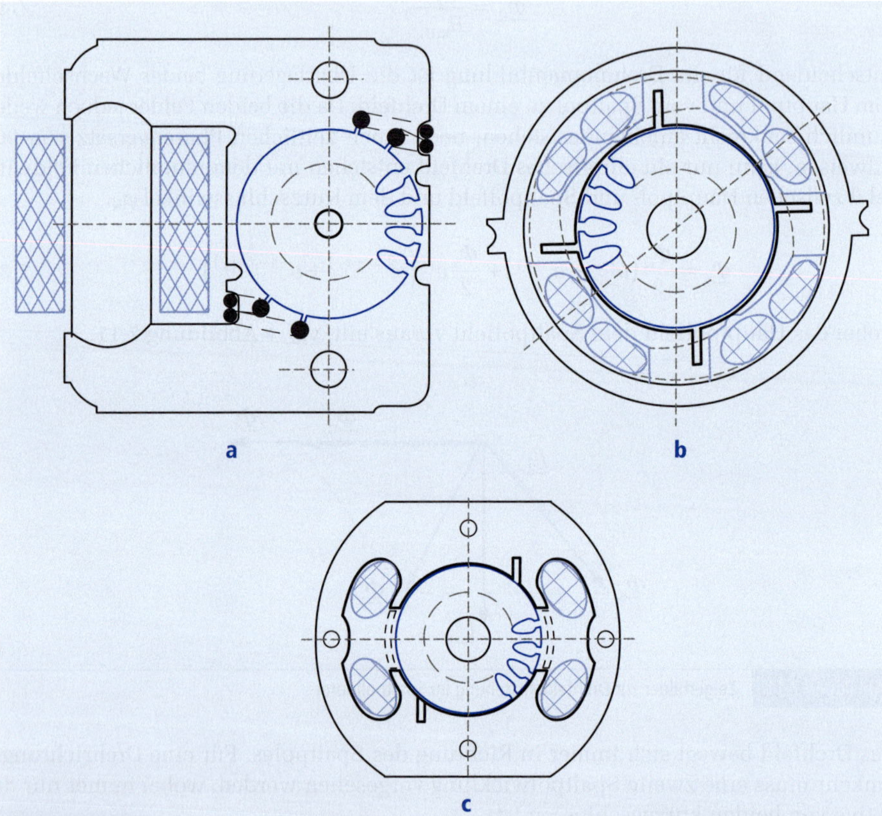

Abbildung 7.12 Bauformen von Spaltpolmotoren: a) asymmetrisch, b) symmetrisch geteilt, c) symmetrisch einteilig

Beispiel 7.3: Spaltpolmotor

Gezeigt werden die Nenndaten und Abmessungen eines Spaltpolmotors.

Tabelle 7.2: Daten eines Spaltpolmotors mit symmetrischem Statorschnitt

2-poliger Spaltpolmotor mit Kühlflügel, 230 V, 50 Hz, Fa. Heidolph GmbH, Kehlheim	
Aufnahmeleistung: 97 W	Nenndrehzahl: 2600 min^{-1}
Nennleistung: 29,4 W	Leerlaufdrehzahl: 2900 min^{-1}
Nennstrom: 0,77 A	Masse. 1650 g
Nennmoment: 10,8 Ncm	Abmessungen: 22 x 61 x 73,5 mm
Anlaufmoment: 8,0 Ncm	Außendurchmesser: 40 mm Innendurchmesser: 25 mm
Kippmoment: 14,2 Ncm	Pakethöhe: 60 mm

Die Existenz einer dritten Oberwelle durch die nichtsinusförmige abgeflachte Form des Lufspaltfeldes in der Größenordnung der Grundwelle bewirkt im Bereich mittlerer Drehzahlen Drehmoment-Einsattelungen, siehe ▶Abbildung 7.13.

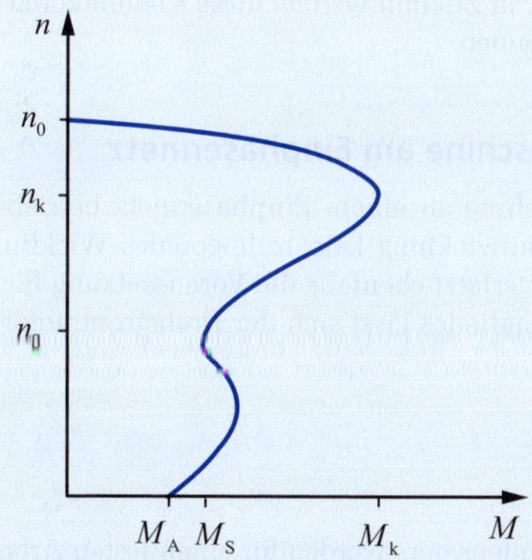

Abbildung 7.13 Drehzahl-Drehmoment-Kennlinie

Zur Drehzahländerung wird das Prinzip der Polumschaltung verwendet, indem zwei in einer Ebene angeordneten Primärwicklungen einmal gleichsinnig ($p = 1$) oder gegensinnig (p = 2) bestromt werden. Diese sogenannten Kreuzpolschaltung (▶Abbildung 7.14) verwendet symmetrische Statorschnitte.

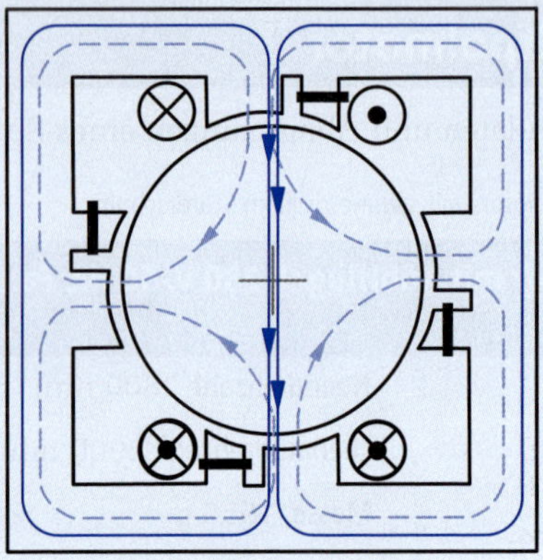

Abbildung 7.14 Drehzahlverstellbarer Spaltpolmotor

Zur Drehrichtungsumkehr bedarf es der Verwendung von zwei axial gegensinnig angeordneten Spaltpolmotoren, die nur für je eine Richtung aktiv sind.

Der schlechte Wirkungsgrad von unter 20 % beschränkt den Einsatz auf Kleinmotoren. Die Stückzahlen der gefertigten Spaltpolmotoren sind aber heutzutage noch sehr hoch. Die Einsatzfelder sind sehr vielfältig wie für Heizlüfter, Laugen- und Heizungspumpen, Ventilatoren, Lüftermotoren in Küchengeräten und Direktantriebe für Wäscheschleudern, Kühlaggregate und -gebläse, medizinische Geräte, Foto- und Phonogeräte, Projektoren und Druckmaschinen, Klappenverstellung, kleine Werkzeugmaschinen, Büromaschinen, Scanner, Ionisationsgeräte. In Zukunft werden diese Kleinmotoren durch effizientere EC-Motoren ersetzt werden können.

7.1.5 Drehstrommaschine am Einphasennetz

Soll eine Drehstrommaschine an einem Einphasennetz betrieben werden, ist durch die vorhandene Drehstromwicklung kein orthogonales Wicklungssystem vorhanden und die Stromaufnahme verletzt ebenfalls die Voraussetzung für die Drehfeldbildung. Mithilfe eines Phasendrehgliedes lässt sich der Drehstrommotor auch am Einphasennetz symmetrieren.

Steinmetzschaltung

- Betriebskondensator

  Beim Einsatz eines Kondensators werden für einen festen Arbeitspunkt Spannungen und Ströme symmetriert, vgl. ▸Abbildung 7.15a. Der zu einer Wicklung parallelgeschaltete Kondensator verschiebt den Strom durch diese Wicklung so weit, dass dieser mit den anderen Strangströmen ein Drehstromsystem bildet, siehe Zeigerbild ▸Abbildung 7.15b. Die Kondensatorspannung muss größer als die Speisespannung werden (Übererregung).

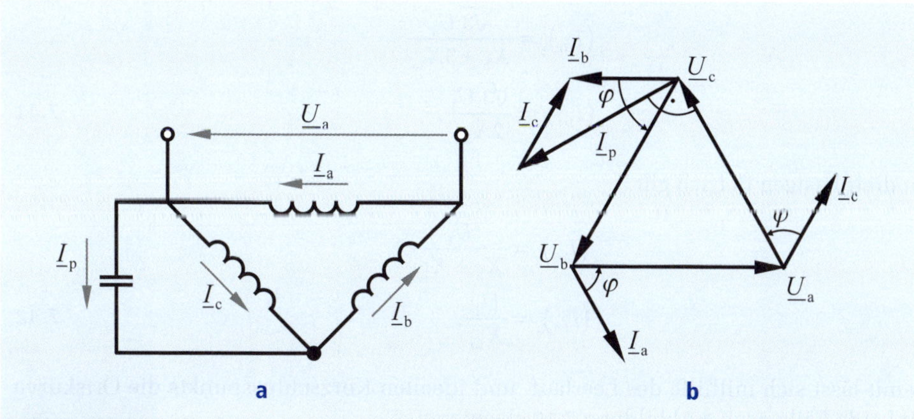

Abbildung 7.15 Wechselstromanschluss einer Drehstrommaschine: a) Steinmetzschaltung, b) Zeigerbild

- Betriebskondensator und Spartransformator

  Die über den Spartransformator verstellbare Spannung $ü>/<1$ gestattet die Anpassung der Spannung an den veränderlichen Leistungswinkel φ für $\varphi>/<60°$.

  Für den Kondensator ergibt sich

$$C = \frac{I_{Str}}{U_{Str}} \cdot \frac{\sin 2\varphi}{\omega}. \qquad 7.38$$

  Die Transformatorübersetzung ist nachführbar mit

$$ü = \frac{1}{2}\left(1 + \sqrt{3}\cot\varphi\right). \qquad 7.39$$

- RC-Glied

  Für einen Leistungswinkel $\varphi>60°$ muss die Kondensatorspannung kleiner als die Speisespannung werden (Untererregung). Für das RC-Glied ergibt sich

$$R = \frac{U_{Str}}{\sqrt{3}\, I_{Str}} \sin(\varphi - 60°)$$

$$C = \frac{\sqrt{3}\, I_{Str}}{\omega_1 U_{Str} \cos(\varphi - 60°)}. \qquad 7.40$$

Einphasenbetrieb eines Drehstrommotors

Im Fehlerfall kann es zur Unterbrechung einer Zuleitung kommen, sodass zwei Stränge in Reihe liegend mit der verketteten Spannung betrieben werden.

Gemäß Abbildung 7.4 gilt für den einphasigen Betrieb bei Vernachlässigung der Widerstände für $s=0$ bzw. $s=\infty$

$$(I_{10})_1 = \frac{\sqrt{3}\,U_1}{X_h + 3X_{1\sigma}}$$

$$(I_{1\infty})_1 = \frac{\sqrt{3}\,U_1}{2X_{1\sigma}}. \qquad 7.41$$

Im dreiphasigen Betrieb gilt

$$(I_{10})_3 = \frac{U_1}{X_h + X_{1\sigma}}$$

$$(I_{1\infty})_3 = \frac{U_1}{X_{1\sigma}}. \qquad 7.42$$

Damit lässt sich mithilfe des Leerlauf- und ideellen Kurzschlusspunkts die Ortskurve für beide Fälle nach ▶Abbildung 7.16 skizzieren.

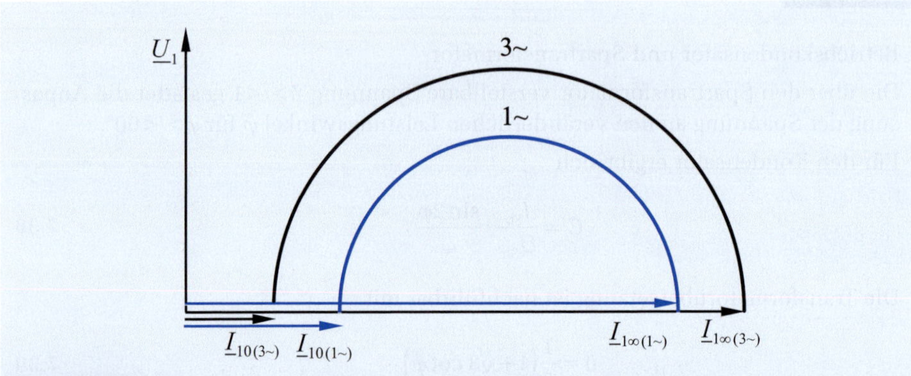

Abbildung 7.16 Stromortskurven bei ein- und dreiphasigem Betrieb

Diese zeigt, dass die idealisierte Stromortskurve für den 1-Phasenbetrieb innerhalb der des 3-Phasenbetriebs liegt, sodass gilt $I_{10(1\sim)} > I_{10(3\sim)}$ und $I_{1\infty(1\sim)} > I_{1\infty(3\sim)}$. D. h. im Leerlauf kann es bereits zu einer unzulässigen Erwärmung kommen, ohne dass der Betreiber es bemerkt.

7.2 Synchron-Kleinmaschinen

Zu den Synchron-Kleinmaschinen zählen Reluktanzmotoren, Permanentmagnetmotoren, Hysterese- und Schrittmotoren.

7.2.1 Permanentmagnet-Synchronmotor

Der permanentmagneterregte Synchronmotor, hier auch oft Magnetläufermotor genannt, vermeidet aufgrund der fehlenden Rotorwicklung die dort auftretenden Verluste, da an ihrer Stelle Permanentmagnete eingesetzt werden. Sie werden in einem Leistungsbereich von 4 ... 30 W eingesetzt und arbeiten am Wechselstromnetz mit einer Festdrehzahl von 3000 min^{-1}.

Aufbau

Der permanentmagneterregte Synchronmotor wird einphasig mit 2 Polen ausgeführt und von einem Wechselstrom gespeist, vgl. ▶Abbildung 7.17. Die Anordnung ist meist unsymmetrisch angefertigt, d. h. der Rotor wird vom Statorblech nur unvollständig eingeschlossen.

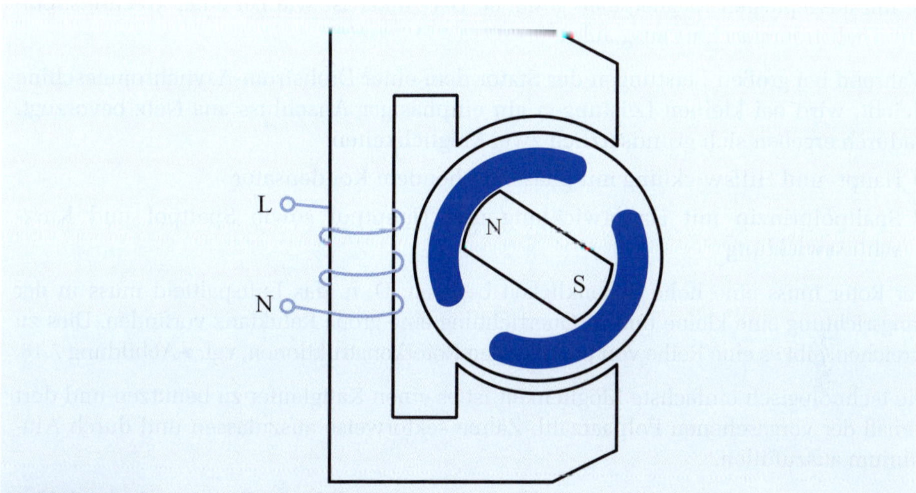

Abbildung 7.17 Permanentmagnet-Synchronmotor

Betriebsverhalten

Die Darstellung des Betriebsverhaltens kann anhand der Drehmoment-Polradwinkel-Kennlinie erfolgen. Sie entspricht einer Vollpolsynchronmaschine mit einem sinusähnlichen Drehmomentverlauf über dem Polradwinkel von 0° bis 90°. Der Kippwert wird bei 90° erreicht. In diesem Punkt ist auch die maximale Leistungsabgabe.

Problematisch ist der selbsttätige Anlauf, der innerhalb einer halben Umdrehung auf Synchrondrehzahl erfolgen sollte. Bei zu großem Last- oder Trägheitsmoment erreicht der Motor diesen Zustand nicht und wird nach einem Abbremsen in Gegenrichtung hochlaufen. Eine gewisse Anlaufhilfe kann erreicht werden, wenn der Motor eine Hilfsphase mit Anlaufkondensator erhält oder wenn eine Klauenpolanordnung gewählt wird.

Anwendung

Der PM-Synchronkleinmotor ersetzt zunehmend den Spaltpolmotor und wird bevorzugt eingesetzt als kleiner Pumpenmotor, im Haushalt als Laugenpumpe in Waschmaschinen und Geschirrspülern bzw. als Kondensatpumpe in Wäschetrocknern.

7.2.2 Synchrone Reluktanzmaschine

Aufbau

Die synchrone Reluktanzmaschine ist eine Schenkelpol-Synchronmaschine ohne Erregung des Polrades, vgl. auch Kapitel 6.7. Sie ist einseitig, meist auf der Rotorseite, schenklig mit ausgeprägten Magnetpolen gestaltet. Der Anker ist wie bei einer Wechselstrom- bzw. Drehstrommaschine ausgeführt.

Während bei großen Leistungen der Stator dem einer Drehstrom-Asynchronmaschine gleicht, wird bei kleinen Leistungen ein einphasiger Anschluss ans Netz bevorzugt. Dadurch ergeben sich grundsätzlich zwei Möglichkeiten:

- Haupt- und Hilfswicklung mit phasendrehendem Kondensator
- Spaltpolprinzip mit Hauptwicklung und Hauptpol sowie Spaltpol und Kurzschlusswicklung

Der Rotor muss eine hohe Schenkligkeit besitzen. D. h. das Luftspaltfeld muss in der Längsrichtung eine kleine und in Querrichtung eine große Reluktanz vorfinden. Dies zu erreichen, gibt es eine Reihe von praktikablen Rotorkonstruktionen, vgl. ▶Abbildung 7.18.

Die technologisch einfachste Möglichkeit ist es einen Käfigläufer zu benutzen und dort gemäß der vorgesehenen Polpaarzahl, Zähne sektorweise auszulassen und durch Aluminium auszufüllen.

Daneben existieren: segmentierte, axial laminierte und anisotrope Rotoren, die durch Einfügen zusätzlicher Flussbarrieren einschließlich Luftspalten einen größeren Unterschied zwischen Längs- und Querreaktanz ermöglichen.

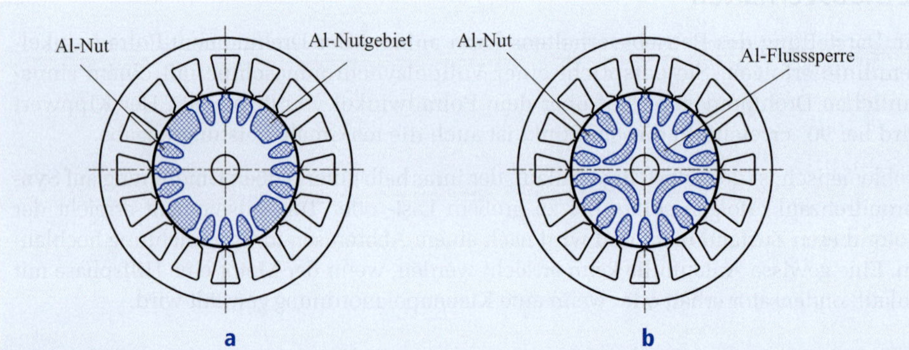

Abbildung 7.18 Rotoren für synchrone Reluktanz-Kleinmaschinen; a) Käfigläufer mit aufgefrästen Al-Nuten, b) Käfigläufer mit Flusssperren

Die Drehmomentausbeute wird jedoch begrenzt durch die technologischen Möglichkeiten zur weiteren Erhöhung der Schenkligkeit. Die Ausführung des Rotors als Käfigläufer erleichtert den Anlauf auf Grund des vorhandenen Anlaufkäfigs.

Wirkungsweise

Im stationären Betrieb wirkt eine mit synchroner Geschwindigkeit umlaufende Drehdurchflutung, die einen Luftspaltfluss antreibt, der je nach Rotorlage auf einen großen bzw. kleinen magnetischen Widerstand stößt.

Es stellt sich somit ein Synchronismus zwischen Drehfeld und Rotor ein. Durch das Luftspaltfeld entstehen je nach Induktivitätsaufkommen nur selbstinduzierte Spannungsabfälle, sodass gilt:

$$\underline{U}_1 = R_1 \cdot \underline{I}_1 + \mathrm{j}X_\mathrm{d} \cdot \underline{I}_\mathrm{d} + \mathrm{j}X_\mathrm{q} \cdot \underline{I}_\mathrm{q}. \qquad 7.43$$

Im Zeigerbild muss jetzt der ohmsche Spannungsabfall berücksichtigt werden, so dass sich ein etwas zu größeren Maschinen abweichendes Zeigerbild nach ▶Abbildung 7.19 ergibt.

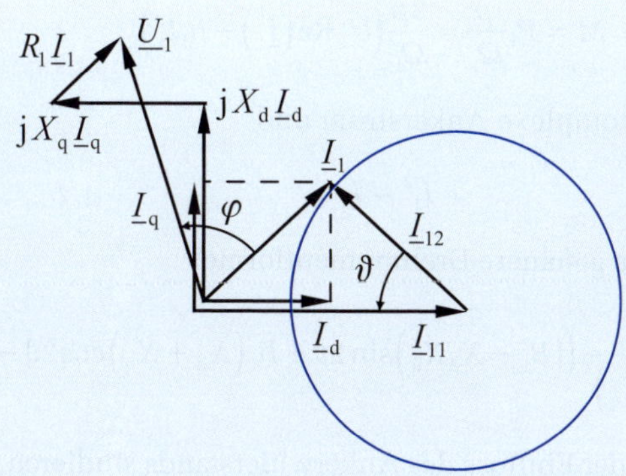

Abbildung 7.19 Zeigerbild der synchronen Reluktanzkleinmaschine

Drehmoment

Im stationären Betrieb ist das synchrone Reluktanzmoment maßgebend. Unter Vernachlässigung des Statorwiderstandes lautet es

$$M_\mathrm{rel} = -\frac{3}{2} p \frac{U_1^2}{\Omega_1} \left(\frac{1}{X_\mathrm{q}} - \frac{1}{X_\mathrm{d}} \right) \sin 2\vartheta. \qquad 7.44$$

Beachtet man, dass bei Kleinmaschinen der Statorwiderstand im Verhältnis zu den Synchronreaktanzen nicht mehr vernachlässigbar ist, ergeben sich die in ▶Abbildung 7.20 gezeigten Reduktionen von Kippmoment und Kipplastwinkel.

Die Rechnung kann jetzt analog zu der in Kapitel 6 für die Schenkelpol-Synchronmaschine durchgeführten erfolgen. Danach entfallen die Abhängigkeiten von der Polradspannung, dafür werden die Spannungsabfälle über dem Ankerwiderstand ergänzt. Die Spannungszeiger für die Längs- und Querrichtung ergeben sich zu

$$\begin{aligned} \underline{U}_\mathrm{d} &= -\mathrm{j}U_1 e^{\mathrm{j}\vartheta} \sin\vartheta = R_1\ \underline{I}_\mathrm{d} + \mathrm{j}X_\mathrm{q}\underline{I}_\mathrm{q} \\ \underline{U}_\mathrm{q} &= \quad U_1 e^{\mathrm{j}\vartheta} \cos\vartheta = \mathrm{j}X_\mathrm{d}\underline{I}_\mathrm{d} + R_1\ \underline{I}_\mathrm{q} \end{aligned} \qquad 7.45$$

woraus sich die Stromzeiger in Längs- und Querrichtung ermitteln lassen mit

$$\underline{I}_\mathrm{d} = \frac{R_1\underline{U}_\mathrm{d} - \mathrm{j}X_\mathrm{q}\underline{U}_\mathrm{q}}{R_1^{\,2} + X_\mathrm{d}X_\mathrm{q}} \tag{7.46}$$

$$\underline{I}_\mathrm{q} = \frac{R_1\underline{U}_\mathrm{q} - \mathrm{j}X_\mathrm{d}\underline{U}_\mathrm{d}}{R_1^{\,2} + X_\mathrm{d}X_\mathrm{q}}$$

Diese ergeben den Ankerstromzeiger zu

$$\underline{I}_1 = \underline{I}_\mathrm{d} + \underline{I}_\mathrm{q} = \frac{U_1}{2\left(R_1^{\,2} + X_\mathrm{d}X_\mathrm{q}\right)}\left(2\mathrm{R}_1 - \mathrm{j}\left(X_\mathrm{d} + X_\mathrm{q}\right) + \mathrm{j}\left(X_\mathrm{d} - X_\mathrm{q}\right)e^{\mathrm{j}2\vartheta}\right). \tag{7.47}$$

Nun kann das Drehmoment aus der Leistungsbeziehung mit der Luftspaltleistung bestimmt werden zu

$$M = P_\delta \frac{p}{\Omega_1} = \frac{3p}{\Omega_1}\left(U_1 \operatorname{Re}\left(\underline{I}_1^*\right) - R_1 I_1^2\right). \tag{7.48}$$

in den der konjugiert komplexe Ankerstrom und

$$I_1^{\,2} = \underline{I}_1 \underline{I}_1^*$$

einzusetzen ist und die genauere Drehmomentformel

$$M = \frac{3}{2} p \frac{U_1^2}{\Omega_1} \frac{X_\mathrm{d} - X_\mathrm{q}}{\left(R_1^2 - X_\mathrm{d}X_\mathrm{q}\right)^2}\left(\left(R_1^2 - X_\mathrm{d}X_\mathrm{q}\right)\sin 2\vartheta + R_1\left(X_\mathrm{d} + X_\mathrm{q}\right)\cos 2\vartheta - R_1\left(X_\mathrm{d} - X_\mathrm{q}\right)\right) \tag{7.49}$$

folgt. Hieran lässt sich der Einfluss des Ankerwiderstands studieren, wie in ▶Abbildung 7.20 gezeigt wird. Danach reduziert sich mit steigendem Widerstands-Reaktanz-Verhältnis $R_1/X_{d,q}$ die Amplitude und das Absolutglied für das motorische Drehmoment. Ferner verschiebt sich die Kurve leicht zu positiven Polradwinkeln, sodass der Absolutwert des Polradkippwinkels abnimmt.

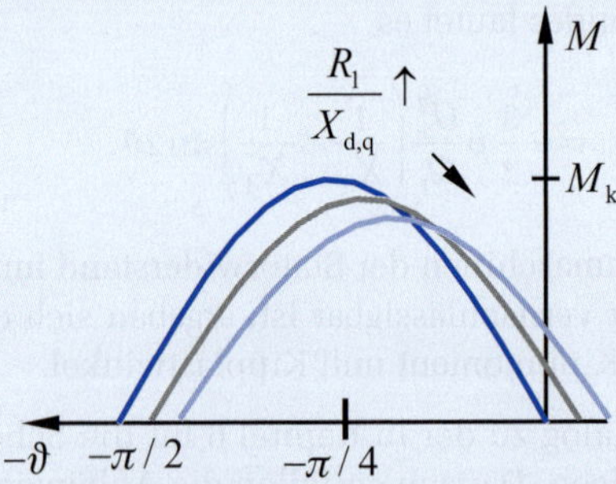

Abbildung 7.20 Motorische Drehmomentkennlinie unter Einfluss des Widerstands

Die betriebsabhängigen Kippwinkel lauten jetzt

$$\vartheta_{k1} = -\frac{1}{2}\arctan\left(\frac{X_d X_q - R_1^{\,2}}{R_1\left(X_d + X_q\right)}\right)$$

$$\vartheta_{k2} = \frac{\pi}{2} - \frac{1}{2}\arctan\left(\frac{X_d X_q - R_1^{\,2}}{R_1\left(X_d + X_q\right)}\right). \qquad 7.50$$

und sind betragsmäßig etwas kleiner als 45°.

Für den Reluktanzmotor lässt sich dann nach längerer Zwischenrechnung des Kippmoment angeben mit

$$M_{k1} = \frac{3}{2}\frac{pU_1^2}{\Omega_1}\frac{X_d - X_q}{\left(R_1^2 + X_d X_q\right)^2} \qquad 7.51$$

$$\left(\frac{R_1\left(X_d + X_q\right)}{\sqrt{1 + \dfrac{\left(R_1^2 - X_d X_q\right)^2}{R_1^2\left(X_d + X_q\right)^2}}} + \frac{\left(R_1^2 - X_d X_q\right)^2}{R_1\left(X_d + X_q\right)\sqrt{1 + \dfrac{\left(R_1^2 - X_d X_q\right)^2}{R_1^2\left(X_d + X_q\right)^2}}} - R_1\left(X_d - X_q\right)\right)$$

Beim Hochlauf entwickelt der Motor zusätzlich über den Rotorkäfig ein asynchrones Moment, das für einen asynchronen Hochlauf sorgt, bei dem der Rotor ab einer bestimmten Drehzahl in Tritt fällt.

Beispiel 7.4: Reluktanz-Kleinmotor

Nachfolgend sind die Nenndaten eines synchronen Reluktanzmotors zusammengestellt.

Tabelle 7.3: Daten eines Reluktanz-Kleinmotors

Drehstrom-Reluktanzmotor, Rel 80 L4, 1500 min^{-1}, 50 Hz, 400 V; Fa. EMOD Motoren GmbH	
Nennleistung: 0,55 kW	Außertrittfallmoment: 4,9 Nm
Nenndrehzahl: 1500 min^{-1}	Anzugsstrom: 11,52 A
Nennstrom: 2,4 A	Massenträgheitsmoment: 0,00165 kgm^2
Leistungsfaktor: 0,52	Masse: 10 kg
Wirkungsgrad: 64 %	Schutzart: IP 55
Nennmoment: 3,5 Nm	Kühlung: oberflächengekühlt
Anzugsmoment: 8,4 Nm	Wärmeklasse: F

7.2.3 Geschaltete Reluktanzmaschine

Aufbau

Die geschaltete Reluktanzmaschine besitzt stator- und rotorseitig eine ausgeprägte Polgeometrie (double salient motor), die durch den Wechsel annähernd gleichgroßer Zähne und Nuten charakterisiert sind. Die Statorzähne sind mit konzentrischen Spulen bewickelt, der Rotor ist unbewickelt. Dabei ist es für den Anlauf und die Drehrichtungsvorgabe wichtig, dass die Zähnezahl von Stator und Rotor verschieden ist. Üblich sind Statorzahn/Rotorzahn-Verhältnisse von 6/4, 8/6, 12/8. ▸Abbildung 7.21 zeigt eine Maschine mit einem 8/6-Blechschnitt.

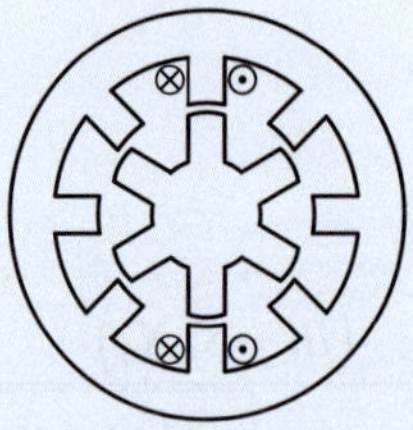

Abbildung 7.21 Zahn-Nut-Geometrie

Wirkungsweise

Der geschaltete Reluktanzmotor entwickelt sein Drehmoment durch die Änderung der magnetischen Energie. Ausgehend von einer vereinfachten Konfiguration nach ▸Abbildung 7.22 gilt für das Erregersystem unter Vernachlässigung des ohmschen Widerstandes mit

$$u \approx \frac{\mathrm{d}\psi}{\mathrm{d}t} \tag{7.52}$$

die Energiebilanz

$$\int_0^t u \cdot i \cdot \mathrm{d}t = \int_0^\psi i \,\mathrm{d}\psi \tag{7.53}$$

Die elektrische Energie kann nur der im Magnetfeld gespeicherten und der mechanischen Energie gleichgesetzt werden

$$\int_0^\psi i \,\mathrm{d}\psi = W_\mathrm{f} + W_\mathrm{m}. \tag{7.54}$$

Zieht man die Magnetisierungskennlinie als $\Psi(i)$ nach ▸Abbildung 7.22 hinzu, so erhält man für $\mathrm{d}i=0$, d. h. $i=$const. mithilfe der magnetischen Co-Energie

$$W_\mathrm{f}' = \psi i - W_\mathrm{f} \tag{7.55}$$

und

$$\mathrm{d}W_\mathrm{f}' = \psi \cdot \mathrm{d}i + M \,\mathrm{d}\alpha. \tag{7.56}$$

Abbildung 7.22 b-d zeigen die Energiebilanz vor, während und nach einer langsamen Lageänderung

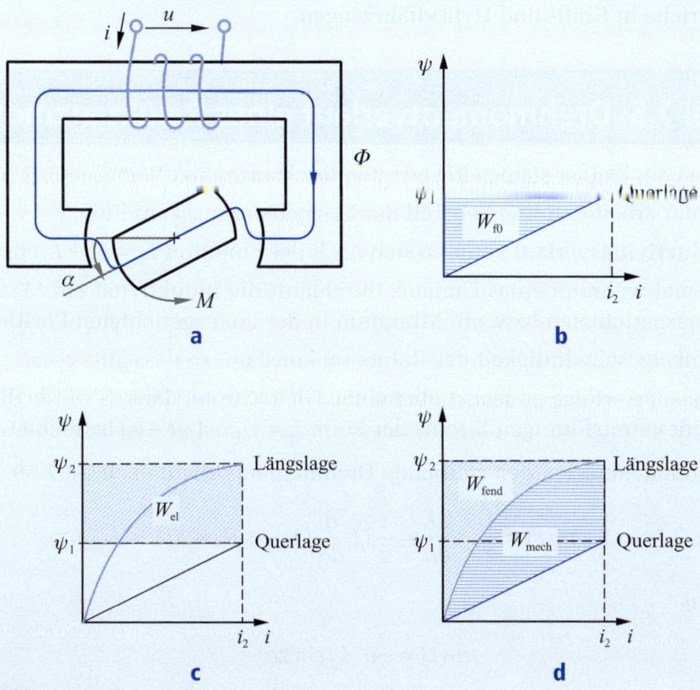

Abbildung 7.22 Einseitig erregte Reluktanzmaschine: a) Prinzip, b) Energieinhalt in Querlage, c) Energiezufuhr, d) Energieinhalt in Längslage

Für konstanten Strom folgt dann für das Drehmoment

$$M = \frac{\mathrm{d}W_\mathrm{f}'}{\mathrm{d}\alpha}\Big|_{i=\mathrm{const}}. \qquad 7.57$$

Im linearen Bereich ist über die magnetische Co-Energie

$$W_\mathrm{f}' = \int_0^i \psi\,\mathrm{d}i = \int_0^i L \cdot i\,\mathrm{d}i = \frac{1}{2} L \cdot i^2 \qquad 7.58$$

das Drehmoment abhängig von einer winkelabhängigen Induktivitätsänderung

$$M = \frac{1}{2}\, i\, \frac{\partial \psi}{\partial \alpha}\Big|_{i=\mathrm{const}} = \frac{1}{2}\, i^2\, \frac{\mathrm{d}L}{\mathrm{d}\alpha}. \qquad 7.59$$

Entscheidend für ein hohes Drehmoment ist somit eine große Änderung der Induktivität bei einem Poldurchlauf. Bei Einsatz eines speziellen Stromrichters wird der Strom in der bestromten Spule immer dann ab- und weitergeschaltet, wenn die im Magnetfeld gespeicherte Energie am größten ist. Im Vergleich zu anderen Motoren wie Asynchronmotoren hat der geschaltete Reluktanzmotor einen besseren Teillastwirkungsgrad, aber einen deutlich schlechteren Leistungsfaktor. Nachteilig ist ferner die hohe Geräuschentwicklung.

Zunehmend erfolgt die Herstellung kleiner geschalteter Reluktanzmotoren für einfache Hilfsantriebe in Kraft- und Hybridfahrzeugen.

Beispiel 7.5: Drehmomentverlauf eines Reluktanzmotors

Gegeben sei ein kleiner statorseitig erregter Reluktanzmotor. Vorausgesetzt wird:

- Der Motor arbeite im linearen Teil der Magnetisierungskennlinie.
- Der Induktivitätsverlauf verhalte sich nach der Funktion $L_1 = L_0 + L_2 \cos 2\alpha$, d. h. 2-mal während eines Umlaufs durchläuft die Induktivität ein Maximum in der ausgerichteten bzw. ein Minimum in der unausgerichteten Position.
- Die Winkelgeschwindigkeit des Rotors sei konstant, so dass gilt: $\alpha=\omega t$.
- Die Speisung erfolge zunächst über einen Gleichstrom, danach werde die Wirkung eines sinusförmigen Stroms der Form $i_1 = \hat{i}_1 \cos(\omega t + \varphi)$ betrachtet.

Wir berechnen zunächst den zeitlichen Drehmomentverlauf nach Gl. 7.59

$$m(t) = \frac{1}{2} i_1^2 \frac{\mathrm{d}L}{\mathrm{d}\alpha} = \frac{1}{2} i_1^2 \frac{\mathrm{d}}{\mathrm{d}\alpha}\left(L_0 + L_2 \cos 2\alpha\right)$$

und daraus

$$m(t) = -i_1^2 L_2 \sin 2\alpha$$

Das Drehmoment hat einen alternierenden Verlauf. Solange ein Gleichstrom eingespeist wird, ergibt sich für das mittlere Drehmoment mit

$$M = \frac{1}{T} \int_0^T m(t)\,\mathrm{d}t$$

bzw.

$$M = \frac{1}{2\pi} \int_0^{2\pi} m(\alpha)\,\mathrm{d}\alpha = \frac{1}{2\pi} \int_0^{2\pi} \left(-i_1^2 L_2 \sin 2\alpha\right) \mathrm{d}\alpha$$

$$= \frac{i_1^2 L_2}{4\pi} \cos 2\alpha \Big|_0^{2\pi} = 0$$

der Wert Null. Um ein nicht verschwindendes Nutzmoment zu erhalten, kann ein Wechselstrom eingespeist werden. Das mittlere Drehmoment ergibt sich dann zu:

$$M = \frac{1}{2\pi} \int_0^{2\pi} (-\hat{i}_1^2 \left(\cos(\alpha + \varphi)\right)^2 L_2 \sin 2\alpha)\,\mathrm{d}\alpha$$

$$= -\frac{\hat{i}_1^2 L_2}{2\pi} \int_0^{2\pi} \left(\frac{1}{2}\left(1 + \cos 2(\alpha + \varphi)\right) \sin 2\alpha\right) \mathrm{d}\alpha$$

$$= -\frac{\hat{i}_1^2 L_2}{2\pi} \int_0^{2\pi} \left(\sin 2\alpha + \frac{\sin 2(2\alpha + \varphi) - \sin 2\varphi}{2}\right) \mathrm{d}\alpha$$

Die Lösung und das Einsetzen der Periodenbegrenzung liefern schließlich

$$M = \frac{\hat{i}_1^2 L_2}{4\pi}\left(\cos 2\alpha + \frac{1}{4}\cos 2(2\alpha+\varphi) + \alpha \sin 2\varphi\right)\Bigg|_0^{2\pi}$$

$$= \frac{\hat{i}_1^2 L_2}{4\pi}\frac{2\pi}{2}\sin 2\varphi = \frac{\hat{i}_1^2 L_2}{4}\sin 2\varphi$$

Voraussetzung dafür, dass der Motor überhaupt ein Drehmoment entwickeln kann, ist durch die winkelabhängige Induktivität gegeben. Für die Erzeugung eines mittleren von Null verschiedenen Drehmoments ist ein Wechselstrom einzuspeisen. Dieser kann in seiner elektrischen Phasenlage in Bezug auf die Drehposition so eingestellt werden, dass das Drehmoment maximiert wird. Dazu ist dann ein Phasenwinkel von 45° notwendig. Die nachfolgenden Abbildungen in Tabelle 7.4 zeigen den Induktivitätsverlauf (a), den Drehmomentverlauf bei Gleichstrom (b) und bei Wechselstromspeisung (c) über der Rototorlage.

Tabelle 7.4: Strom- und Drehmomentverläufe: a) Statorinduktivität, b) Drehmoment bei Gleichstrom, c) Drehmoment bei Wechselstrom

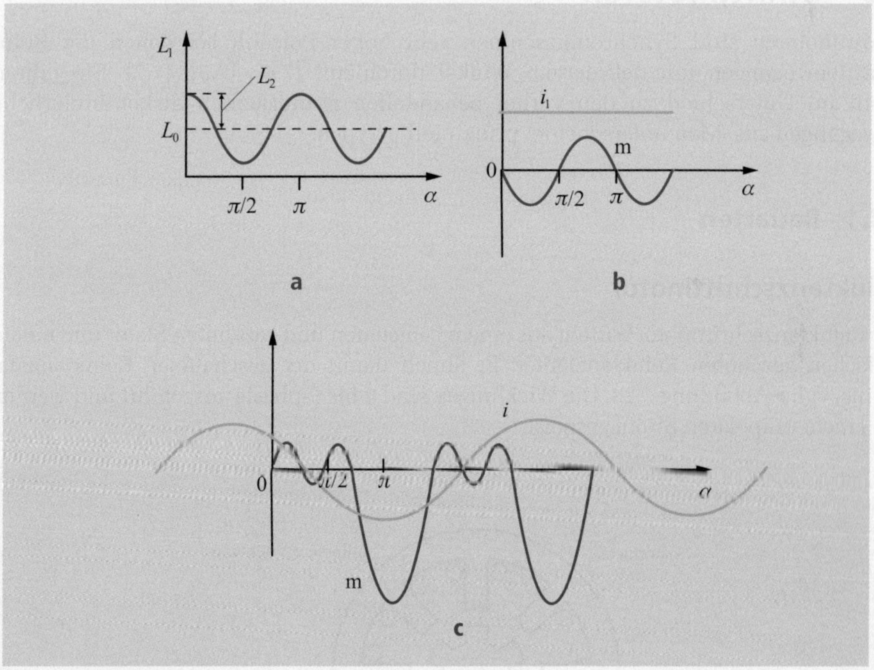

7.2.4 Hysteresemotor

Der Hysteresemotor ist ein synchron arbeitender Kleinmotor, der eine wechselstromgespeiste Statorwicklung besitzt, die zur Wechselfelderzeugung dient. Zur Erzeugung des für den selbsttätigen Anlauf notwendigen Drehfelds gibt es zwei Möglichkeiten:

- Spaltpolwicklung: Die kurzgeschlossene Spaltpolwicklung erzeugt seitlich vom Hauptpol ein räumlich und zeitlich zum Hauptfeld versetztes Spaltpolfeld.
- Hilfswicklung mit Phasendrehglied: Die räumlich um 90% versetzte Hilfswicklung wird mit einem phasenversetzten Strom gespeist, der durch einen Zusatzkondensator bereitgestellt wird.

Der Rotor trägt einen Permanentmagnetring mit einer geringen Koerzitivkraft, der durch das Hauptfeld ständig ummagnetisiert wird, solange Hauptfeld und Rotor asynchron laufen. Dieses Moment, das sich nahezu konstant über der Drehzahl entwickelt, sorgt dafür, dass der Rotor in den Synchronismus gezogen wird. Dann läuft der Motor wie ein Synchronmotor.

7.3 Schrittmotoren

Schrittmotoren sind Synchronmaschinen sehr hoher Polzahl, bei denen der Rotor Schrittbewegungen mit definiertem Winkel durchläuft [7.4], [7.5], [7.7]. Sie führen damit im Unterschied zu den vorher behandelten grundsätzlich diskontinuierliche Bewegungen aus. Man unterscheidet prinzipiell 3 Typen.

7.3.1 Bauarten

Reluktanzschrittmotor

Der Reluktanzschrittmotor besteht aus einem geblechten und gezahnten Stator und einem einfachen gezahnten Reluktanzläufer. Er ähnelt damit der geschalteten Reluktanzmaschine, vgl. ►Abbildung 7.23. Die Wicklungen sind 2 bis 5-phasig ausgeführt und werden mit einem unipolaren Strom gespeist.

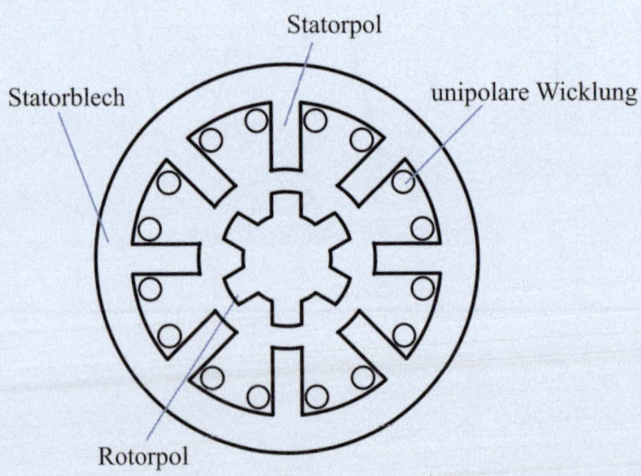

Abbildung 7.23 Aufbau eines Reluktanz-Schrittmotors

Üblich ist eine Anordnung, bei der die Magnetfeldgeschwindigkeit größer als die Rotordrehfrequenz ist, aber beide sich in einem festen Verhältnis zueinander befinden (Reduktor). Der Wirkungsgrad ist sehr niedrig, die Fertigung einfach. Die erreichbaren Haltemomente liegen bei 50 Ncm. Die Schrittfrequenzen reichen bis zu einigen Kilohertz.

Permanentmagnetschrittmotor

Den ausgeprägten elektrisch erregten Statorpolen stehen dauermagneterregte Rotorpole gegenüber. Dadurch lässt sich ein höheres Drehmoment einstellen, allerdings bewirkt dies eine gröbere Schritteinteilung. Die Baugrößen sind für Durchmesser zwischen 6 ... 20 mm typisch.

Andere Ausführungen bestehen aus mindestens 2 Statoren mit einfachen Ringwicklungen. Anstelle der Statorzähne treten jetzt Klauenpole, die jeweils im Wechsel das Magnetfeld ändern. Der Rotor trägt einen Ringmagneten. Die Wicklungsstränge sind teilweise bi- andere unipolar bestromt. Haltemomente bis zu 25 Ncm werden erreicht. Die Schrittfrequenz geht bis ca. 5 kHz. Es handelt sich technologisch gesehen um eine sehr einfache Lösung mit geringen bis mittleren Anforderungen an die Dynamik. Der Klauenpolschrittmotor findet vorrangig Anwendung in der Automobiltechnik sowie in der Gebäudeautomatisierung für Klima- und Heizanlagen.

Hybridschrittmotor

Kombiniert wird ein mit konzentrierten Wicklungen ausgestatteter Reluktanzstator mit einem axial magnetisierten, permanentmagnetischen Rotor, der von 2 verzahnten Polkappen umschlossen wird, siehe ▶Abbildung 7.24. Besonders bevorzugt werden 2-Strang- und 5-Strang-Schrittmotoren mit einer sehr hohen Schrittzahl pro Umdrehung aber im Niedrig-Drehzahlbereich gelegen. Die Polzahl liegt in der Regel bei 50. Die realisierten Baugrößen sind für Durchmesser größer 20 ... 25 mm geeignet.

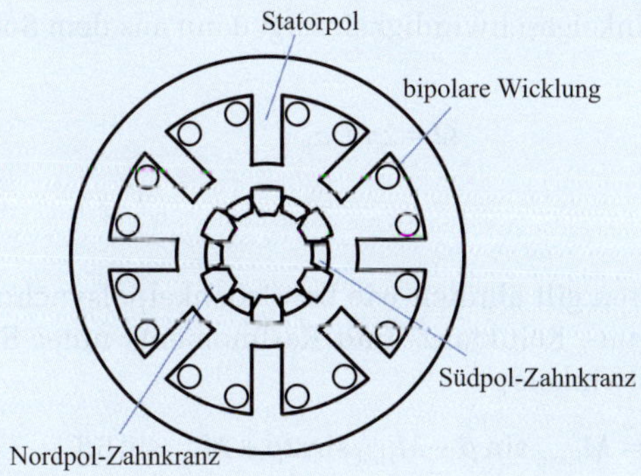

Abbildung 7.24 Aufbau eines Hybridschrittmotors

Der Hybridschrittmotor weist gegenüber den anderen Bauformen die günstigste Energieeffizienz auf. Haltemomente bis zu 100 Ncm sind üblich. Die Schrittfrequenzen reichen bis 40 kHz. In den kleineren Leistungsklassen werden Hybridschrittmotoren in Datenverarbeitungsgeräten wie Druckern und Scannern verwendet. Mit höheren Leistungen sind hochwertige Stellaufgaben in der Robotik und Fertigungstechnik realisierbar.

7.3.2 Betriebsverhalten

Grundsätzlich bestimmt die Bauart das spezifische Betriebsverhalten. Deshalb soll hier nur auf die Gemeinsamkeiten eingegangen werden. Zunächst werden einige motorspezifischen Grundbegriffe nach DIN 42021-2 eingeführt und ihre Berechnung erläutert:

- Die Schrittzahl z wird für die Anzahl der Schritte des Rotors für eine Umdrehung angegeben und berechnet sich aus der Magnetpolzahl $2p$ oder Rotorzähnezahl, der Phasenzahl der Statorstränge oder Magnetsystemzahl m und dem Betriebsmodus k (Vollschritt - 1, Halbschritt - 2, Mikroschritt - i) nach

$$z = 2p\,m\,k \qquad 7.60$$

- Der Schrittwinkel α_s, mit dem sich der Rotor weiterbewegt, berechnet sich aus der Magnetpolzahl $2p$ bzw. der Rotorzähnezahl bei Reluktanzmotoren, der Magnetsystemzahl m und dem Betriebsmodus k mit

$$\alpha_S = \frac{360°}{z} = \frac{360°}{2p\,m\,k} \qquad 7.61$$

- Die Schrittfrequenz f_S gibt die Schrittzahl pro Zeit an.

$$f_S = \frac{z}{t} \qquad 7.62$$

- Die mechanische Winkelgeschwindigkeit folgt dann aus dem Schrittwinkel und der Schrittfrequenz

$$\Omega = 2\pi\, f_S \alpha_S \qquad 7.63$$

Drehmoment

Für Hybridschrittmotoren gilt ähnlich wie bei Schenkelpolsynchronmaschinen unter Beachtung des Synchron-, Reluktanz- und Rastmoments unter Einführung des sognannten statischen Lastwinkels β

$$M = M_{\mathrm{Hsyn}} \sin\beta + M_{\mathrm{Hrel}} \sin 2\beta + M_{\mathrm{rast}} \sin 6\beta \qquad 7.64$$

Das Drehmoment verteilt sich pro Phase in Abhängigkeit vom statischen Lastwinkel β, vgl. ▸Abbildung 7.25. Dabei ist der Winkelbereich zwischen den Kippwinkeln β_{k+} und β_{k-} labil, da dort der Schrittmotor dem Lastmoment kein ausreichend großes und die Beschleunigung begrenzendes Gegenmoment mehr entgegensetzen kann.

In der Nullwinkelposition stehen sich zwei entgegengesetzte magnetische Stator- und Rotorpole gegenüber. In der Kippwinkelposition stehen die Pole genau auf Lücke, sind also unausgerichtet. Der negative Drehmomentbereich ist insofern unproduktiv, da hier eine Rückwärts-Schrittbewegung eingeleitet würde.

Der exakte Drehmomentverlauf richtet sich nach der Bauart des Schrittmotors.

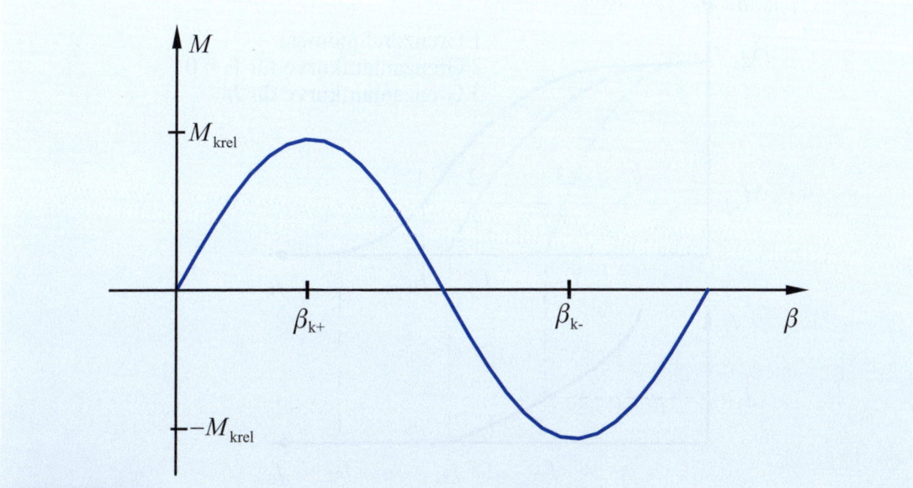

Abbildung 7.25 Drehmoment-Winkelverlauf für eine Phase und Schritt

Der maximal mögliche Winkel von 90° ergibt sich bei Schrittfrequenz null mit dem Kippmoment, das hier bei Schrittmotoren Haltemoment M_H genannt wird, vgl. auch ▶Abbildung 7.27.

Die Mehrphasigkeit und hohe Schrittzahl z gestattet es eine Überlagerung der mehrsträngigen und verschobenen Drehmomentkurven zu erreichen, sodass sich ein nahezu konstanter Drehmoment-Mittelwert einstellen lässt.

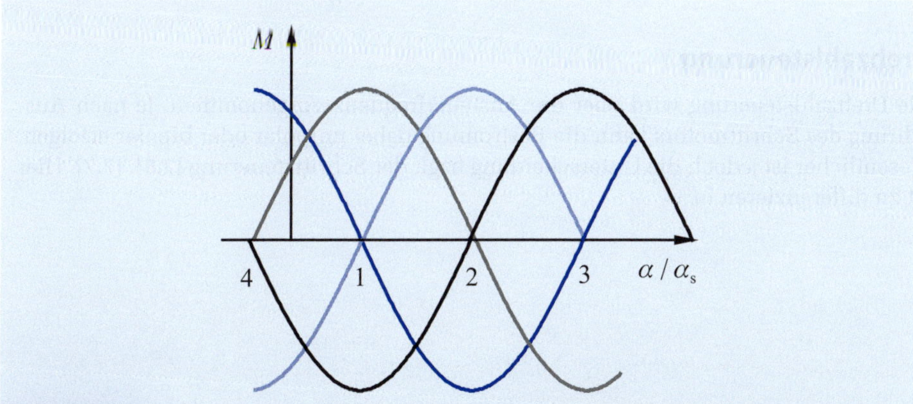

Abbildung 7.26 Drehmoment-Winkelverlauf bei hoher Schritt- und Phasenzahl

Das bei Schrittfrequenz Null definierte Haltemoment reduziert sich in Abhängigkeit der Schrittfrequenz. Insbesondere für den Start-Stopp-Betrieb ist auf eine Frequenzreduktion zu achten, die sich durch zusätzliche Trägheitsmomente weiter reduziert, vgl. Abbildung 7.27.

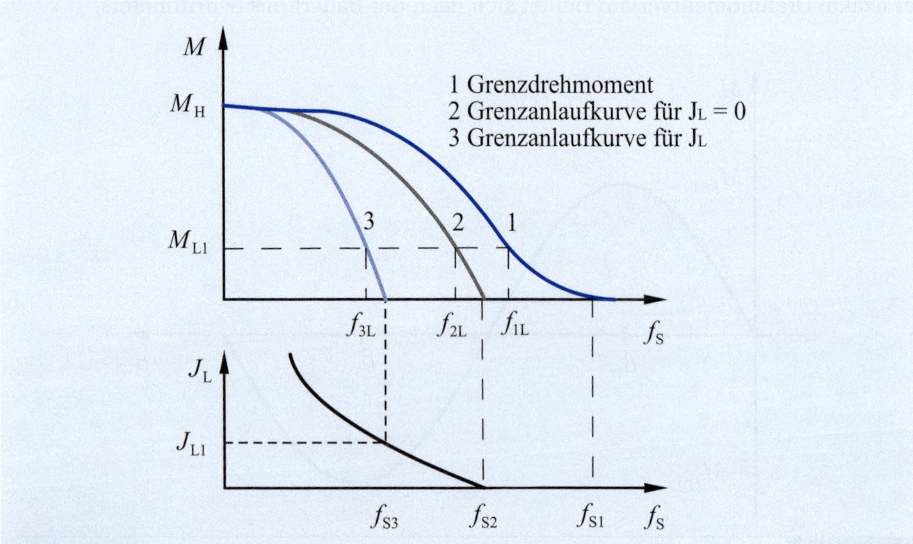

Abbildung 7.27 Schrittmoment und Schrittverlust

Für den Start-Stop-Betrieb des Schrittmotors mit Lastträgheit darf die Schrittfrequenz nicht rechts der Grenzanlaufkurve (3) liegen. Ohne Lastträgheit erhöht sich die zulässige Schrittfrequenz, da die Dynamik dann höher ist und der Schrittmotor der Steuerfrequenz trägheitsarmer folgen kann. Beide Grenzanlaufkurven sind zudem vom Lastmoment abhängig. Unter Wirkung des Lastmoments M_{L1} reduzieren sich die Leerlauf-Grenzschrittfrequenzen f_{S2} bzw. f_{S3} auf f_{2L} bzw. f_{3L}. Die absolute Drehmomentbegrenzung im laufenden Schrittbetrieb wird mit Grenzkurve 1 wiedergegeben.

Drehzahlsteuerung

Die Drehzahlsteuerung wird über die Ansteuerfrequenz vorgenommen. Je nach Ausführung des Schrittmotors kann die Bestromung dabei unipolar oder bipolar erfolgen. Wesentlicher ist jedoch die Unterscheidung bzgl. der Schrittsteuerung [7.5], [7.7]. Hier ist zu differenzieren in:

- Vollschritt-Steuerung:

  Mit dieser einfachsten Steuerart wird die elektromechanische Schrittauflösung erreicht und stets die volle Betriebsspannung an die Speisespule gelegt. Pro Vollschritt ergibt sich ein Schrittwinkel von

  $$\varphi_{el} = \frac{\pi}{m} k + \varphi_{el0} \qquad 7.65$$

  mit der Phasenzahl m. Bei bipolarer Ansteuerung gibt es noch Variationsmöglichkeiten ob eine oder m-1-Phasen angesteuert werden. Das bedeutet bei 3 Phasen könnte man entweder einen 1 aus 3 – oder 2 aus 3-Betrieb vornehmen und damit anstelle der $k\,60°$ Winkelpositionen die um 30° verschobenen $30° + k\,60°$ Stellungen bedienen.

- Halbschritt-Steuerung:

  Diese Art von Steuerung nutzt den zusätzlichen Freiheitsgrad des 2 aus 3-Betriebs aus und kombiniert beide Betriebsweisen so dass jetzt k 30°-Winkelpositionen einstellbar sind. Mit einer Kombination aus Voll- und Halbschrittbetrieb können die abweichenden Resonanzpunkte eines Schrittmotors für verschiedene Schrittfrequenzen ausgenutzt werden und eine Bereichsumschaltung der Steuerung vorgenommen werden.

- Mikroschritt-Steuerung:

  Diese innovativste Form der Steuerung gestattet es die Schrittauflösung nochmals drastisch zu erhöhen, indem eine abgestimmte Stromdosierung der Speisespulen vorgenommen wird. Es lässt sich damit nicht nur ein ruhiger Lauf bei kleinsten Drehzahlen erreichen, sondern es kann damit auch das Resonanzproblem bei Vollschrittsteuerung gänzlich vermieden werden. Nachteilig macht sich eine gewisse Drehmomentreduktion bemerkbar, die aber durch eine Stromnachjustierung ausgeglichen werden kann.

Schrittfehler

Schrittfehler entstehen beim Außertrittfall des Motors aus dem Synchronismus. Die Ursachen können sein:

- Überschreiten des Haltemoments im statischen Betrieb und damit Vergrößerung der Winkeldifferenz
- Überschreiten des Grenzdrehmoments bei zu hoher Schrittfrequenz
- Außertrittfall im dynamischen Betrieb

Nach Auftreten des Schrittfehlers kann der Motor diesen meist nicht mehr wettmachen. Entweder er bleibt sofort stehen oder läuft noch etwas nach. In jedem Fall muss ein Neustart erfolgen.

Beispiel 7.6: Schrittmotoren

Ausgewählt sind die Nenndaten und Parameter von zwei Schrittmotoren unterschiedlicher Bauweise.

Tabelle 7.5: Daten von Schrittmotoern

PM-Schrittmotor, PRECIstep AM2224-R3-ww-ee, Faulhaber	Hybridschrittmotor, VDRM 397/50 LHA Berger Lahr [7.8]
Nennspannung: 12 V	Nennspannung: 40 V
Nennstrom: 0,125 A	Haltestrom: 5,8 A
Haltemoment (zweiphasig): 22 mNm	Haltemoment: 1,7 Nm
Haltemoment (2-facher Nennstrom): 37 mNm	Kippdrehmoment: 0,915 Nm
Stromloses Haltemoment: 2 mNm	Nenndrehmoment: 0,5667 Nm
Vollschrittwinkel: 15 °	Reibdrehmoment. 40×10^{-3} Nm
Schrittwinkelgenauigkeit: ±10% Vollschritt	Polpaarzahl: 50
Gegenspannungsamplitude: 32,7 V/k Schritt/s	PM-Rotorfluss: $6{,}1 \times 10^{-3}$ Vs
Rotorträgheitsmoment: 253×10^{-9} kgm^2	Rotorträgheitsmoment. 110×10^{-6} kgm^2
Resonanzfrequenz: 100 Hz	Dämpfungskonstante: 4×10^{-3} Nms/rad
Masse: 50,5 g	Widerstand: 0,45 Ω
Länge: 30,9 mm	Längsinduktivität 2,85 mH
Durchmesser: 17 mm	Querinduktivität: 2,75 mH
Phasenwiderstand: 75 Ω	
Phaseninduktivität (1 kHz): 65,6 mH	

7.4 Kommutator-Kleinmaschinen

Kommutator-Kleinmaschinen sind von Aufbau und Speisung im Grundsatz mechanisch kommutierende Gleichstrommotoren, die aber durchgehend mit einem permanentmagnetischen Erregerfeld arbeiten.

7.4.1 Aufbau

Stator

Der Stator von Gleichstrom-Kleinmotoren trägt die Permanentmagneten (▶Abbildung 7.28a) zur Erzeugung des Erregerfelds und sorgt mit seinem Joch für den Feldrückschluss. Die Anordnung kann für mehrpolige Erregerfelder ausgeführt werden (▶Abbildung 7.28b). Die Permanentmagnete sind direkt am Luftspalt angebracht. In Verbindung mit sehr einfachen Anwendungen wie Spielzeugmotoren, kann der Permanentmagnet auch als zweipolig magnetisierter Ringmagnet aufgebaut sein (▶Abbildung 7.28c).

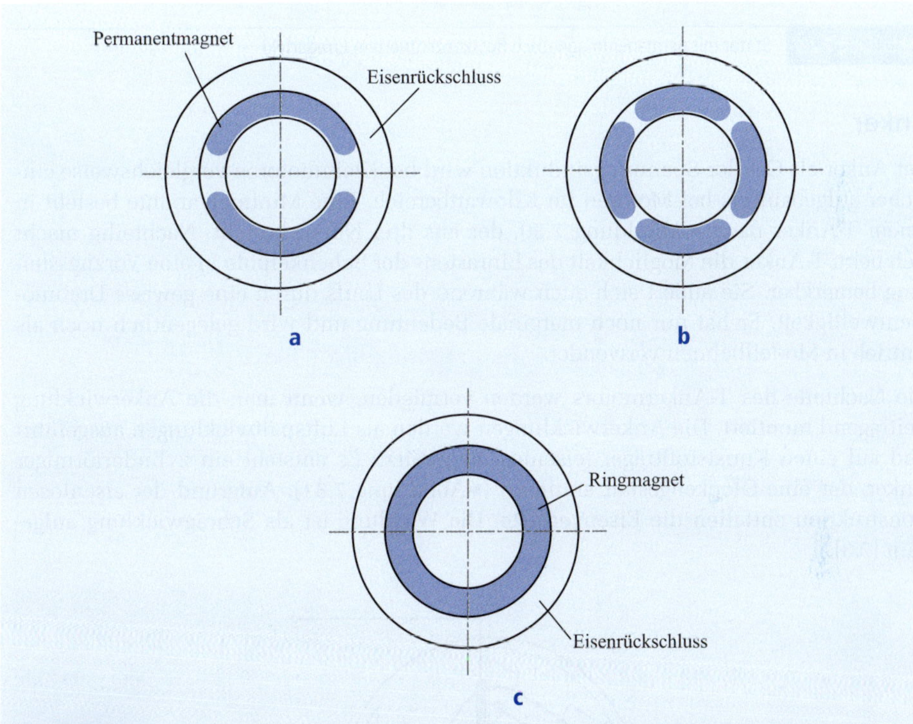

Abbildung 7.28 Statorbauformen von Gleichstrom-Kleinmotoren, a) zweipoliger Permanentmagnet, b) mehrpoliger Permanentmagnet, c) Ringmagnet

Kommen energieärmere Permanentmagnete zum Einsatz wie Ferrite, so kann das Prinzip der Flusskonzentration verwendet werden, das in ▶Abbildung 7.29 gezeigt ist. Das wird durch Zwischenschaltung einen Magnetpols zwischen zwei Permanentmagnete erreicht.

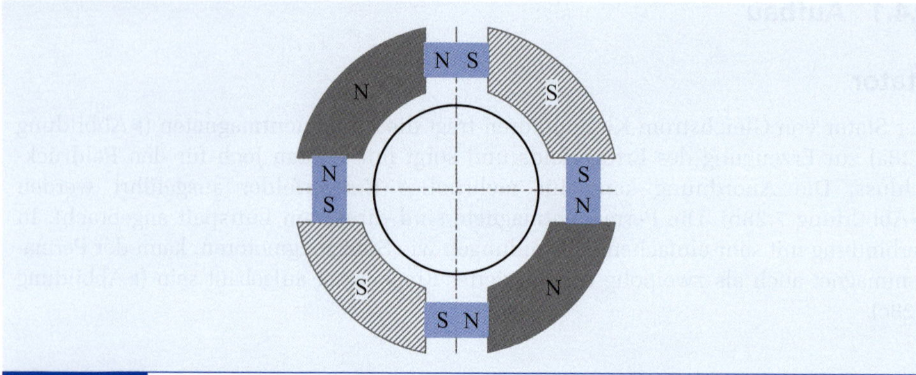

Abbildung 7.29 Stator mit permanentmagnetisch flusskonzentriertem Erregerfeld

Anker

Der Anker als Ort der Spannungsinduktion wird bei Kleinmotoren vergleichsweise einfacher aufgebaut als bei Motoren im Kilowattbereich. Eine Minimalvariante besteht in einem T-Anker nach ▶Abbildung 7.30, der aus drei Nuten besteht. Nachteilig macht sich beim T-Anker die Möglichkeit des Einrastens der Schenkelpole in eine Vorzugsstellung bemerkbar. Sie äußert sich auch während des Laufs durch eine gewisse Drehmomentwelligkeit. Er hat nur noch marginale Bedeutung und wird gelegentlich noch als Antrieb in Modellbahnen verwendet.

Die Nachteile des T-Ankermotors werden vermieden, wenn man die Ankerwicklung freitragend montiert. Die Ankerwicklungen werden als Luftspaltwicklungen ausgeführt und auf einen Kunststoffträger (eisenlos) abgestützt. Es entsteht ein zylinderförmiger Anker, der eine Glockengestalt annimmt (▶Abbildung 7.31). Aufgrund der eisenlosen Konstruktion entfallen die Eisenverluste. Die Wicklung ist als Schrägwicklung aufgebaut [7.3].

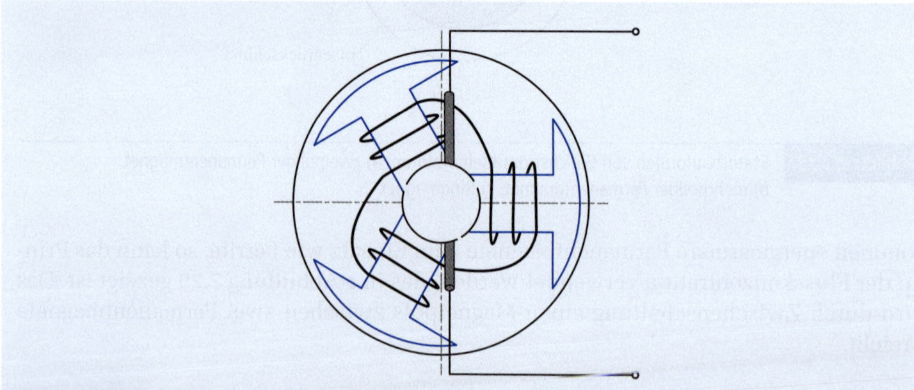

Abbildung 7.30 T-Anker

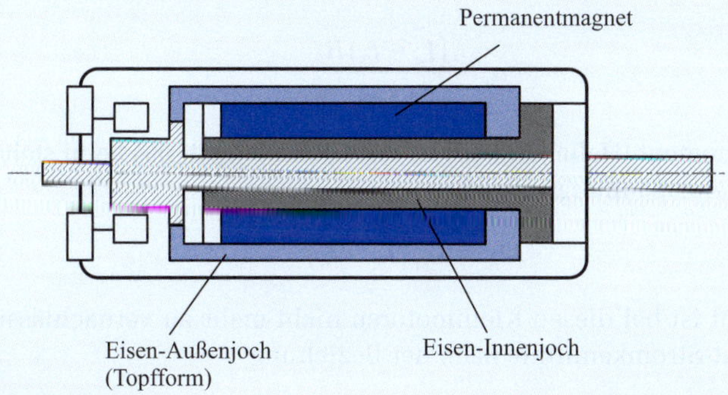

Abbildung 7.31 Glockenanker

7.4.2 Betriebsverhalten

Das Betriebsverhalten von Gleichstromkleinmotoren entspricht exakt dem der bereits besprochenen Gleichstrommaschinen größerer Leistung. Für die Beschreibung werden allerdings einfache Parameter herangezogen [7.5]. Diese sind insbesondere:

- Spannungskonstante: Sie beschreibt, wie die Spannung mit steigender Drehzahl zunimmt.
- Stromkonstante: Bezeichnet wird damit das Verhältnis von Motorstrom und Drehmoment.
- Stillstandsmoment: Das ist das Drehmoment, was zum Abbremsen des Ankers benötigt wird.

In einem Betriebskennlinien-Diagramm nach ▸Abbildung 7.32 lassen sich lastabhängig der linear abnehmende Drehzahlverlauf, die linear zunehmende Stromaufnahme, die Abgabeleistung und der Wirkungsgrad darstellen. Es fällt dabei auf, dass der Wirkungsgrad bereits bei sehr kleiner Last ein Maximum durchläuft, während die Abgabeleistung erst bei wesentlich höheren Belastungen ihren Höchstwert erreicht.

Zur Berechnung der Betriebskennlinien sind folgende Formelzusammenhänge zu beachten:

Die Leerlaufdrehzahl bestimmt man aus Nennspannung, Haltestrom, Widerstand und Generatorspannungskonstante

$$n_0 = \frac{U_N - I_0 R}{k_E} \tag{7.66}$$

Der Stillstandsstrom (Haltestrom) ist der Strom, der bei Stillstand des Motors fließt und ist deshalb zu berechnen aus

$$I_{St} = \frac{U_N}{R} \tag{7.67}$$

Somit ergibt sich die Leerlaufdrehzahl auch aus

$$n_0 = \frac{\left(I_{\text{st}} - I_0\right) R}{k_{\text{E}}}. \tag{7.68}$$

Das Stillstandsmoment (Haltemoment) ist das Drehmoment, das beim stehenden Motor bei angelegter Nennspannung auftritt

$$M_{\text{St}} = k_{\text{M}} \left(I_{\text{St}} - I_0\right) \tag{7.69}$$

Das Reibmoment ist bei diesen Kleinmotoren nicht mehr zu vernachlässigen, so dass die Drehmoment-Stromkennlinie nach der Beziehung

$$M = k_{\text{M}} \left(I - I_0\right) \tag{7.70}$$

berechnet wird und der Strom dann bei bekanntem Reibmoment bestimmt werden kann mit

$$I = \frac{1}{k_{\text{M}}} \left(M + M_{\text{R}}\right). \tag{7.71}$$

d. h. zur Erzeugung eines Nutzdrehmoments muss bereits ein gewisser Ruhestrom zur Überwindung des Reibmoments aufgebracht werden.

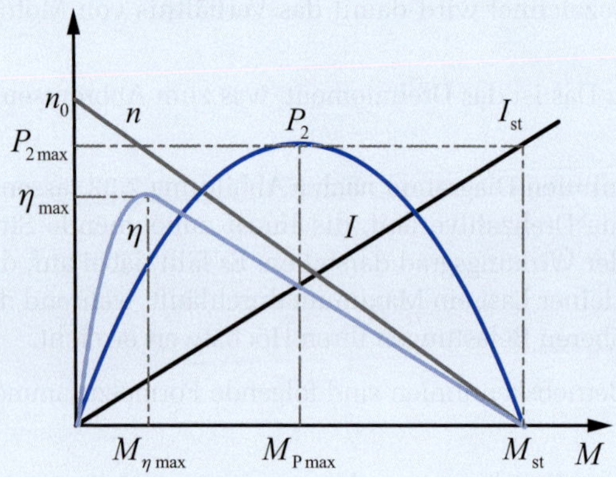

Abbildung 7.32 Lastabhängige Betriebskennlinien

Nachfolgend sollen einige wichtige Motorkennlinienpunkte berechnet werden:

Beispiel 7.7: Gleichstrom-Kleinstmotor

Aus den oben angegebenen Kennwerten eines Gleichstrom-Kleinstmotors sollen die Verläufe und Extremwerte der mechanischen Abgabeleistung und des Wirkungsgrads ermittelt werden.

a Abgabeleistungskennline und Maximalleistungspunkt

Die Drehzahl-Drehmoment-Kennlinie nach Abbildung 7.32 kann sehr einfach mit einer linearen Funktion beschrieben werden.

$$n = n_0 - \frac{n_0}{M_{St}} M$$

werden. Für die mechanische Leistung erhält man mit

$$P_2 = 2\pi M\, n$$
$$= 2\pi \left(M\, n_0 - \frac{n_0}{M_{st}} M^2 \right)$$

eine quadratische Gleichung, die einem Extremwert aufweist. Diesen kann man ermitteln durch Differenzieren der Leistung nach dem Drehmoment und Nullsetzen, also

$$\frac{dP_2}{dM} = n_0 - \frac{2n_0}{M_{st}} M = 0$$

sodass sich der Extremwert bei der Belastung

$$M_{Pmax} = \frac{M_{st}}{2}$$

einstellt. Dieser Wert wird eingesetzt in die Leistungs-Kennliniengleichung. Das ergibt mit

$$P_{2max} = 2\pi \left(\frac{M_{st}}{2} n_0 - \frac{n_0}{M_{st}} \frac{M_{st}^2}{4} \right) = 2\pi \frac{M_{st}}{4} n_0$$

Die rein mechanischen Größen lassen sich nun noch ersetzen durch elektrische Größen. Ersetzt werden die Leerlaufdrehzahl bzw. das Stillstandsmoment durch Gl. 7.66 bzw. Gl. 7.69, es folgt

$$P_{2max} = 2\pi \frac{1}{4} k_M \left(I_{st} - I_0 \right) \frac{U_N - R\, I_0}{k_E}$$

und Ersatz des Stillstandsstrom durch Gl. 7.67 folgt

$$P_{2max} = 2\pi \frac{k_M}{k_E} \frac{R}{4} \left(\frac{U_N}{R} - I_0 \right)^2$$

Nun ist noch zu klären, was der Quotient aus der Drehmoment- und Spannungskonstante eigentlich ausdrückt. Ein Rückgriff auf die Überlegungen aus Kapitel 3 ist sinnvoll. Danach gilt

$$k_{\mathrm{M}} = \frac{M}{I} = k\Phi_{\mathrm{E}}; \qquad k_{\mathrm{E}} = \frac{U_0}{n_0} = \frac{k\Phi_{\mathrm{E}}}{2\pi}$$

somit lautet die Maximalleistung

$$P_{2\max} = \frac{R}{4}\left(\frac{U_{\mathrm{N}}}{R} - I_0\right)^2$$

Dieses Ergebnis hätte man auch mit den Kenntnissen der Grundlagen der Elektrotechnik erhalten für den Fall der Anpassung für maximale Übertragungsleistung.

b Wirkungsgradkennlinie und Bestwirkungsgrad

Den Wirkungsgrad berechnet man aus dem Quotienten von abgegebener Leistung zu zugeführter Leistung

$$\eta = \frac{P_2}{P_1} = \frac{M 2\pi n}{U_N I} = \frac{M 2\pi \left(n_0 - \frac{n_0}{M_{\mathrm{st}}} M\right)}{U_{\mathrm{N}} I}$$

Der Strom wird durch Dreh- und Reibmoment nach Gl. 7.71

ersetzt, so dass

$$\eta = 2\pi \frac{n_0 k_M}{U_{\mathrm{N}}} \frac{M\left(1 - \frac{M}{M_{\mathrm{st}}}\right)}{M + M_{\mathrm{R}}}$$

Im nächsten Schritt werden Leerlaufdrehzahl und Nennspannung nach Gl. 7.68 und Gl. 7.67 ersetzt

$$\eta = = \cancel{2}\cancel{\pi} \frac{(I_{\mathrm{st}} - I_0)\cancel{R}}{I_{\mathrm{st}}\cancel{R}} \frac{\cancel{k}_{\mathrm{M}}}{\cancel{k}_{\mathrm{E}}} \frac{M\left(1 - \frac{M}{M_{\mathrm{st}}}\right)}{M + M_{\mathrm{R}}}$$

Schließlich lässt sich das Konstantenverhältnis $k_{\mathrm{E}}/k_{\mathrm{M}} = 2\pi$ anwenden und die Stromparameter durch Drehmomente ersetzen sowie eine Umordnung vornehmen.

$$\eta = \frac{M_{st}}{M_{st}+M_R}\frac{1-\dfrac{M}{M_{st}}}{1+\dfrac{M_R}{M}}$$

Die Ableitung des Wirkungsgrads ist Null zu setzen

$$\frac{d\eta}{dM} = -\frac{M^2+2M_R M - M_R M_{st}}{\left(M+M_R\right)^2\left(M_R+M_{st}\right)} = 0,$$

woraus sich das Drehmoment am Bestpunkt berechnet zu

$$M_{\eta opt} = \sqrt{M_R\left(M_{st}+M_R\right)}+M_R \approx \sqrt{M_{st}M_R},$$

wobei die oben angegebene Näherung wegen des verhältnismäßig kleinen Reibmoments zulässig ist.

Den Bestwirkungsgrad erhält man nach Einsetzen der Näherungslösung in die Wirkungsgradformel mit

$$\eta_{max} = \frac{M_{st}}{M_{st}+M_R}\frac{\left(1-\sqrt{\dfrac{M_R}{M_{st}}}\right)}{\left(1+\sqrt{\dfrac{M_R}{M_{st}}}\right)}$$

Alternativ kann der Rechengang auch über elektrische Größen erfolgen, indem die auftretenden Drehmomente durch Ströme ersetzt werden.

Die Wirkungsgradgleichung durch Ersatz von Ruhe- und Stillstandsmoment sowie der Drehmoment-Stromgleichung ergibt

$$\eta = \frac{I_{st}-I_0}{I_{st}}\frac{1-\dfrac{I-I_0}{I_{st}-I_0}}{1+\dfrac{I_0}{I-I_0}}$$

und bei der Extremwertbestimmung erhält man den Optimalstrom zu

$$I_{opt} = \sqrt{I_0 I_{st}}$$

bei dem der Wirkungsgrad dann maximal wird gemäß

$$\eta_{max} = \left(1-\sqrt{\frac{I_0}{I_{st}}}\right)^2$$

Die allgemein berechneten Punkte können aus den Betriebskennlinien nach Abbildung 7.32 abgelesen werden.

Nunmehr soll noch ein Zahlenbeispiel bei veränderten Betriebsparametern durchgerechnet werden, das sich auf die nachstehenden Beipieldaten bezieht.

Beispiel 7.8: Gleichstrom-Glockenläufermotor

Nachfolgend sind Nenndaten und Parameter eines Gleichstrom-Kleinmotors aufgeführt.

Tabelle 7.6: Daten eines Gleichstrom-Kleinmotors

Gleichstrom-Glockenläufermotor, Serie 1741 024 CXR, Fa. Faulhaber	
Nennspannung: 24 V	mechanische Anlaufzeitkonstante: 4,2 ms
Abgabeleistung: 5,03 W	Drehzahlkonstante: 310 min^{-1}/V
max. Wirkungsgrad: 79%	Generator-Spannungskonstante: 3,226 mV/min^{-1}
Leerlaufdrehzahl: 7200 min^{-1}	Drehmomentkonstante: 30,82 mNm/A
Anhaltemoment: 26,8 mNm	Stromkonstante: 0,032 A / mNm
Dauerdrehmoment: 7,7 mNm	Steigung der n-M-Kennlinie: 270 min^{-1}/mNm
Reibungsdrehmoment: 0,29 mNm	Rotorträgheitsmoment: 1,5 gcm^2
Leerlaufstrom: 0,009 A	Innen-/Außendurchmesser: 10 mm / 17 mm
Anschlusswiderstand: 26,9 Ω	Länge: 41,2 mm
Anschlussinduktivität: 600 μH	Max. Winkelbeschleunigung: 170 · 10^3 rad/s^2

Beispiel 7.9: Betriebswerte eines Gleichstrom-Kleinmotors

Von einem Gleichstrom-Glockenankermotor sind die im Beispiel 7.8 angegebenen Kennliniendaten bekannt. Der Motor soll mit einem Lastmoment von 6 mNm betrieben werden. Anstelle der angegebenen Nennspannung beträgt die verfügbare Spannung nur U_1=20 V. Alle neuen Werte werden mit dem Index 1 beziffert.

Zu überprüfen sind die Kennlinienwerte und Parameter des Motors unter den neuen Betriebsbedingungen.

Zunächst wird die Leerlaufdrehzahl bestimmt mit

$$n_0 = \frac{U_1 - I_0 R}{k_E} = \frac{20\text{V} - 0{,}009\text{A} \cdot 26{,}9\Omega}{3{,}236\,\text{mV/min}^{-1}} = 6105{,}66\,\text{min}^{-1}$$

Es folgt der Stillstandsstrom mit

$$I_{\text{st1}} = \frac{U_1}{R} = \frac{20\text{V}}{26{,}9\Omega} = 0{,}743\text{A}$$

sowie das Stillstandsmoment nach

$$M_{\text{st1}} = k_M \left(I_{\text{st1}} - I_0\right) = 30{,}82\,\text{mNm/A}\,(0{,}743 - 0{,}009)\,\text{A} = 22{,}62\,\text{mNm}$$

Damit hat sich das Stillstandsmoment auf etwa 84% gegenüber Nennspannung verringert und ist damit vergleichbar mit der Spannungsreduktion.

Die maximale Abgabeleistung

$$P_{2\max 1}=\frac{R}{4}\left(\frac{U_1}{R}-I_0\right)^2=\frac{26{,}9\Omega}{4}\left(\frac{20\text{V}}{26{,}9\Omega}-0{,}009\text{A}\right)^2=3{,}62\text{W}$$

ergibt sich bei dem halben Stillstandsmoment von

$$M_{\text{Pmax1}}=\frac{M_{\text{st1}}}{2}=\frac{30{,}82\,\text{mNm}}{2}=15{,}41\,\text{mNm}$$

Die maximale Abgabeleistung ist nunmehr auf 69% abgesunken, hier fällt die quadratische Abhängigkeit auf.

Zum Schluss wird noch der maximale Wirkungsgrad überprüft. Er tritt bei einem Drehmoment von

$$M_{\text{opt1}}=\sqrt{M_{\text{st1}}M_{\text{R}}}=\sqrt{30{,}82\cdot 0{,}29}\cdot\text{mNm}=2{,}98\cdot\text{mNm}$$

Damit wird der Bestpunkt bei einem etwas kleineren Drehmoment erreicht, dieser beträgt dann

$$\eta_{\max 1}=\left(1-\sqrt{\frac{I_0}{I_{\text{st1}}}}\right)^2=\left(1-\sqrt{\frac{0{,}009\text{A}}{0{,}743\text{A}}}\right)^2=0{,}791$$

und hat sich gegenüber der Speisung mit Nennspannung nur unwesentlich um 0,5% reduziert.

Am vorgegebenen Arbeitspunkt soll nun noch die Drehzahl ermittelt werden mit

$$n_1=n_{01}\left(1-\frac{M_1}{M_{\text{st1}}}\right)=6105{,}66\,\text{min}^{-1}\left(1-\frac{6}{22{,}62}\right)=4486\,\text{min}^{-1}$$

die abgegebene Leistung

$$P_{21}=2\pi n_1 M_1=2\pi\cdot 4486\cdot\text{min}^{-1}\cdot 6\text{mNm}=2{,}81\text{W}$$

und der Wirkungsgrad mit

$$\eta_1=\frac{M_{\text{st1}}}{M_{\text{st1}}+M_{\text{R}}}\frac{1-\dfrac{M_1}{M_{\text{st1}}}}{1+\dfrac{M_{\text{R}}}{M_1}}=\frac{22{,}62}{22{,}62+0{,}29}\frac{1-\dfrac{6}{22{,}62}}{1+\dfrac{0{,}009}{22{,}62}}=0{,}725$$

Vergleicht man diesen mit dem erreichbaren Wert bei 24 V-Speisung von 76,7 %, so ist ein Rückgang um 4% zu verzeichnen.

Zusammenfassung

Kleinmaschinen werden aufgrund ihres geringen Leistungsumsatzes am 230-V-Niederspannungsnetz oder an geringeren Kleinspannungen betrieben. Faktisch sind alle besprochenen Maschinenarten auch für den kleinen Leistungsbereich einsetzbar, jedoch unterscheiden sich Bauweise und Konstruktion teilweise erheblich von dem Grundaufbau. Dies liegt zum einen an dem reduzierten Platzbedarf sowie den geringen Stückkosten und zum anderen an einer Verschiebung der Prioritäten. Allerdings vollzieht sich gegenwärtig auch da ein Wandel hin zu energieeffizienteren Motorarten. Insbesondere für massenhaften Einsatz wie bei Heizungspumpen oder im Automotive-Bereich spielen wirkungsgradverbesserte Motoren eine zunehmend wichtige Rolle. Damit werden klassische Kleinmaschinen wie Gleichstrom-, Spaltpol- oder Schrittmotoren immer häufiger durch bürstenlose permanentmagneterregte Gleichstrommaschinen (BLDC) ersetzt werden.

Literatur

[7.1] Stölting, H.-D.; Kallenbach, E.: Handbuch elektrischer Kleinantriebe. Carl Hanser Verlag 2011

[7.2] Stölting, H.-D.; Beisse, A.: Elektrische Kleinmaschinen. Eine Einführung. Vieweg+Teubner 1987

[7.3] Bertollini, T.: Glockenankermotoren. Verlag Moderne Industrie. München. 2006

[7.4] Rummich, E.; Ebert, H.; Gfrörer, R.; Träger, F.: Elektrische Schrittmotoren und -antriebe. Expert-Verlag 2007

[7.5] Richter, C.; Servoantriebe kleiner Leistung. Wiley-VCH. 1993

[7.6] Yeadon, W.H.; Yaedon, A.W. Handbook of Small Electric Motors McGraw-Hill, 2001

[7.7] Acararnley, P.; Pegrenius, P.: Stepping motors: a guide to modern theory and practice, IEE 1984

[7.8] Aicher, P.: Winkelrekonstruktion und sensorlose Regelung von Hybridschrittmotoren. Dissertation 2004, TU München

[7.9] Langgassner, W.: Energieeffizienz elektrischer Antriebe in Haushaltgeräten. IfE-Schriftenreihe, Heft 45, TU München, Dissertation 2001.

[7.10] Stölting, H.-D.; Kallenbach, E.; Amrhein, W.: Handbook of Fractional-Horsepower Drives. Springer, Berlin 2010.

Linearmaschinen

8

ÜBERBLICK

» Unter dem Begriff Linearmaschinen fasst man elektromagnetische Energiewandler zusammen, die eine translatorische Bewegung ohne zusätzliche Bewegungswandler zulassen. Damit ordnet man sie den Direktantrieben zu. In ihnen ist die mechanische Bewegungsform auch mit einer entsprechenden linearen Bewegung des Magnetfelds verbunden. Daher werden diese Maschinen auch Wanderfeldmaschinen genannt.

Der Verzicht auf zusätzliche Übertragungsmechanismen (Zahnstange-Ritzel, Riemen-Kette, Spindel-Mutter) reduziert Reibung, vermeidet Elastizitäten und eliminiert Spiel im Antriebsstrang. Das kommt solchen Systemeigenschaften wie Dynamik und Positioniergenauigkeit zugute, wie sie besonders bei Stellantrieben gefordert werden. Nachteilig sind die höheren Anschaffungskosten für den Motor, geringere Schubkräfte und Wirkungsgrade, eine höhere Wärmeentwicklung in den aktiven Bauteilen und die auftretenden Anziehungskräfte zwischen den Motorhauptelementen. «

Maschinen, deren mechanisch bewegliches Element eine translatorische Bewegung erfährt, sind Linearmaschinen. Sie werden fast ausschließlich als Linearmotoren eingesetzt und können ohne Zwischenschaltung eines Getriebes direkte lineare Bewegungen erzeugen. Ihre Anwendungsgebiete sind Werkzeugmaschinen, Aufzüge und Förderantriebe sowie spurgebundene Fahrzeuge. Heutzutage werden nur asynchrone oder synchrone Linearmotoren hergestellt. Voraussetzung zur Erzeugung einer linearen Bewegung ist das Vorhandensein eines Wanderfeldes.

8.1 Aufbau

Die Linearmaschinen bestehen in einfachster, üblicher Ausführung ebenso wie die Rotationsmaschinen (Stator, Rotor) aus zwei Hauptelementen, dem Primärteil und dem Sekundärteil, vgl. ▶Abbildung 8.1.

Über das Primärteil erfolgt die elektrische Leistungszufuhr (Stromversorgung). Das Sekundärteil wird entweder passiv versorgt wie beim Induktionsvorgang oder statisch erregt mit Permanentmagneten bzw. durch eine separate Erregerstromversorgung.

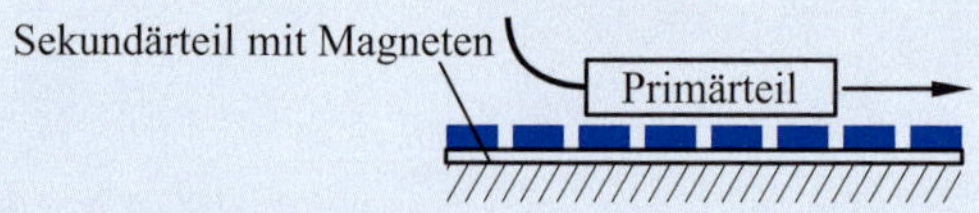

Abbildung 8.1 Primär- und Sekundärteil

Eines der beiden Hauptelemente kann dabei bewegt werden, während das andere ruht. Die Zuordnung von Primär- oder Sekundärteil zum Ruhe- und Bewegungsteil ist dabei willkürlich und auch austauschbar.

Um die Schubkräfte über die Bewegungsstrecke unvermindert wirksam werden zu lassen, muss in der Regel eines der Hauptelemente kürzer als das andere ausgeführt werden. Man unterscheidet hier in Kurzstator- und Langstatormotoren nach ▶Abbildung 8.2.

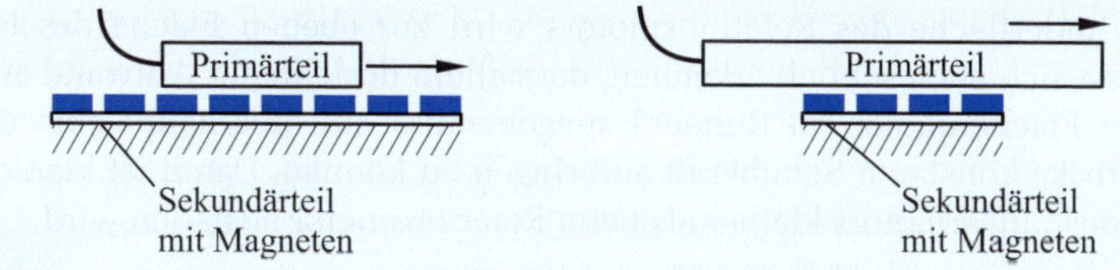

Abbildung 8.2 Linearmotor-Bauformen: Kurzstator (links), Langstator (rechts)

Hinsichtlich des prinzipiellen Aufbaus von Linearmaschinen ist zu unterscheiden in Flächenmotoren und Zylindermotoren (Solenoid), vgl. ▶Abbildung 8.3. Sie unterscheiden sich grundsätzlich in Hinblick auf die Wicklungsanordnung, die Magnetfeldbewegung und die Ausnutzung des Aktivmaterials. Mit dem Flächenmotor lassen sich bei Unterbrechung des Ruheteils nahezu beliebig lange Verfahrwege realisieren, was für Verkehrsmittel wie die Magnetschwebebahn eine Rolle spielt.

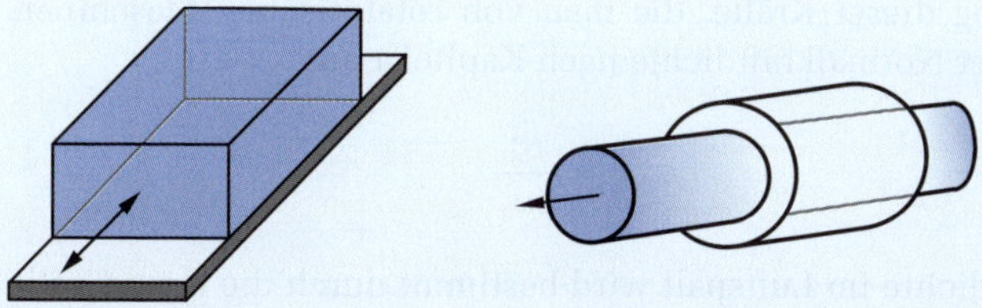

Abbildung 8.3 Bauformen von Linearmotoren: Flächenmotor (links), Zylindermotor (rechts)

Die Entstehung des Flächenmotors kann man sich durch Abwicklung eines Rotationsmotors in die Ebene vorstellen, siehe ▶Abbildung 8.4.

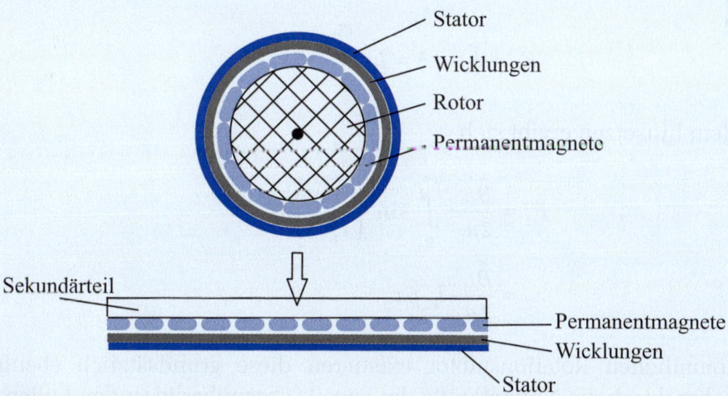

Abbildung 8.4 Entstehung eines Flächenmotors aus Rotationsmotor

Die Tangentialkraft geht dabei in die Schubkraft des Linearmotors über und die kraftwirksame Zylinderfläche des Rotationsmotors wird zur ebenen Fläche des Flächenmotors. Es lässt sich auch schnell erkennen, dass allein deshalb der Aufwand an Aktivmaterial beim Flächenmotor im Ruheteil steigen muss, um überhaupt eine über die Bewegungsstrecke konstante Schubkraft aufbringen zu können. Damit ist klar, dass die Ausnutzung des Linearmotors kleiner als beim Rotationsmotor ausfallen wird.

Beim Zylindermotor bleibt der grundsätzlich bekannte Aufbau des Rotationsmotors erhalten. Auch die kraftwirksame Fläche ist die Zylinderfläche, allerdings muss jetzt anstelle der Tangentialkraft eine Axialkraft zur Linearbewegung genutzt werden. Diese kommt dadurch zustande, dass im Primärteil eine Lageänderung der Wicklungen vorgenommen werden muss, um die vorher rotatorische Bewegung des Feldes in eine axiale umzuwandeln. Man erkennt auch für den Zylindermotor, dass eines der Hauptelemente, Primär- oder Sekundärteil, größer ausgeführt werden muss.

Vom flächigen Linearmotor existieren nun noch mehrere Bauformvarianten, die sich aufgrund der bei dieser Bauform ebenfalls entstehenden Anziehungskräfte ergeben.

Zur Abschätzung dieser Kräfte, die man von rotatorischen Maschinen nicht kennt, geht man von der Normalkraftdichte nach Kapitel 1 aus

$$\sigma = \frac{B_\delta^2}{2\mu_0} \tag{8.1}$$

Die Magnetfelddichte im Luftspalt wird bestimmt durch die Grundwelle des Wanderfelds mit

$$B_\delta(x) = \hat{B}_{\delta 1} \sin\left(\frac{\pi}{\tau_\mathrm{p}} x\right). \tag{8.2}$$

Die Integration der Kraftdichte führt zur Normalkraft mit

$$F_\mathrm{n} = \int_A \sigma \,\mathrm{d}A = l_\mathrm{Fe} \int_0^{2p\tau_\mathrm{p}} \sigma \,\mathrm{d}x \tag{8.3}$$

und nach dem Einsetzen ergibt sich

$$\begin{aligned} F_\mathrm{n} &= \frac{\hat{B}_{\delta 1}{}^2}{2\mu_0} \int_0^{2p\tau_p} \sin^2\left(\frac{\pi}{\tau_\mathrm{p}} x\right) \mathrm{d}x \\ &= \frac{\hat{B}_{\delta 1}{}^2}{2\mu_0} l_\mathrm{Fe} p \tau_\mathrm{p}. \end{aligned} \tag{8.4}$$

Beim herkömmlichen Rotationsmotor existieren diese grundsätzlich ebenfalls; sie heben sich aber durch die Normalkräfte der jeweils gegenüberliegenden Luftspaltseiten auf. Durch die Abwicklung der beiden ineinander liegenden Zylinderflächen können sich diese Kräfte nicht mehr kompensieren, sondern sie müssen durch eine mechanische oder magnetische Führungsschiene aufgenommen werden.

Beispiel 8.1: Kräfte am PM-Linearmotor

Für einen permanentmagneterregten Linearmotor sollen die Schubkraft und die Anzugskraft abgeschätzt werden.

Ein fairer Vergleich bei unbekannten geometrischen Abmessungen kann über die erreichbare Kraftdichte erfolgen.

Beidseitig des Luftspalts stehen sich ferromagnetische Bauteile gegenüber, sodass die Kraftdichte sich berechnet aus

$$\tau = \frac{F_n}{A} = \frac{1}{2\mu_0} B_n^2$$

Im Luftspalt soll eine Felddichte von $B_n = 0{,}7$ T herrschen. Damit ergibt sich eine Normalkraftdichte von

$$\tau = \frac{1}{2 \cdot 4\pi \cdot 10^{-7}\,\text{Vs/Am}} (0{,}7\,\text{T})^2 \approx 200 \frac{\text{kN}}{\text{m}^2}$$

Die mittlere Schubkraftdichte bei PM-Motoren kann wie bei rotierenden Motoren aus dem Produkt von Normalfelddichte und Strombelag abgeschätzt werden.

$$\sigma = B_n \cdot A = \mu_0 H_c A$$

Nach Einsetzen real erreichbarer Werte bei Luftkühlung ergibt sich:

$$\sigma = 0{,}7\,\text{T} \cdot 30 \frac{\text{kA}}{\text{m}} = 21 \frac{\text{kN}}{\text{m}^2}$$

In diesem Zahlenbeispiel liegen Dauerschubkraft und Anziehungskraft beim Verhältnis 1:10.

Die nachfolgenden Werte eines industriellen PM-Linearmotors bestätigen diese Abschätzung:

- Nennschubkraft: 320 N
- Maximalschubkraft: 1940 N
- Nenngeschwindigkeit: 2,17 m/s
- Masse Primärteil: 13 kg
- Gesamtmasse: 23,5 kg
- Anzugskraft: 4520 N

Ein Vergleich der beiden Kräfte zeigt, dass die Normalkraft die mittlere Schubkraft teilweise um das 10-fache übersteigen kann. Es kommt daher darauf an, eine reibungsarme Führung des Bewegungsteils vorzusehen. Üblicherweise werden hier mechanische Führungen aus Wälzkörpern oder mit Gleitflächen eingesetzt. Die dabei auftretenden Reibkräfte sollten jedoch immer in die Bewegungsgleichung bzw. Energiebilanz Eingang finden.

Den Nachteil, die anziehenden Normalkräfte zu kompensieren, kann man auch durch eine Verdopplung der Luftspaltflächen wettmachen und damit gleichzeitig nahezu eine Verdopplung der Schubkräfte erreichen. Man geht deshalb von einer Einzelkammbauweise zu einer Doppelkammbauweise über, vgl. ▶Abbildung 8.5.

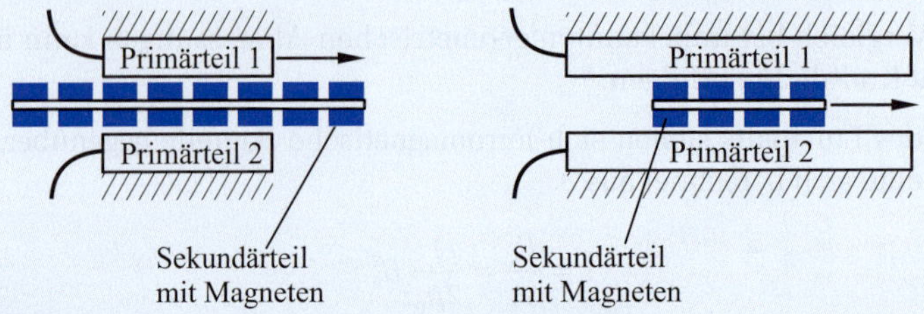

Abbildung 8.5 Doppelkammbauweise: Kurzstator (links), Langstator (rechts)

Der Gewinn an Schubkraft und Verzicht auf eine mechanische Aufnahme der Normalkräfte muss allerdings über ein zusätzliches Primärteil (Anker) erkauft werden.

8.2 Wanderfeld

Das Wanderfeld des Linearmotors ist das Gegenstück zum Drehfeld des Rotationsmotors [8.1]. Zur Bildung eines Wanderfelds müssen deshalb folgende Voraussetzungen erfüllt sein:

- Mehrphasige Wicklungen sind um einen Abstand gleich dem Verhältnis von Polteilung zu Phasenzahl zueinander räumlich versetzt an der Laufstrecke des Wanderfelds untergebracht und werden mit einem Wechselstrom gespeist.
- Gleichstromerregte Wicklungen oder Permanentmagnete bilden ein sinusähnlich an der Ausbreitungsstrecke verteiltes Gleichfeld, das durch äußere Kräfte bewegt wird.

Die Entstehung eines Wanderfelds illustriert ▶Abbildung 8.6. Als Wicklung wird eine Drehstromwicklung verwendet. Die Pfeile markieren die variierende Felddichte. Das Felddichtemaximum wandert mit der Geschwindigkeit

$$v_{\mathrm{w}} = 2\tau_{\mathrm{p}} f_1, \qquad 8.5$$

die sich aus der Drehstromfrequenz f_1 der speisenden Größen und der Polteilung berechnen lässt.

Setzt man weiterhin voraus, dass die eingespeiste Drehstromwirkleistung gleich der Luftspaltleistung ist, kann man die Schubkraft angeben mit

$$F = \frac{P_\delta}{v_{\mathrm{W}}} = \frac{3\,U_1 \cdot I_1 \cdot \cos\varphi}{v_{\mathrm{W}}}\,. \qquad 8.6$$

Die weitere Leistungsaufteilung richtet sich nach dem Motorprinzip.

Die Schubkraft eines einseitigen Drehstromlinearmotors lässt sich aber auch aus den elektrischen und magnetischen Ausnutzungsgrößen, dem Strombelag A_1 und der Luftspaltfelddichte B_δ über den Zusammenhang

$$F = k_M 2p\, l_i\, \tau_p A_1\, \hat{B}_\delta \sin\beta \qquad 8.7$$

angeben mit der Polpaarzahl p, der ideellen Länge l_i, der Polteilung τ_p und einer motorspezifischen Konstante k_M sowie dem Versatzwinkel zwischen der Strombelags- und Luftspaltinduktionswelle

$$\beta = \varphi_A - \varphi_B \qquad 8.8$$

In der Gl. 8.7 fällt auf, dass die Schubkraft mit der Blechpaketoberfläche $A_B = 2p\, l_i\, \tau_p$ ansteigt.

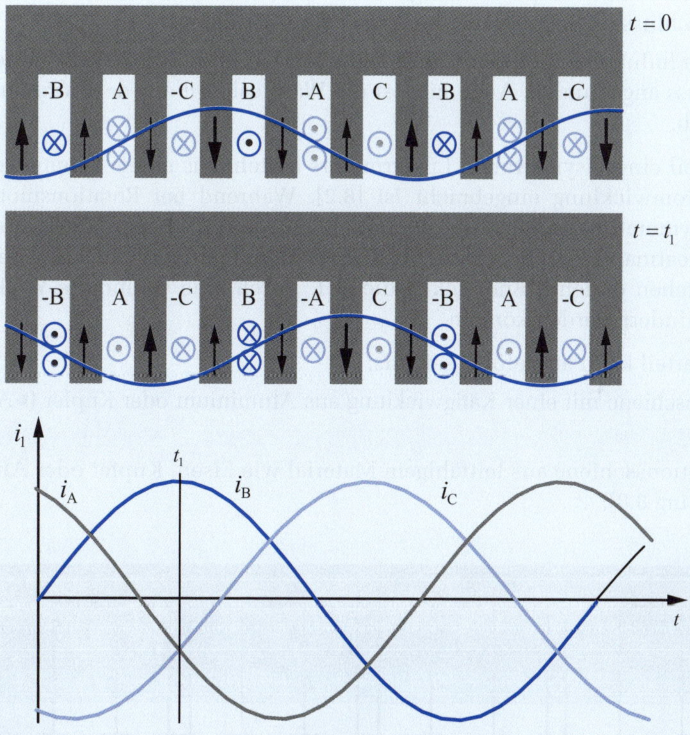

Abbildung 8.6 Entstehung eines Wanderfelds durch Wechselstromspeisung einer dreiphasigen Wicklung: Stromverteilung (oben), Stromverläufe (unten)

8.3 Asynchroner Linearmotor

8.3.1 Aufbau und Wirkungsweise

Der asynchrone Linearmotor bzw. lineare Induktionsmotor (LIM) entwickelt seine Schubkraft entlang der Fortbewegungsrichtung eines Wanderfelds, wenn zwischen diesem und dem bewegten Motorteil eine Relativgeschwindigkeit entsteht.

Grundsätzlich unterschieden wird in:

- Induktionsmotor mit Eisenkern: Der Feldrückschluss wird durch Eisen sichergestellt. Die Wicklungen sind in Nuten untergebracht. Die Entwärmung erfolgt über das Eisenpaket.
- Eisenlose Induktionsmotoren: Die Spulen werden durch Epoxidharz und einen Abstandshalter im Luftspalt befestigt. Die Wärmeabfuhr ist dadurch nicht ideal. Der Feldrückschluss erfolgt über nichtmagnetische Materialien.
- Nutenlose Induktionsmotoren: Die Spulen werden über Epoxidharz an den Eisenrückschluss angebunden. Auch hier ist die Wärmeabfuhr aus den Wicklungen problematisch.

Das Primärteil eines asynchronen Linearmotors besteht aus einem Eisenpaket, in das eine Drehstromwicklung eingebracht ist [8.2]. Während bei Rotationsmotoren die räumliche Symmetrie der Wicklungsverteilung notwendig ist, kann diese strenge Vorgabe bei Linearmaschinen aufgeweicht werden. Durch Anfang und Ende des Linearmotors entstehen ohnehin Endeffekte, die z. T. durch eine veränderte Wicklungsgestaltung gemindert werden können.

Das Sekundärteil kann ausgeführt sein als:

- eine Eisenschiene mit einer Käfigwicklung aus Aluminium oder Kupfer (▶Abbildung 8.7),
- eine Reaktionsschiene aus leitfähigem Material wie Eisen, Kupfer oder Aluminium (▶Abbildung 8.8).

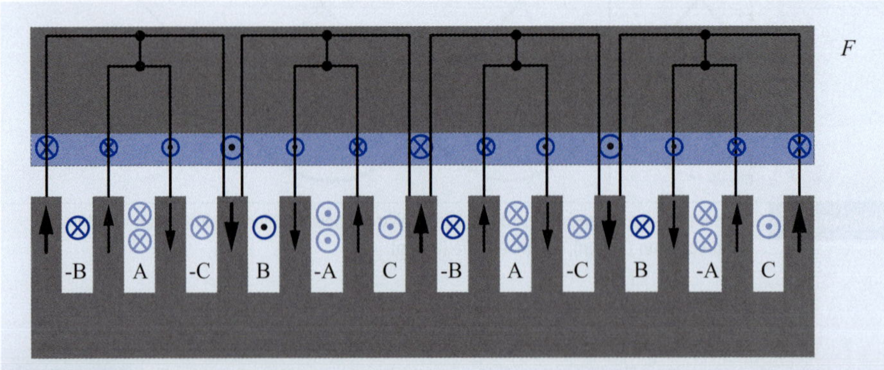

Abbildung 8.7 Asynchronlinearmotor mit Käfigwicklung

Für den Asynchronlinearmotor mit Reaktionsteil gibt es zwei häufig verwendete Ausführungen.

Ein gut leitfähiges Reaktionsteil aus Kupfer oder Aluminium verursacht weniger Sekundärteilverluste und damit eine geringere Erwärmung. Das kommt bei Präzisionsanwendungen der Positioniergenauigkeit zugute. Dagegen weisen derartige Sekundärteile eine schlechtere Permeabilität auf. Das führt zu einer faktischen Erhöhung des Luftspalts und einem größeren Magnetisierungsstrom. Die Folge ist ein schlechterer Leistungsfaktor und eine größere Bauleistung für das Stellglied.

Ein massives Reaktionsteil aus Eisen senkt zwar den Magnetisierungsstrom, weist aber dafür eine schlechtere elektrische Leitfähigkeit auf. Die Leerlaufverluste sinken und die Lastverluste steigen an, da sie vom Schlupf abhängen. Es folgt ein schlechterer Wirkungsgrad sowohl bei Voll- als auch bei Teillast. Ferner entstehen sehr starke Anziehungskräfte zwischen Primär- und Sekundärteil

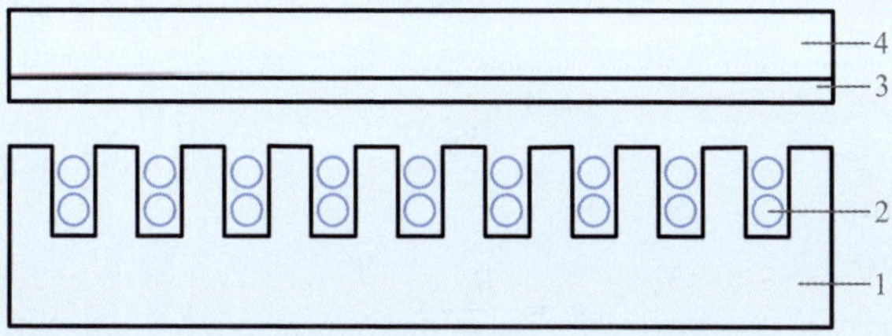

Abbildung 8.8 Asynchronlinearmotor mit Reaktionsteil

Die Ausführung nach Abbildung 8.8 besteht aus einem Primärteil (1) mit Drehstromwicklung (2) und bedarf eines magnetischen Rückschlusses (4) oberhalb der Reaktionsschiene (3). Das hat den Nachteil, dass im Betrieb hohe vertikale Anziehungskräfte auftreten, die wesentlich größer als die Vortriebskraft sind. Dagegen ist das in ▶Abbildung 8.9 gezeigte Doppelsystem vorteilhafter, da die Symmetrie zur Aufhebung der Vertikalkraft führt.

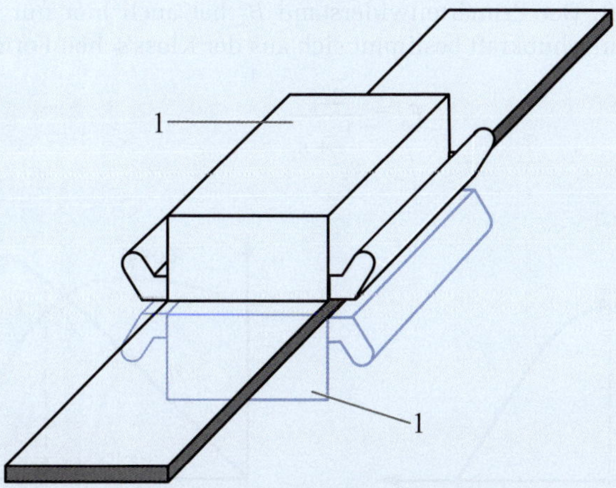

Abbildung 8.9 Asynchroner Linearmotor mit Reaktionsteil in Doppelkammbauweise

8.3.2 Betriebsverhalten

Typisch für die Kennlinie eines asynchronen Linearmotors ist die aus ▶Abbildung 8.10. hervorgehende Kraft-Geschwindigkeits-Kennlinie, die der eines rotierenden Widerstandsläufers entspricht [8.3]. Sie ist charakterisiert durch einen großen Kippschlupf und eine relativ große Anzugskraft. Nachteilig für das Betriebsverhalten wirkt sich der konstruktionsbedingt größere Luftspalt aus, der einen höheren Magnetisierungsstrom erforderlich macht und zur Absenkung von Leistungsfaktor und Wirkungsgrad führt, vgl. ▶Abbildung 8.11. Ebenso wie bei rotatorischen Asynchronmotoren kann jetzt eine Kraft-Schlupf-Kennlinie nach Kloss angegeben werden

$$F = \frac{2F_k}{s/s_k + s_k/s} \qquad 8.9$$

mit dem Schlupf

$$s = 1 - \frac{v}{v_W} \qquad 8.10$$

und dem Kippschlupf

$$s_k = \frac{R_2'}{\sigma X_2}. \qquad 8.11$$

Bei ausgeführten Asynchronlinearmotoren liegt der Kippschlupf zwischen 0,2 ... 2. Die Kippkraft kann dann nur genau angegeben werden, wenn auch die statorseitigen Motorparameter mit berücksichtigt werden. Es gilt dann:

$$F_k = \frac{3}{2}\frac{U_1^2}{v_1\left(R_1 \pm \sqrt{R_2'^2 + X_\sigma^2}\right)}. \qquad 8.12$$

Dominiert bei rotierenden Motoren die Streureaktanz X_σ das Kippmoment, so fällt jetzt der vergrößerte Sekundärteilwiderstand R_2 zusätzlich ins Gewicht und verringert die Kippschubkraft. Der Primärteilwiderstand R_1 hat auch hier nur einen geringen Einfluss. Die Anlaufschubkraft bestimmt sich aus der Kloss'schen Formel zu

$$F_A = \frac{2F_k}{\frac{1}{s_k} + s_k} \qquad 8.13$$

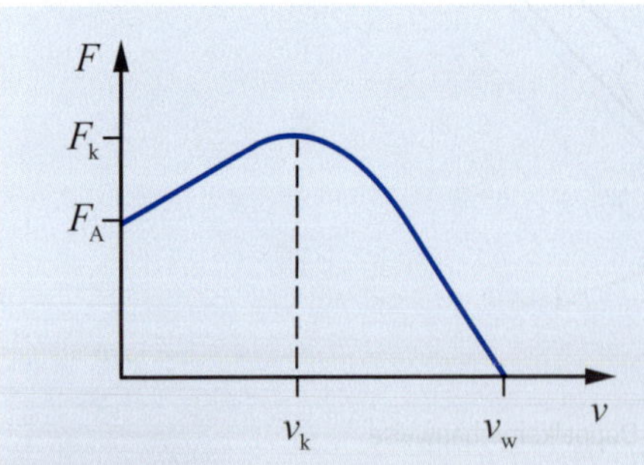

Abbildung 8.10 Kraft-Geschwindigkeit-Diagramm

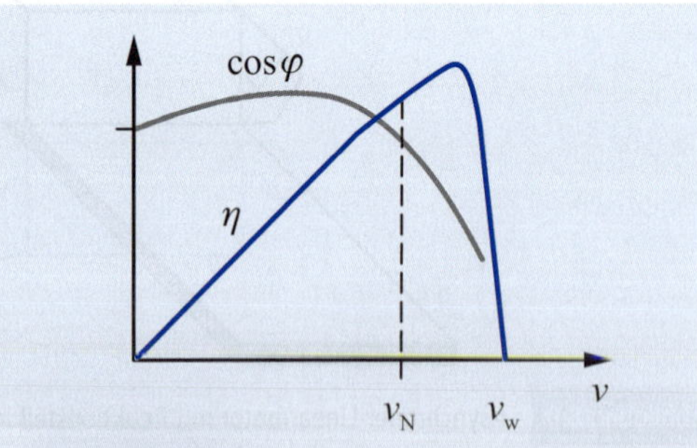

Abbildung 8.11 Leistungsfaktor und Wirkungsgradverläufe

Tabelle 8.1: Schubkraft-Richtwerte

Motorvariante	**eff. Kraftdichte in** kN/m^2	**Kippkraft / Nennkraft**
Einseitiger LIM mit Käfigwicklung	10 ... 20	(4 ... 6)
Einseitiger LIM mit Reaktionsschiene	1 ... 3	3 ... 5
Zweiseitiger LIM mit Reaktionsschiene	2 ... 6	(3 ... 5)

Richtwerte für Anlauf- und Kippschubkräfte sind im Verhältnis zum Nennwert für die einzelnen Ausführungsformen in Tabelle 8.1 angegeben. Dabei ist davon auszugehen, dass der Nennschlupf in der Regel zwischen 0,2 und 0,5 liegt.

In den meisten Ausführungen mit sehr großem Sekundärteilwiderstand wird der Kippschlupf größer als 1. Der Motor läuft dann mit einer Anlaufschubkraft in der Nähe der Maximalkraft an. Die Kennlinie zwischen 0 und Synchrongeschwindigkeit wird dadurch linearisiert und sehr weich in ihrer Lastcharakteristik. Allerdings steigen auch die Verluste im Sekundärteil stark an.

Die Kippkraft geht im Vergleich zum rotierenden Motor auf etwa 75% zurück. Das liegt zum Teil im vergrößerten Sekundärteilwiderstand, aber ist vor allen Dingen auf die erhöhte Streuung durch Endeffekte zurückzuführen.

Der Leistungsfaktor nimmt ebenfalls ab wegen der erhöhten Streuung, die einen zusätzlichen Blindstrom erfordert.

Beispiel 8.2: Kraft-Schlupf-Kennlinien

Verglichen werden sollen die Kennlinien bei asynchronen Linearmotoren, die mit unterschiedlichem Material im Sekundärteil ausgeführt werden. Zur Auswahl stehen Kupfer, Aluminium und Eisen. Die unterschiedlichen Leitfähigkeiten bestimmen die Differenzen im Sekundärteilwiderstand und damit im Kippschlupf sowie im Kippmoment. Die jeweils weicher werdende Kennlinie verringert den Wirkungsgrad in vergleichbaren Lastpunkten.

Zunächst wird der Kippschlupf

$$s_k = \frac{R_2}{\sigma X_2}$$

für die drei infrage kommenden Sekundärteilmaterialien berechnet

$$s_{kCu} : s_{kAl} : s_{kFe} = \rho_{Cu} : \rho_{Al} : \rho_{Fe}$$

Mit den elektrischen Leitwerten

$$\kappa_{Cu} = 58 \cdot 10^6 \text{ S/m}, \ \kappa_{Al} = 37 \cdot 10^6 \text{ S/m}, \ \kappa_{Fe} = 10 \cdot 10^6 \text{ S/m}$$

ergibt sich für das Kippschlupfverhältnis

$$s_{kCu} : s_{kAl} : s_{kFe} = \rho_{Cu} : \rho_{Al} : \rho_{Fe},$$

$$s_{kCu} : s_{kAl} : s_{kFe} = 1 : 1{,}57 : 5{,}81.$$

Setzen wir voraus, dass der Kippschlupf bei einer Kupferreaktionsschiene ungefähr dem bei Käfigläufermaschinen entspricht mit

$$s_{\mathrm{kCu}} \approx 0,2$$

$$s_{\mathrm{kCu}} : s_{\mathrm{kAl}} : s_{\mathrm{kFe}} = 0,2 : 0,314 : 1,16$$

Nun muss noch eine Abschätzung der Kippkraft erfolgen. Dazu formen wir die Gl. 8.12 um, so dass sich ein Ausdruck mit dem Kippschlupf ergibt

$$F_{\mathrm{k}} = \frac{3}{2} \frac{U_1^2}{v_1 \left(R_1 \pm \sqrt{R_2'^2 + X_\sigma^2} \right)} \approx \frac{3}{2} \frac{U_1^2}{v_1 X_\sigma \left(\sqrt{\left(\frac{R_2'}{X_\sigma} \right)^2 + 1} \right)}$$

$$= \frac{3}{2} \frac{U_1^2}{v_1 X_\sigma \sqrt{s_{\mathrm{k}}^{\;2} + 1}}$$

Das Verhältnis der Kippkräfte für verschiedene Sekundärteilmaterialien berechnet sich dann

$$F_{\mathrm{kCu}} : F_{\mathrm{kAl}} : F_{\mathrm{kFe}} = 1 : 0,973 : 0,666$$

Die Kraft-Schlupfkennlinien zeigt ▶Abbildung 8.12. Da die Kennlinien umso weicher werden, je schlechter die Leitfähigkeit des Leitermaterials ist, sinkt auch der Wirkungsgrad schneller ab, je größer der Schlupf wird. Eine Abschätzung kann über die Näherungen für kleine Schlupfwerte entsprechend

$$\eta \approx 1 - 2s$$

bzw. für große Schlupfwerte mit

$$\eta \approx 1 - s$$

vorgenommen werden.

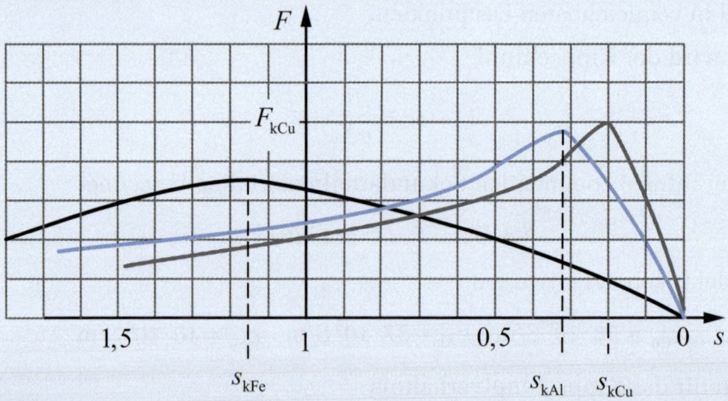

Abbildung 8.12 Kraft-Schlupfkennlinie

Moderne Linearmotoren werden über Frequenzumrichter mit variabler Frequenz und damit veränderlicher Geschwindigkeit betrieben [8.4]. Die Berechnung der Schubkraft erfolgt dann über die Leistungsbilanz

$$P_{\mathrm{mech}} = F\,v = F v_{\mathrm{w}}(1-s) = 3\,\mathrm{Re}\left(\underline{U}_1 \underline{I}_1^*\right). \tag{8.14}$$

Die Primärteilspannung kann mithilfe der Wanderwellengeschwindigkeit und der Statorflussverkettung beschrieben werden

$$\underline{U}_1 = \mathrm{j} v_{\mathrm{w}} \underline{\Psi}_1 \tag{8.15}$$

$$F = \frac{3}{2}\frac{v_w}{v}\,\mathrm{Im}\left\{\underline{\Psi}_1^* \underline{I}_1\right\} = \frac{3}{2}\frac{v_w}{v}\left(\Psi_{1\mathrm{d}} I_{1\mathrm{q}} - \Psi_{1\mathrm{q}} I_{1\mathrm{d}}\right). \tag{8.16}$$

Die Darstellung ist im feldsynchronen Koordinatensystem erfolgt.

Beispiel 8.3: Asynchronlinearmotor

Nachfolgend sind die Daten eines Asynchron-Linearmotors mit Kupfer-Reaktionsteil angeführt.

Tabelle 8.2: Daten eines Asynchron-Linearmotors

Asynchronlinearmotor LMA-18-214, H2W-Techologies Inc.	
Nennschubkraft: 190 N	Länge: 9250 mm
Nenngeschwindigkeit: 45 m/s (400 Hz)	Breite: 250 mm
Nennstrom: 5,4 A	Masse: 83 kg
Nennspannung: 460 V (3~)	Beschleunigung: 5 g
Maximalschubkraft: 950 N (ED = 20%)	min. Geschwindigkeit: 0,15 m/s
Maximalstrom: 27 A (ED = 20%)	Polzahl: 18

8.4 Synchroner Linearmotor

8.4.1 Aufbau und Wirkungsweise

Basis für die Kraftentwicklung ist die Bildung eines Wanderfeldes, das ähnlich wie bei synchronen Rotationsmaschinen auf zwei Wegen erzeugt werden kann als:

- Elektrisch erregtes Wanderfeld durch Drehstromwicklung im Primärteil
- Elektrisch oder permanentmagnetisch erregtes Gleichfeld im bewegten Sekundärteil

Dabei kommt es grundsätzlich zu einem Synchronlauf zwischen dem mechanisch bewegten Gleichfeld und dem elektromagnetisch bewegten Wanderfeld. Der Polabstand zwischen beiden Feldern bestimmt die Schubkraft und übernimmt dabei die Funktion des Polradwinkels. Der in ▶Abbildung 8.13 gezeigte Synchronlinearmotor besitzt ein bewegtes Primärteil, das die Ankerwicklung zur Erzeugung des Wanderfelds trägt. Das feststehende Sekundärteil besteht aus Permanentmagneten und einem magnetischen Rückschluss.

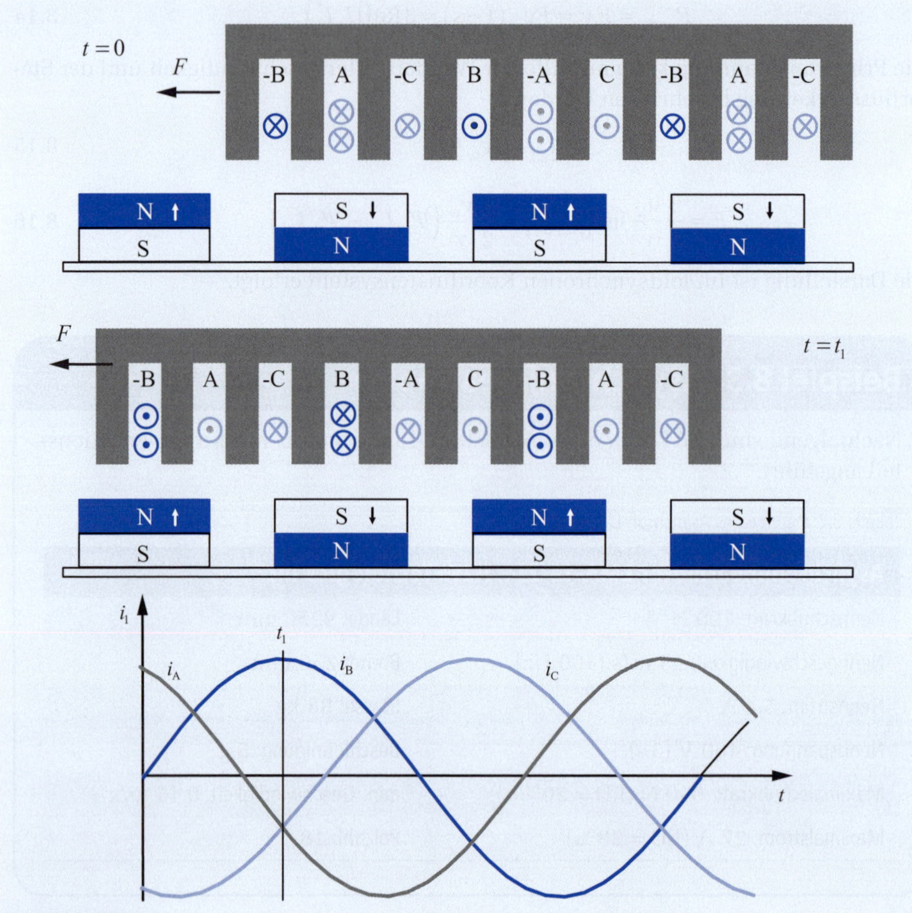

Abbildung 8.13 Synchronlinearmotor: Stromverteilung (oben), Stromverläufe (unten)

Bemerkenswert ist, dass sich das Wanderfeld in Bezug auf das Primärteil entgegen der mechanischen Bewegungsrichtung bewegt. Absolut gesehen bleibt das Feld aber stillstehend.

Grundsätzlich sind auch hier Ausführungen als Kurz- oder Langstator-Motoren üblich.

Ein Langstator-Synchronlinearmotor dient z. B. beim Transrapid für einen berührungsfreien Antrieb. Dem Prinzip nach liegt, wie in ▶Abbildung 8.14 gezeigt, ein elektrisch erregter Schenkelpolmotor vor. Der Langstator (1) im Fahrweg enthält die Drehstrom-Einlochwicklung (2) über die die Antriebsleistung übertragen wird. Die Speisung erfolgt über Frequenzumrichter, wobei nur die benötigten Streckenabschnitte bestromt werden. Im Fahrzeug befindet sich der Erregerteil mit ausgeprägten Polen (3), die so angeordnet sind, dass das Fahrzeug von den Magnetkräften getragen wird. In den Polschuhen sind zudem die Wicklungen des sog. Lineargenerators (4) untergebracht, der eine berührungsfreie Übertragung der Erregerleistung und die Bordstromversorgung übernimmt. Bei Langsamfahrt und Stillstand sorgen Bordbatterien für die Stromversorgung.

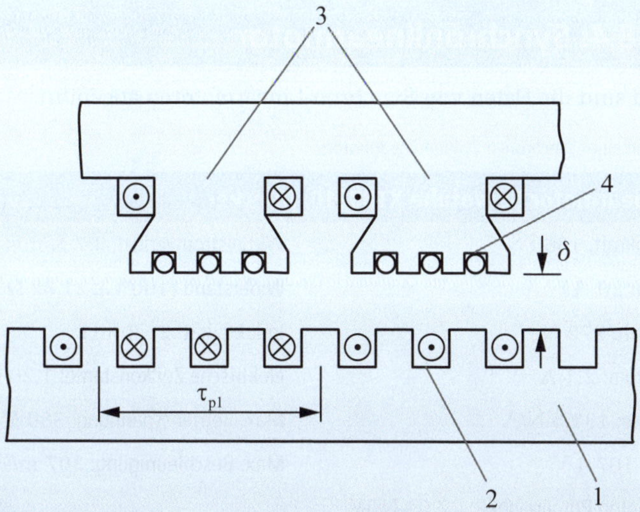

Abbildung 8.14 Synchroner Langstator-Linearmotor (Transrapid)

Der Luftspalt beträgt 10 mm und wird per Regelung konstant gehalten.

Ein Kurzstator-Synchronlinearmotor wird häufig für Direktantriebe in Werkzeugmaschinen verwendet. Hohe Beschleunigung um 10 g, kombiniert mit hoher Präzision, macht den Einsatz permanenterregter Linearmotoren nach ▸Abbildung 8.15 sinnvoll.

Energiereiche Permanentmagnete (NdFeB oder SmCo) sparen Erregerleistung und führen zu besseren Wirkungsgraden. Dennoch bleiben sie in dieser Hinsicht hinter den Rotationsmotoren gleicher Bauart zurück. Meist werden diese Motoren wassergekühlt ausgeführt. Im Prinzip gelten die auf translatorische Bewegung umgerechneten Kennlinien für Synchronmaschinen.

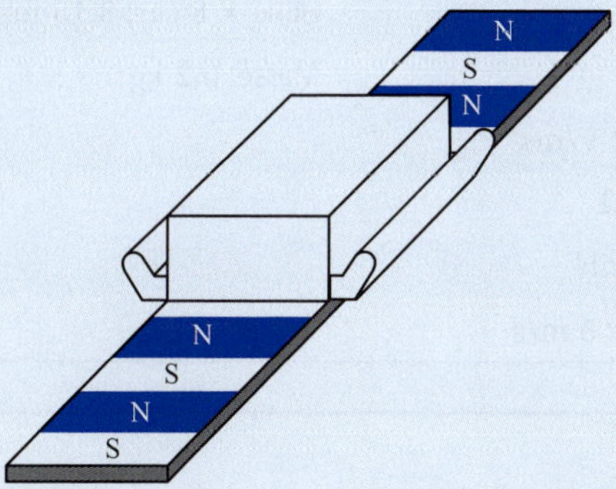

Abbildung 8.15 Permanentmagneterregter synchroner Kurzstator-Linearmotor

Das Anwendungsfeld von Linearmotoren wächst gegenwärtig stetig. Dem Hauptvorteil der direkten Bewegungserzeugung steht der Nachteil anwendungsspezifischer Maschinenkonstruktion gegenüber, die eine Normung von Maschinenreihen unmöglich machen.

Beispiel 8.4: Synchronlinearmotor

Nachfolgend sind die Daten von Synchron-Linearmotoren angeführt.

Tabelle 8.3: Daten eines synchronen Zylinderlinearmotors

Zylinderlinearmotor Servotube XTB3810, Duncker	
Spitzenschubkraft: 1860 N	Wirbelstromverlust: 3,7 N/m/s
Spitzenstrom: 20 A	Widerstand (100°C): 21,82 Ω
Dauerstartkraft: 276 N	Induktivität: 21,3 mH
Dauerstartstrom: 2,1 A	elektrische Zeitkonstante: 1,26 ms
Kraftkonstante: 131,5 N/A	Max. Betriebsspannung: 380 V (DC)
Gegen-EMK: 107,4 V	Max. Beschleunigung: 307 m/s^2
Grundkonstanten Primäreinheit: 22,99 N/W	

Tabelle 8.4: Daten eines synchronen Flächenmotors

Flächenmotor TM06, A-Drive Technology	
Dauerkraft (Luftkühlung): 60 N	**Primärteilabmessungen**
Dauerkraft (Wasserkühlung): 120 N	Länge: 143 mm
Maximalkraft (3 s): 240 N	Höhe × Breite: 31,4 mm × 51 mm
Anziehungskraft: 240 N	Masse: 0,9 kg
Polteilung: 24 mm	**Sekundärteilabmessungen**
Nennstrom: 3,1 A	Länge: 96 mm
Maximalstrom: 6 A	Höhe × Breite: 8,15 mm × 50 mm
Kraftkonstante: 39 N/A	Masse: 0,2 kg
Spannungskonstante: 32 V/ms^{-1}	
Phasenwiderstand: 2,8 Ω	
Phaseninduktivität: 18 mH	
Maximalgeschwindigkeit: 8 m/s	

Eine hinlänglich bekannte Anwendung des Linearmotors zeigt das Antriebsprinzip des Transrapids in ▶Abbildung 8.16.

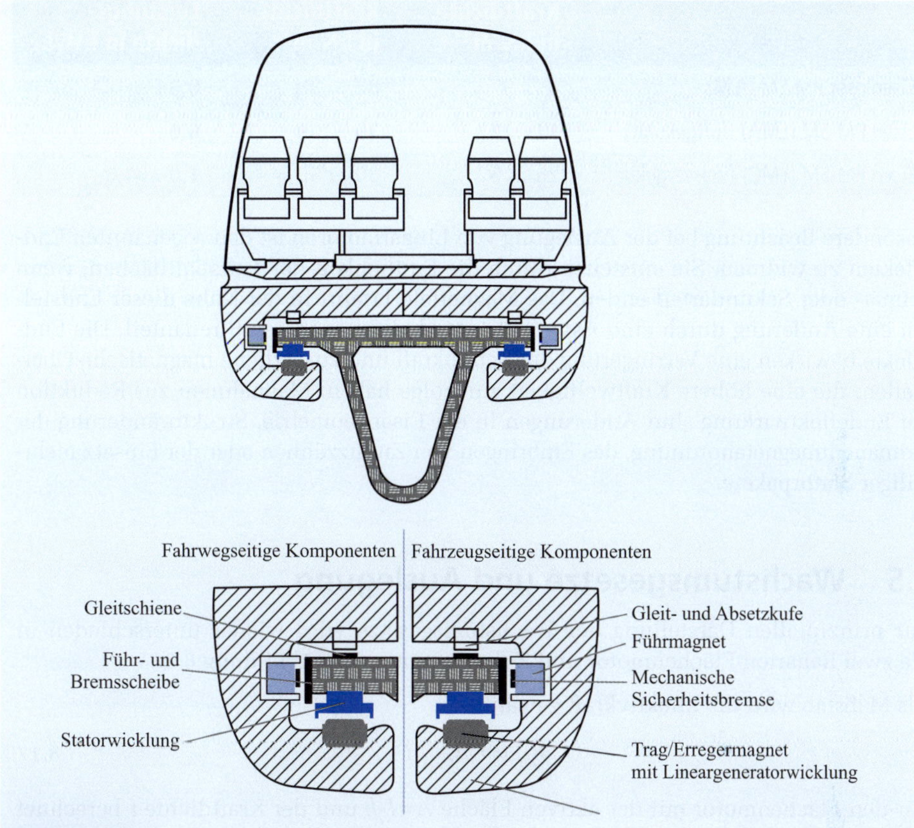

Abbildung 8.16 Antriebsprinzip des Transrapids

8.4.2 Kennwerte

Wichtige Kenngrößen zur Bewertung von Linearmotoren sind die erreichbare effektive Kraftdichte (thermisch), maximale Kraftdichte (elektromagnetisch) und die Leistungsdichte. Theoretisch lassen sich für einseitige bzw. zweiseitige Linearmotoren effektive Kraftdichten von 25 ... 40 kN/m^2 bzw. 50 ... 80 kN/m^2 angeben. Diese werden jedoch praktisch nicht erreicht wegen der Endeffekte und sie sind zudem stark abhängig von der Kühlungsart. Die oberen Grenzwerte sind für eine intensive Wasserkühlung zutreffend. Die maximalen Schubkraftdichten entsprechen etwa den zweifachen effektiven Dichtewerten. Eine Zusammenstellung der praktisch erreichbaren Werte zeigt Tabelle 8.5.

Tabelle 8.5: Kenngrößen von Synchronlinearmotoren

Linearmotor-Typ	Effektive Kraftdichte in kN/m^2	Maximale Kraftdichte in kN/m^2	Gravimetrische Leistungsdichte in kW/kg
Eisenloser PM-SM (ILM)	6 ... 9	32 ... 39	0,34 ... 0,4
Eisen PM-SM (LMA) (luftgekühlt)	14 ... 22	30 ... 59	0,6
Eisen PM-SM (LMC) (wassergekühlt)	25 ... 52	30 ... 59	1,0 ... 1,3

Besondere Beachtung bei der Auslegung von Linearmotoren ist den sogenannten Endeffekten zu widmen. Sie entstehen durch die Endlichkeit der Luftspaltflächen, wenn Primär- oder Sekundärteil enden. Das Magnetfeld erfährt in der Nähe dieser Endstellen eine Änderung durch eine Asymmetrie und einen größeren Streuanteil. Die Endeffekte bewirken eine Verringerung der Schubkraft und zusätzliche magnetische Oberwellen, die eine höhere Kraftwelligkeit zur Folge haben. Maßnahmen zur Reduktion der Endeffektwirkung sind Änderungen in der Eisengeometrie, Strukturänderung der Permanentmagnetanordnung, das Einbringen von Zusatzzähnen oder der Einsatz mehrteiliger Statorpakete.

8.5 Wachstumsgesetze und Auslegung

Zur prinzipiellen Darstellung der Wachstumsgesetze wird wieder unterschieden in die zwei Bauarten Flächenmotor und Zylindermotor, vgl. Abbildung 8.3.

Als Maßstab wird die Effektivkraft gewählt

$$F_{eff} = \tau A. \tag{8.17}$$

Für den Flächenmotor mit der aktiven Fläche $A = l \cdot b$ und der Kraftdichte τ berechnet sich die träge Masse zu

$$\tilde{M} = \rho h A. \tag{8.18}$$

Die gravimetrische Kraftdichte ergibt sich somit zu

$$f_M = \frac{F_{\text{eff}}}{\tilde{M}} = \frac{\tau}{\rho h}, \tag{8.19}$$

d. h. die Effektivkraft ist proportional zur Masse des Linearmotors.

Für den Zylindermotor mit der aktiven Fläche $A=\pi \cdot D\, l$ berechnet sich die Masse zu

$$\tilde{M} = \frac{1}{4}\rho D^2 \pi l, \qquad 8.20$$

Nun ist eine Unterscheidung zwischen bewegtem Primär- bzw. Sekundärteil zu treffen.

Für den Zylindermotor lautet der Zusammenhang für die Kraftdichte

$$f_M = \frac{F_{\text{eff}}}{\tilde{M}} = \frac{4\tau}{\rho D}. \qquad 8.21$$

Bei bewegtem Primärteil bedeutet das, dass die Effektivkraft proportional zur Masse ist. Bei bewegtem Sekundärteil ist das Quadrat der Effektivkraft proportional zur Masse.

Diese Zusammenhänge können grundsätzlich als Vorgaben für eine Auslegung herangezogen werden.

Prüfungsfragen

Lösungen

1 Stellen Sie den Zusammenhang zwischen Drehfeld und Wanderfeld her!

2 Welche Einschränkungen beim Linearmotor führen zu einer geringeren Ausnutzung?

3 Begründen Sie, warum ein Asynchronlinearmotor eine sehr weiche Kraft-Schlupf-Kennlinie hat im Vergleich zum rotatorischen Asynchronmotor!

4 Benennen Sie die Unterschiede von Langstator- und Kurzstator-Linearmotoren und stellen Sie Verbindungen zu den daraus resultierenden Anwendungen her!

5 Wodurch entstehen die Anziehungskräfte zwischen den Hauptelementen von Linearmotoren und wie kann man sie aufnehmen bzw. verhindern?

6 Warum fällt der Wirkungsgrad bei Linearmotoren in der Regel geringer aus im Vergleich zu Rotationsmotoren?

7 Schätzen Sie die Wärmebilanz bei Linearmotoren ab und machen Sie Vorschläge für eine Kühlung!

Zusammenfassung

- Linearmaschinen werden meist als Linearmotoren eingesetzt.
- Die direkte translatorische Bewegung erspart bei Linearmotoren den Einsatz von aufwändigen Bewegungswandlern.
- Linearmotoren werden heutzutage in synchroner und asynchroner Bauart ausgeführt.
- Grundlage zur Entstehung einer Schubkraft ist die Wirkung eines Wanderfelds auf eine stromdurchflossene Wicklung.
- Linearmotoren werden als Transportmittel und als Positionierantrieb in Werkzeugmaschinen verwendet, da sie eine hohe Beschleunigung erreichen.
- Wirkungsgrad und Leistungsfaktor fallen etwas schlechter aus als bei vergleichbaren Rotationsmotoren, da sie größere Luftspalte und Streuung haben.

Literatur

[8.1] Budig, P. K.: Drehstromlinearmotoren. 3. Auflage, Hüthig Verlag, Heidelberg, 1983

[8.2] Gieras, J. F.: Linear induction drives. Oxford University Press, 1993

[8.3] Luda, G: Drehstromasynchronlinearantriebe: Grundlagen und praktische Anwendungen für industrielle Zwecke. Vogel-Verlag, Würzburg 1981

[8.4] Hofer, K.: Drehstromasynchron-Linearantriebe für Fahrzeuge, vde-verlag gmbh, Berlin und Offenbach 1993

Sekundärfunktionen

9

ÜBERBLICK

» Elektrische Maschinen können nur sicher funktionieren, wenn ein Bündel von konstruktiven Zusatzmaßnahmen zur Erfüllung von Sekundärfunktionen vorgesehen ist, die die elektromechanische Energiewandlung unterstützen. Diese umfassen im Wesentlichen die Kühlung, die Isolierung und die Minderung mechanischer und akustischer Beeinträchtigungen der Umgebung. Sie werden im Allgemeinen durch Normen und Standards geregelt. «

Elektromagnetische Energiewandler entwickeln durch elektrische, magnetische und mechanische Verluste zusätzliche Wärme, die zu einer Temperaturerhöhung gegenüber der Umgebung führen. Überschreitet die Temperatur im Inneren der Maschine eine bestimmte zulässige Grenztemperatur, so kann des zum Verlust der Isolationsfähigkeit der Wicklungsisolierungen kommen, die den störungsfreien Betrieb bei den vorgesehenen Betriebsspannungen unmöglich machen. Dies zu verhindern muss die Maschine gekühlt werden. Hierzu soll eine Einführung in die Kühlverfahren gegeben werden [9.1], [9.2].

Die Stromversorgung von Maschinen und Generatoren wird je nach Leistung durch mehr oder minder hohe Betriebsspannungen sichergestellt. Mehrphasige Wicklungen mit mehreren Windungen, untergebracht in Nuten erfordern deshalb ein durchdachtes Isolierkonzept. Die entsprechenden Grundkenntnisse sollen hierzu nachfolgend vermittelt werden. Der Aufbau von bewegten Aggregaten erfordert Obacht zu haben auf mechanische Schwingungserscheinungen, die im Antriebsstrang oder ins Fundament übertragen werden können oder als Schallabstrahlung wirksam werden.

9.1 Erwärmung und Kühlung

9.1.1 Wärmetransport

Im Kapitel 1 wurde die Entstehung der Verluste in elektromagnetischen Energiewandlern erläutert. Die Verlustleistung wird zu einem Teil in den aktiven und passiven Bauteilen gespeichert und zum anderen Teil über die Oberfläche an die Umgebung oder an ein eingesetztes Kühlmittel abgegeben. Das Verhältnis von Verlustleistung zu Wärmeabgabevermögen bestimmt die auftretende Endübertemperatur, die einen im wesentlichen durch die Isolierung bestimmten Wärmestrom

$$\int_V \operatorname{div} q \,\mathrm{d}t\,\mathrm{d}V = \int_V \operatorname{div}\left(\lambda \operatorname{grad} \vartheta\right)\mathrm{d}t\,\mathrm{d}V + c\int_V \rho\,\mathrm{d}t\,\mathrm{d}V \qquad 9.1$$

mit dem Wärmestrom q, der Wärmeleitfähigkeit λ, der spezifischen Wärmekapazität c, der Dichte ρ, sowie der Temperatur ϑ und dem Volumen V.

Zur überschlägigen Berechnung der Erwärmung und zur Kontrolle der Einhaltung der zulässigen Übertemperaturen ist es ausreichend, davon auszugehen, dass die Temperaturänderung so langsam erfolgt, dass sich eine homogene Verteilung der Wärme im Energiewandler einstellt. Das führt uns zum Modell des homogenen Körpers. Gl. 9.1 geht dann über in die wesentlich einfachere Beziehung:

$$P_\mathrm{V}\,\mathrm{d}t = \Lambda_\mathrm{th}\,\Delta\vartheta\,\mathrm{d}t + C_\mathrm{th}\,d(\Delta\vartheta) \qquad 9.2$$

mit der Verlustleistung P_V, der Wärmeleitwert Λ_th, die Wärmekapazität C_th,
und der Übertemperatur

$$\Delta\vartheta = \vartheta_\mathrm{i} - \vartheta_\mathrm{u} \qquad 9.3$$

ϑ_i – Temperatur des wärmeabgebenden Körpers, ϑ_u – Umgebungstemperatur

Die Wärmeabgabe erfolgt über den abgegebenen Wärmestrom

$$Q_{ab} = \Lambda_{th} \, \Delta\vartheta \qquad 9.4$$

und geschieht zum einen über Wärmeleitung und zum anderen durch Wärmeübergang.

Wärmeleitung

Die Ableitung der Wärme kann dann in Analogie zur Elektrizitätslehre mittels eines Wärmeleitwiderstands

$$R_{thL} = \frac{l}{\lambda A} \qquad 9.5$$

mit der wirksamen Länge l, der spezifischen Wärmeleitfähigkeit λ, und der Querschnittsfläche A beschrieben werden.

Tabelle 9.1: Wärmeleitfähigkeiten von Werkstoffen in Energiewandlern

Magnetstoffe	Wärmeleitfähigkeit in W/(Km)	Leitwerkstoffe	Wärmeleitfähigkeit in W/(Km)
Dynamoblech, Wärmestrom längs in Blechrichtung je nach Si-Gehalt	20 ... 48	Kupfer	365 ... 385
Dynamoblech, Wärmestrom quer zur Blechrichtung 0,35 ... 0,5 mm dickes Blech, isoliert mit 20 μm Lack	3 ... 4	Aluminium (99,7)	223
Dynamoblech, Wärmestrom quer zur Blechrichtung 0,35 ... 0,5 mm dickes Blech, isoliert mit 40 μm Papier	0,8 ... 2	Silber	420
Gusseisen	62	Isolierstoffe	
Legierter Stahl	26 ... 52	Preßspan	0,07
Permanentmagnetstoffe		Asbest	0,175
NdFeB	17	Hartpapier	0,23 ... 0,275
SmCo	12	Glas	0,6 ...1,0
AlNiCo	10 ... 100	Glimmer	0,08 ... 0,3
Hartferrit	4	Plaste, gebundener Isolierstoff	0,33
		Mikrafolium	0,3 ... 0,5
Luft	0,025	Lackdrahtisolation	0,2 ... 0,35
		Tränklack (Kunstharz)	0,2 ...0,4

Die Wärmeleitfähigkeiten der wichtigsten Werkstoffe, die in Maschinen und Transformatoren eingesetzt werden sind in Tabelle 9.1 zusammengestellt. Die besten Wärmeleitwerte haben erwartungsgemäß Leiterwerkstoffe (200 ... 400 W/mK), gefolgt von Magnetwerkstoffen (4 ... 50 W/mK) und Isolierstoffen (0,05 ... 2 W/mK).

Der physikalische Vorgang der Wärmeleitung wird unterschieden in:

- Stationäre Wärmeleitung
- Quellenfreie Erwärmung
- Adiabatische Erwärmung.

Wärmeübergang

Die Wärmeabgabefähigkeit eines Körpers wird beschrieben durch den Wärmeübergangswiderstand (Kehrwert des Wärmeleitwerts) nach

$$R_{\text{thü}} = \frac{1}{\alpha A_{\text{O}}} \tag{9.6}$$

mit der Wärmeübergangszahl α und der Oberfläche A_{O} des wirksamen Wärmeaustauschs. Der Wärmeübergang kann über Wärmestrahlung und Wärmekonvektion erfolgen.

Für die Abschätzung der Wärmestrahlung benutzt man die Stefan-Boltzmann-Gleichung, die für die Wärmeübergangszahl

$$\alpha = \varepsilon C_{\text{S}} \frac{\left(\frac{T_{\text{W}}}{100}\right)^4 - \left(\frac{T_{\text{R}}}{100}\right)^4}{T_{\text{W}} - T_{\text{R}}} \tag{9.7}$$

mit der Wandtemperatur T_{W} und der Raumtemperatur T_{R}, beide angegeben in Absoluttemperaturen, sowie der Strahlungszahl für wärmeabstrahlende Flächen C_{S} ($C_{\text{S}} \approx 5{,}0/(\text{K}^4\text{m}^2)$) und dem Emissionsgrad ε, die bei elektrischen Maschinen für realistische Temperaturen Werte um $\alpha \approx 2$ W/(m^{2}K) ergibt.

Für Wärmeabgabe durch Konvektion ist eine Fallunterscheidung vorzunehmen für:

- Natürliche Konvektion: Die Wärmeübergangszahl liegt bei $\alpha = 8 \ldots 10$ W/(m^{2}K)
- Erzwungene Konvektion durch
  - Laminare Strömung mit $\alpha \approx 10 \ldots 100$ W/(m^{2}K),
  - Turbulente Strömung mit $\alpha \approx 10 \ldots 200$ W/(m^{2}K).

Die Wärmeübergangszahl α hängt von der Strömungsgeschwindigkeit und Stoffparametern des Kühlmittels sowie der speziellen Geometrie ab. Sie lässt sich über die Ähnlichkeitstheorie unter Einsatz von Rechenprogrammen ermitteln für erzwungene Kühlung (Eigenkühlung, Fremdkühlung) aus

$$\alpha = \frac{\lambda}{L} Nu(Re, Pr) \tag{9.8}$$

bzw. für natürliche Konvektion (Selbstkühlung) aus

$$\alpha = \frac{\lambda}{L} Nu(Gr, Pr) \tag{9.9}$$

mit der Wärmeleitfähigkeit λ des Kühlmittels, der charakteristischen Länge L entlang des Kühlmittelstroms sowie der Nußelt-Zahl Nu als Funktion von Prandtl-Zahl Pr und Reynolds-Zahl Re bzw. Grashof-Zahl Gr. Weiteres dazu siehe auch [9.4].

Tabelle 9.2 gibt einige Anhaltspunkte zur Bestimmung der Wärmeübergangszahlen für bestimmte Kühlbedingungen bei Luftkühlung an.

Tabelle 9.2: Wärmeübergangszahlen für Konvektion bei Luftkühlung nach [9.4]

Kühlbedingungen	Wärmeübergangszahl α in W/(K m²), Kühlstromgeschwindigkeit v in m/s
Freie Konvektion	14
Kühlstrom 2 m/s < v < 5 m/s	$6.2 + 4.2\,v$
Kühlstrom v > 5 m/s	$7{,}14\,v^{0.78}$

9.1.2 Erwärmungsvorgänge

Für eine generelle Orientierung der Erwärmungsvorgänge in einem homogenen Körper nach ▶Abbildung 9.1 ist es zunächst zulässig von einer adiabatischen Erwärmung auszugehen. Danach gilt

$$P_V \, dt = C_{th} \, d\vartheta \qquad 9.10$$

mit der Lösung

$$\vartheta = \int \frac{P_V}{C_{th}} dt = \frac{P_V}{C_{th}} t + \vartheta_0 \qquad 9.11$$

D. h. die Temperatur steigt ausgehend von einem Anfangswert linear an. Die in dem betrachteten Bauteil steigende Temperatur führt zu einer zunehmenden Temperaturdifferenz gegenüber der Umgebung, so dass die oben beschriebenen Mechanismen der Wärmeabgabe bzw. des Wärmetransports einsetzen. Damit verlangsamt sich der im Laufe der Zeit zunehmende Temperaturhub durch den einsetzenden Wärmestrom an die Umgebung. Da die Umgebungstemperatur gegenüber dem Wärme abgebenden Körper als konstant angenommen werden kann, interessiert für das thermische Verhalten nur die Übertemperatur, d. h. die Differenz der inneren zur äußeren Temperatur (Umgebungstemperatur). Damit erhält man in Analogie zur Elektrizitätslehre ein thermisches Ersatzschaltbild nach ▶Abbildung 9.2.

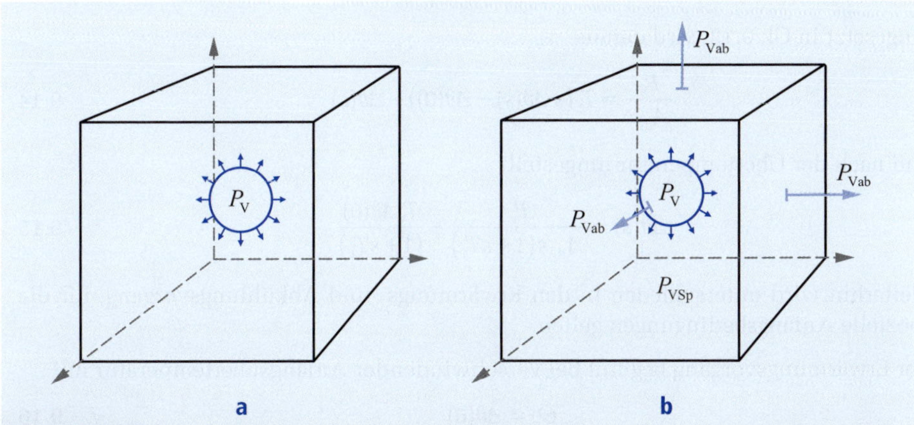

Abbildung 9.1 Einkörpermodell: a) adiabatische Erwärmung, b) Wärmeabgabe

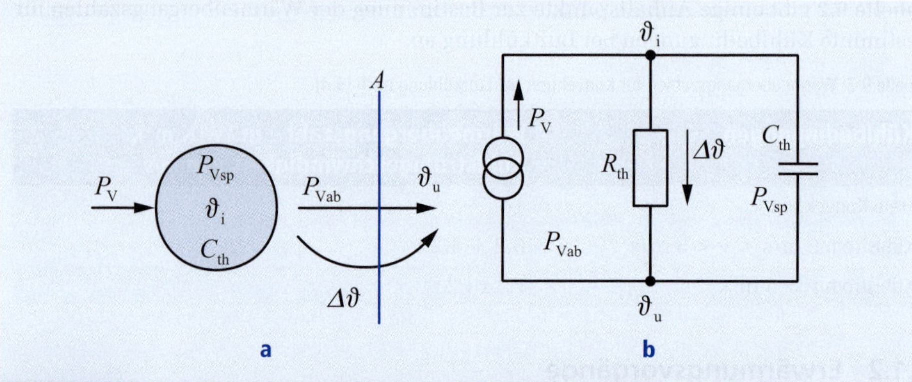

Abbildung 9.2 Ersatzschaltbild des Einkörpermodells: a) Wärmestromaustausch, b) Ersatzschaltbild

Daraus folgt die Differentialgleichung für die Übertemperatur

$$\frac{P_V}{\Lambda_{th}} = \Delta\vartheta + \frac{C_{th}}{\Lambda_{th}} \frac{d(\Delta\vartheta)}{dt} \tag{9.12}$$

Zur Lösung kann im Unterbereich der Laplace-Transformation die Differentialgleichung in eine algebraische Gleichung umgeformt werden. Ersetzt wird die differenzierte Variable durch die Laplace-transformierte Variable abzüglich des Anfangswertes

$$\frac{d(\Delta\vartheta)}{dt} \to s\,\Delta\vartheta(s) - \Delta\vartheta(0)\,,$$

die eingetragene Verlustleistung als Sprungfunktion

$$\frac{P_V}{\Lambda_{th}} \to \frac{P_V}{\Lambda_{th}\,s}\,,$$

und die thermische Zeitkonstante

$$T_1 = \frac{C_{th}}{\Lambda_{th}} = C_{th}\,R_{th} \tag{9.13}$$

Eingesetzt in Gl. 9.12 wird daraus

$$\frac{P_V}{\Lambda_{th}\,s} = T_1\left(s\,\Delta\vartheta(s) - \Delta\vartheta(0)\right) + \Delta\vartheta(s) \tag{9.14}$$

und nach der Übertemperatur umgestellt

$$\Delta\vartheta(s) = \frac{P_V}{\Lambda_{th}\,s\left(1+sT_1\right)} + \frac{T_1\Delta\vartheta(0)}{\left(1+sT_1\right)} \tag{9.15}$$

Weiterhin wird unterschieden in den Erwärmungs- und Abkühlungsvorgang, für die spezielle Anfangsbedingungen gelten.

Der Erwärmungsvorgang beginnt bei verschwindender Anfangsübertemperatur mit

$$\Theta_a = \Delta\vartheta(0) \tag{9.16}$$

und endet bei der Endübertemperatur, die durch eine Grenzwertbetrachtung ermittelt wird

$$\Theta_e = \lim_{t\to\infty} \Delta\vartheta(t) = \lim_{s\to 0} s\ \Delta\vartheta(s) = \frac{P_V}{\Lambda_{th}} \quad 9.17$$

Somit geht Gl. 9.15 über in

$$\Delta\vartheta(s) = \frac{\Theta_e}{s(1+sT_1)} + \frac{T_1\Theta_a}{(1+sT_1)} \quad 9.18$$

mit der Lösung

$$\Delta\vartheta = \Theta_e\left(1-e^{-t/T_1}\right) + \Theta_a e^{-t/T_1} \quad 9.19$$

Diese Gleichung gilt nun nur abschnittsweise, siehe ▶Abbildung 9.3. Solange ein Verlustleistungseintrag stattfindet, gilt Term 1 für die Erwärmung. Ist der Wandler abgeschaltet, kann er abkühlen und es gilt Term 2.

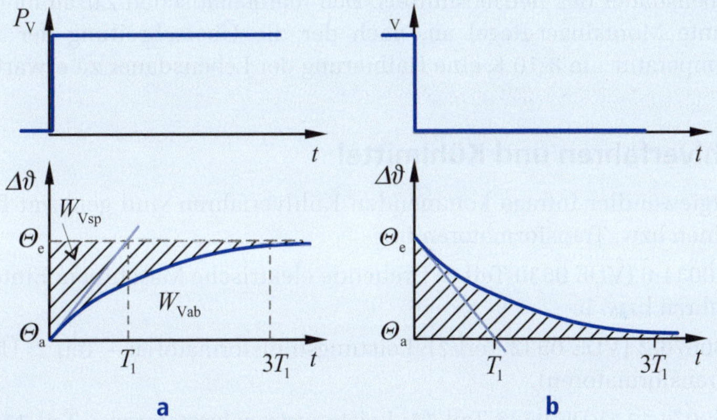

Abbildung 9.3 Temperaturverläufe: a) Erwärmung, b) Abkühlung

Für den Temperaturverlauf werden nun folgende Einflüsse sichtbar:

- Die Temperatur erhöht sich gemäß einer Exponentialfunktion und strebt gegen die Endübertemperatur, die mit zunehmender Verlustleistung größer wird.
- Durch ein verbessertes Wärmeabgabevermögen aufgrund günstiger Kühlbedingungen wie größere Oberfläche oder höhere Wärmeübergangszahl kann die Endübertemperatur begrenzt werden.
- Die Erwärmungszeitkonstante verhält sich proportional zum Wärmespeicher- und Wärmeabgabevermögen, d. h. je größer ein Energiewandler ist, desto langsamer erwärmt er sich.
- Die Abkühlungszeitkonstante ist bei selbstgekühlten Maschinen und Transformatoren in der Regel größer als die Erwärmungszeitkonstante, da sich die Kühlbedingungen verschlechtern.

Im Erwärmungsvorgang zeigen sich die Anteile der gespeicherten bzw. Wärmeenergie (Fläche unter bzw. über der Erwärmungskurve).

Die thermischen Zeitkonstanten elektrischer Maschinen liegen je nach Baugröße im Bereich von 10 min bis 6 h. Es existieren folgende Abhängigkeiten:

- Sie nehmen mit steigender Baugröße und Leistung zu, da die Masse der Motoren stärker zunimmt als die für die Wärmeabgabe zuständige Oberfläche.
- Die Erwärmungszeitkonstante ist kleiner als die Abkühlungszeitkonstante bei eigenbelüfteten Motoren, da die sich die Kühlungsbedingungen bei Stillstand verschlechtern.
- Höherpolige Maschinen haben größere thermische Zeitkonstanten als niederpolige, da bei gleicher Leistung langsamdrehende Maschinen für höhere Drehmomente ausgelegt sein müssen und größer bauen.

Beim Betrieb des Energiewandlers muss sichergestellt werden, dass die Endübertemperatur einen noch zulässigen Grenzwert nicht überschreitet. Dieser Grenzwert ergibt sich aus den einschlägigen Normen für die Wärmebeständigkeitsklassen nach DIN EN 60034-01 (Drehende elektrische Maschinen: Bemessung und Betriebsverhalten) Sie wurden eingeführt, um eine thermische Überbeanspruchung der eingesetzten Isoliermittel und damit chemische Veränderungen im Inneren des Isolierstoffs zu vermeiden. Bei Überschreitung der zulässigen Endübertemperatur kommt es zur Herabsetzung der Lebensdauer des Betriebsmittels. Den mathematischen Zusammenhang gibt die sogenannte Montsinger-Regel an, nach der die Überschreitung der zulässigen Grenzübertemperatur um 8-10 K eine Halbierung der Lebensdauer zu erwarten ist.

9.1.3 Kühlverfahren und Kühlmittel

Die für Energiewandler infrage kommenden Kühlverfahren sind genormt für elektrische Maschinen bzw. Transformatoren in:

- DIN EN 60034-6 (VDE 0530 Teil 6) Drehende elektrische Maschinen: Einteilung der Kühlverfahren bzw. in
- DIN EN 60076-2 (VDE 0532 Teil 2): Leistungstransformatoren – Teil 2: Übertemperatur (Öltransformatoren),
- DIN-EN 60076-11 (VDE 0532 Teil 11: Leistungstransformatoren – Teil 11: Trockentransformatoren.

Kühlverfahren

Danach erfolgt zunächst eine Einteilung in Kühlverfahren, die unterschieden werden in:

- Selbstkühlung: Das Kühlmittel Luft wird durch Eigenbewegung und ohne zusätzliche Beschleunigung der Strömungsgeschwindigkeit bewegt, so dass die Wärmeabgabe durch konvektiven Wärmeübergang erfolgt. Die Anwendung erfolgt bei Kleinmaschinen.
- Eigenkühlung: Die Luft wird durch einen Wellenlüfter in zusätzliche Bewegung versetzt, so dass die Wärmeabgabe durch erzwungene Konvektion erfolgt. Die Anwendung erfolgt vorrangig bei Festdrehzahlmotoren unabhängig von der Leistung und Baugröße.
- Fremdkühlung: Das Kühlmittel wird durch ein Fremdaggregat bewegt und ist damit drehzahlunabhängig.

Unterschieden wird noch hinsichtlich der Kühlmittelzuführung.

Kühlmittelzuführung

Zur Kühlmittelzuführung wird unterschieden in:

- Oberflächenkühlung: Die Kühlluft wird durch einen Lüfter über die Maschinenoberfläche geblasen. Während der Stator der Maschine intensiv gekühlt wird, gestalten sich die Kühlungsverhältnisse für den Rotor ungünstiger.
- Durchzugskühlung: Die Kühlluft wird in die Maschine eingeleitet, durchströmt sie und tritt wieder aus. Die Wärmeabfuhr gestaltet sich sehr günstig, der Schutz gegen Eintritt von Fremdkörpern und Feuchtigkeit leidet darunter.
- Kreislaufkühlung mit inneren und äußerem Kühlkreislauf und zwischengeschalteten Wärmetauschern. Verwendet werden je nach Kühlmitteleinsatz:
  - Luft-Luft-Wärmetauscher,
  - Luft-Wasser-Wärmetauscher.

Kühlmittel

Die Wahl des Kühlmittels richtet sich nach Baugröße, damit auch Typenleistung, geforderten Ausnutzung und nicht zuletzt dem Anwendungsfeld. Für die Auswahl des passenden Kühlmittels sind folgende Eigenschaften von Bedeutung:

- die Wärmeübergangszahl α: Sie bestimmt das Wärmeabgabevermögen.
- die spezifische Wärmekapazität c_{th}: Sie bestimmt die Wärmetransporteigenschaften.
- die spezifische Wichte: Sie bestimmt die Reibungsverluste und damit den Teillastwirkungsgrad bei elektrischen Maschinen,
- die Viskosität: Sie bestimmt den Kühlmittelumlauf und damit das Kühlvermögen,
- die Flüchtigkeit: Sie bestimmt den Aufwand für einen druckfesten Kühlmitteltransport.

Tabelle 9.3 zeigt die wichtigsten kühltechnischen Parameter häufig eingesetzter Kühlmittel. Die wichtigsten in Energiewandlern eingesetzten Kühlmittel sind:

- Luft ist das einfachste Kühlmittel mit den geringsten Kosten und kann durch einen Lüfter entsprechend wirkungsvoll beschleunigt bzw. transportiert werden. Der schlechte Wärmeübergang und die kleine spezifische Wärmekapazität setzen diesem Kühlmittel Grenzen. Durch Einsatz von Kühlrippen kann die wärmeabgebende Fläche vergrößert und der Nachteil gegenüber anderen Kühlmitteln z. T. ausgeglichen werden. Der Lufteintrag von Fremdkörpern in die Kühlstrecke lässt sich durch Einsatz von Filtern vermeiden.
- Wasserstoff besitzt ein zweimal besseres Wärmeabgabevermögen als Luft, das sich abhängig vom Druck noch steigern lässt. Allerdings erfordert das eine druckfeste Ausführung der Kühlmittelzuführung. Weiterhin ist die spezifische Wichte (N/m^3) eine Größenordnung kleiner als von Luft, so dass die anfallenden zusätzlichen Reibungsverluste sinken.
- Öl besitzt im Vergleich zu Luft bzw. Wasser eine größere bzw. kleinere Wärmekapazität. Neben der Kühlwirkung hat Öl isolierende Eigenschaften, d. h. es kann bis an die spannungsführenden Teile herangeführt werden. Siede- und Verkokungsgefahr begrenzen den Einsatz als Kühlmittel.

- Wasser besitzt im Vergleich zu Luft und Öl die größere Wärmekapazität, d. h. es kann mehr Wärme aufnehmen, ohne dass seine Temperatur wesentlich zunimmt.
- Helium bzw. Stickstoff als Kühlmittel werden Anwendungen in Verbindung mit Supraleitern bzw. Hochtemperatur-Supraleitern vorbehalten bleiben.

Tabelle 9.3: Kühltechnische Parameter ausgewählter Kühlmittel

Kühlmittel Stoffwerte	Luft	Wasserstoff	Öl	Wasser
Wärmeübergangszahl (freie Konvektion) in W/m^2K	3 ... 20	5 ... 40	60 ... 120	250 ... 700
spezifische Wärmekapazität in kJ/(kgK)	1,009	14,05	2,0	4,15
Dichte ($\vartheta = 40°C$) in kg/m^3	1,127	0,089	870	992
spezifisches Gewicht ($\vartheta = 40°C$) in N/m^3	11,066	0,88	8535	9733
kinetische Viskosität in mm^2/s	16,97	13,6	9,5	0,658

Zum Entwurf der Kühlung ist es wichtig eine Vorstellung über die erforderliche Kühlmittelmenge pro Zeiteinheit zu haben. Der Kühlmittelstrom lässt sich aus der Bilanz von zugeführter und abgeführter Wärmemenge ermitteln:

$$P_V \cdot dt = \rho c_{th} dV \cdot \Delta\vartheta \qquad 9.20$$

sodass sich dieser ergibt:

$$\dot{V} = \frac{1}{\rho c_{th}} \frac{P_V}{\Delta\vartheta} \qquad 9.21$$

mit den temperaturabhängigen Werten für die Dichte ρ und die spezifische Wärmekapazität c_{th}, die Übertemperatur $\Delta\vartheta$ und die abzuführende Verlustleistung P_V.

Weiterführende Literatur zur Kühlung findet man unter [9.1], [9.4].

Beispiel 9.1: Kühlmittelvolumenstrom

Gesucht sind die Bedarfe an Kühlmittelvolumenstrom zur Kühlung elektromagnetischer Energiewandler. Die Angaben sollen allgemein anwendbar sein, wenn die Verlustleistung und die Übertemperatur noch nicht bekannt sind.

Ausgegangen wird von Gl. 9.21. Die benötigten temperaturabhängigen Konstanten sind Tabelle 9.3 zu entnehmen bzw. aus gegebenen Werten umzurechnen.

Die am häufigsten verwendeten Kühlmittel sind Luft und Wasser. Für das Kühlmittel Luft erhält man durch Einsetzen in Gl. 9.21

$$\dot{V} = \frac{1}{1{,}127\,kg/m^3 \cdot 1{,}009\,kJ/kgK} \frac{P_V}{\Delta\vartheta}$$
$$= 0{,}879\left(\frac{m^3}{s}\right) \cdot \frac{P_V}{\Delta\vartheta}\left(\frac{K}{kW}\right)$$

Die Ergebnisse für Wasser, Wasserstoff und Transformatorenöl können nach analoger Rechnung der Tabelle 9.4 entnommen werden. Während bei Wasserstoff eine Druckerhöhung die Kühlwirkung bei gleicher Kühlmittelmenge verbessert, ist das bei Wasser und Luft durch forcierte Kühlung zu erreichen.

Tabelle 9.4: Volumenströme ausgewählter Kühlmittel bei $\vartheta = 40°C$

Kühlmittel	Luft	Wasserstoff	Transformatorenöl	Wasser
Volumenstrom $X \cdot \left(\frac{m^3}{s}\right) \cdot \frac{P_V}{\Delta\vartheta}\left(\frac{K}{kW}\right)$	0,879	0,793 (p=1 bar) 0,264 (p=3 bar)	$0{,}57 \cdot 10^{-3}$	$0{,}24 \cdot 10^{-3}$

9.1.4 Erwärmungsprüfung

Die Erwärmungsprüfung bei elektrischen Maschinen ist ein fester Bestandteil des Prüfprogramms vor Auslieferung. Das Vorgehen, die technischen Hilfsmittel und die Auswertung sind durch Standards und Normen festgelegt. Die Erwärmungsprüfung ist zu protokollieren und dient als Nachweis für eine erfolgreich bestandene Prüfung.

An dieser Stelle ist hinzuweisen auf folgende einschlägigen Normen:

- Drehende elektrische Maschinen – Teil 1: Bemessung und Betriebsverhalten (IEC 60034-1: 2010, modifiziert),
- Drehende elektrische Maschinen – Teil 2-1: Standardverfahren zur Bestimmung der Verluste und des Wirkungsgrades aus Prüfungen (ausgenommen Maschinen für Schienen- und Straßenfahrzeuge),
- Drehende Elektrische Maschinen – Teil 2-3: Besondere Verfahren zur Bestimmung der Verluste und des Wirkungsgrades von umrichtergespeisten Wechselstrommaschinen,
- Drehende elektrische Maschinen – Teil 6: Einteilung der Kühlverfahren (IC-Code) (IEC 60034-6: 1991); Deutsche Fassung EN 60034-6: 1993.

9.2 Isolierung

Die Isolierung spannungsführender Funktionsteile ist in elektrischen Maschinen eine wichtige Maßnahme. Sie sichert, dass

- Potentialunterschiede benachbarter Bauteile keine Ausgleichsströme hervorrufen,
- Berührungsschutz des Bedien- und Wartungspersonals gewährleistet ist,
- Teilentladungen zu keiner unzulässigen Erwärmung bzw. Degradation von Isoliermaterialien führen können.

9.2.1 Wicklungsisolierung

Bezüglich der Wicklungsisolierung unterscheidet man in Isolierungen für Niederspannungsmaschinen und für Hochspannungsmaschinen.

Niederspannungsisolierung

In Niederspannungsmaschinen werden gemäß ▶Abbildung 9.4 unterschieden in

- Hauptisolierung: Sie dient zur Isolierung der Wicklung gegenüber der Nutwand. Das Blechpaket ist über das geerdete Gehäuse mit Erdpotential verbunden, während die Nutwicklung Betriebspotential aufweist. Die Nutauskleidung besteht aus Flächenisolierstoff.
- Phasenisolierung: Sie isoliert zwischen den einzelnen Phasen einer mehrsträngigen Wicklung. Die Phasenbeläge werden ebenfalls aus Flächenisolierstoff abgebildet.
- Windungsisolierung. Die in der Regel aus mehreren Windungen bestehenden Isolierungen übernehmen die Isolationsaufgabe mittel Drahtlack und Tränkharzlack. Damit kann der kleine aber sich aufsummierende Potentialunterschied hinreichend beherrscht werden.

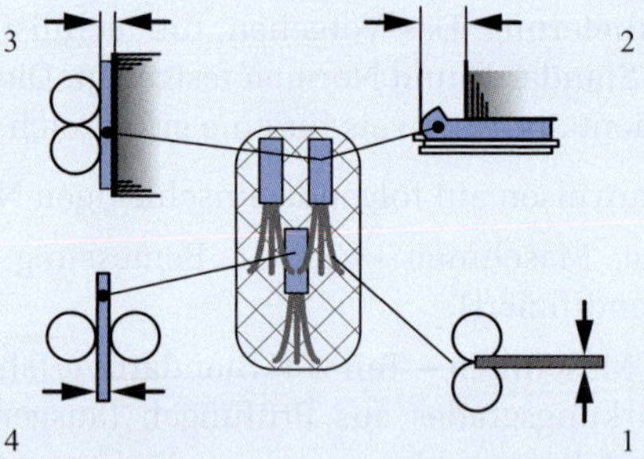

Abbildung 9.4 Niederspannungsisolierung

Hochspannungsisolierung

Mittelspannungsmaschinen werden mit einer Hochspannungsisolierung ausgerüstet. Nach ▶Abbildung 9.5 gehören zu einer Hochspannungsisolierung der Leiterstäbe bzw. Wicklungen in der Nut:

- Windungsisolierung: Sie muss die Hochspannung isolieren. Verwendet werden Isolierstoffe wie:
  - Kapton, Lack und Glas,
  - Glimmer / Glasfaser, deren Dicke ist auf die Betriebsspannung abgestimmt.
- Nutisolation: Sie kann auch als Hülse ausgeführt werden und hat neben der Isolation die Aufgabe vor Feuchtigkeit und Montage bedingte Schäden zu schützen und besteht aus:
  - Kapton
  - Nomex-Kapton

Als Nutfüllung werden sog. NOMEX-Streifen aus Filz und Papier verwendet. Zum Verschließen der Nut dienen Verschlusskeile aus Epoxidharz / Polyester.

Bei Hochspannungsmaschinen wird besonderer Wert gelegt auf eine gute Isolierung der Wicklungen am Nutausgang beim Übergang in den Wicklungskopf, siehe ▶Abbildung 9.6. Dort ist zu achten auf:

- Außenglimmschutz: Verwendet werden:
  - Imprägniertes Polyestervlies,
  - Leitendes Band,
  - Halbleiterband mit spezifischen Halbleiter-Eigenschaften,
  - Polyestergewebe,
  - Polyestergewebe.
- Endenglimmschutz: Dieser dient zur Vergleichmäßigung des Potentialabbaus zur Vermeidung von Glimmentladungen.

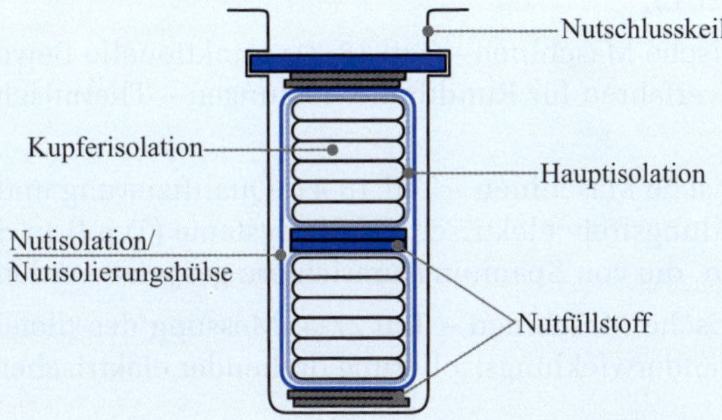

Abbildung 9.5 Hochspannungsisolierung

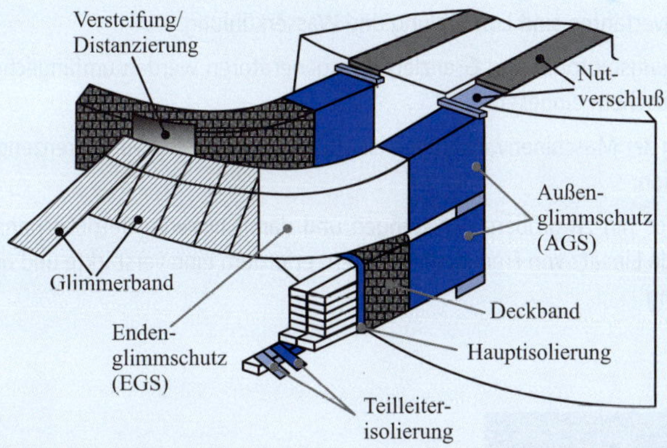

Abbildung 9.6 Hochspannungsisolierung am Übergang Nut zu Wicklungskopf

Weiterführende Literatur zu Maschinenisolierung findet man unter [9.3].

9.2.2 Standards zur Isolierung und Spannungsprüfung

Die Spannungsprüfung bei elektrischen Maschinen ist ein fester Bestandteil des Prüfprogramms vor Auslieferung. Das Vorgehen, die technischen Hilfsmittel und die Auswertung sind durch Standards und Normen festgelegt. Die Spannungsprüfung ist zu protokollieren und dient als Nachweis für eine erfolgreich bestandene Prüfung.

Für den Umrichterbetrieb von Maschinen gelten besondere Regeln, da die pulsförmigen Spannungen in Verbindung mit langen Kabeln zu zusätzlichen Beanspruchungen an den Wicklungsisolierungen (du/dt, Spannungsspitzen) und im Lager (Lagerströme) führen.

An dieser Stelle ist hinzuweisen auf folgende einschlägigen Normen:

- Drehende elektrische Maschinen – Teil 18-1: Funktionelle Bewertung von Isoliersystemen – Allgemeine Richtlinien (IEC 60034-18-1: 2010); Deutsche Fassung EN 60034-18-1: 2010,
- Drehende elektrische Maschinen – Teil 18-21: Funktionelle Bewertung von Isoliersystemen – Prüfverfahren für Runddrahtwicklungen – Thermische Bewertung und Klassifizierung,
- Drehende elektrische Maschinen – Teil 18-41: Qualifizierung und Qualitätsprüfungen für teilentladungsfreie elektrische Isoliersysteme (Typ I) in drehenden elektrischen Maschinen, die von Spannungsumrichtern gespeist werden,
- Drehende elektrische Maschinen – Teil 27-3: Messung des dielektrischen Verlustfaktors an der Ständerwicklungsisolierung drehender elektrischer Maschinen.

Zusammenfassung

- Der Trend zu kompakten Elektromaschinen verstärkt die Kühlungsproblematik.
- Gängige Kühlverfahren sind Luftkühlung und Wasserkühlung.
- Für Hochleistungsmotoren und Grenzleistungsgeneratoren werden umfängliche Kühlkreisläufe mit Wärmetauschern eingesetzt.
- Die Isolierung der Maschinenwicklungen ist eine die Zuverlässigkeit begrenzendes bzw. bestimmende Funktion.
- Aktuelle Trends hin zu größeren Leistungen und damit höheren Betriebsspannungen und der fortschreitende Einsatz von Frequenzumrichtern erfordern eine verstärkte und qualitativ verbesserte Isolierung

Literatur

[9.1] Gotter, G. Erwärmung und Kühlung elektrischer Maschinen. Siemens, Berlin 1954

[9.2] ABB-Handbuch Elektromotoren, Mannheim, 1996

[9.3] Küchler, A.: Hochspannungstechnik, Berlin 2009

[9.4] Wiedemann, E.; Kellenberger, W.: Konstruktion elektrischer Maschinen. Springer, Berlin 1967

Formelzeichenverzeichnis

ÜBERBLICK

A

A.1 Variable

Großbuchstaben, deutsch

A	Strombelag, Fläche	N	Nutzahl
B	Felddichte, Induktion	O	Oberfläche
C	Kapazität, Konstante, Essonzahl	P	Leistung
D	Verschiebungsdichte, Durchmesser, Dreieck	Q	Wärmemenge, Blindleistung
E	elektrische Feldstärke, elektromotorische Kraft (EMK)	R	Widerstand, Radius
F	Kraft	S	Scheinleistung
G	Leitwert	T	Zeit, Temperatur (in K)
H	magnetische Feldstärke	U	Spannung
I	Strom	V	magnetische Spannung, Volumen
J	Stromdichte, Polarisation	W	Energie, Wärme
K	Konstante	X	Reaktanz
L	Induktivität	Y	Stern-, Admittanz
M	Drehmoment, Dipolmoment, Masse	Z	Impedanz

Kleinbuchstaben, deutsch

a	Länge	p	Polpaarzahl, Leistungsdichte, Druck
b	Breite	r	Radius (variabel), spezifischer Widerstand
c	spezifische Kapazität	s	Laplace-Variable, Weg, Schlupf
d	Dreieck	t	Zeit
e	elektromagnetische Kraft (EMK)	u	Spannung
f	Frequenz, Kraftdichte	ü	Übersetzung
i	Strom	v	Geschwindigkeit
j	Imaginäroperator, magnetisches Dipolmoment	w	Windungszahl, Energiedichte
k	Konstante	x	Koordinate
l	Länge	y	Koordinate
m	Drehmomentdichte, Magnetisierung, Phasenzahl	z	Leiterzahl
n	Drehzahl		

Großbuchstaben, griechisch

Δ	kleine Änderung	Θ	Durchflutung, magnetomotorische Kraft (MMK), Übertemperatur
Φ	Magnetfluss	Σ	Summe
Λ	magnetischer Leitwert, Reluktanz	Ω	Winkelgeschwindigkeit
Π	Multiplikation	Ψ	Flussverkettung

Kleinbuchstaben, griechisch

α	Raumwinkel, Bedeckungsfaktor, Wärmeübergangszahl	μ	Permeabilität, Zählvariable
β	Lastwinkel	ν	Zählindex
δ	Luftspalt	θ	Durchflutung
ε	Dielektrizitätskonstante, Erregungsgrad, Effizienzgrad	ρ	spezifischer Widerstand, Raumladung, Dichte
ϕ	Verschiebungswinkel	σ	mechanische Spannung, Kraftdichte, Streufaktor
γ	Ortskoordinate, Raumwinkel, Wichte	τ	Volumenkraftdichte, Teilung
η	Wirkungsgrad	ω	Winkelgeschwindigkeit
φ	Leistungswinkel, Winkel allg., Füllfaktor	ξ	Wicklungsfaktor
κ	Leitfähigkeit	ψ	Flussverkettung
λ	Leitwert, Schenkligkeit, Wellenlänge	ϑ	Polradwinkel, Winkel allg., Temperatur (in °C)

A.2 Indizes

Großbuchstaben, deutsch

A	Haupt-, Anker	N	Nenn-
B	Belastungs-, Bürsten-	O	Oberfläche
D	Durchgangs-	R	Raum-, resistitiv
E	Erreger-	S	Strahlungs-, Stoß-, Schenkel-
F	Fenster-	T	Typ-
G	Generator-	U	Umgebung-
H	Hilfs-, Hysterese-	V	Verlust-
K	Kurzschluss, Kommutierungs- Kommutator-, Kompensations-	W	Wand-, Wirbelstrom-, Wendepol-,
L	Last-, Leiter-	X	reaktiv
M	permanentmagnetisch, Motor-		

Kleinbuchstaben, deutsch

a	Phase 1	N	Nenn-,
b	Phase 2	n	Netz-, Normal-
c	Phase 3, koerzitiv	p	Polrad-, Pol-,
d	Drehfeld-, Längskomponente, Dauer-	q	Quellen-, Querkomponente
e	Erreger	r	Remanenz-, Rest-, relative, resistiv
f	Feld-	t	Tangential-
g	Gegenkomponente, Gleichfeld-	th	thermisch
h	Hauptfeld-,	u	Phase, Umgebungs-
i	induziert, innere, ideelle	v	Phase
k	Kipp-	w	Phase, Wanderwellen-, Wechselfeld-
l	Last-	x	reaktiv
m	magnetisch, mechanisch, mittleres, Mitkomponente	z	Zwischenkreis-

Kleinbuchstaben, griechisch

α	orthogonale Clarke-Komponente	δ	Luftspalt-
β	orthogonale Clarke-Komponente	μ	Magnetsierungs-

Zahlen, Symbole

0	Naturkonstante, Leerlauf-, Gleichkomponente, Bezugs-	·	konjugiert komplex
1	Primär-, Stator-, Grundschwingung-, Grundwelle-, 1. Harmonische	´	bezogen
2	Sekundär-, Rotor-,	~	
3	Tertiär-,	_ (oben)	aritmetischer Mittelwert

Register

A

B

D

E

F

G

H

I

K

L

M

N

T

U

V

W

Z

mat
mathematik

MATHEMATIK

George B. Thomas
Maurice D. Weir
Joel Hass

Analysis 1

ISBN 978-3-8689-4170-8
39.95 EUR [D], 41.10 EUR [A], 53.20 sFr*
800 Seiten

Analysis 1

Besonderheiten

Das Lehr- und Übungsbuch Analysis 1 hilft Studierenden aus den wissenschaftlichen Fachbereichen, die für die Universität notwendigen Schlüsselideen der Analysis durch klare und genaue Erklärungen, sorgfältig ausgewählte Beispiele, anschauliche Grafiken und viele Übungen zu verstehen und anzuwenden. Thomas bietet dabei aus langjähriger Erfahrung die richtige Mischung von grundlegenden Begrifflichkeiten, unterschiedlich schwierigen Übungen zusammen mit Anwendungen aus der Praxis an. Passend zum Buch ist ein Online-Zugang zu MyMathLab Deutsche Version erhältlich. Dort zu finden sind auf das Buch abgestimmte Ünungen und Hausaufgen zur Prüfungsvorbereitung als auch zum Selbststudium.

Kostenlose Zusatzmaterialien

Im Buch enthalten ist ein kostenloser Demo-Zugang zu MyMathLab Deutsche Version.

*unverbindliche Preisempfehlung